3ds Max 角色设计案例实战教程

王东华◎编著

中国铁道出版社有限公司
CHINA RAILWAY PUBLISHING HOUSE CO., LTD.

内 容 简 介

书中以如何快速高效地设计出符合要求的角色模型为重点，通过男性角色、女性角色、儿童角色、卡通动物角色、游戏角色、游戏怪兽角色等典型的实例，详细介绍了不同角色模型制作的流程、方法和技巧。在建模工具上，以 3ds Max 为核心，并结合了当前主流的角色设计软件 ZBrush、Mudbox、UVLayout、MakeHuman、Marvelous Designer、Stylized Face Creator，详细讲解了各工具的最优组合，高效地完成设计任务。在介绍每一类角色设计时，都尽量采用不同的设计方法，让读者学会如何根据模型的特点选择更适合的建模工具和建模方法，从而提高工作效率。

配套资源中提供了书中实例的场景文件和素材文件，以及讲解实例制作过程的语音视频教学文件。图书与视频教学结合，可帮助读者提高学习效率，快速提高设计水平。

本书适合从事角色建模造型设计的人员、游戏角色建模的美工和建模爱好者学习使用，也可作为大中专院校相关专业的教材。

图书在版编目（CIP）数据

3ds Max 角色设计案例实战教程/王东华编著.—北京：
中国铁道出版社有限公司，2022.5
ISBN 978-7-113-28780-1

Ⅰ.①3… Ⅱ.①王… Ⅲ.①三维动画软件-教材
Ⅳ.①TP391.414

中国版本图书馆 CIP 数据核字（2022）第 010723 号

书　　名：3ds Max 角色设计案例实战教程
3ds Max JUESE SHEJI ANLI SHIZHAN JIAOCHENG
作　　者：王东华

责任编辑：于先军　　编辑部电话：（010）51873026　　邮箱：46768089@qq.com
封面设计：MXK DESIGN STUDIO Q:1765628429
责任校对：孙　玫
责任印制：赵星辰

出版发行：中国铁道出版社有限公司（100054，北京市西城区右安门西街 8 号）
网　　址：http://www.tdpress.com
印　　刷：国铁印务有限公司
版　　次：2022 年 5 月第 1 版　2022 年 5 月第 1 次印刷
开　　本：787 mm×1 092 mm　1/16　印张：17.75　字数：464 千
书　　号：ISBN 978-7-113-28780-1
定　　价：79.80 元

配套资源下载网址：
http://www.m.crphdm.com/2022/0214/14441.shtml

前　言

3ds Max 是由 Autodesk 公司开发的一款基于 PC 系统的三维动画制作软件。它被广泛应用于广告、影视、工业设计、建筑设计、三维动画、多媒体制作、游戏、辅助教学以及工程可视化等领域。3ds Max 拥有功能强大的建模模块，提供了多种建模方法，尤其是多边形建模，功能比较完善，建模效率非常高；很多影视、游戏中的著名角色都是用 3ds Max 制作的，比如深深扎根于玩家心中的劳拉角色形象就是 3ds Max 的杰作。

本书内容

本书以实例形式，由浅入深地介绍了各种常见角色模型的制作流程、方法和技巧。书中详细讲解了 3ds Max 的各种常用技术，包括建模的各种方法、各种修改器的使用以及人体比例结构的一些基础知识等，并通过具体实例的实现过程，讲解了各个知识点的具体应用。具体内容包括 3ds Max 软件基本操作和角色设计的基础知识与人体结构比例，男性角色设计，女性角色设计，儿童角色设计，卡通动物角色设计，游戏卡通角色设计，游戏怪兽角色设计。书中通过 3ds Max 和 ZBrush、Mudbox、UVLayout、MakeHuman、Marvelous Designer、Stylized Face Creator 等软件结合使用，深入讲解角色模型制作的各种高级技术。在模型塑造和线、面布局等关键技术方面，作者提供了实用的经验心得，并对各种角色建模的常见问题提供了完美的解决方案。

本书特色

本书实例丰富、技术实用、步骤详细、讲解到位，全书除去基础知识外全部通过实例进行讲解，这些实例按照知识点的应用和难易程度进行安排，从易到难，从简单到复杂，循序渐进地介绍了各类角色模型的制作方法。

- **实例典型、丰富，实用性强：**书中的每一个实例都代表了一类模型；同时，每个角色模型都尽量采用不同的制作方法，目的就是让读者掌握更多的知识，以便应对工作中的各类问题。
- **讲解细致，一步一图，易懂易学：**在介绍制作过程时，详细介绍具体的操作方法和注意事项，每一个操作步骤后又都附有对应的图示，直观易懂，方便读者学习。
- **视频与图书结合，学习高效：**书中对每个实例都提供了语音视频教学，图书中讲解关键技术和经验心得，视频教学讲解具体操作，图书与视频教学结合学习，可帮助读者轻松掌握所学内容并快速提高设计水平。

配套资源

配套资源中的内容包括：

- 书中实例的工程文件和所用到的素材文件；
- 讲解书中实例制作过程和技术拓展的语音视频教学文件。

读者对象

本书技术点全面，实例制作过程讲解详细，并总结了大量的实战经验和技巧，非常适合以下读者学习参考：

- 游戏、动漫及其相关专业的师生；
- 角色设计、模型制作等行业的从业人员；
- 三维动画制作爱好者。

王东华

2022 年 4 月

目　录

第 1 章　3ds Max 角色设计基础

3ds Max 是 Autodesk 公司开发的基于 PC 系统的三维动画渲染和制作软件。3ds Max 从 1996 年第一个版本发布至今已经发布了 20 多个版本，本书主要以 3ds Max 2020 版本为主来讲解学习。

3ds Max 是目前比较受欢迎的三维软件之一，相对于其他三维软件来说，它有着性价比高、上手容易、使用者多、便于交流等特点。

1.1　3ds Max 建模基础知识

3ds Max 2020 中文版以更加强大的功能、更加灵活的使用方法，吸引了更多用户的眼球。本章将简要介绍 3ds Max 2020 的基础知识，为读者进入后面章节的学习打下基础。

1.1.1　3ds Max 操作界面

启动 3ds Max 2020 后可以看到它的操作界面，如图 1.1 所示。

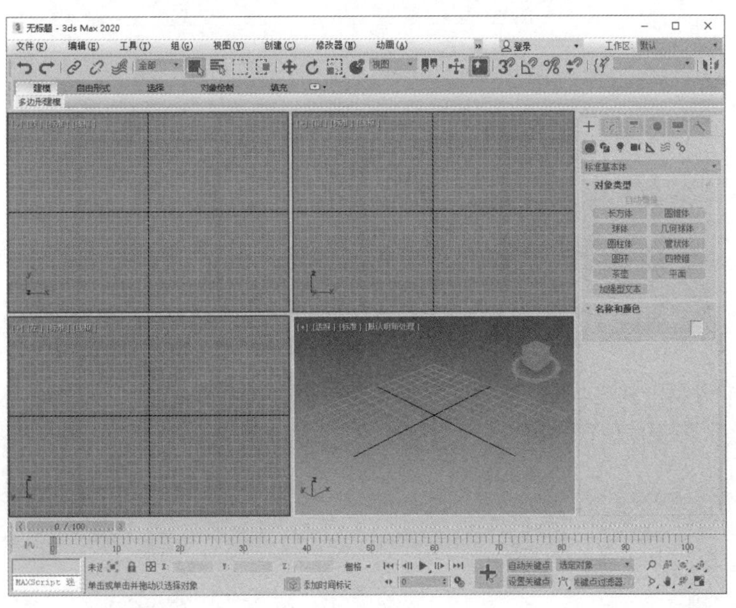

图 1.1

3ds Max 软件默认界面颜色为黑色，单击“自定义”菜单下的“加载自定义用户界面方案”，然后在弹出的“加载自定义用户界面方案”对话框中选择 ame-light.ui，单击“打开”按钮确定，如图 1.2 所示。这样就把初始界面设置为灰色。

3ds Max 2020 包含许多语言版本，默认开启为英文，怎样开启中文版呢？很简单，在 Windows 系统的“开始”菜单中打开 Autodesk 文件夹，然后打开 Autodesk 3ds Max 2020 下的 3ds Max 2020–Simplified Chinese 即可打开中文版本，如图 1.3 所示。当再次双击系统桌面上的 3ds Max 图标快捷方式时，系统会记录上次开启的语言版本进行自动匹配，也就是说当上次开启的是英文版时，双击快捷方式打开的就是英文版本；当上次开启的是中文版本时，再次双击快捷方式打开的就是中文版。

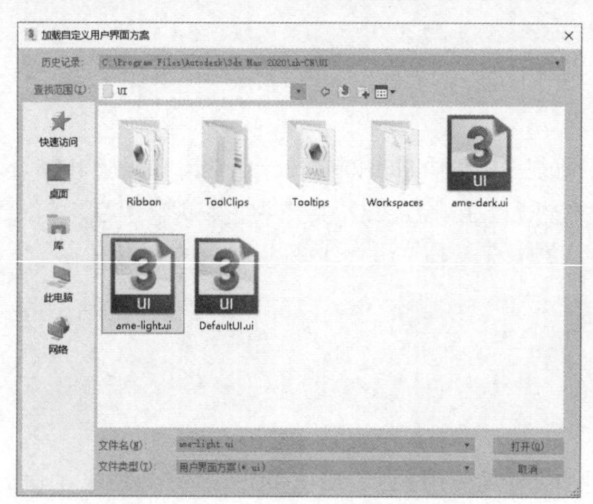

图 1.2

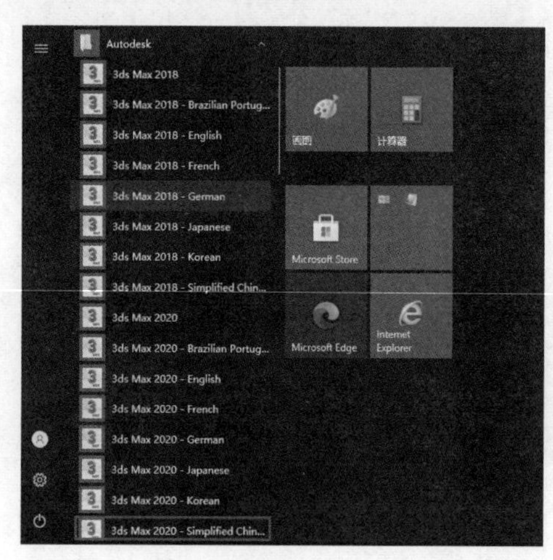

图 1.3

1. 标题栏

标题栏位于界面的最上方，它显示了用户所使用的软件类型、版本型号等信息，如图 1.4 所示。

无标题 - 3ds Max 2020

图 1.4

2. 菜单栏

3ds Max 2020 的菜单栏中包含了软件的所有命令，用户可以通过选择菜单中的相应命令来使用，如图 1.5 所示。

文件(F) 编辑(E) 工具(T) 组(G) 视图(V) 创建(C) 修改器(M) 动画(A) 登录 工作区: 默认

图 1.5

3. 工具栏

在菜单栏的下方是工具栏，3ds Max 为了给用户提供最快捷的帮助，将常用的命令放在了工具栏中，如图 1.6 所示，以方便用户调用，提高工作效率。

图 1.6

4. 石墨建模工具及群集动画设置工具栏

该区域为石墨建模工具栏，可以快速设置与编辑多边形下的各种命令，如图 1.7 所示。2020 版本增加了群集动画设置工具，可以快速制作人物的群集动画。

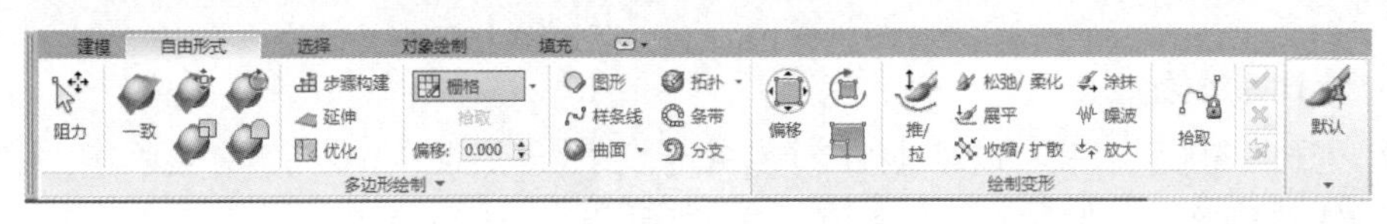

图 1.7

5. 视图区

视图区是用户对物体进行观察和操作的区域，3ds Max 分为四视图显示。默认情况下分为 Top（顶）视图、Front（前）视图、Left（左）视图、Perspective（透视）视图，如图 1.8 所示。

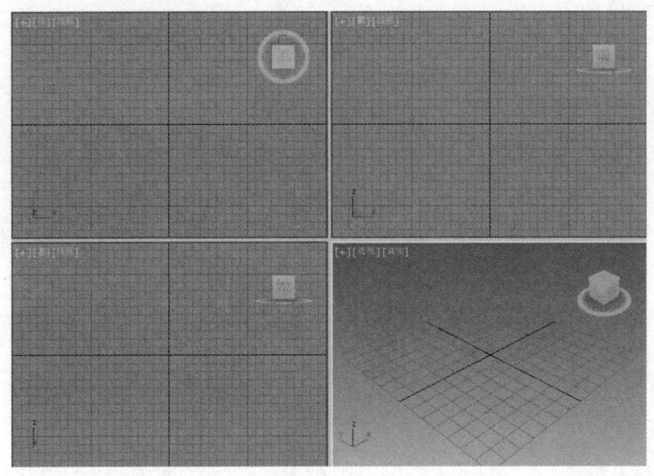

图 1.8

6. 命令面板

在视图区的右侧是为用户提供的命令面板区，它将命令的类型进行分类，如将创建命令放在一个版块、修改命令放在一个版块等，通过分类让用户能够更好地调用命令，避免烦琐的操作，如图 1.9 所示。

图 1.9

7. 动画控制面板

在界面的最下方是 3ds Max 的动画控制面板，它提供了播放、时间长度、类型、记录动画等功能，如图 1.10 所示。

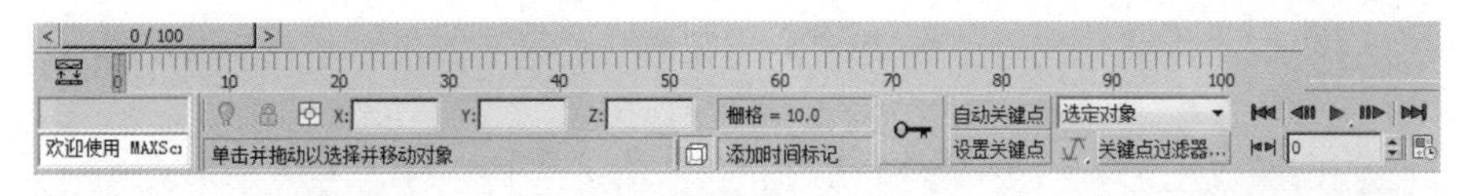

图 1.10

8. 视图控制区

视图控制区位于界面的右下方，为用户提供了对视图的各种操作，如缩放、最大化显示、旋转视图等功能，如图 1.11 所示。

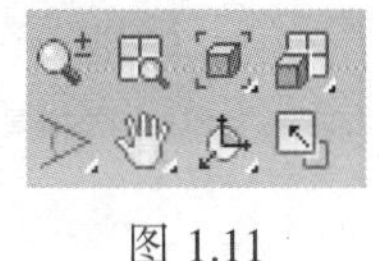

图 1.11

1.1.2 3ds Max 常用工具

工具栏中有 3ds Max 设计需要的工具按钮，用户在需要时直接单击后即可使用。各工具的具体说明如下。

1. 选择并链接

使用“选择并链接”按钮可以通过将两个对象链接为父子层级关系，子级将继承应用父级的变换（移动、旋转、缩放等），但是子级的变换对父级没有影响。

2. 取消链接选择

使用“取消链接选择”按钮可移除两个对象之间的层关系，将子对象与其父对象分离开来，还可以链接和取消链接图解视图中的层次。

3. 绑定到空间扭曲

使用“绑定到空间扭曲”按钮可把当前选择附加到空间扭曲。

4. 选择过滤器列表

使用“选择过滤器”列表，如图 1.12 所示，可以限制所选定的对象，例如，如果选择“L–灯光”，则使用选择工具只能选择场景中的灯光物体，选择过滤器一般适用于比较复杂的场景中物体的选择。通过该过滤器列表可以很方便地选择几何体、图形、灯光、摄影机、辅助对象、骨骼等。

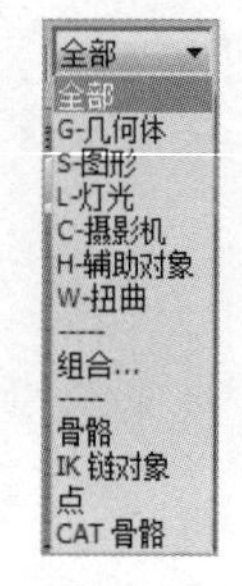

图 1.12

5. 选择对象

选择对象就是简单地选择一个或者多个物体。

6. 选择列表

在一个场景中物体比较多或者场景比较复杂的情况下，通过列表选择物体是一种很直观且快捷的方法，单击该按钮，会弹出一个选择对话框，如图 1.13 所示。

如果要进行分类筛选可以取消或打开区域中的某一项，比如选择场景中的几何体，只开启按钮，其他的按钮关闭，这样场景中只会列出几何体物体的名称以便直观地选择，如图 1.14 所示。

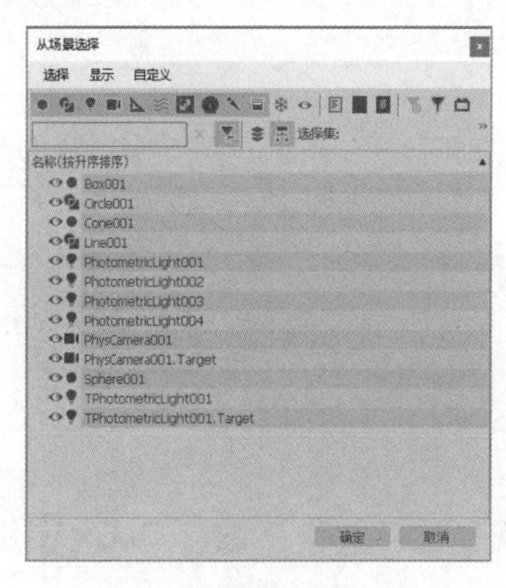

图 1.13

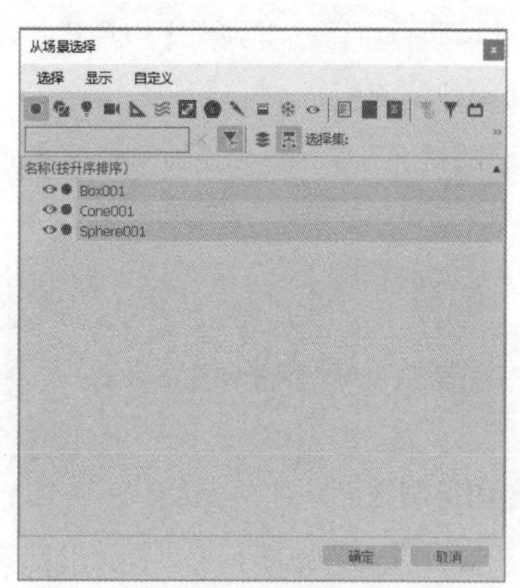

图 1.14

7. 选择区域弹出按钮

长按该按钮时会弹出图 1.15 所示的下拉界面。

默认为方框选择方式，也就是在框选物体时是以方框形式进行框选的，如图 1.16 所示。

当长按该按钮选择圆形时，在框选物体时是以圆形形式进行选择的，如图 1.17 所示。

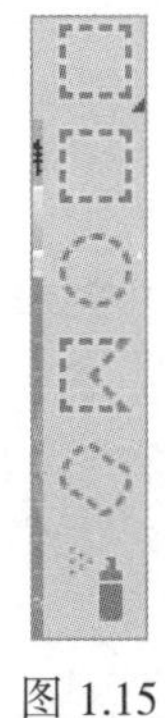

图 1.15

图 1.16

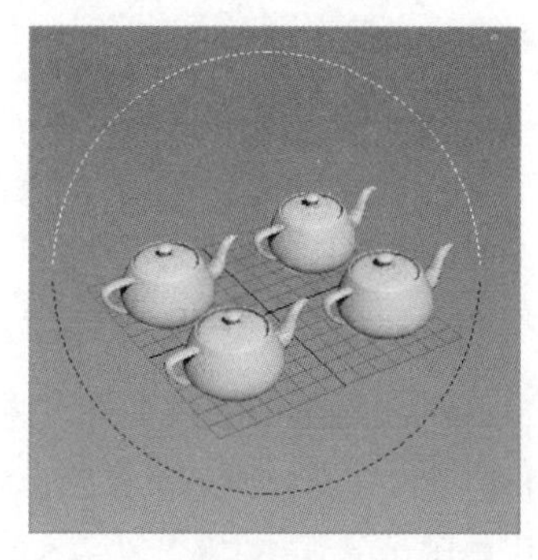

图 1.17

8. 窗口/交叉选择切换

3ds Max 默认为窗口选择模式。窗口选择模式是指在选择时框选物体的部分区域，该物体就能被选择。单击该按钮图标会变成，即变为交叉选择，该模式下如果想选择物体，必须将物体全部包含在选择区域内才会被选择。如图 1.18 所示，右侧的两个茶壶物体全部被框选在内，松开鼠标后即被选择，左侧的两个茶壶虽然部分也被框选，但是并没有完全包含在内，所以不会被选择。

9. 选择并移动

该工具非常简单，就是选择并移动物体，但这里要注意一点，当选择一个物体后，它有 X\Y\Z 轴三个轴向，如果要沿着 X 轴移动物体，请将光标放在 X 轴上拖动即可。当光标放置在相对应的轴向上时，坐标轴会发生颜色变化。如果想同时沿着两个轴向进行移动，将光标放置在两个轴向相交叉的方框上即可，如图 1.19 所示。

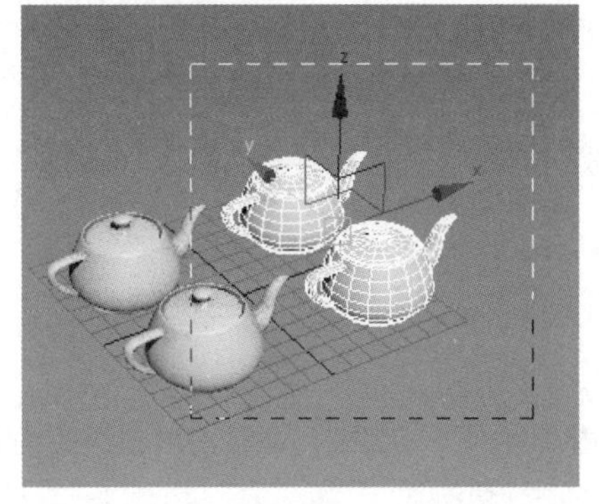

图 1.18

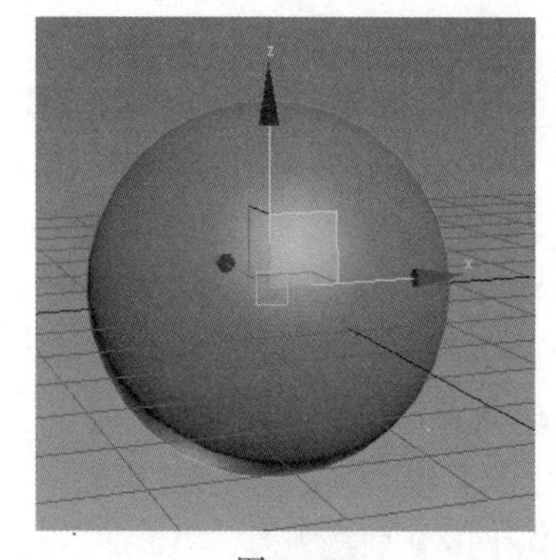

图 1.19

10. 旋转工具

选择并旋转物体，旋转的方式可以沿着 X、Y、Z 和当前屏幕轴向进行旋转，X、Y、Z 轴的选择这里不再介绍。来看一下屏幕方式旋转方法，在旋转图标的最外侧的灰色圆即为屏幕旋转轴，将光标放置在外侧圆上进行旋转时即为按照当前屏幕的坐标旋转物体，如图 1.20 所示。

11. 缩放工具

选择并缩放物体，长按该按钮会弹出如图 1.21 所示的下拉界面。

从上到下三个按钮分别为：选择并均匀缩放，也就是等比例缩放；选择并非均匀缩放；选择并挤压。这里用得最多的是第一个，在缩放时可以单独沿着某一个轴进行缩放，也可以沿着 XY、YZ、XZ 同时缩放，当然也可以同时沿着 XYZ 三个轴向等比例缩放。

12. 坐标选择方式

单击该按钮会弹出一个下拉列表框，如图 1.22 所示。

在这里可以选择物体的坐标方式，一般比较常用的有屏幕坐标方式、局部坐标方法和拾取。它们的区别在后面的实例中会进行讲解，这里不进行详述。

13. 坐标轴心切换工具

长按该按钮会弹出下拉界面，如图 1.23 所示。

从上到下三种方式依次为：使用轴点中心、使用选择中心、使用变换坐标中心。

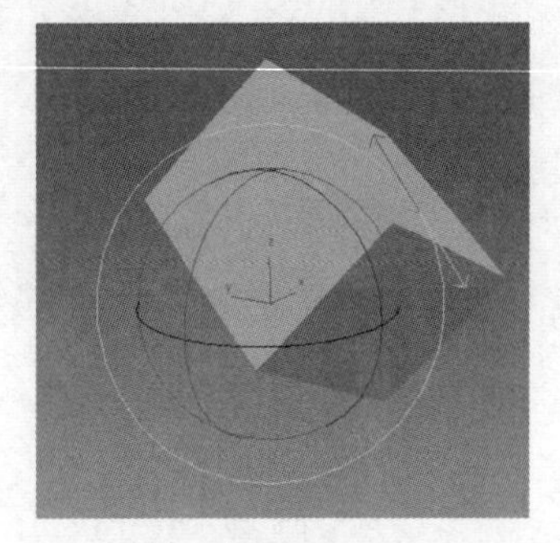

图 1.20

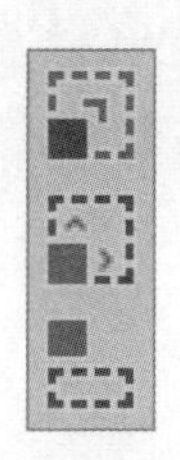

图 1.21

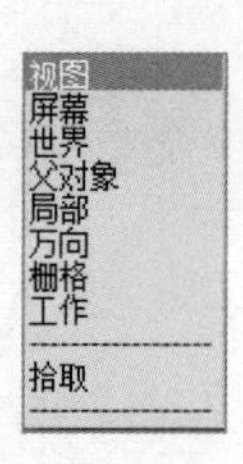

图 1.22

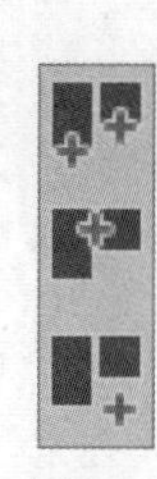

图 1.23

14. 选择并操纵

使用“选择并操纵”工具可以通过在视口中拖动“操纵器”，编辑某些对象、修改器和控制器的参数。

注意　与“选择并移动”和其他变换不同，该按钮的状态不唯一。只要“选择”模式或“变换”模式之一为活动状态，并且启用“选择并操纵”就可以操纵对象。但是，在选择一个操纵器辅助对象之前必须禁用“选择并操纵”。

15. 键盘快捷键覆盖切换

使用“键盘快捷键覆盖切换”可以在只使用“主用户界面”快捷键与同时使用主快捷键和组（如编辑/可编辑网格、轨迹视图、NURBS 等）快捷键之间进行切换。

当“覆盖”切换关闭时，只识别“主用户界面”快捷键。启用“覆盖”时，可以同时识别主 UI 快捷键和功能区域快捷键；然而，如果指定给功能的快捷键与指定给主 UI 的快捷键之间存在冲突，则启用“覆盖”时，以功能快捷键为先。

16. 3D 捕捉

长按该按钮可以弹出如图 1.24 所示的下拉界面。

图 1.24

从上到下分别为 2D 捕捉、2.5D 捕捉、3D 捕捉，“对象捕捉”用于创建和变换对象或子对象期间捕捉现有几何体的特定部分。也可以捕捉栅格、捕捉切换、中点、轴点、面中心和其他选项。当切换级别时所选的模式维持其状态。

在该按钮上右击可以弹出“栅格和捕捉设置”面板，如图 1.25 所示，从该设置面板中可以选择要捕捉的方式。

17. 角度捕捉

“角度捕捉”确定多数功能的增量旋转，包括标准“旋转”变换。被旋转对象（或对象组），以设置的增量围绕指定轴旋转。右击“角度捕捉”按钮可以弹出一些角度捕捉的选项，如图 1.26 所示，一般这里保持默认即可。

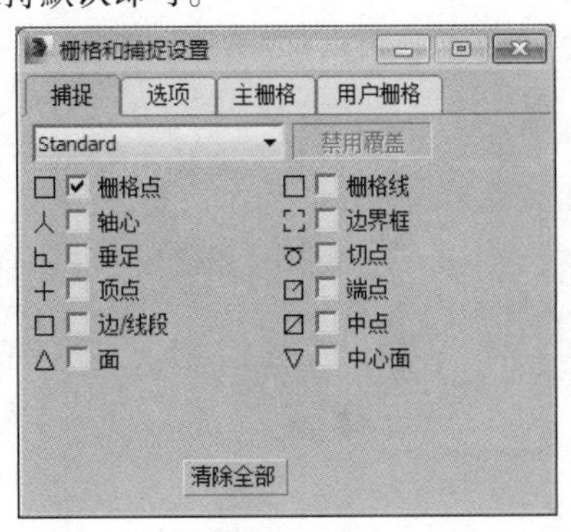

图 1.25

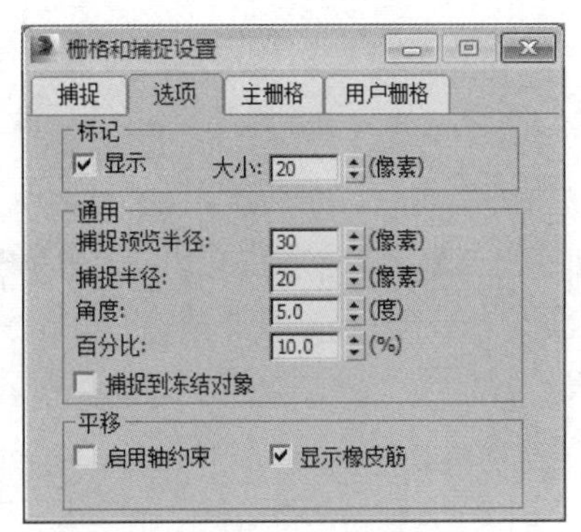

图 1.26

18. 百分比捕捉切换

“百分比捕捉切换”通过指定的百分比增加对象的缩放。在“栅格和捕捉设置”对话框中设置捕捉百分比增量，默认设置为 10%。右击“百分比捕捉切换”按钮以显示“栅格和捕捉设置”对话框。这是通用捕捉系统，该系统应用于涉及百分比的任何操作，如缩放或挤压。

19. 微调器捕捉切换

使用“微调器捕捉切换”可设置 3ds Max 中所有微调器的单个单击增加或减少值。

20. 编辑命名选择

单击“编辑命名选择”按钮打开“编辑命名选择”对话框，可用于管理子对象的命名选择集。与“命名选择集”对话框不同，它仅适用于对象，是一种模式对话框，这意味着必须关闭此对话框，才能在 3ds Max 的其他区域工作。此外，只能使用现有的命名子对象选择；不能使用该对话框创建新选择。

21. 镜像

单击该按钮可以弹出镜像对话框，如图 1.27 所示，在该对话框中可以设置镜像的轴向以及镜像的复制方式。

22. 对齐工具

长按该按钮可以弹出如图 1.28 所示的下拉界面。

主工具栏中的“对齐”弹出按钮提供了对用于对齐对象的 6 种不同工具的访问。按从上到下的顺序，这些工具依次为：对齐、快速对齐、法线对齐、高光对齐、对齐摄影机、对齐到视图。

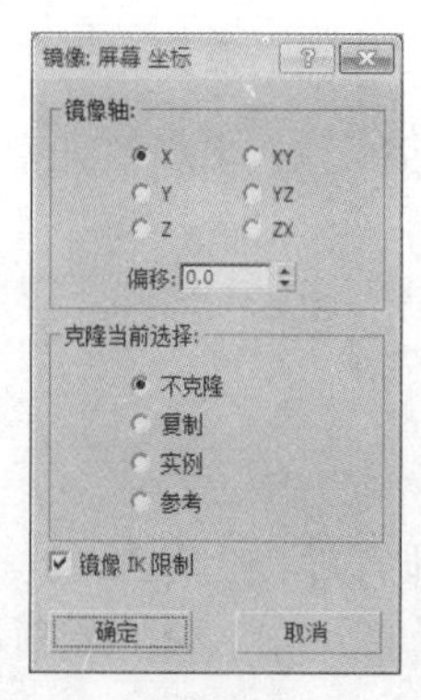

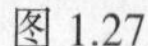
图 1.27

图 1.28

23. 层管理器

通过“层管理器”可以查看和编辑场景中所有层的设置，以及与其相关联的对象。还可以指定光能传递解决方案中的名称、可见性、可渲染性、颜色，以及对象和层的包含。在“层管理器”对话框中，对象在可扩展列表中按层组织。通过单击“+”或“–”，可以分别展开或折叠各个层的对象列表。也可以单击列头部的任何部位对层进行排序。另一个有用的工具是可以通过单击相应的图标直接从“层管理器”打开一个或多个高亮对象或层的“对象属性”对话框或“层属性”对话框。

24. 切换功能区

该按钮用于石墨建模工具栏的开启与关闭。

25. 曲线编辑器

“曲线编辑器”是一种“轨迹视图”模式，用于以图表上的功能曲线来表示运动。利用它可以查看运动的插值、软件在关键帧之间创建的对象变换。使用曲线上找到的关键点的切线控制柄，可以轻松查看和控制场景中各个对象的运动和动画效果。

“曲线编辑器”界面由菜单栏、工具栏、控制器窗口和关键点窗口组成。在界面的底部还拥有时间标尺、导航工具和状态工具。通过从曲线编辑器添加“参数曲线超出范围类型”，以及为增加控制而将增强或减缓曲线添加到设置动画的轨迹中，可以超过动画的范围循环动画。

26. 图解视图

“图解视图”是基于节点的场景图，通过它可以访问对象属性、材质、控制器、修改器、层次和不可见场景关系，如关联参数和实例。在此处可以查看、创建并编辑对象间的关系。可以创建层次、指定控制器、材质、修改器或约束。

可以使用“图解视图显示”浮动框控制希望看到和使用的实体及实体间的关系。使用“图解视图”可浏览拥有大量对象的复杂层次或场景。使用“图解视图”可理解和探索不是自己创建的文件的结构。

其中一个强大的功能是列表视图。可以在一个文本列表中查看节点，并根据规则进行排序。列表视图可以用来迅速浏览那些极其复杂的场景。可以在“图解视图”中使用关系或实例查看器来查看场景中的灯光包含或参数关联。可以控制实例的显示或查看对象出现列表。

“图解视图”也可以使用背景图像或栅格，并可以根据物理场景的摆放自动排列节点。这使排列角色装备节点更为容易。从各种排列选项中选择，以便可以选择自动排列，或使用自由模式。节点布局可以用命名后的“图解视图”窗口保存。可以加载一个背景图像作为窗口中布局节点的模板。

27. 材质编辑器

3ds Max 2020 提供了两种材质编辑器，一种是之前用到的材质球编辑器，如图 1.29 所示；另一种是新的节点方式编辑器，如图 1.30 所示。

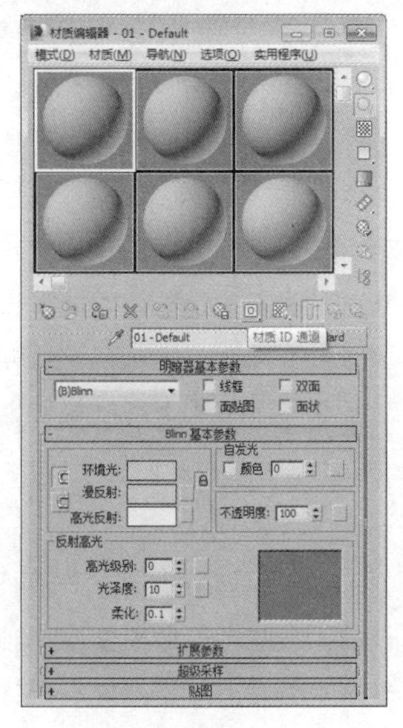

图 1.29

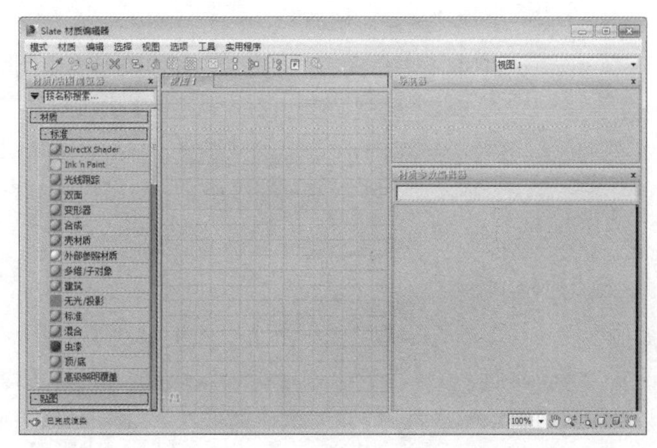

图 1.30

28. 渲染设置、渲染帧窗口和渲染产品

单击按钮可以打开渲染设置面板，如图 1.31 所示。快捷键为 F10。通过该面板可以设置最终的渲染属性，这些参数控制着最终的渲染效果。

单击按钮可以打开最后一次渲染图像面板。

单击按钮开始渲染，快捷键为 F9。

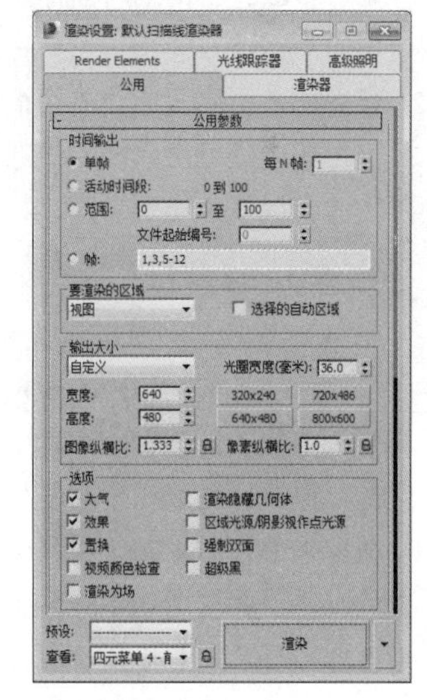

图 1.31

1.1.3　3ds Max 常用建模方法

三维建模是三维动画处理和可视化设计的基础，处于所有工作流程的开始阶段，起着极其重要的作用。在 3ds Max 中有非常多的建模方法，如几何体建模、二维图形建模、多边形建模、面片建模和 NURBS 建模等。面对如此多的建模方法，应充分了解每种方法的优势和不足，掌握其特点及适用对象，选择最合适的创建方法，就可以创建出逼真的效果。

1. 几何体建模

几何体建模也是最基础的建模方法，包括长方体、圆锥体、球体、圆柱体、管状体、平面、异形体、切角长方体、切角圆柱体、胶囊等，一些常见的桌子、楼梯、凳子、栏杆、墙体等都可以用这种方法快速创建。

虽然这种方法创建的都是简单模型，但从理论上说，任何复杂的物体都可以拆分成多个标准的内置模型；反之，多个标准的内置模型也可以合成任何复杂的物体模型。简单的物体可以用内置模型进行创建，通过参数调整其大小、比例和位置最后形成所需要的物体模型。更为复杂的物体可以先由内置模型进行创建，然后利用编辑修改器进行弯曲、扭曲等变形操作，最后形成所需要的物体模型。

2. 二维图形建模

二维图形是指由一条或多条样条线组成的对象。二维图形创建在复合物体、面片建模中应用比较广泛，它可以作为几何形体直接渲染输出，更重要的是可以通过挤出、旋转、斜切等编辑修改，使二维图形转换为三维图形，或作为动画的路径和放样的路径来使用，还可以将二维图形直接设置成可渲染的，如创建霓虹灯等这类效果模型。

3ds Max 包含 3 种重要的线类型：样条线、NURBS 曲线、扩展样条线。在许多方面它们的用处是相同的，其中的样条线继承了 NURBS 曲线和扩展样条线所具有的特性，绝大部分默认的图形方式为样条方式。样条线建模是指调用样条线的可塑性，并配合样条线自身的可渲染性、样条线专用修改器及放样的创建方法，制作形态富于变化的模型。一般多用于复杂模型的外部形状或不规则物体的截面轮廓。

3. 面片建模

面片建模是在多边形的基础上发展而来的，它解决了多边形表面不易进行编辑的难题，采用 Bezier 曲线的方法编辑曲面。多边形的边只能是直线，而面片的边可以是曲线，因此多边形模型中单独的面只能是平面，而面片模型的一个单独的面却可以是曲面，使面内部的区域更光滑。它的优点是用较少的细节就可以表现很光滑物体的表面和表皮褶皱，因此，适合创建生物模型。面片建模的两种方法：一种是雕塑法，利用编辑面片修改器调整面片的子对象，通过拉扯节点、调整节点的控制柄，将一块四边形面片塑造成模型；另一种是蒙皮法，绘制模型的基本线框，然后进入其子对象层级中编辑子对象，最后加一个曲面修改器而形成三维模型。

面片的创建可由系统提供的四边形面片或者三角形面片直接创建，或将创建好的几何模型塌陷为面片物体，但塌陷得到的面片物体结构过于复杂，而且会导致出错。

4. NUBRS 建模

NUBRS 建模是一种非常优秀的建模方式，它使用数学函数来定义曲线和曲面，自动计算出表面精度。相对面片建模，NUBRS 建模可使用更少的控制点来表现相同的曲线，但由于曲面的表现是由曲面的算法决定的，而 NUBRS 曲线函数相对高级，因此对电脑的配置要求也很高。其最大的优势是表面精度的可控性，可以在不改变外面的前提下自由控制曲面的精细程度。

简单来说，NUBRS 就是专门做曲面物体的一种造型方法。由于 NUBRS 造型总是由曲线和曲面来定义的，所以要在 NUBRS 表面里生成一条有棱角的边是很困难的。就是因为这一特点，我们可以用它做出各种复杂的曲面造型和表现特殊的效果，如人的皮肤、面貌或流线型的跑车等。不足的是这种造型方法不易入门和理解，不够直观。另外，还有一个原因是 NUBRS 建模的不稳定性，所以现在很少有人使用该方法。

5. 多边形建模

之所以把多边形建模放在最后讲，是因为多边形建模是最为传统和经典的一种建模方式，也是使用最广泛和最多的一种建模方式。3ds Max 的多边形建模方法比较容易理解，非常适合初学者学习，并且在建模的过程中有更多的想象空间和可修改余地。3ds Max 中的多边形建模主要有两个命令：可编辑网格和可编辑多边形。几乎所有的几何体都可塌陷为可编辑的多边形，曲线也可以塌陷，封闭的曲线可以塌陷为曲面。如果不想使用塌陷操作，还可以给它指定一个可编辑多边形修改器。

可编辑多边形是 3ds Max 最基本的建模方法，它也是 3ds Max 最稳定的一种建模方法，制作模型时占用系统资源少，运行速度快，在较少面数下也可制作复杂模型。多边形建模方法涉及的技术主要是推拉表面构建基本模型，再增加平滑网格修改器进行表面的平滑和精度的提高。这种技术大量使用点、线、面的编辑操作，对空间控制能力要求比较高，适合创建复杂模型。

编辑多边形是目前三维软件流行的建模方法之一，是在可编辑网格建模的基础上发展起来的一种多边形建模技术，与编辑网格非常相似。多边形是一组由顶点和顶点之间的有序边构成的 N 边形、比较适合创建结构穿插关系很复杂的模型，如人体、工业模型等。它的不足是：当表现细节太多时，随着面数的增加，3ds Max 的性能也会下降。不过也无须担心，因为在一个高配置的工作站上，数百万个面才会导致性能的显著下降。这意味着在创建几何体时一定要当心几何体参数中段数的设置。初学者最常犯的错误就是每个物体都建立过多的面数和细节。

1.1.4　多边形建模基础

生成可编辑多边形对象，有以下三种方法供选择。

- 首先选择某个对象，如果没有对该对象应用修改器，可在“修改”面板的修改器堆栈显示中右击，然后在弹出的快捷菜单中选择“可编辑多边形”命令，如图 1.32 所示。
- 右击所需对象，然后在四元菜单的“变换”象限中选择“转换为可编辑多边形”命令，如图 1.33 所示。

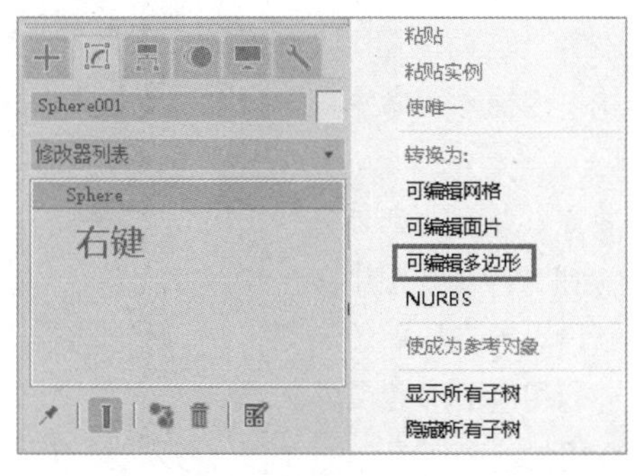
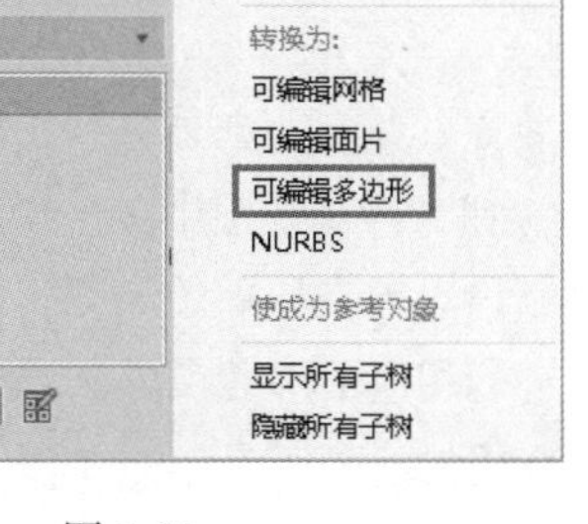

图 1.32

图 1.33

- 选中某个物体的情况下在修改器下拉列表中选择“编辑多边形”修改器，如果想要将该模型塌陷为可编辑的多边形物体，可以在修改器名称上右击，然后在弹出的快捷菜单中选择“塌陷到”或者“塌陷全部”命令，如图 1.34 所示。

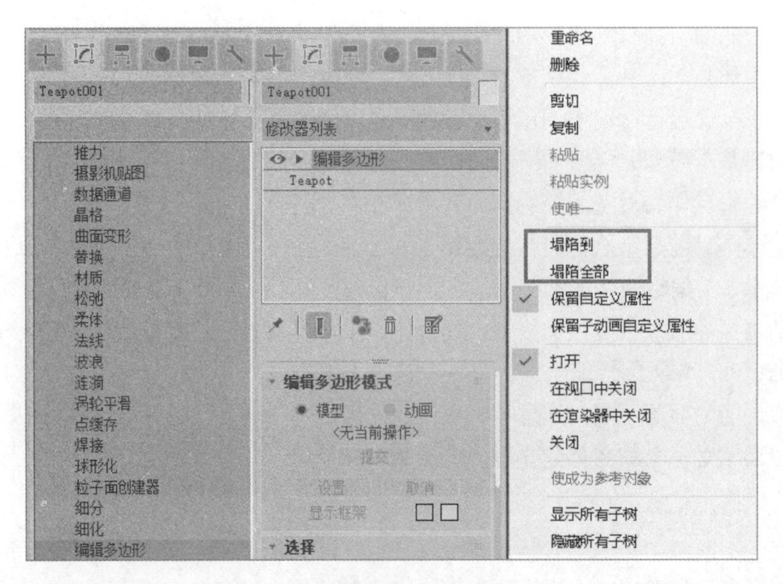

图 1.34

将对象转换成“可编辑多边形”格式时，将会删除所有的参数控件，包括创建参数。例如，可以不再增加长方体的分段数、对圆形基本体执行切片处理或更改圆柱体的边数。应用于某个对象的任何修改器同样可以合并到网格中。转换后，留在堆栈中唯一的项是“可编辑多边形”。

在编辑多边形面板中，位于顶端的 5 个按钮对应了几何体的 5 个子物体级，分别为 Vertex（顶点）、Edge（边线）、Border（边界）、Poly（多边形，也就是面）及 Element（元素）。当按钮显示成黄色时，则表示该级别被激活，再次单击该按钮将退出这个级别。当然也可以使用快捷键【1】【2】【3】【4】【5】来实现各个子物体级别之间的切换。

在 5 个子级别中常用到的命令有以下几种。

- **Insert（插入）**：在“面”级别，通过“插入”命令可以在一个既定的面上产生一个孔洞或者一个开放区域。也适合于创造更多的循环曲线，这对于制作胳膊、树枝及从面上产生分支网会起到很有效的作用。在后面的章节中将要制作一些高级模型，在其中使用到了“插入”命令，这时就可以感受到“插入”命令的强大作用。“插入”命令在使面发生变化方面具有很强大的效力。
- **Extrude（挤出）**：通过“挤出”工具可以将点、线、面向外进行挤出。有两种操作方式：一种是选择好要挤压的顶点，然后单击 Extrude 按钮，再在视图中单击顶点并拖动鼠标，左右拖动可以控制挤压根部的范围，上下拖动可以控制顶点被挤压后的高度；另一种方式是单击 Extrude 旁边的按钮，在弹出的高级设置对话框中进行相应的参数调整。
- **Bevel（倒角）**：此命令被激活后是一个很有用的建模工具。“倒角”命令也可以用来制作酒窝、凹陷及具有缩减性效果的模型。
- **Chamfer（切角）**：这是在建模时最常用到的命令之一。每次在制作一些模型，如车等人造物或者一些硬边，都会用到“切角”命令。为什么呢？因为它可以很有效地使模型在一定的区域产生几何形态。这个命令能够很方便地使具有硬边模型的硬边柔和化。
- **Bridge（桥）**：这是 3ds Max 中的一个连接工具，可以在边、边缘线及面之间进行空间的填充。可以使用设置参数进行桥接，或者直接使用桥接命令进行连接。最显著的作用是在连接的边上可以进行自由分段。单击“桥”按钮，按住 Ctrl 键单击两条边，就可以进行桥接，这种方法可以无限次地使用，并可以在多个方向上使用。进行桥接时，起始边和终点边之间会以虚线进行连接。这是一个强大的编辑工具，操作也很简单。

下面介绍其他的编辑工具，其中一些是老版本中就已经有的，一些是新版本中才添加进来的。

- **Cut（切割）**：顾名思义，一个简单而有效的在面上进行切割的工具。虽然在多边形建模时不经常使用此命令，但是使用“切割”命令可以快速切割边以确定面的总体方向。
- **Insert Vertex（加点）**：这个命令对于“边”级别有着非常大的作用。允许在边上快速添加节点来进行连接，以便在面上创造出新的循环曲线或者环形线。使用此命令，可以在多边形的任何面上的任何部位准确地添加节点。不过这样做也有其不当之处——会在面上产生四个三角面，一般来说，这在多边形建模中是不允许的。为了消除三角面，可以对添加的点进行切角操作，来生成四边面。这种操作与在面上使用“插入”命令类似，只不过是步骤比较多而已，都是产生了 5 个面。如果在与边缘线相邻的面上使用此命令，会迅速产生一些有用的几何形状。
- **Quickslice（快速切割）**：此命令可以在面上进行相互的线性切割。
- **Collapse（塌陷）**：这是一个很有用的命令，它可以快速将两个或者更多的节点合并为一个。这与焊接命令很相似，只不过没有阈的调节。
- **Weld（焊接）**：指定快捷键为 Shift+W，该命令可以焊接同一个模型上的任意多个节点。同时焊接命令也可以在“边”级别进行使用。
- **Target Weld（目标焊接）**：与焊接命令相似，但是在“边”级别下却是一个很有用的多边形建模工具。使用拖动复制命令创造一条新边时，可以使用“目标焊接”命令将产生的新边和其他边相焊接，以便快速地连接两条分离的边。“目标焊接”命令也可以在“点”级别上使用。
- **Connect（连接）**：此操作是多边形建模中经常使用的命令，快捷键为 Ctrl+Shift+E，也可以为其指定其他的快捷键。还可以指定任何组合键作为快捷键，只要操作起来方便就行。使用“连接”命令在面上添加细分曲线及连接节点很方便。同时也可以很方便地在面上添加循环曲线和定向曲线。
- **Extrude along Spline（沿样条线进行挤压）**：此命令是建模中非常强大且方便的工具。为了得到极佳的效果，需要对该命令的所有参数进行合理的设置。在建模中经常使用此操作，而且每次都能得到理想的效果。如果想制作一个藤蔓，使用此命令是一个不错的选择。
- **Cap（封盖）**：它的作用是将开口处生成面并使其封闭，操作方法为选择边界，然后单击 Cap 按钮。

除了上述命令之外，3ds Max 2020 还提供了很强大的石墨建模工具，石墨建模工具也称为 Modeling Ribbon，代表一种用于编辑网格和多边形对象的新范例。它具有基于上下文的自定义界面，该界面提供了完全特定于建模任务的所有工具（且仅提供此类工具）；且仅在需要相关参数时才为用户提供对应的访问权限，从而最大限度地减少了屏幕上的杂乱现象。Ribbon 控件包括所有现有的编辑/可编辑多边形工具，以及大量用于创建和编辑几何体的新型工具。

单击工具栏中的图标可以开启和关闭石墨建模工具。

石墨工具除了包含可编辑的多边形建模参数中的所有命令，还增加了许多实用的工具，如自由变形工具、偏移工具、拓扑工具等，如图 1.35 和图 1.36 所示。

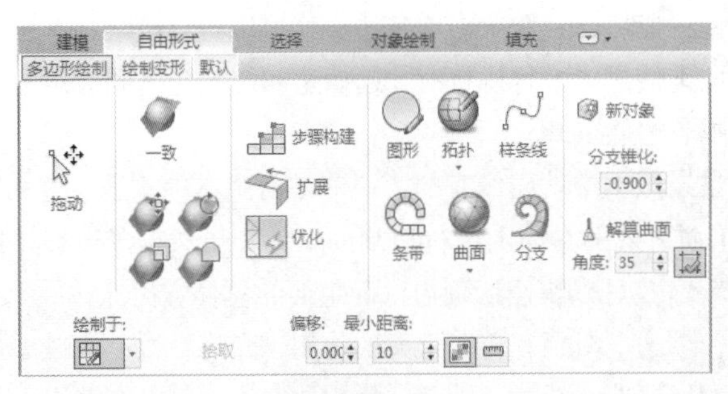

图 1.35

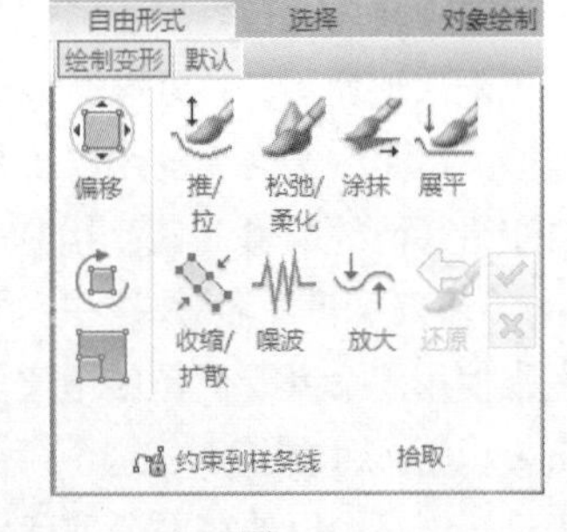

图 1.36

这些功能在后面的实例当中会讲解到，所以这里就不再详述。

介绍完多边形常用命令后，下面介绍一下如何通过多边形建模来创建所需模型，这里要使用一个命令叫作“拖动复制”，也就是我们常说到的面的挤压或挤出。“拖动复制”可以应用于所有的元素（包括点、线、边缘线、面以及元素），它们之间会有一个适当的衔接。“拖动复制”一般常用于“边”级别下，选择一个边并按住 Shift 键单击拖动即可拖出新的面，如图 1.37 所示。在以后的建模中会大量使用该方法，所以一定要熟练掌握。

接下来就学习一下通过“拖动复制”来创建一个鼻子模型。

步骤 01 在“前”视图中创建一个面片模型，给其一个长度和宽度分段，并将其塌陷成可编辑多边形，如图 1.38 所示。

步骤 02 进入“边”级别下，在“前”视图中选择面片模型上面的边。切换到“左”视图，使用“拖动复制”命令产生一些新的面，制作出鼻梁的大体轮廓。在例子中可以看到拖动复制出了三个大小均匀的面，如图 1.38 所示中间的模型。

知道在哪个视图中使用“拖动复制”命令对于建模是非常重要的。要经常思考哪个视图中可以创建出符合需求的形状，并且尝试着去满足最佳的视觉效果。

步骤 03 重复上述过程。这次所要拖动复制的边是原始多边形的底部的边，拖动复制出四个大小均匀的面，并使其呈弯曲状，形成鼻子的底端形状。图 1.38 所示的是原始的多边形模型和经过拖动复制后形成的鼻子形状。

步骤 04 选择一条水平边，单击 Ring 按钮，或使用快捷键 Alt+R 来选择所有的水平边，然后单击 Connect 按钮，在模型上添加一条垂直的细分曲线，如图 1.39 所示。

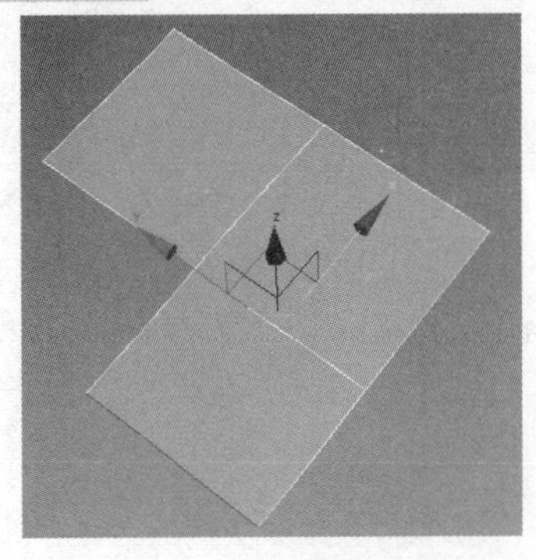

图 1.37

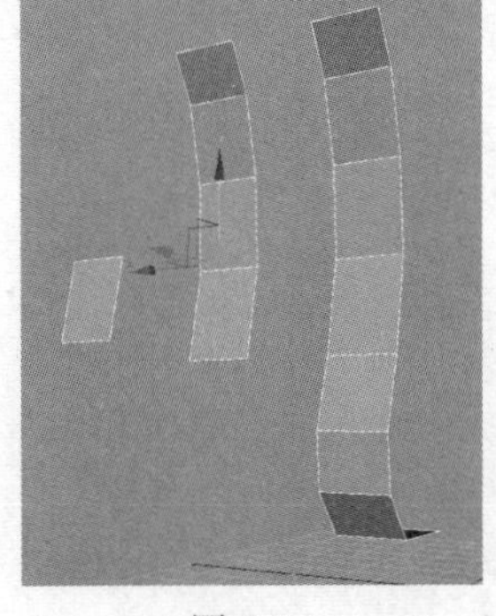

图 1.38

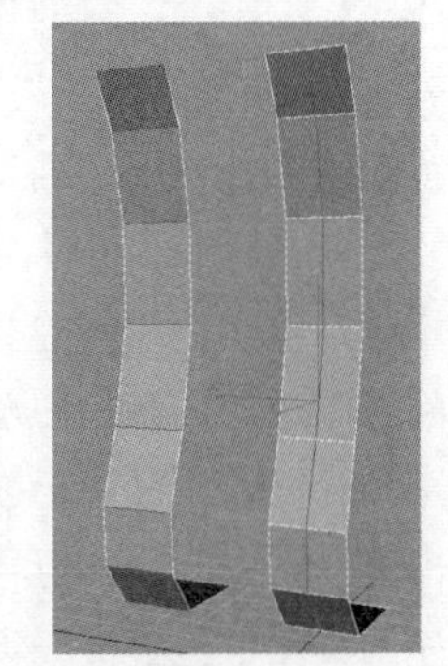

图 1.39

步骤 05 删除一半的面，使用“对称”修改器沿 X 轴镜像复制剩余的模型。

步骤 06 进入到修改器下拉菜单中，给模型添加一个 TurboSmooth（涡轮光滑修改器）。在继续下一步操作之前，应该检查一下打开和关闭“涡轮光滑”修改器的不同结果。接下来将要移动边并制作出更多的细节。在建模过程中可以关闭“涡轮光滑”修改器，这样同样可以显示对称的结果。在此，每做完一步，都应该时不时地打开“涡轮光滑”修改器观察最终的模型，看看是不是期望的结果。

步骤 07 在“边”级别下，单击 Symmetry（对称）修改器的开关按钮（修改栈底部的图钉按钮），这时有一半的面将会出现橙黄色的边，这就表示这些面被默认为激活状态。打开开关按钮，选择边，这时边将会由橙黄色变为黄色。

步骤 08 在模型的右侧从上到下依次选择 6 条边，向后移动其位置，使其相对于中心部位有一个轻微的角度。然后在鼻子模型的底部选择一条边，这条边跟即将制作的嘴唇模型相连接。此时对称开关仍然被打开，将选择的边向中心位置移动，使其具有适当的比例。图 1.40 所示的是调整了边后的模型。

如果想找一张鼻子的参考图，可以在网上搜索。笔者认为最好的方式是参照自己的鼻子，并不是说照着自己的鼻子来建模，只是感觉一下鼻子的结构，这对建模很有帮助。

步骤 09 选择刚才的 6 条边，按住 Shift 键向外拖动，创建出另外的面，如图 1.41 所示。

步骤 10 继续选择刚才的边，给其一个细微的调节，制作出鼻梁部位的曲线形状。

步骤 11 选择图 1.42 所示的边，单击 Connect 按钮，在模型上添加细分曲线，并调节节点的位置，效果如图 1.43 所示。

步骤 12 选择图 1.44 所示的两个节点，单击 Collapse 按钮，塌陷两个节点，效果如图 1.45 所示。这个新生成的边缘线将有助于确定鼻子的形状和中心线，这一操作是整个鼻子建模过程中的关键之处。现在鼻梁部位的形状已经很完美，接下来制作鼻孔模型以及与鼻子相连接的脸颊模型。

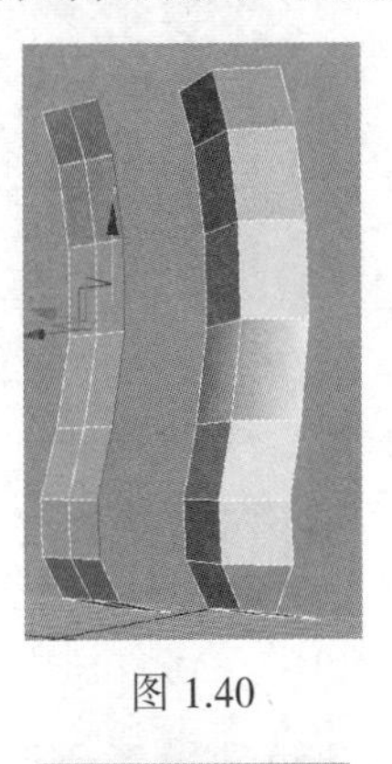
图 1.40

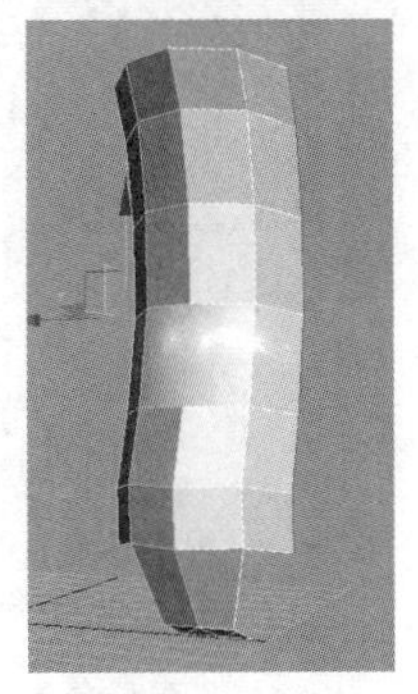
图 1.41

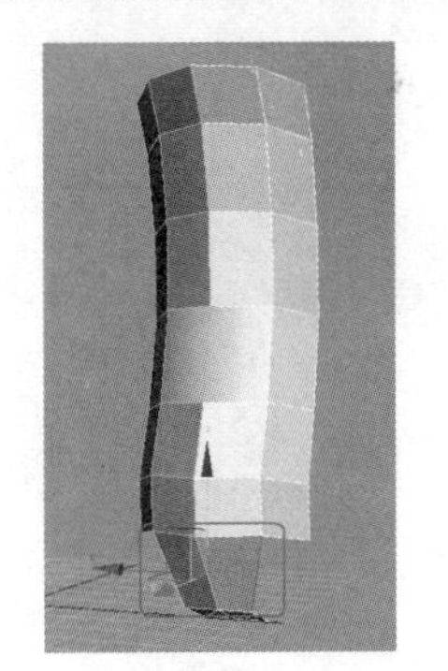
图 1.42

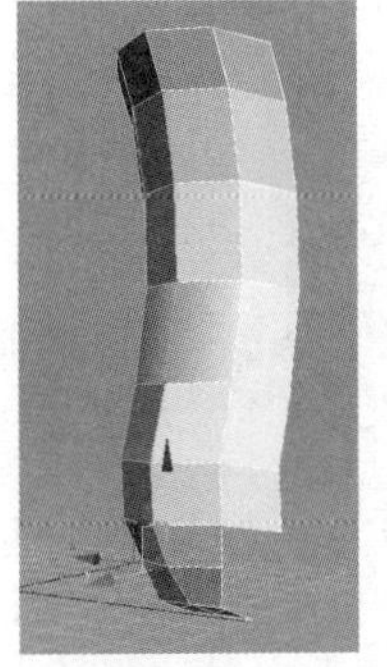
图 1.43

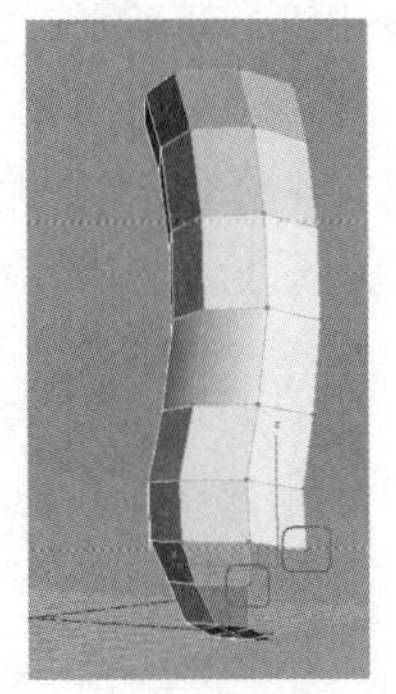
图 1.44

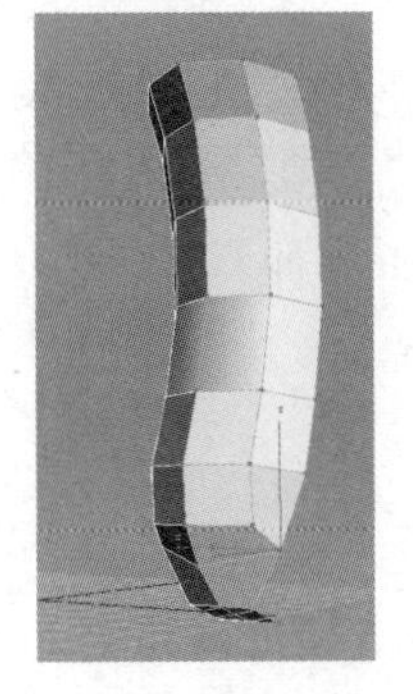
图 1.45

步骤 13 选择图 1.46 所示的 7 条边，按住 Shift 键向外拖动，然后向回做轻微的移动，使其有一个平滑的坡度，如图 1.47 所示。

步骤 14 选择图 1.48 所示的两条边，按住 Shift 键向外拖动，鼻孔模型将要成形，如图 1.49 所示。这时一些边和点的移动就显得格外重要。

步骤 15 选择刚才的两条边，按住 Shift 键沿 Y 轴拖动复制，产生两个新面，如图 1.50 所示。这里正在制作的是面积比较大的鼻孔模型，其边缘与脸颊相连接。此时，有必要摸摸自己的鼻子，感觉一下鼻子的结构，完善你的建模思路。

步骤 16 继续执行上述拖动复制操作，产生两个新面，调节新面上节点的位置，如图 1.51 所示。

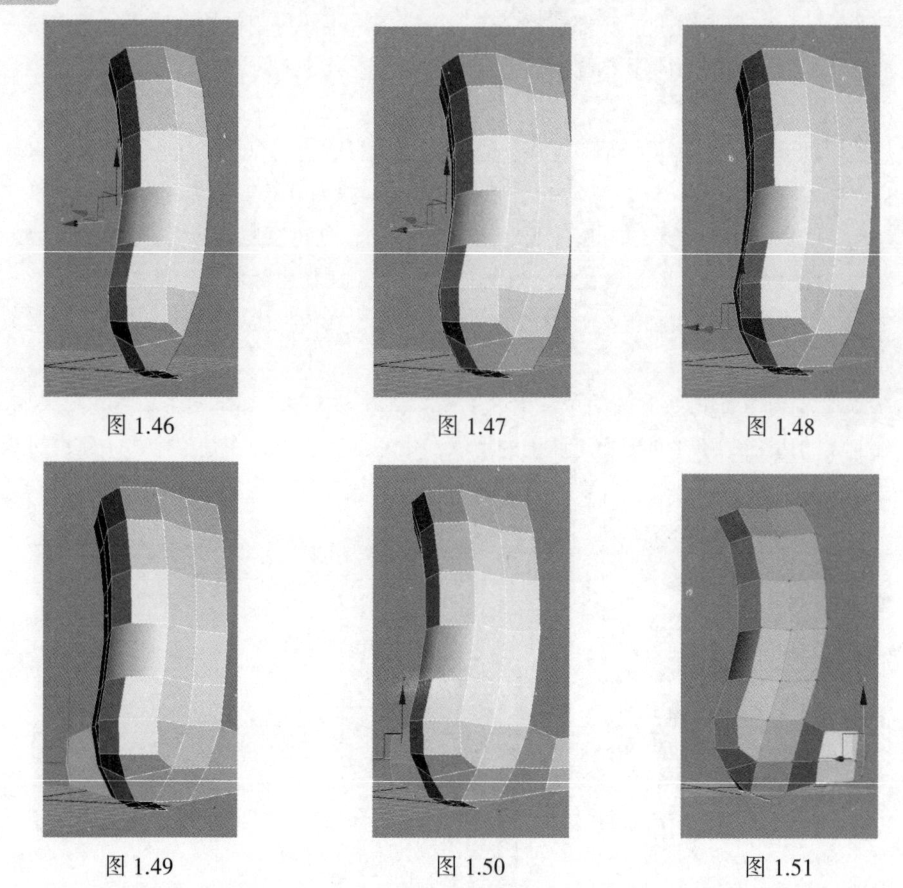

图 1.46　图 1.47　图 1.48

图 1.49　图 1.50　图 1.51

步骤 17 这是最后一次对上述两条边进行拖动复制操作。按住 Shift 键沿 Y 轴进行拖动复制，然后沿 X 轴向中心进行拖动复制，这样将会产生鼻子和脸颊的分割线，如图 1.52 所示。

步骤 18 在“前”视图或者“透视”视图中选择最底部的两条边，如图 1.53 所示，用来制作出鼻子与嘴唇相接部分的模型。将选择的边拖动复制 3 次，在拖动复制期间，保持边之间的均匀性，如图 1.54 所示。

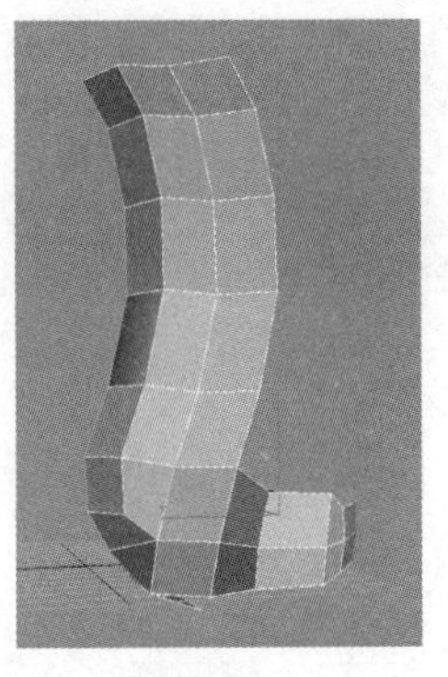
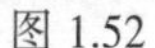

图 1.52

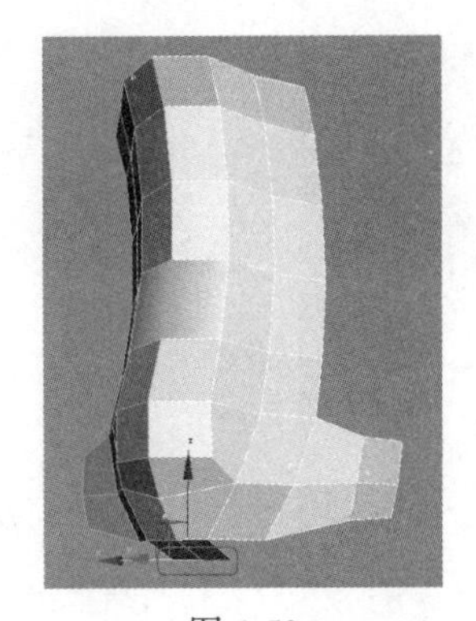

图 1.53

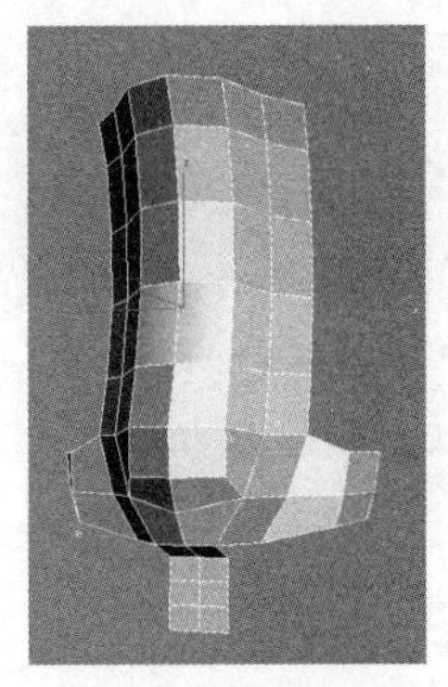

图 1.54

步骤 19　新产生的面侧看时呈一条直线，当进行细分时不会形成真实的效果，所以在“左”视图或者“右”视图调节边的位置，使其在鼻子和嘴唇之间形成弯曲形状。图 1.55 所示是生成面的过程。

步骤 20　现在来调整鼻子和脸颊之间的过渡区域。选择鼻子模型上的四条边，如图 1.56 所示，对其进行三次拖动复制，产生三排新面。为什么是三排呢？因为鼻子下方的区域由三个面组成，为了保持四边面，同时可以与下方的面进行桥接操作，这样可以大大提高工作效率。

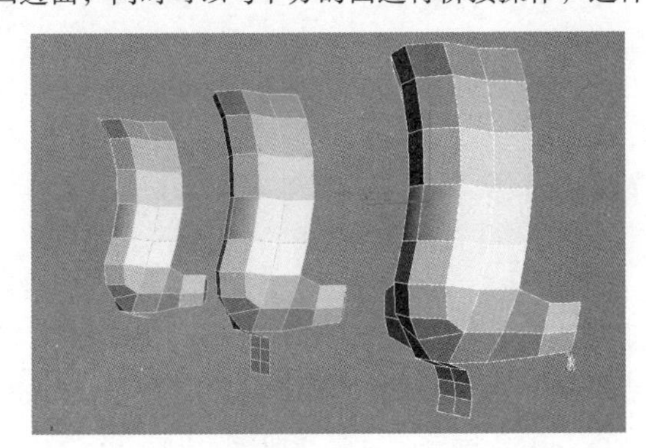

图 1.55

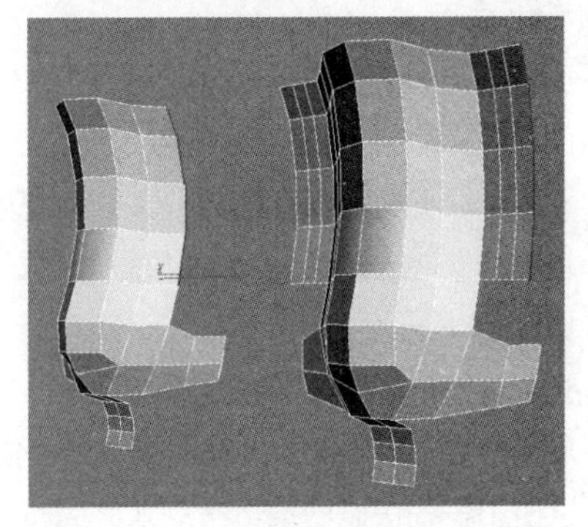

图 1.56

步骤 21　在“透”视图中旋转模型，调节边、面或者节点的位置以使新产生的面符合鼻梁的斜度。旋转模型是为了能够更好地观察到模型的各个角度，这样便于寻找合适的节点或视图角度进行模型的调整。

步骤 22　一旦移动新产生的面到合适的位置，应该在鼻孔和鼻子的上侧或旁侧留有一定的空间，这个上下的面应该保持相等的边数，上边 3 条，下边也是 3 条。图 1.57（左侧）所示是选择的边。

步骤 23　选择上下的 6 条边，使用“桥接”工具进行连接，如图 1.57（右侧）所示。

现在我们有了一个视觉型好且有序的面，细分效果极佳。所以需要制定一些面来确立模型的细节（记住在制作模型的过程中要常使用“光滑”命令进行效果的查看）。这时模型上的水平边是非常线性的，面与面之间间隔均匀。我们的鼻孔不是垂直的，需要移动一些边或者节点来使鼻子成形。

步骤 24　调节图 1.58 所示的 3 个节点的位置来创造一个弧形轮廓，以确定鼻孔的形状。当增加这方面的细节后，这种简单的节点调节将在这个区域产生一个漂亮的折痕。鼻孔后面的开放区域则需要花费更多的时间去完成。

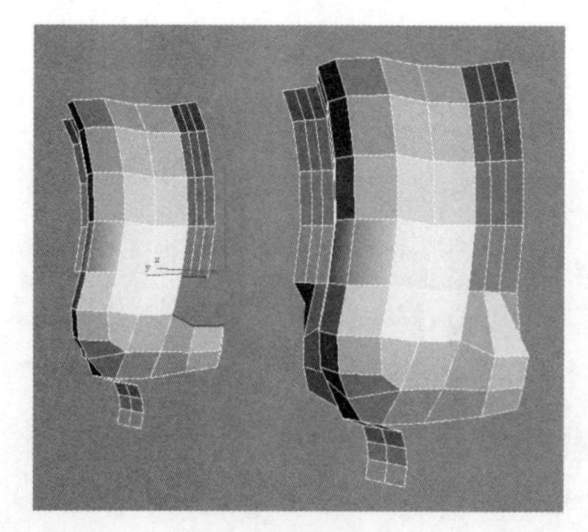

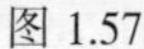
图 1.57

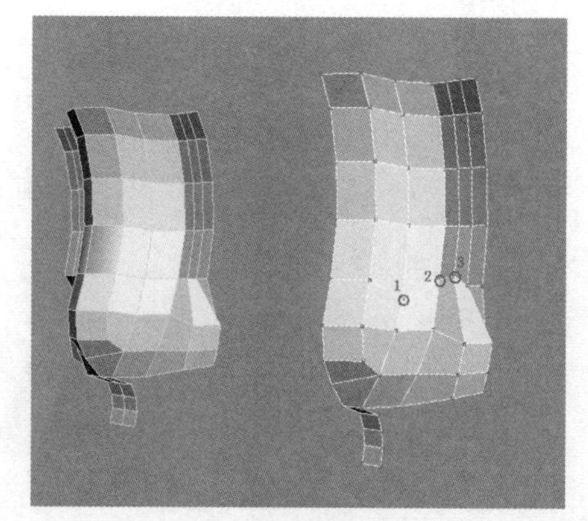

图 1.58

步骤 25 选择图 1.59 所示的两条边，使用“桥接”工具进行连接。桥接时单击后面的参数设置按钮，在弹出的对话框中设置桥接 Segments（段数）为 4，然后单击 OK 按钮。桥接命令在面与面之间搭建了一座桥（因此得名），在面与面之间产生了四个新面，如图 1.59 所示中间的模型。

步骤 26 通过桥接产生的模型不是一个直观体，所以跟上述一样，需要移动一些边或者点来产生一个流畅且自然的形状。当移动边或者点时，也使鼻子和上唇之间的面产生一些弯曲。图 1.59 所示是面的变化过程。

下面来确定模型的形状，从而得到一个动态的、流畅的面的布局。在鼻子区域添加一些真实感，需要做的是在鼻头区域添加循环线框。

步骤 27 选择鼻孔和桥旁边的 9 条边，如图 1.60 所示，对其进行 Chamfer（切角）操作。切角的大小取决于参数的高低，所以根据模型的大小来调节参数的量。切角的大小应该与模型成一定的比例，如图 1.60 所示。

这些切角效果可以帮助我们确定模型的有效形状，但同时也产生了一些三角面和多边面。可以看到，在模型上产生了一些五边形，在每个三角面的旁边都会有一个五边形，所以必须想办法使每个面保持四边形。可以使用一些快速的编辑命令来形成四边面。图 1.61 所示是产生的三角面和四边面。

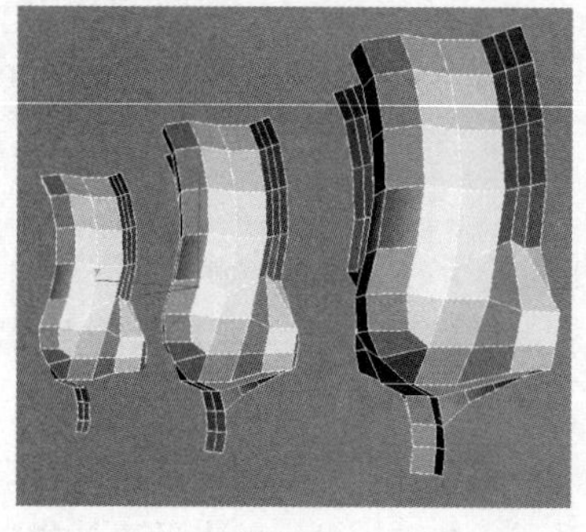

图 1.59

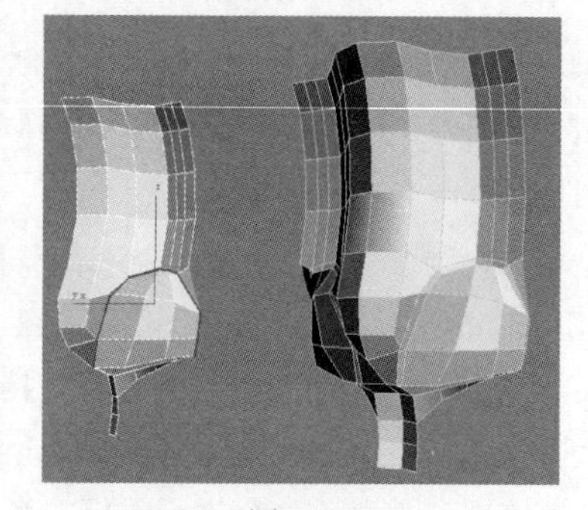

图 1.60

图 1.61

步骤 28 选择图 1.62（左）所示的三条边，对其进行塌陷。

步骤 29 为了消除鼻孔两侧的两个三角面，使用塌陷命令塌陷选择的两个节点，如图 1.62（右）所示。

通过这两步操作，迅速得到了四边面并且产生了细分效果极佳的边缘。接下来应该给模型一个光滑显示，查看一下光滑后的效果。我们经常提到“移动”或者“编辑”边或者节点，这些操作会使模型更加具有逼真的形态。说起来容易，但做起来却很难，必须仔细观察模型，如果有必要的话还需要使用其他的修改命令进行调节，以便创造出具有良好视觉效果的细分表面。

下面给模型添加一些修改器命令来查看模型的细分效果。

切换到“边”级别，选择鼻孔处的边（这时视图中选择的边呈现黄色，因为打开了细分开关），使用拖动复制命令向鼻孔深处进行复制。当拖动复制边缘时应该密切注意鼻孔底边处的光滑型。图 1.63 所示是拖动复制边缘曲线前和拖动复制边缘曲线后的效果。

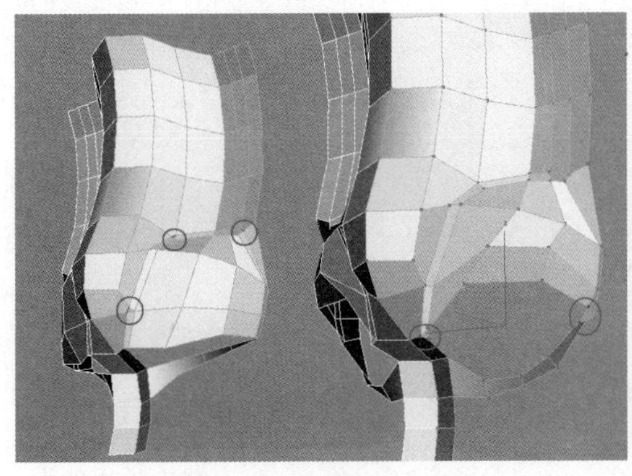

图 1.62

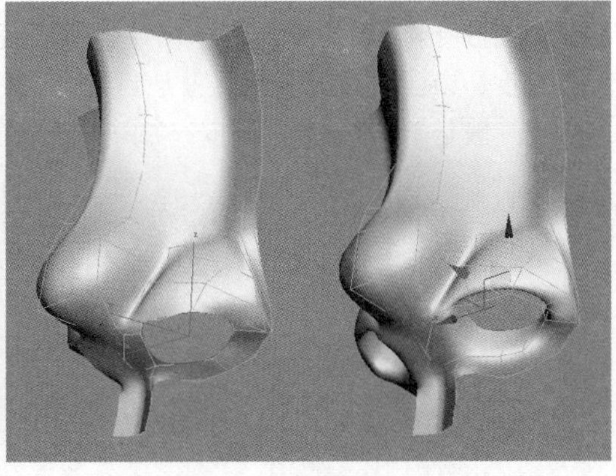

图 1.63

另外，可以使用镜像命令或者参照一些参考图来得到最好的效果。可以打开使用的所有修改器来查看此练习的最终效果。如果还想继续完善鼻子模型，可以在鼻子和上嘴唇之间生成一些过渡区域，从而使模型更具真实感，同时也使模型更加具有细节表现。图 1.64 所示是增加了额外步骤的模型显示。

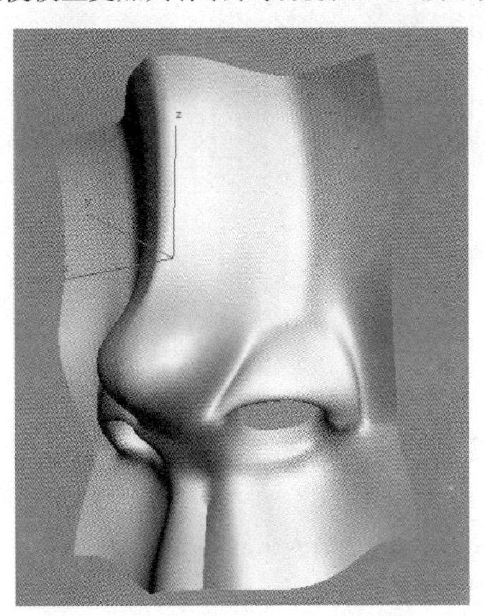

图 1.64

完成了鼻子模型的制作后，希望大家可以注意到多边形建模的潜力和灵活性。对不同层级元素的拖动复制可以制作出高精度的模型，同时也可以使编辑能力大大提高。

1.2 人体结构比例

在学习制作人体之前，首先学习一下人体比例和结构。用任何一种 3D 软件在制作人体模型的时候都要把握好比例，熟练掌握人体的肌肉分布，只有掌握了这些，在制作人体模型的时候才能做得更加完美。

所谓比例是指各个部分占身体总高度的所占比。年龄不同，身体各比例也各不相同。0~2 岁的儿童头部大概占身体高度的三分之一，3~5 岁儿童身高大概是 4 倍头部高度，5~8 岁儿童身高大概是 5 倍头部高度，10~13 岁儿童身高大概是 6 倍头部高度。15 ~ 18 岁的人身高大概是 7 倍头部高度，成年人的身高一般是 7 倍多头部的高度，如图 1.65 和图 1.66 所示。

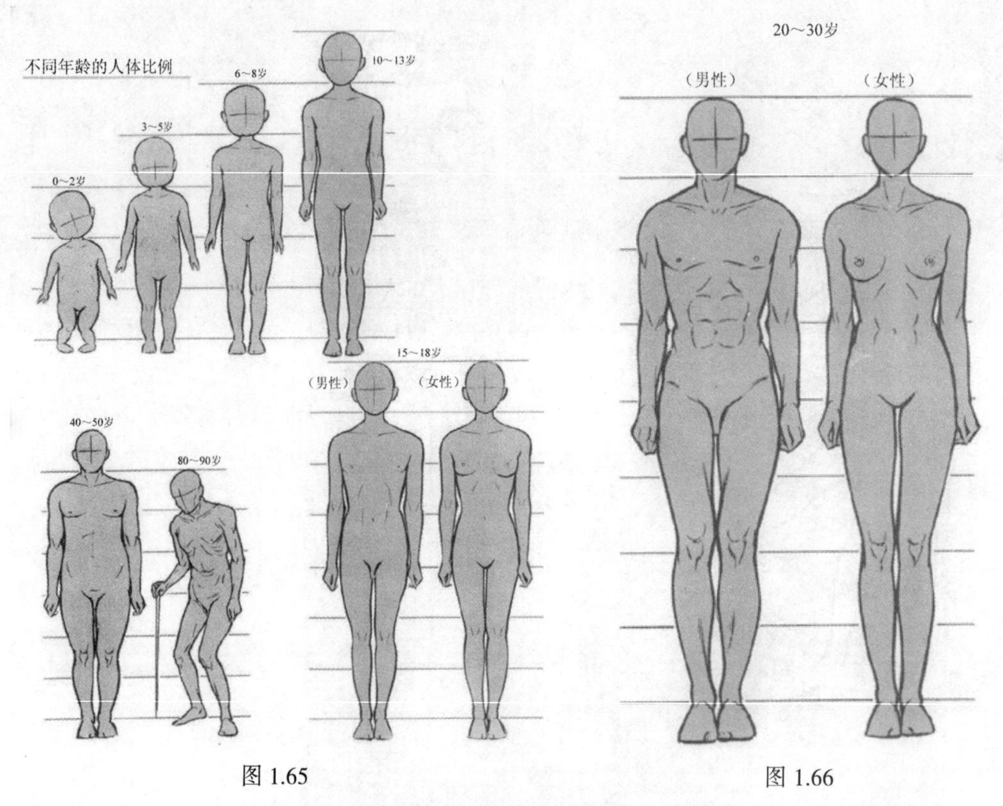

图 1.65　　图 1.66

虽然正常成年人的身高大约为 7 倍多头部的高度，但是在制作的时候，一般把身体做成大约 8 倍人头高度，这样更能体现角色的美感以及线条感。特殊情况下，如果特意来体现女性的修长美，可以把腿做得更长，整个身高可以控制在 8 ~ 9 倍人头的高度。

比例掌握好之后，还要掌握好身体的骨骼和肌肉。人体共有 206 块骨骼，分为颅骨、躯干和四肢三大部分。它们分布在全身各部位，支撑着身体，保护内部器官，同时在肌肉的带动下进行各种活动。人体所有骨骼的形状和大小各不相同。

图 1.67~图 1.69 所示为基本的人体骨骼和肌肉分布图，可以很好地帮助我们了解人体结构。

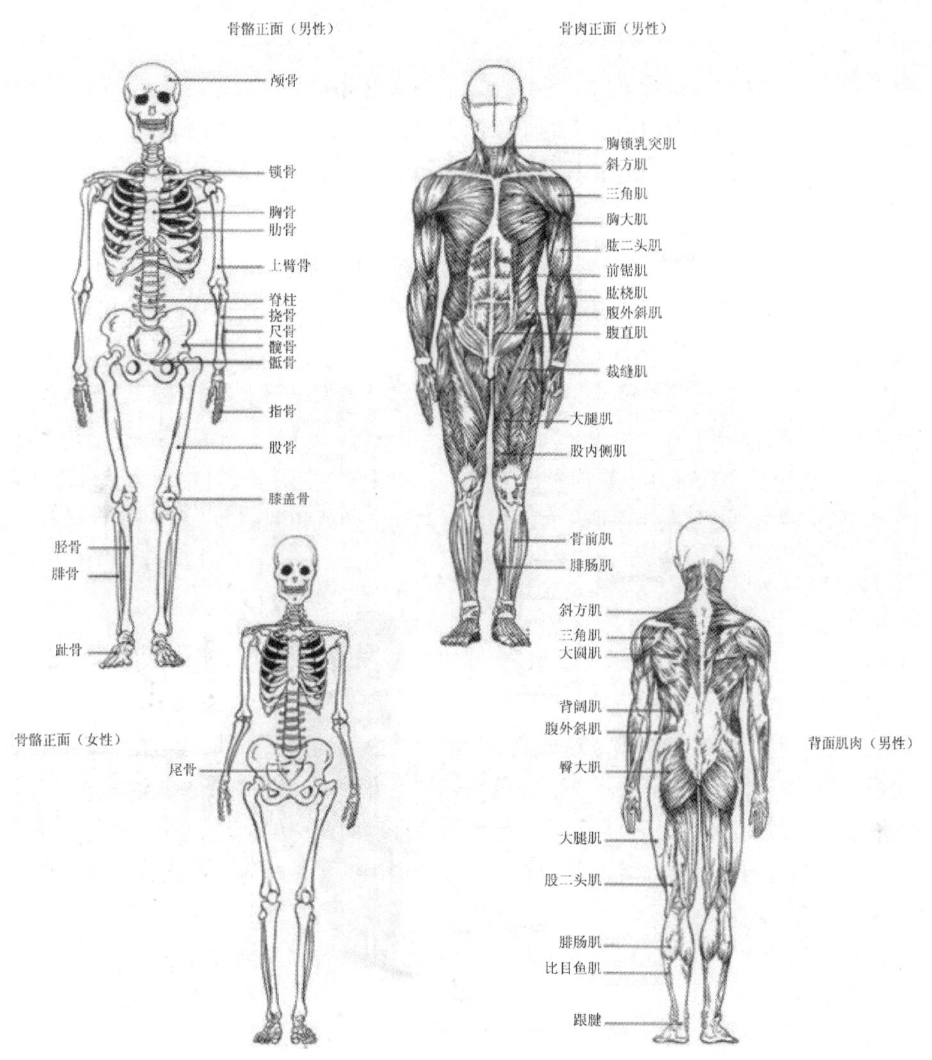

图 1.67

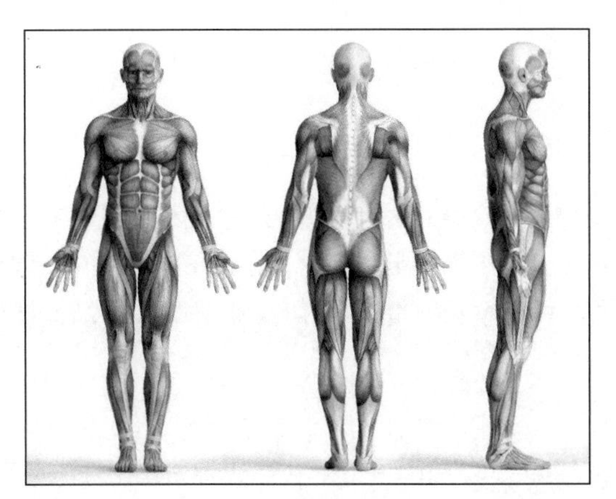

图 1.68

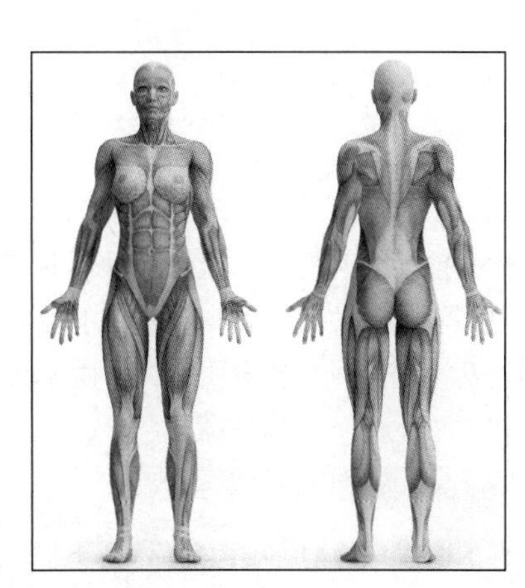

图 1.69

1.2.1 男女骨骼及肌肉区别

1. 头部

相对女性而言，男性的头盖骨更大，更有棱角，结构更有力度感，其表面更粗糙，可以使肌肉的肌腱部分紧紧附着在上面，从而增强肌肉的牵拉能力。男性下颌更方而女性更尖。女性的额部较直而平滑。男性有更多更明显的额窦，这使双眼上方的眉骨更为厚实。男性的面部肌肉较女性而言更厚实。

2. 颈部

男性的甲状软骨（喉结）比女性的大得多，甲状软骨下的环状软骨也是男性的更明显，在咽的下方引出一个小小的唧筒。女性的甲状腺更大些，盖住了环状软骨，使颈部外形更圆润。甲状腺肿大常造成脖颈变粗，这种情况在女性身上比男性更常见。

由于上肋骨与胸骨连接处的角度与男性不一样，所以一般情况下女性的颈部要比男性长。男性的胸骨上端一般与第二胸椎一样高，女性的胸骨较低，与第三胸椎齐平。无论是男性还是女性，颈的前部都要比后部低，若将整个胸部往上提向下巴处的话，颈部就会变短。女性的枕骨比男性的更斜一点，这使其颈后部更高一些。男性的更为强有力的颈肌，尤其是颈后和两侧的肌肉使男性的颈部显得更宽一些。

3. 躯干部

男性的肌肉明显比女性更加厚实和发达，女性的皮肤下面的脂肪层要比男性更厚一些，因此女性身体的骨骼和肌肉都不像男性那么明显。

男性的胸大肌和胸小肌比较发达，轮廓清晰，而女性由于乳房的原因，胸部肌肉被乳房覆盖，变得不那么明显。男性的乳头在第五肋上面，也就是剑突上方一点，当站直的时候，若从肩膀的最边缘处画一条到肚脐的直线，通常会经过乳头。女性的两个乳房向两侧偏，乳头周围的乳晕可以是略微隆起，也可以是平坦的。由于胸部及背部肌肉较为发达的原因，男性从侧面看胸廓厚度通常呈倒梯形，较女性而言要厚得多。

由于男性的骨盆较为狭窄，肌肉表面的脂肪层较少，男性腰部两侧通常有较为明显的腹外斜肌。女性则非常不明显。

4. 肩和臂

男性的肩部更宽更平直，相对于男性而言，女性的肩部低垂，这一点在亚洲女性身上尤其明显，欧洲女性相对于亚洲女性而言，肩部相对更宽，胸廓也较为宽大。男性手臂的脂肪较女性要少，肌肉较发达且轮廓清晰。

5. 前臂和手

男性的前臂肌肉发达，做握拳动作时粗细变化明显。尺骨头突起明显，手腕部分更宽更粗大，手掌宽且更厚实，指关节粗大，手整体上看起来更方。由于男性脂肪较少，静脉在皮肤下的凸起更为清晰可辨。女性的尺骨头较不明显，手腕部分较细，手掌窄长，指关节不明显，手指显得细长，女性很少可以在前臂皮肤下看到静脉凸起。

6. 髋和大腿

男性的骨盆较女性的而言更高更狭窄，髂前上棘之间的距离更小，女性的骨盆较宽且浅，在体表，覆盖在腹部，臀部及大腿肌肉上脂肪的厚度及其柔和的曲线决定了女性骨盆的外形。女性在怀孕生产后，骨盆会被撑得更开，髂嵴的位置发生变化。如从背后观察同一个女性在怀孕生产前后的臀部，会发现臀部的髂嵴、臀大肌和臀中肌所构成的轮廓会由少女时上小下大的梨形，逐渐变成上大下小的蝴蝶型。

从表面看，髋和大腿的肌肉通常男性的更大，因为他们的肌肉一般较强壮，肌肉的棱线和体块更加清晰，骨点也更加明显。而女性的大腿由更多的脂肪构成，因此更为柔软，从视觉角度来说，形体更浑圆，骨点较为圆润及模糊，不像男性那样清晰地显现在形体表面。表层脂肪通常能决定臀部和大腿上的皮肤肌理，女性尤为如此。

7. 小腿和足

男性的髌骨、胫骨粗隆都较为宽大，因此膝关节显得更粗大，髌骨也显得较为突出，脚踝凸出也较明显。女性的小腿通常线条更柔和，膝关节较狭窄，踝关节尤其是内踝凸出较不明显。男性的足部骨骼清晰，足背部静脉血管凸起清晰可辨。

只有深入了解了以上知识点，在制作人体模型时才能够很好地把握人体结构和模型布线的要求，所以在学习人体模型制作之前，一定要先打好学习人体学的坚实基础。

1.2.2　模型布线要求

在 CG 行业中，有很多模型对布线有很高的要求，比如游戏中有游戏角色的布线规则，如图 1.70 所示，面数既少又能准确地概括复杂的形状和角色的运动需要就成了重点。CG 电影中的角色也有他们更复杂的布线原理，如何使角色的动作、表情更加自然、真实是对模型的基本要求，如图 1.71 所示。

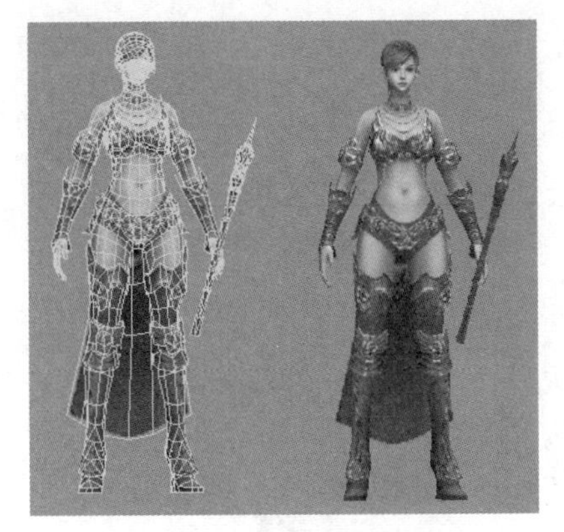

图 1.70

图 1.71

一个模型的好坏，除了要比较真实以外，还有重要的一点就是根据需要查看布线是否正确。一个好的模型是集合了轮廓外形和正确布线的精华。所以制作一个好的模型也是要花费一些心思和工夫的。

对于布线，有些人认为能够画出结构的同时越简单越好，这种说法不完全正确。如果过度要求精简布线，可能会造成细节上的损失和肌肉变形及可控性下降。模型的布线并不是以定型为目的的，也要多为以后的工作着想。例如，以后想做一个动画等，即使不做动画，也要为画贴图考虑。

总体来说呢，模型的布线原则有几种。

（1）尽量使用四边面来制作，如图 1.72 所示。当然也不是绝对的，任何一个模型都有可能出现一些三角面或者五边面，五边形面、多边形面、三角面在圆滑后都会有不平整的表现，产生瑕疵。五边形面在制作表情动画时会难以控制，不能很好地伸展。但是这些三角面和五边面有时又是不可避免的，那么出现这种情况时，我们尽量让有三角面或者五边面的地方出现在模型看不到的地方，如人体中尽量把三角面或五角面放在腋下、胯下、背部等处。

使用这种方法的好处是面与面大小均匀，排列有序，为以后的角色蒙皮和 UV 的展开提供方便，但是也有不利的地方，如要想体现更多的肌肉细节，则需要付出面数成倍的增加的负担。

（2）按照肌肉的走向进行布线。这种布线方法完全按照肌肉的走向布线，优点是可以很好地控制形态及造型，缺点是布线较乱，面与面大小分布不均匀。这种方法不常用。

（3）综合前两种方法，把它们的优点集于一体。既尽量保证四边面使布线均匀，又按照肌肉的走向进行线条的调整，如图 1.73 所示。

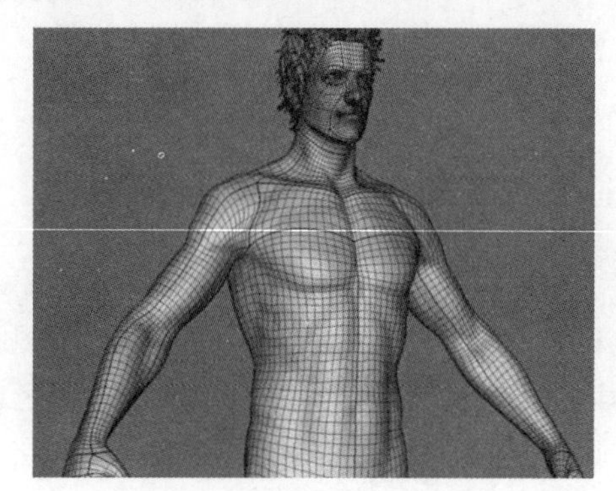

图 1.72

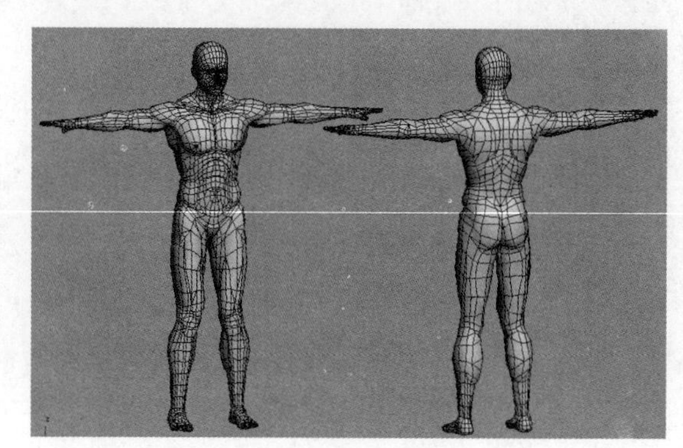

图 1.73

这种方法也是经常要用的布线准则。但是在运用这种方法的同时也要合理分布线条的疏密程度。运动幅度大的地方布线尽量密一些，如图 1.74 所示的膝盖、眼睛和嘴巴的位置。在适当的部位增加布线不但可以表现细节，而且为动画伸展提供支持。

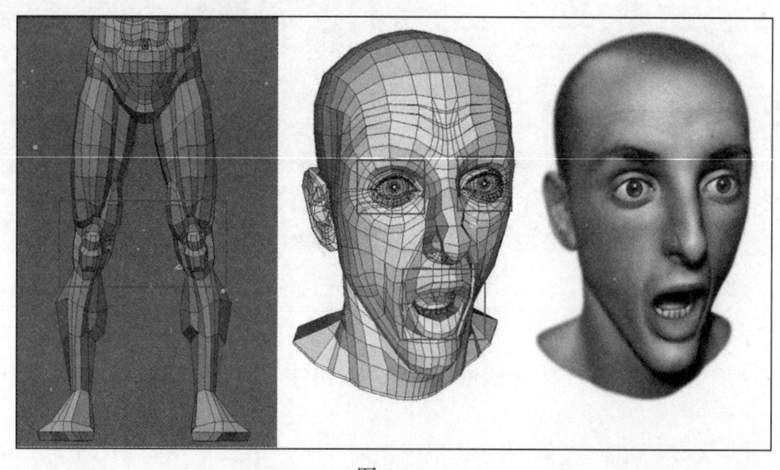

图 1.74

运动幅度小的地方可以适当减少线条数，如后脑勺、额头、大腿等地方，如图 1.75 所示。

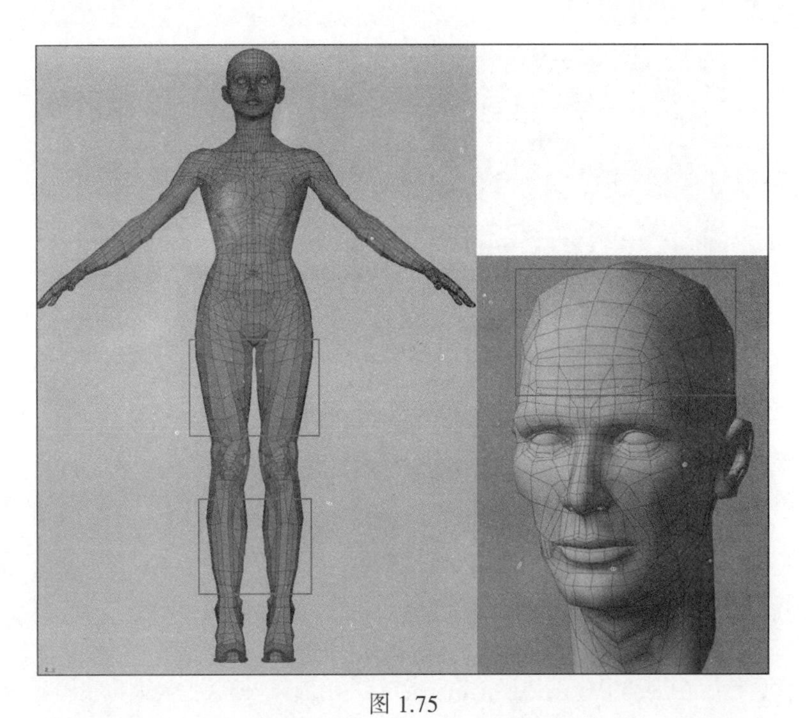

图 1.75

下面给出一些大师的作品供我们研究学习，如图 1.76~图 1.78 所示。

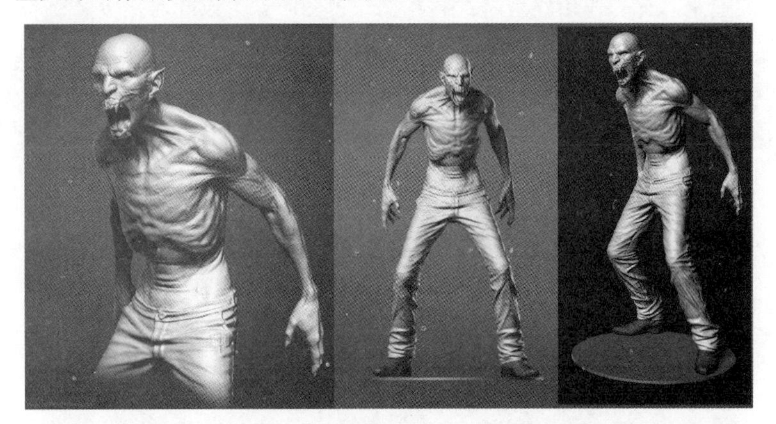

图 1.76

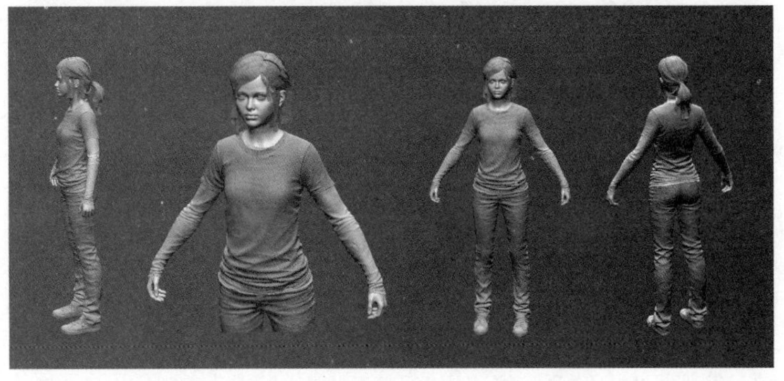

图 1.77

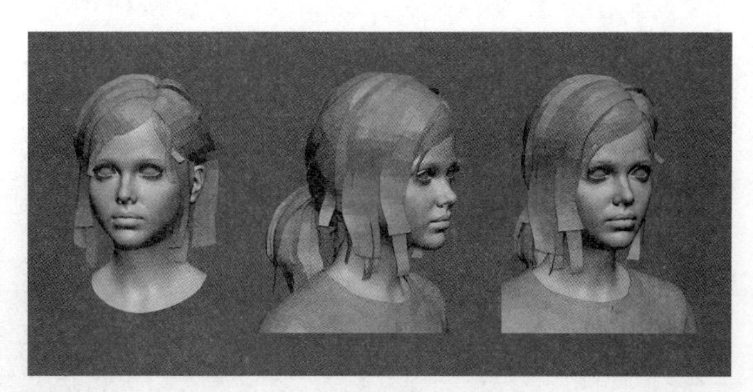

图 1.78

1.3 软件基本设置

在学习了多边形建模的一些基础知识和人体比例后，软件的一些基本设置还是要先在这里给大家介绍一下，以便后期使用。

步骤 01 单击 自定义(U) 下的 自定义用户界面(C)...，打开自定义用户界面，将滑块拉到最下方，找到 最大化显示选定对象，然后在热键中输入 Z，单击“指定”按钮，这样就把最大化视图显示的快捷键设置成了 Z，3ds Max 2020 之前版本默认的就是 Z 键，但 3ds Max 2020 版本默认的 Z 键为全局搜索，所以这里先将其更改过来。它的作用就是当我们在操作视图时，可以随时按下 Z 键将选择的物体最大化视图显示。

步骤 02 单击类别右侧的下三角按钮，选择 Views（类别: Views），在下方找到 以边面模式显示选定...，在热键中输入 Shift+F4，单击“指定”按钮，它的作用是可以指定选定的对象以边面模式显示。设置好之后，先按 F4 键，然后再按 Shift+F4 组合键，在选择物体时，该物体就会单独显示边线了，如图 1.79 所示的茶壶物体。

图 1.79

步骤 03 在“类别”下选择 Editable Polygon Object 类别: Editable Polygon Object，然后在下方找到 NURMS 切换(多边形)，按 Ctrl+Q 组合键，单击“指定”按钮，这样就把多边形编辑下模型的快速细分设置成了 Ctrl+Q 组合键，接下来再介绍一下它的用法。

在视图中创建一个 Box 物体，右击，在弹出的快捷菜单中选择“转换为可编辑多边形”命令，将模型转换为可编辑的多边形物体，此时按 Ctrl+Q 组合键，模型就会自动细分一级，如图 1.80 所示。

系统默认为细分一级，如图 1.81 所示。

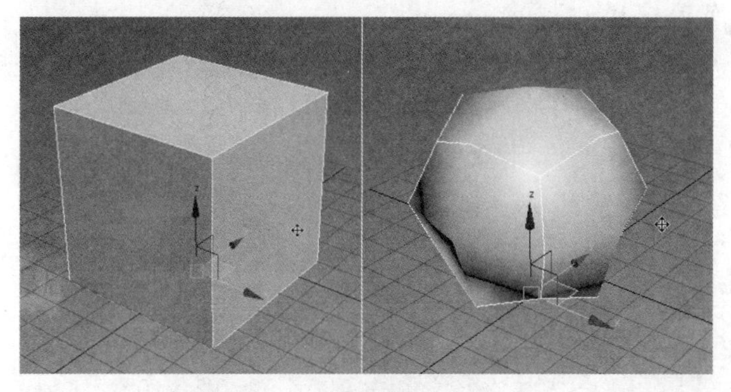

图 1.80

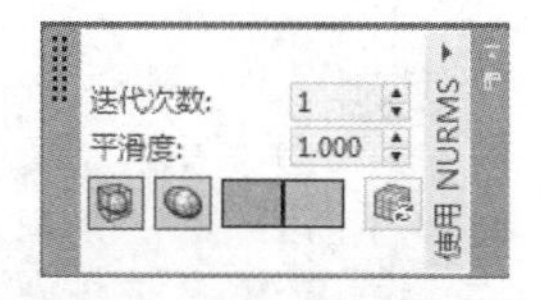

图 1.81

图 1.82 所示分别为细分一级、二级和三级的区别。

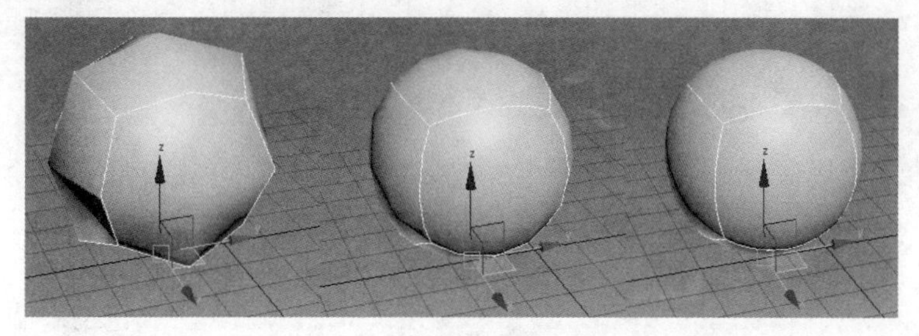

图 1.82

更改迭代次数可以增加细分级别，不过这里的值不建议超过 3，过多的细分会导致系统资源的浪费，造成卡顿现象。当再次按 Ctrl+Q 组合键时即可取消细分显示。这次的快捷键设置其实也就是开启和关闭参数面板下的“使用 NURMS 细分”使用 NURMS 细分。

步骤 04　在 4 个视图中的任意一个视图中右击右上方小图标并在弹出的菜单中选择“配置”，在“视口配置”对话框中设置参数，如图 1.83 所示。

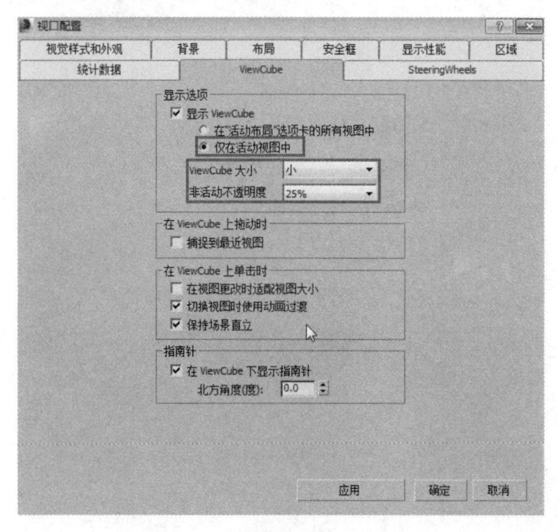

图 1.83

这样就设置了只在活动视图中显示右上角的图标。

步骤 05 选择“自定义”→“首选项”命令，在弹出的对话框中选择“文件”选项卡，在“自动备份”选项组中设置“备份间隔”为 15 分钟，如图 1.84 所示。

当然也可以将自动备份关闭，不管是否开启自动备份，我们在工作中都要养成随手保存场景的习惯。

步骤 06 在自定义菜单下单击 单位设置(U)...，设置单位为毫米，如图 1.85 所示。

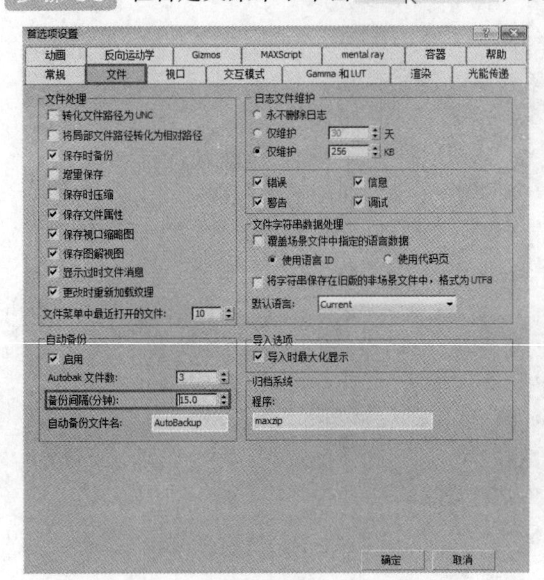

图 1.84

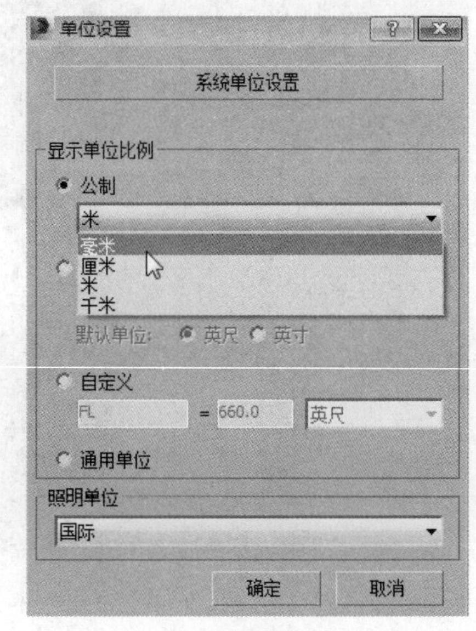

图 1.85

以上就是软件的基本设置，最后提醒大家，在学习当中一定要学会快捷键的使用，只有这样才会大大提高工作效率。

第 2 章　男性角色设计

本章制作男性人体模型，在学习制作模型之前，首先了解一下男性和女性身体的差异以及男性的肌肉结构。图 2.1 所示为男女人体比例的差异，从图中可以看出，男性身体颈部、腰身、胳膊、手腕、大腿以及脚踝要比女性的粗，肩膀要比女性的宽等特点。

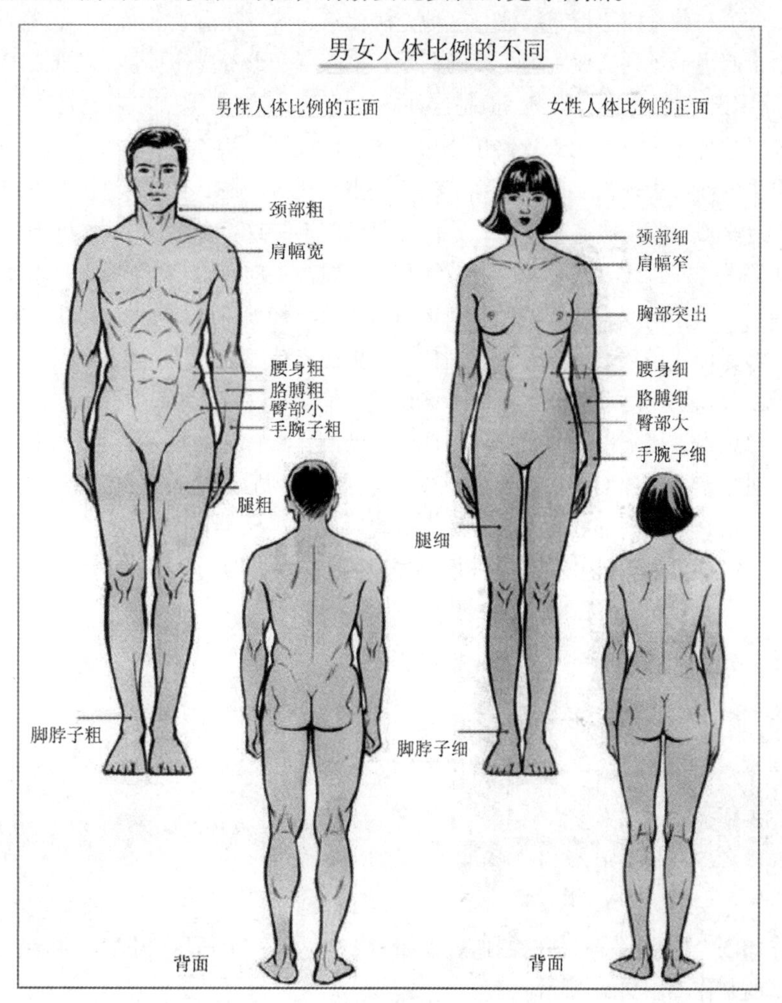

图 2.1

了解了男女身体比例差异后，接下来看看男性身体的肌肉结构和骨骼，如图 2.2 和图 2.3 所示。

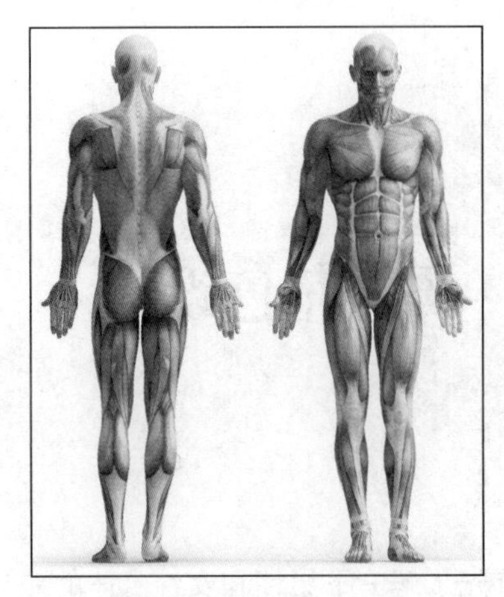

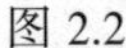

图 2.2

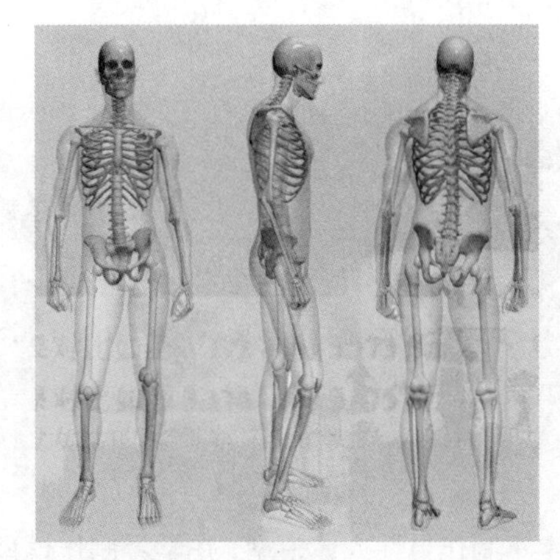

图 2.3

只有了解了人体肌肉的走向和骨骼分布，在建模的时候才能知道如何去调整布线。一般人体建模布线有两种方法：第一种是四边形布线法，这种方法要求布线在模型上分布均匀，并且每个单位的形状为四边形，由于四边形排列有序，为后续的贴图、皮肤、变形等操作提供了方便，而且在修改外形时很容易，适合使用雕刻软件进行雕刻。但是这种方法也有一定的缺点，如果想表现更多的肌肉细节，面数会成倍增加，这种布线方法用于骨骼扭曲相对较小的模型。第二种方法是按人体肌肉走向布线，该方法能够以更少的面数表现真实的模型细节，但缺点也是致命的，如果模型的布线疏密差异很大，在展开 UV 时会造成 UV 的拉伸或者压缩，导致贴图精度不一致，会出现细节的问题。所以，在进行人体建模时，通常最佳的布线方法是四边形布线和人体肌肉走向布线结合使用，动作幅度大的重点部位用四边形布线法，动作幅度小的部位用肌肉走向布线法。伸展空间要求大、变形复杂处的区域，采用四边形布线能够保证线条数量的充分及合理伸展，更能支持较大的动作幅度，变形小的部位用肌肉走向布线方法做细节，它的运动伸展性不用考虑得那么周全。

了解了以上知识点，接下来就开始学习男性人体的制作，首先来看一下制作思路：先从头部开始制作，制作头部时一定要按照面部肌肉走向布线，这样才能为后期的面部表情动画打下坚实的基础。其次单独制作出耳朵，再把头部和耳朵合并后进行线段调整。再次制作出身体躯干，然后制作出胳膊和腿部，最后单独制作出手和脚并和身体进行合并后调整。头部制作过程如图 2.4 ~ 图 2.7 所示。

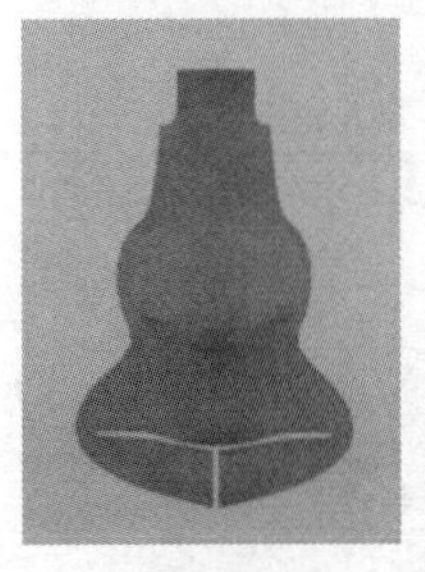

图 2.4

图 2.5

图 2.6

图 2.7

耳朵的制作如图 2.8 所示。身体的制作过程如图 2.9 ~ 图 2.11 所示。胳膊和腿部的制作如图 2.12 所示。手部模型的制作如图 2.13 所示。

脚部模型的制作如图 2.14 所示。最后进行手、脚的合并调整。

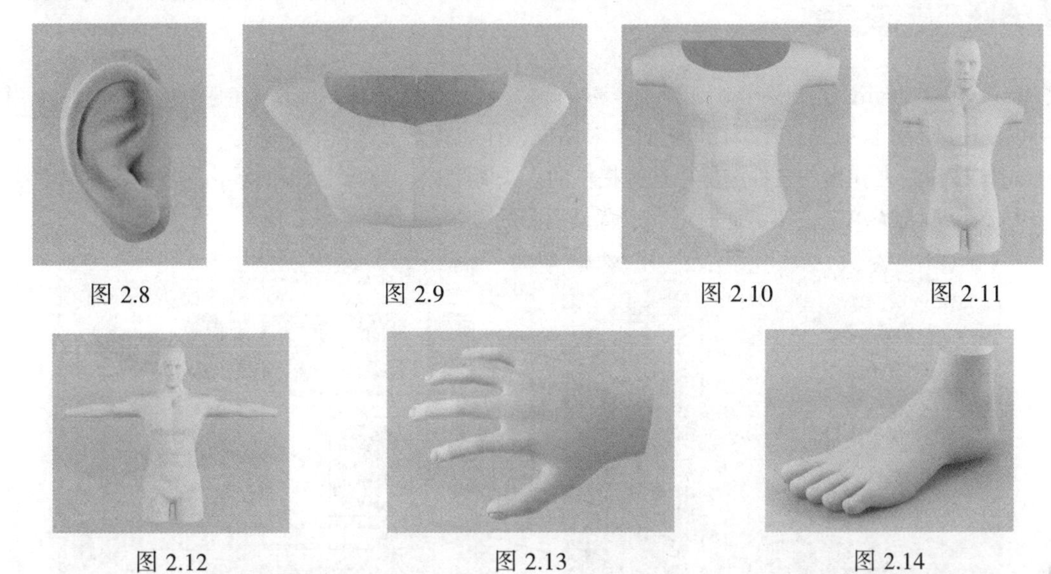

图 2.8　图 2.9　图 2.10　图 2.11

图 2.12　图 2.13　图 2.14

腿部模型制作效果如图 2.15 所示。制作好内裤后的效果如图 2.16 所示。简单赋予材质后的整体效果如图 2.17 所示。

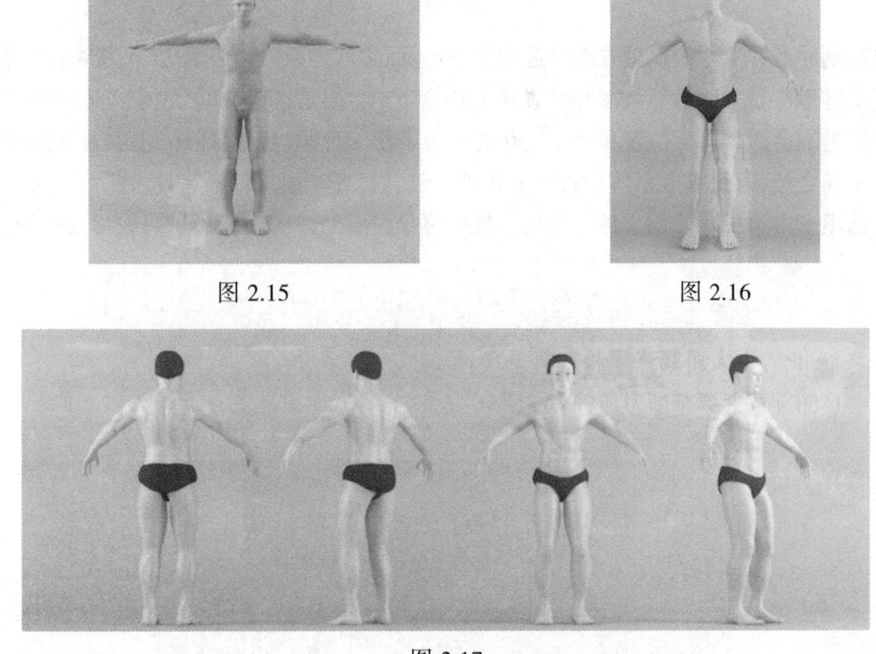

图 2.15　图 2.16

图 2.17

2.1 设置参考图

步骤 01 单击 视图(V) 菜单，选择 视口背景 ，然后单击 配置视口背景(B)... Alt+B ，当然也可以使用 Alt+B 快捷键打开“视口配置”对话框，在“背景”选项卡中单击“使用文件”，然后单击 文件... 按钮，在弹出的文件浏览中选择提供的人头参考图，如图 2.18 所示，然后再在“背景”选项卡中选择 匹配位图 单选按钮，此时可完成背景视图的设置。

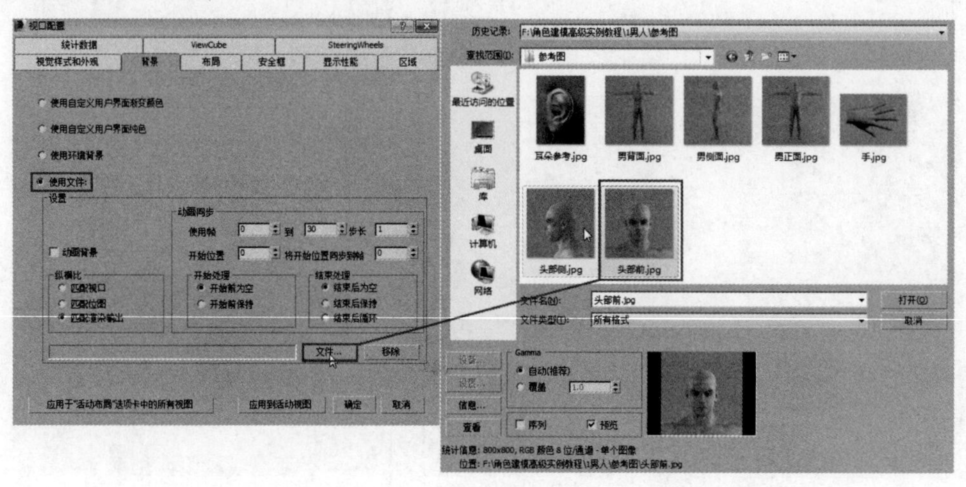

图 2.18

这里要特别注意，上述的设置方法只适用于 2014 版之前的版本，由于 2014 及以后版本参数没有了“锁定缩放/平移”选项，虽然将图片设置在了背景当中，但是在单击鼠标中键进行视图的移动和缩放时，参考图是不会随之进行位置和大小变化的。为了便于理解，我们打开 3ds Max 2020 版本看一下它们之间的不同之处，在 2020 版本中按 Alt+B 组合键，打开“视口背景”对话框，如图 2.19 所示。在“背景”选项卡中选择“使用文件”选项，然后再单击 文件... 按钮设置一张背景图片。

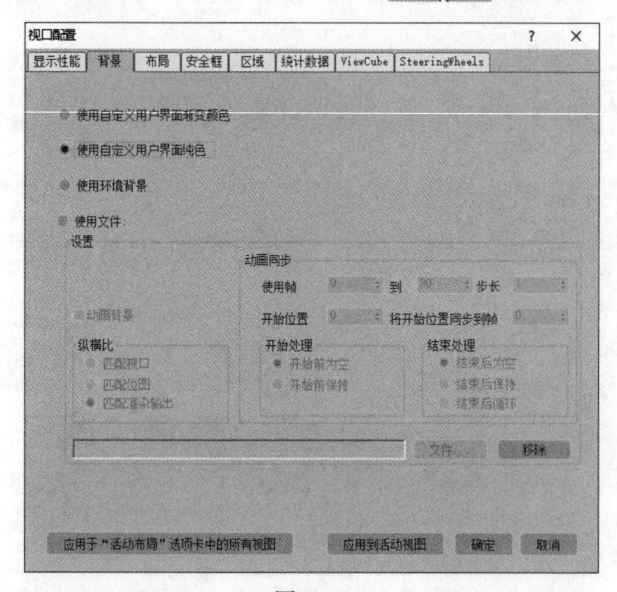

图 2.19

在视图中缩放移动视图时可以发现，背景参考图并不能随之进行缩放和移动。

步骤 02 首先考虑使用环境背景的方法来代替。按 Alt+B 组合键打开“视口背景”对话框，在“背景”选项卡中选择“使用环境背景”单选按钮，如图 2.20 所示。然后按 8 键打开“环境和效果”面板，单击环境贴图的 无 按钮，在弹出的“材质/贴图浏览器”对话框中选择位图，然后选择一张需要的图作为参考图，如图 2.21 所示。

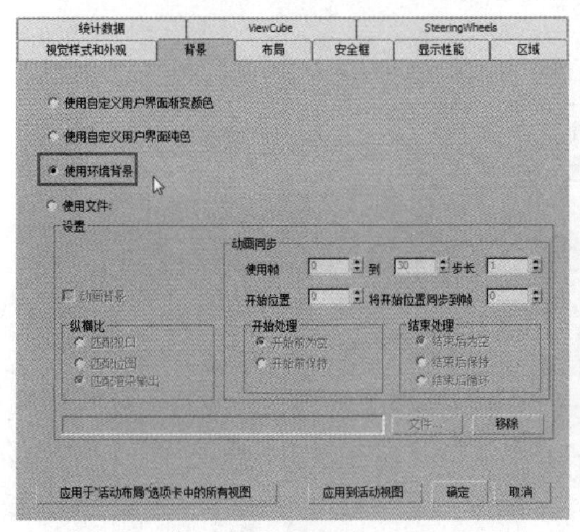

图 2.20

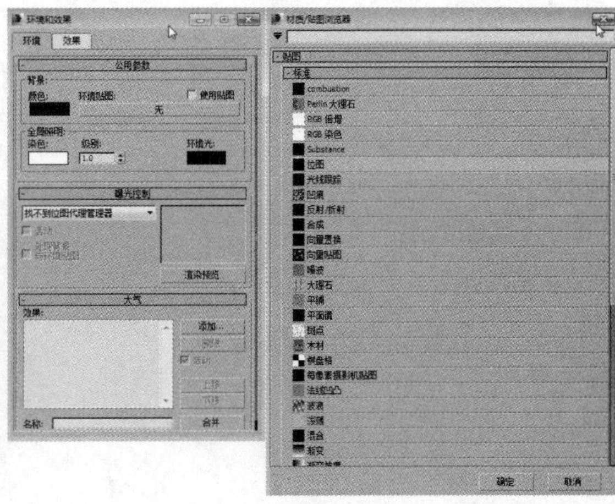

图 2.21

按 M 键打开“材质编辑器”窗口，单击“环境贴图”按钮并拖动到一个材质球上释放，选择“实例”的方式进行关联，如图 2.22 所示。在贴图类型中选择“屏幕”，如图 2.23 所示。这样就把设置的环境贴图作为一张背景图片设置在了视图显示当中，但是这种方法同样达不到锁定和缩放平移参考图的效果，因此放弃该方法。

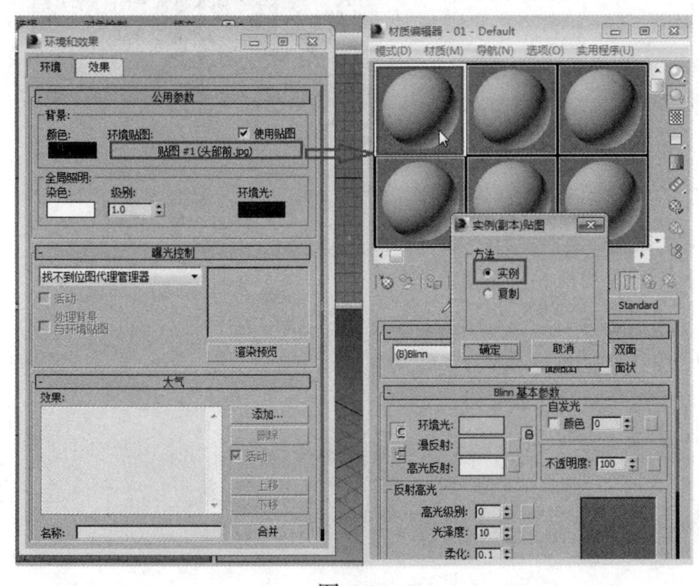

图 2.22

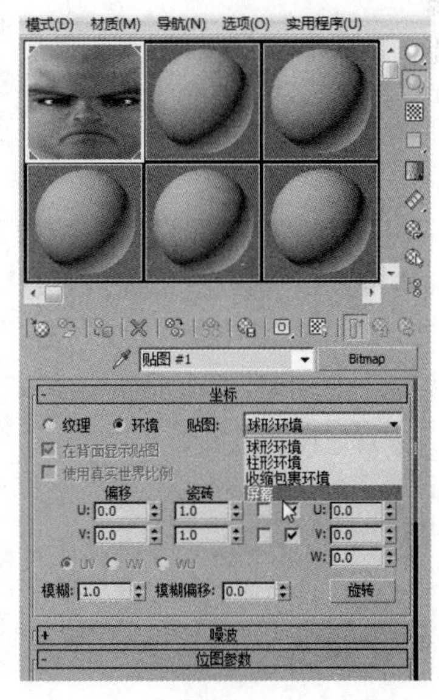

图 2.23

步骤 03 选择“自定义”→“首选项”命令，在首选项设置面板的“视口”窗口中单击 选择驱动程序... 按钮，此时会打开“显示驱动程序选择”对话框并显示驱动程序选项，如图 2.24 所示。单击下三角按钮，弹出几种驱动程序模式，如果选择 Nitrous Direct3D 11、Nitrous Direct3D 9 及 Nitrous 软件这三种模式，背景视图中都是没有“锁定缩放/平移”选项的，如果选择了旧版 Direct3D 模式，在重启 3ds Max 之后，再次按 Alt+B 组合键后，会发现“锁定缩放/平移”选项又重新出现在该面板中，如图 2.25 所示。

图 2.24

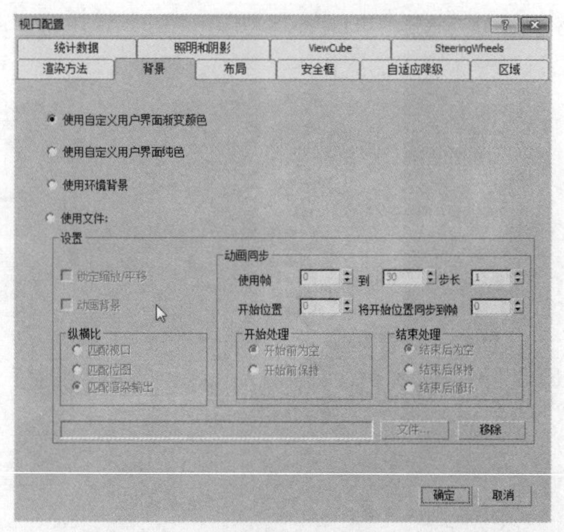

图 2.25

但是不要高兴得太早，当我们用同样的方法设置好背景参考图并选择☑锁定缩放/平移复选框后，在视图中创建任意一个物体，在进行缩放时模型的大小和背景视图的大小不能同步进行等比例的放大和缩小，这也是一个比较严重的问题。所以通过调整驱动程序的方法同样在这里行不通。

步骤 04 既然上面几种方法都不可行，那么就没有其他的方法了吗？肯定是有的。在视图中创建一个 Box 物体，设置长、宽、高均为 800mm，右击，在弹出的快捷菜单中选择“转换为”→“转换为可编辑多边形”命令，将该模型转换为可编辑的多边形物体，删除上下和左右的面，只保留两个侧面，如图 2.26 所示。

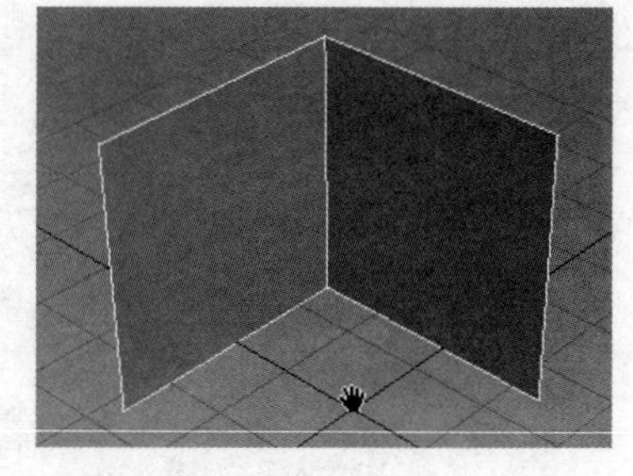

图 2.26

按 4 键进入“面”级别，选择其中的一个面，在右侧的工具面板中单击 分离 按钮将该面分离出来。按 M 键打开材质编辑器，选择一个材质球，单击“漫反射”后面的按钮，在弹出的“材质/贴图浏览器”面板中双击位图，然后选择一个头部的图片，如图 2.27 所示。

在选择面片的情况下单击按钮，将该材质赋予面片，单击按钮回到材质上一级，单击按钮，将该图片在视图中的面片物体上实时显示，如图 2.28 所示。

用同样的方法设置另外一个材质球并赋予另外一个面，设置好贴图之后，在“前”视图中创建一个 Box 物体，可以发现该物体把图片遮挡住了，所以在制作模型时，需要将模型透明化显示，透明化显示的快捷键为 Alt+X，透明前后的效果对比如图 2.29 所示。

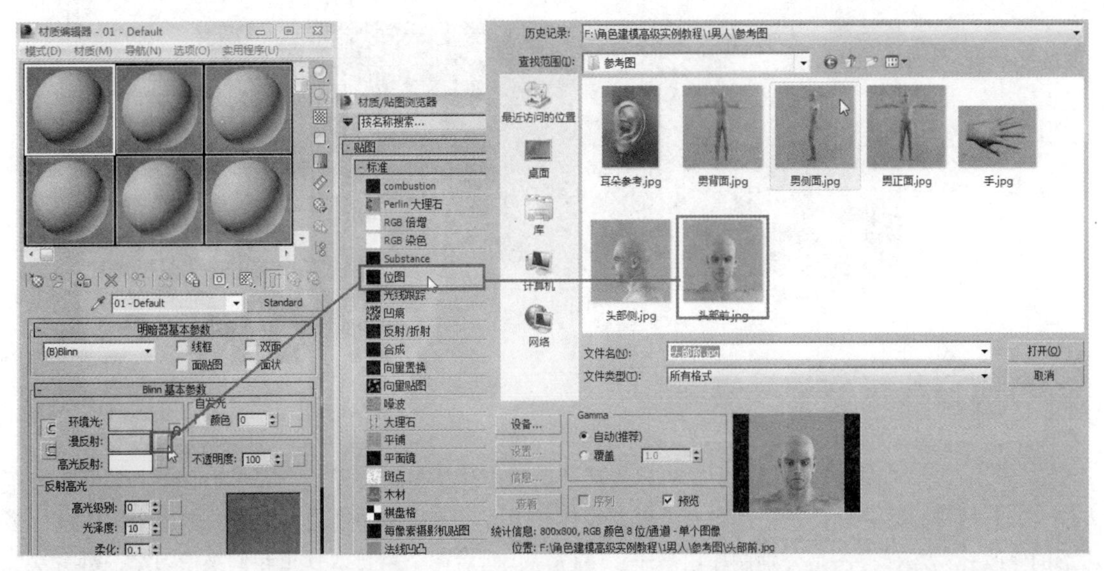

图 2.27

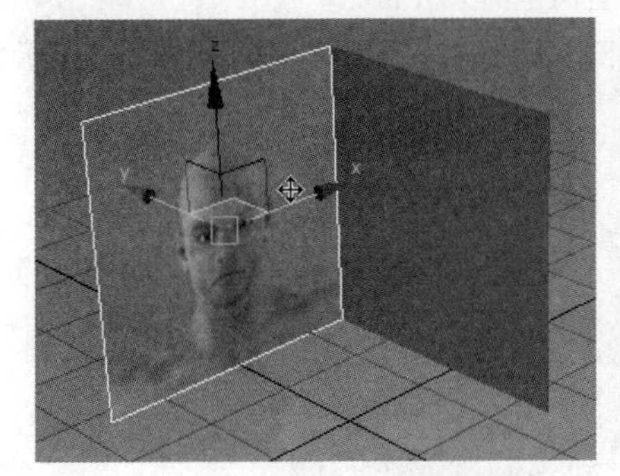

图 2.28

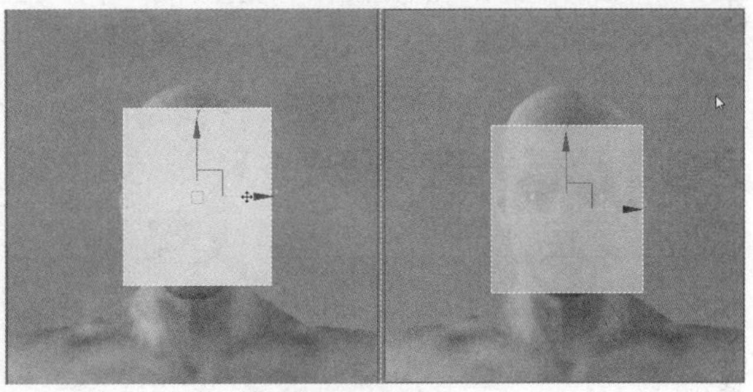

图 2.29

用该方法制作模型时还需要特别注意一个问题，因为被赋予贴图的两个面片也是独立的模型，容易被误操作，所以需要将面片冻结，冻结之后，物体就不能被选中调整了。冻结的方法也很简单，选择这两个面片，右击，在弹出的快捷菜单中选择“冻结当前选择”命令即可。但是随之会出现一些问题，比如面片物体被冻结后面片全部以灰色显示，也就是说设置好的贴图显示效果会消失，所以在冻结之后，要先设置一下物体的属性。选择这两个面片，右击，选择“对象属性”，在弹出的对话框中取消“以灰色显示冻结对象”的选择，单击“确定”按钮，如图 2.30 所示。

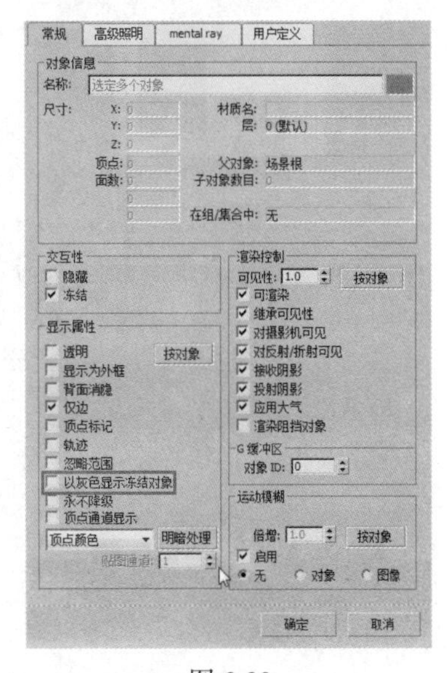

图 2.30

这样再次冻结该物体后就可以正常显示贴图了。设置前后冻结效果对比如图 2.31 所示。

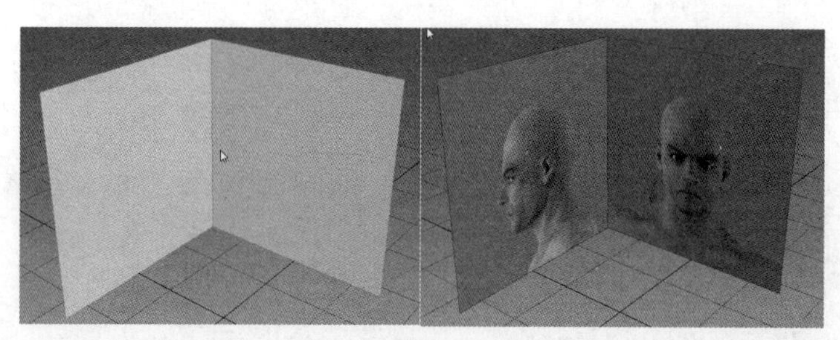

图 2.31

2.2 制作头部模型

步骤 01 参考图设置完成之后就可以正式开始制作模型了，首先从头部开始制作。头部的制作方法大致有两种，第一种是直接创建一个 Box 物体，然后将该物体转换为可编辑的多边形物体进行多边形的修改；第二种方法是分别制作出鼻子、嘴巴等，然后逐个拼接。这里我们来学习第二种方法，因为这种方法制作出来的模型布线基本是按照每一个部位的肌肉走向来分布的。

在学习制作头部模型之前首先来了解一下头部骨骼和头部肌肉的分布，如图 2.32 和图 2.33 所示。

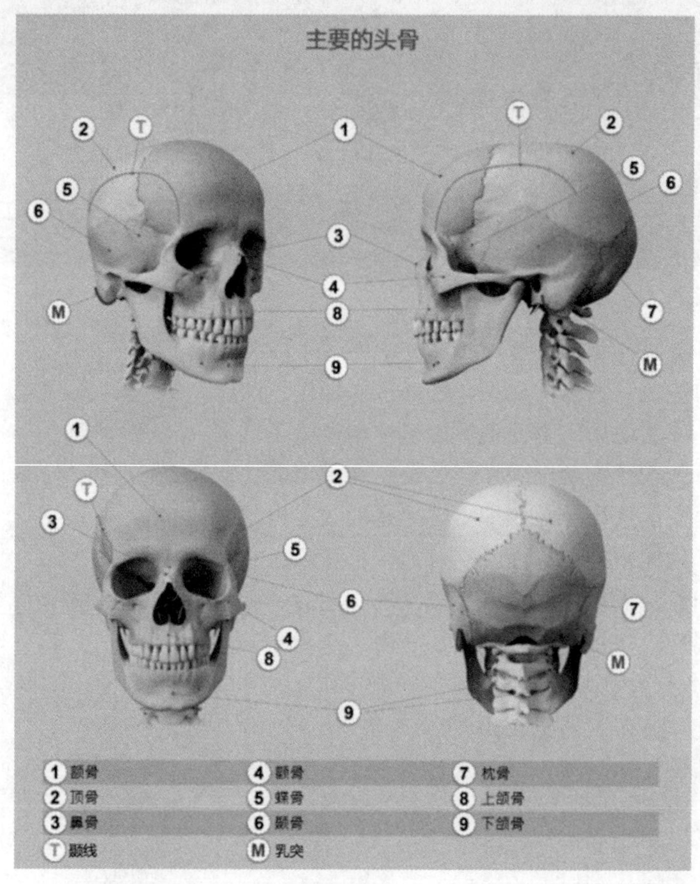

图 2.32

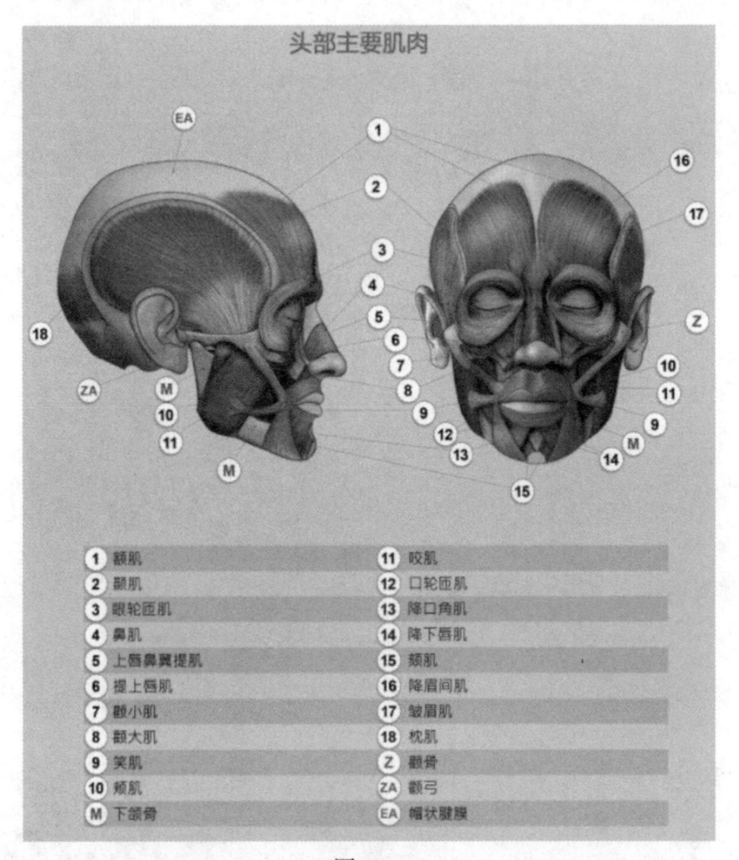

图 2.33

人头的创建首先从鼻子开始。鼻子的形状如图 2.34 所示。

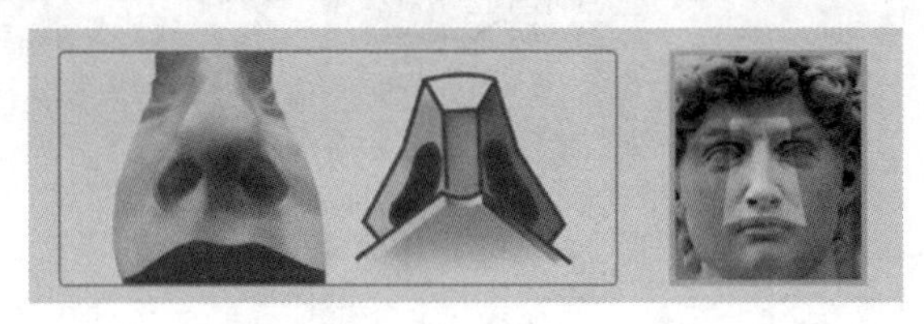

图 2.34

鼻子是由鼻根、鼻梁、笔尖、鼻翼、鼻孔、鼻中隔部位组成的，常见的鼻子建模结构如图 2.35 所示。

了解了鼻子的基本结构后，接下来开始创建鼻子模型。在“前”视图中鼻子的位置创建一个平面，右击，在弹出的快捷菜单中选择“转换为”→“转换为可编辑多边形”命令，将该模型转换为可编辑的多边形物体，调整该面片在“左”视图的位置，按 1 键进入“点”级别，删除右侧的两个点，如图 2.36 所示。

按 2 键进入“边”级别，选择左侧的两条边，按住 Shift 键移动复制出新的线段并调整点的位置。注意在“左”视图中也要随之调整点的位置，如图 2.37 所示。

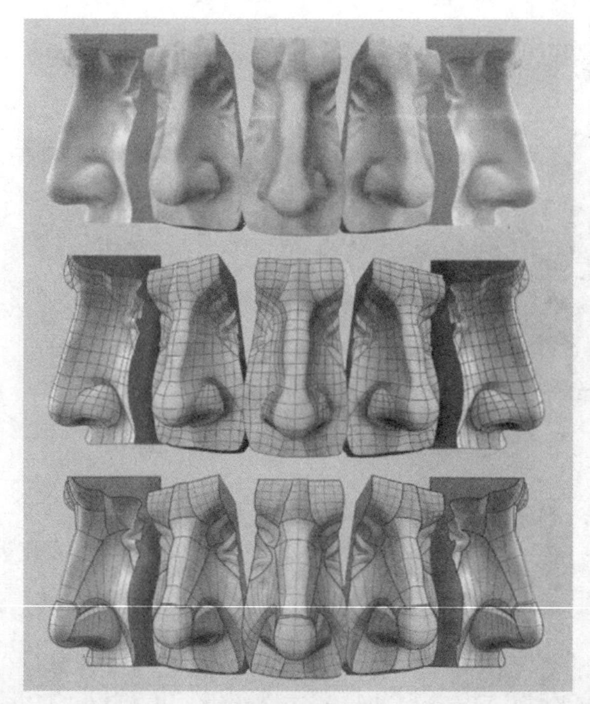

图 2.35

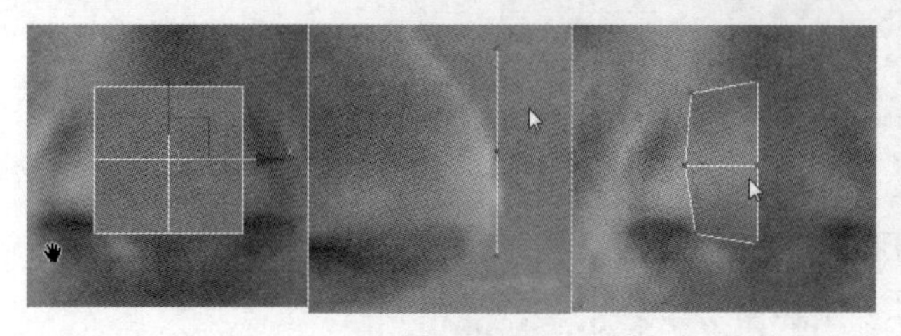

图 2.36

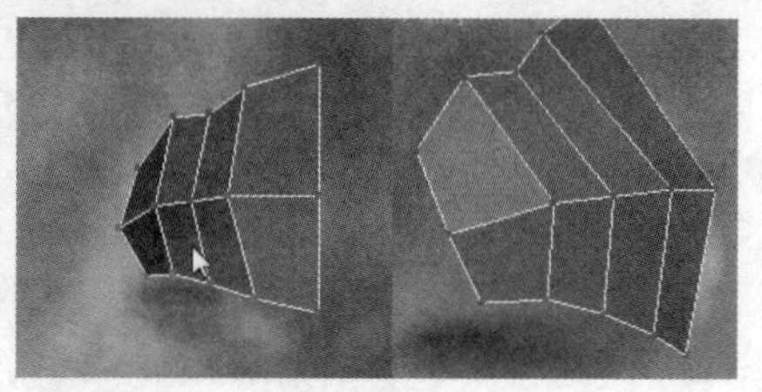

图 2.37

在调整点和边时，由于模型自身遮挡了参考图的显示，所以可以将物体透明化显示，如图 2.38 所示。设置方法很简单，只需在选中该物体时按 Alt+X 组合键即可。

选择鼻子下方的线段，按住 Shift 键移动复制新的面，此时可以一次性地将挤出的线段调整好位置，中间再加线调整，也可以边挤出面边调整。这里建议大家用第一种方法，调整起来比较节省时间，如图 2.39 所示。

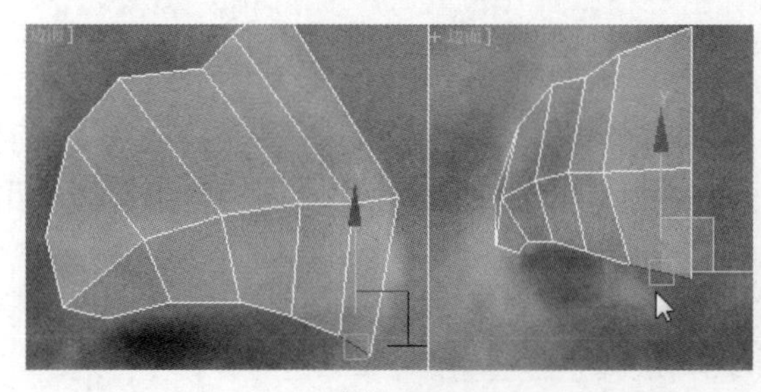

图 2.38

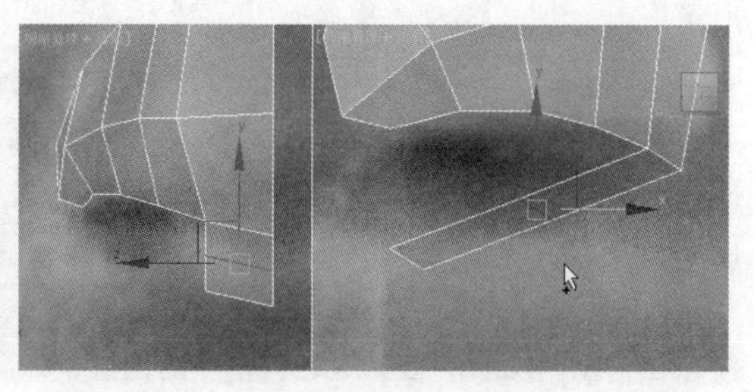

图 2.39

步骤 02 在软件右下角的位置右击，在弹出的“视口配置”对话框的“布局”选项卡中选择一种便于调整的视图样式，然后在下方的样式中单击选择需要显示的正交视图，如图 2.40 所示。

设置之后的视图显示效果如图 2.41 所示，这里也可以根据个人爱好随意设置。

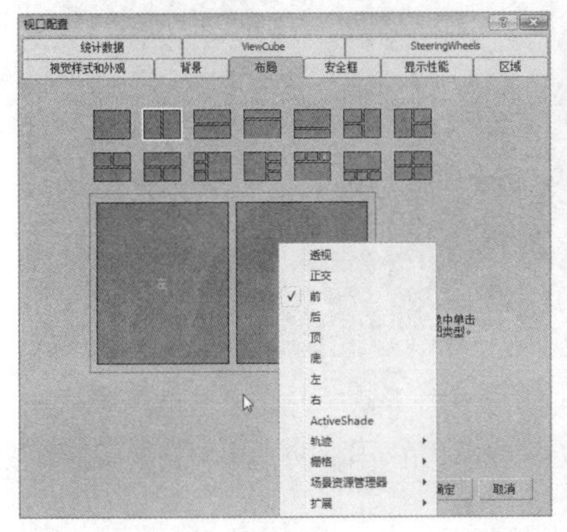

图 2.40

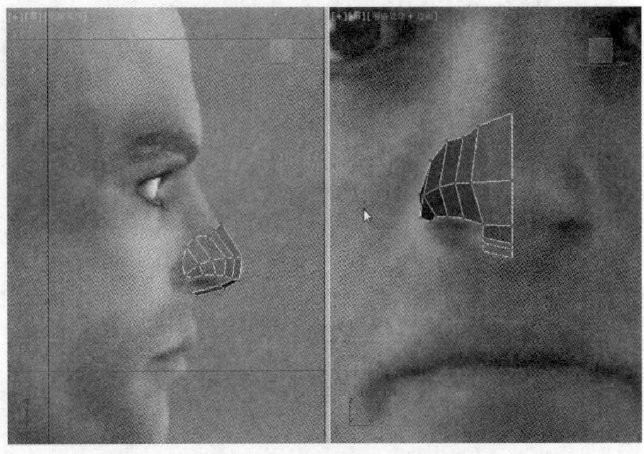

图 2.41

这里通过设置视图的显示，可以避免在制作过程中来回切换视图所造成的时间浪费。

步骤 03 选择图 2.42（左）所示的边，切换到缩放工具，按住 Shift 键向内缩放挤出新的面并调整点、线位置，如图 2.42（右）所示。

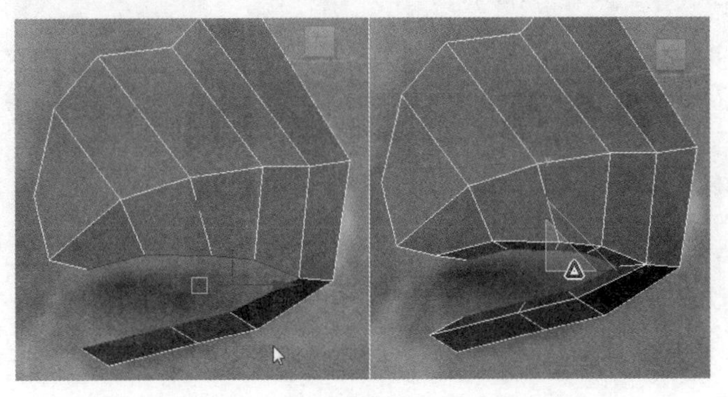

图 2.42

挤出图 2.43（左）所示的面，按 1 键进入“点”级别，单击 目标焊接 按钮，将右侧的点焊接到图 2.43（右）所示的位置。

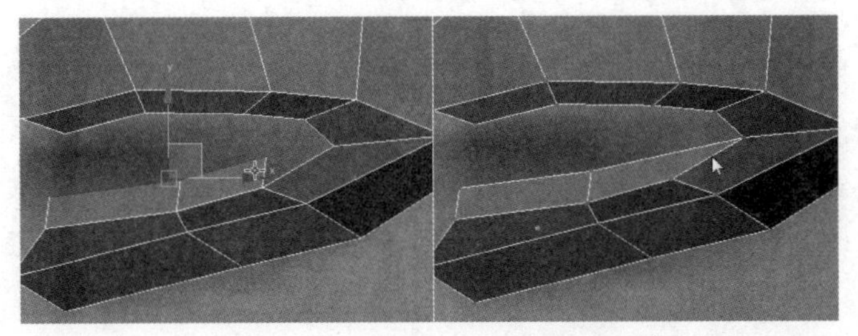

图 2.43

选择图 2.44 所示的线段并挤出新的面，在“边”级别下单击 目标焊接 按钮，将挤出的线段焊接到右侧的线段上，如图 2.45 所示。

图 2.44

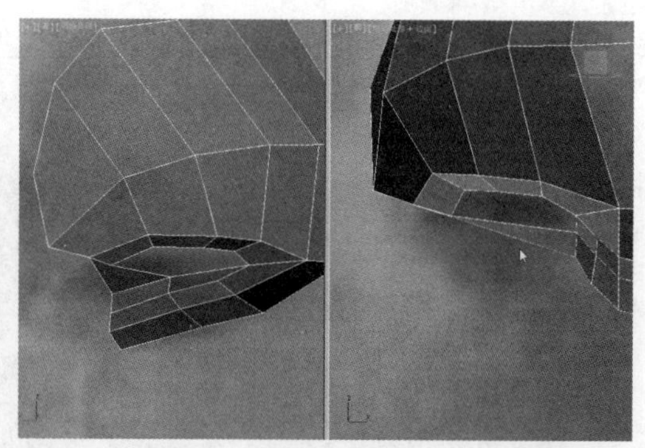

图 2.45

在连接的两个线段中间加线并调整，然后选择鼻子上方的线段，用同样的方法向上挤出面并调整，如图 2.46 所示。

按照图 2.47 所示的步骤继续挤出面并调整。

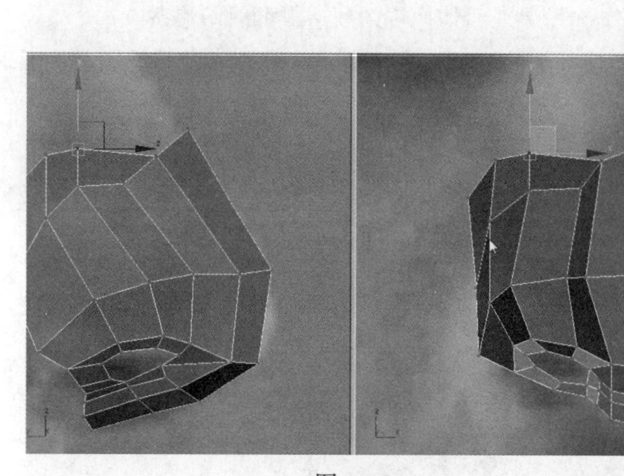

图 2.46

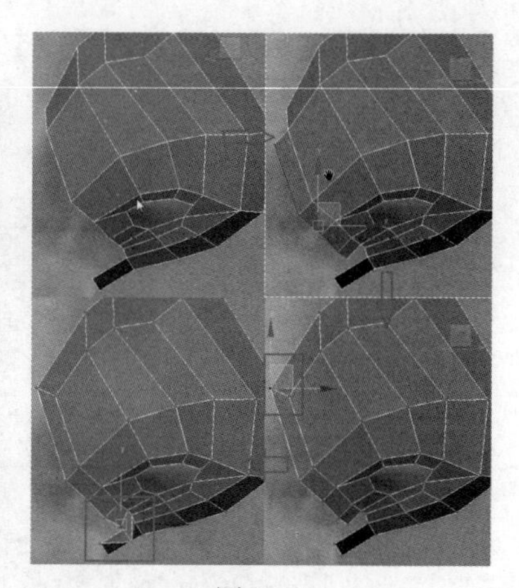

图 2.47

步骤 04 选择鼻子下方的两条线段，按住 Shift 键向下挤出嘴巴上方边缘的面。选择图 2.48 所示的线段，按 Ctrl+Backspace 组合键将该线段移除（注意这里是移除而不是删除）。

选择鼻孔处的边界，按住 Shift 键在挤出面的同时注意调整位置和大小，如图 2.49 所示。

图 2.48

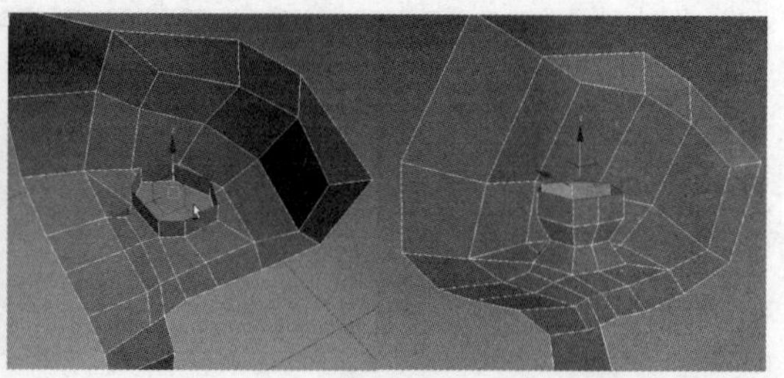

图 2.49

步骤 05 选择图 2.50 所示的面，单击 松弛 按钮，对选中的面进行松弛处理。

步骤 06 选择鼻子上方的线段，用同样的方法向上挤出面并调整，如图 2.51 所示。

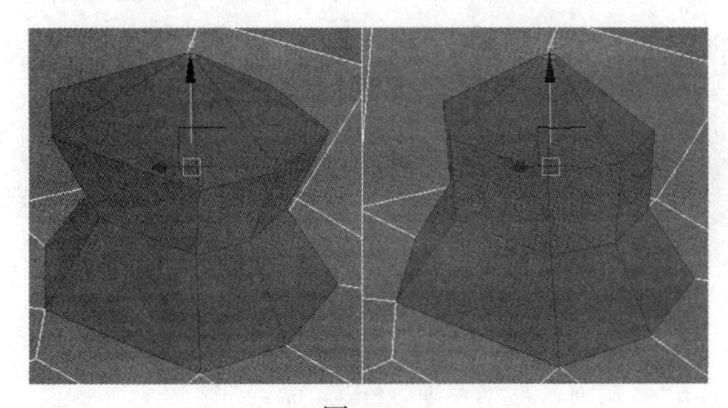

图 2.50

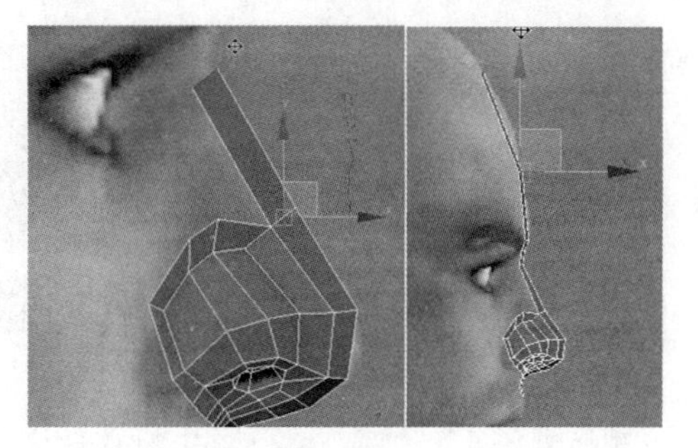

图 2.51

步骤 07　鼻子形状制作出来后，开始制作嘴巴。为了整体观察模型，需要将另外一半镜像出来，在修改器下拉列表中添加 对称 修改器，此时模型会镜像对称出另外一半，如图 2.52 所示。但是需要注意一点，当添加“对称”修改器之后，模型有时会出现什么都没有的情况，此时只需要在参数面板中选择 翻转 复选框即可。

如果需要观察模型细分之后的效果，可以继续在修改器下拉列表中添加 网格平滑 修改器，参数中的 迭代次数: 1 可以控制模型细分的级别。

添加“对称”和“网格平滑”后的修改器面板如图 2.53 所示，如果想继续修改模型，可在此回到可编辑多边形级别进行点、线、面的操作（注意图中灰色框为当前选中的级别）。

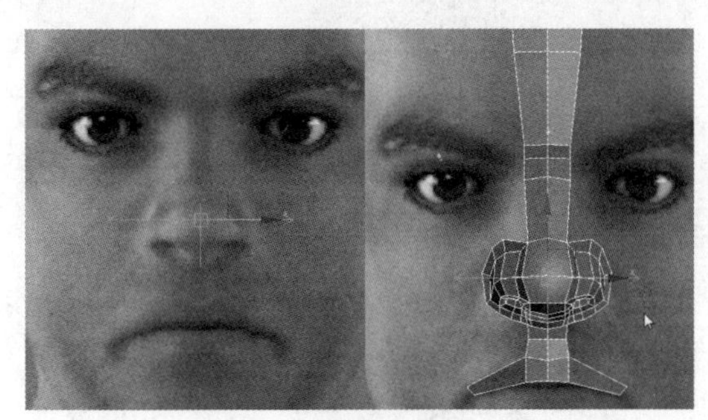

图 2.52

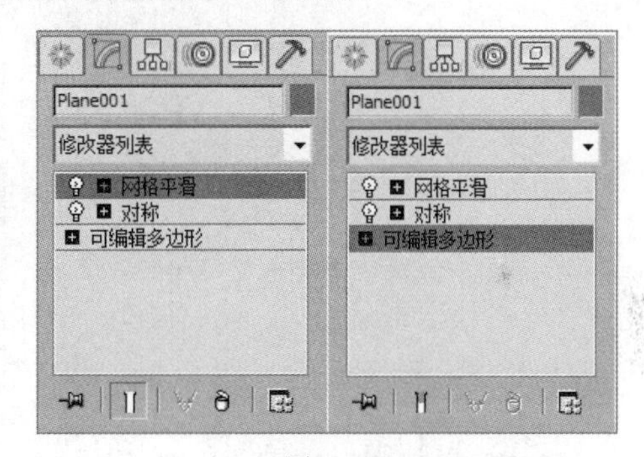

图 2.53

步骤 08　制作嘴巴。嘴巴的形状是带有弧度的而不是一个平面，如图 2.54 和图 2.55 所示。

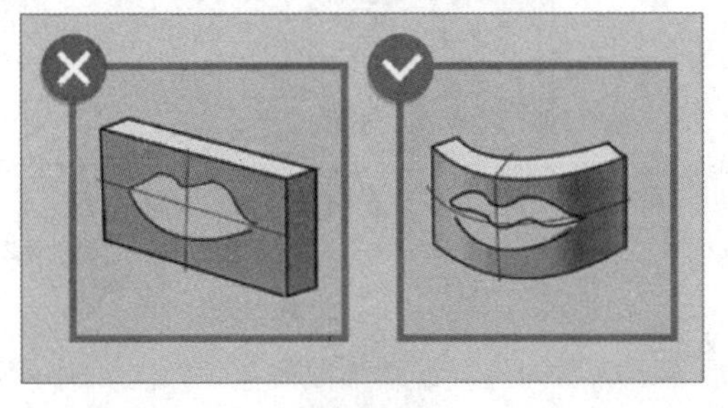

图 2.54

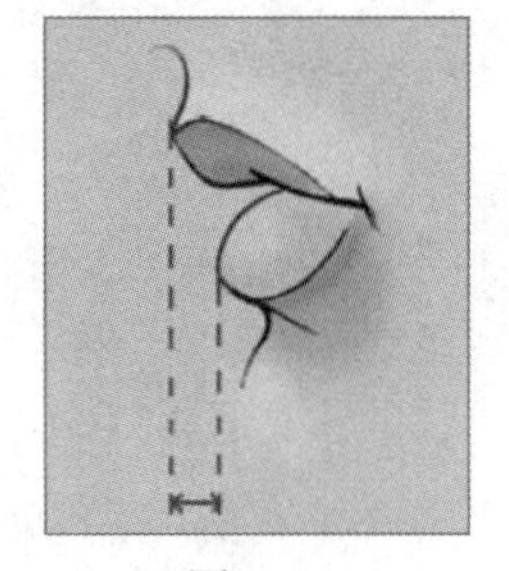

图 2.55

制作嘴巴时要特别注意唇形，如图 2.56 所示。如果唇形结构掌握得好，嘴巴制作的效果一般都不会差。理想的嘴巴位置的布线如图 2.57 所示。

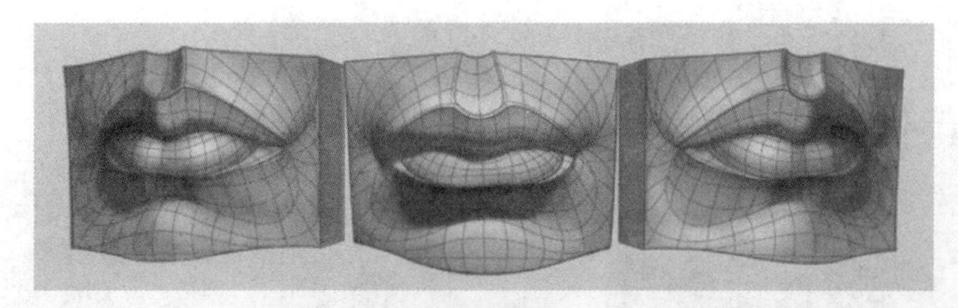

图 2.56

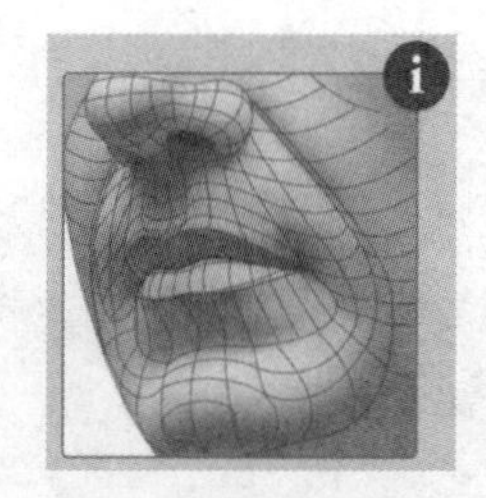

图 2.57

选择嘴角处的线段，配合 Shift 键移动挤出新的面并进行调节，如图 2.58 所示。

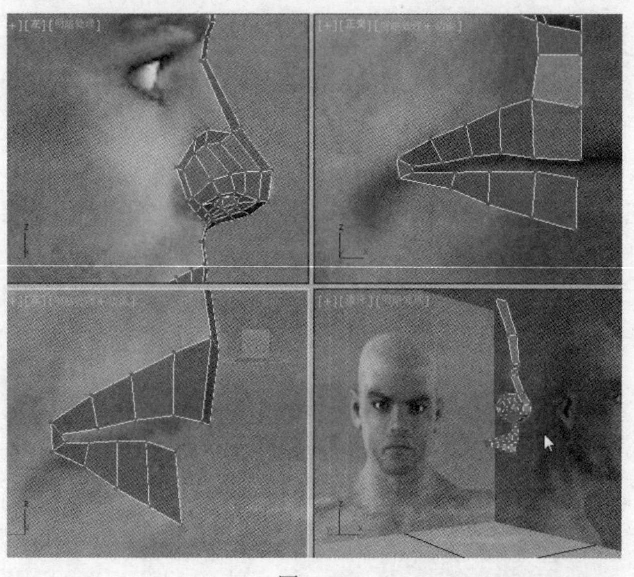

图 2.58

选择图 2.59 所示的线段，按 Ctrl+Shift+E 组合键加线，如图 2.60 所示。

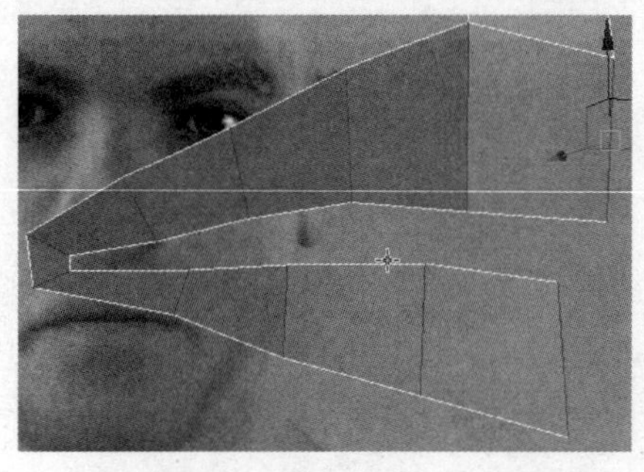

图 2.59

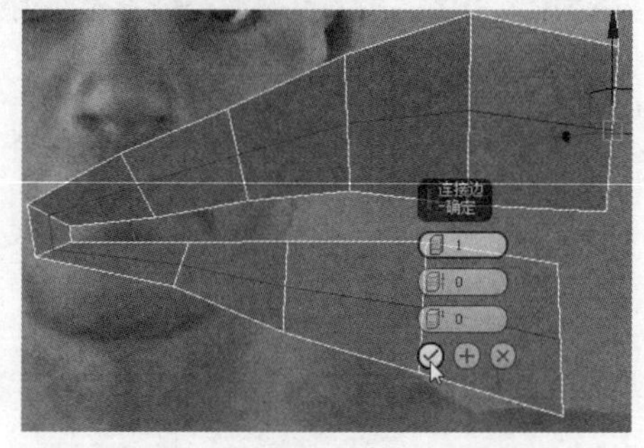

图 2.60

在“左”视图中调整一下点的位置，然后在下嘴唇的位置继续加线调整，如图 2.61 所示。点位置的调整会直接影响到嘴部形状的美观程度。

选择鼻子下方的线段向下挤出面，然后单击 目标焊接 按钮，将上方的点和上嘴唇的点进行焊接，如图 2.62 所示。

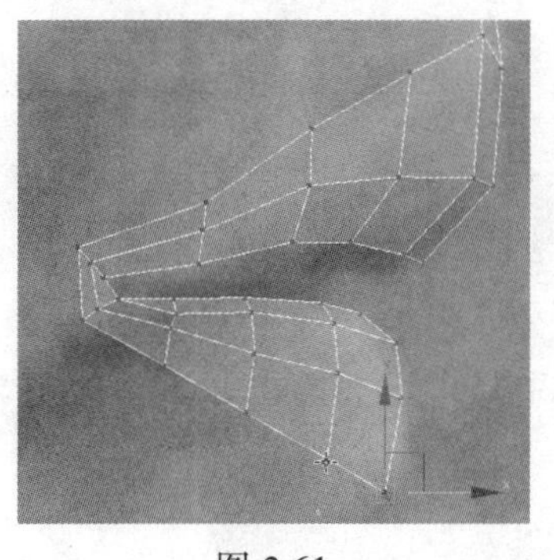
图 2.61

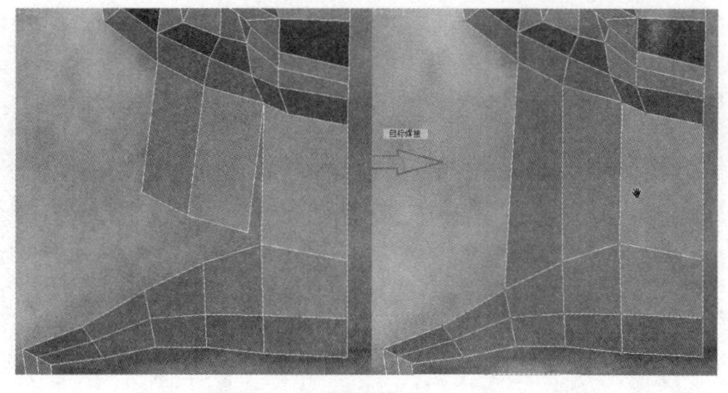
图 2.62

右击，在弹出的菜单中选择“剪切”工具，然后在嘴唇上方的位置手动剪切出所需线段，如图 2.63 所示。

步骤 09 选择嘴巴下方的一条线段，按住 Shift 键向下挤出面并调整，如图 2.64 所示。

选择嘴巴外轮廓线段，向外缩放挤出面并用目标焊接工具将点焊接起来，如图 2.65 所示。

焊接好之后调整一下嘴巴处的点的位置，在鼻梁的线段上加线向外挤出面，然后调整点，如图 2.66 所示。

图 2.63

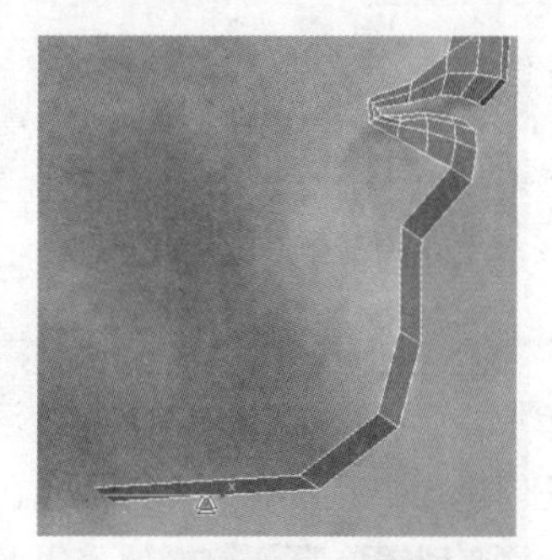
图 2.64

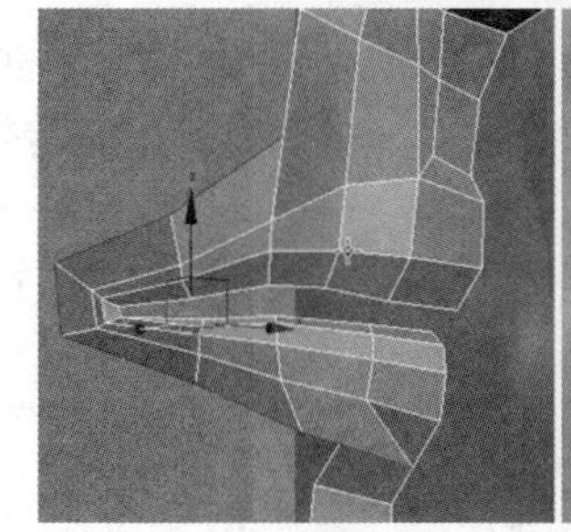
图 2.65

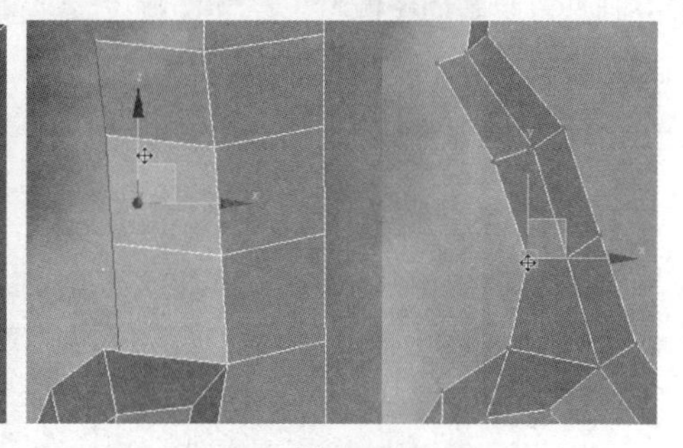
图 2.66

步骤 10 制作眼睛。

眼睛的结构比例如图 2.67 所示。眼睛同样是有弧度的并不是在一个平面上，如图 2.68 所示。

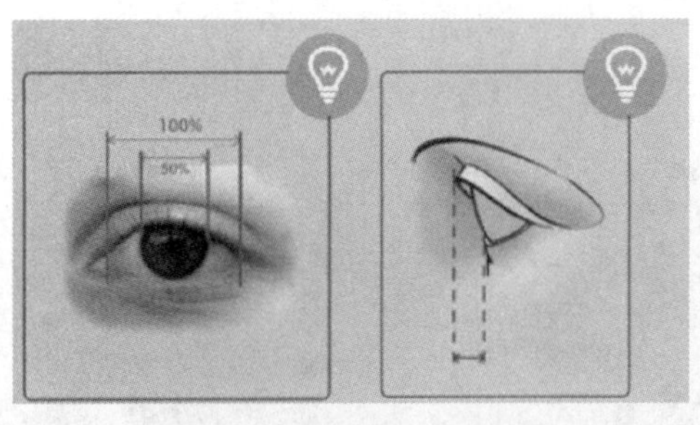

图 2.67

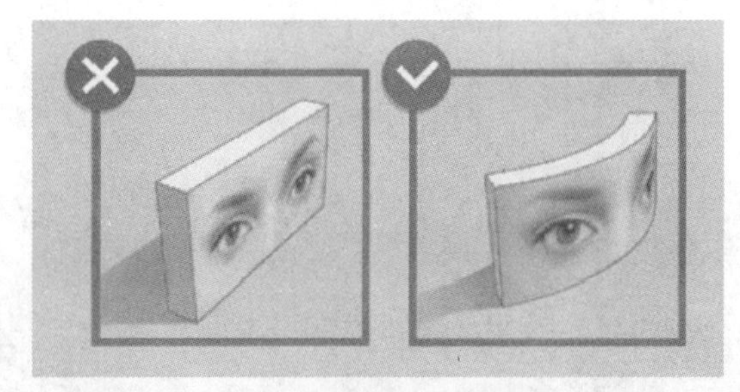

图 2.68

图 2.69 和图 2.70 为各种形形色色的眼睛。

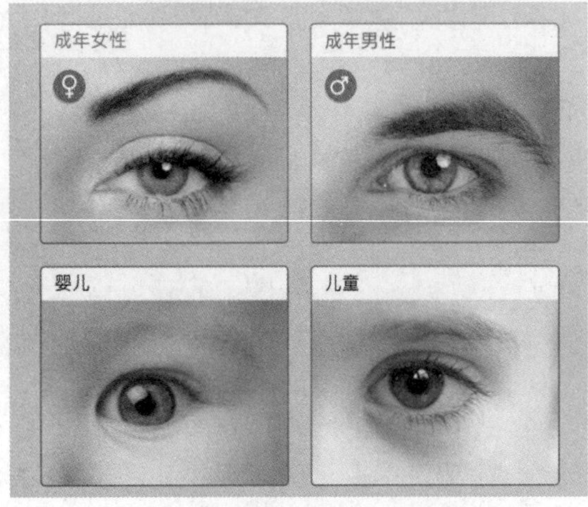

图 2.69

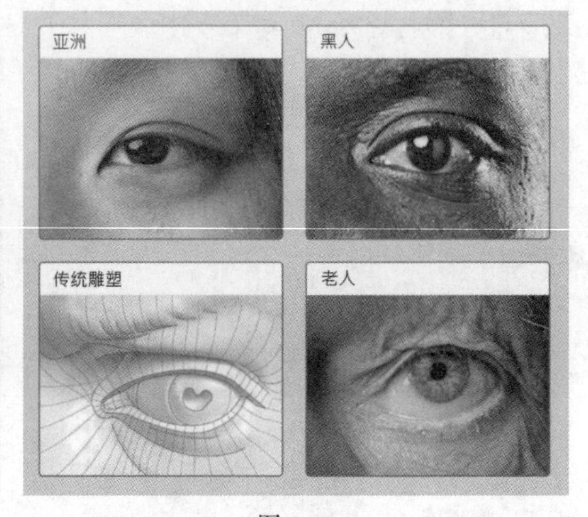

图 2.70

在眼睛处创建一个面片物体，右击，在弹出的快捷菜单中选择“转换为”→“转换为可编辑多边形”命令，将该模型转换为可编辑的多边形物体。按 2 键进入“线段”级别，选择一个边，按住 Shift 键分别沿着眼睛的轮廓挤出面并调整点、线的位置，如图 2.71 所示。

切换到“左”视图，继续调整点调整出眼睛的弧度。这里可以先创建一个球体代替眼球，然后根据这个球体的弧度来调整面片，如图 2.72 所示。

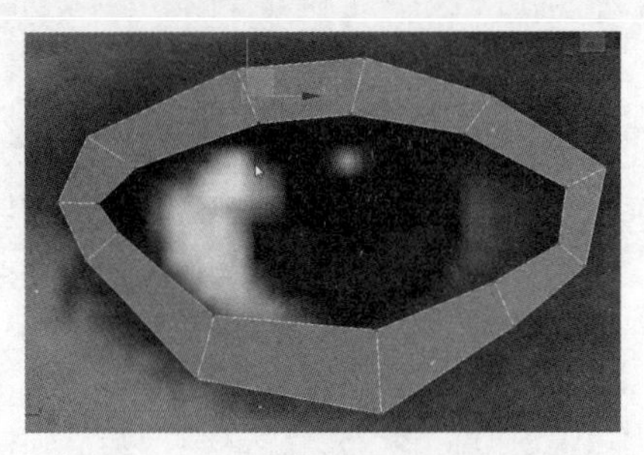

图 2.71

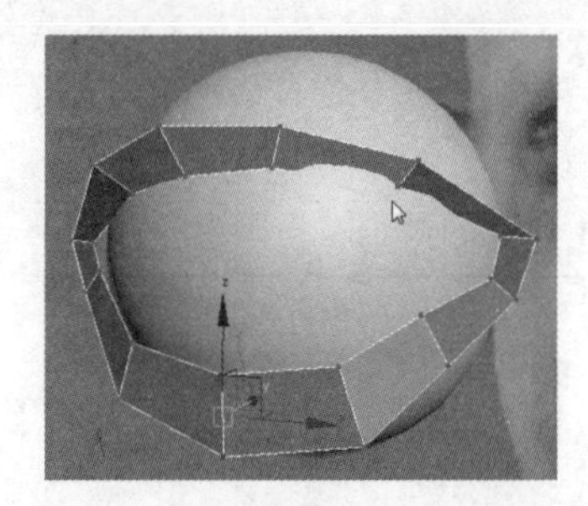

图 2.72

调整好该位置的弧度之后，选择球体模型并右击，在弹出的快捷菜单中选择“隐藏选定对象”命令，先将球体隐藏起来。进入“边界”级别，选择外部边界线，按住 Shift 键配合缩放工具向外缩放出新的面并调整位置，如图 2.73 所示。

单击“目标焊接”工具按钮，将图 2.74 中的点焊接在一起，然后删除下方的三角面。

选择眼睛上方的边缘线段，向外挤出面并用“目标焊接”工具将所需的点焊接起来，如图 2.75 所示。

步骤 11 单击 附加 按钮，在视图中拾取鼻子模型，将眼睛和鼻子两个物体附加成一个物体，将鼻子和眼睛连接起来，如图 2.76 所示。

选择图 2.77 中的线段，单击 桥 按钮使中间自动连接出面。

用同样的方法将鼻梁处的面也连接出来，如图 2.78 所示。

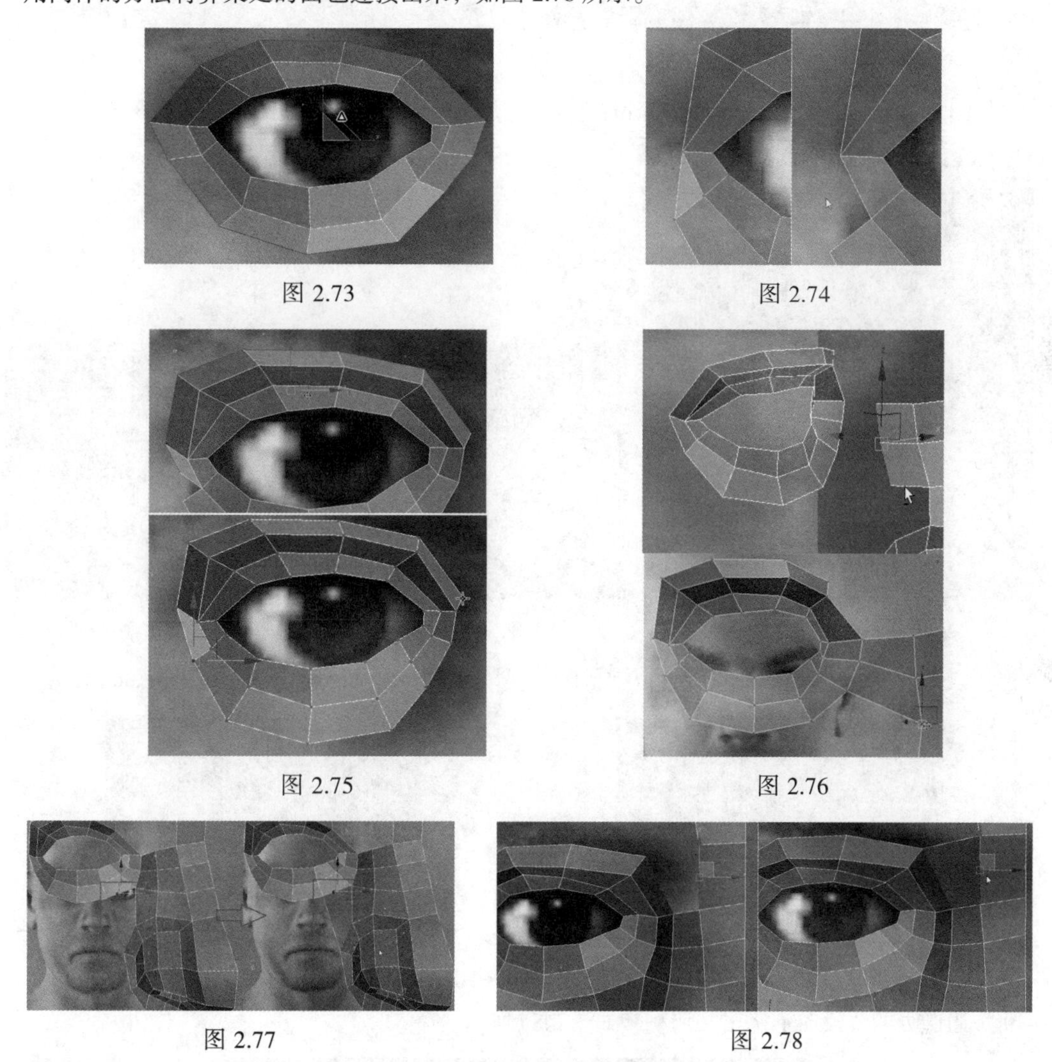

图 2.73　图 2.74

图 2.75　图 2.76

图 2.77　图 2.78

步骤 12 将额头处的线段向两侧挤压调整，同时也要注意与眼睛处线段的连接问题，如图 2.79 所示。

用同样的方法将眼睛上边沿处的线段向外挤出并调整，如图 2.80 所示。

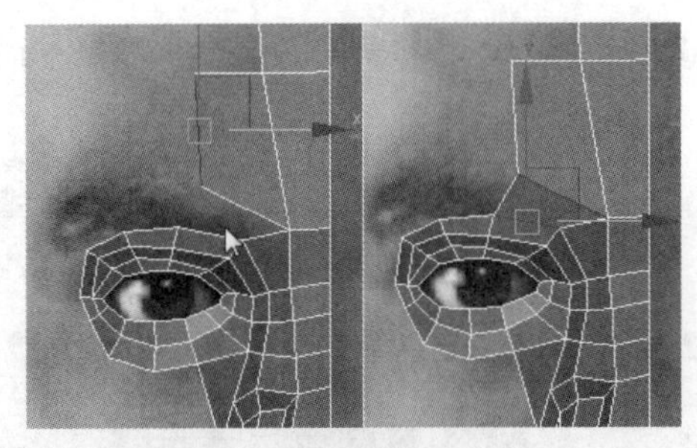

图 2.79

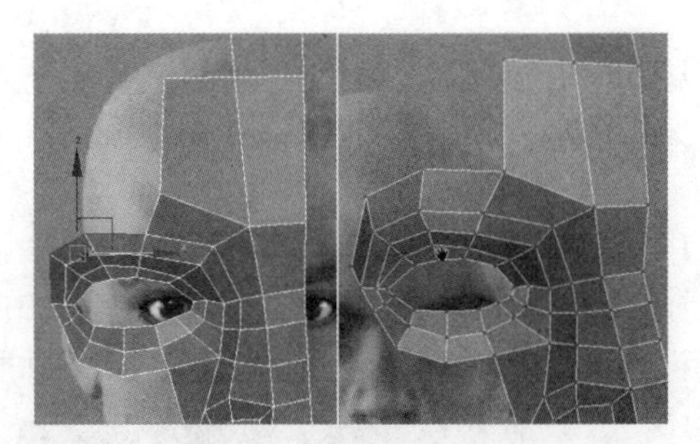

图 2.80

选择图 2.81 所示的线段，按 Ctrl+Shift+E 组合键加线。眼角处的线段对比调整如图 2.82 所示。

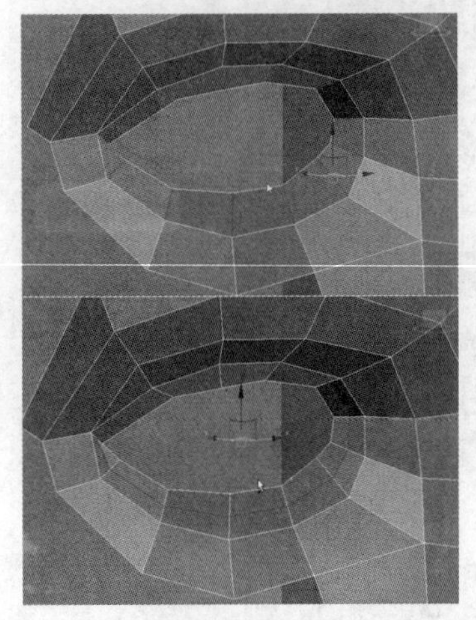

图 2.81

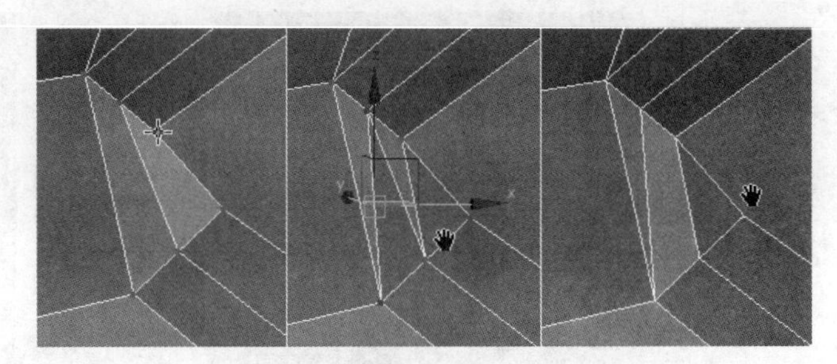

图 2.82

选择眼睛内部的边界线段向内挤出并调整，如图 2.83 所示，细分后的效果如图 2.84 所示。

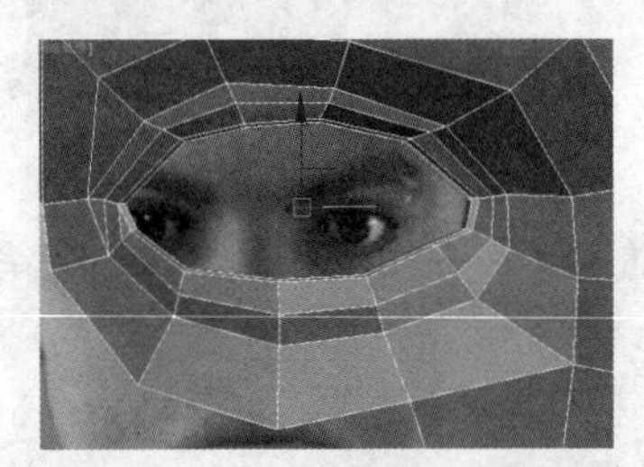

图 2.83

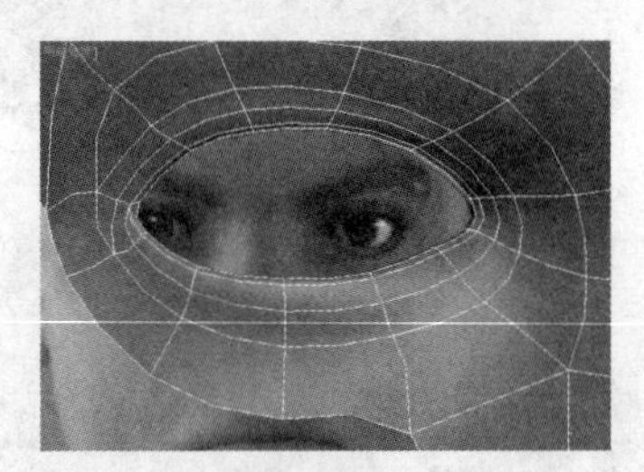

图 2.84

将下眼睑处的线段向下挤出并调整，如图 2.85 所示。

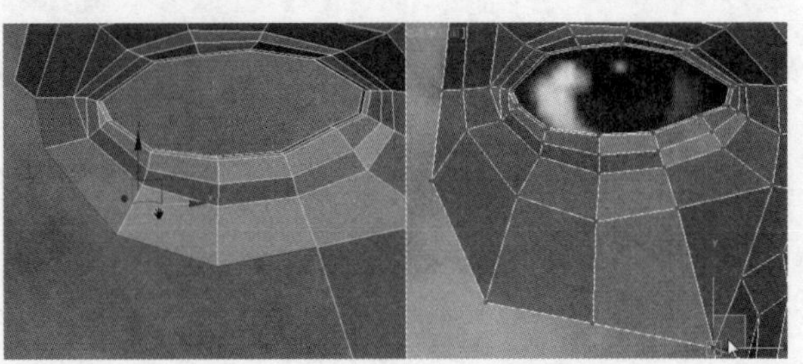

图 2.85

步骤 13　将嘴外部的轮廓调整出来，注意有些点需要进行焊接，如图 2.86 所示。脸颊部位面的调整如图 2.87 所示。下巴位置面的调整如图 2.88 所示。

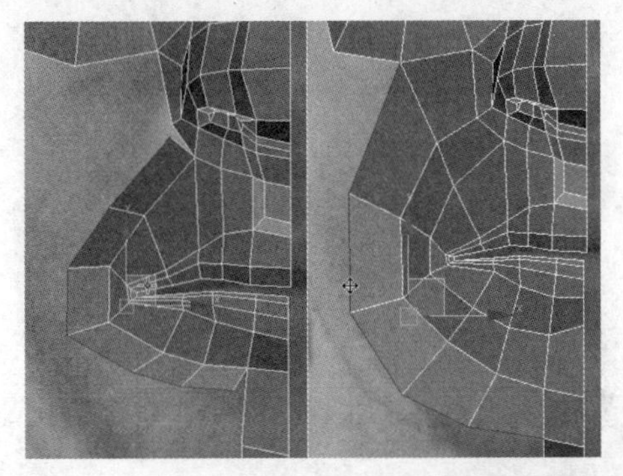

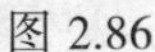
图 2.86

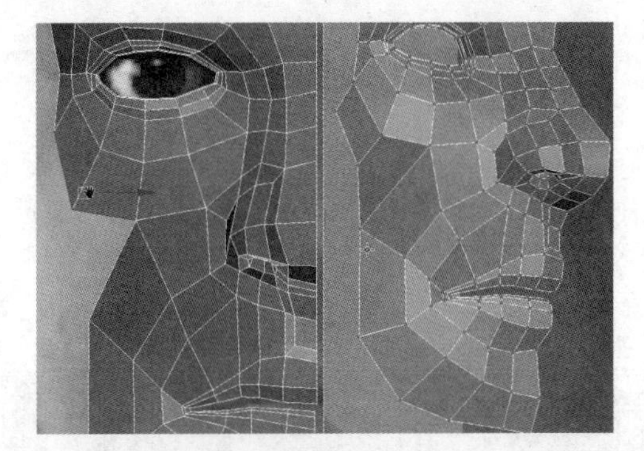

图 2.87

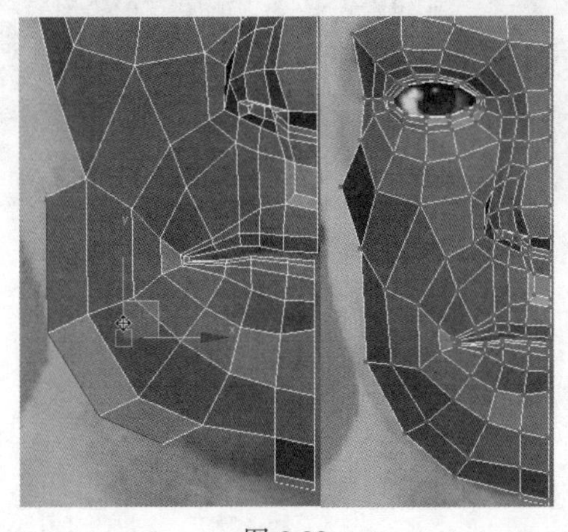

图 2.88

在嘴唇的位置继续加线调整，如图 2.89 所示。细分之后的效果如图 2.90 所示。

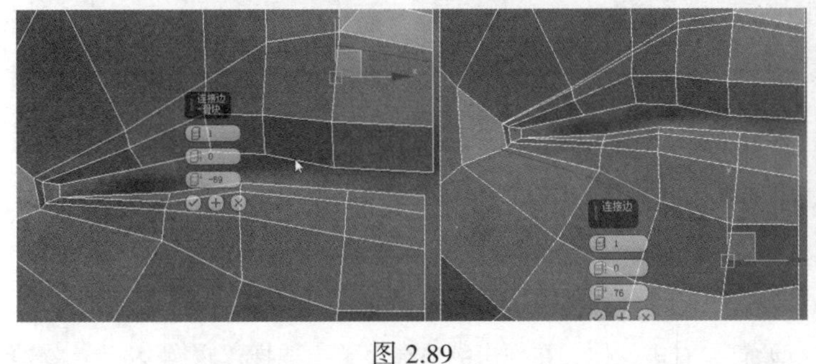

图 2.89

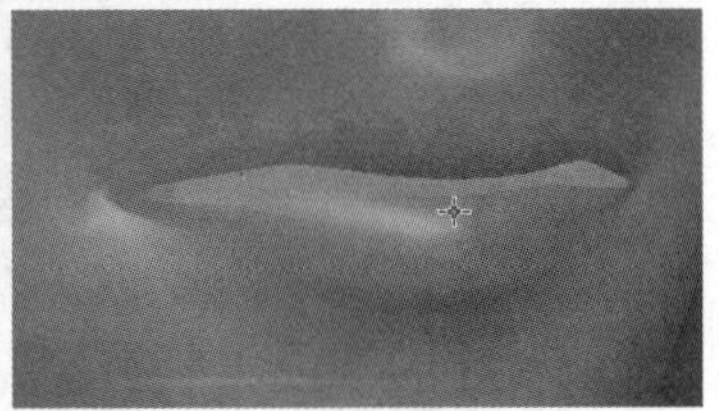

图 2.90

步骤 14　选择脸蛋处的线段，向耳朵处挤出面，然后将眼睛外围及额头处的线段向外挤出并调整，如图 2.91 所示。

注意

挤出面的同时要将点的位置调整到合适的位置，细小的调整最终会影响整体的效果。将刚才脸蛋位置挤出的面上加线，眼睛及额头位置的线段继续向外挤出面，配合点的“目标焊接”工具将点焊接起来，再整体调整脸部的形状，如图 2.92 所示。

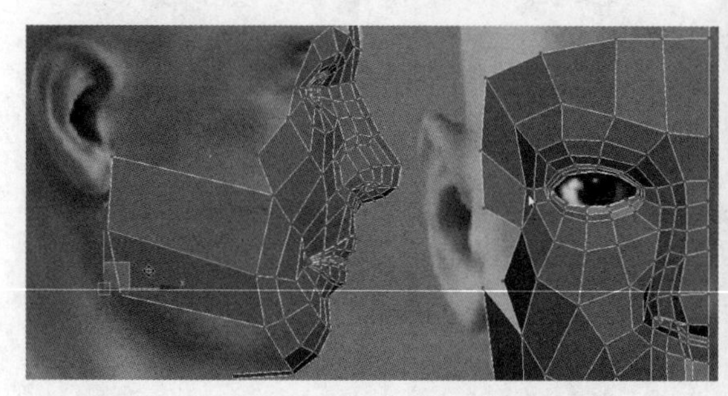

图 2.91

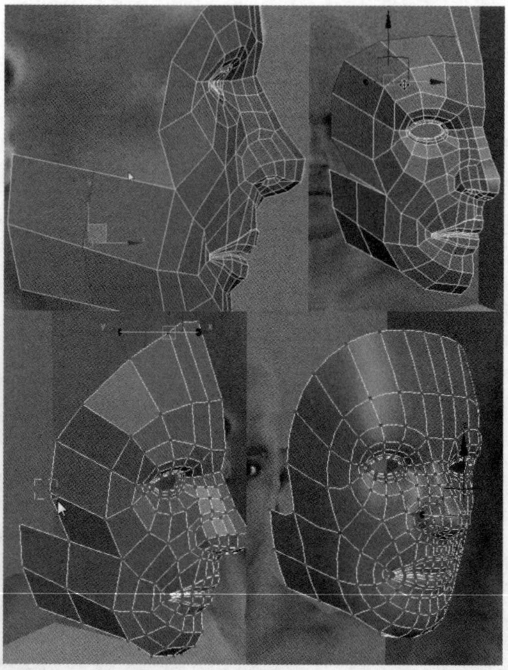

图 2.92

步骤 15 在眼睛的位置加线，如图 2.93 所示。

调整眼睑处的线段，然后在头部创建一个球体，设置分段数为 16，用旋转工具适当旋转一下，如图 2.94 所示。注意从顶部看头部并不是正圆形的，如图 2.95 所示。

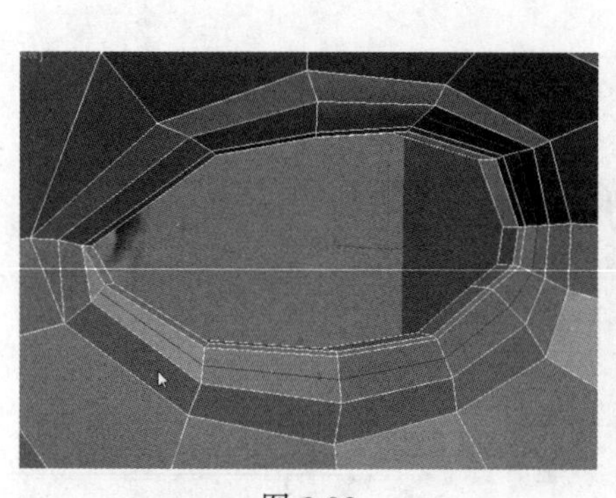

图 2.93

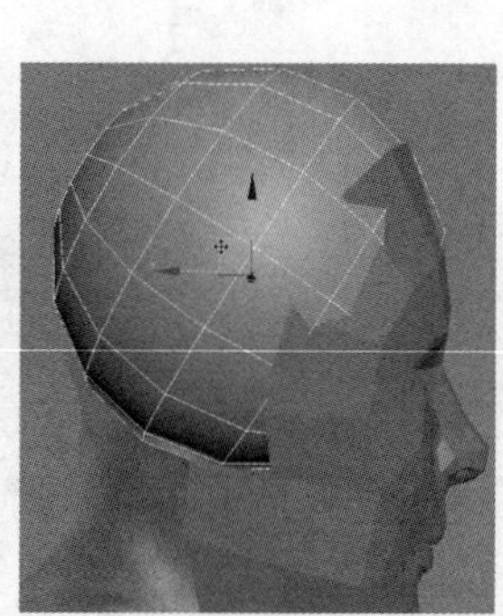

图 2.94

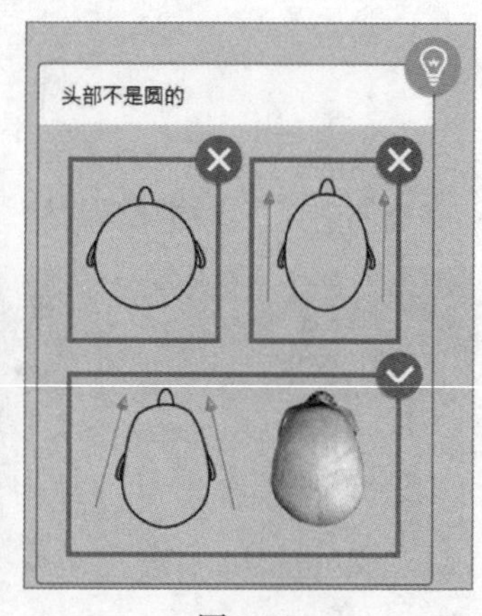

图 2.95

所以需要将创建的球体适当进行调整。右击球体，在弹出的快捷菜单中选择“转换为”→“转换为可编辑多边形”命令，将该模型转换为可编辑的多边形物体。在修改器下拉列表中选择 FFD 3x3x3 修改器，添加 FFD 3x3x3 修改器后的模型如图 2.96 所示。从图中可以看出，模型长、宽、高上分别有 3 个可控制的点，通过调整这些点可以快速调整模型的形状。

通过这些可控点的调整将模型前面的部分调整得尖一些，然后右击模型，在弹出的快捷菜单中选择“转换为”→“转换为可编辑多边形”命令，将该模型转换为可编辑的多边形物体。进入“点”级别，删除一半的点，然后将前部分的面删除，选择头部模型，单击 附加 按钮拾取球体模型进行焊接，再次删除一些面，如图 2.97 所示。

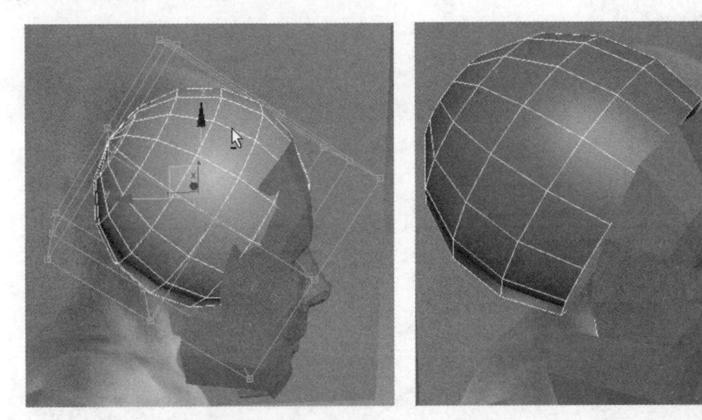

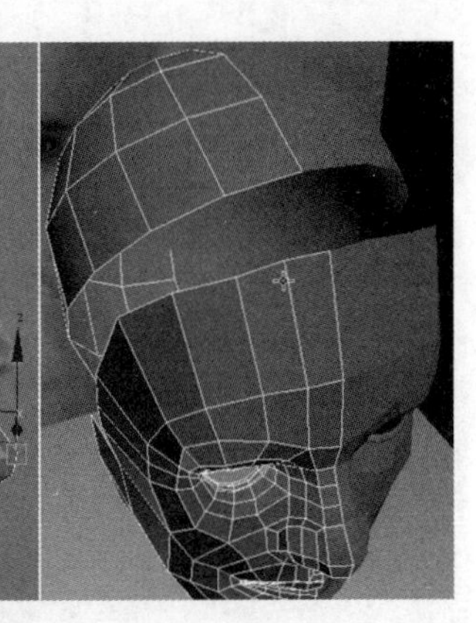

图 2.96　　　　图 2.97

在“边”级别下选择线段挤出面并与球体部分进行焊接，也可以用桥接工具选择两条相对应的线段，使其中间自动生成面。然后进一步调整头部模型，如图 2.98 所示。

在“石墨”工具下单击 自由形式 中的 绘制变形 下的工具，配合 Shift 键和 Ctrl 键调整好笔刷的强度和大小后，即可在模型上整体移动点的位置从而达到控制模型的形状，如图 2.99 所示。

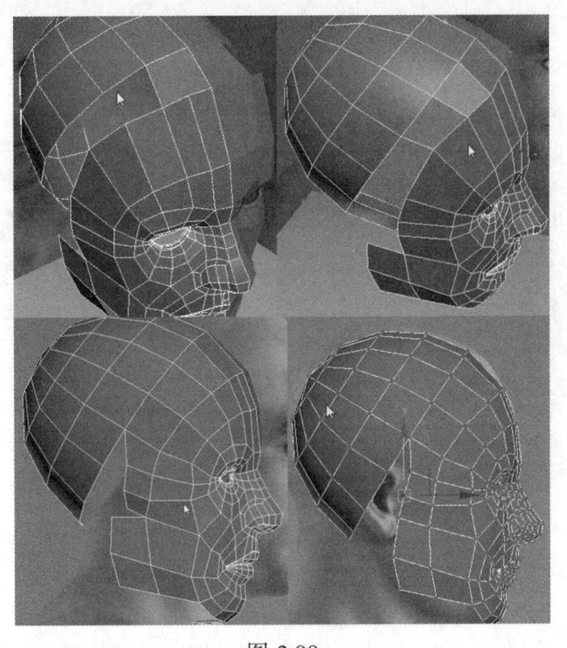

图 2.98

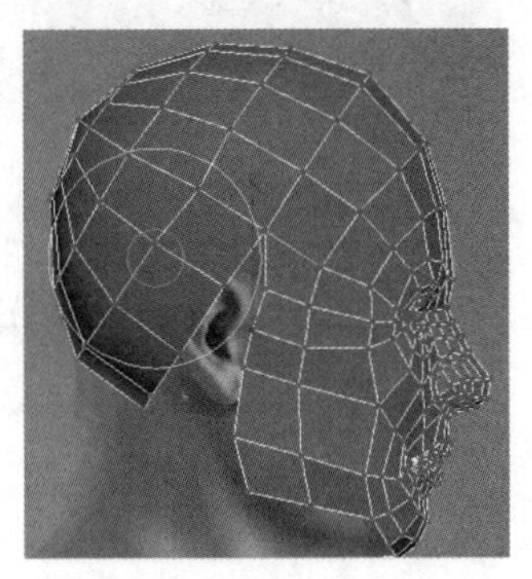

图 2.99

步骤 16　选择图 2.100 所示的线段，按住 Shift 键向下挤出面，配合点的“目标焊接”工具对该位置的面进行调整。

用同样的方法对下颚处的线段进行同样的挤出调整，如图 2.101 所示。

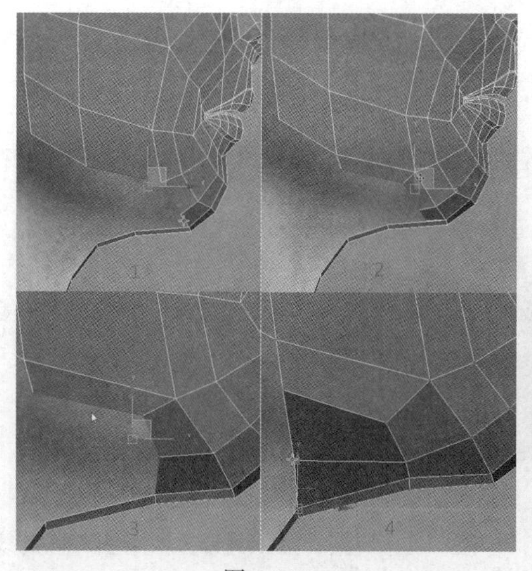

图 2.100

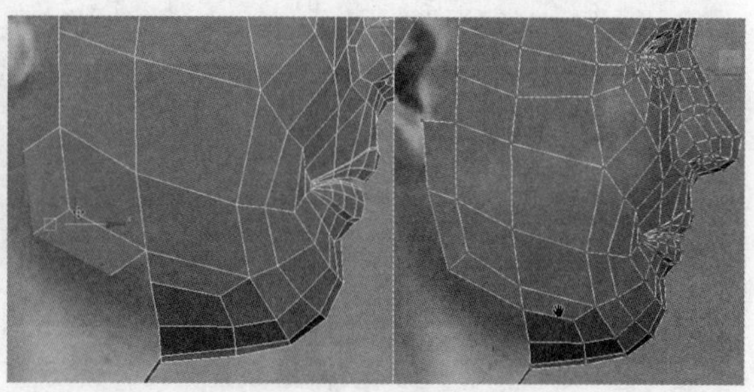

图 2.101

在制作模型时要随时观察其他部位布线的控制调整，发现有问题的地方要及时处理。如图 2.102 所示为头顶处的布线调整。

注意　还有一点要注意，就是面的松弛操作，如果部分点、线调整的幅度比较大，可以选中相对应的面，单击 松弛 按钮进行面的平滑处理，如图 2.103 所示。

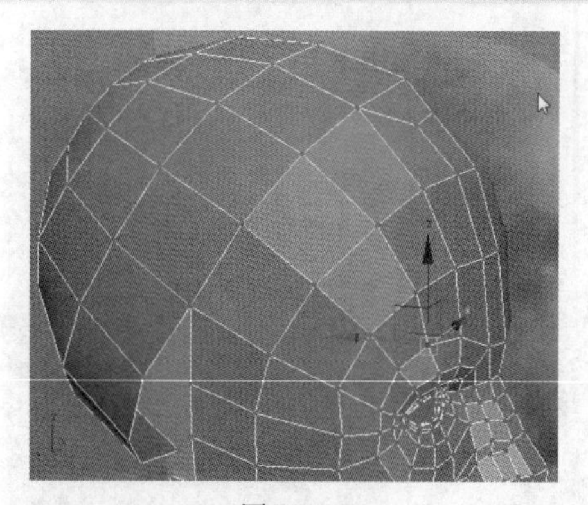

图 2.102

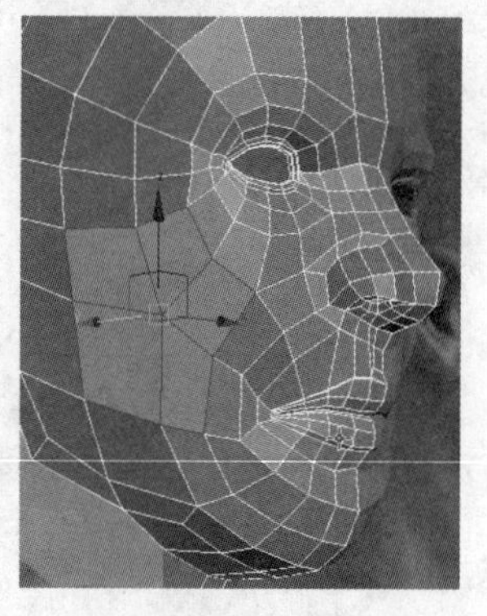

图 2.103

步骤 17　将前面创建的眼球模型取消隐藏，或者重新创建一个球体并将其转换为可编辑的多边形物体。选择图 2.104 所示的线段，单击 切角 后面的□按钮，对当前的线段切角处理，如图 2.105 所示。

在图 2.106 所示的位置加线并切角，然后将中心的点向后移动调整来模拟出人物的眼睛，如图 2.107 所示。

继续在中心位置加线，如图 2.108 所示，然后适当移除中央处的线段，如图 2.109 所示。

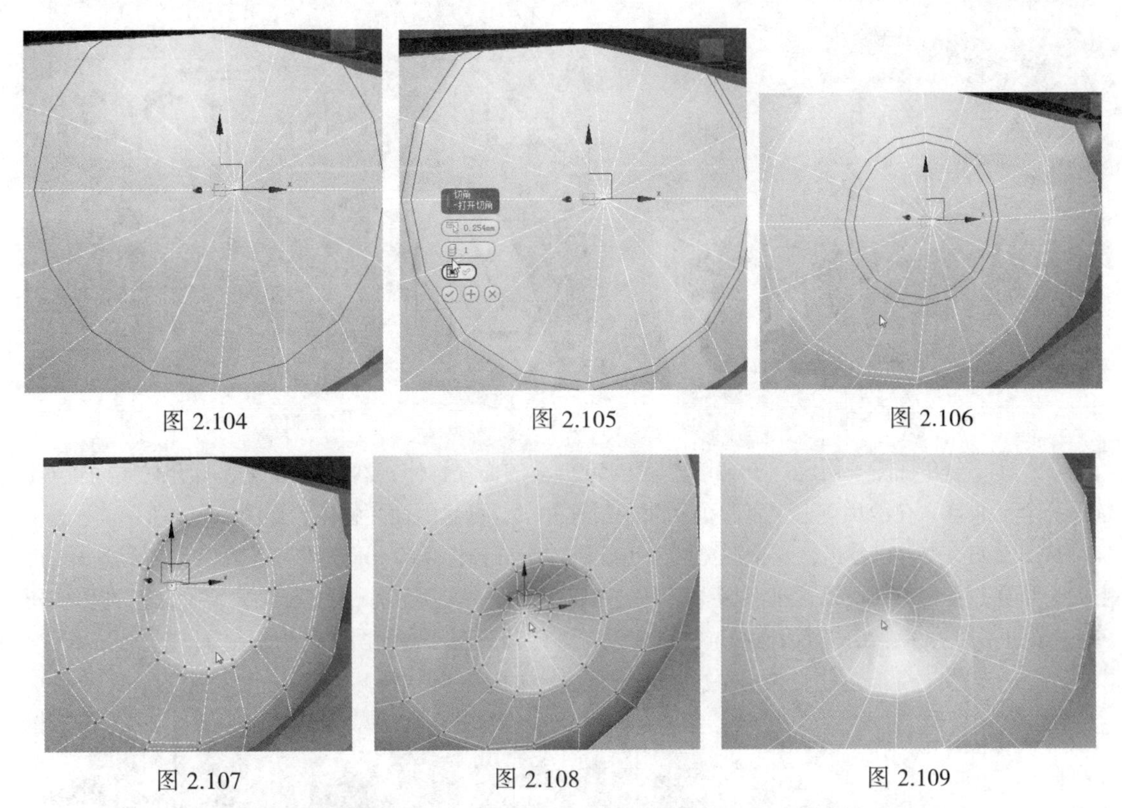

图 2.104　图 2.105　图 2.106

图 2.107　图 2.108　图 2.109

复制出一个眼球模型，移动到另外一侧，按 M 键打开材质编辑器，选择一个默认的材质球，赋予场景中人头模型，细分之前及之后的模型效果如图 2.110 所示。

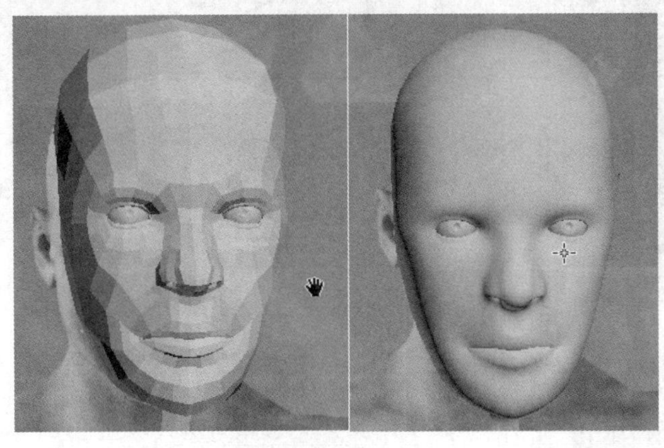

图 2.110

2.3　制作耳朵模型

常见的耳朵布线如图 2.111 所示。耳朵在人头中的位置和结构如图 2.112 所示。

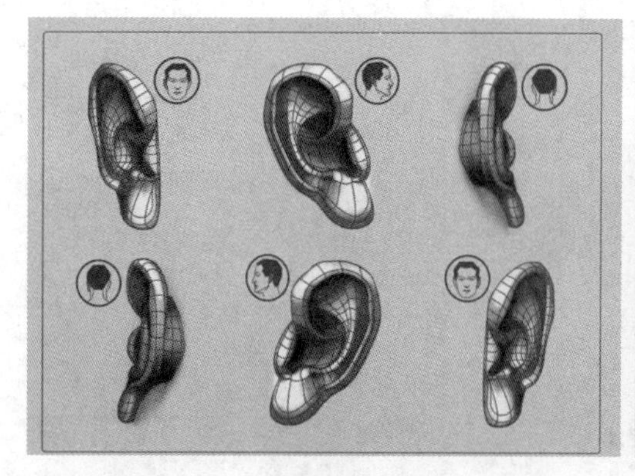

图 2.111

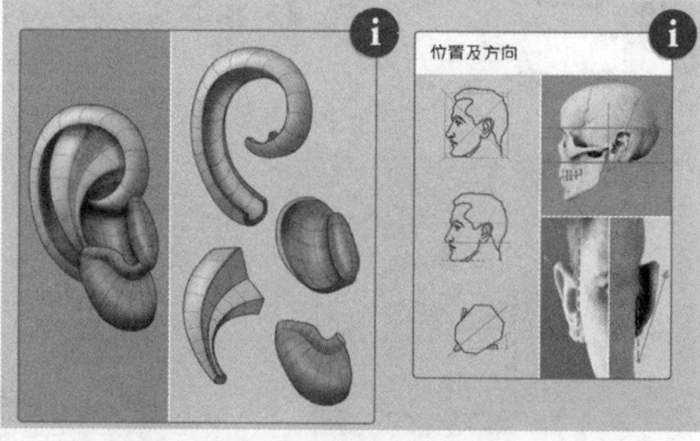

图 2.112

步骤 01 在视图中创建一个长和宽都为 500mm 的面片物体，然后按 M 键，打开材质编辑器，选择一个材质球，在漫反射上设置一个耳朵的图片并赋予创建的面片物体，如图 2.113 所示。

从图 2.113 中可以看出，耳朵在宽度上出现了一定的拉伸现象，但是事实上图片并不是这样的，它的长和宽并不相等，所以这里在修改器下拉列表中添加一个 UVW 贴图修改器，在参数面板中单击位图适配按钮，然后在弹出的对话框中选择刚才设置好的耳朵图片，如图 2.114 所示。

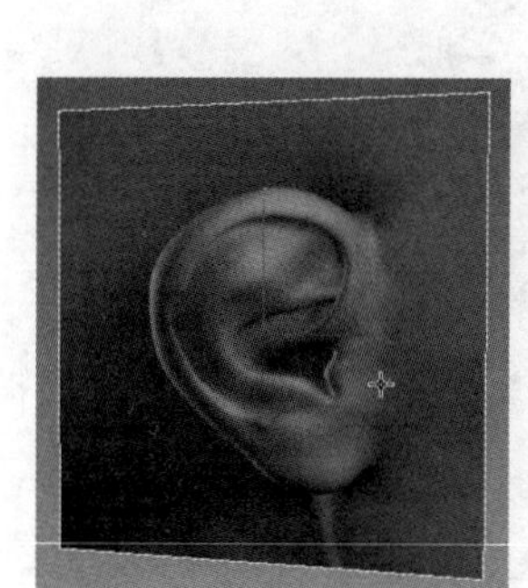

图 2.113

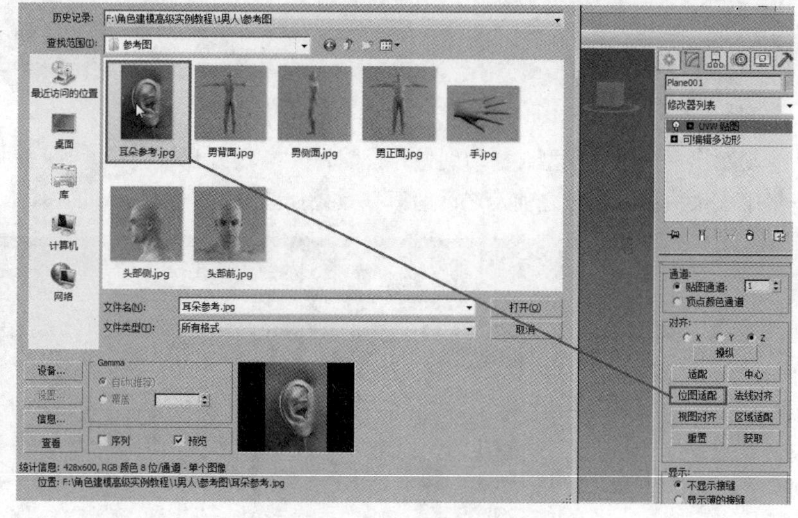

图 2.114

此时面片中图片的显示会按照该图片的正确比例来显示，如图 2.115 所示。

虽然图片能正确按照比例显示，但是比例之外的两侧会自动将图片填充，影响美观，所以在创建面片物体时，应根据图片的大小比例进行创建。比如我们提供的耳朵参考图片的大小为 428mm × 600mm，在创建面片的时候，就将它的长宽设置为 428mm × 600mm，然后再将设置好的材质球赋予该面片，这样就解决了显示上的问题。

步骤 02 冻结该面片，然后在“前”视图中再创建一个面片物体，右击该物体，在弹出的快捷菜单中选择“转换为”→“转换为可编辑多边形”命令，将该模型转换为可编辑的多边形物体。然后按 1 键进入“点”级别，调整点的位置，按 2 键进入“线”级别，选择一条线段，按住 Shift 键挤出面的同时调整好位置，如图 2.116 所示。

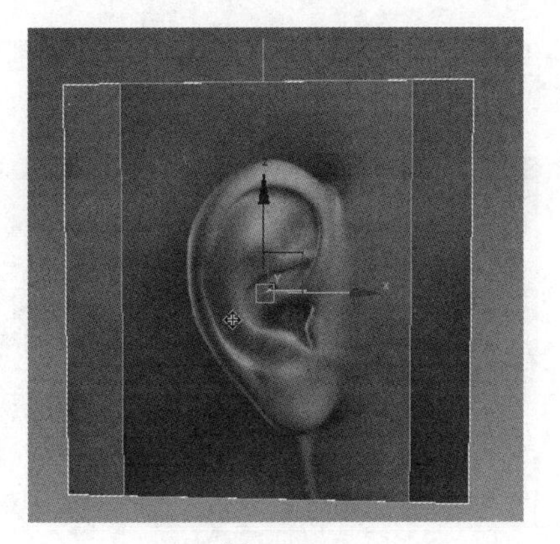

图 2.115

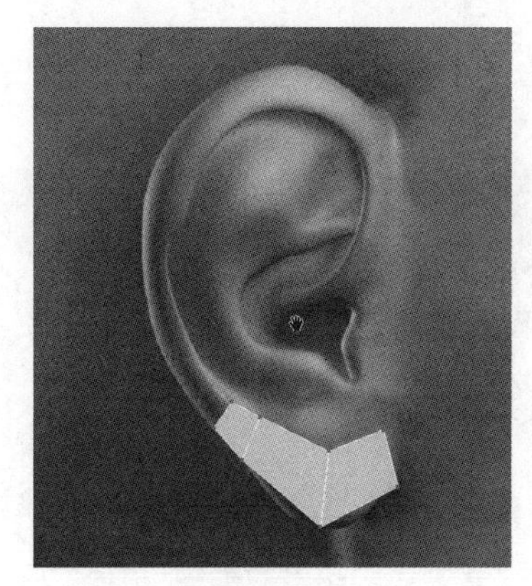

图 2.116

注意

在进行边的拖动挤出面时有一个快捷的方法，单击“石墨”工具下的 自由形式 按钮，然后单击 绘制变形 中 多边形绘制 下的 按钮，当前的图标会变成白色的十字光标，此时按住 Shift 键在边的位置单击并拖动可以快速挤出和移动面，如果想调整点的位置，按住 Ctrl+Alt+Shift 组合键单击并移动即可。用这种方法创建出图 2.117 所示的形状。

继续在耳垂处挤出面并调整，如图 2.118 所示。

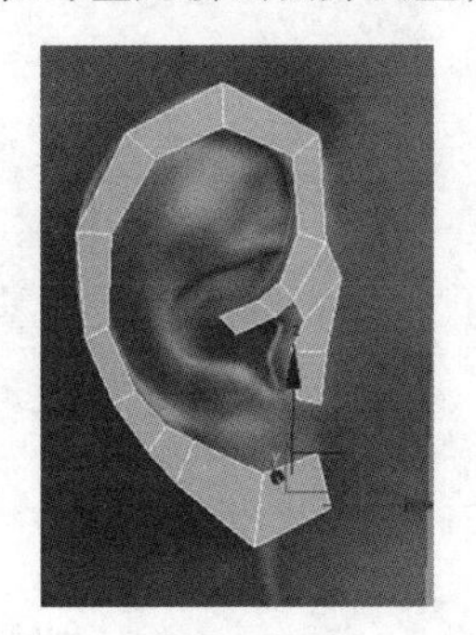

图 2.117

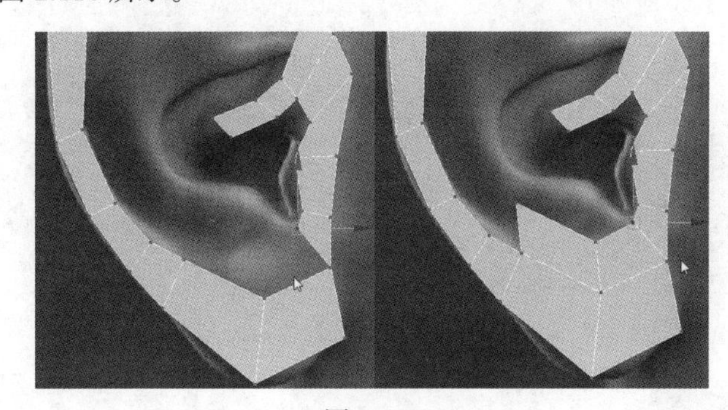

图 2.118

选择图 2.119 所示的线段，按 Ctrl+Shift+E 组合键加线，如图 2.120 所示。沿着 Y 轴方向移动调整至图 2.121 所示。

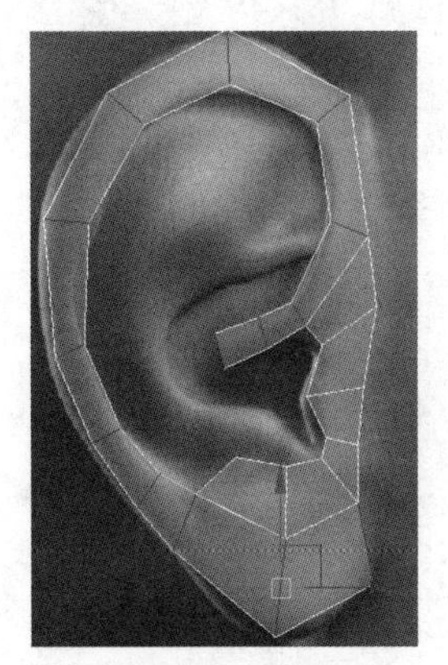

图 2.119

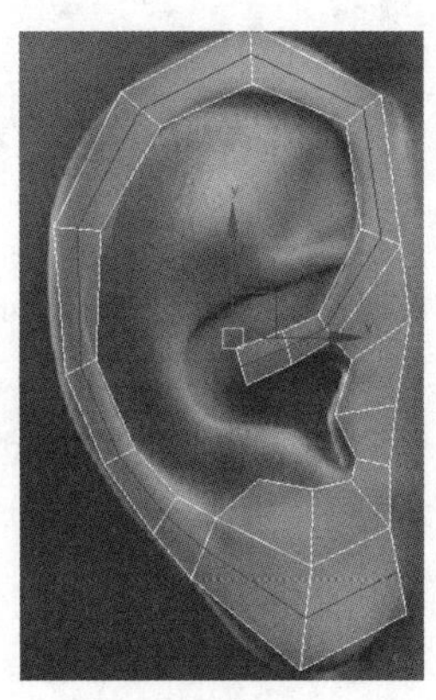

图 2.120

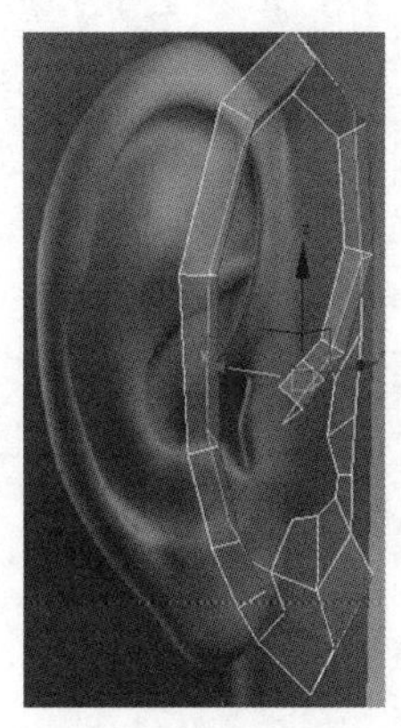

图 2.121

步骤 03 用“石墨”工具下的[icon]工具挤出耳朵内部的部分面，如图 2.122 所示。分别在图 2.123 所示的位置加线。

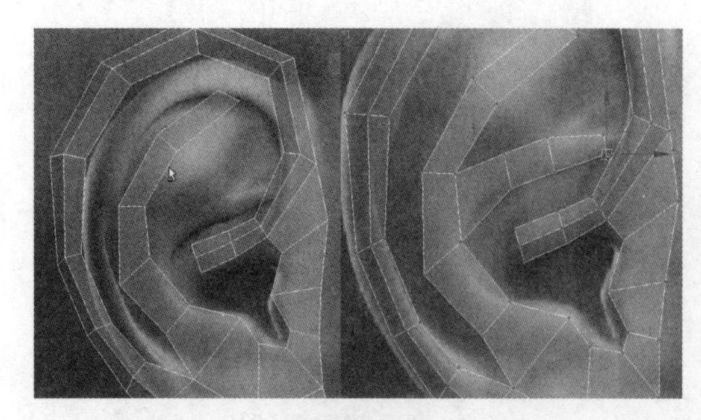
图 2.122

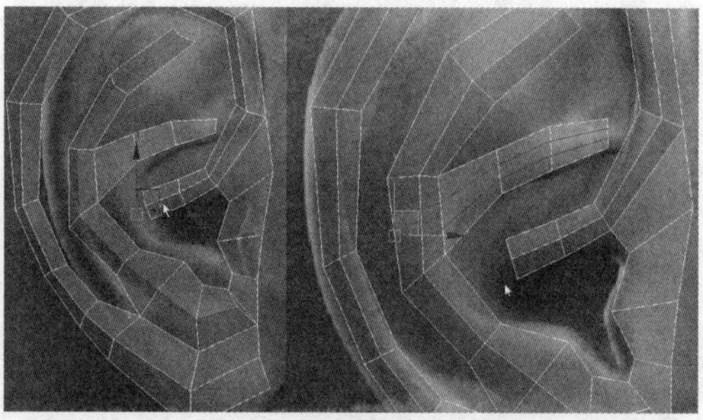

图 2.123

继续挤压出图 2.124 所示的线框中的面，单击 目标焊接 按钮，然后依次将点焊接至图 2.125 所示的位置。

步骤 04 选择图 2.126 中所示的线段，然后沿着 Y 轴方向向内挤压面并调整。

用同样的方法挤出图 2.127 中所示的面，然后单击 目标焊接 按钮将点焊接到外部的点上。

将图 2.128 中相邻的线段焊接起来。

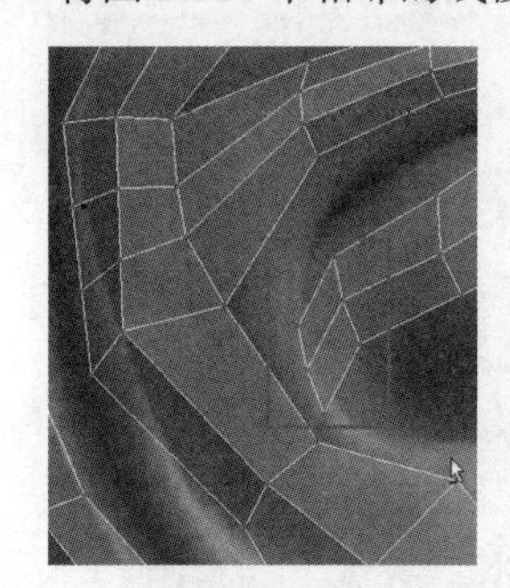
图 2.124

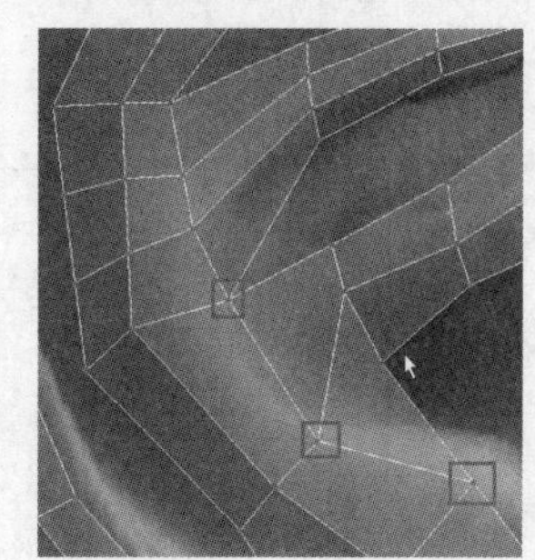
图 2.125

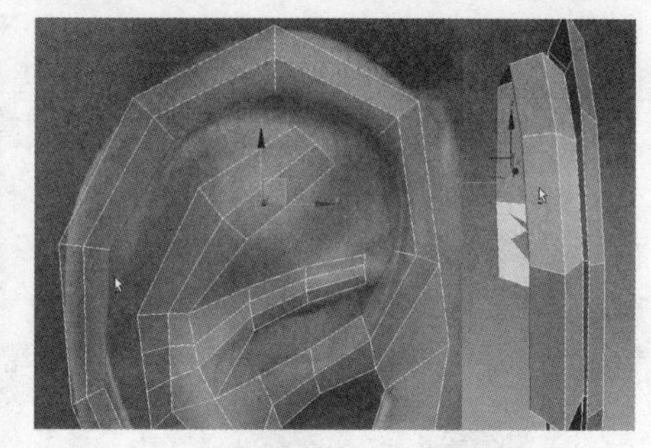
图 2.126

图 2.127

图 2.128

步骤 05 选择图 2.129 中所示的线段，先沿着 Y 轴向内挤出面，然后用桥接工具在上下线段之间生成面。

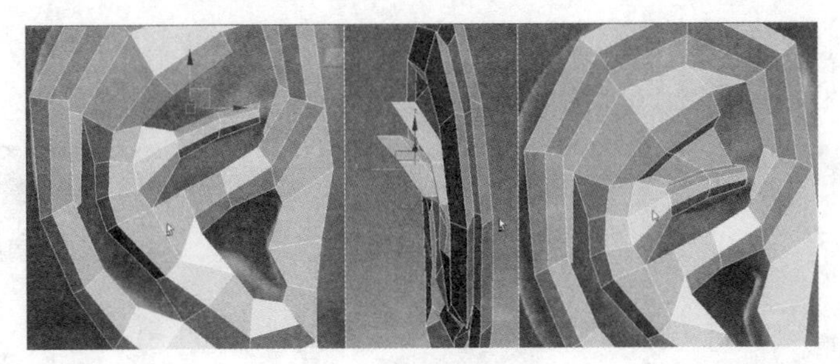

图 2.129

继续调整布线，如图 2.130 所示，具体的调整过程可以参考配套光盘中的相关视频。

图 2.130

步骤 06 用同样的方法将图 2.131 中所示的面调整出来。

步骤 07 在图 2.132 所示的位置加线，然后选择图 2.133 中所示耳蜗处边界线的面用补洞的方法将开口封闭起来后调整布线，效果如图 2.134 所示。

选择耳蜗处的面，单击“松弛”按钮将该处的面适当松弛一下，然后单击 挤出 后面的□按钮向内挤出面并适当缩放一下，如图 2.135 所示。

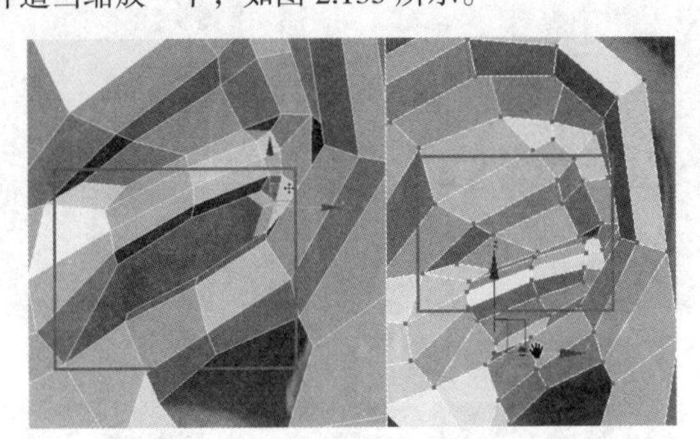

图 2.131

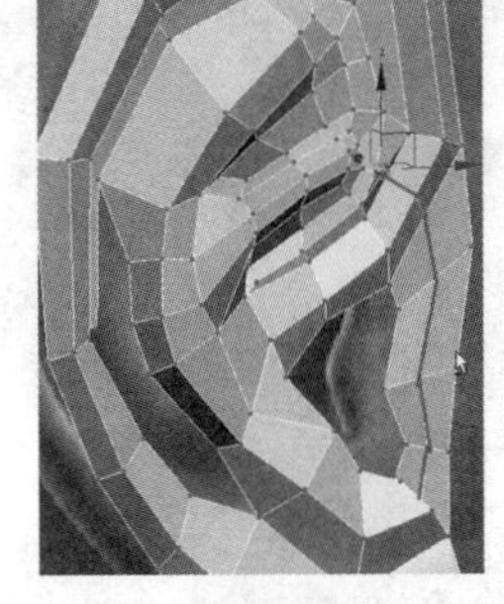

图 2.132

图 2.133

图 2.134

图 2.135

步骤 08 将图 2.136 中所示洞口处的面调整出来，调整后的效果如图 2.137 所示。按 Ctrl+Q 组合键细分光滑之后的效果如图 2.138 所示。

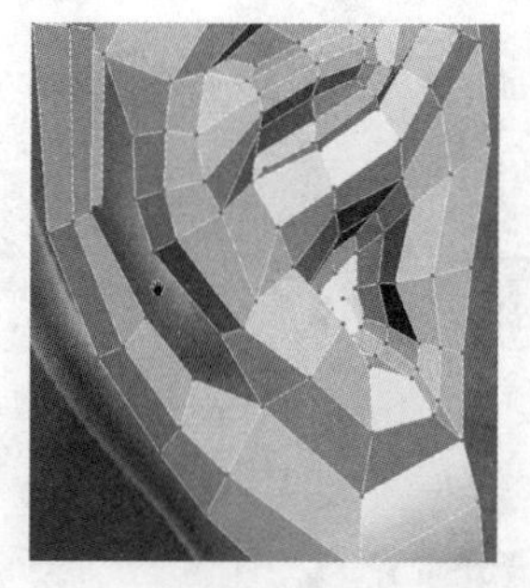

图 2.136

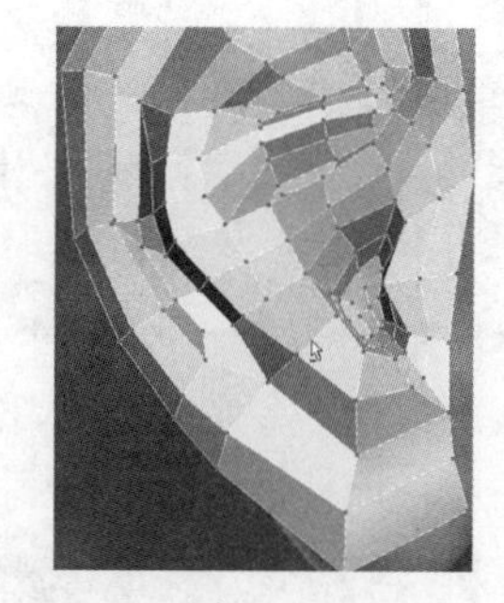

图 2.137

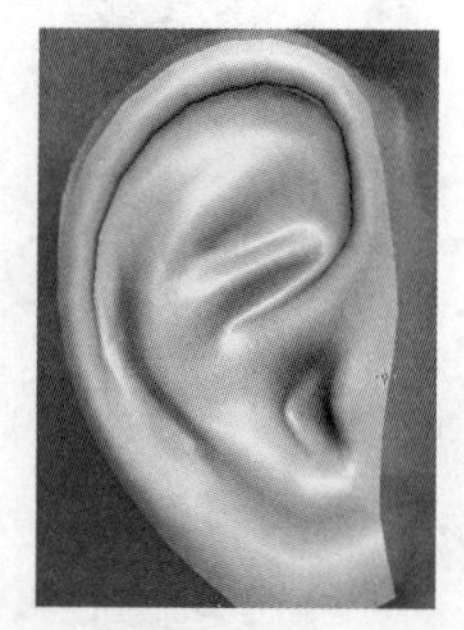

图 2.138

步骤 09 选择耳朵外侧的边线，分别向内挤出面并调整，过程如图 2.139 所示。

在“边”级别下将图 2.140 所示的线段挤出来，然后在“点”级别下用“目标焊接”工具将点焊接起来，如图 2.141 所示。

调整图 2.142 所示的耳垂部位的布线。调整布线的方法也很简单，可以用“剪切”工具、“加线”工具、点的“焊接工具”等方法进行调整。按 Ctrl+Q 组合键细分光滑显示，效果如图 2.143 所示。

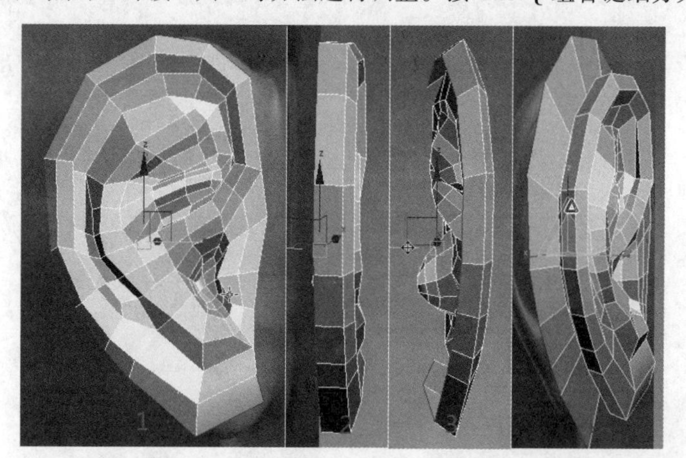

图 2.139

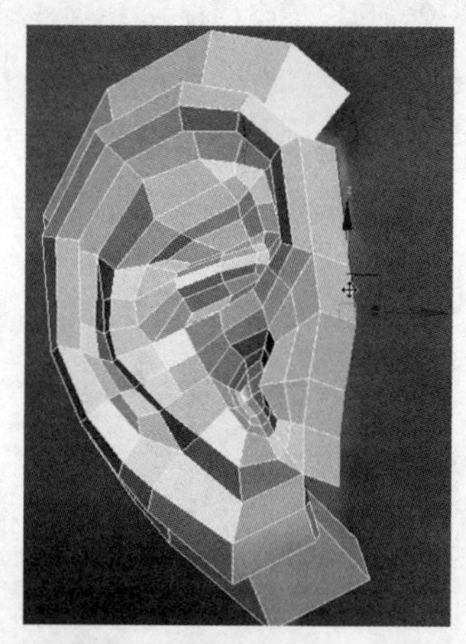

图 2.140

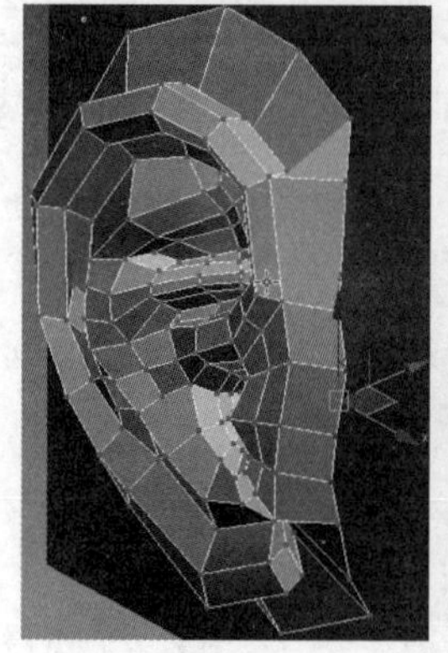

图 2.141

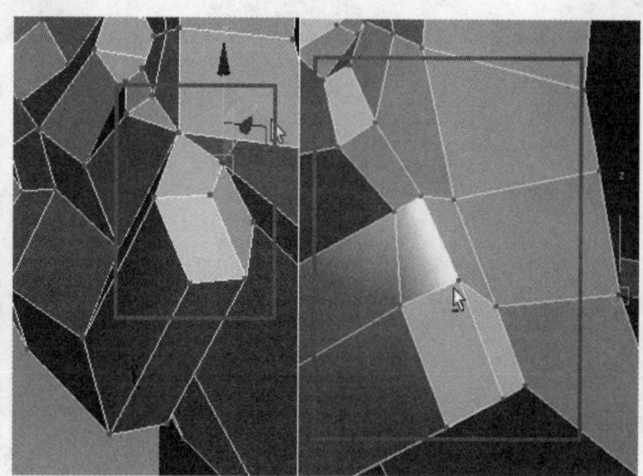

图 2.142

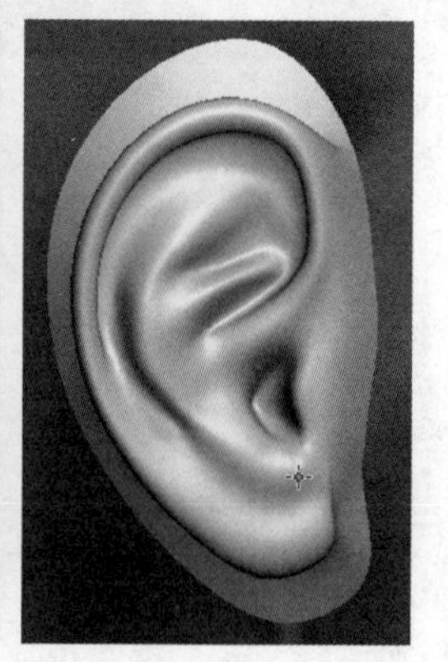

图 2.143

注意　这里耳朵模型的布线比较多一些，而头部模型耳朵的位置线段较少，所以最后整体调整一下耳朵外边缘的线段条数，能焊接的点、线要焊接起来，这样在后期才容易和头部模型进行合并。

2.4　头部模型的整体修改

步骤 01　打开头部模型，单击软件左上角的图标，依次选择“导入”→“合并”命令，然后找到制作的耳朵模型，单击“打开”按钮，如图 2.144 所示。

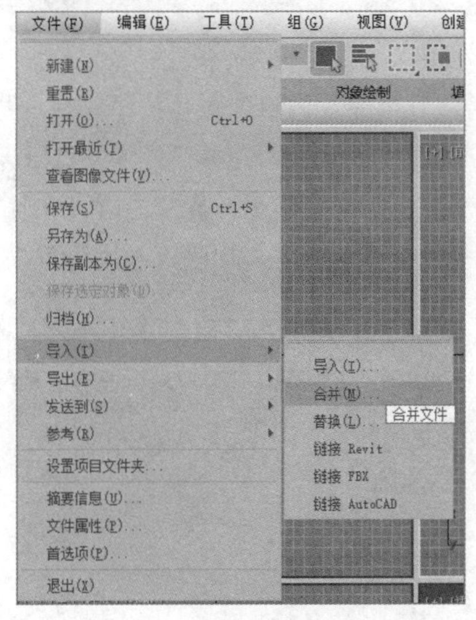

图 2.144

单击 Plane001 和 Plane002（Plane001 为前面制作的耳朵模型，Plane002 为耳朵的参考面片物体），单击“确定”按钮，此时会弹出图 2.145 所示的对话框，这是因为合并的文件中与当前的文件有重名的情况，单击“自动重命名”按钮即可。同样，如果合并的文件中和当前场景中有一样名字的材质也会弹出提示对话框，此时单击“自动重命名合并材质”按钮即可。

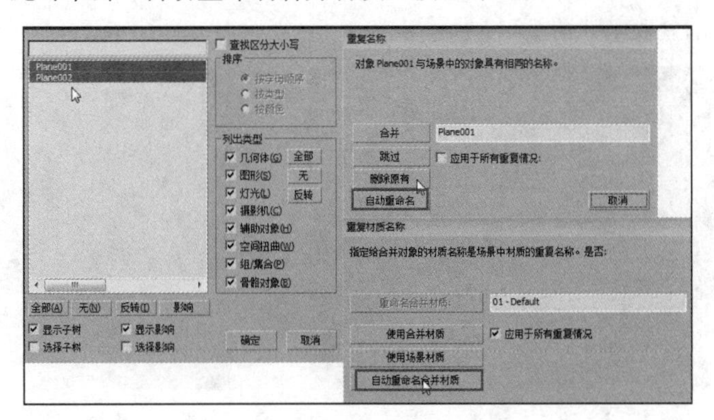

图 2.145

合并之后的效果如图 2.146 所示。

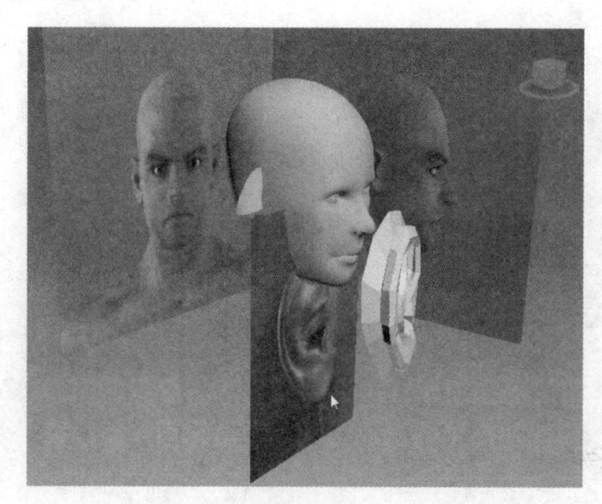

图 2.146

删除耳朵的参考图片，然后将耳朵缩放调整到合适的位置，选择头部模型，在修改面板中单击 附加 按钮拾取耳朵模型完成两者物体的附加。按 1 键进入“点”级别，单击 目标焊接 按钮，依次将耳朵外围的点和头部模型进行焊接，注意在焊接时耳朵边缘线段上的分段和头部耳朵处的分段是不一致的，所以可以先将多个点焊接到一个点上，后面再统一调整布线，如图 2.147 所示。

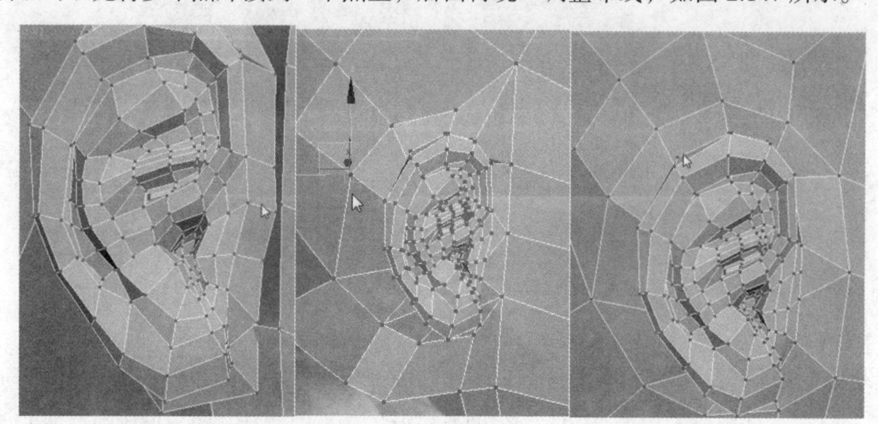

图 2.147

步骤 02 眼角处细节的修改制作。先在眼角处修改创建出面，然后对面进行倒角挤出操作，如图 2.148 所示。光滑细分效果如图 2.149 所示。

图 2.148

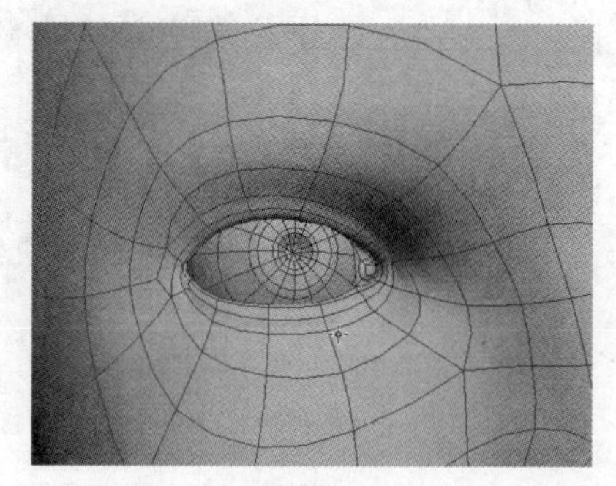

图 2.149

步骤 03 制作颈部模型。挤出脖子处的面，如图 2.150 所示。注意，图 2.151 中所示的线段之所以是斜方向的，是根据此处肌肉的走向进行调整的。

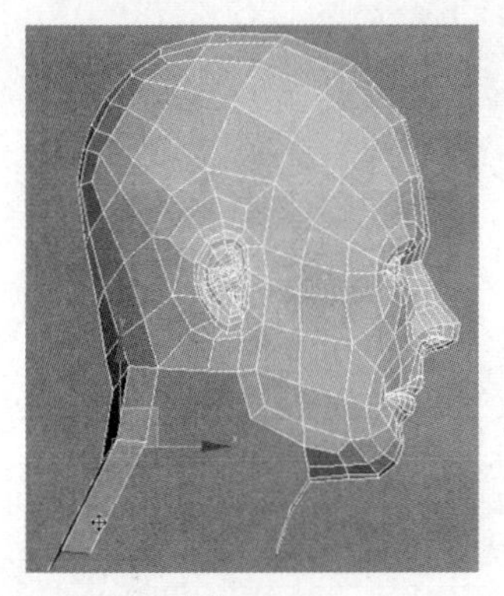

图 2.150

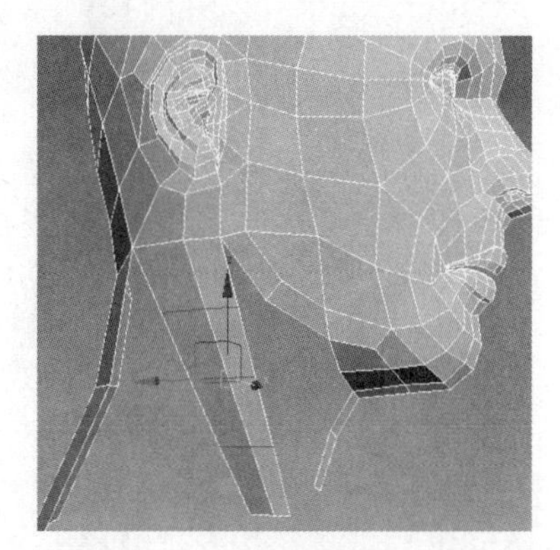

图 2.151

颈部主要肌肉如图 2.152 和图 2.153 所示。

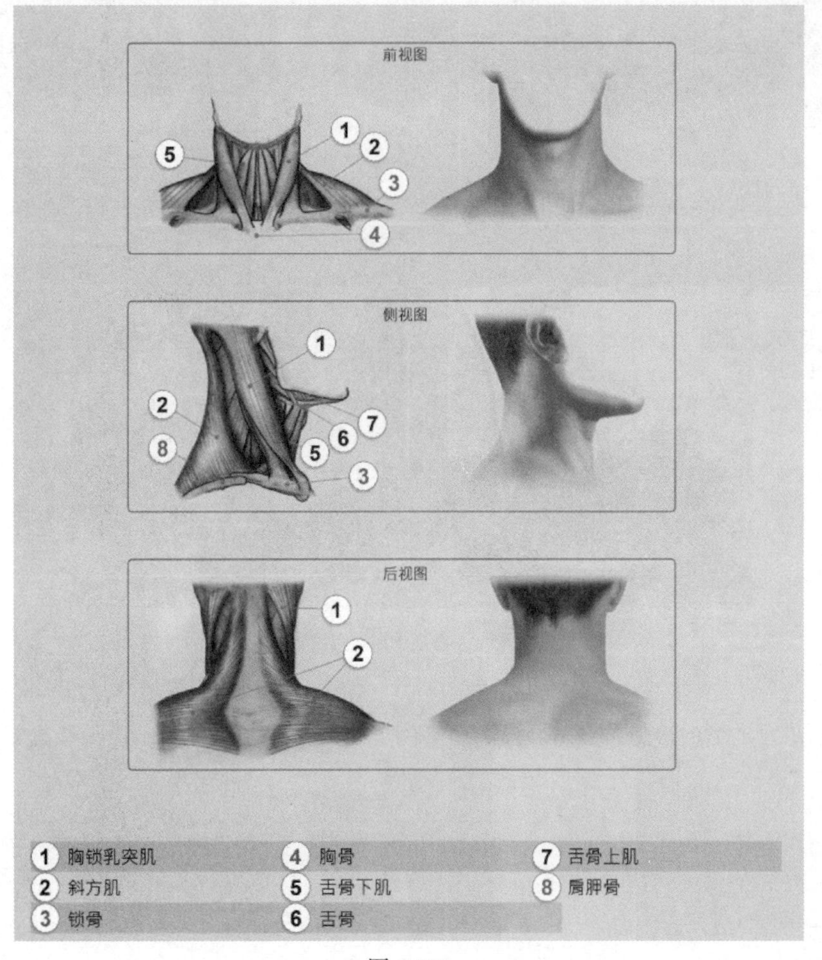

图 2.152

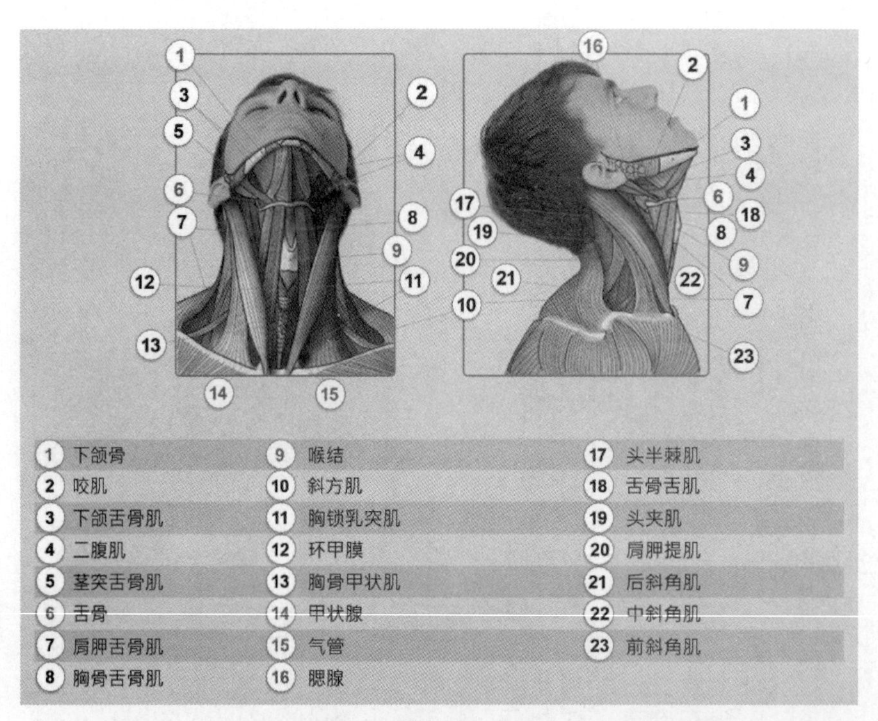

图 2.153

继续挤出面并调整，如图 2.154 所示。

图 2.154

在图 2.155 所示位置加线，然后选择上方的开口，单击“封口”按钮将其封口。选择周围的面单击“松弛”按钮进行适当的松弛，然后调整顶点，如图 2.156 所示。脖子位置面的调整过程如图 2.157 ~ 图 2.160 所示。

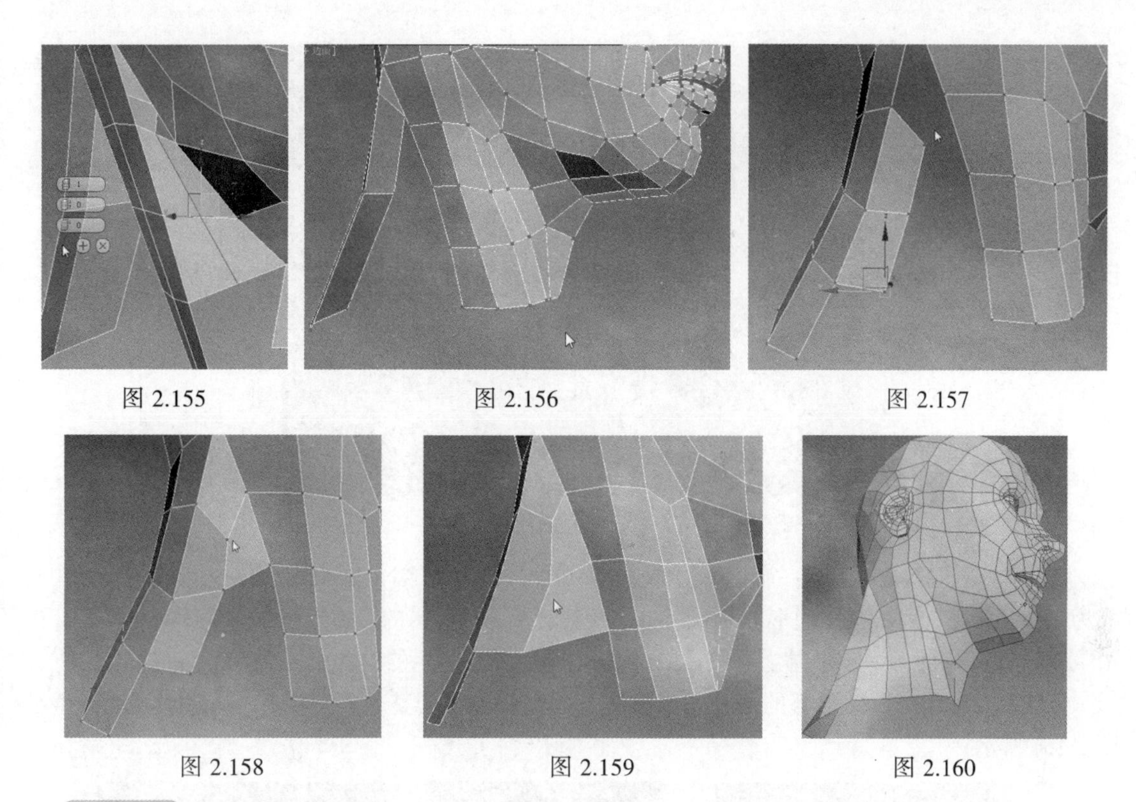

图 2.155　　图 2.156　　图 2.157

图 2.158　　图 2.159　　图 2.160

步骤 04　在修改器下拉列表中选择“对称”修改器，然后用“绘制变形”工具下的“松弛”工具对头部模型进行松弛调整处理，同时配合“偏移”工具对头部模型进行整体的比例调整，再选择嘴部内部的边并向内挤压，效果如图 2.161 所示。

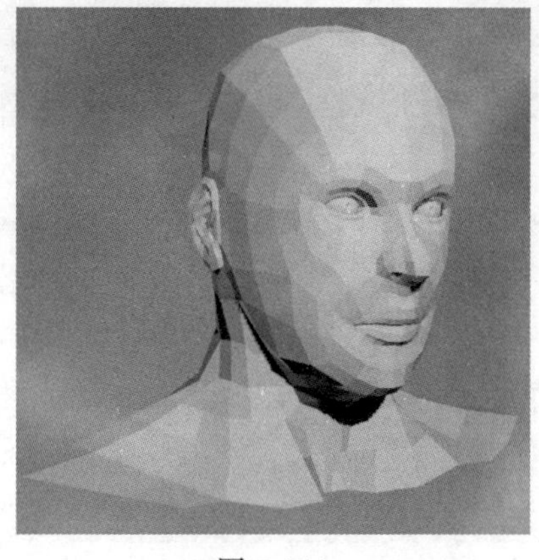

图 2.161

2.5　制作身体模型

步骤 01　用前面介绍的设置参考图的方法设置好身体的参考图，如图 2.162 所示。

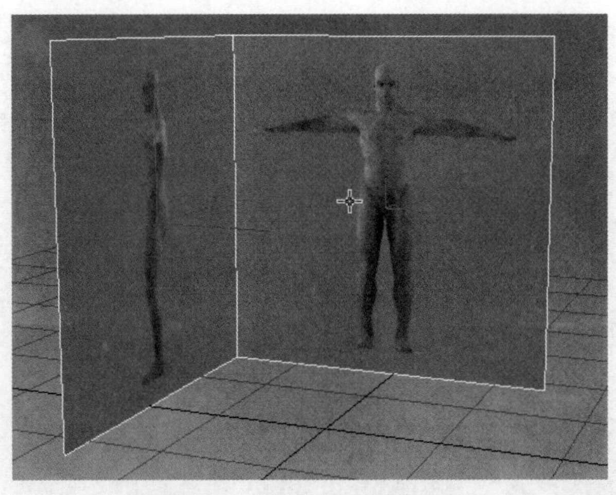

图 2.162

步骤 02 在视图中创建一个 Box 物体，设置长度分段为 2，右击，在弹出的快捷菜单中选择“转换为”→“转换为可编辑多边形”命令，将该模型转换为可编辑的多边形物体。删除一半模型，按 Alt+X 组合键透明化显示该物体，调整点的位置，在图 2.163 所示的位置加线调整。

删除图 2.164 中所示顶部的面，在身体的背部继续加线调整，如图 2.165 所示。加线调整至图 2.166 所示。

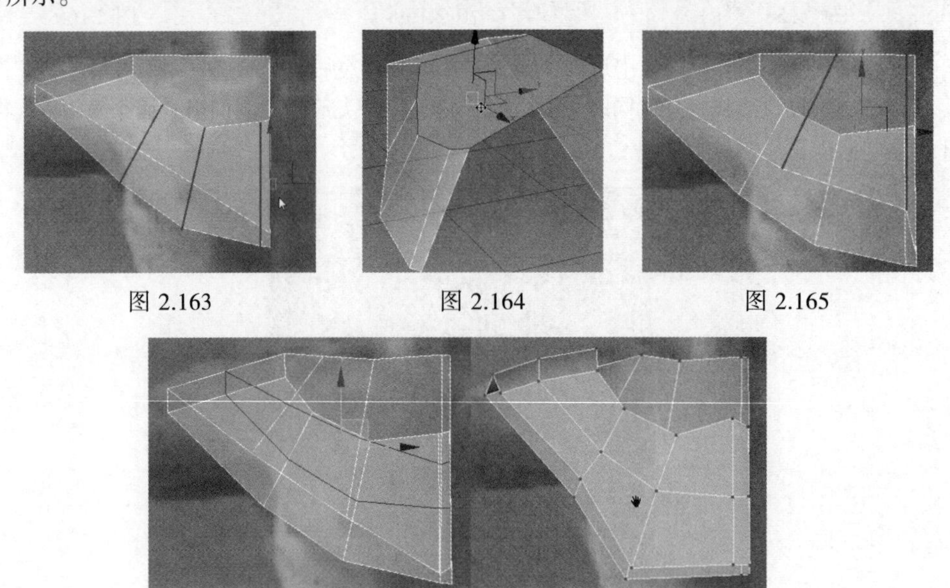

图 2.163　　图 2.164　　图 2.165

图 2.166

步骤 03 选择肩膀处的线段，单击 切角 按钮将单个线段切为两条线段，如图 2.167 所示。然后选择相对应的线段，单击 桥 按钮使中间连接出新的面，在中间位置加线调整，如图 2.168 所示。

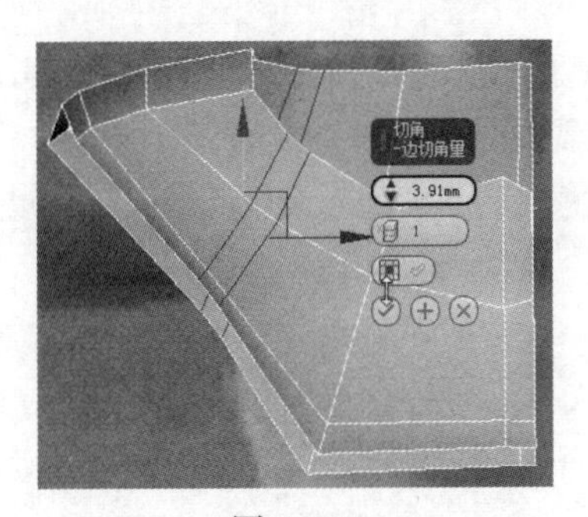

图 2.167

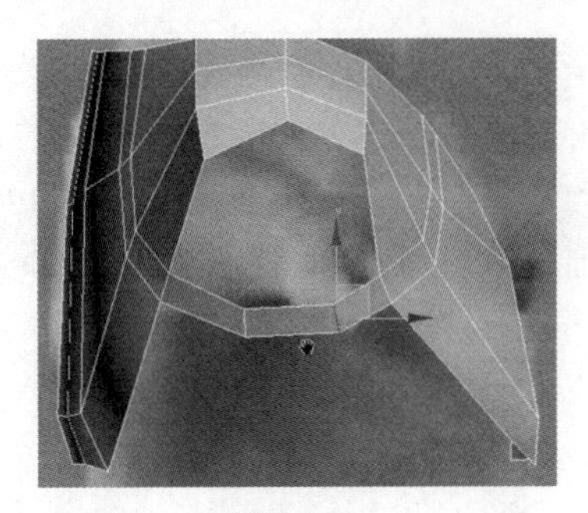
图 2.168

将图 2.169 中所示的线向下挤出，单击 目标焊接 按钮将点焊接到左右的面上，如图 2.170 所示。

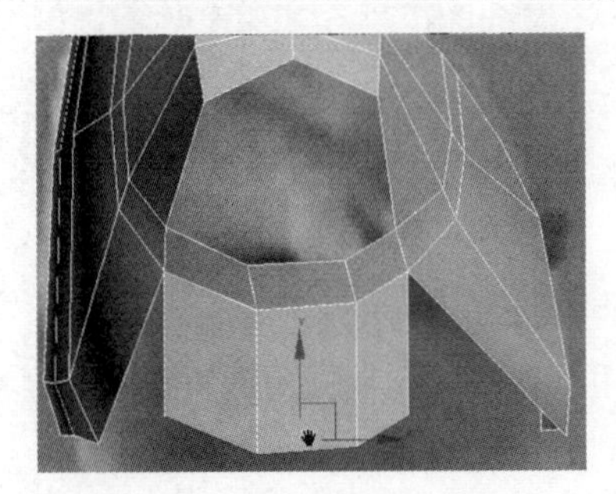
图 2.169

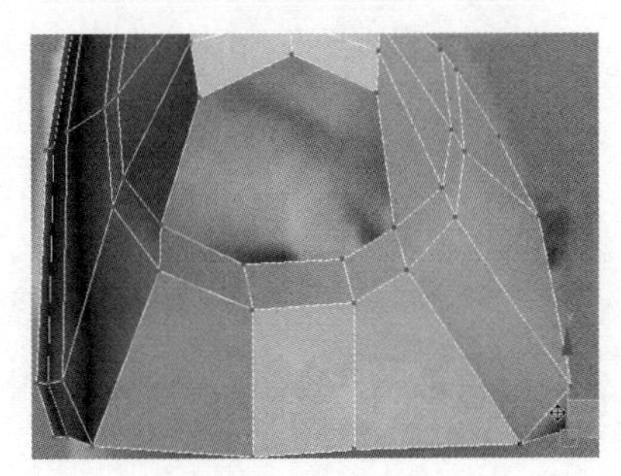
图 2.170

挤出胸部下方的面，同样用目标焊接工具进行点的焊接，如图 2.171 所示。

整体调整一下身体的形状，在修改器下拉列表中添加“对称”修改器和“网格平滑”修改器，效果如图 2.172 所示。

图 2.171

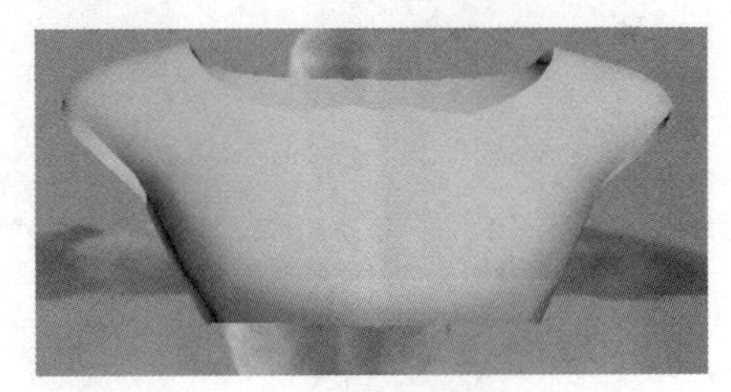
图 2.172

步骤 04　在视图中继续创建一个 Box 物体，将其转换为可编辑的多边形物体，删除一半模型，根据参考图的形状在模型上适当加线并调整点的位置，如图 2.173 所示。

用“桥接”工具连接出身体前后的面，中间加线调整至图 2.174 所示。

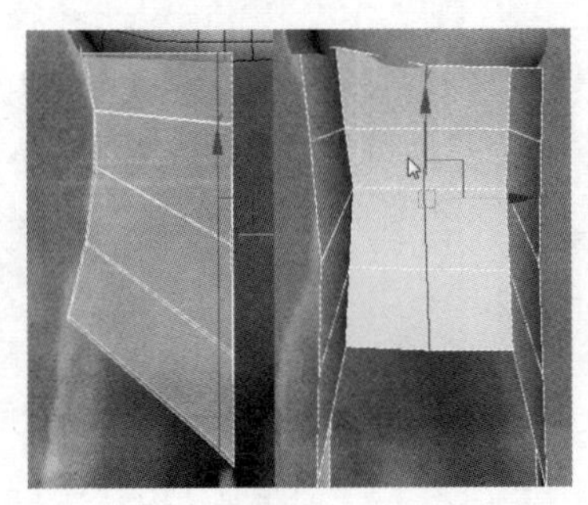
图 2.173

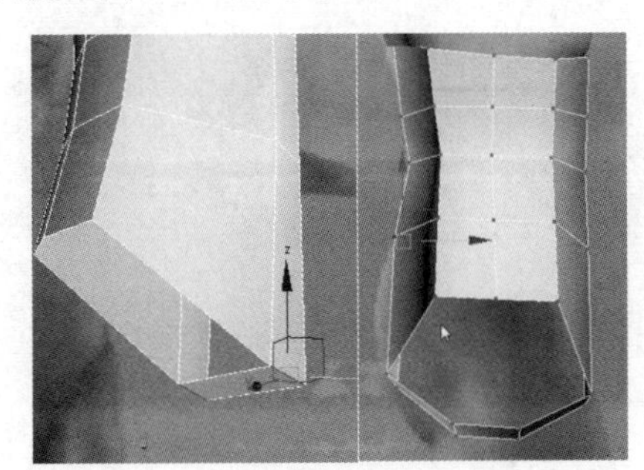
图 2.174

步骤 05 单击 附加 按钮拾取另外一部分身体模型，将两者附加成一个物体，单击 目标焊接 按钮，然后依次焊接身体上下衔接处的点，在胸肌下方位置加线，如图 2.175 所示。

步骤 06 在腹部位置加线，如图 2.176 所示，注意在制作模型时线段的添加与删减并不是一成不变的，而是根据需要随时进行添加或删减处理。

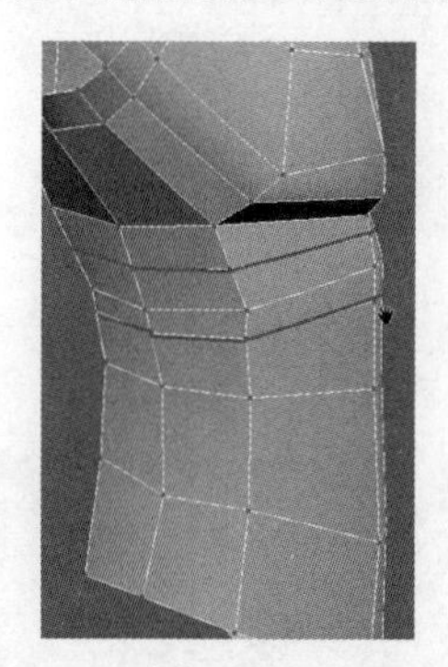

图 2.175

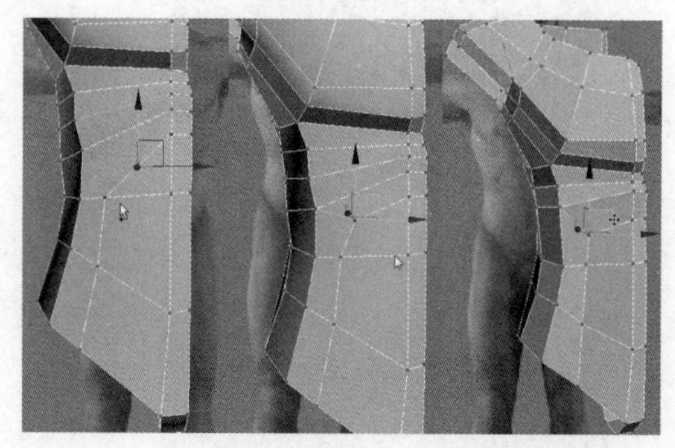

图 2.176

步骤 07 分别在身体的正面和背面加线，如图 2.177 和图 2.178 所示。

步骤 08 在胳膊的位置加线处理，如图 2.179 和图 2.180 所示。调整点线位置并细分光滑后的效果如图 2.181 所示。

选择胳膊处的边界线段，按住 Shift 键沿着胳膊的方向挤出面，如图 2.182 所示。

图 2.177

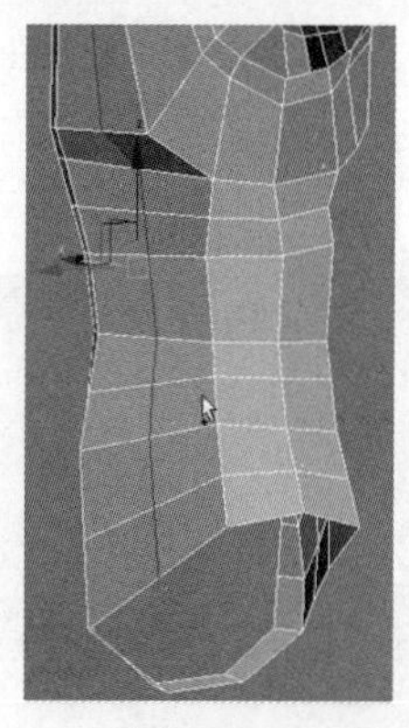

图 2.178

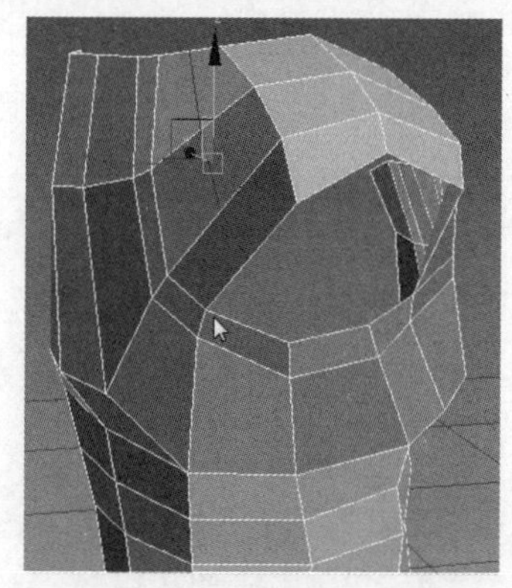

图 2.179

图 2.180

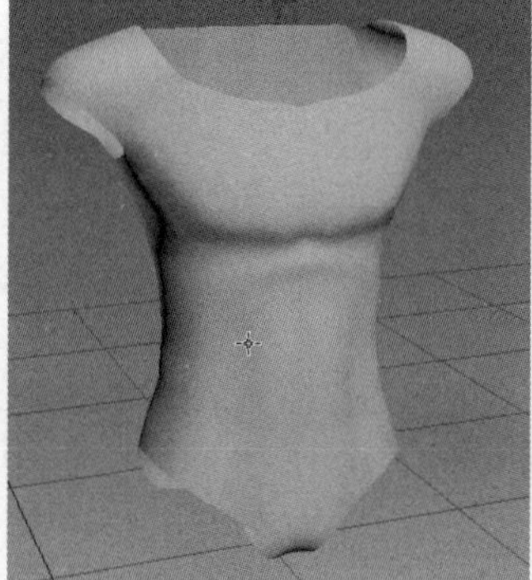

图 2.181

图 2.182

步骤 09 分别在人体的腹部位置加线并调整，这里加线的目的也是为了有更好的边线腹部肌肉效果，如图 2.183 所示。选择腹部部分面，单击 倒角 按钮对该面进行挤出缩放处理，如图 2.184 所示。用同样的方法挤出其他腹部的面，然后删除图 2.185 所示的对称中心处的面。

删除面之后，选择对称轴中心处的线段，用“缩放”工具将其缩放在一个竖直的平面内，这样在后期添加“对称”修改器之后才不至于出现问题。选择腹部肌肉边缘的面，单击 松弛 按钮将其面适当松弛调整，对比效果如图 2.186 所示。

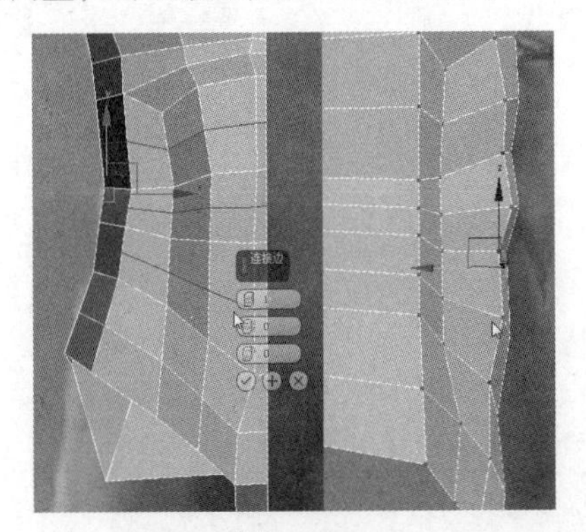

图 2.183

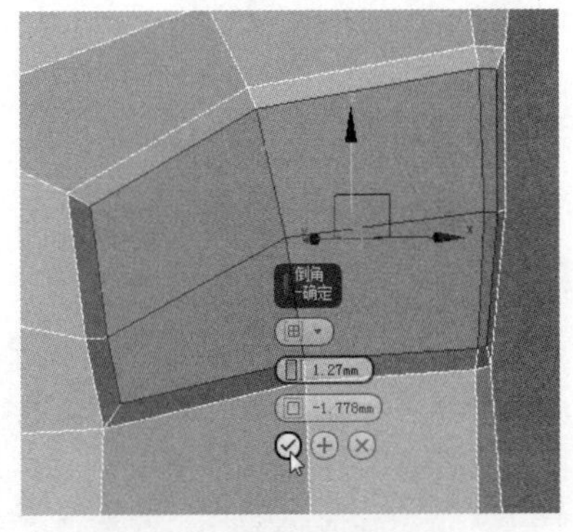

图 2.184

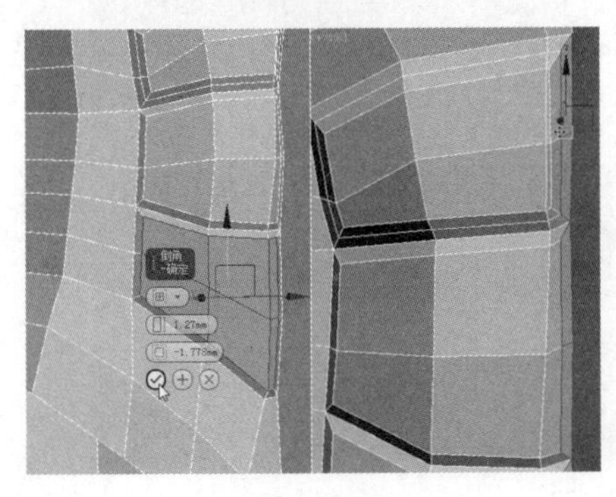

图 2.185

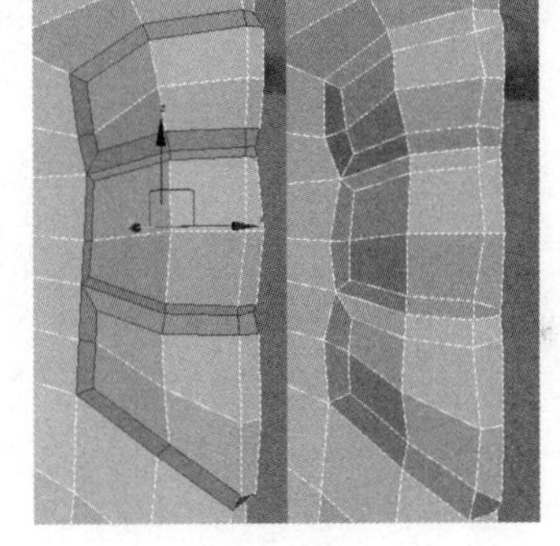

图 2.186

步骤 10 刚才在腹部沿着身体的一周进行了加线处理，这是腹部肌肉表现所需，但是也造成了背部线段过多的问题，所以这里要把背部的线段精简一下，如图 2.187 所示。

注意 图 2.188 所示为布线调整，调整的方法也很简单，右击模型，在弹出的快捷菜单中选择“剪切”工具进行线段切线处理，然后移除多余的线段即可。

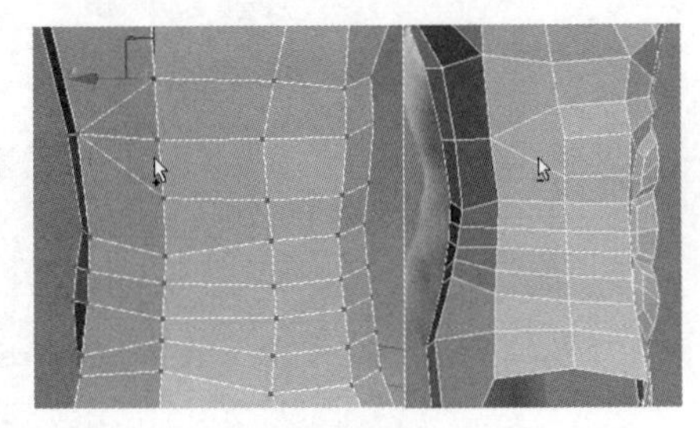

图 2.187

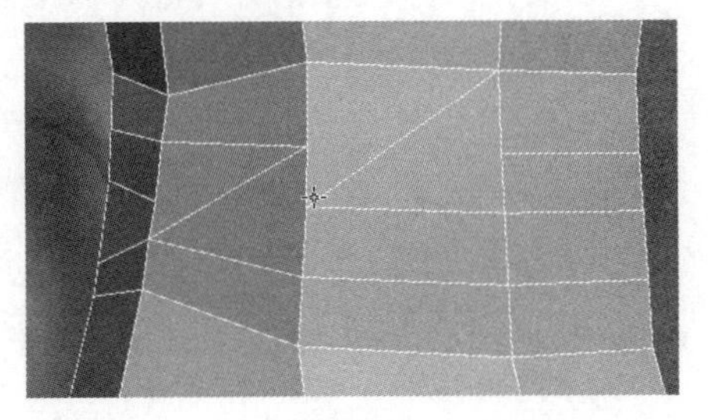

图 2.188

选择图 2.189 中所示的面，单击 松弛 按钮进行面的松弛，对比如图 2.190 所示。在图 2.191 所示的位置剪切出线段，移除横向的线段，如图 2.192 所示。

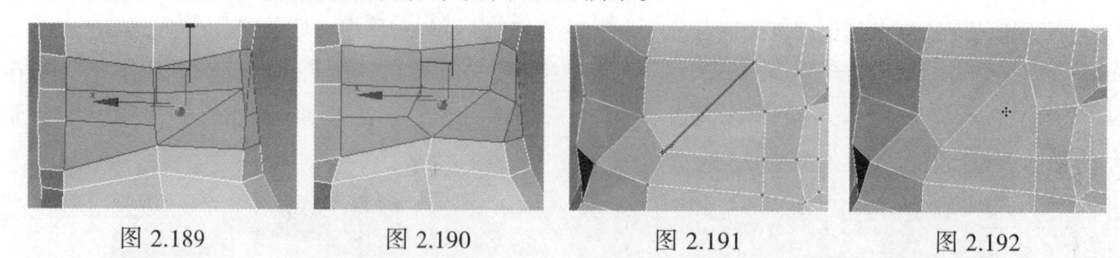

图 2.189　　图 2.190　　图 2.191　　图 2.192

步骤 11 单击软件左上角的图标，然后依次选择“导入”→“导入”，选择之前制作好的头部模型，将头部模型合并到当前场景中，删除不需要的面片，只保留头部，用缩放工具和移动工具调整好头部模型的大小和位置，如图 2.193 所示。

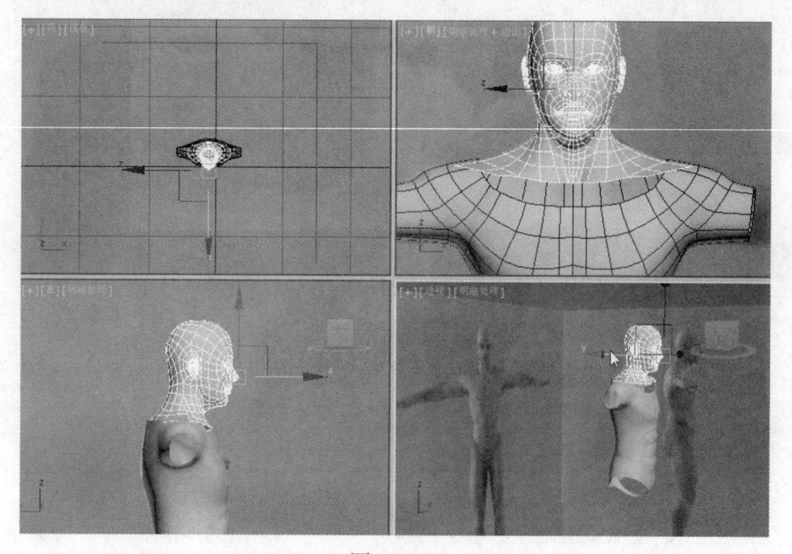

图 2.193

单击 附加 按钮，拾取身体模型将两部分焊接在一起。单击按钮进入“元素”级别，选择头部模型的面，按 Alt+I 组合键隐藏身体部分的面，对头部模型脖子的位置再进行适当的调整。按住 Shift 键将脖子前后处的线段移动挤出面，将需要焊接的点用“目标焊接”工具焊接起来，如图 2.194 所示。

选择图 2.195 所示底部的面，单击“倒角”按钮将其面向外倒角并缩放，如图 2.196 所示。

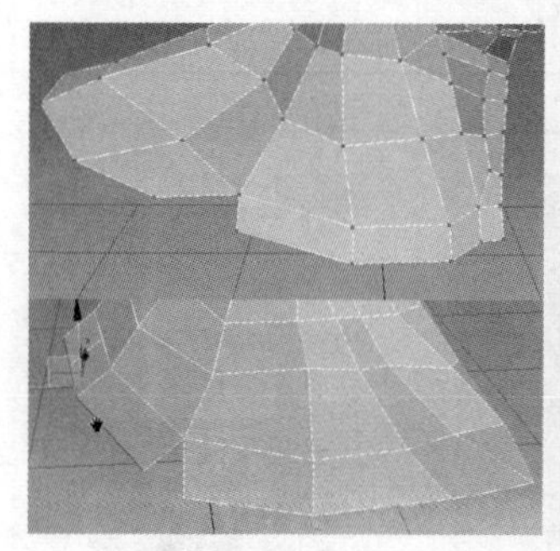

图 2.194

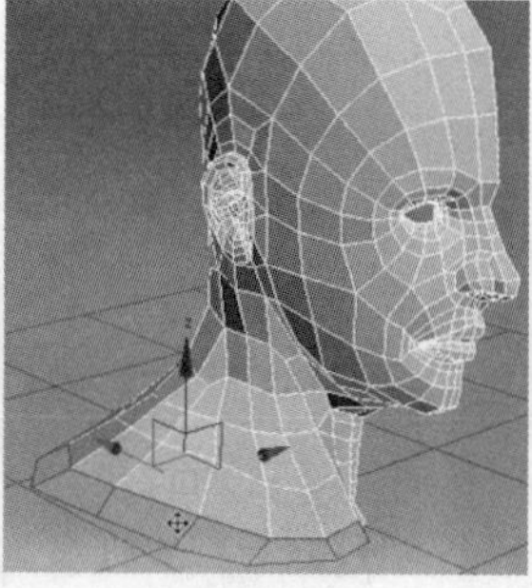

图 2.195

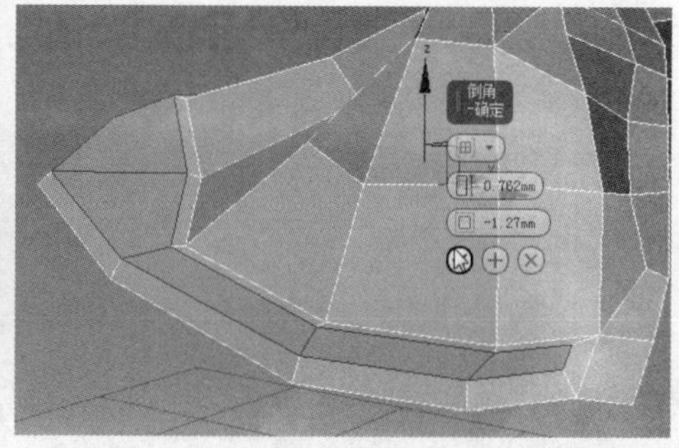

图 2.196

删除最底部的面，按 Alt+U 组合键将隐藏的身体部分的面显示出来，单击 目标焊接 按钮，依次将身体上方的点和头部下方的点进行焊接，如果点的个数不一致，可以先将多个点焊接到一个点上再进行线段的加减线处理。比如头部位置调整，如图 2.197 所示。

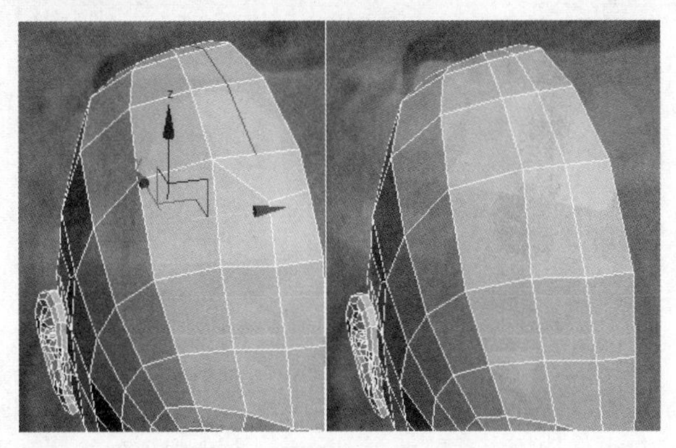

图 2.197

衔接部位的布线调整如图 2.198 所示。

图 2.198

步骤 12 选择背部的部分面，用倒角工具向外倒角挤出，如图 2.199 所示。

选择图 2.200 所示的面，单击 松弛 按钮进行适当的松弛。

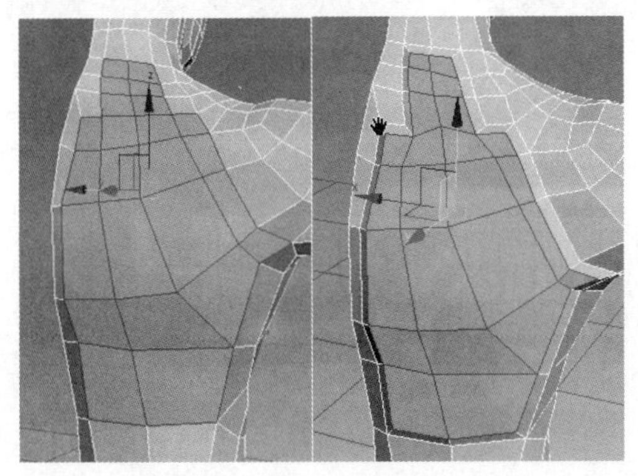

图 2.199

图 2.200

步骤 13 选择大腿根部的边界线段，按住 Shift 键向下挤出面，重点调整一下臀部的点、线，如图 2.201 所示。

在臀部位置加线调整，细分光滑之后的效果如图 2.202 所示。

图 2.201

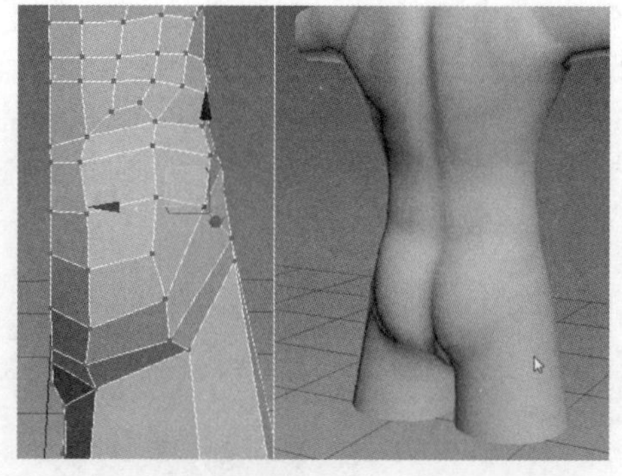
图 2.202

步骤 14 制作肚脐。按照图 2.203 所示的步骤分别切线，然后将中间的面向内移动调整。

将内部的面向外倒角挤出，删除对称轴中心处的面。在大腿处加线，整体调整身体的结构比例，效果如图 2.204 所示。

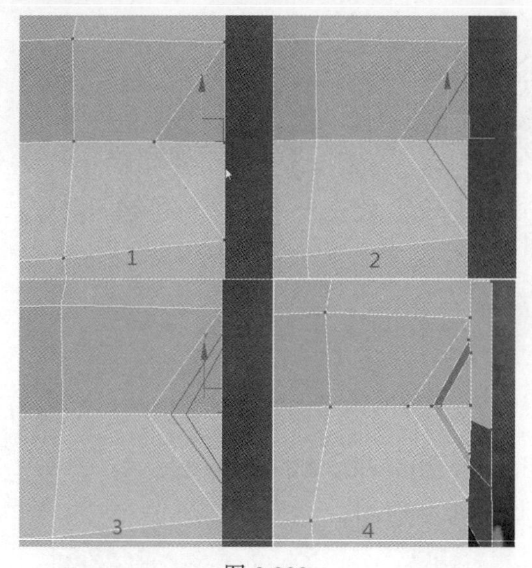

图 2.203

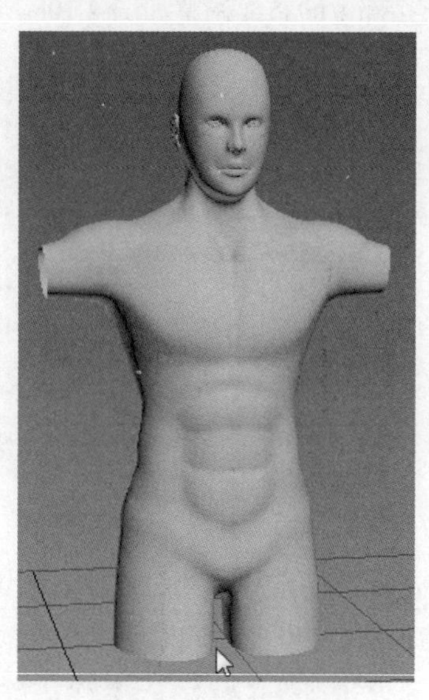
图 2.204

2.6 制作手臂模型

手臂的制作相对比较简单一些，因为我们在制作身体的时候，肩膀等位置已经制作出来了，制作手臂时只需要注意手臂上的几块肌肉效果即可。

手臂的主要肌肉名称如图 2.205 所示。

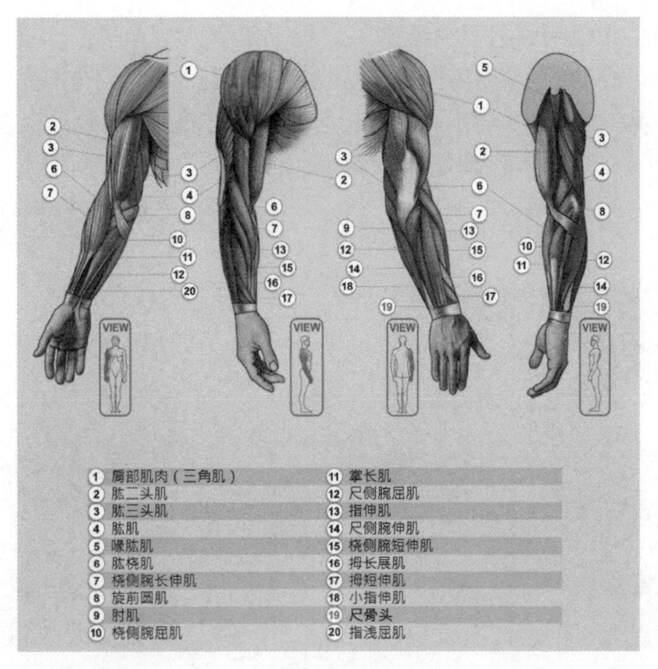

图 2.205

步骤 01 选择开口处的边界线段，按住 Shift 键移动挤出面，在中间的位置适当加线调整，如图 2.206 所示。

注意　将手腕处的点适当旋转调整一下，如图 2.207 所示。

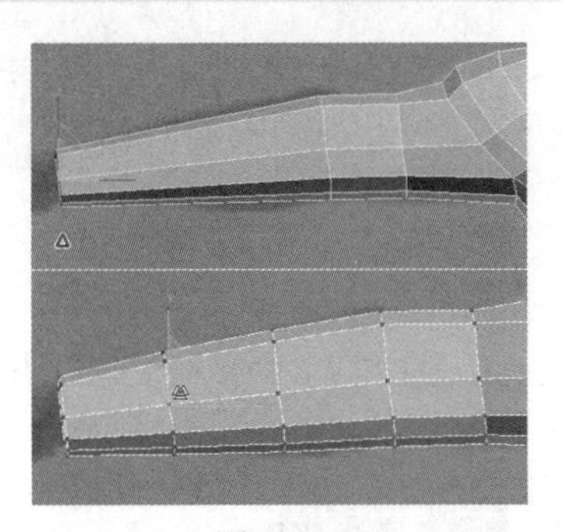

图 2.206

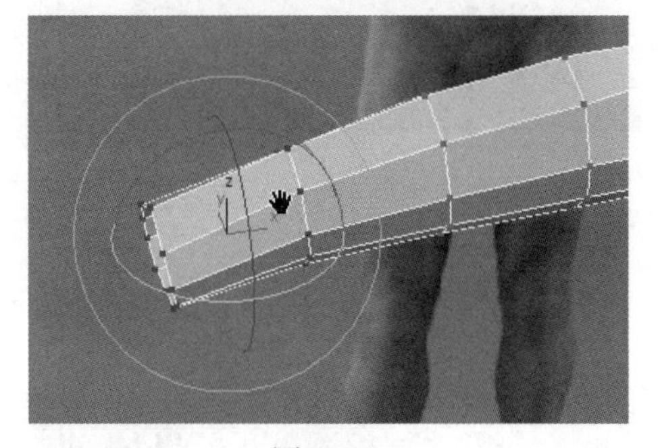

图 2.207

步骤 02 在胳膊肘的位置手动剪切出图 2.208 所示的线段。

继续剪切调整布线，如图 2.209 所示。

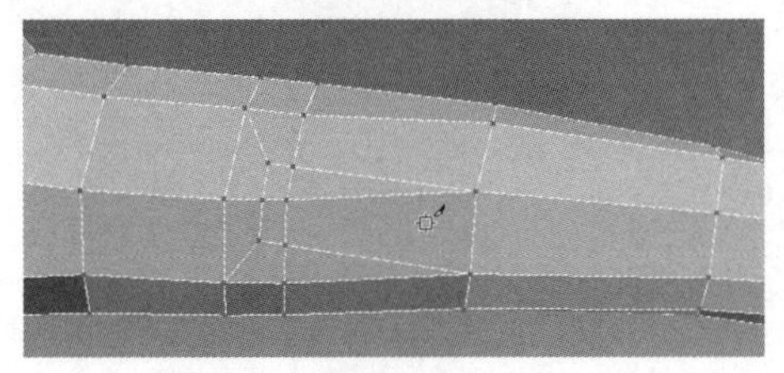

图 2.208

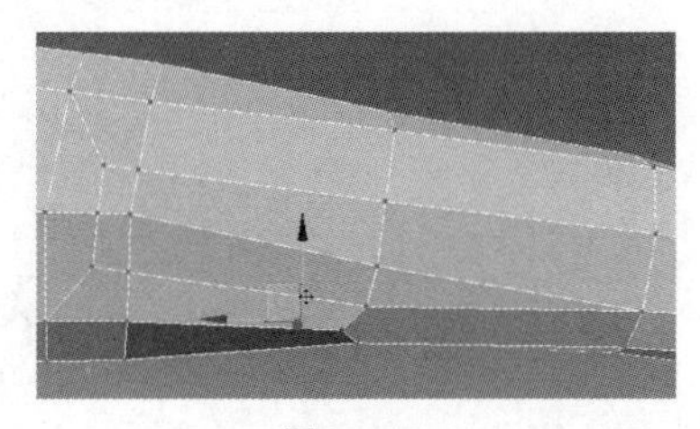

图 2.209

步骤 03 在图 2.210 所示的位置加线。

此处我们希望环形线段之间的距离相同，这里有一个快捷的方法，选择图 2.211 上图中的线段，单击“石墨”建模工具下的 建模 按钮，然后在 循环 下单击 按钮，在弹出的“循环工具”工具面板中单击 间隔 按钮即可。对比效果如图 2.211 所示。

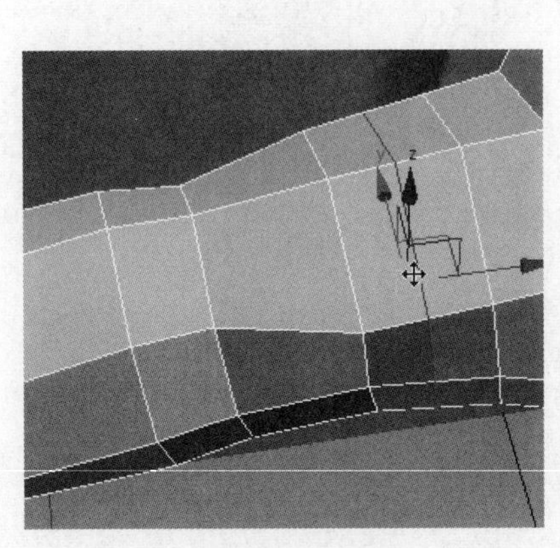

图 2.210

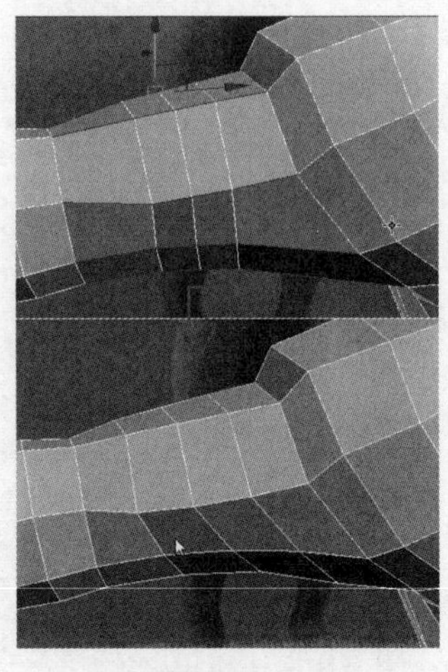

图 2.211

将图 2.212 所示部位的面用倒角工具向外挤出并缩放调整面，细分后的效果如图 2.213 所示。

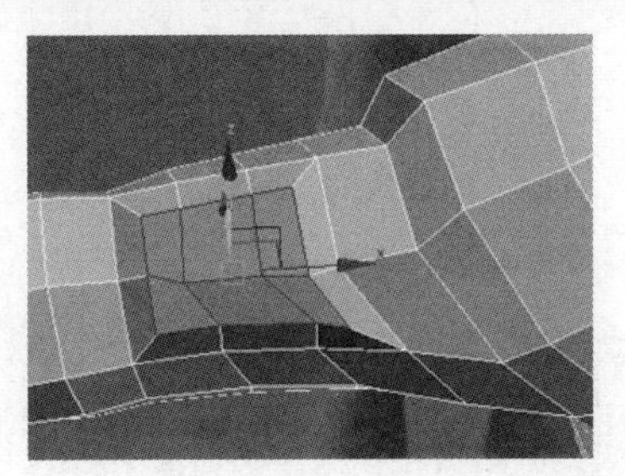

图 2.212

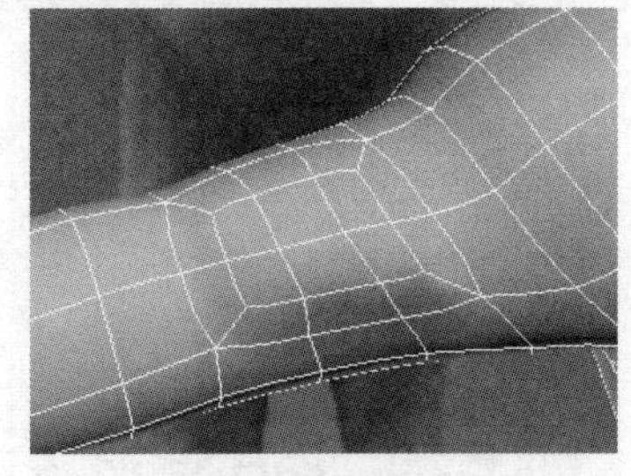

图 2.213

注意　在调整线段的走向时，可以用石墨工具下的“自旋”工具进行快速调节，如图 2.214 所示。

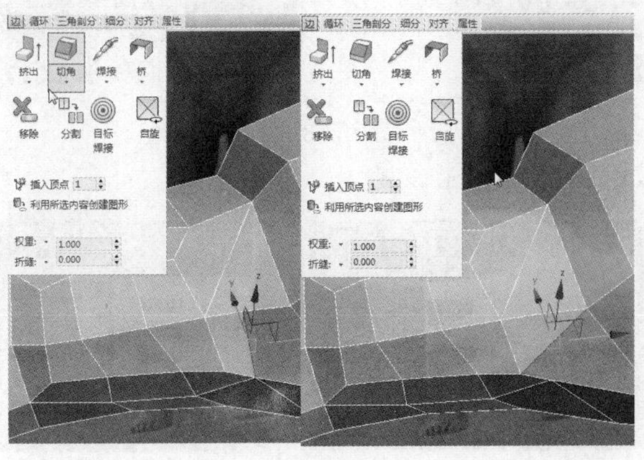

图 2.214

步骤 04　用同样的方法将胳膊背部的肌肉模型调整出来，如图 2.215 和图 2.216 所示。调整布线，如图 2.217 所示。

步骤 05　小臂肌肉处的面也挤压出来，如图 2.218 所示。

步骤 06　进一步细致调整手臂模型的布线和形状，效果如图 2.219 所示。细分效果如图 2.220 所示。

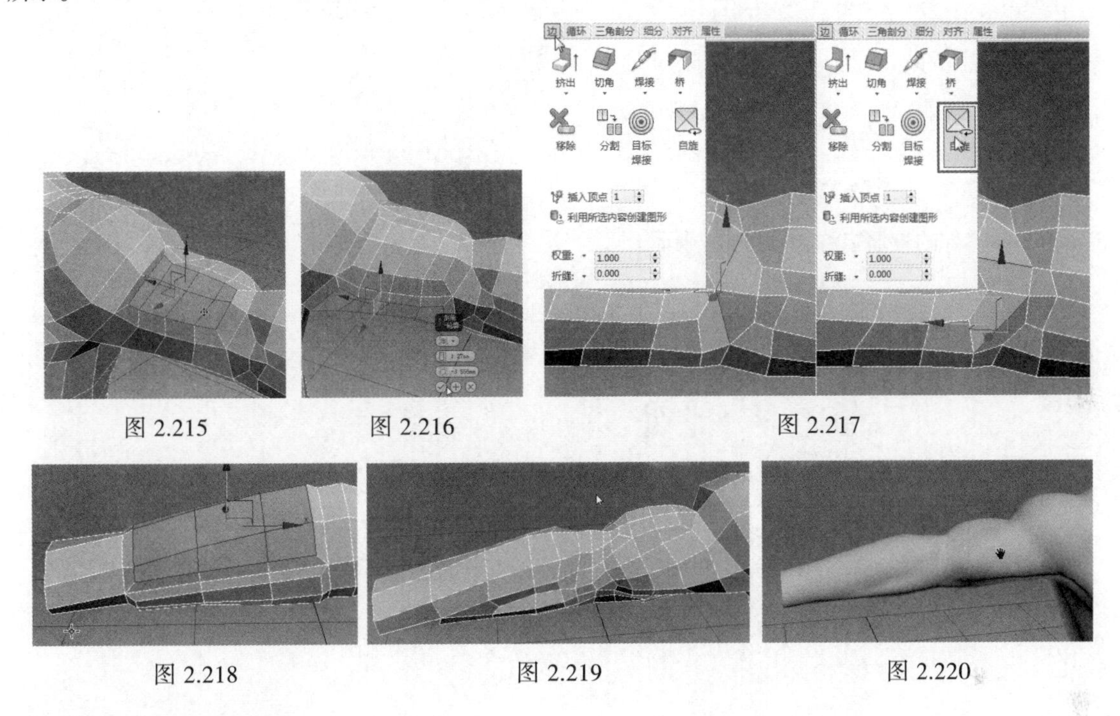

图 2.215　　图 2.216　　图 2.217

图 2.218　　图 2.219　　图 2.220

2.7　制作手模型

手部和腕部肌肉名称如图 2.221 ~ 图 2.224 所示。

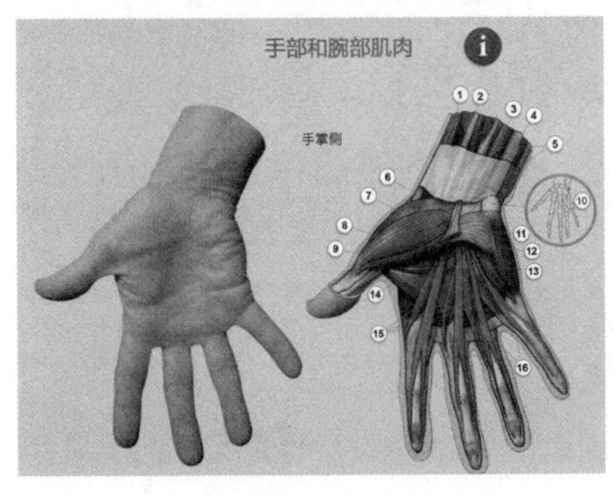

图 2.221

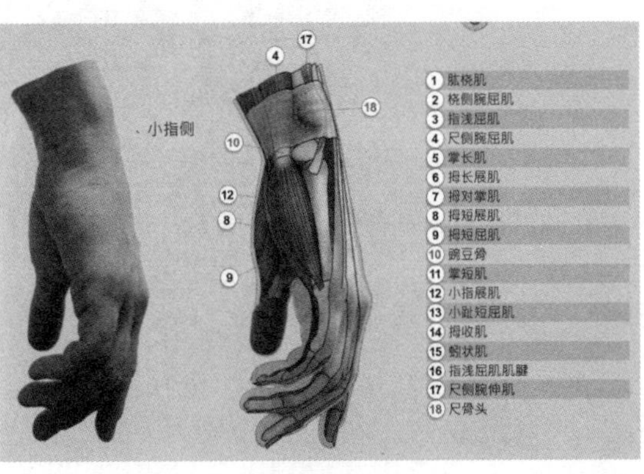

图 2.222

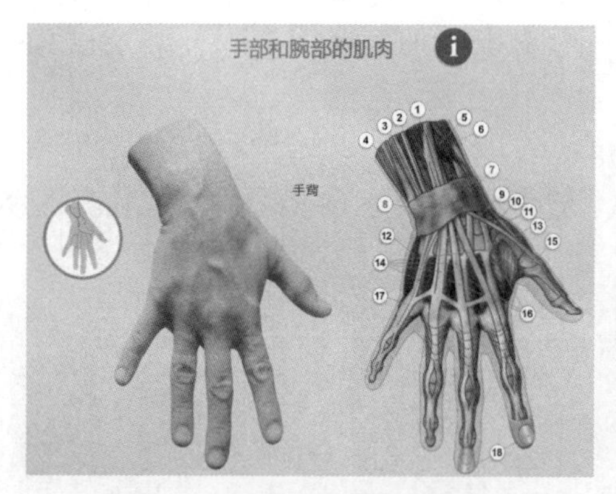

图 2.223

图 2.224

手部和腕部的骨骼名称如图 2.225 所示。

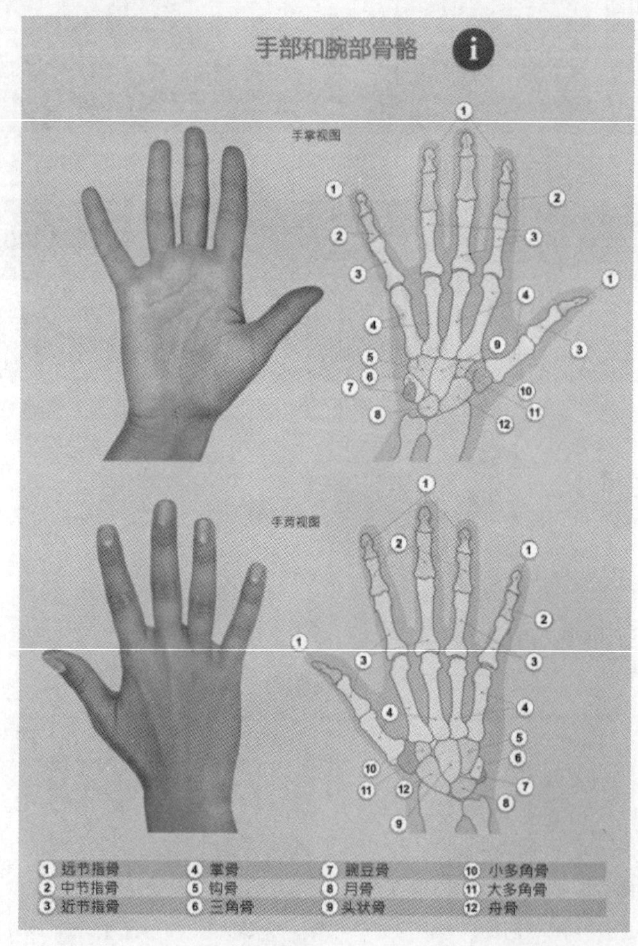

图 2.225

步骤 01 在视图中创建一个 Box 物体，右击，在弹出的快捷菜单中选择“转换为”→“转换为可编辑多边形”命令，将该模型转换为可编辑的多边形物体。将一侧适当缩小一些，框选中间所有的线段，按 Ctrl+Shift+E 组合键加线，然后分别在高度和宽度上加线，如图 2.226 所示。

在“左”视图中选择前部分四角处的点，用“缩放”工具进行缩放调整，如图 2.227 所示。

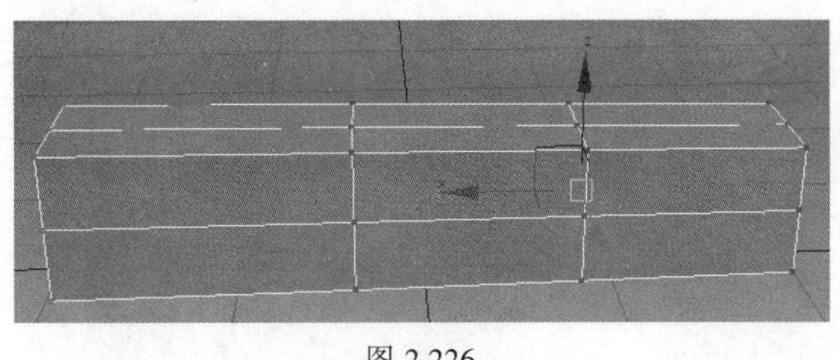

图 2.226

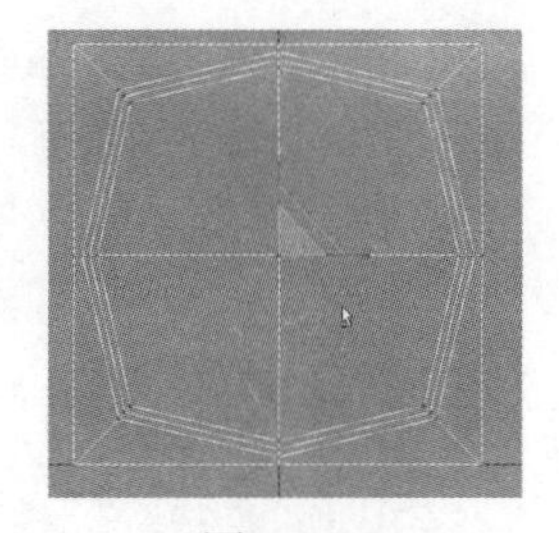

图 2.227

调整手指前部的点，在修改器下拉列表中添加 弯曲 修改器，调整角度值将手指适当弯曲，然后将模型再次塌陷为可编辑的多边形物体，如图 2.228 所示。

步骤 02 在手指前部继续加线调整，如图 2.229 所示。

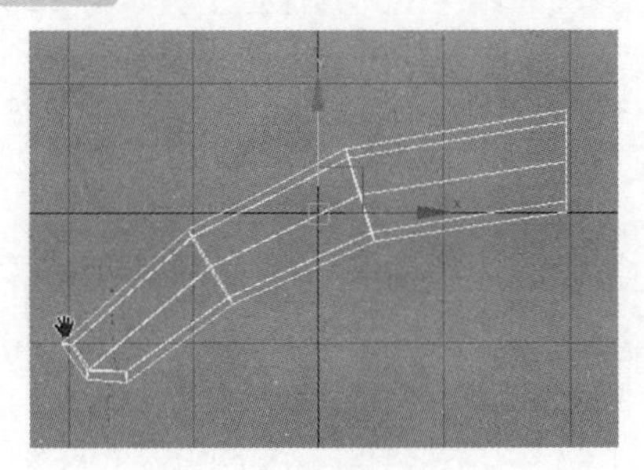

图 2.228

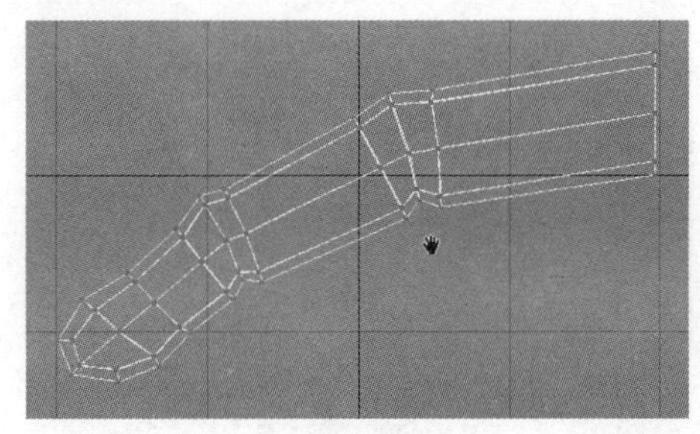

图 2.229

步骤 03 选择指甲盖处的面，先向下再向上倒角挤出面并调整，如图 2.230 所示。细分之后的效果如图 2.231 所示。

步骤 04 将制作好的一个手指复制出 4 个，注意调整角度和长度，因为大拇指比较短，所以可以删除底部的面，调整好食指、中指、无名指和小拇指的位置和长度，如图 2.232 所示。

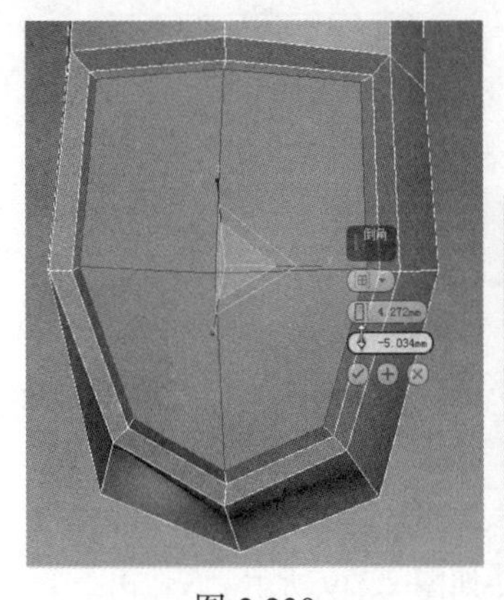

图 2.230

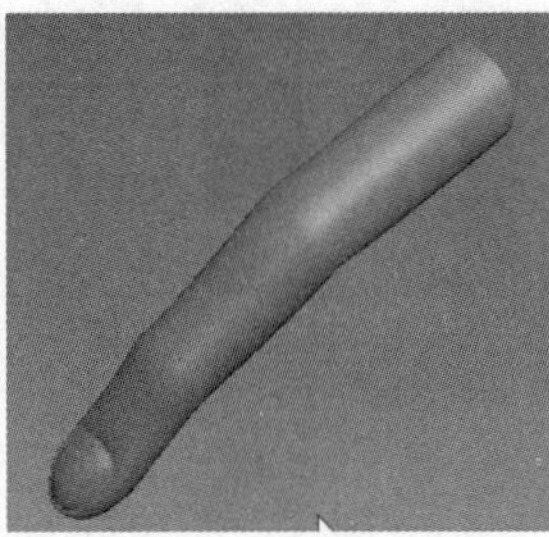

图 2.231

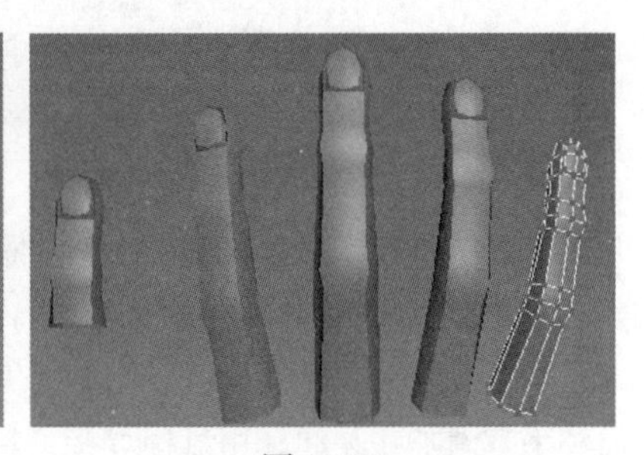

图 2.232

步骤 05 大拇指可以暂时不用管，然后将所有的手指附加在一起，在视图中创建一个 Box 物体，右击，在弹出的快捷菜单中选择“转换为”→“转换为可编辑多边形”命令，将该模型转换为可编辑的多边形物体，调整加线，如图 2.233 所示。

继续加线，然后将手指之间的线段切角处理，如图 2.234 所示。

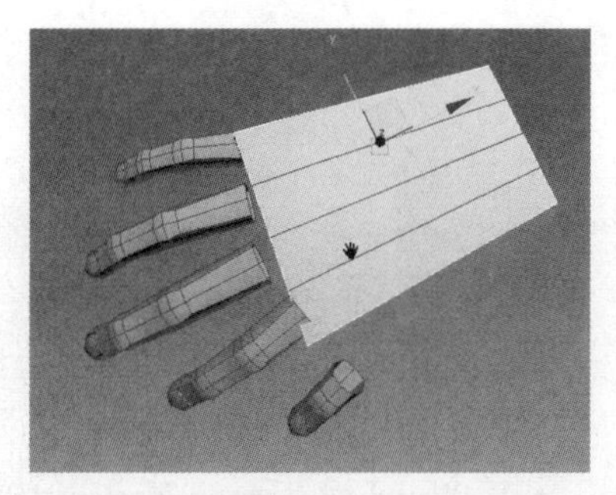

图 2.233

图 2.234

步骤 06 选择手指根部相对应的线段，用桥接工具分别生成面，如图 2.235 所示。

将手掌上方的线段切线，可以用“目标焊接”工具将多余的点焊接到其他点上，如图 2.236 所示。

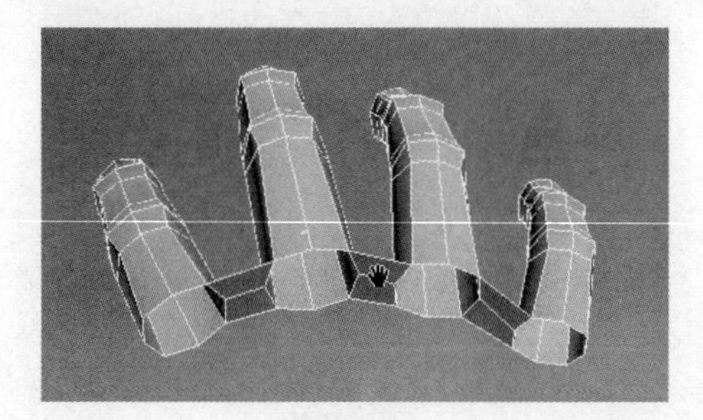

图 2.235

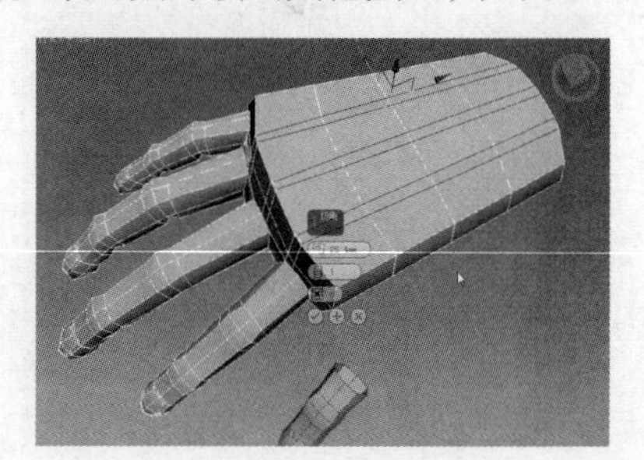

图 2.236

分别在图 2.237 所示手背和手掌的位置加线。这里加线的原因是为了和手指焊接时点能够一一对应。

图 2.237

步骤 07 选择图 2.238 中所示的面，按 Delete 键删除，然后单击 目标焊接 按钮，将手指和手掌的点一一焊接起来。

步骤 08 将大拇指处的面用“挤出”工具向外挤出，适当旋转调整一下大拇指的位置和大小，然后和手掌附加在一起，用目标焊接工具将其对应的点焊接起来，如图 2.239 所示。

继续调整大拇指位置，然后调整布线，如图 2.240 所示。

注意手掌心处的点的调整，过程如图 2.241 ~ 图 2.244 所示。

同样在需要加线的地方加线，需要将三角面的地方通过加线调整的方法尽量调整为四边面，如图 2.245 和图 2.246 所示。

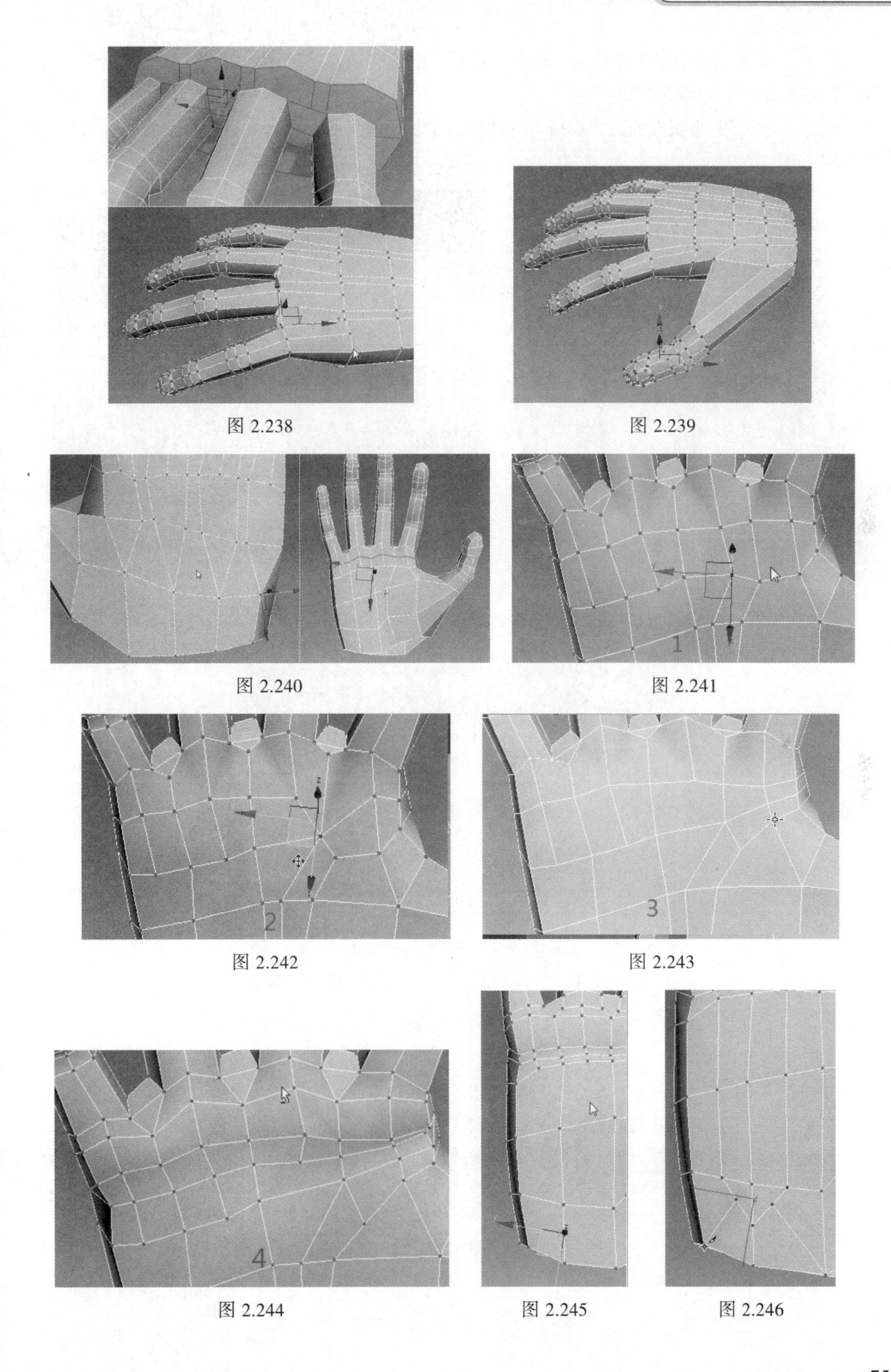

图 2.238　图 2.239

图 2.240　图 2.241

图 2.242　图 2.243

图 2.244　图 2.245　图 2.246

步骤 09 选择手背关节处的面，单击“倒角”按钮将其位置进行倒角挤出，然后根据此处的线段适当加线，如图 2.247 所示。

步骤 10 将手掌根部的边界线挤出并调整出手腕处的形状，细分之后的总体前后对比效果如图 2.248 和图 2.249 所示。

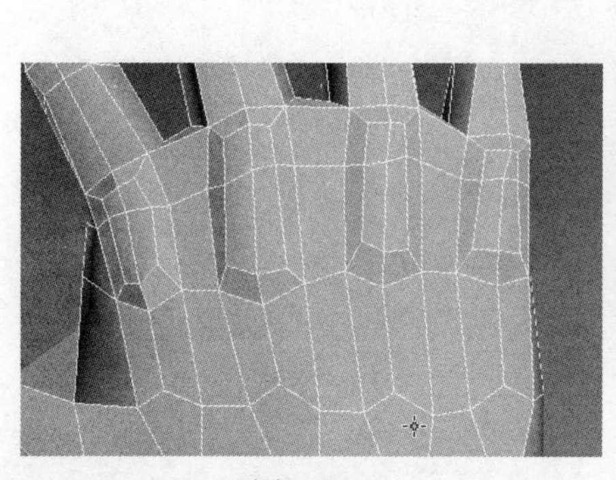

图 2.247

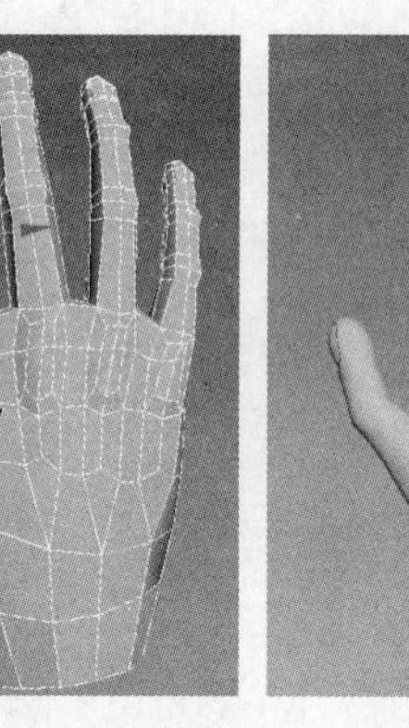

图 2.248

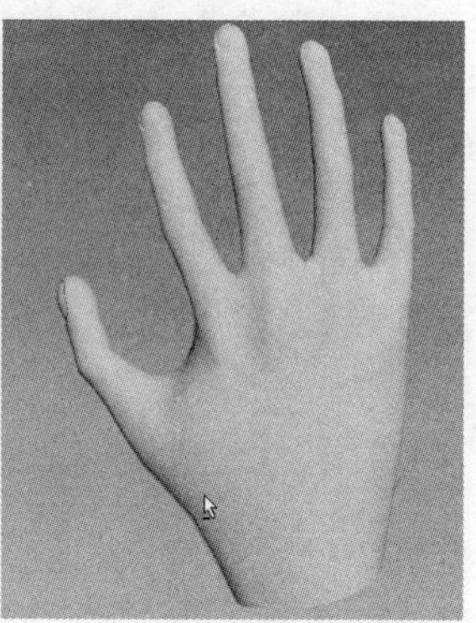

图 2.249

2.8 制作腿部模型

腿部的骨骼和肌肉如图 2.250 ~ 图 2.252 所示。

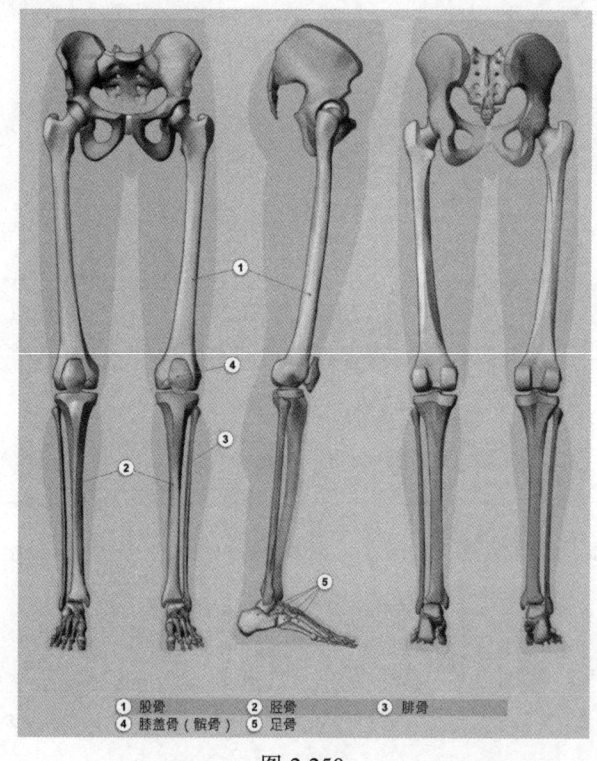

图 2.250

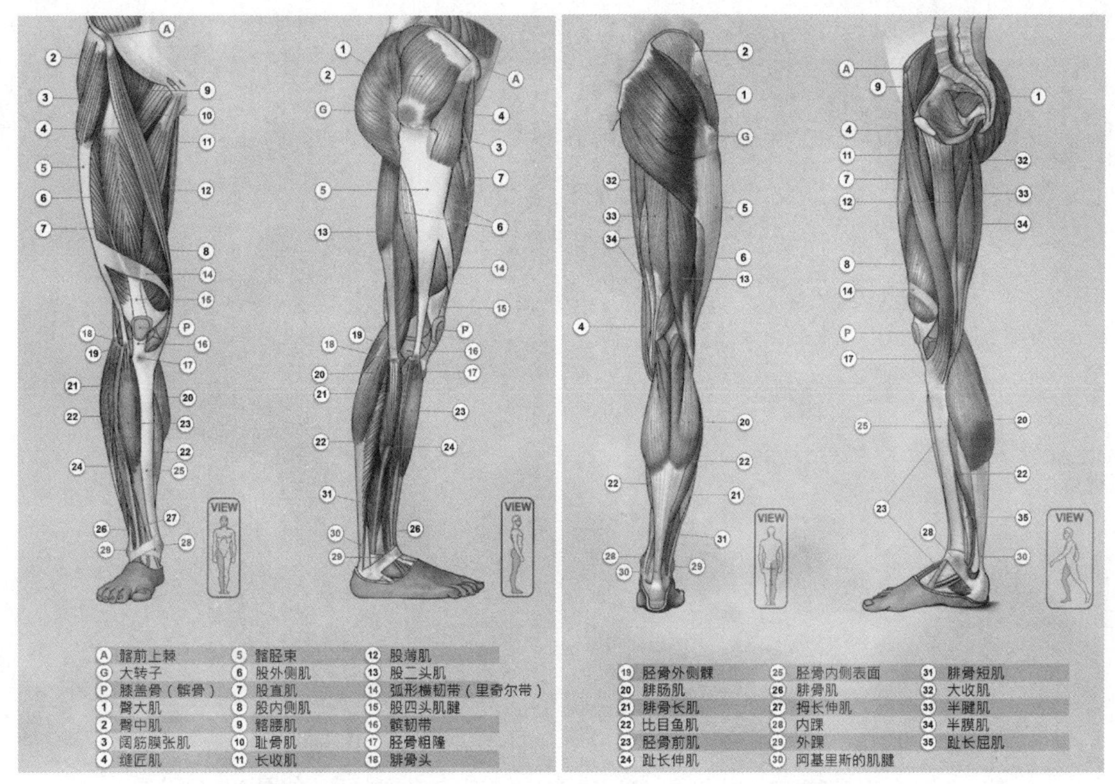

图 2.251　　　　图 2.252

步骤 01 选择大腿部的边界线向下挤出面，然后在中间的位置加线调整好位置和粗细，如图 2.253 所示。将膝盖处的线段切线，如图 2.254 所示。

选择膝盖处的面向内挤出，如图 2.255 所示。然后将中间的线段继续切线处理，如图 2.256 所示。最后在中央的位置加线调整，如图 2.257 所示。

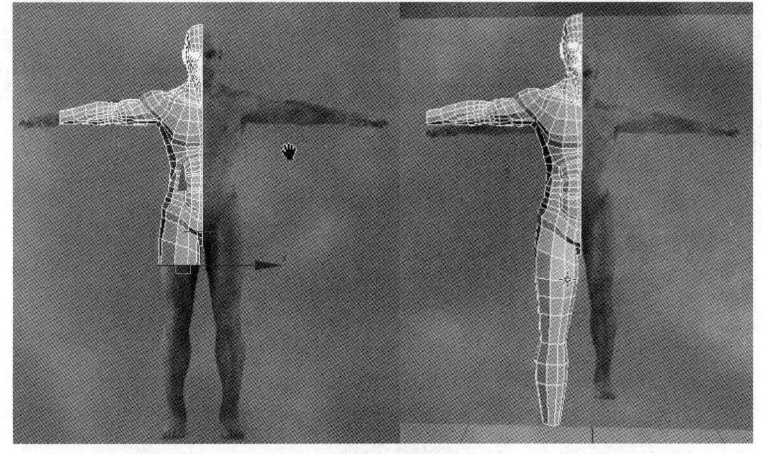

图 2.253

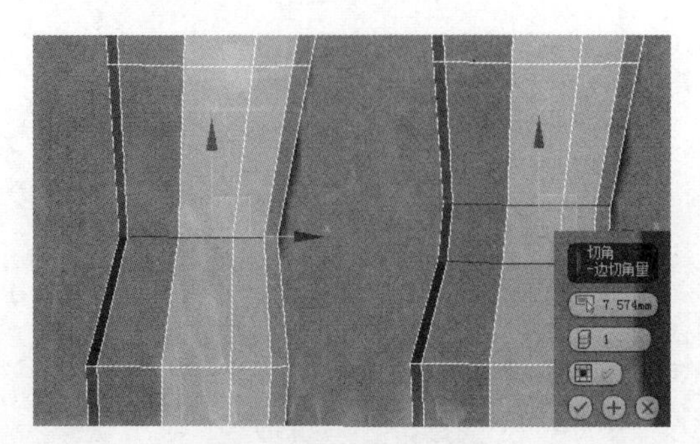

图 2.254

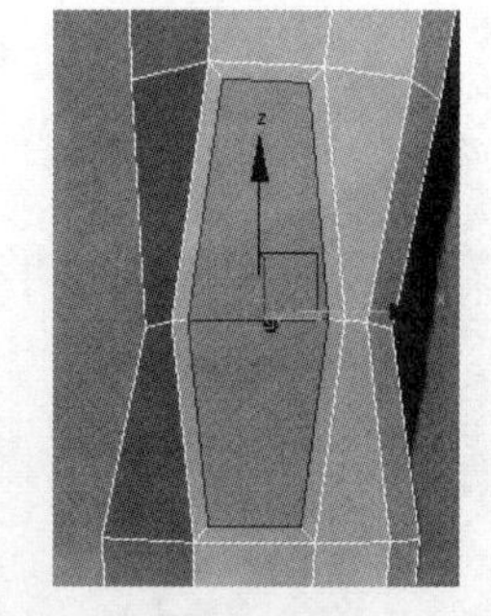

图 2.255

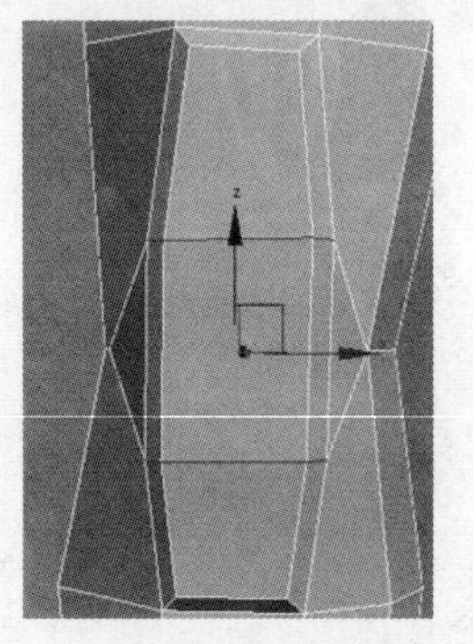

图 2.256

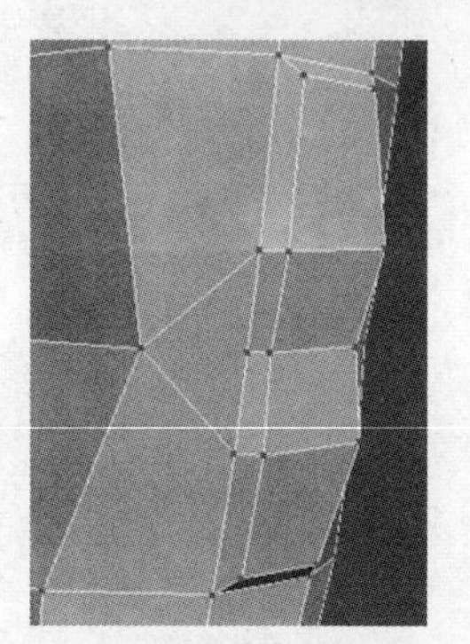

图 2.257

步骤 02 选择腿部“腘窝”处的面，单击 插入 按钮向内挤出面，如图 2.258 所示。选择中间的两个面，用同样的方法向内挤出面，如图 2.259 所示。

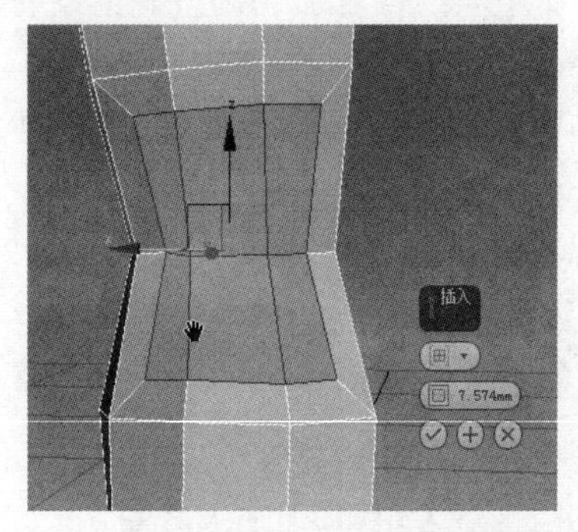

图 2.258

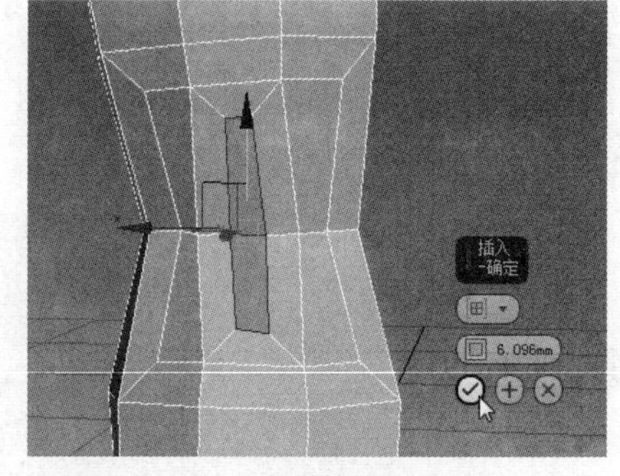

图 2.259

调整该处的点、线形状，细分前后的效果如图 2.260 所示。

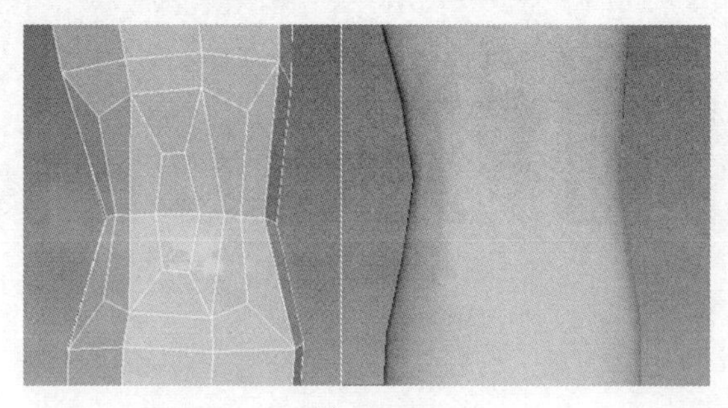

图 2.260

步骤 03　选择大腿位置的面，单击 插入 按钮向内挤出面，如图 2.2561 所示，用这种方法制作出腿部的肌肉效果。调整布线如图 2.262 所示。

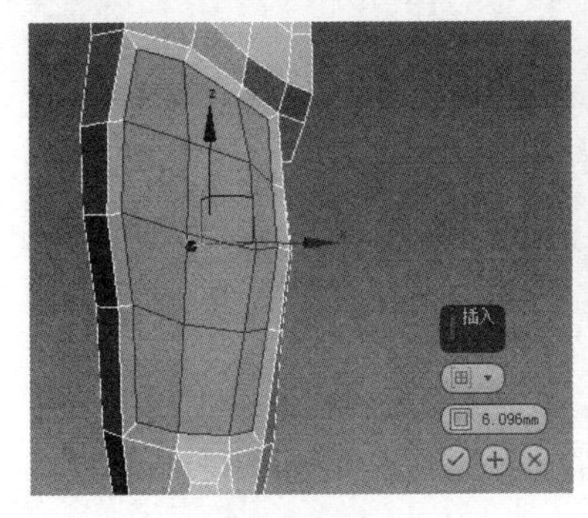

图 2.261

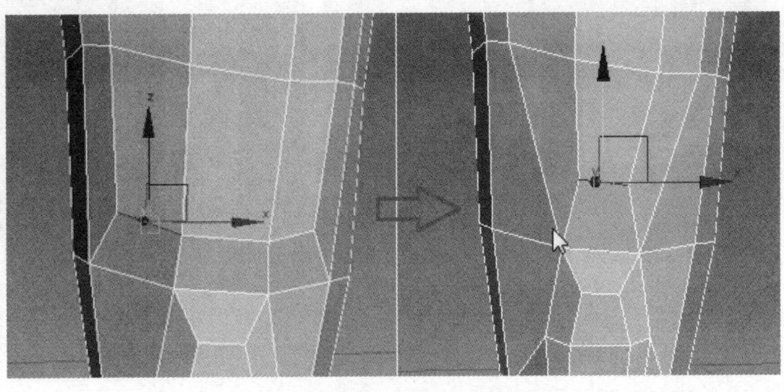

图 2.262

依次单击“石墨”工具下的 建模 、 边 、 按钮，将选中的线段方向调整一下，如图 2.263 所示。

图 2.263

步骤 04　适当调整布线，然后选择大腿内侧的面，挤出调整出肌肉效果，如图 2.264 所示。用 工具将图 2.265 所示的布线调整一下。

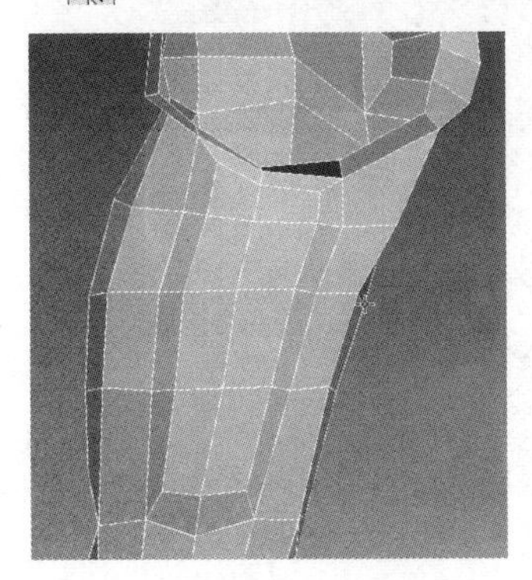

图 2.264

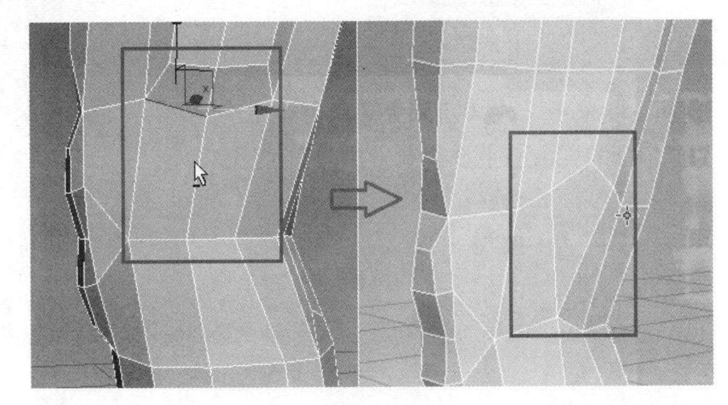

图 2.265

步骤 05　选择股外侧肌的面，用倒角工具向外倒角挤出面，然后用松弛工具将该处的面适当松弛一下，如图 2.266 所示。

将股外侧肌上方的布线调整一下，如图 2.267 所示。

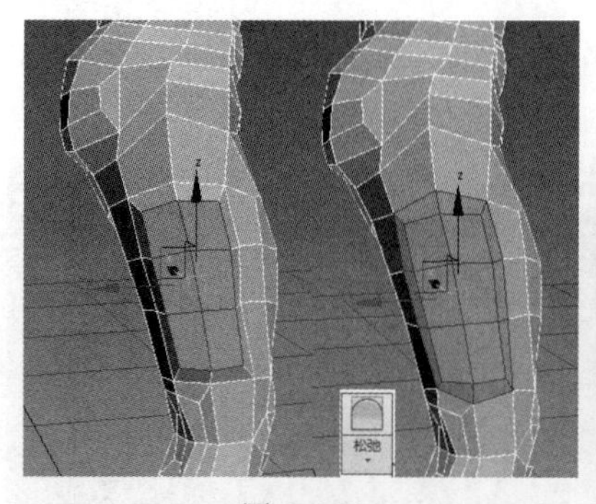

图 2.266

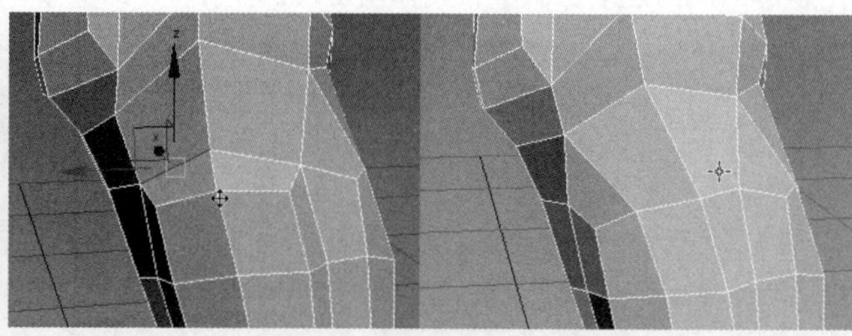
图 2.267

步骤 06 将小腿内外侧肌肉制作出来，如图 2.268 所示。将小腿内外侧肌肉上方的布线调整一下，如图 2.269 所示。

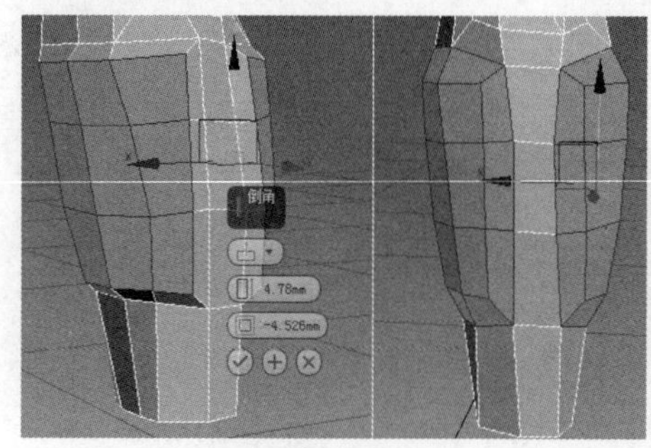

图 2.268

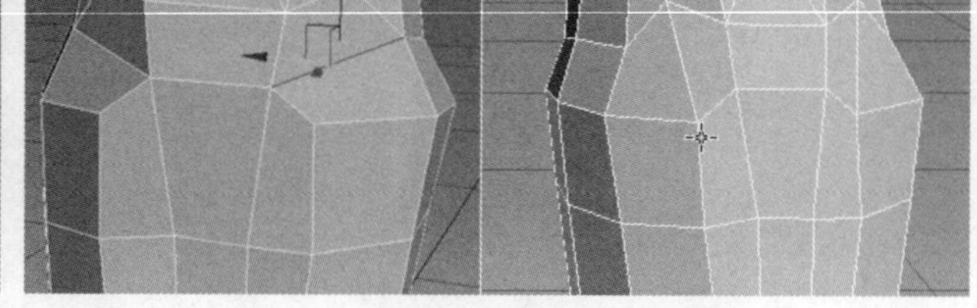
图 2.269

在命令面板中的“软选择”卷展栏中选择“使用软选择”复选框，然后选择一些点，整体调整腿部形状，如图 2.270 所示。整体效果如图 2.271 所示。

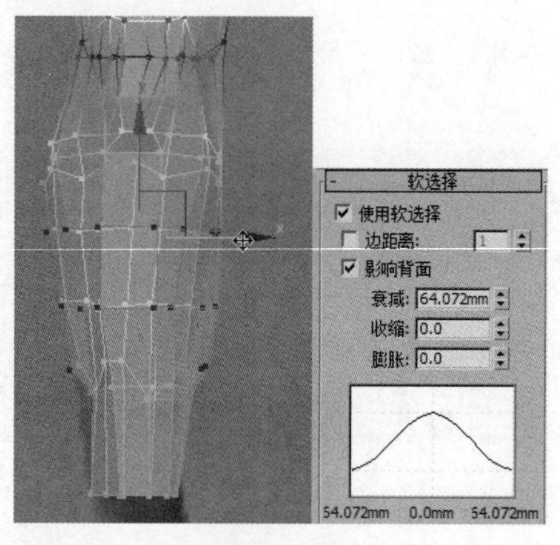

图 2.270

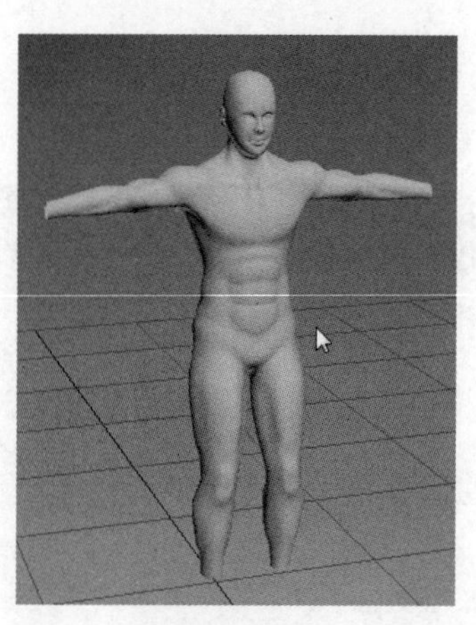
图 2.271

2.9 制作脚部模型

脚部骨骼结构和名称如图 2.272 所示。足部肌肉结构和名称如图 2.273 所示。

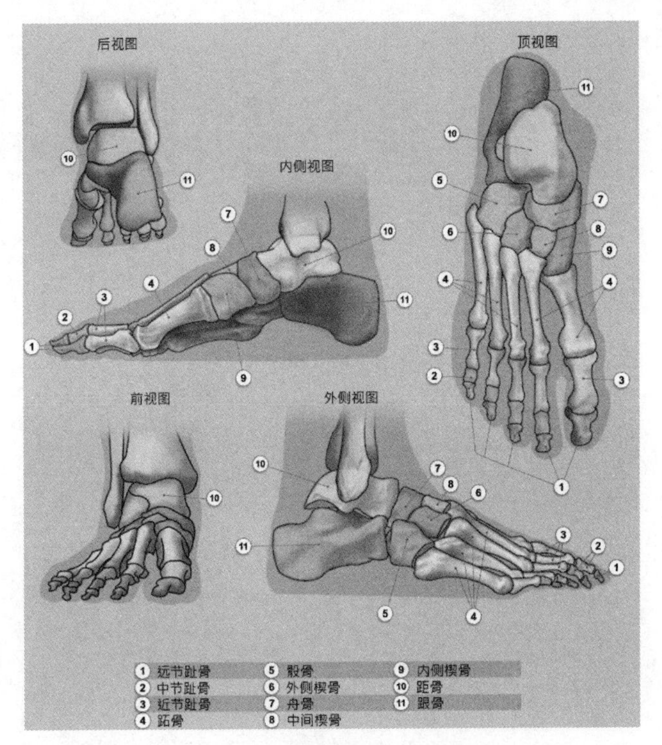
后视图
顶视图
内侧视图
前视图
外侧视图
1 远节趾骨
2 中节趾骨
3 近节趾骨
4 跖骨
5 骰骨
6 外侧楔骨
7 舟骨
8 中间楔骨
9 内侧楔骨
10 距骨
11 跟骨

图 2.272

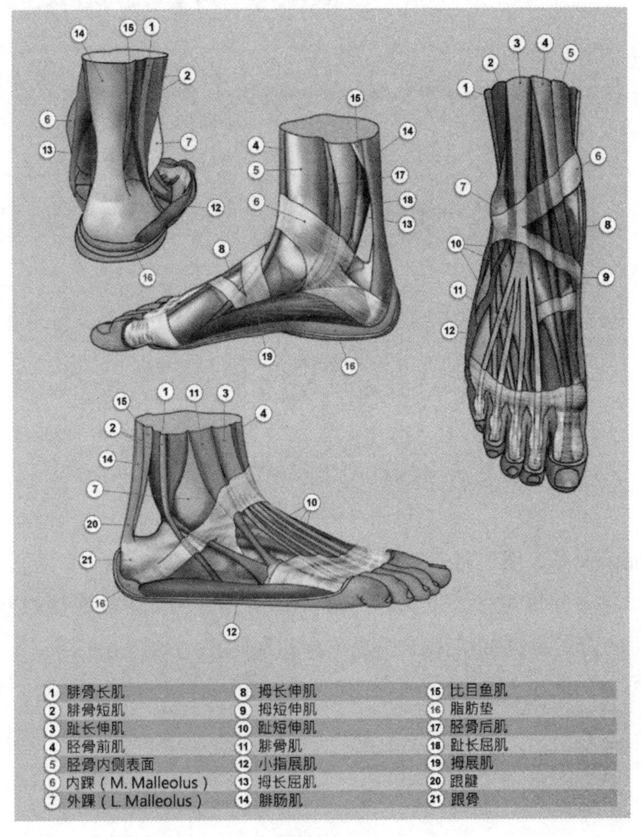
1 腓骨长肌
2 腓骨短肌
3 趾长伸肌
4 胫骨前肌
5 胫骨内侧表面
6 内踝（M. Malleolus）
7 外踝（L. Malleolus）
8 拇长伸肌
9 拇短伸肌
10 趾短伸肌
11 腓骨肌
12 小指展肌
13 拇长屈肌
14 腓肠肌
15 比目鱼肌
16 脂肪垫
17 胫骨后肌
18 趾长屈肌
19 拇展肌
20 跟腱
21 跟骨

图 2.273

脚部的结构布线和形状如图 2.274 所示。

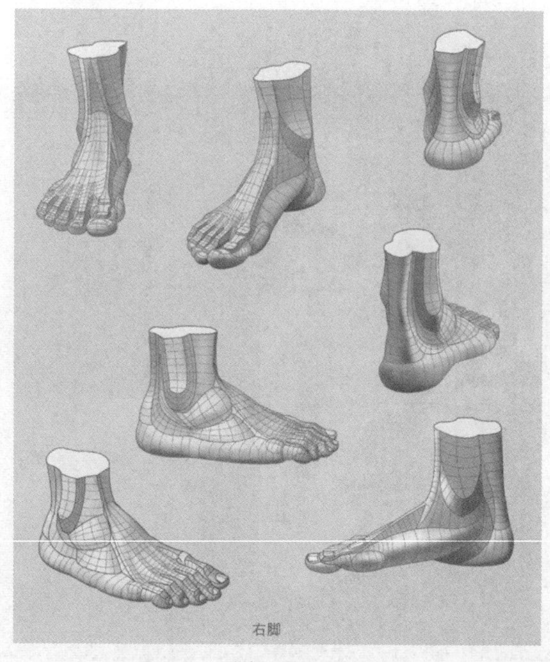

图 2.274

步骤 01 在视图中创建一个 Box 物体，将其转换为可编辑的多边形物体，通过加线调整点的方法逐步调整，如图 2.275 所示。

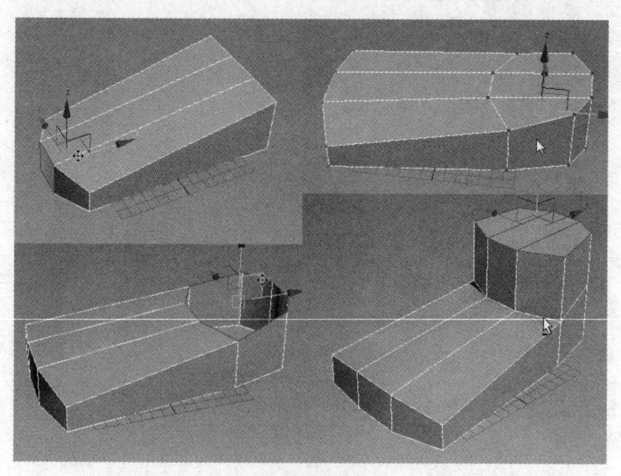

图 2.275

步骤 02 继续加线调整，然后将脚跟处的面删除，选择该处的边界线，按住 Shift 键用缩放工具向内缩放挤出面，然后用“目标焊接”工具将点焊接起来，再配合手动剪切的方法将其布线调整，如图 2.276 所示。在图中的位置继续加线调整，如图 2.277 所示。

步骤 03 在脚模型的前段位置用手动剪切的方法剪切出线段，注意脚掌和脚背处都要处理，如图 2.278 所示。

步骤 04 在脚踝骨的位置加线，然后将底部的面删除，如图 2.279 所示。

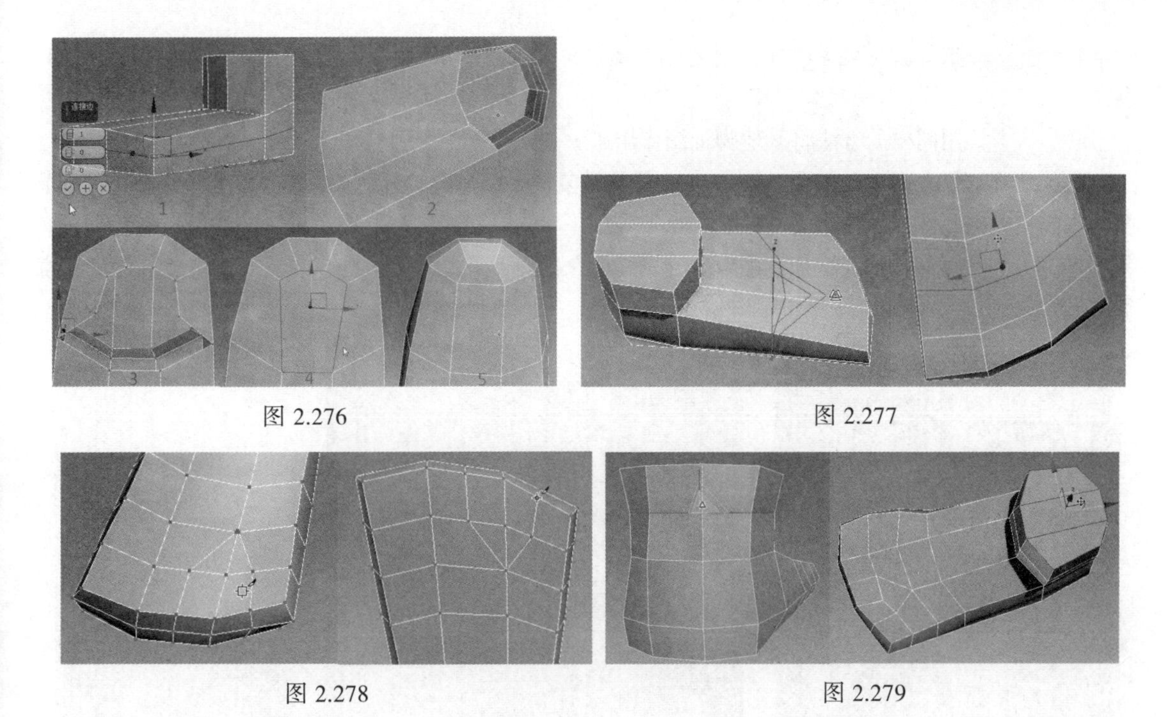

图 2.276　　　　　　　　　　图 2.277

图 2.278　　　　　　　　　　图 2.279

步骤 05　选择脚趾处的面，单击 挤出 按钮将脚趾先挤出面，在脚趾上加线调整，如图 2.280 所示。

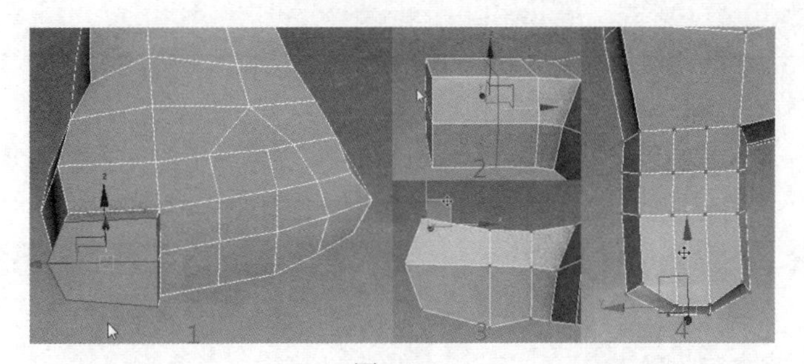

图 2.280

步骤 06　进一步细致调整脚趾处的形状。按 M 键打开材质编辑器，选择一个材质球并赋予脚部模型，在右侧的面板中单击名称后面的颜色方框，在弹出的颜色面板中单击黑色，然后单击“确定”按钮，如图 2.281 所示。这样就将模型的线框颜色设置为黑色。

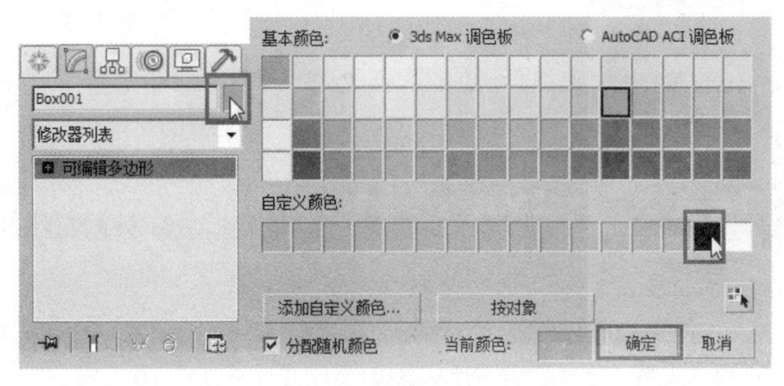

图 2.281

步骤 07 选择脚指甲盖的面，用倒角工具先向下挤出倒角面，然后再向上挤出面，如图 2.282 所示。

步骤 08 用同样的方法将其他脚趾制作出来，如图 2.283 所示。

选择制作好的大拇脚趾的面，按住 Shift 键移动复制，在弹出的对话框中选择“克隆到元素”单选按钮，复制好之后再复制两个，然后在“点”级别下单击“目标焊接”按钮将对应的点焊接起来，如果脚掌上的点数不够，加线增加点即可。分别将剩余的脚趾和脚掌对应的点焊接好，焊接好之后注意调整每个脚趾的大小和形态，如图 2.284 所示。

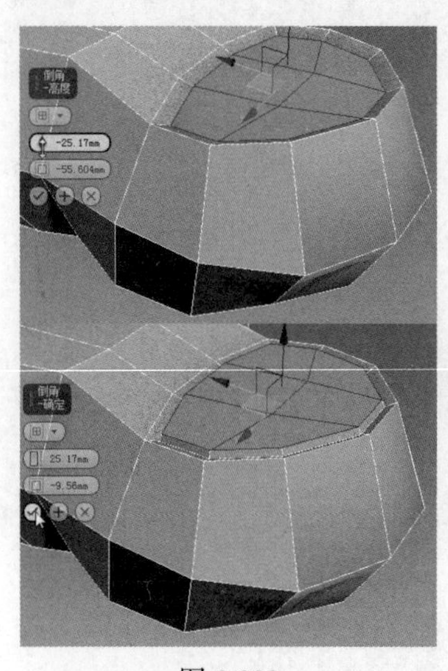

图 2.282

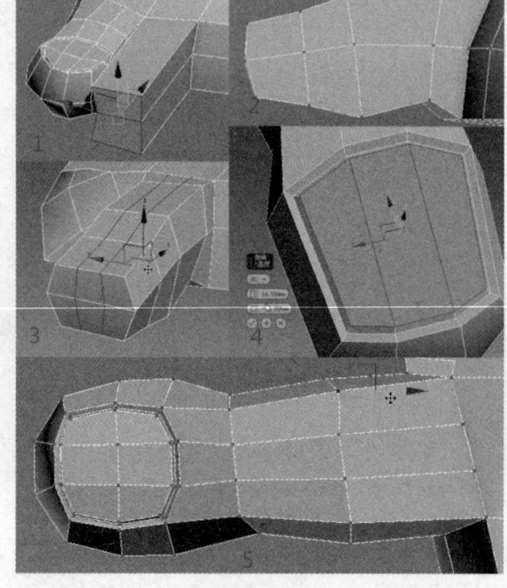

图 2.283

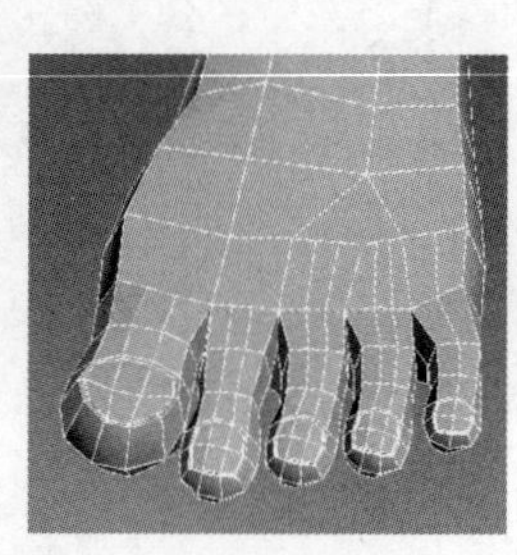

图 2.284

步骤 09 注意，此处脚掌上的布线很明显不合理，有些地方线段非常密而有些地方又很稀疏，而且有些面出现了大于五边面的情况，所以一定要对脚掌进行布线调整，如图 2.285 和图 2.286 所示。

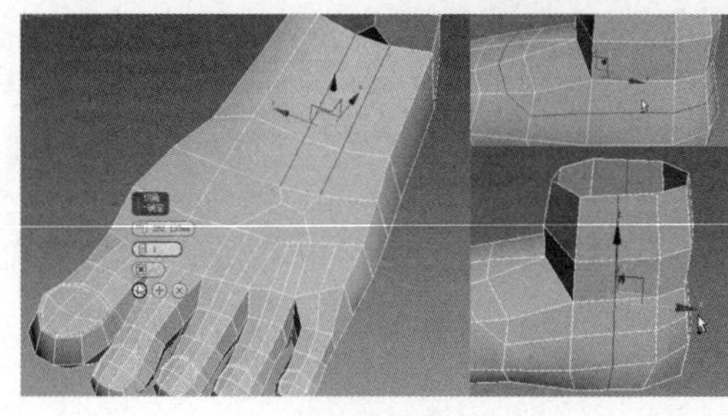

图 2.285

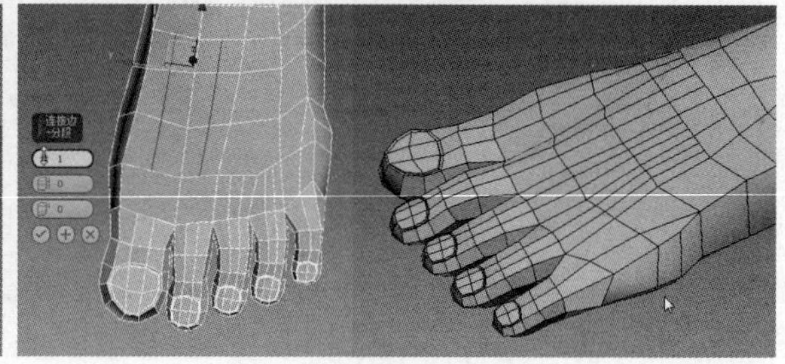

图 2.286

在图 2.287 所示的位置加线，然后进行点的焊接处理，如图 2.288 所示。这样就很好地处理了多边面的问题。

选择图 2.289 中的线段，单击按钮将该处线段塌陷为一个点，如图 2.290 所示。

用同样的方法将脚外侧对应的线段做同样的处理，然后将图 2.291 处的布线调整至图 2.292 所示。

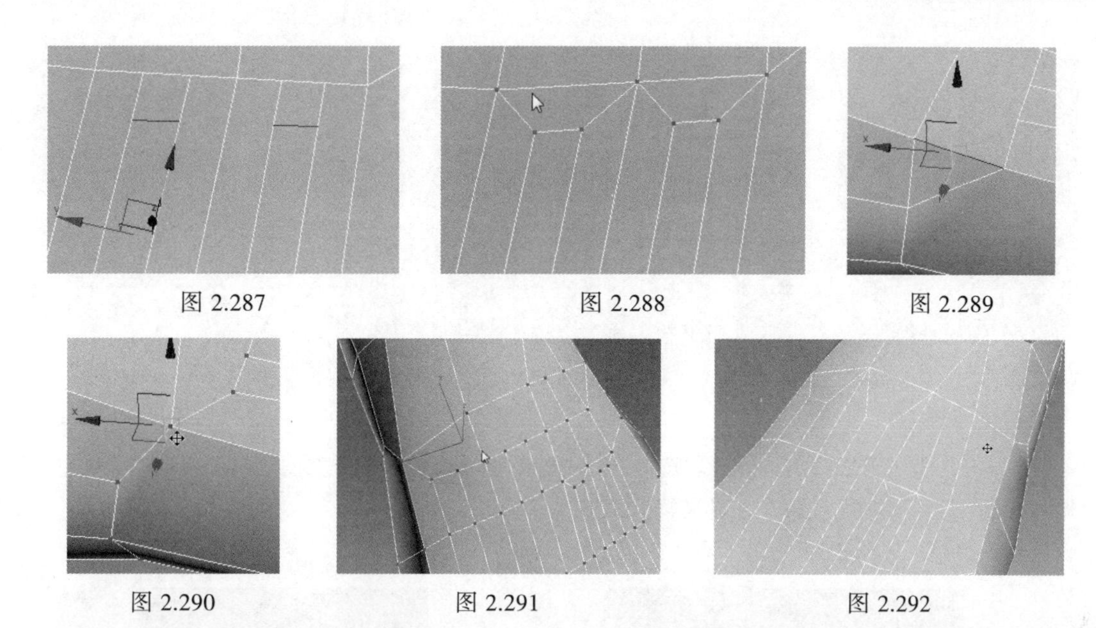

图 2.287　　图 2.288　　图 2.289

图 2.290　　图 2.291　　图 2.292

在图 2.293 所示的脚掌位置加线。将图 2.294 所示的两点之间连接出线段。

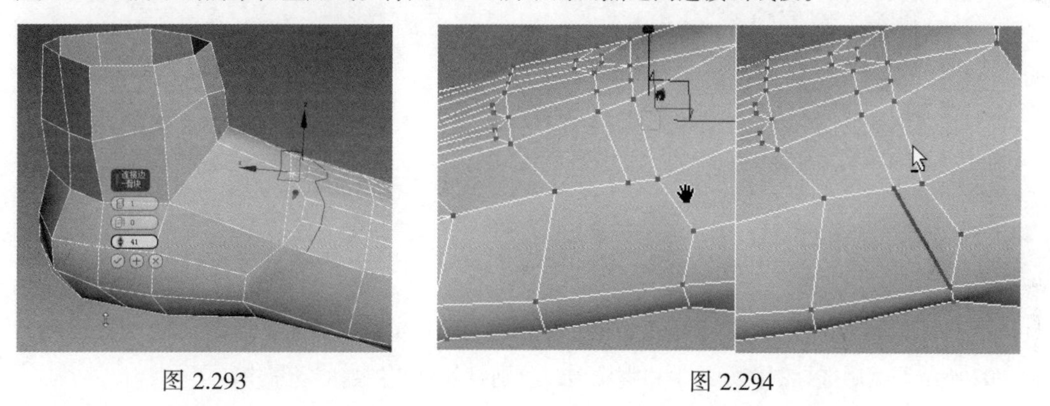

图 2.293　　图 2.294

选择图 2.295 所示的线段，单击“石墨”工具下的按钮进行线段的方向调整，如图 2.296 所示。

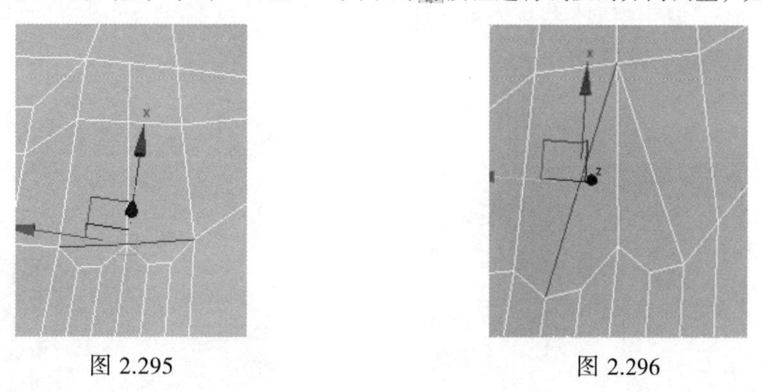

图 2.295　　图 2.296

步骤 10 选择图 2.297 中所示脚底处的面并删除，然后选择图 2.298（上）中的线段按住 Shift 键向下挤出面，在“点”级别下用“目标焊接”工具将点焊接起来，如图 2.298（下）所示。

同样，将连接好的线段向下挤出面后再进行点的焊接调整，如图 2.299 所示。

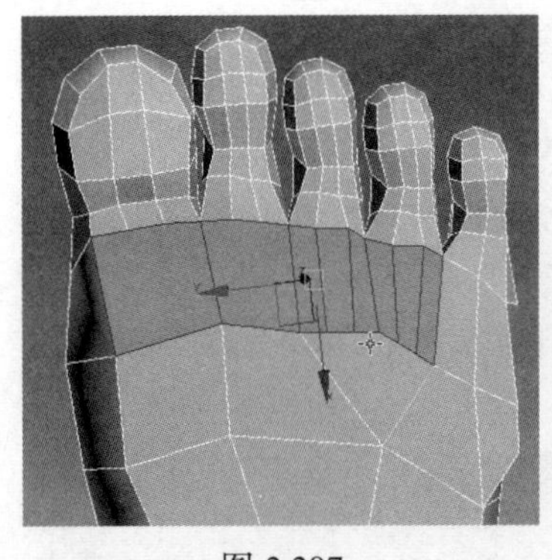

图 2.297

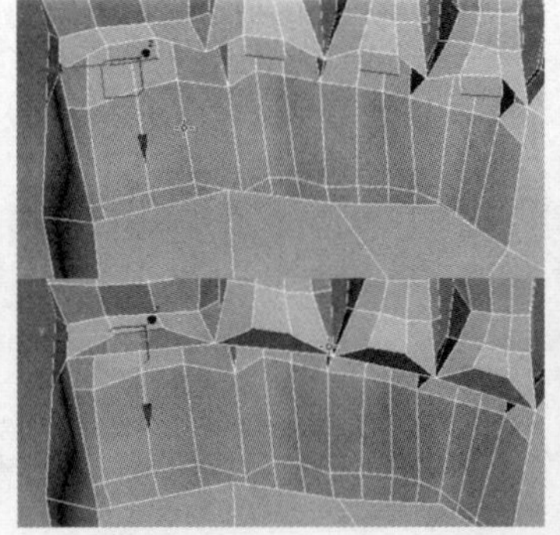

图 2.298

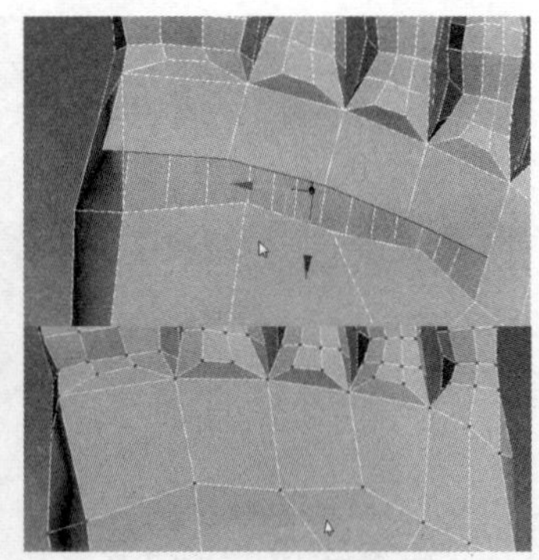

图 2.299

步骤 11 调整好布线后，打开软选择开关，整体调整脚的比例，如图 2.300 所示。当然也可以使用“石墨”工具下的“偏移”工具来整体调整。

最终调整结果如图 2.301 所示。

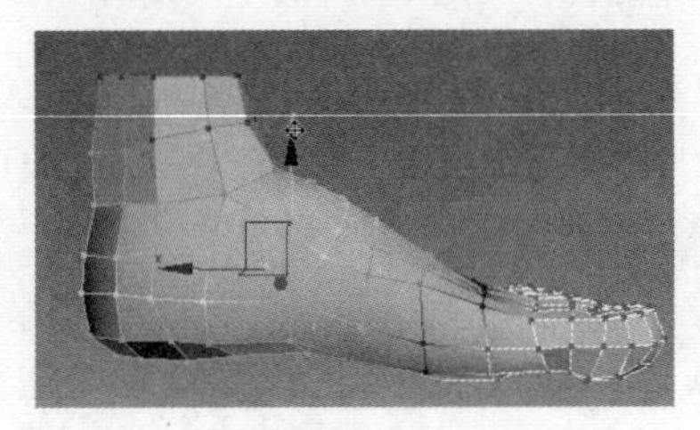

图 2.300

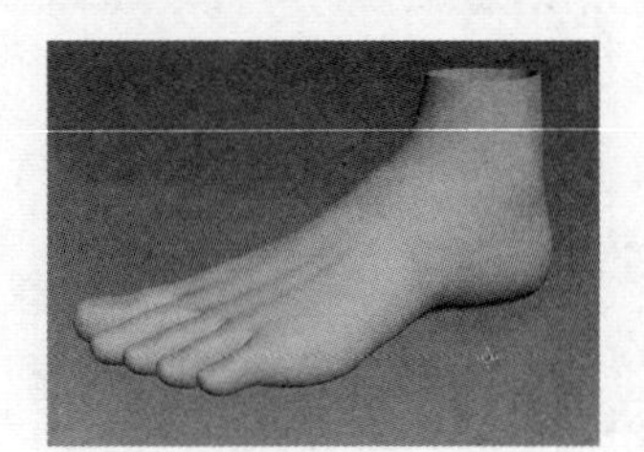

图 2.301

2.10 模型的整体拼接与比例调整

步骤 01 打开前面制作好的人体模型，单击“文件”菜单，选择“导入”→“合并”命令，如图 2.302 所示。然后选择制作好的手和脚模型，分别将其合并到当前场景中。

步骤 02 手和脚合并进来之后，会发现手和脚模型太大，用缩放、移动工具调整好大小和位置，单击 附加 按钮，选择手模型，将身体和手附加成一个物体，单击 目标焊接 依次将手和手腕处对应的点焊接起来，然后进行该位置的布线调整，如图 2.303 所示。

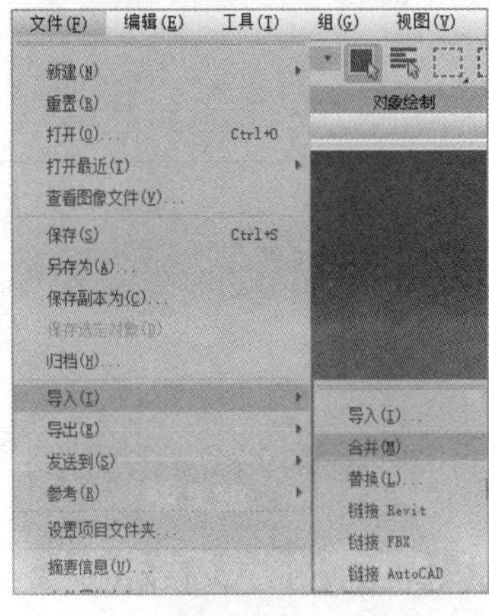

图 2.302

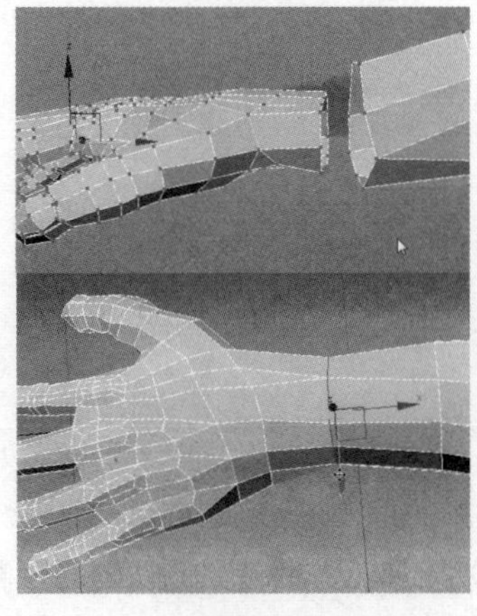

图 2.303

步骤 03　用同样的方法将脚步位置调整好，如图 2.304 所示。

步骤 04　部分线段的布线调整过程如图 2.305 所示。

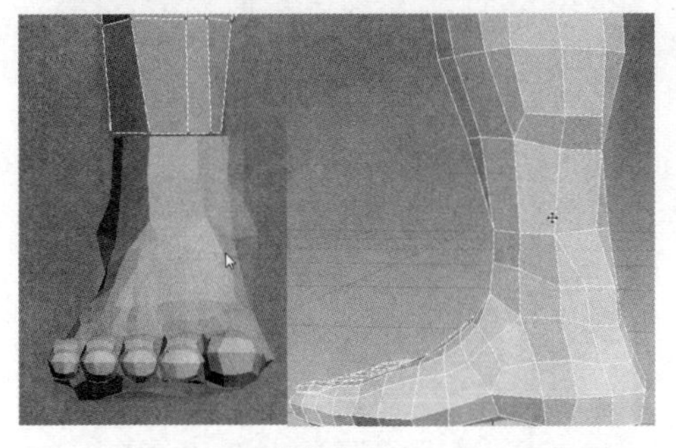
图 2.304

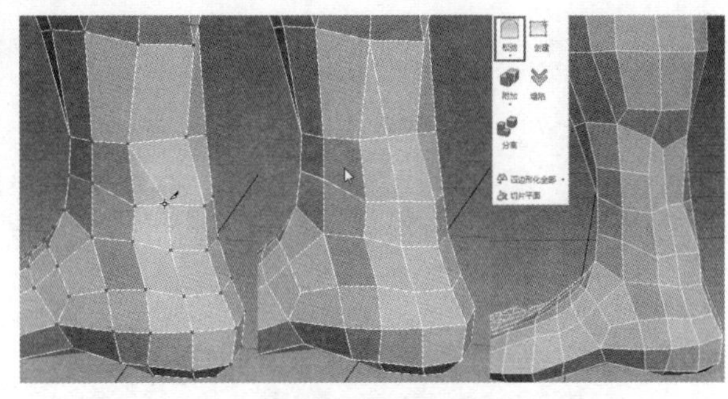
图 2.305

步骤 05　用“剪切”工具将眼角位置的布线适当调整，对比如图 2.306 和图 2.307 所示。

将图 2.308 中的线段切角处理，然后用“目标焊接”工具将图 2.309 中多余的点焊接起来。

单击“石墨”建模工具下的“松弛”按钮，调整笔刷大小和强度并在切线的位置松弛处理，对比效果如图 2.310 和图 2.311 所示。

进一步细化脸部形状，在修改器下拉列表中添加“对称”修改器，将模型的另外一半对称出来。然后将模型再次塌陷为可编辑的多边形物体，用“偏移”工具整体调整人体形状和比例，最终的人体效果如图 2.312 所示。

图 2.306

图 2.307

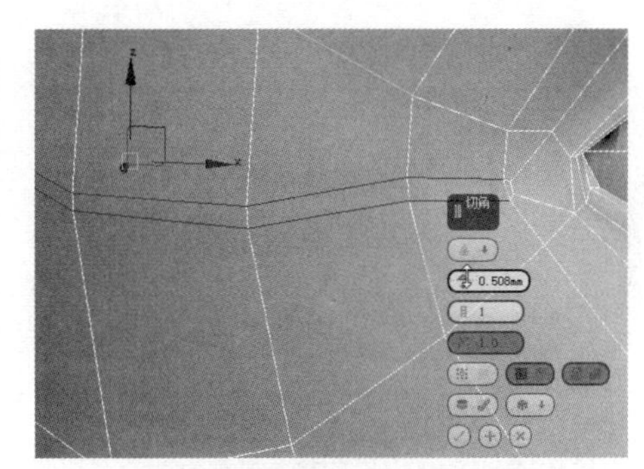

图 2.308

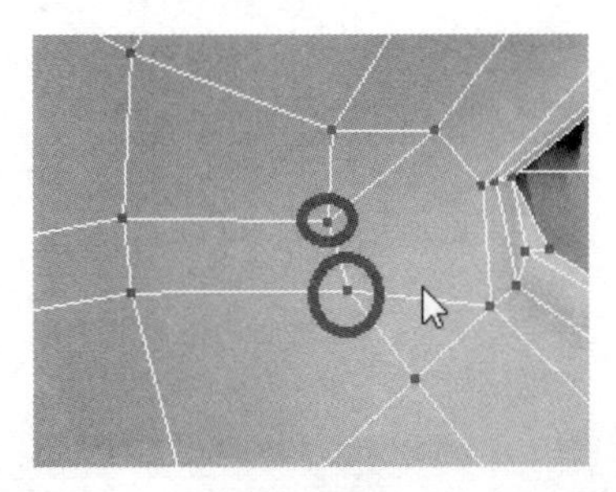
图 2.309

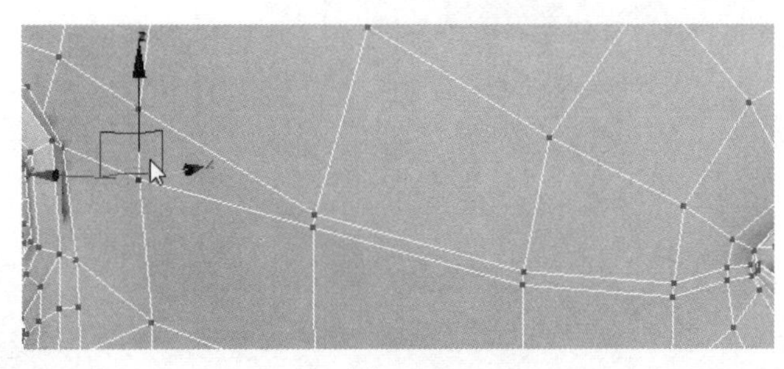
图 2.310

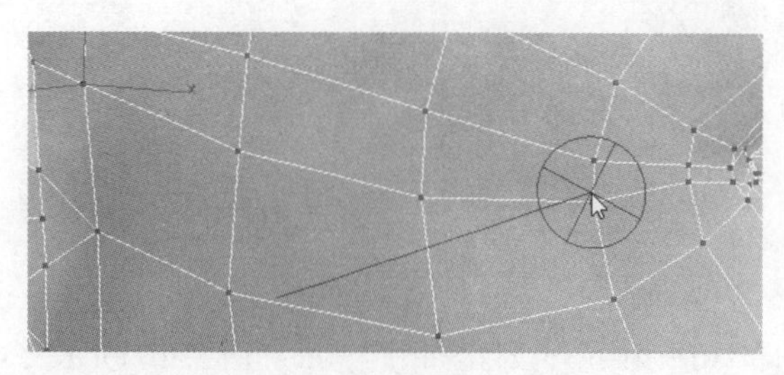

图 2.311

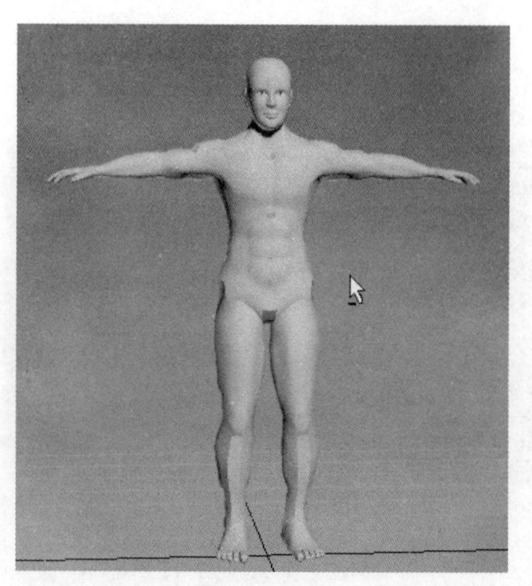

图 2.312

2.11 制作头发和内裤模型

步骤 01 按 M 键打开材质编辑器，选择“虫漆”材质，如图 2.313 所示，基础材质参数如图 3.314 所示，虫漆材质参数如图 2.315 所示，基础材质和虫漆材质中的贴图均为一张皮肤贴图，如图 2.316 所示。

将该材质赋予人体模型，大致效果如图 2.317 所示。由于人体没有设置 UVW 贴图，所以有些位置会出现贴图拉扯的现象，如图 2.318 所示。可以通过在修改器面板中添加“UVW 贴图”设置一个合适的贴图坐标来解决，第二种方法是拆分 UV，这里就先不介绍了，后面的实例学习中会给大家详细讲解 UV 的拆分方法。

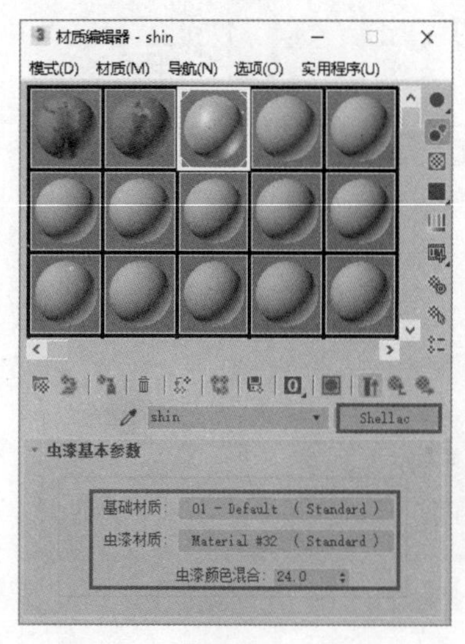

图 2.313

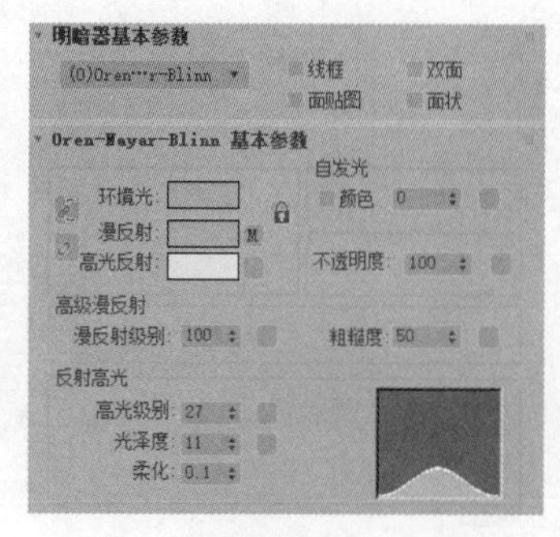

图 2.314

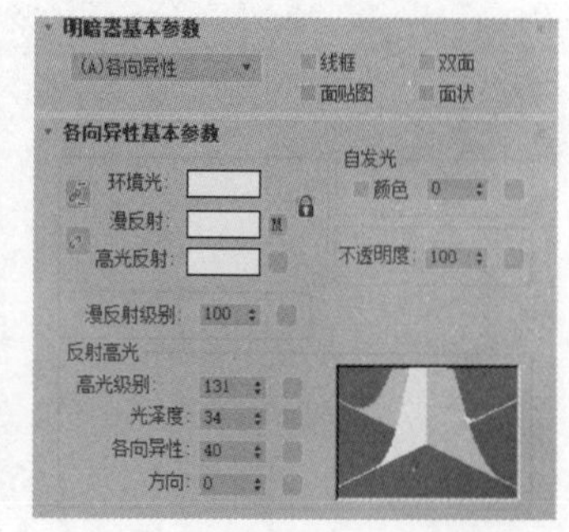

图 2.315

图 2.316

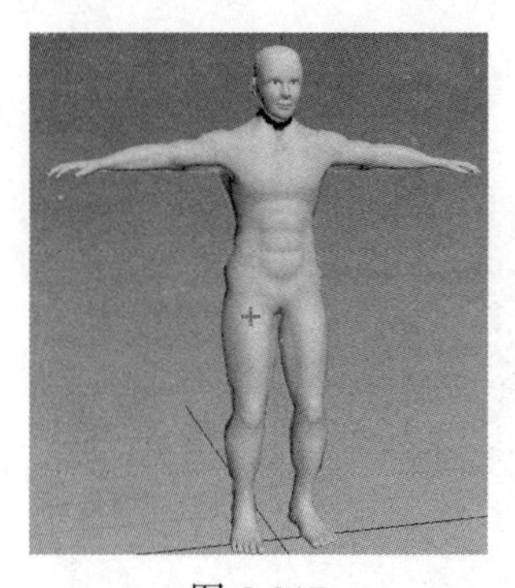

图 2.317

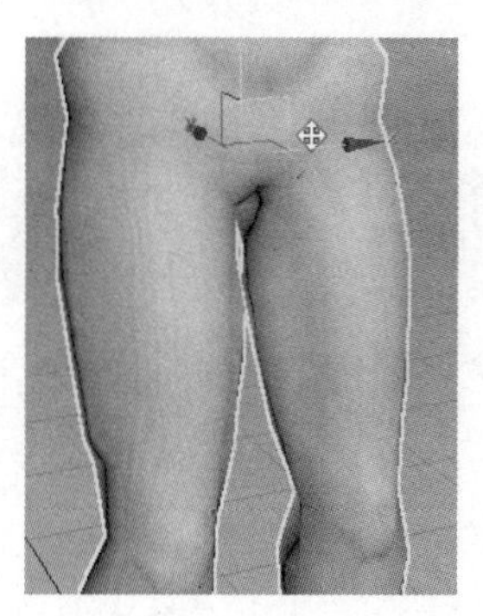

图 2.318

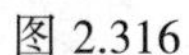

调整眼球。首先创建一个球体模型并将其转换为可编辑的多边形物体，删除背部的部分面。选择图 2.319 中所示的面倒角挤出，选择图 2.320 中所示的面单击“分离”按钮将面分离出来。选择一个材质球，设置不透明度为 0 并赋予分离出来的多边形面，然后将该多边形面隐藏起来。

选择球体模型，按“3”键进入“边界”级别，配合 Shift 键挤出面并调整至图 2.321 所示，最后单击“塌陷”按钮将开口塌陷为一个点。在空白处右击，选择“全部取消隐藏”，效果如图 2.322 所示。

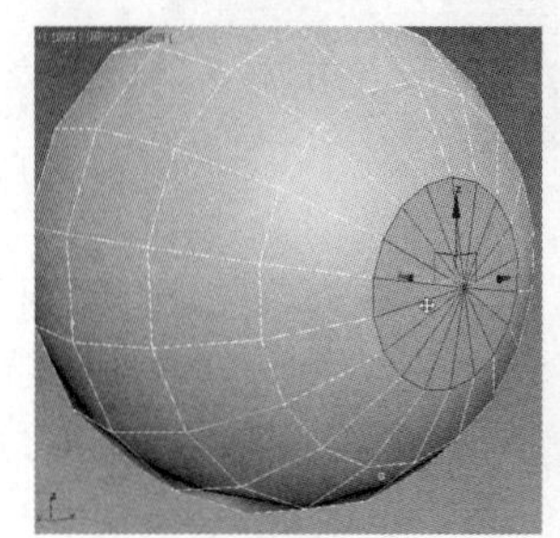

图 2.319

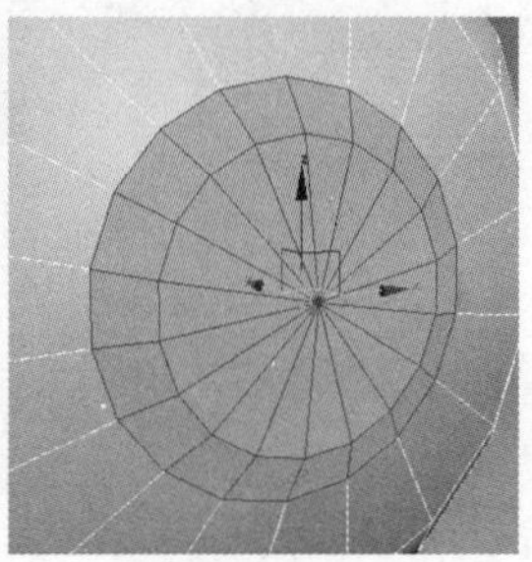

图 2.320

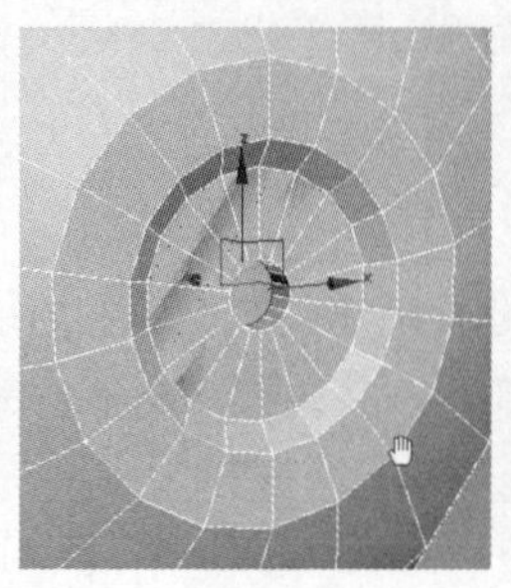

图 2.321

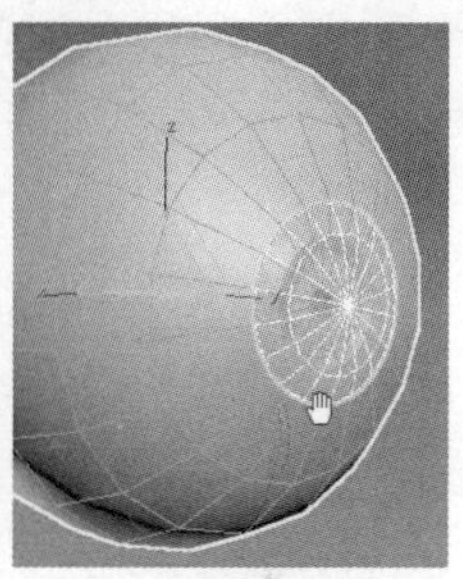

图 2.322

在修改器下拉列表中添加“UVW 贴图”修改命令，设置贴图类型为“平面”，如图 2.323 所示。选择一张眼球的贴图直接拖放到眼球模型上，效果如图 2.324 所示，眼睛的整体效果如图 2.325 所示。

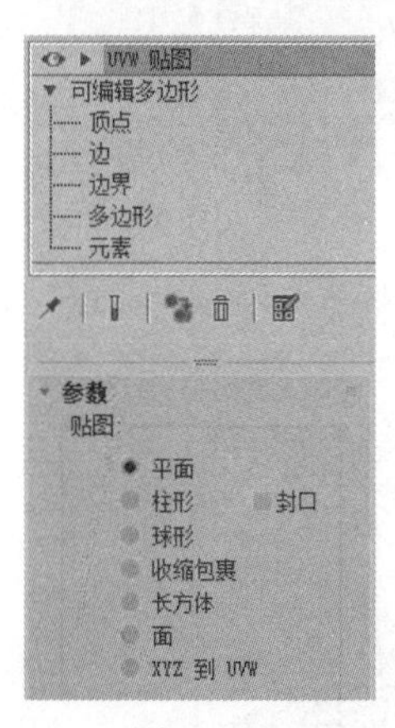

图 2.323

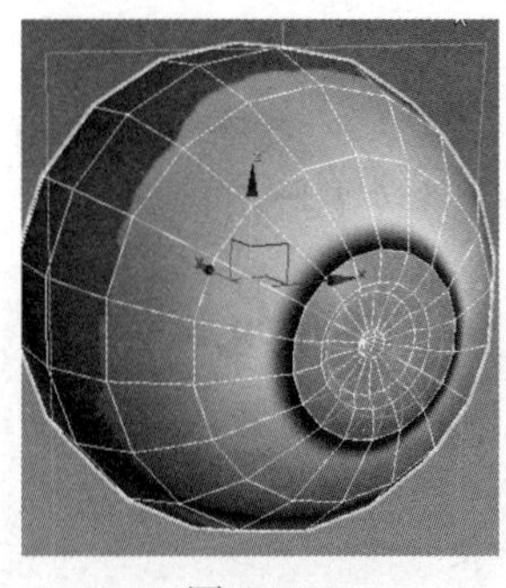

图 2.324

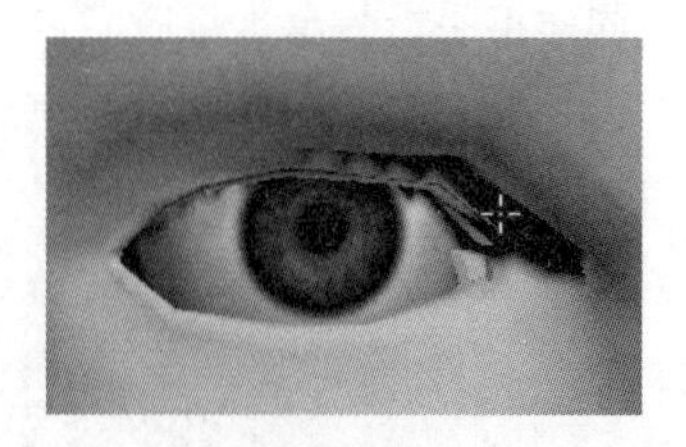

图 2.325

步骤 03 头发和内裤的简单制作。选择图 2.326 中所示的面，按住 Shift 键拖动复制，然后用倒角命令倒角处理，如图 2.327 所示。用同样的方法选择图 2.328 中所示的面并按住 Shift 键缩放，在弹出的“克隆部分网格”对话框中选择“克隆到元素”，如图 2.329 所示。然后选择克隆出来的面并倒角处理，如图 2.330 所示。

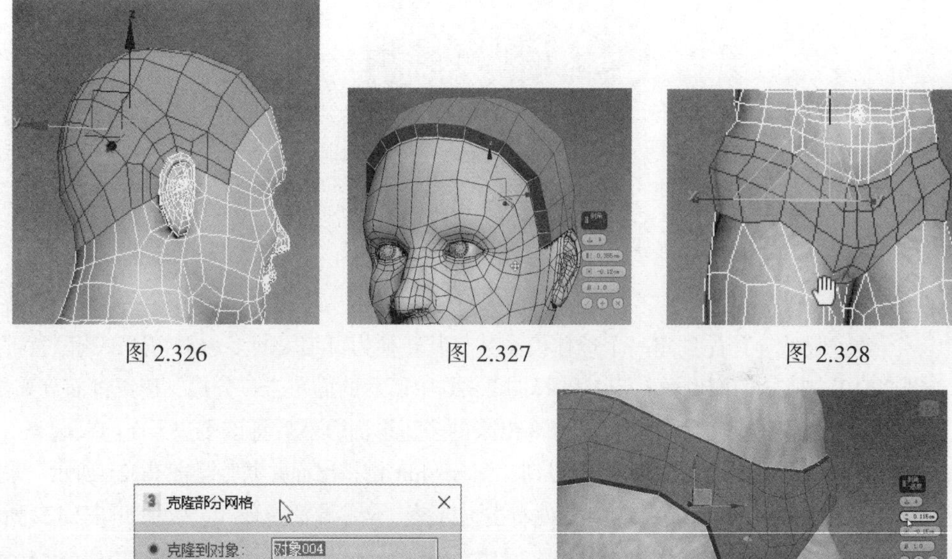

图 2.326　　图 2.327　　图 2.328

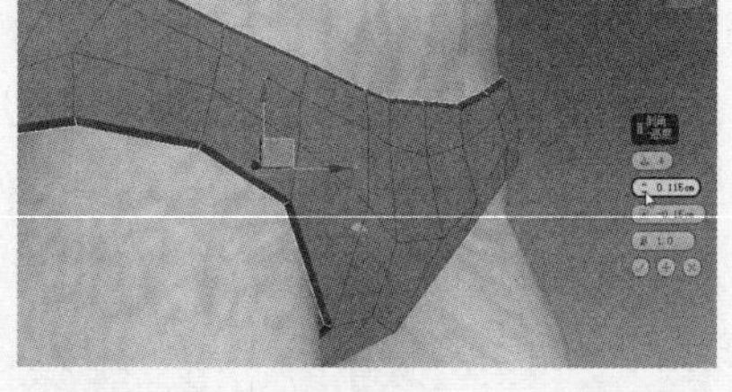

图 2.329　　图 2.330

步骤 04 按快捷键 Ctrl+Q 快速细分，如果模型和身体部位有穿插，使用“偏移”笔刷快速调整即可，效果如图 2.331 所示。在内裤模型上右击，在弹出的菜单中选择“剪切”工具，在图 2.332 中所示的位置手动加线并将中间的线段向内侧移动一定距离，细分后出现了褶皱效果，如图 2.333 所示。

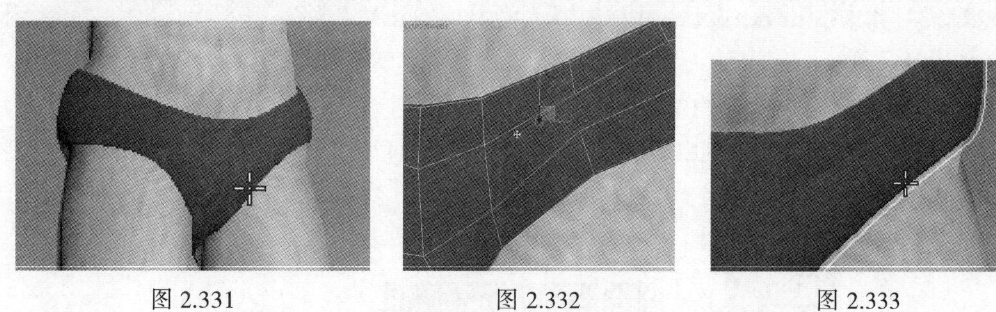

图 2.331　　图 2.332　　图 2.333

选择图 2.334 中胳膊位置的面，选择 ✔使用软选择，边旋转边移动调整使手臂自然下垂，如图 2.335 所示，同样将手指的弯曲调整至如图 2.336 所示。

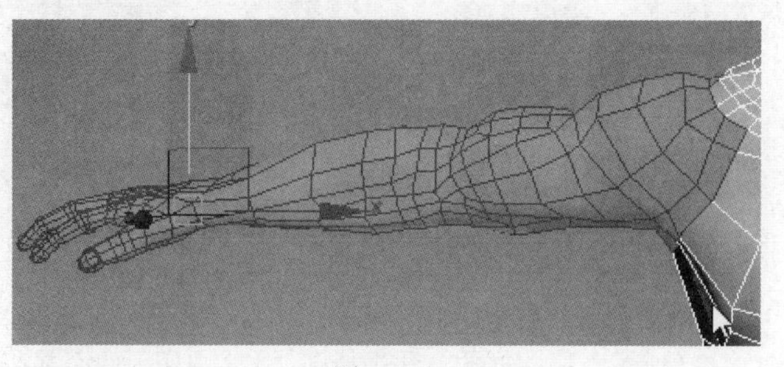

图 2.334

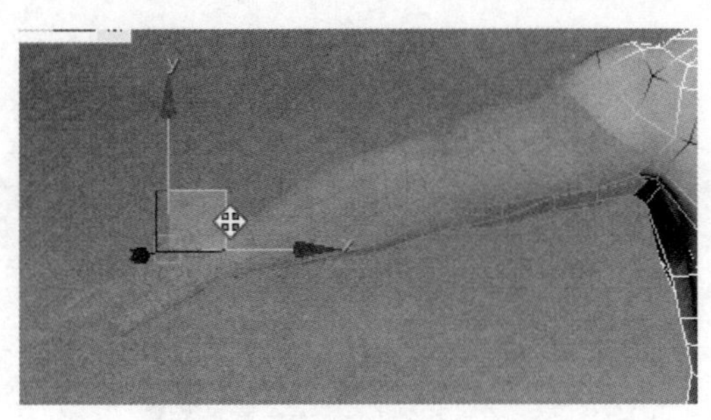

图 2.335

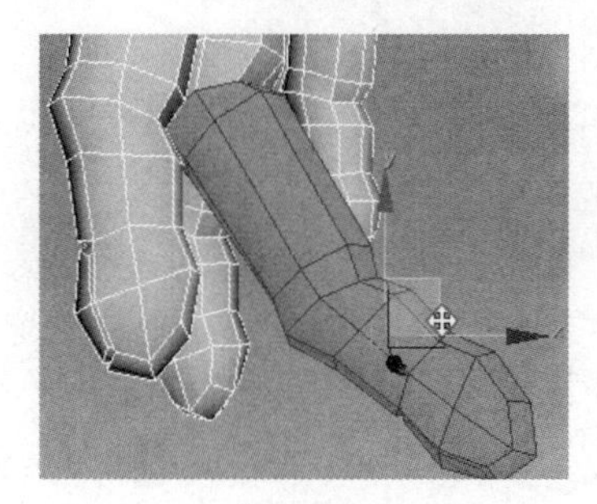

图 2.336

最后添加“对称”修改命令，对称调整出另一半模型。至此，男性人体模型就全部制作完成了，为了更全方位地展示效果，可以多复制几个并调整角度，最后的效果如图 2.337 所示。

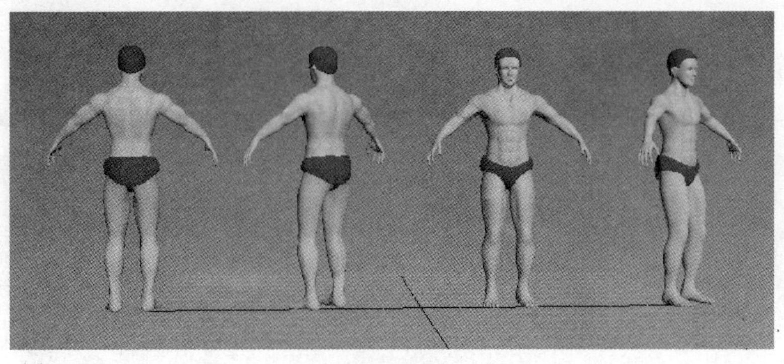

图 2.337

第 3 章　女性角色设计

在第 2 章中学习了男性人体建模的过程，整个建模过程都是在 3ds Max 中完成的，本章将介绍多个软件结合来完成女性人体的建模。用到的软件有 MakeHuman、UVLayout、Marvelous Designer 等。

在制作女性人体之前，我们再来回顾一下男女身体比例上的不同之处，见图 2.1 所示。时间充裕的读者可以更加深入透彻地来学习人体结构，这样在以后的建模中可以更好、更容易地把握角色特点，大大提高工作效率和技能水平。

女性相对于男性而言，主要区别在于女性颈部细、肩窄、胸部凸出、腰细、臀部大、胸腔更小、手腕和腿细等。图 3.1 为男女形体的主要差异。

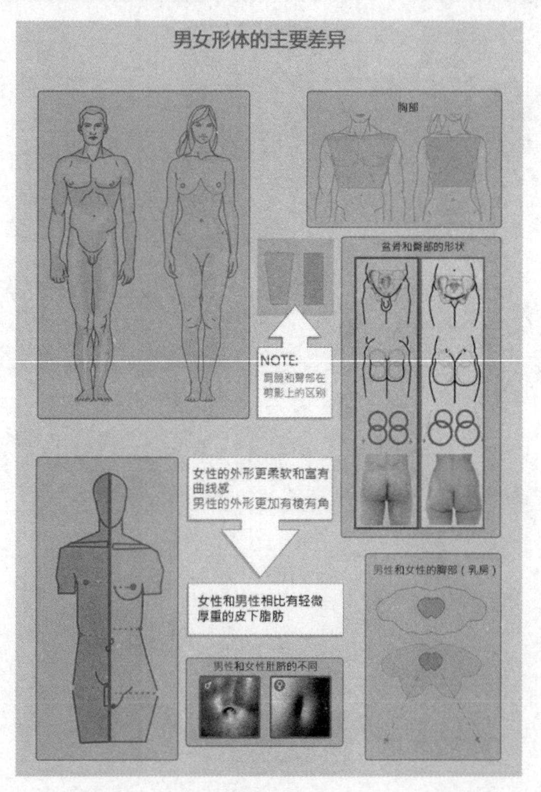

图 3.1

图 3.2 和图 3.3 是女性肌肉分布图，在建模时可作为参考。

图 3.4 和图 3.5、3.6 是制作较好的女性身体效果和布线效果，大家在建模时可以作为参考。

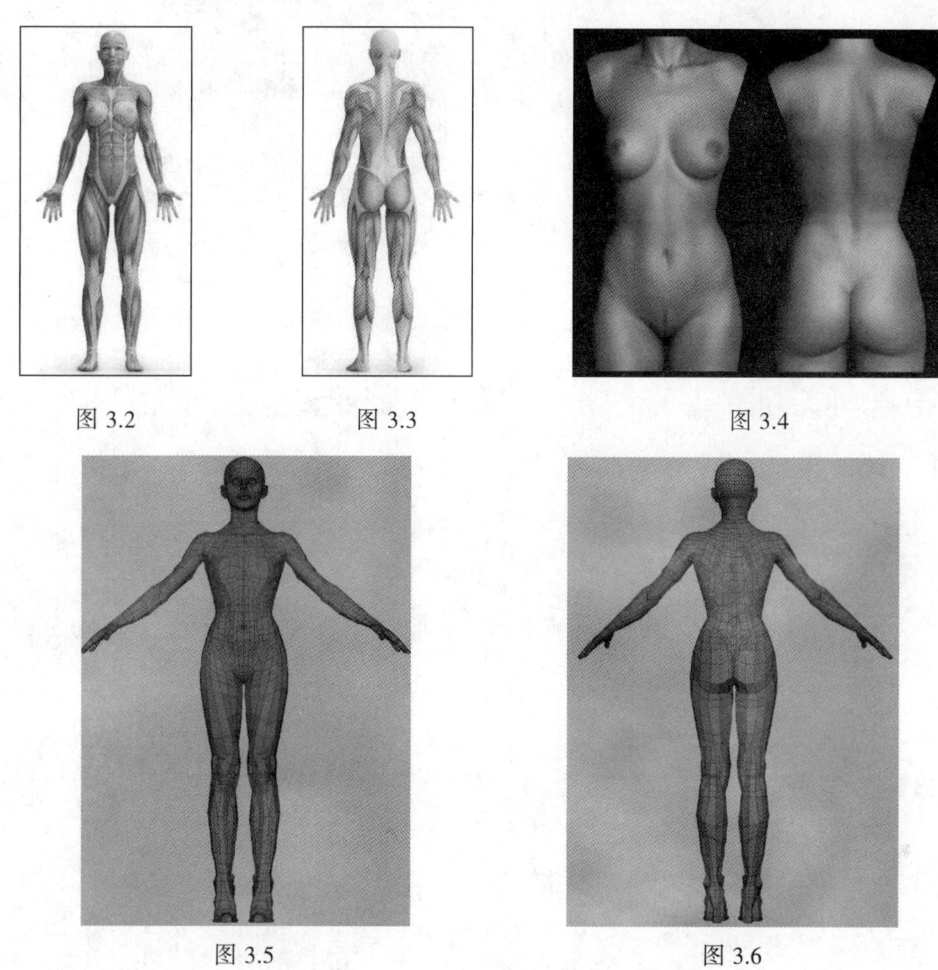

图 3.2　　图 3.3　　图 3.4

图 3.5　　图 3.6

图 3.7 和图 3.8 为从真实到模块的女性躯体，通过图片能更直观地了解女性人体建模中的注意事项。

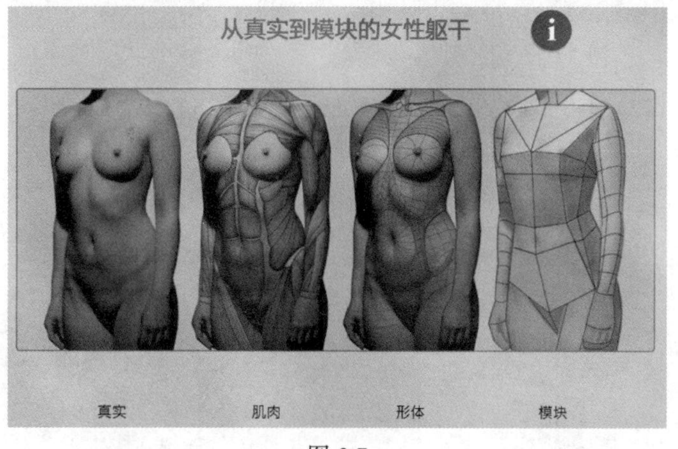

图 3.7

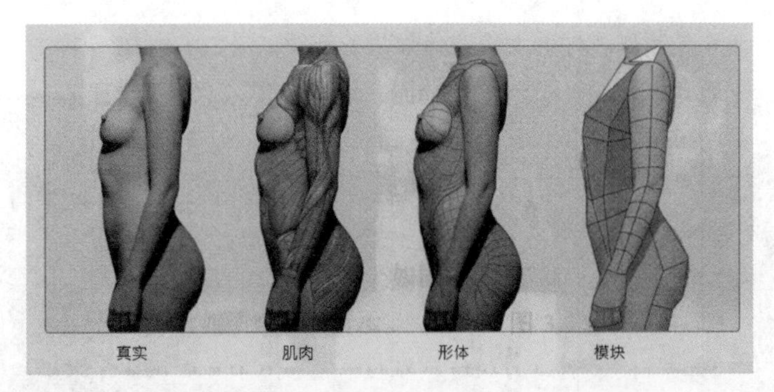

图 3.8

图 3.9 为正常到肥胖成年女性形体变化示例图，一般女性的比例为 7.5 个头身，在建模时可以适当把比例拉长一些，制作为 8 个头身，看上去会更加美观和修长，如图 3.10 所示。

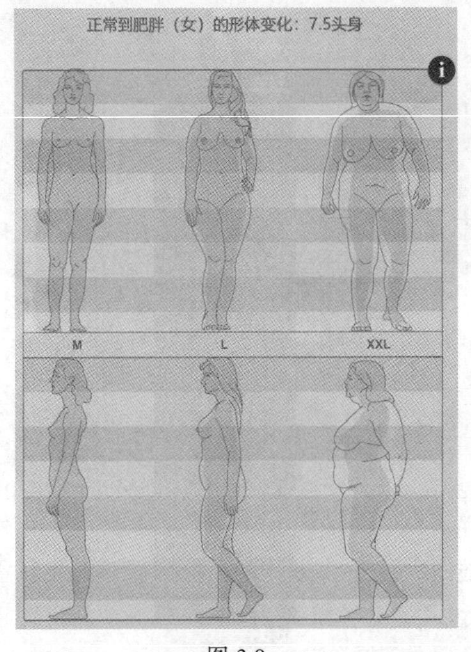

图 3.9

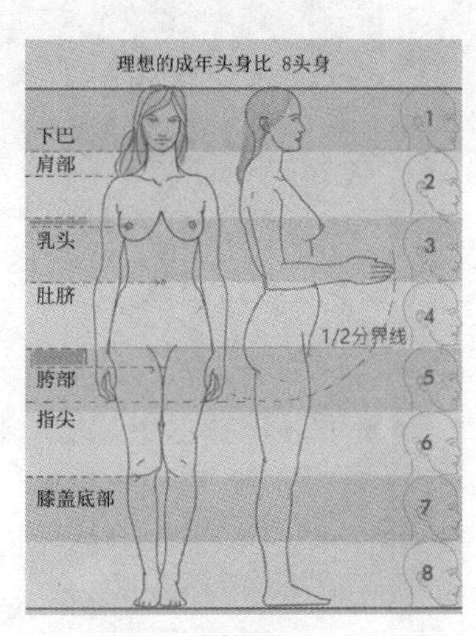

图 3.10

本节中女性制作基本过程如图 3.11 ~ 图 3.13 所示。先来制作身体，然后拆分 UV，再调整姿态，最后制作衣服和综合调整。

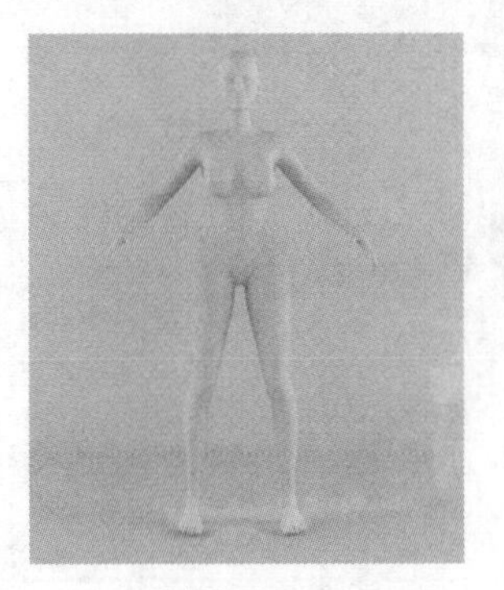

图 3.11

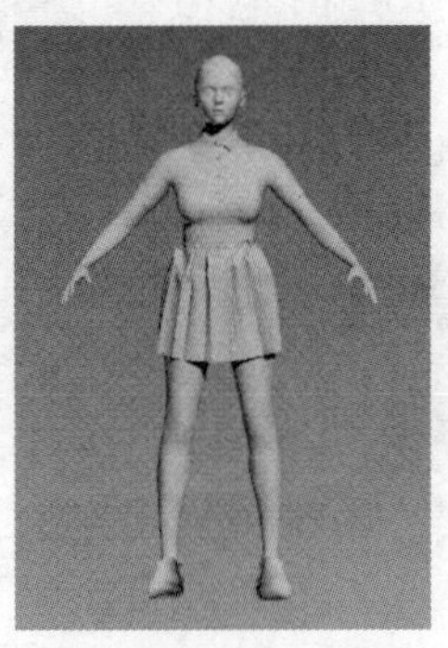

图 3.12

图 3.13

3.1　用男性角色改为女性角色

女性角色的建模过程也可以参考男性的建模过程，手臂、腿部、手、脚、鼻子、嘴巴、眼睛、耳朵制作方法都一样，唯一不同的是胸部结构，除此之外还有肩膀和臀部比例和男性也有一定区别。

女性的制作可以用上一章男性的角色来直接修改完成。

步骤 01 制作胸部。首先创建一个球体模型，将分段数设置为 14（此处的分段数可以根据身体布线的多少来决定）并转换为可编辑的多边形物体，删除底部一半的点，将半球体移动到乳房的位置，如图 3.14 所示。在制作时同样只需要制作一半模型即可，选择人体对称位置中心线，单击“分割”按钮，然后按 5 键进入“元素”级别，选择身体左侧一半的面按 Delete 键删除，然后单击“镜像”按钮，选择“实例”方式沿着 X 轴镜像复制，单击 附加 按钮拾取半球体模型将身体的部分和球体附加在一起，如图 3.15 所示。

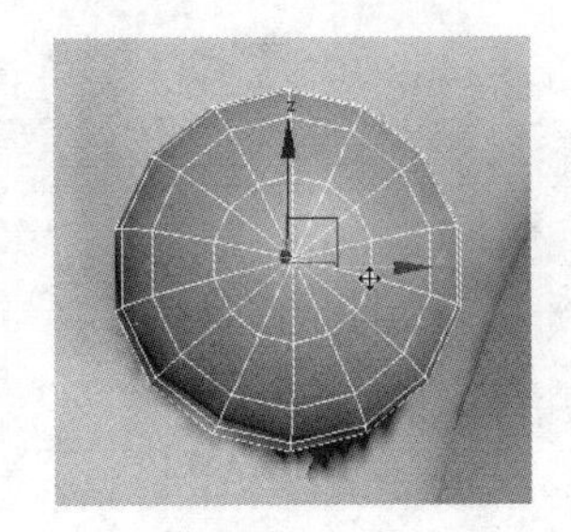

图 3.14

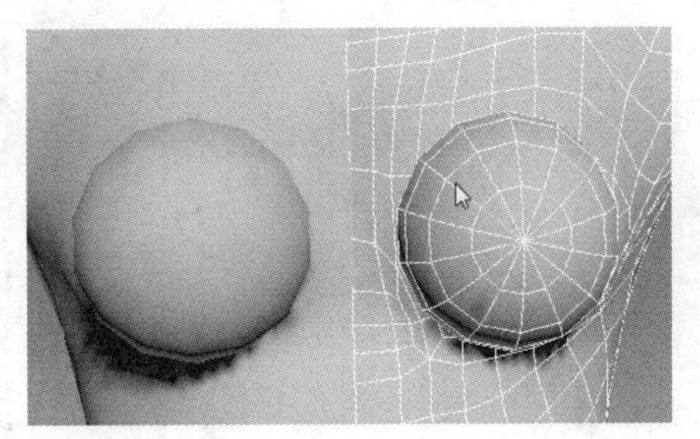

图 3.15

步骤 02 右击模型，在弹出的菜单中选择“剪切”命令，在模型的身体部位沿着乳房的形状进行切线处理。先选择半球体面，单击隐藏选定对象按钮将选择的面隐藏起来，然后选择如图 3.16 中所示的面按 Delete 键删除。进入“面”级别，单击全部取消隐藏按钮将隐藏的面显示出来，进入“点”级别，单击目标焊接按钮，依次将身体和乳房位置对应的点焊接起来，如图 3.17 所示。

当前的乳房结构形状看上去并不真实，所以接下来要重点调节一下它的形状。在调整时可以选择 ☑ 使用软选择 调整衰减值大小进行移动调整，如图 3.18 所示。也可以配合“石墨”工具下的 自由形式 →绘制变形→ 笔刷来快速调整，该笔刷的大小调节和强度调节的快捷键是 Ctrl+Shift+鼠标左键，拖动鼠标可以同时快速调整内圈和外圈的大小，Ctrl+鼠标左键调整外圈衰减值大小，Shift+左键控制调整内圈强度值。在调整过程中注意配合松弛笔刷光滑处理。乳房的形状调整要注意它的自然下垂以及角度，不可能太过于坚挺，也就是说不可能是完全与身体垂直。

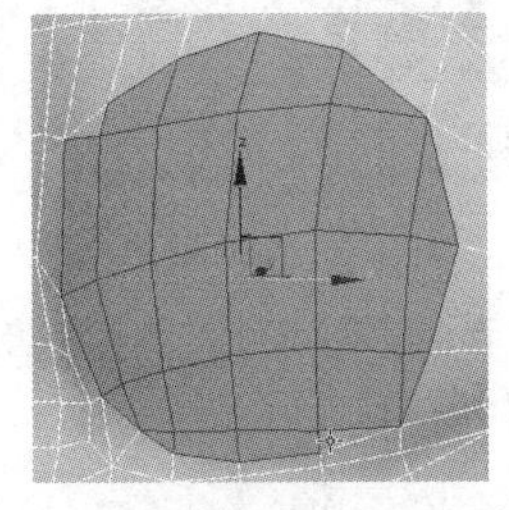

图 3.16

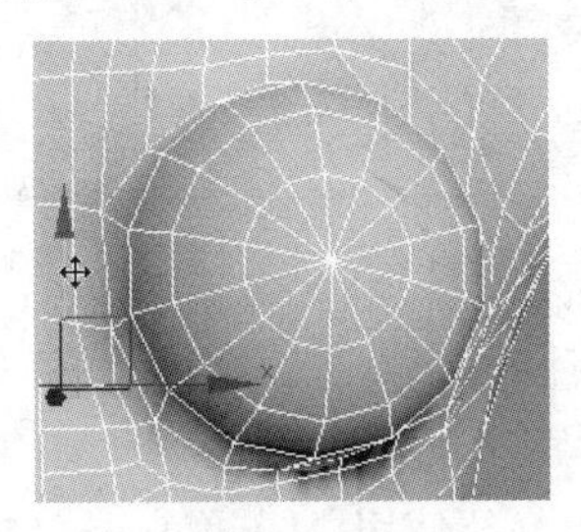

图 3.17

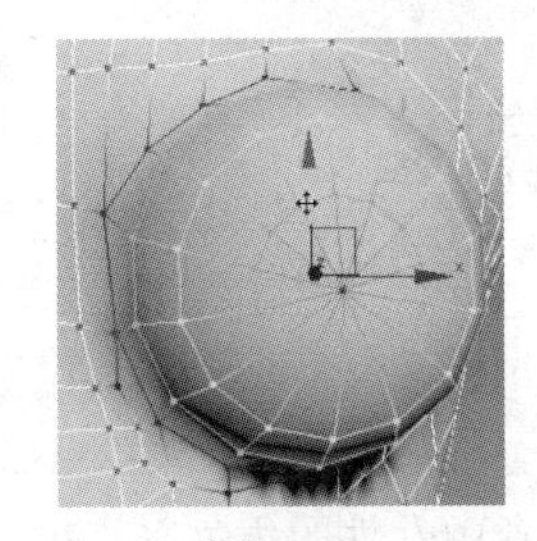

图 3.18

步骤 03 制作乳头。选择乳头位置的点，用“切角”工具将点切角处理，如图 3.19 所示。然后选择切角位置的面，用“倒角”工具倒角挤出面，如图 3.20 所示。用“偏移”笔刷反复调整乳房形状结构，也可以配合软选择工具进行调整，调整效果如图 3.21 所示。

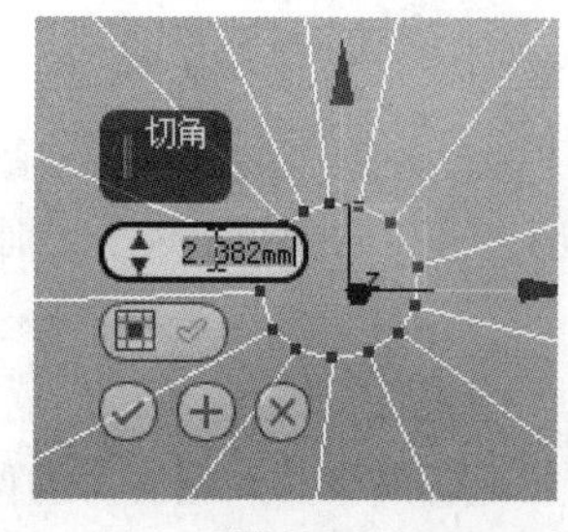

图 3.19

图 3.20

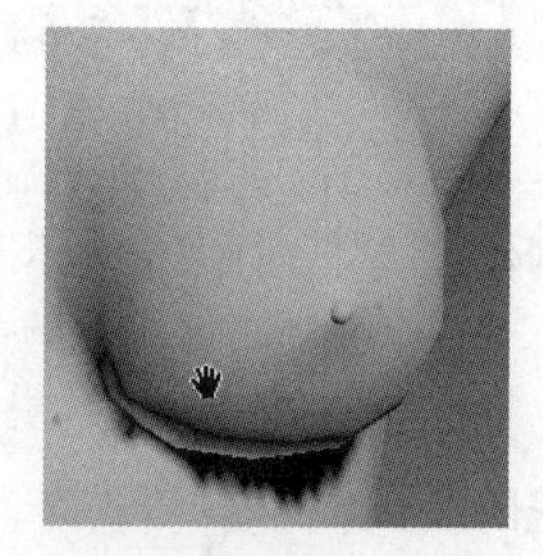

图 3.21

除此之外，女性的背部和肩部没有男性那么健壮，所以要将背部向内收缩调整，用偏移笔刷快速移动即可，调整前后对比效果如图 3.22 和图 3.23 所示。

用偏移笔刷将臀部调整得更翘一些，如图 3.24 和图 3.25 所示。

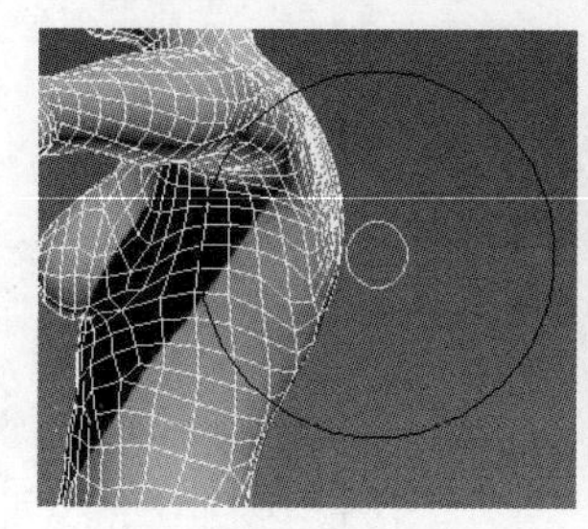

图 3.22

图 3.23

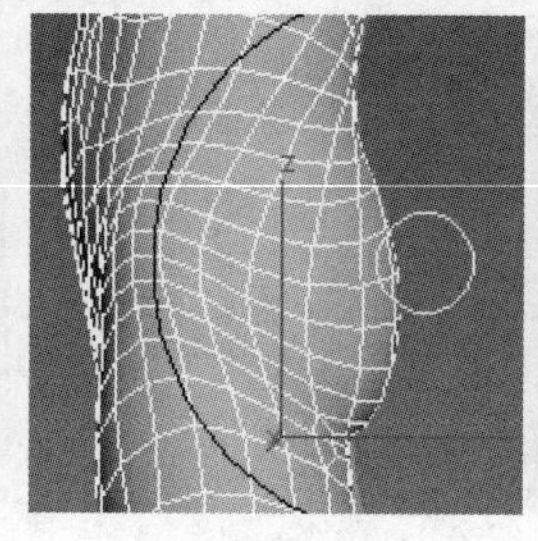

图 3.24

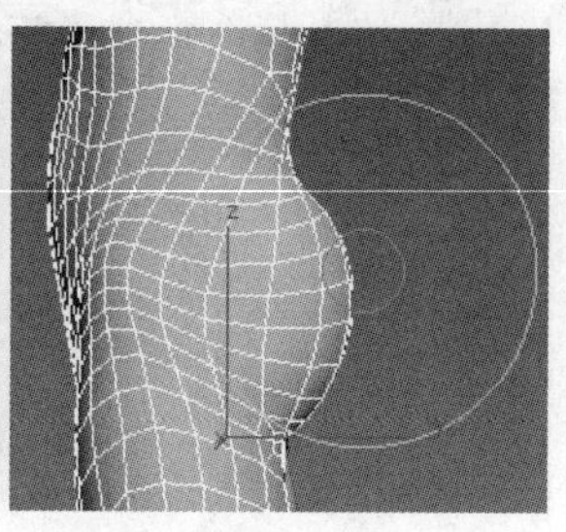

图 3.25

腹部向内移动收缩调整，对比效果如图 3.26 和图 3.27 所示。

大腿部位可以使用软选择工具向外稍微移动调整然后再将胯部加宽处理，如图 3.28 所示。调整后的大致效果如图 3.29 所示。

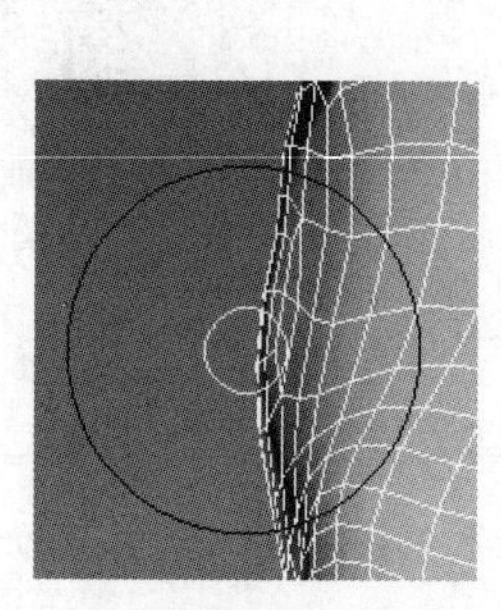

图 3.26

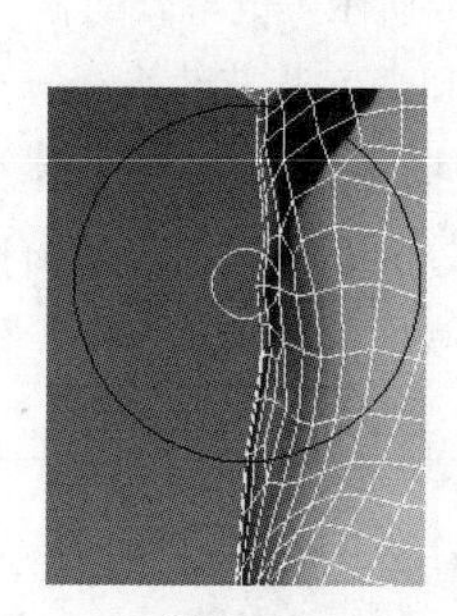

图 3.27

图 3.28

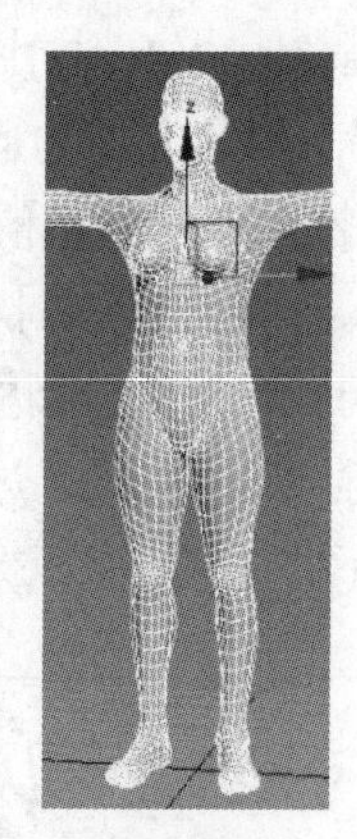

图 3.29

这里只是简单地介绍一下男性调整为女性的方法，当然除了这些之外还要更加细致地调整脸部形状等等，感兴趣的读者可以自己动手调整。

本章中女性的角色制作我们重点介绍使用 MakeHuman 软件来完成，接下来先学习一下该软件的使用方法。

3.2 MakeHuman 软件主要参数介绍

MakeHuman 是一个开源的 3D 人物角色建模软件，类似商业软件 Poser。它基于大量人类学形态特征数据，可以快速形成不同年龄段的男女脸部及肢体模型，并可对局部体形进行调整。特有的“自然姿势系统”可对运动中的皮肤和肌腱变形进行精确模拟。配合 RenderMan 接口兼容渲染器 AQSIS 得到最终效果。此软件可适用于人体写生练习、动漫或三维角色动作设计、体育训练人体运动仿真等等领域。

从之前的 0.9RC7 版本到 1.0.2 再到 1.1 版本，界面和功能发生了很大的改变和提升。接下来详细讲解该软件的使用。

安装完成 MakeHuman 软件之后，双击桌面快捷方式图标即可快速打开该软件，不同版本的启动界面如图 3.30 和图 3.31 所示。1.0.2 版本打开之后的默认界面效果如图 3.32 所示。

为了与之前的版本做下对比，我们打开 0.9RC1 版本，界面如图 3.33 所示。

图 3.30

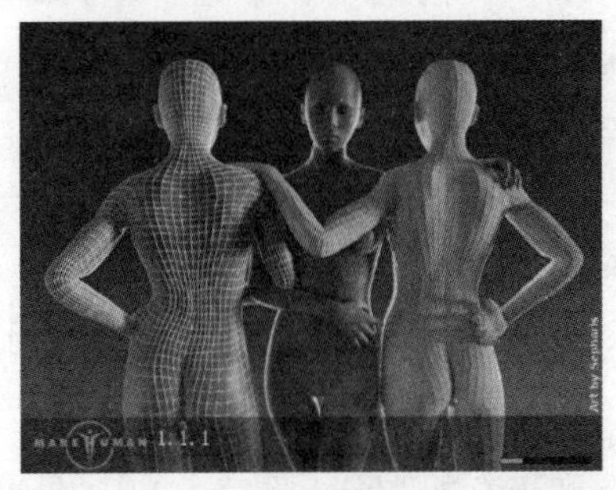

图 3.31

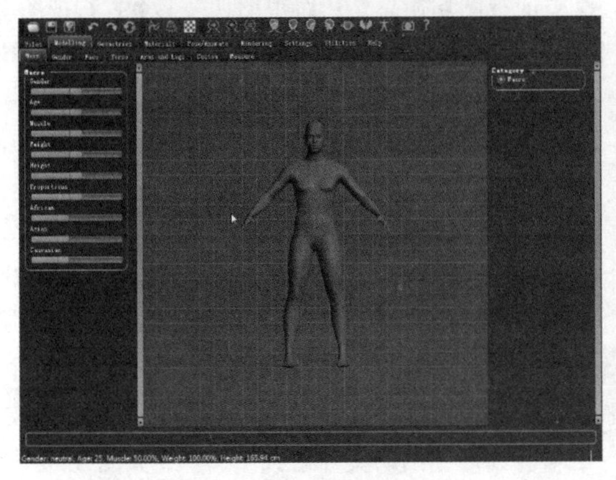

图 3.32

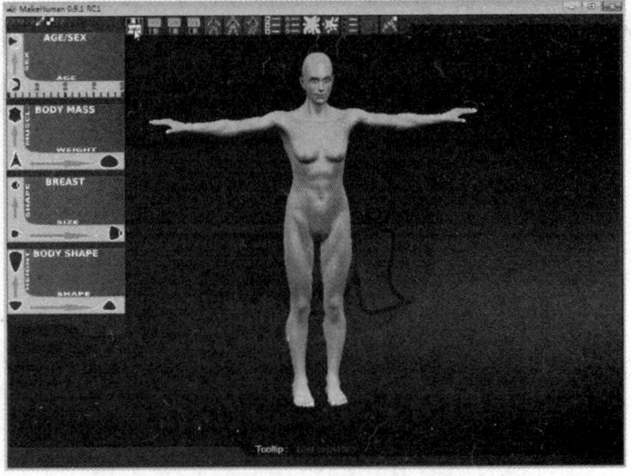

图 3.33

从界面上可以看出，0.9RC1 版本图标和菜单都较少，功能也相对简单。这里我们主要学习一下 1.0.2 版的功能。

MakeHuman1.0.2 版本提供了许多语言版本，其中也包括中文版，所以首先打开软件之后，需要切换到中文版本。为了方便看清界面中的命令先将界面颜色更改一下，单击 Settings 菜单，在右侧选择 Native look 选项，此时界面会变成白色，如图 3.34 所示。

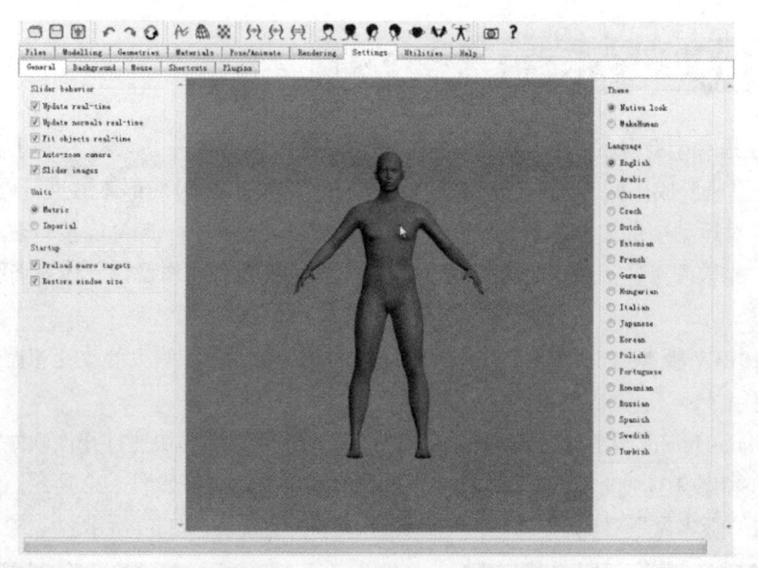

图 3.34

然后在右侧的 Language 中选择 Chinese，重启软件即可切换为中文版。在学习之前，为了效果更加美观，首先将皮肤材质调整一下，单击“材质”菜单，在右侧单击 选择一个皮肤亮一点的材质即可快速调整皮肤材质。

接下来学习一下工具和界面参数的使用。

1. 工具栏

：打开工具。：保存。：导出。：车削。：重做。：光滑显示切换。：网格显示。：材质显示。：镜像对称工具。：前视图切换。：后视图切换。：右视图。：左视图。：顶视图。：底视图。：重置相机视图。：屏幕截图工具。

2. 软件基本操作

视图的旋转：单击并拖拉即可旋转调整视图。

视图的缩放：右击并拖拉即可缩放调整视图，通过鼠标滚轮也可以达到缩放效果。

视图的移动：按住鼠标中键即可移动视图。

3. 菜单栏

（1）“文件”菜单：单击“文件”菜单，下方有“打开”“保存”“导出”选项，如果需要保存或者导入模型，单击 按钮，选择要保存的文件位置后，单击保存或者导出按钮即可。（注意：文件保存或者导出的路径最好是英文路径），导出下有许多导出的文件格式供选择，如图 3.35 所示。在右侧提供一些导出选项和比例单位，如图 3.36 所示。

（2）“建模”菜单：“建模”菜单比较重要，包含了所有的体形调整参数，包括“主要”“性别”“脸部”“躯干”“手臂与腿脚”“测量”。后面会详细讲解各个参数。

（3）“几何形状”菜单：“几何形状”菜单下包含了“服装”“眼睛”“头发”“牙齿”“生殖器”“拓扑结构”“眉毛”“睫毛”“舌头”的一些调节参数。

当单击“服装”按钮时，在软件右侧区域会列出系统提供的服装和鞋子模型，随便选择一个即添加相对应的模型，如图 3.37 和图 3.38 所示。

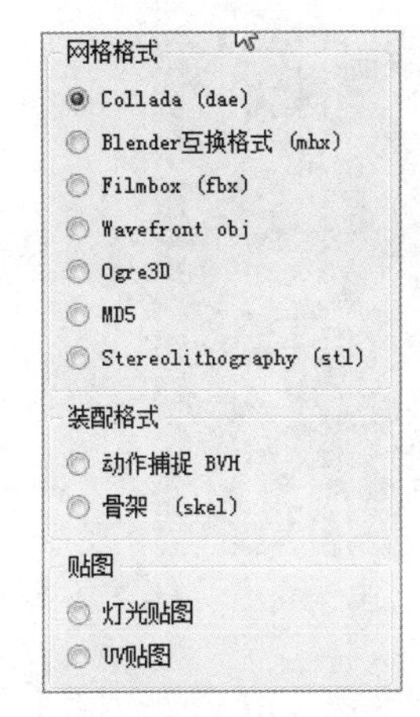

图 3.35

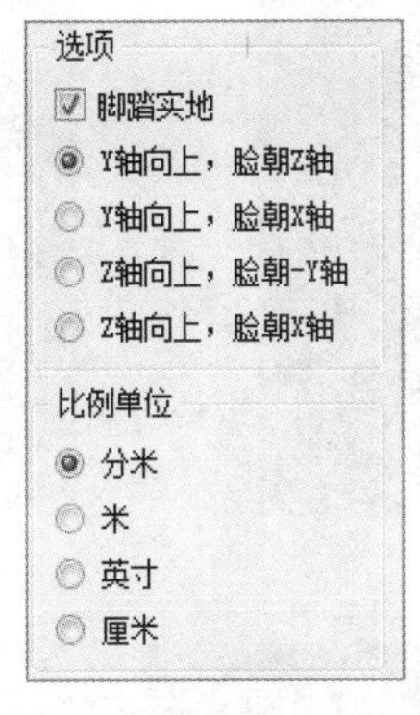

图 3.36

图 3.37

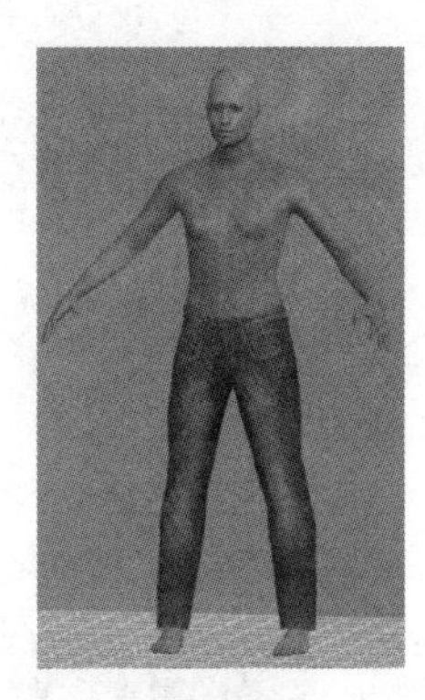

图 3.38

单击“眼睛”按钮，在右侧会列出眼睛的选项，如图 3.39 所示。None 就是不创建眼球模型，High-poly 即创建高模眼球，low-poly 即创建低模眼球模型。

单击“头发”按钮可打开系统提供的几种发型，如图 3.40 所示。

单击“牙齿”按钮可打开系统提供的牙齿。

生殖器面板下提供了两种生殖器显示效果，如图 3.41 所示。一个为不显示生殖器模型，一个为显示生殖器模型（包括男性生殖器和女性生殖器两种）。

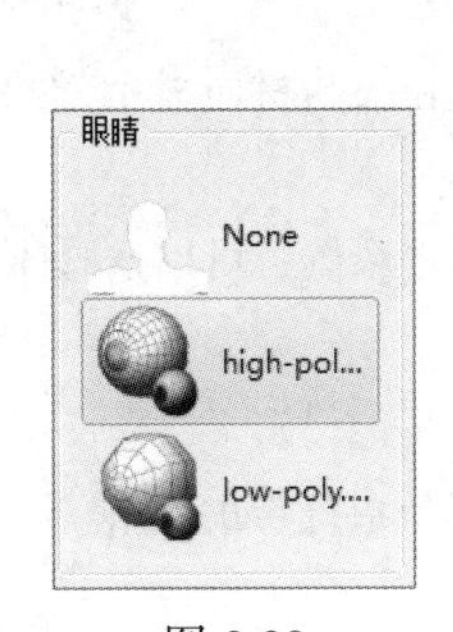

图 3.39

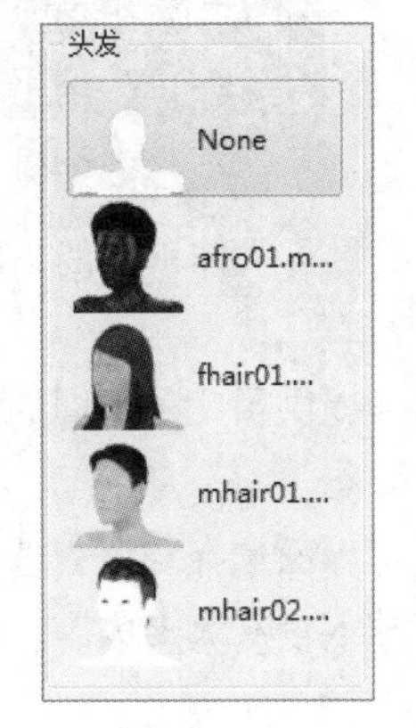

图 3.40

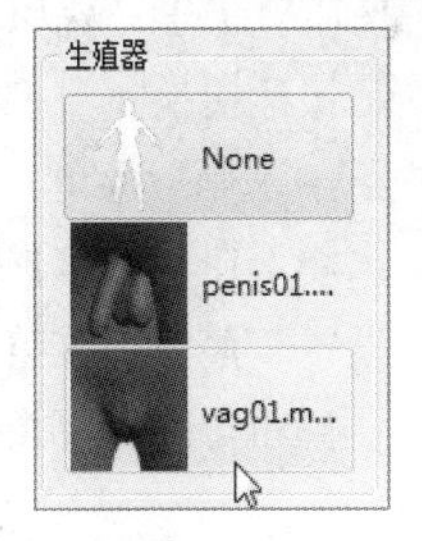

图 3.41

拓扑结构面板下提供了几种不同的拓扑结构，如图 3.42 所示。这几种拓扑结构比较重要，我们来讲解一下。首先单击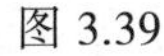按钮显示模型布线，默认的 None 选项的拓扑模型布线效果如图 3.43 所示，模型布线比较多。第二种拓扑结构模型布线效果如图 3.44 所示，模型布线比较少，比较适合高品质游戏模型的输出。第三种拓扑效果如图 3.45 所示，模型布线也较少，但是和图 3.40 的区别在于胸部的布线不同。最后一种拓扑效果如图 3.46 所示，面数更少，比较适合低模游戏输出。这里提供的几种模型拓扑布线很实用，可以根据需要调整模型面数进行输出。

眉毛、睫毛和舌头面板下提供了内置的不同眉毛、睫毛和舌头模型，效果如图 3.47 所示。这里创建的眉毛和睫毛效果其实就是面片物体，通过贴图来实现显示效果的。

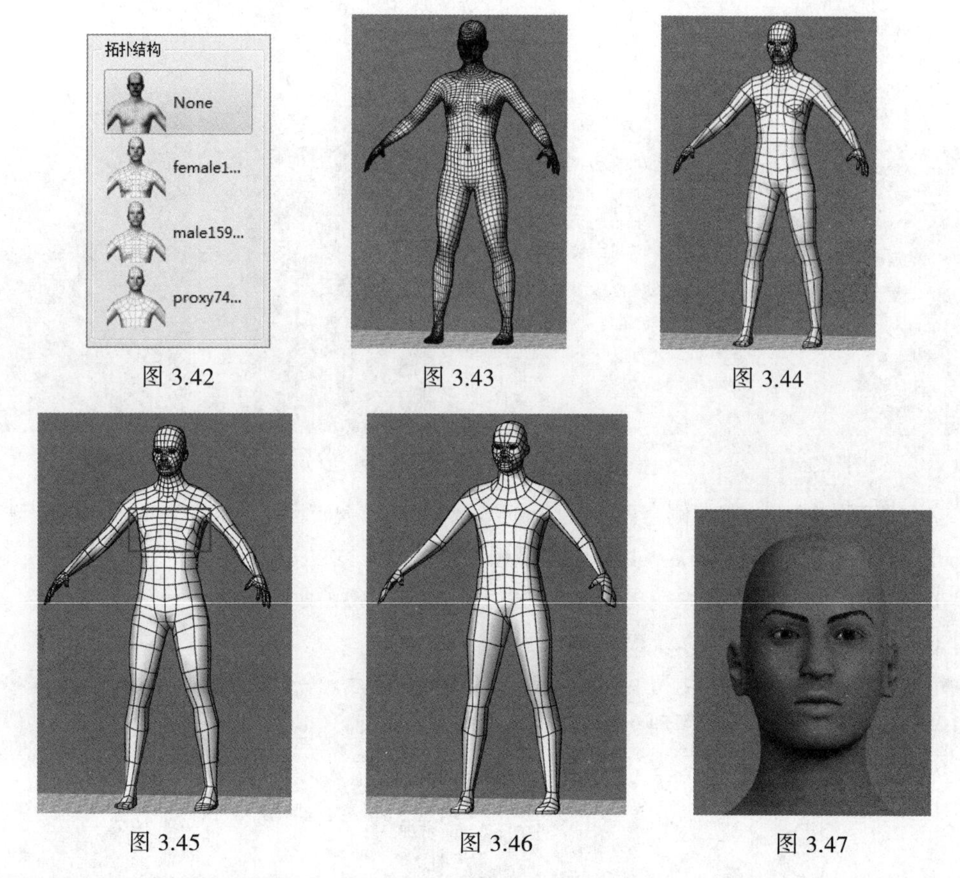

图 3.42　　图 3.43　　图 3.44

图 3.45　　图 3.46　　图 3.47

（4）“材质”菜单：材质菜单下提供了人体不同的皮肤材质和眼睛材质显示效果。可以通过在右侧列表中单击快速切换。

（5）“姿态/动画”菜单：该菜单下提供了几种不同的骨骼绑定系统，可以选择不同的骨骼显示效果进行输出，便于在其他软件中调整姿态。

（6）“设置”菜单：该菜单提供了界面选择和语言选择以及其他设置。

（7）“工具和帮助”菜单：该菜单下没有太多内容，可以打开系统帮助文件。

4．参数详解

（1）建模菜单下的“主要”面板。

该面板下提供了性别、年龄、肌肉、体重、身高、比重、非洲裔、亚洲裔、高加索裔的调节。调节的方法很简单，只需要拖动对应的下方滑块即可快速调整。接下来分别学习一下不同参数之间的对比效果。

性别：将滑块滑至最左侧偏向女性，滑至最右侧偏向男性。为了便于学习和快速区分该参数，在调整滑块时可以在最左侧和最右侧两个位置切换来观察模型的变化，之后的参数调整也如此。将性别滑块调至最左侧和最右侧的模型区别如图 3.48 和图 3.49 所示。

年龄：将滑块调至最左侧和最右侧的区别如图 3.50 和图 3.51 所示。调至最左侧时是一个婴儿模型，调至最右侧时是一个老人效果。

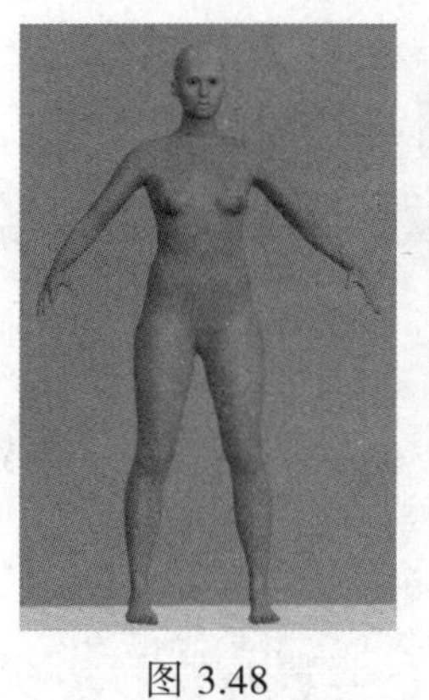
图 3.48

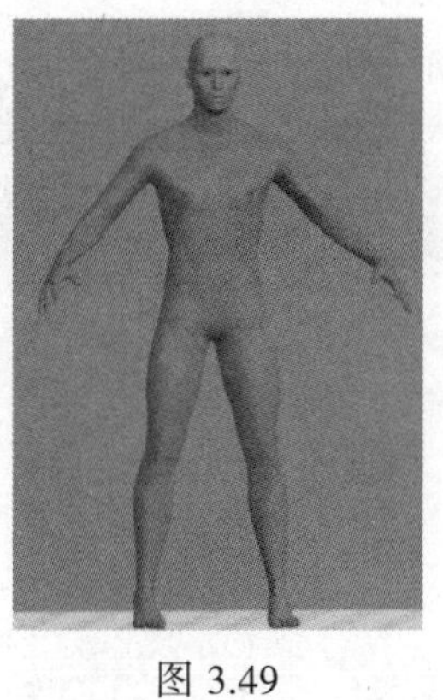
图 3.49

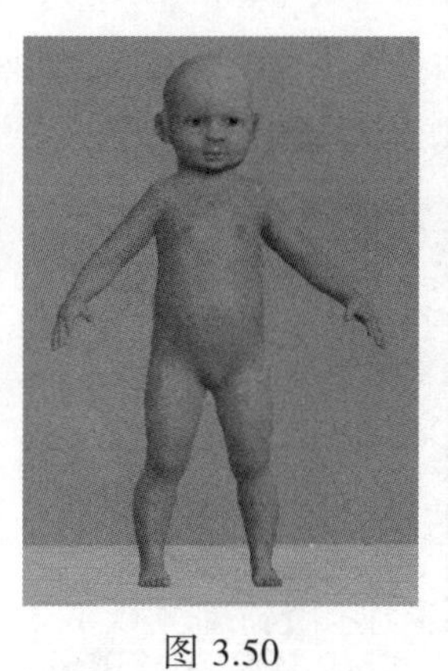
图 3.50

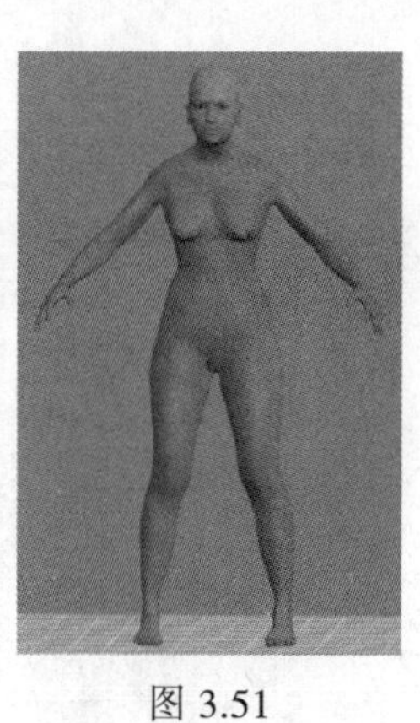
图 3.51

肌肉：调整滑块分别至最左侧和最右侧的效果区别如图 3.52 和图 3.53 所示。从图中可以看出，胳膊、腿部、腹部、肩膀等位置肌肉变化非常明显。

体重：将滑块调至最左侧人体体重较轻，调至最右侧人体体重较重，而且肌肉更加明显，如图 3.54 和图 3.55 所示。

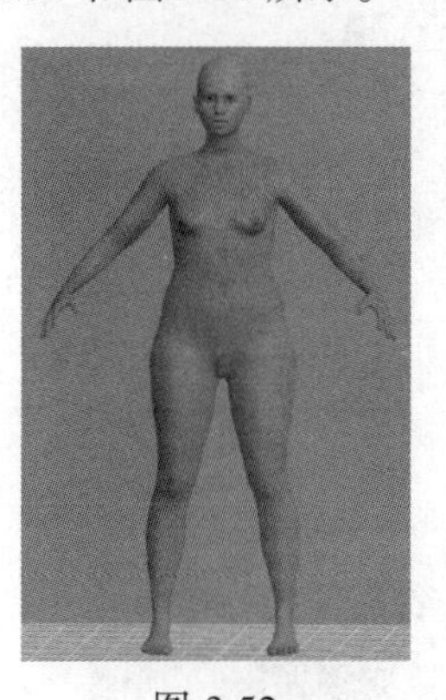
图 3.52

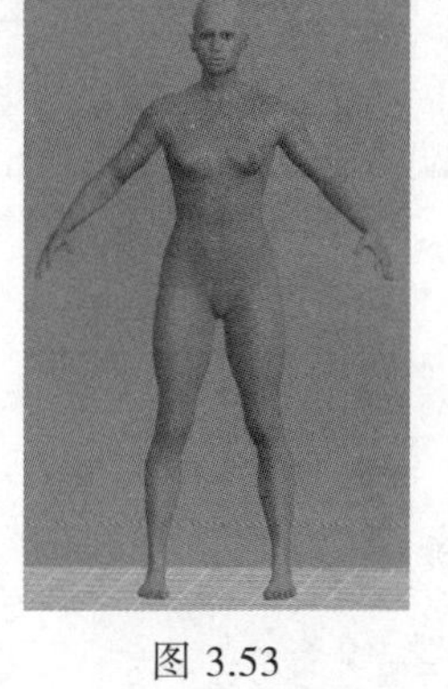
图 3.53

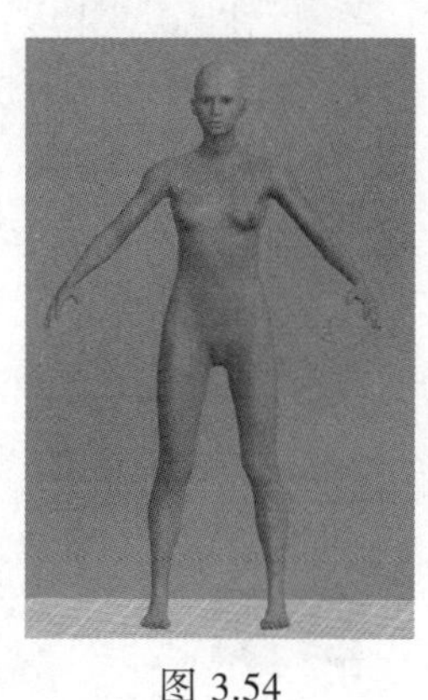
图 3.54

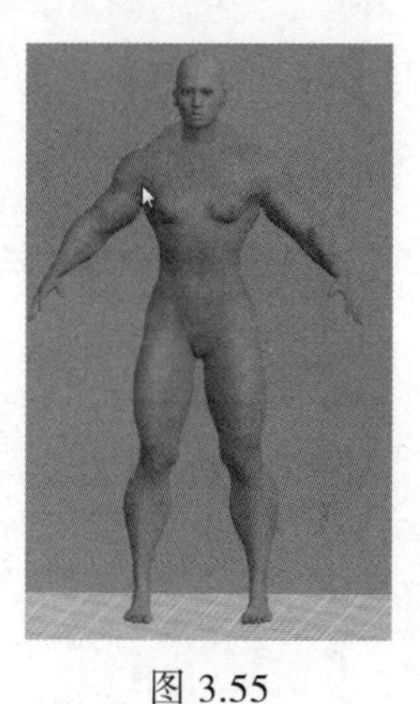
图 3.55

身高：身高参数用来调节人体身高，参数变化较小。

比重：将滑块调至最左侧和最右侧的效果分别如图 3.56 和图 3.57 所示。滑块在最左侧时人体看上去上身更长，腿部较短。

非洲裔：滑块分别在两端的效果对比如图 3.58 和图 3.59 所示。这个参数的变化主要在脸部细节。

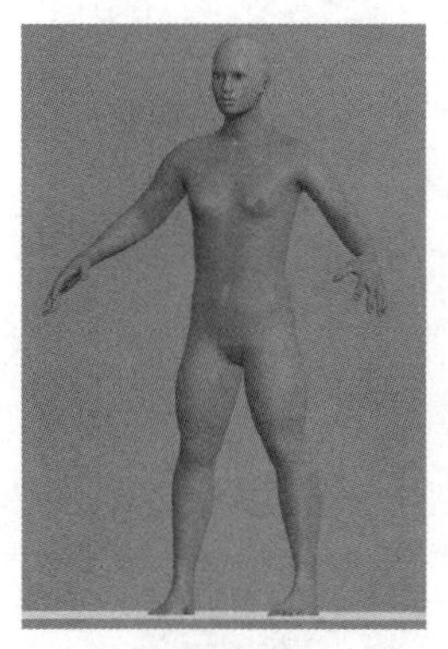
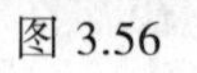
图 3.56

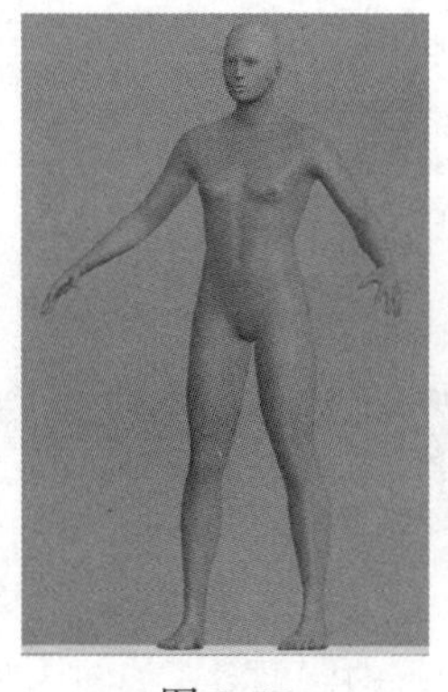
图 3.57

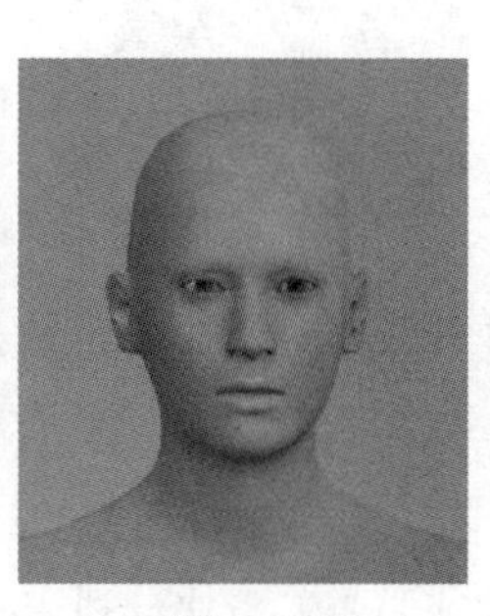
图 3.58

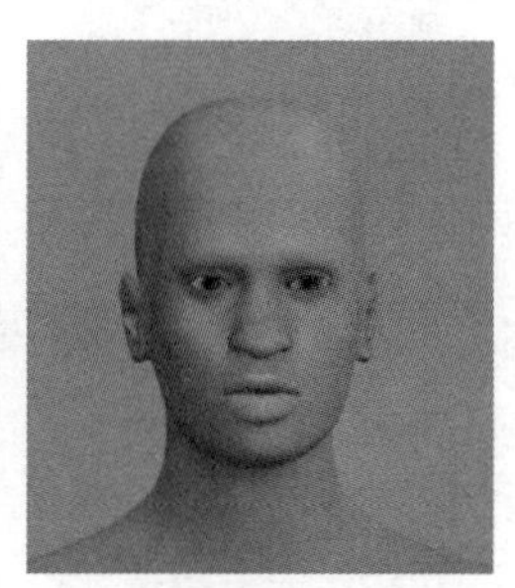
图 3.59

亚洲裔：不同的参数效果对比如图 3.60 和图 3.61 所示，主要区别同样在于头部和脸部。

高加索裔：也是主要调节面部特征的参数，滑块分别在两端的效果对比如图 3.62 和图 3.63 所示。

图 3.60

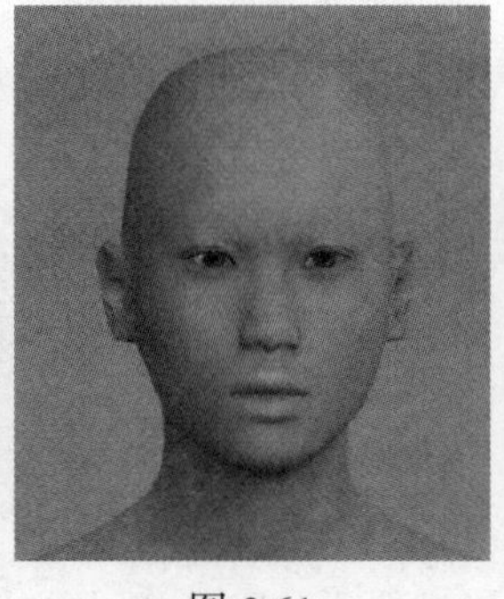
图 3.61

图 3.62

图 3.63

（2）性别面板。

单击性别面板，在右侧会列出调整的类别，比如是乳房调节还是生殖器调整，如图 3.64 所示。首先来看一下乳房的调节参数。乳房的部分调节面板如图 3.65 所示。

注意图 3.65 中所示的参数显示，图中分别有虚线显示和箭头标识显示，虚线显示调节的是形状，箭头显示调节的是位置。

乳房尺寸：主要调整乳房大小。滑块分别在两端的效果对比如图 3.66 和图 3.67 所示。

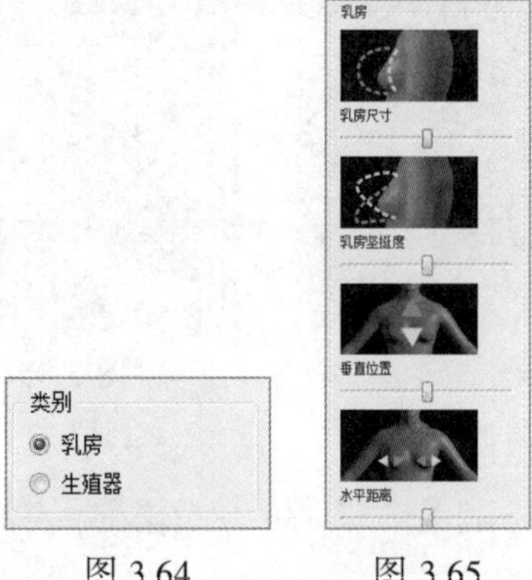

图 3.64　　图 3.65

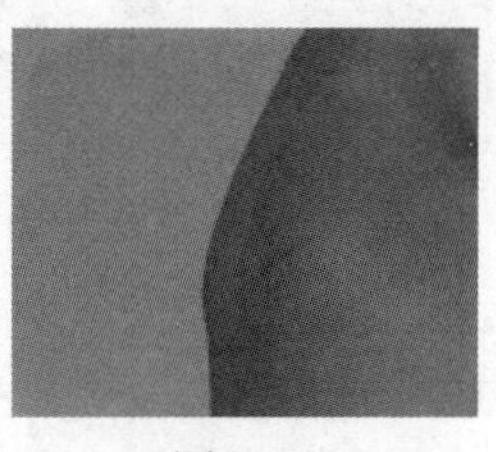
图 3.66

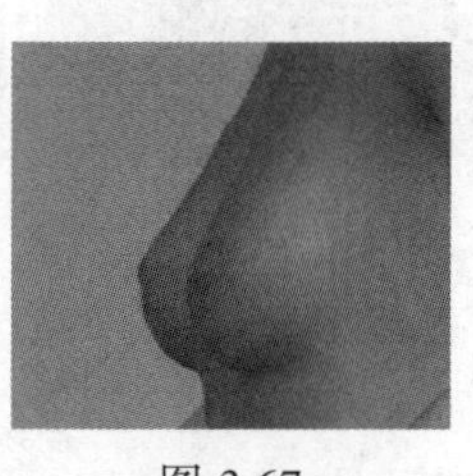
图 3.67

乳房坚挺度：调整乳房坚挺度。滑块分别在两端的效果对比如图 3.68 和图 3.69 所示。

垂直位置：调整乳房上下位置。滑块分别在两端的效果对比如图 3.70 和图 3.71 所示。

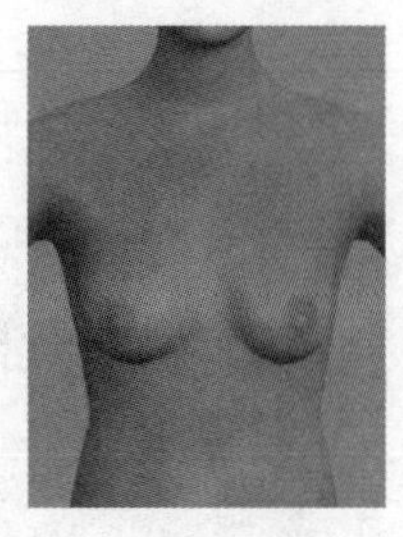
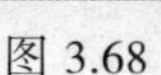
图 3.68

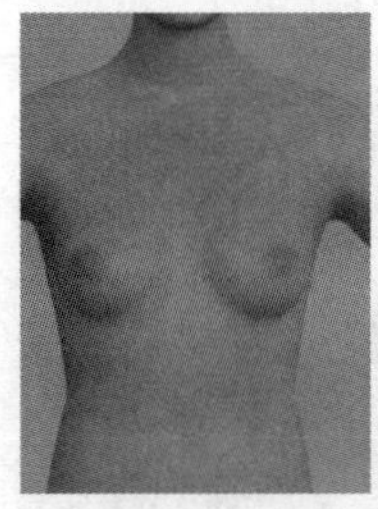
图 3.69

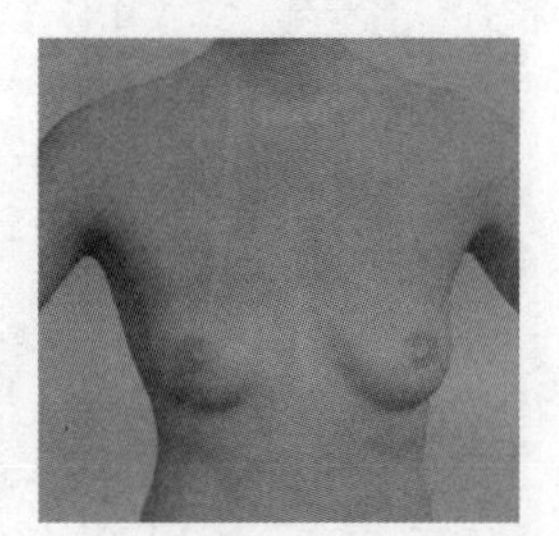
图 3.70

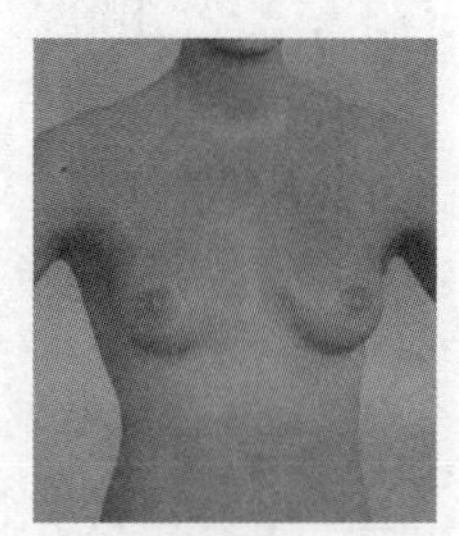
图 3.71

水平距离：调整乳房水平位置。滑块分别在两端的效果对比如图 3.72 和图 3.73 所示。

尖锐度：调整乳房形状。滑块分别在两端的效果对比如图 3.74 和图 3.75 所示。

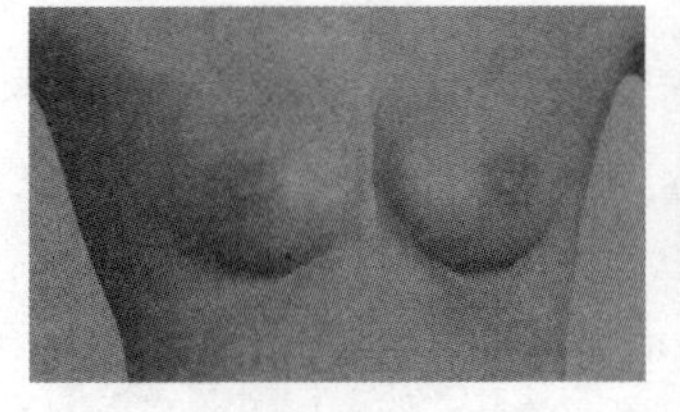
图 3.72

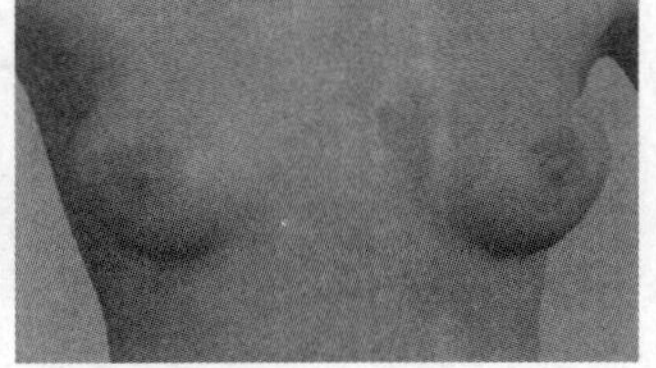
图 3.73

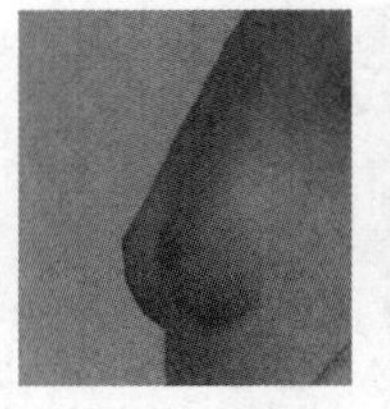
图 3.74

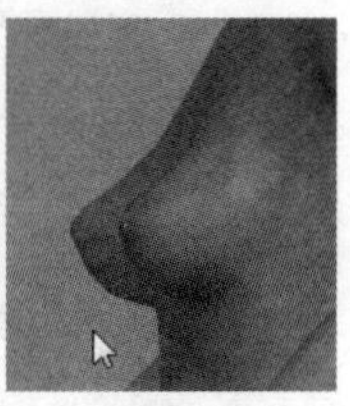
图 3.75

体积：调整乳房上半部分大小。滑块分别在两端的效果对比如图 3.76 和图 3.77 所示。

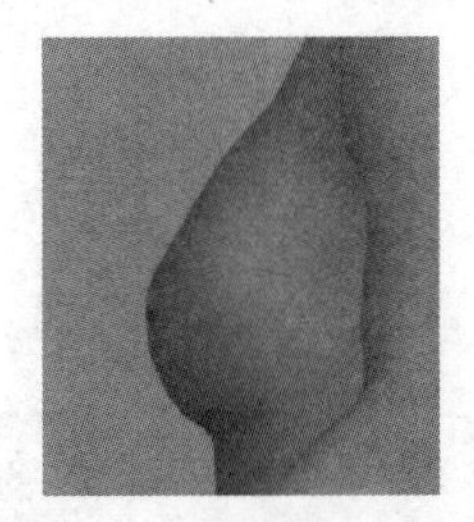
图 3.76

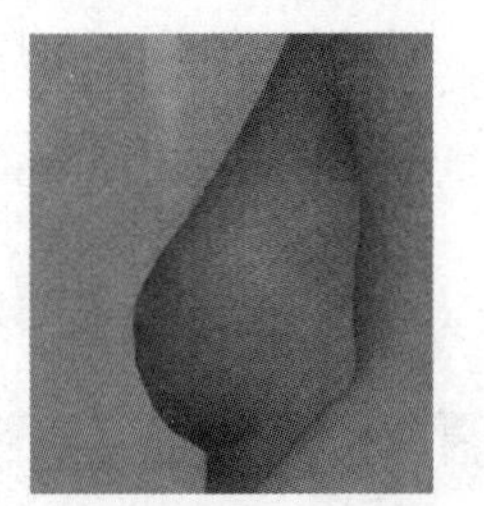
图 3.77

（3）脸部面板参数。

1）头部参数。

年龄：主要调整年龄的变化，变化较小。滑块分别在两端的效果对比如图 3.78 和图 3.79 所示。

角度：调整头部的偏移角度。滑块分别在两端的效果对比如图 3.80 和图 3.81 所示。

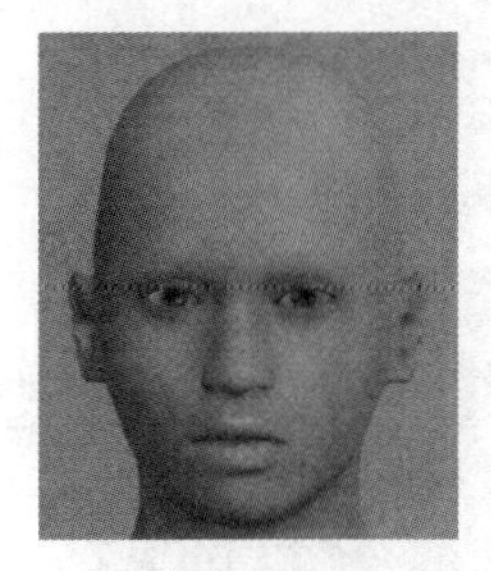
图 3.78

图 3.79

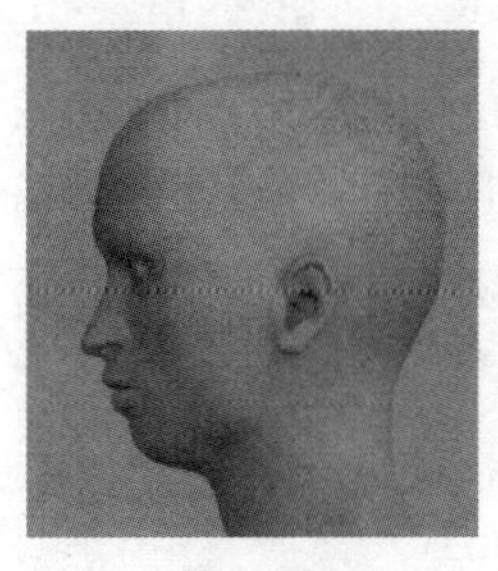
图 3.80

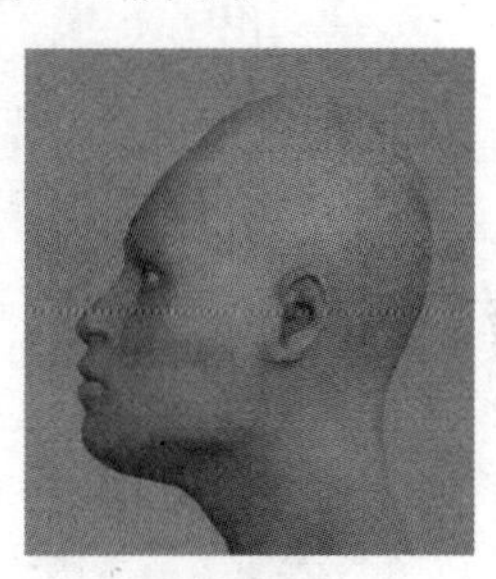
图 3.81

椭圆形：调整头部形状。滑块分别在两端的效果对比如图 3.82 和图 3.83 所示。

圆形：也是用来调整头部形状，偏向圆形的参数控制。滑块分别在两端的效果对比如图 3.84 和图 3.85 所示。

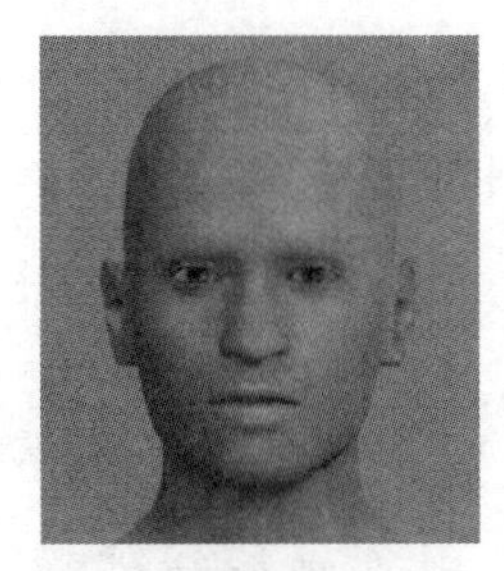
图 3.82

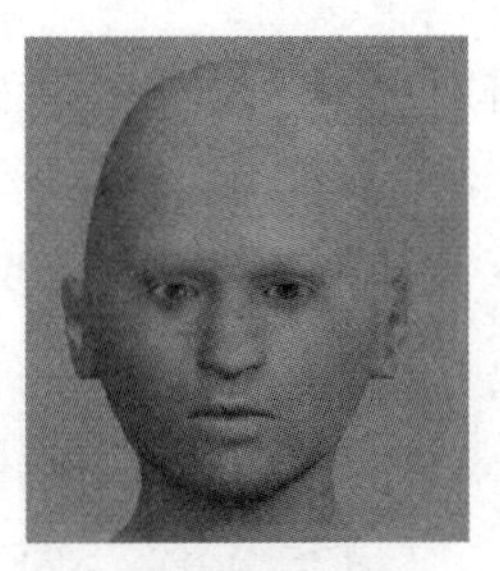
图 3.83

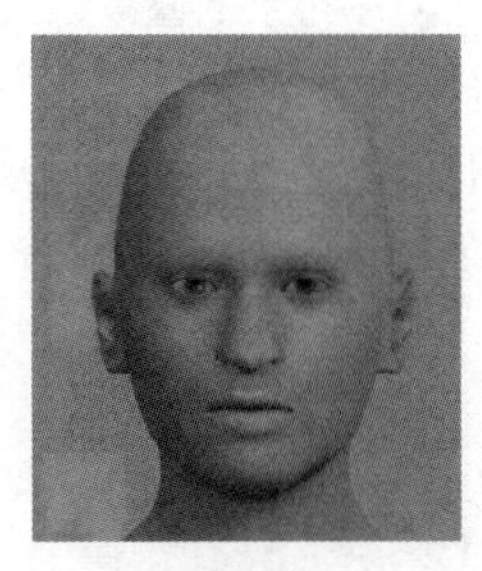
图 3.84

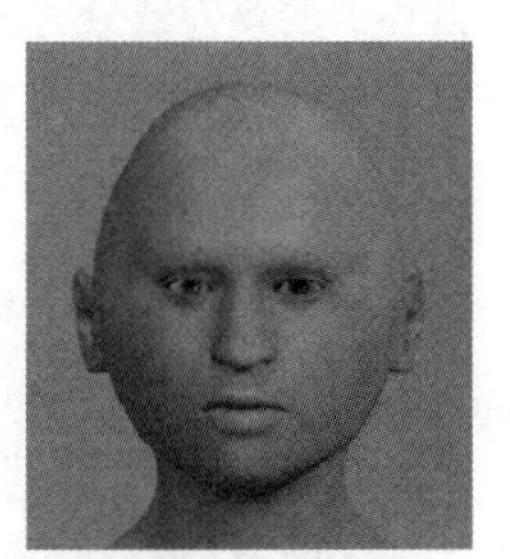
图 3.85

矩形和方形：调整头部形状，偏向方形控制。滑块分别在两端的效果对比如图 3.86 和图 3.87 所示。

三角形：调整头部形状，偏向三角形控制。滑块分别在两端的效果对比如图 3.88 和图 3.89 所示。

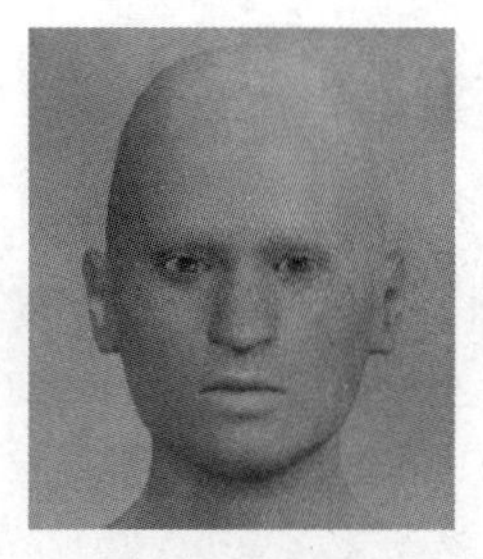
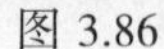
图 3.86

图 3.87

图 3.88

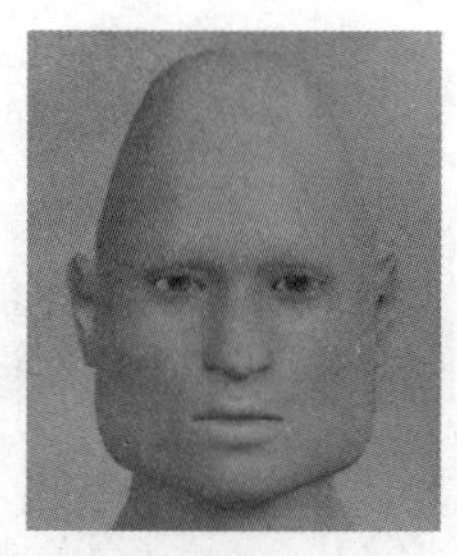
图 3.89

三角形和菱形：调整头部形状。滑块分别在两端的效果对比如图 3.90 和图 3.91 所示。

以上是头部形状的参数调节，在软件右侧选择头部尺寸选项，左侧的参数区域就变成了头部尺寸的参数调整。

缩放深度：调整头部的前后宽度。滑块分别在两端的效果对比如图 3.92 和图 3.93 所示。

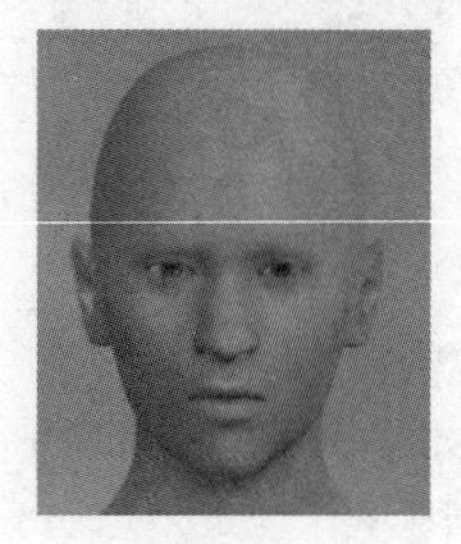
图 3.90

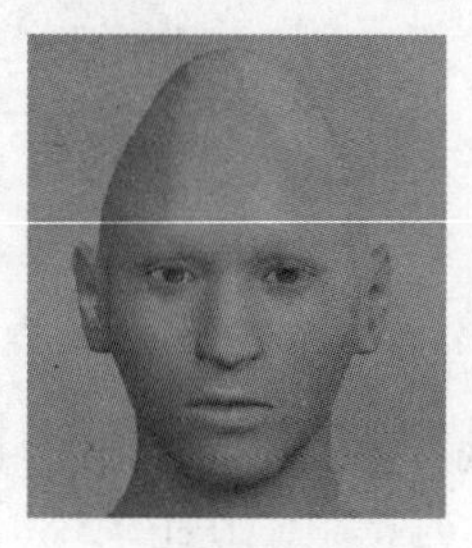
图 3.91

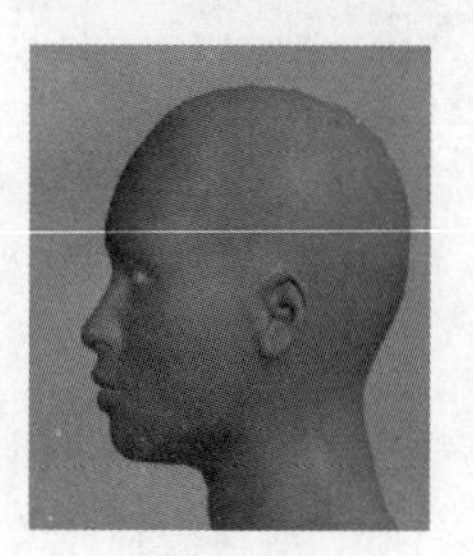
图 3.92

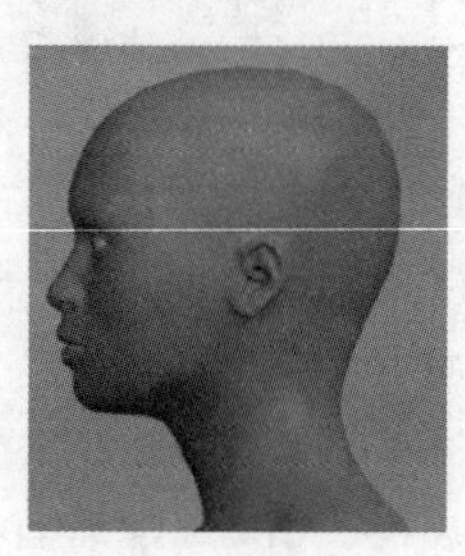
图 3.93

水平缩放：调整头部左右宽度。滑块分别在两端的效果对比如图 3.94 和图 3.95 所示。

垂直缩放：调整头部上下长度。滑块分别在两端的效果对比如图 3.96 和图 3.97 所示。

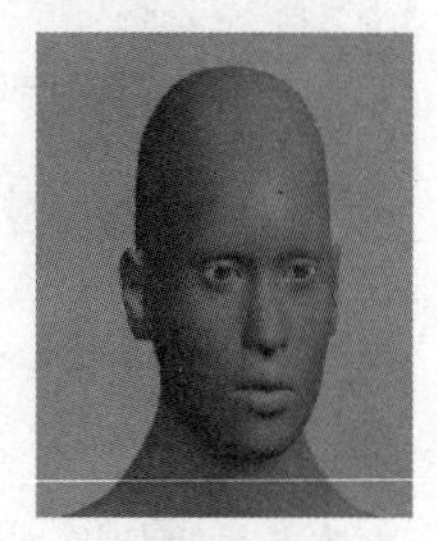
图 3.94

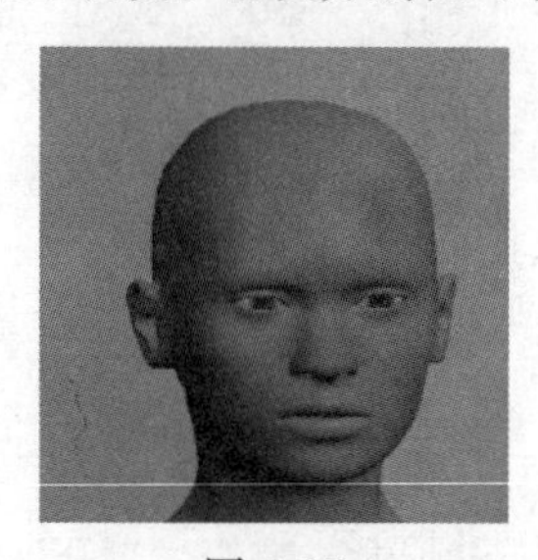
图 3.95

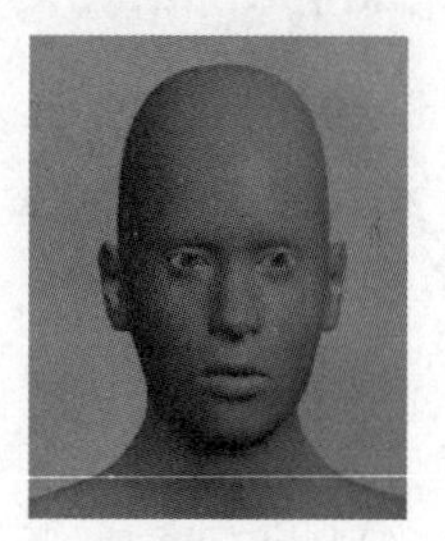
图 3.96

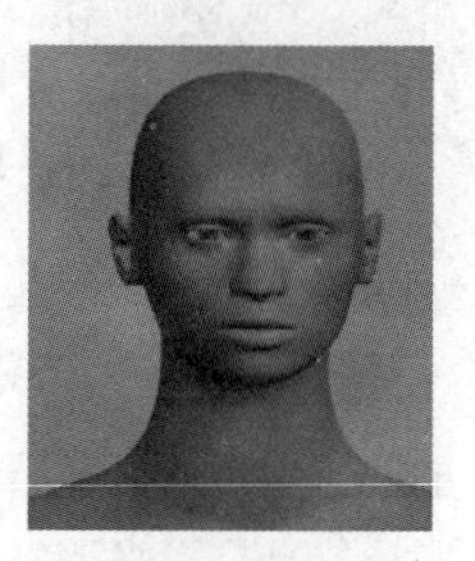
图 3.97

偏移：偏移参数分为左右偏移和上下偏移以及前后偏移。

水平偏移：调整头部左右位置。滑块分别在两端的效果对比如图 3.98 和图 3.99 所示。

上下偏移：调整头部上下位置。滑块分别在两端的效果对比如图 3.100 和图 3.101 所示。

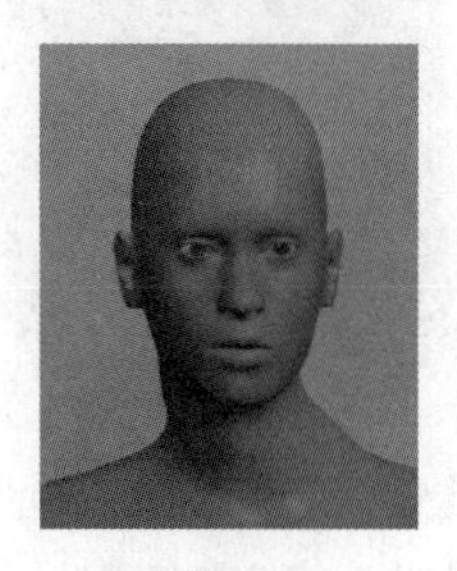
图 3.98

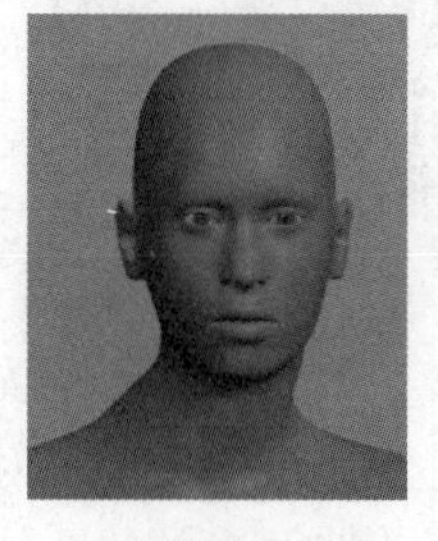
图 3.99

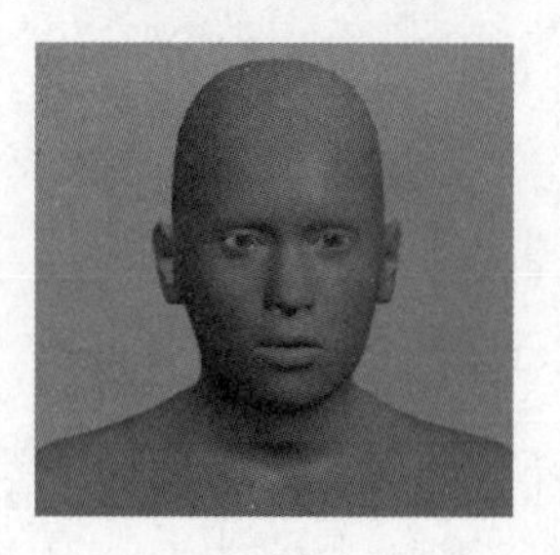
图 3.100

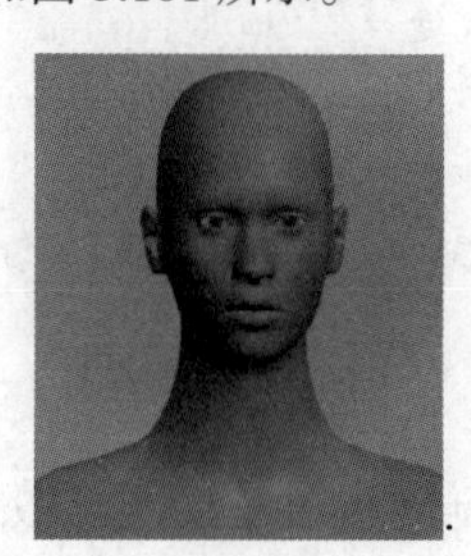
图 3.101

前后偏移：调整头部前后位置。滑块分别在两端的效果对比如图 3.102 和图 3.103 所示。

选择右侧区域中的前额调节。

前额偏移深度：调整前额凸起效果。滑块分别在两端的效果对比如图 3.104 和图 3.105 所示。

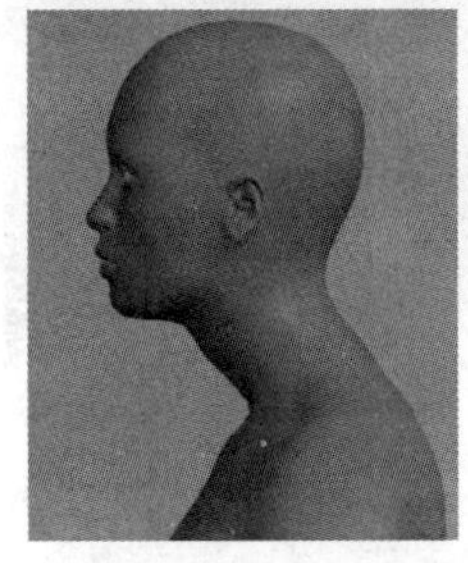

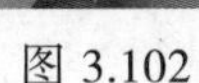

图 3.102

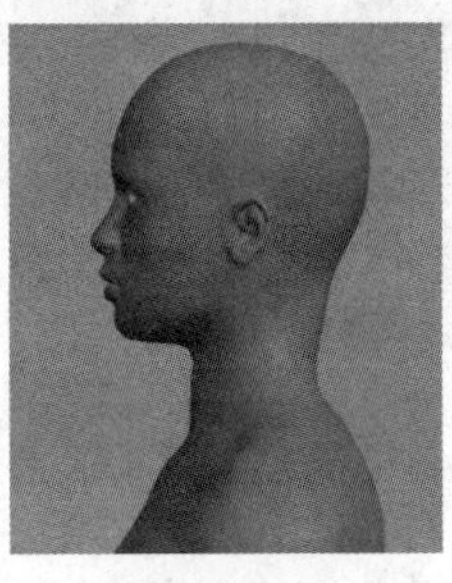

图 3.103

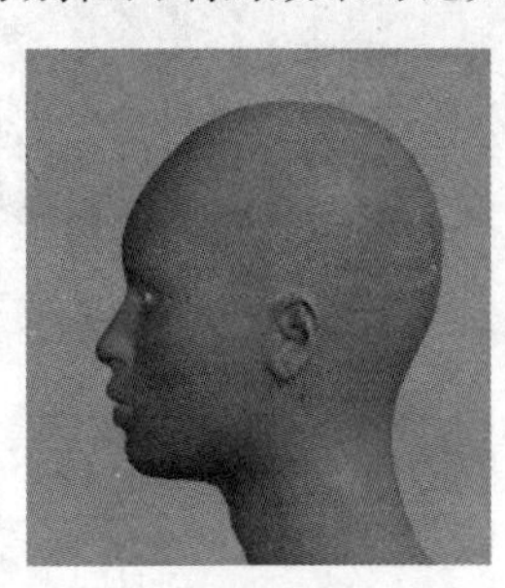

图 3.104

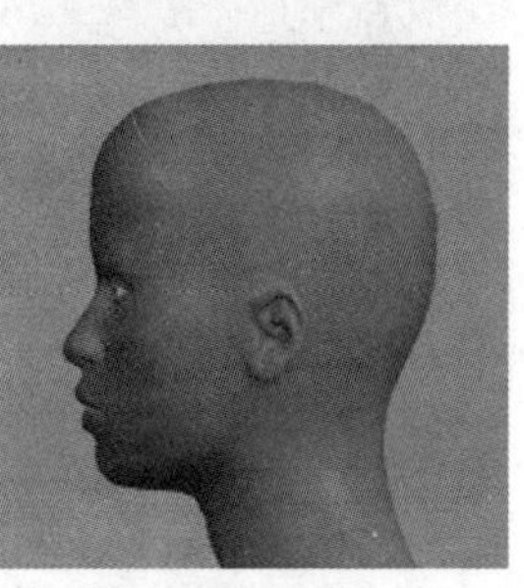

图 3.105

垂直缩放：调整头顶位置的凸起凹陷效果。滑块分别在两端的效果对比如图 3.106 和图 3.107 所示。

努比亚头顶：调整头部后脑勺形状。滑块分别在两端的效果对比如图 3.108 和图 3.109 所示。

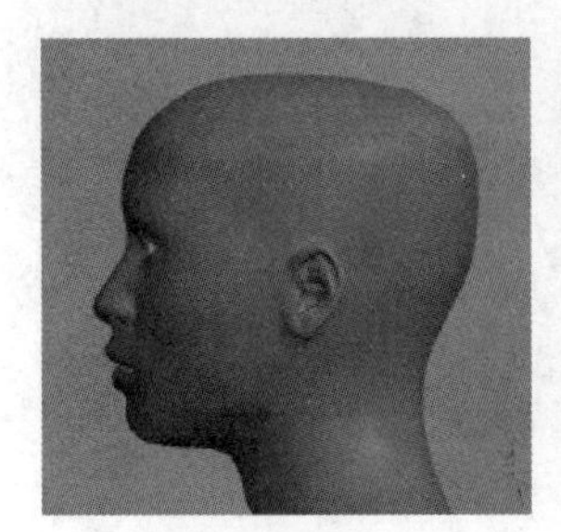

图 3.106

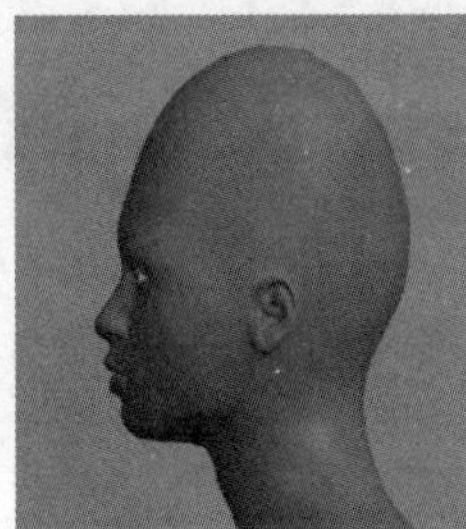

图 3.107

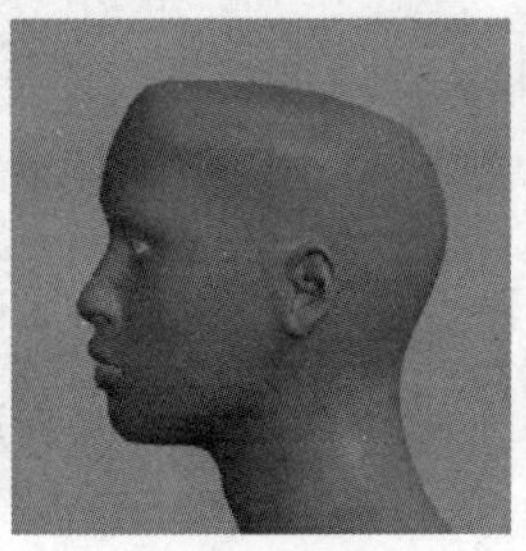

图 3.108

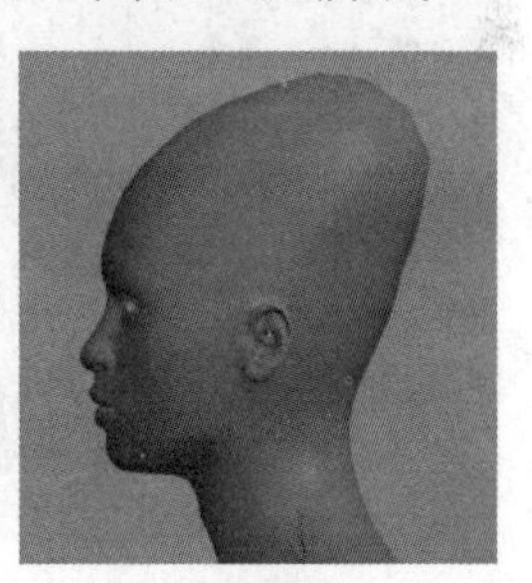

图 3.109

太阳穴：调整太阳穴的凹陷程度。滑块分别在两端的效果对比如图 3.110 和图 3.111 所示。

2）眉毛参数。

偏移深度：调整眉骨的凸起效果。滑块分别在两端的效果对比如图 3.112 和图 3.113 所示。

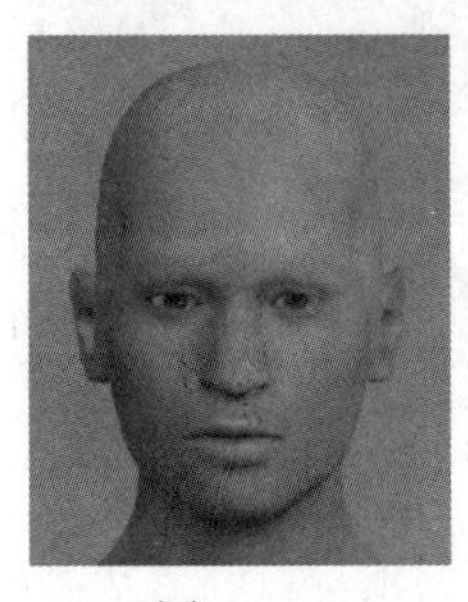

图 3.110

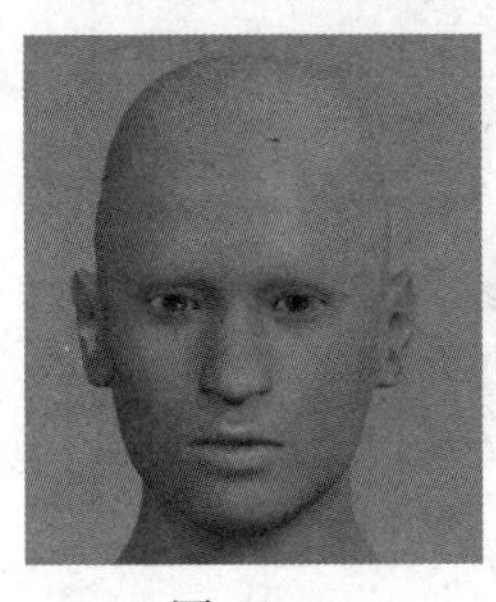

图 3.111

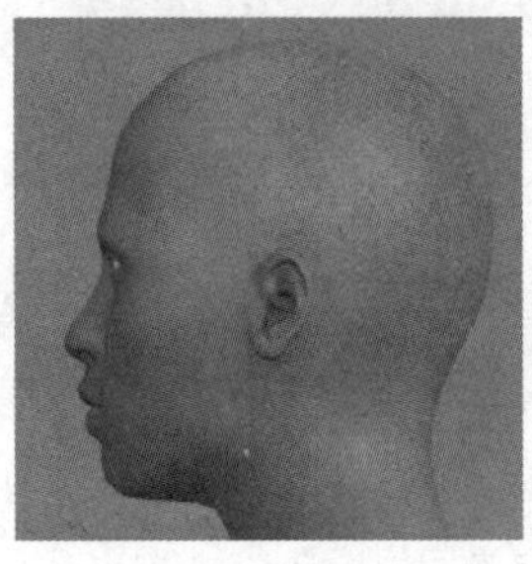

图 3.112

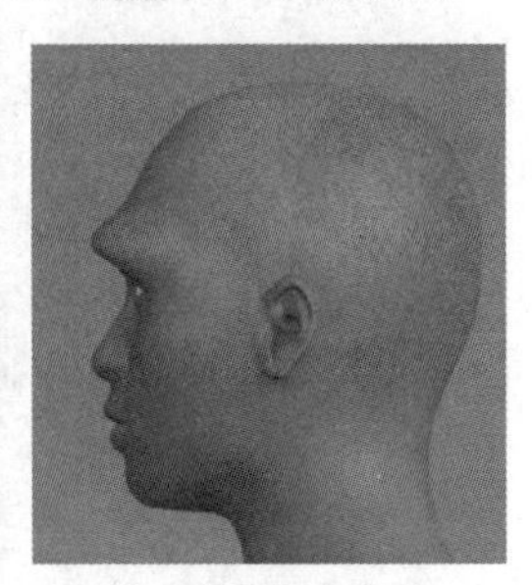

图 3.113

角度：调整眉毛的角度。滑块分别在两端的效果对比如图 3.114 和图 3.115 所示。

垂直偏移：调整眉毛的位置。滑块分别在两端的效果对比如图 3.116 和图 3.117 所示。

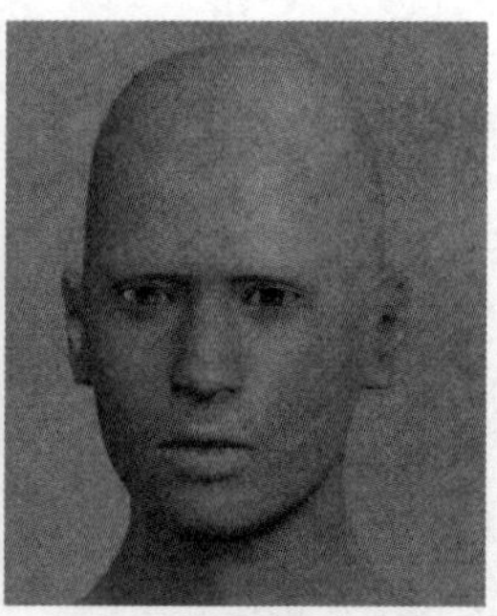

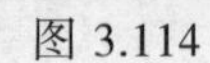
图 3.114　图 3.115　图 3.116　图 3.117

3）颈部参数。

缩放深度：调整脖子前后宽度。滑块分别在两端的效果对比如图 3.118 和图 3.119 所示。

水平缩放：调整脖子左右宽度变化。滑块分别在两端的效果对比如图 3.120 和图 3.121 所示。

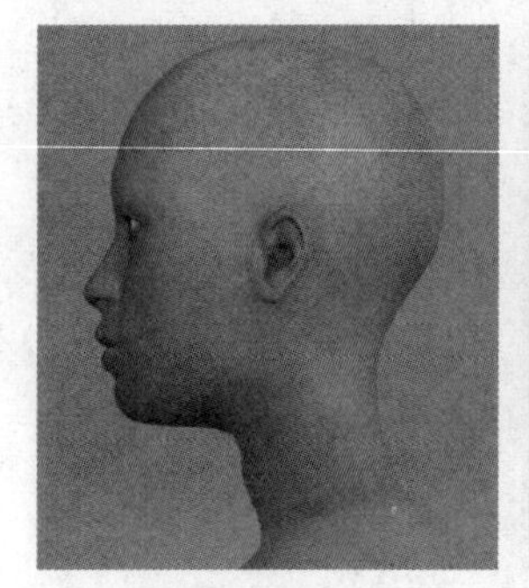
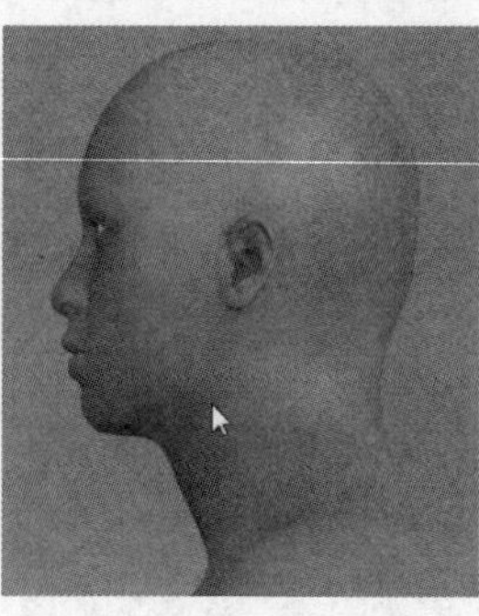
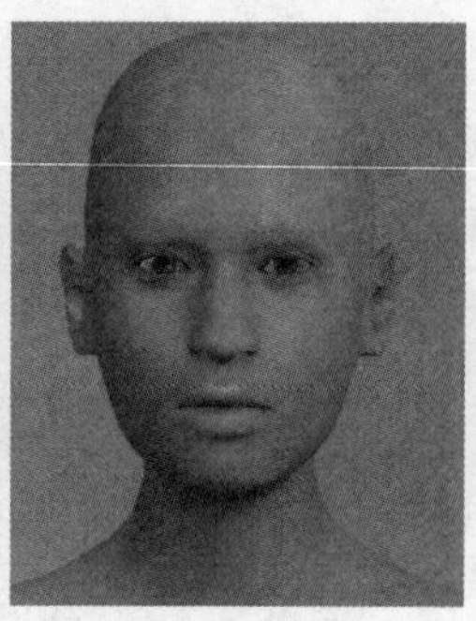

图 3.118　图 3.119　图 3.120　图 3.121

垂直缩放：调整脖子的长短。滑块分别在两端的效果对比如图 3.122 和图 3.123 所示。

水平偏移：调整脖子左右位置变化。滑块分别在两端的效果对比如图 3.124 和图 3.125 所示。

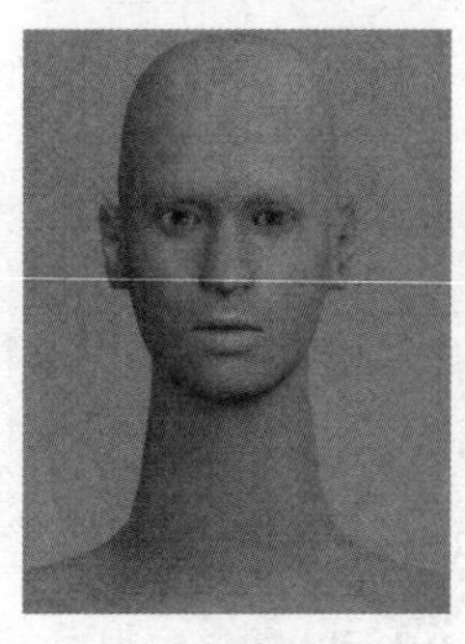
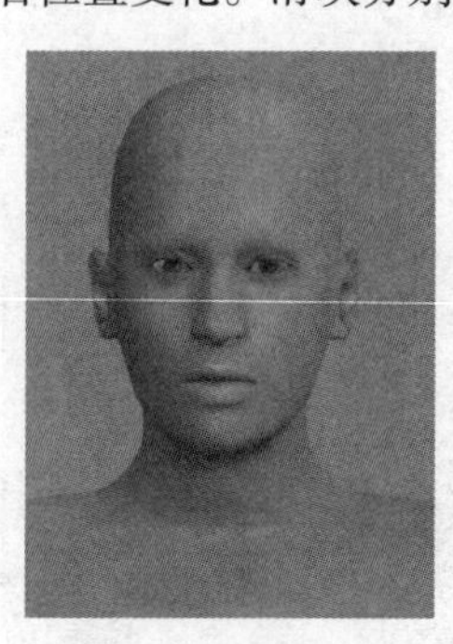
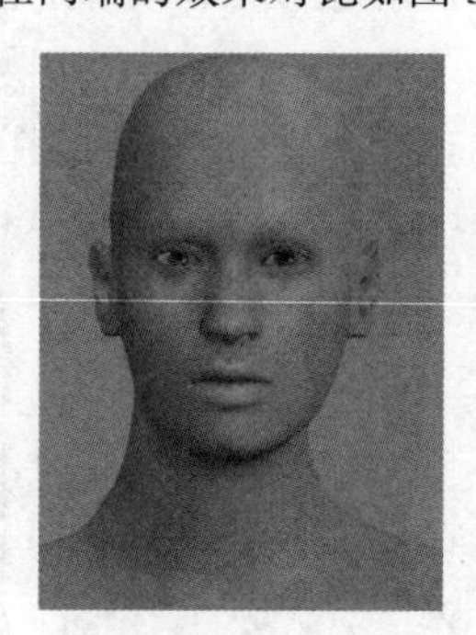
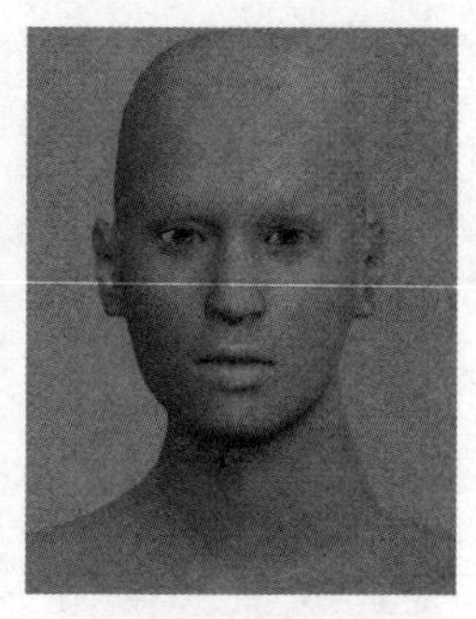

图 3.122　图 3.123　图 3.124　图 3.125

垂直偏移：调节脖子位置上下位置的移动，这里变化较小。滑块分别在两端的效果对比如图 3.126 和图 3.127 所示。

偏移深度：调整脖子前后位置变化。滑块分别在两端的效果对比如图 3.128 和图 3.129 所示。

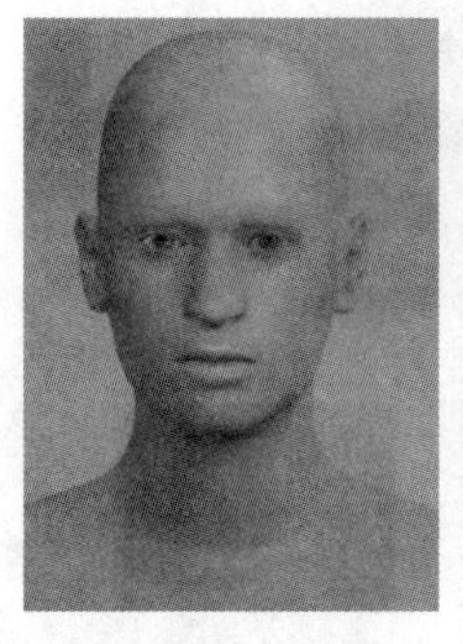
图 3.126

图 3.127

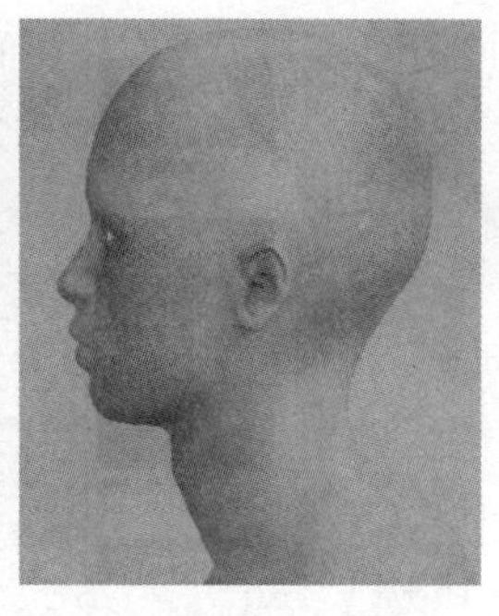
图 3.128

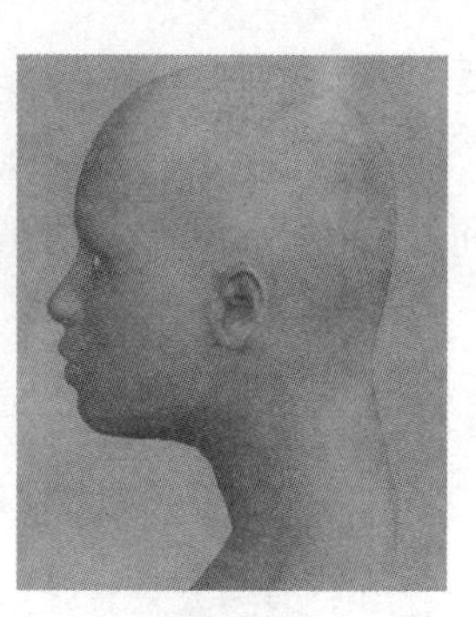
图 3.129

4）眼部参数。

眼睛参数：眼睛参数分为左右参数和右眼参数，左眼和右眼参数完全一至。

眼睛高度：眼睛高度参数分为 3 个高度的调节，分别是眼睛的左、中、右侧位置的高度调节，如图 3.130 ~ 图 3.132 所示。

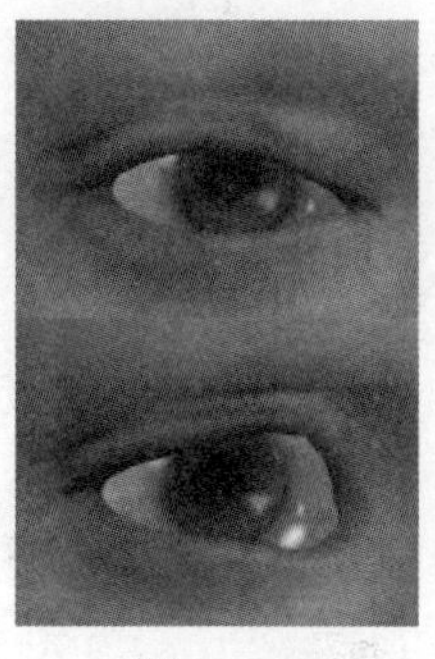
图 3.130

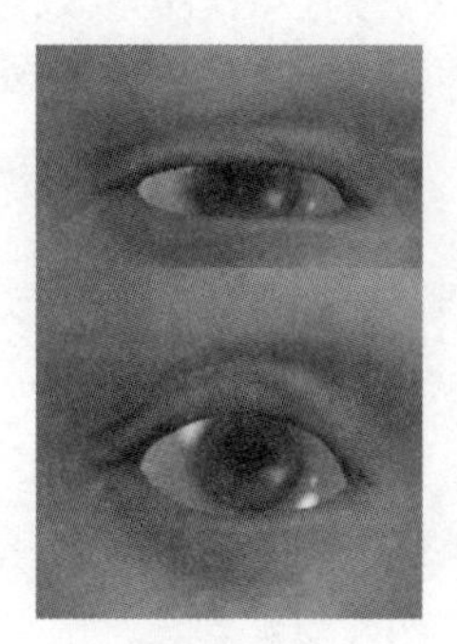
图 3.131

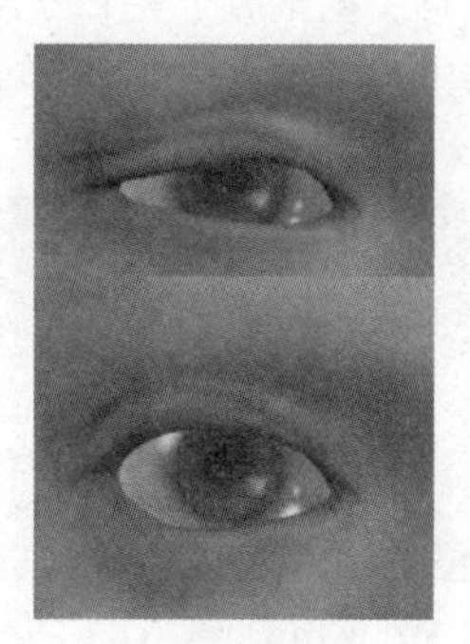
图 3.132

眼睛推拉 1：调整眼睛眼角的拉伸变化。滑块分别在两端的效果对比如图 3.133 和图 3.134 所示。

眼睛推拉 2：调整眼睛中间位置的拉伸变化。滑块分别在两端的效果对比如图 3.135 和图 3.136 所示。

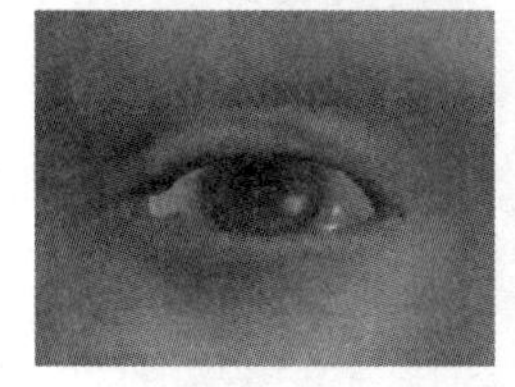
图 3.133

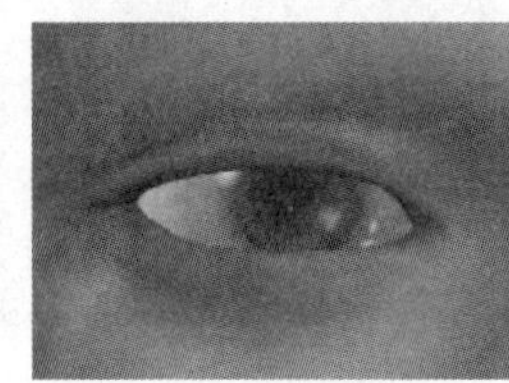
图 3.134

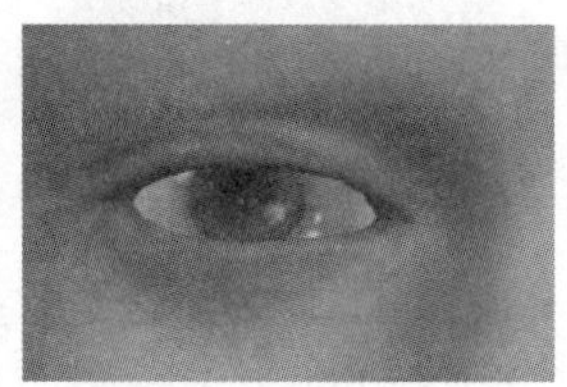
图 3.135

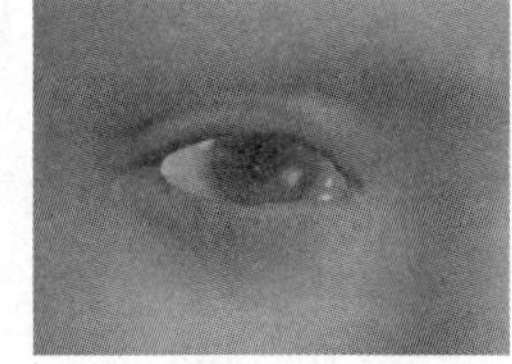
图 3.136

眼睛左右移动：调整眼睛与鼻骨的整体距离。滑块分别在两端的效果对比如图 3.137 和图 3.138 所示。

眼睛上下移动：调整眼睛的上下位置变化。滑块分别在两端的效果对比如图 3.139 所示。

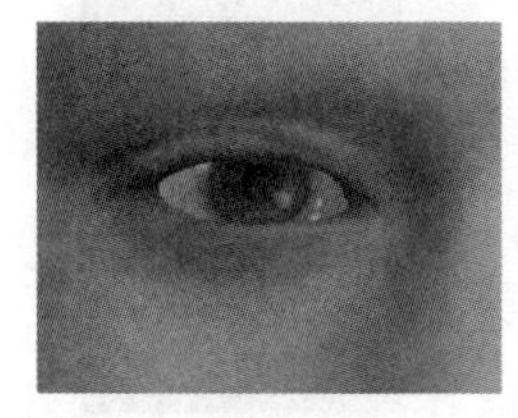
图 3.137

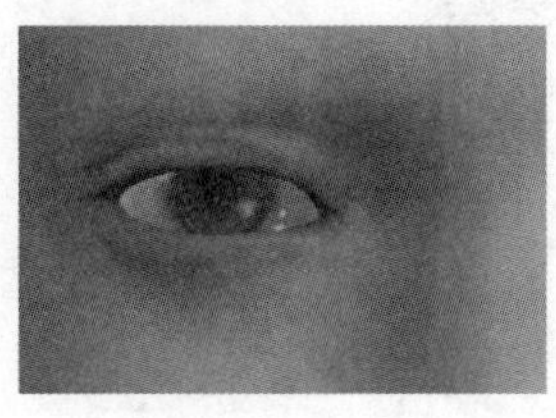
图 3.138

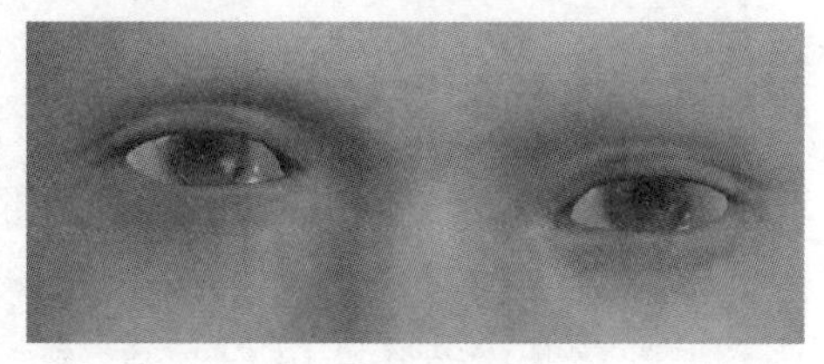
图 3.139

眼睛尺寸：调节眼睛的大小。滑块分别在两端的效果对比如图 3.140 和图 3.141 所示。

眼睛角度 1 和眼睛角度 2：调整眼角沿眼尾的角度变化。滑块分别在两端的效果对比如图 3.142 和图 3.143 所示。

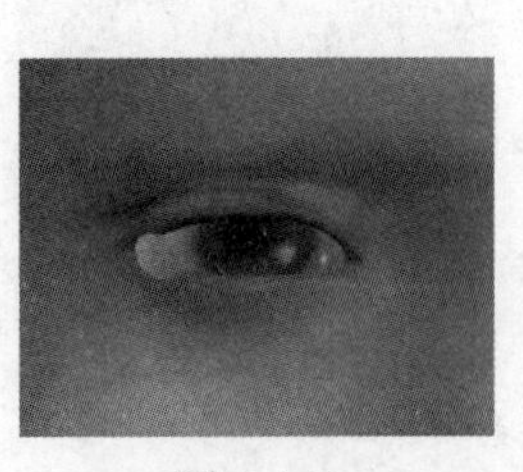

图 3.140

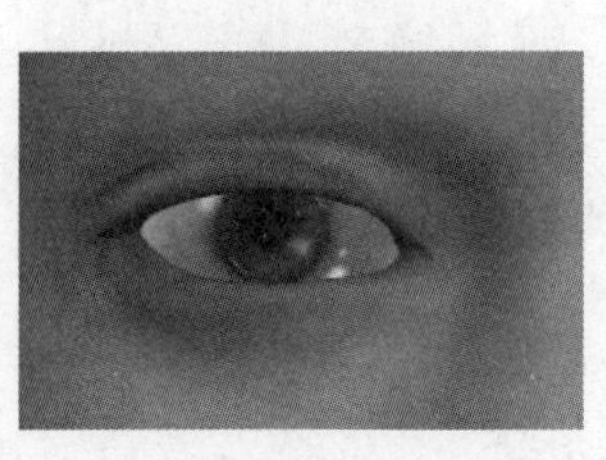

图 3.141

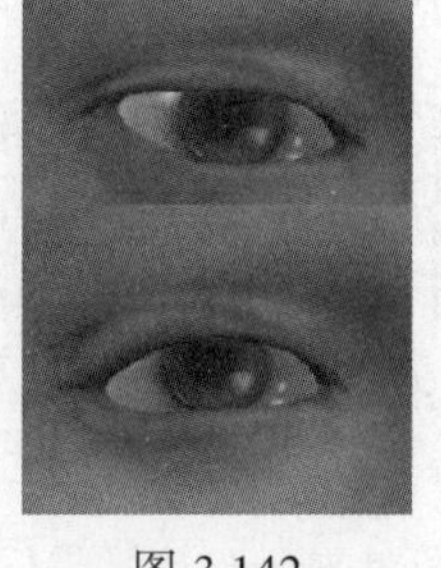

图 3.142

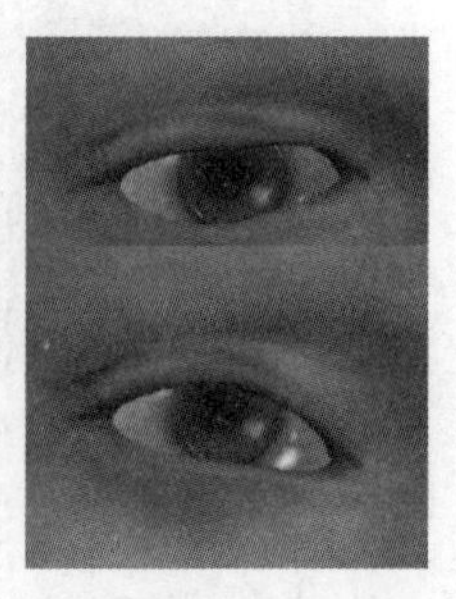

图 3.143

5）鼻子参数。

鼻子偏移：调整鼻子上下位置。滑块分别在两端的效果对比如图 3.144 和图 3.145 所示。

偏移深度：调整鼻子前后深度。滑块分别在两端的效果对比如图 3.146 和图 3.147 所示。

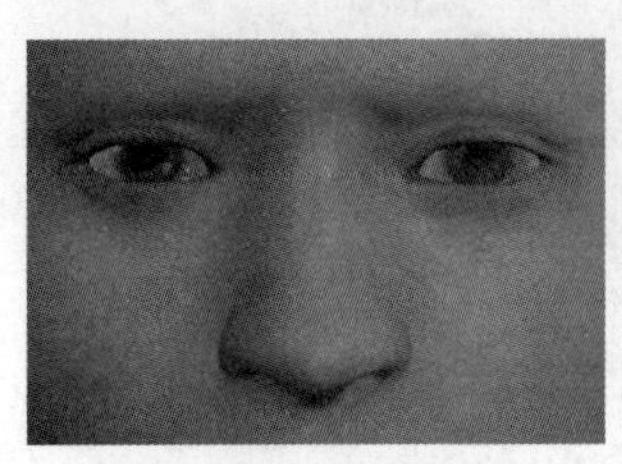

图 3.144

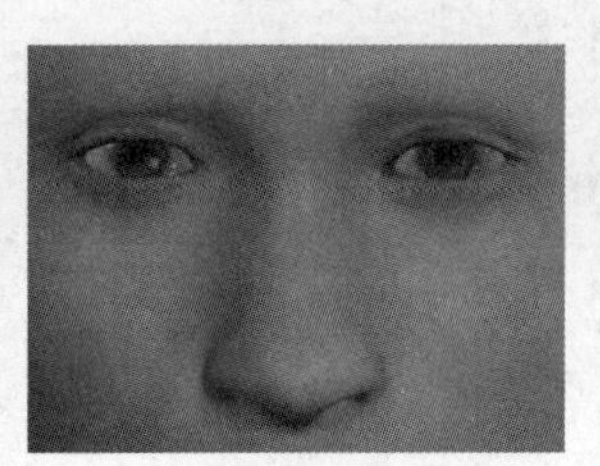

图 3.145

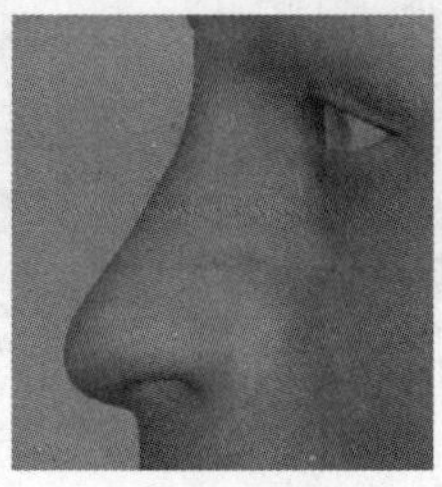

图 3.146

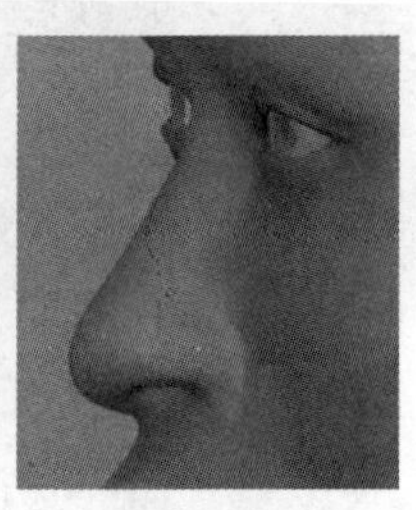

图 3.147

水平偏移：整体调整鼻子是向哪一边偏移。滑块分别在两端的效果对比如图 3.148 和图 3.149 所示。

垂直缩放：调整鼻子上下的大小变化。滑块分别在两端的效果对比如图 3.150 和图 3.151 所示。

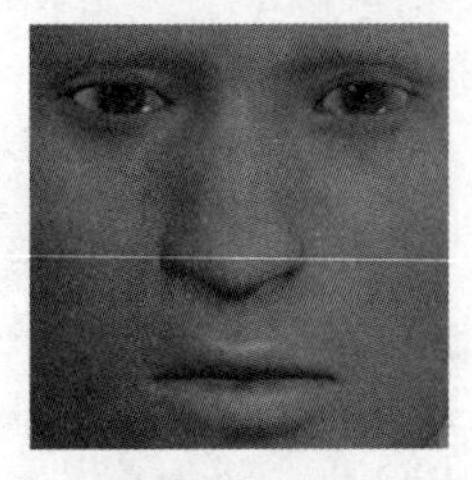

图 3.148

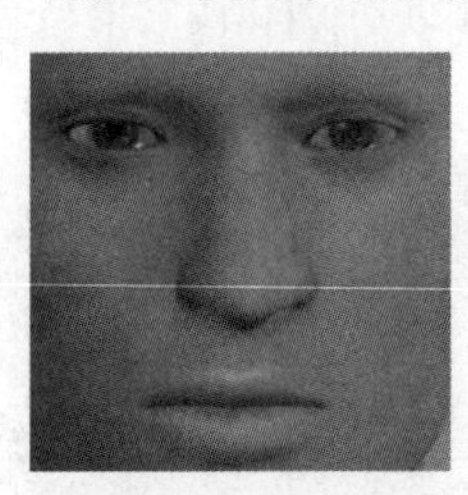

图 3.149

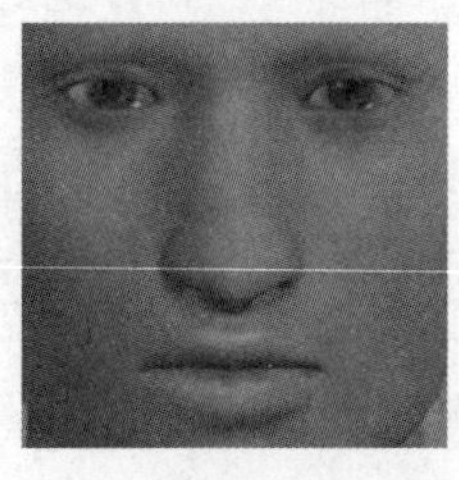

图 3.150

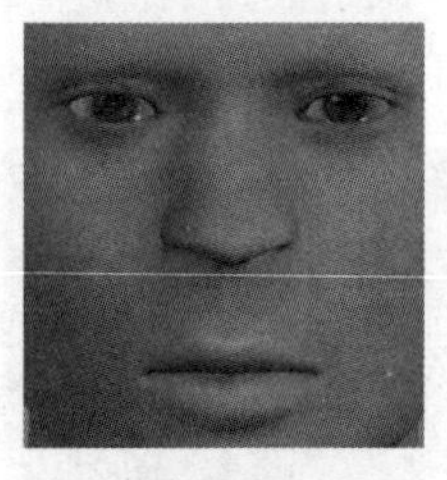

图 3.151

水平缩放：调整鼻子左右大小变化。滑块分别在两端的效果对比如图 3.152 和图 3.153 所示。

深度缩放：调整鼻子前后的大小变化。滑块分别在两端的效果对比如图 3.154 和图 3.155 所示。

图 3.152

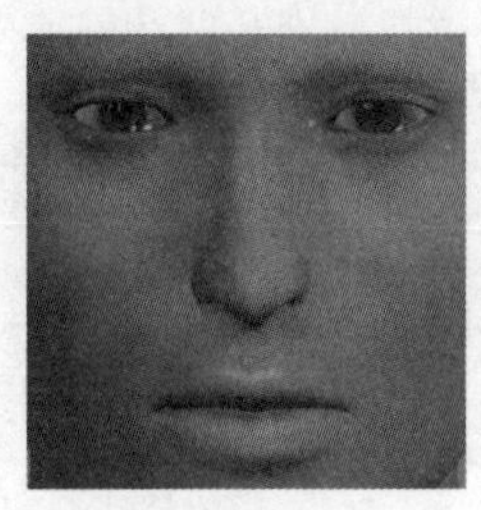

图 3.153

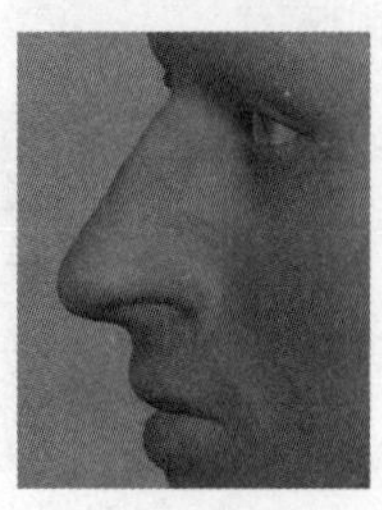

图 3.154

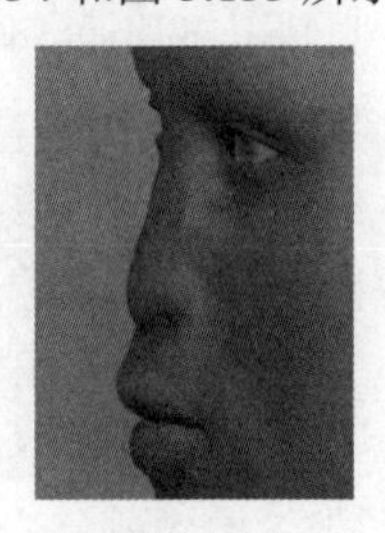

图 3.155

6）鼻子尺寸细节参数。

鼻孔宽度：调整鼻孔的左右大小变化。滑块分别在两端的效果对比如图 3.156 和图 3.157 所示。

鼻尖宽度：通过材质观察效果不太明显，打开线框显示可以观察鼻尖位置的布线变化，如图 3.158 和图 3.159 所示。

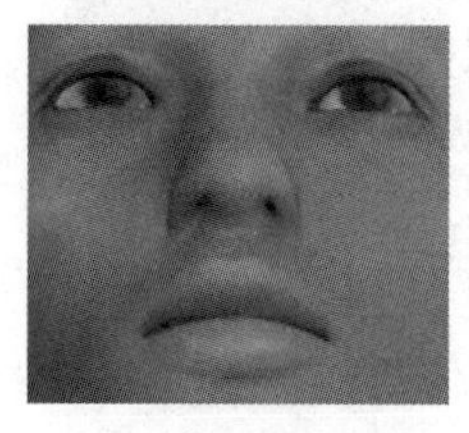
图 3.156

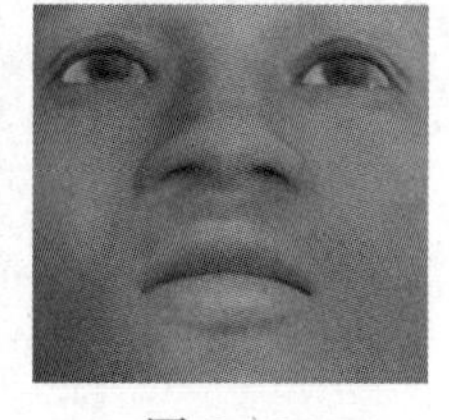
图 3.157

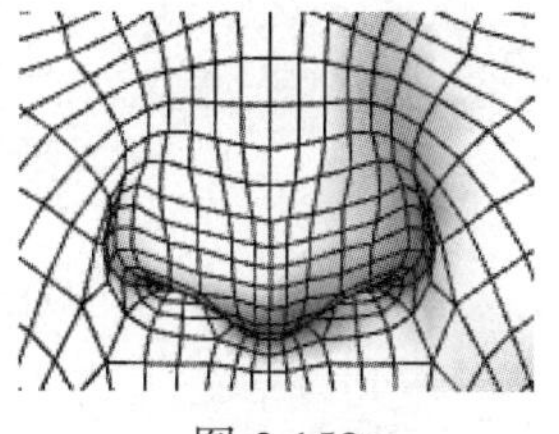
图 3.158

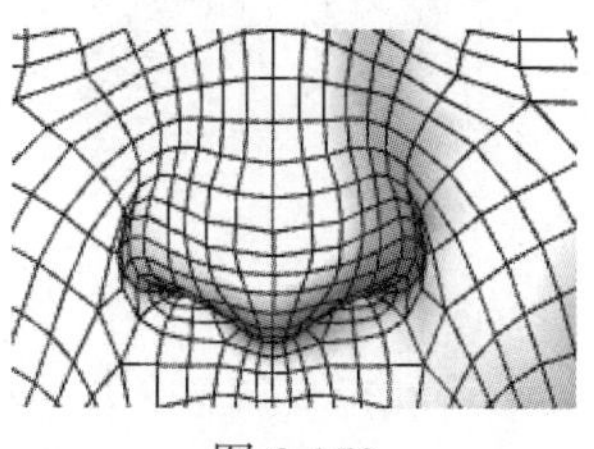
图 3.159

鼻子身高：调整鼻骨的高度。滑块分别在两端的效果对比如图 3.160 和图 3.161 所示。

鼻子宽度：宽度分为宽度 1、宽度 2、宽度 3 调节。分别对鼻子上部、中部、下部调节宽度，如图 3.162 和图 3.163 所示。

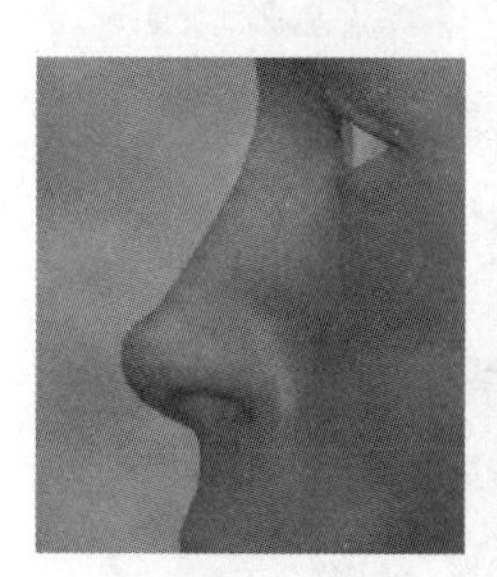
图 3.160

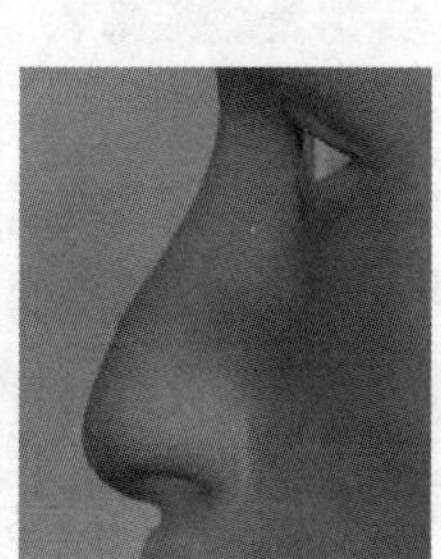
图 3.161

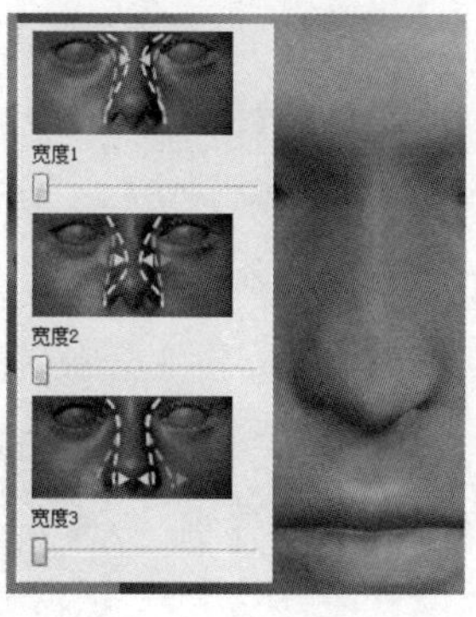

图 3.162

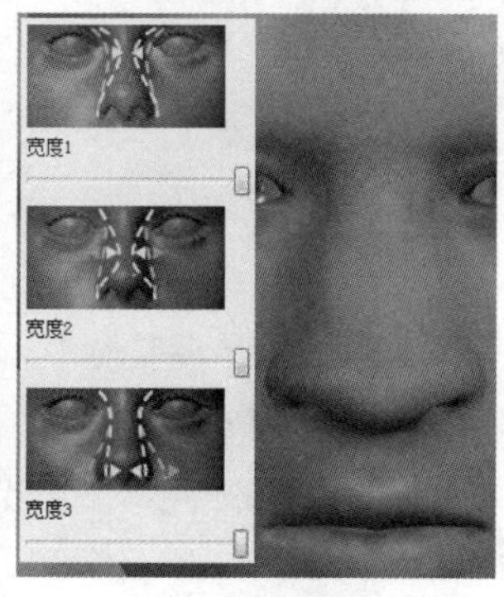

图 3.163

7）鼻子特征参数。

压缩：调整鼻子凸起或者塌陷效果。滑块分别在两端的效果对比如图 3.164 和图 3.165 所示。

曲率：调整鼻骨的凸起或凹陷。滑块分别在两端的效果对比如图 3.166 和图 3.167 所示。

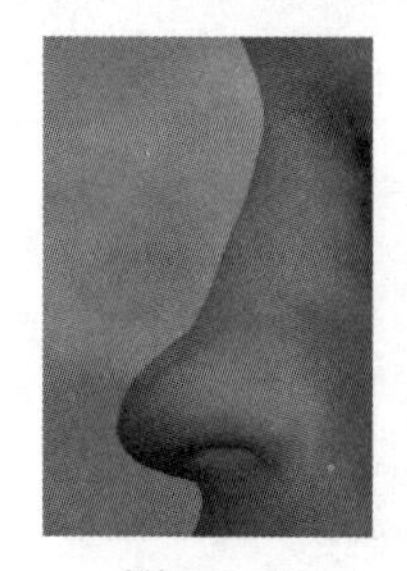
图 3.164

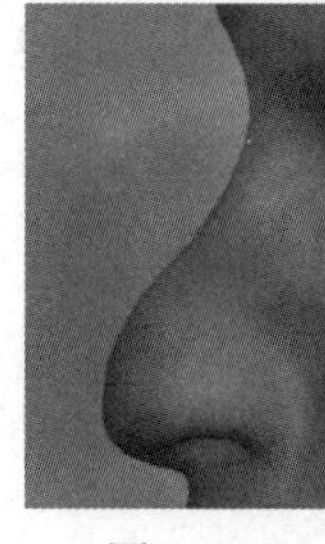
图 3.165

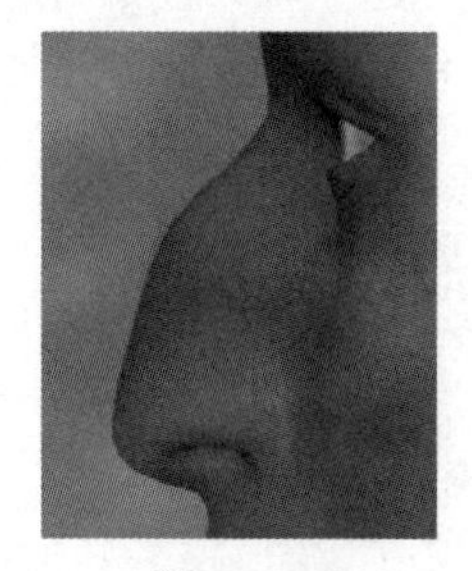
图 3.166

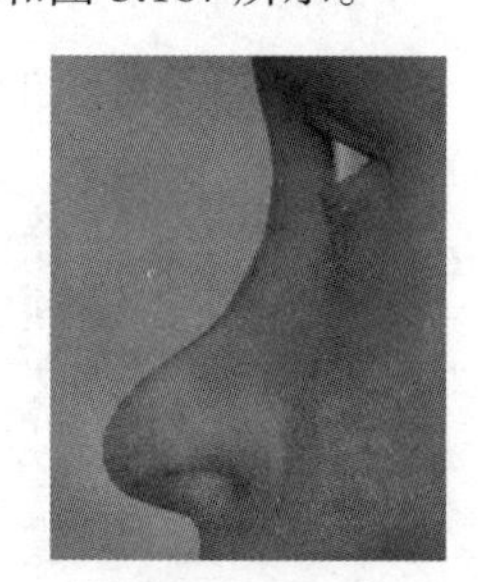
图 3.167

希腊鼻形：调整鼻骨上方位置的凸起凹陷变化。滑块分别在两端的效果对比如图 3.168 和图 3.169 所示。

隆起：调整鼻子的隆起程度。滑块分别在两端的效果对比如图 3.170 和图 3.171 所示。

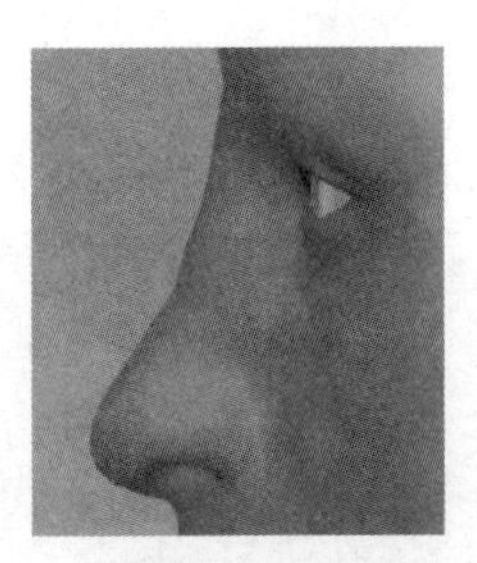
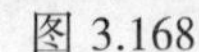

图 3.168

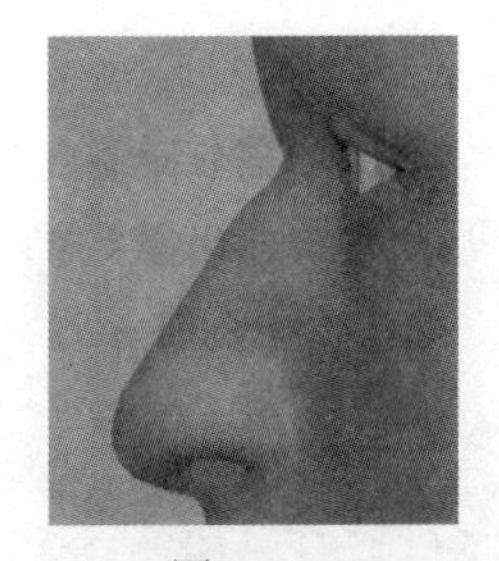

图 3.169

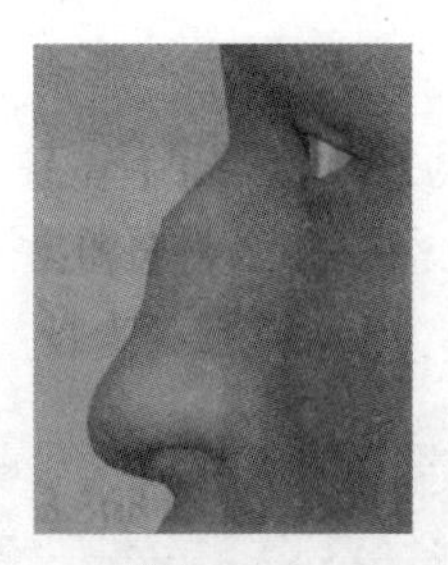

图 3.170

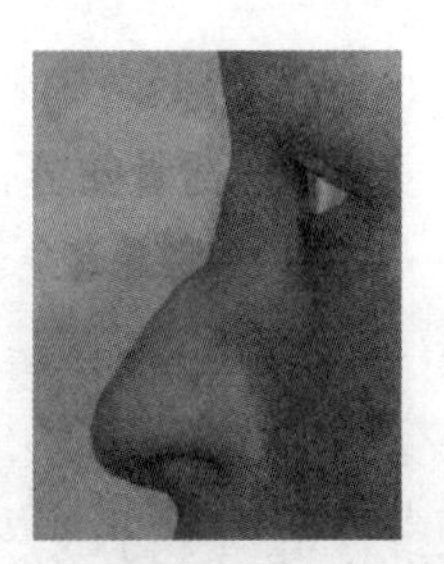

图 3.171

体积：调整鼻头的大小变化。滑块分别在两端的效果对比如图 3.172 和图 3.173 所示。

鼻孔角度：调整鼻孔的角度。滑块分别在两端的效果对比如图 3.174 和图 3.175 所示。

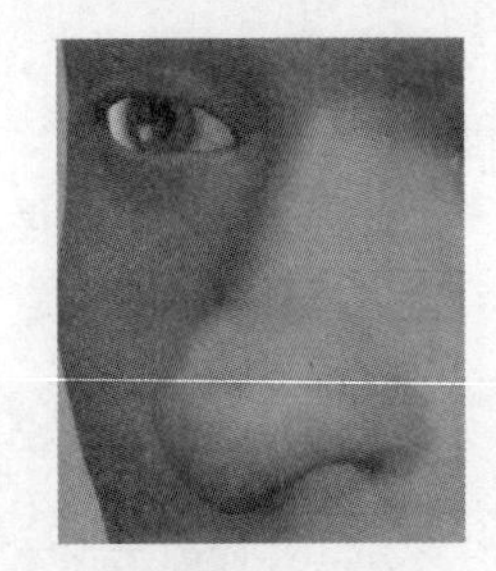

图 3.172

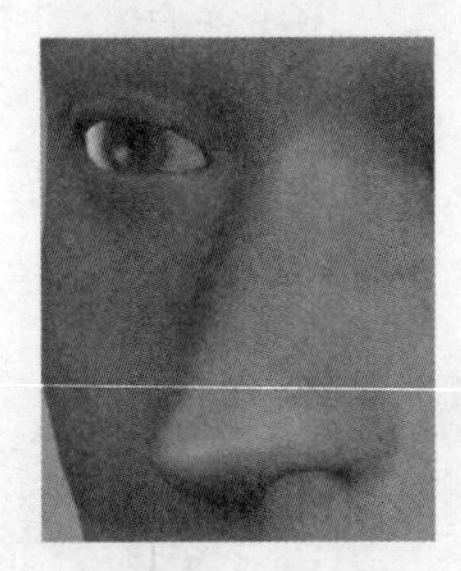

图 3.173

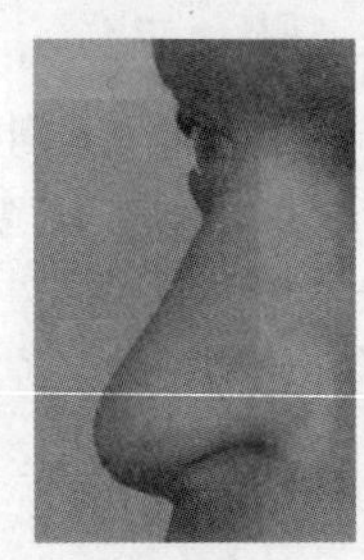

图 3.174

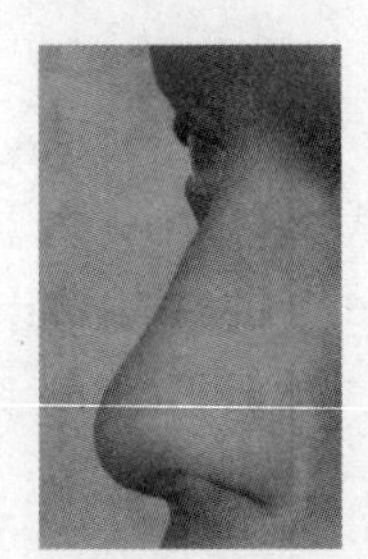

图 3.175

鼻尖：调整鼻尖的拉伸变化。滑块分别在两端的效果对比如图 3.176 和图 3.177 所示。

鼻中隔角度：调整鼻中隔的角度变化。滑块分别在两端的效果对比如图 3.178 和图 3.179 所示。

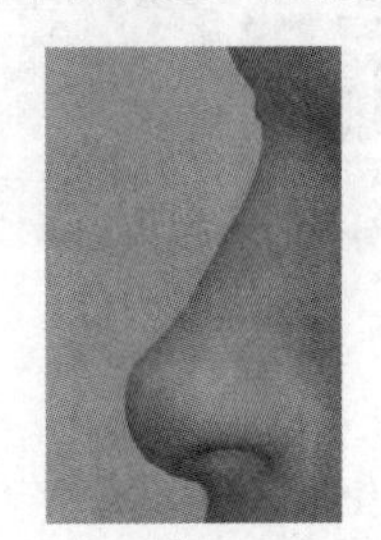

图 3.176

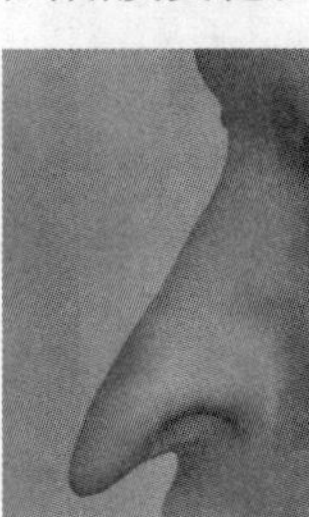

图 3.177

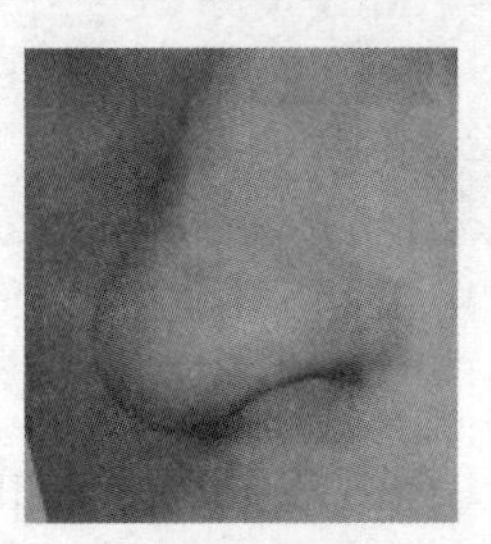

图 3.178

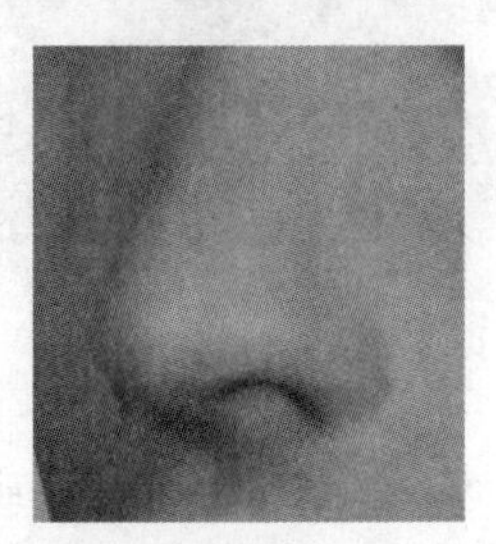

图 3.179

鼻孔翕张：调整鼻孔的变化。滑块分别在两端的效果对比如图 3.180 和图 3.181 所示。

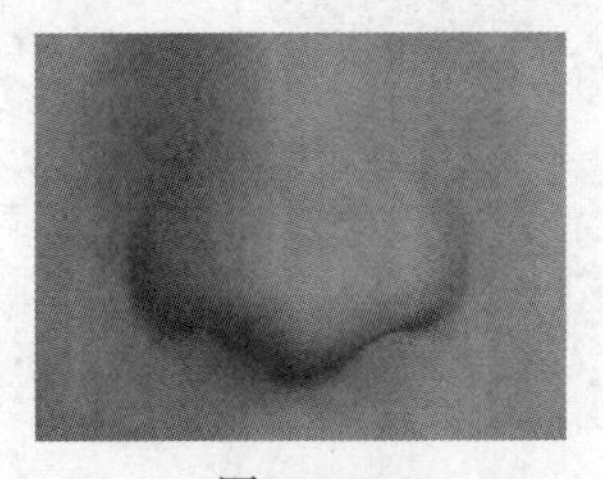

图 3.180

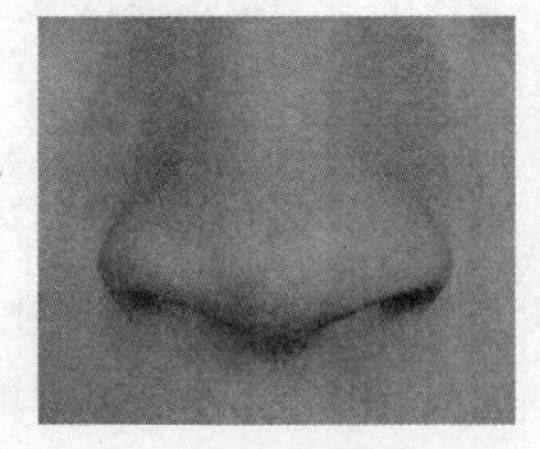

图 3.181

8）嘴部参数。

水平缩放：调整嘴巴水平拉伸变化。滑块分别在两端的效果对比如图 3.182 和图 3.183 所示。

垂直缩放：调整嘴巴上下大小的变化。滑块分别在两端的效果对比如图 3.184 和图 3.185 所示。

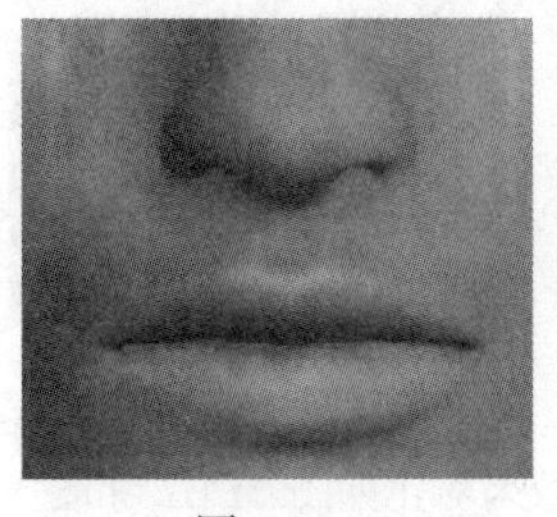
图 3.182

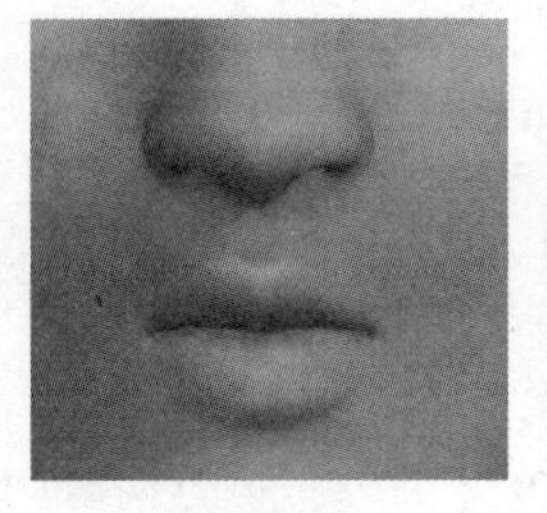
图 3.183

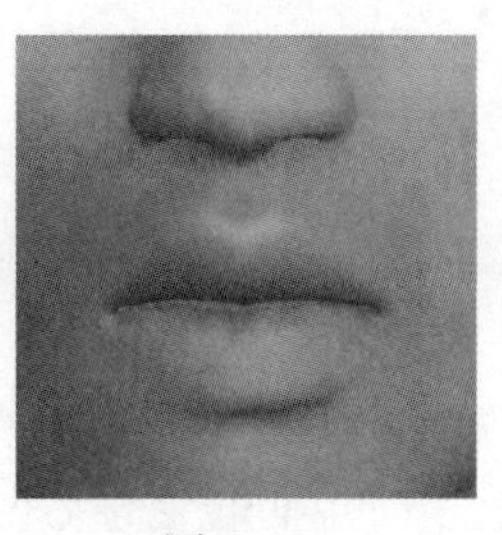
图 3.184

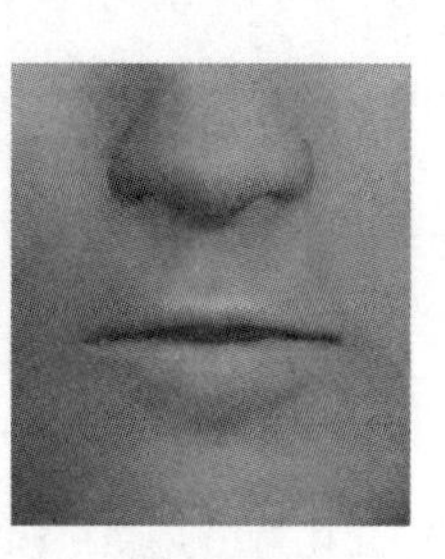
图 3.185

缩放深度：调整嘴巴前后的缩放变化。滑块分别在两端的效果对比如图 3.186 和图 3.187 所示。

偏移：左右偏移，调整嘴巴左右移动。滑块分别在两端的效果对比如图 3.188 和图 3.189 所示。

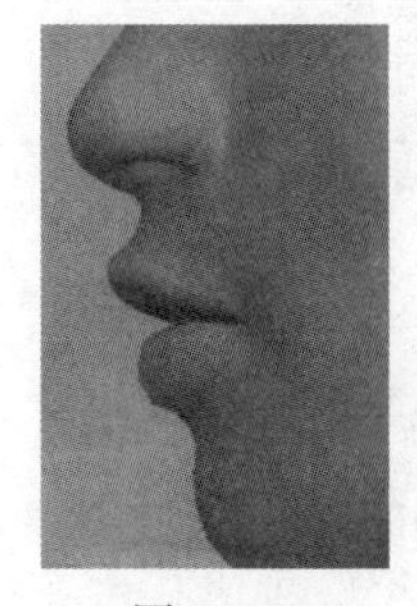
图 3.186

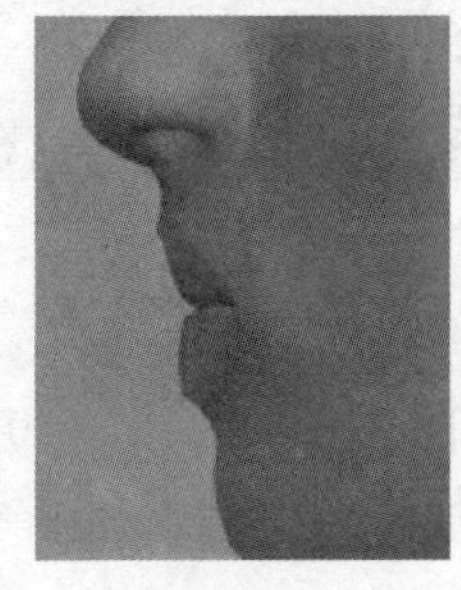
图 3.187

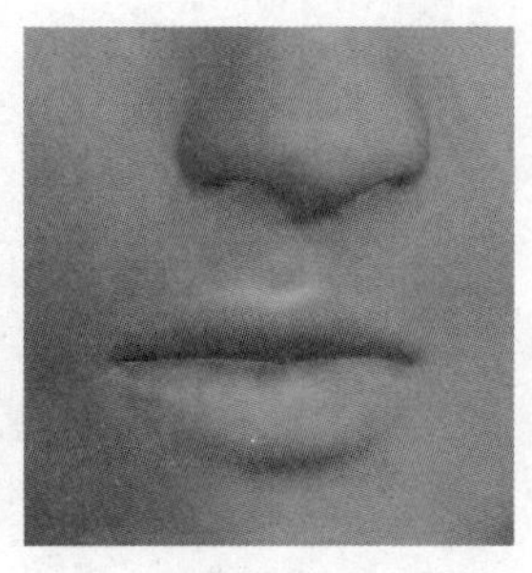
图 3.188

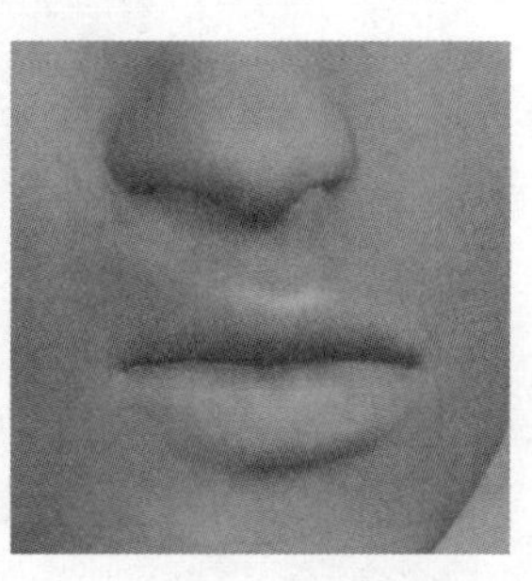
图 3.189

上下偏移：调整嘴巴上下位置变化。滑块分别在两端的效果对比如图 3.190 和图 3.191 所示。

前后偏移：调整嘴巴前后位置变化。滑块分别在两端的效果对比如图 3.192 和图 3.193 所示。

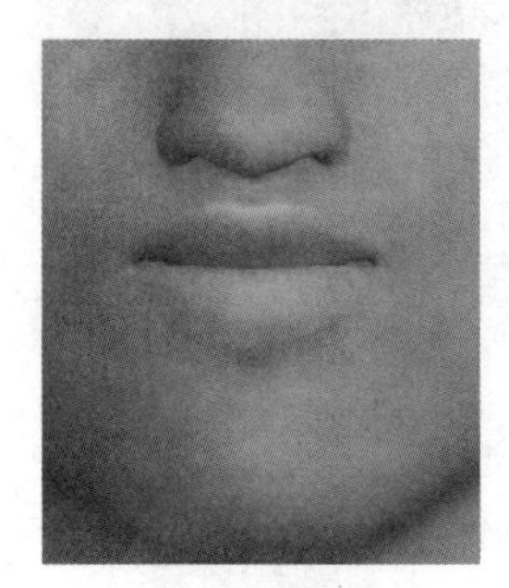
图 3.190

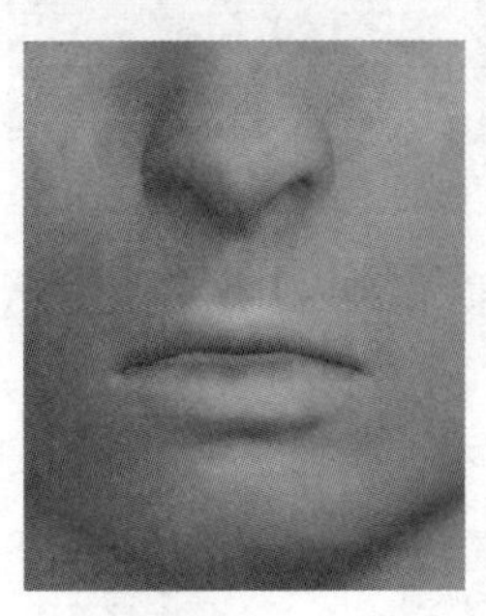
图 3.191

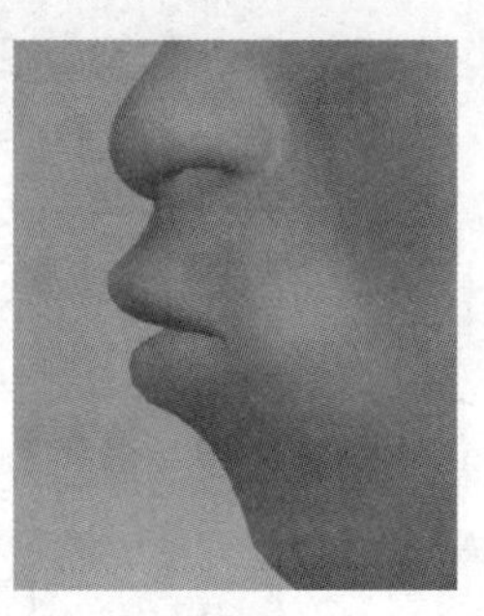
图 3.192

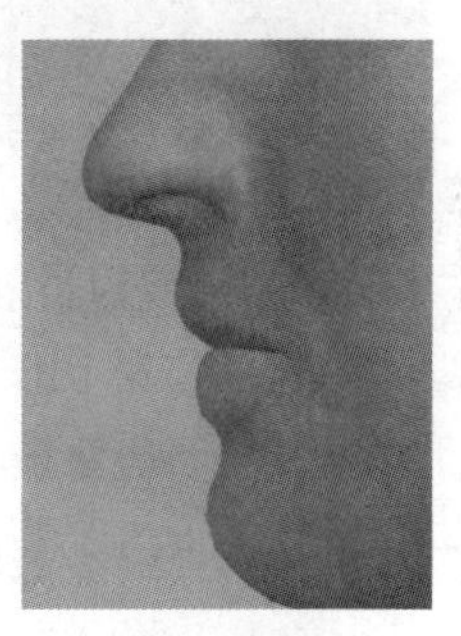
图 3.193

9）嘴部细节参数。

下唇高度：调整下唇厚度。滑块分别在两端的效果对比如图 3.194 和图 3.195 所示。

下唇宽度：调整下嘴唇宽度。滑块分别在两端的效果对比如图 3.196 和图 3.197 所示。

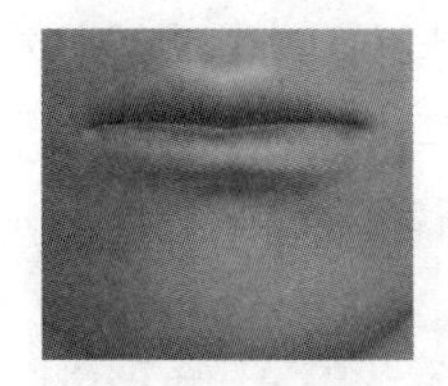
图 3.194

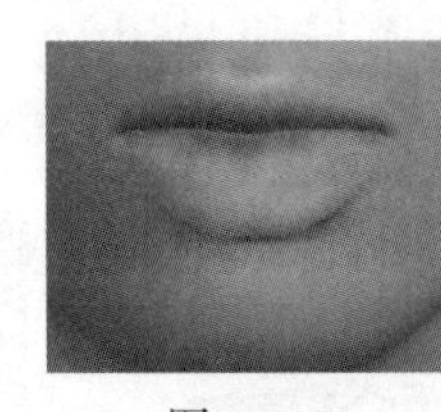
图 3.195

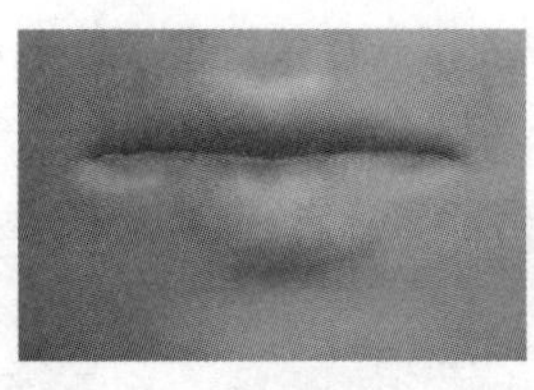
图 3.196

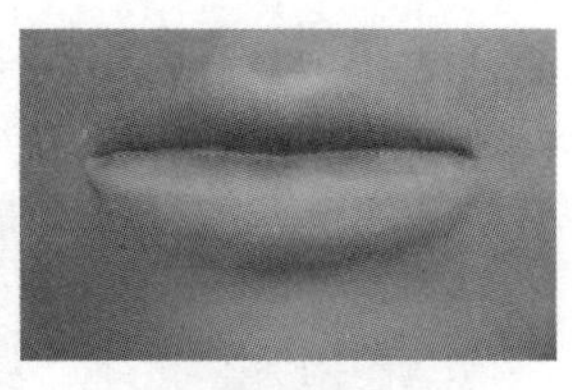
图 3.197

上唇高度：调整上嘴唇高度大小。滑块分别在两端的效果对比如图 3.198 和图 3.199 所示。

上唇宽度：调整上嘴唇宽度变化。滑块分别在两端的效果对比如图 3.200 和图 3.201 所示。

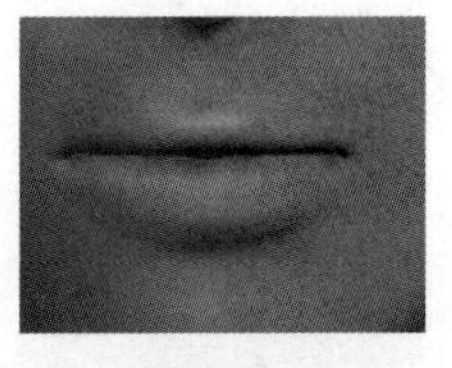
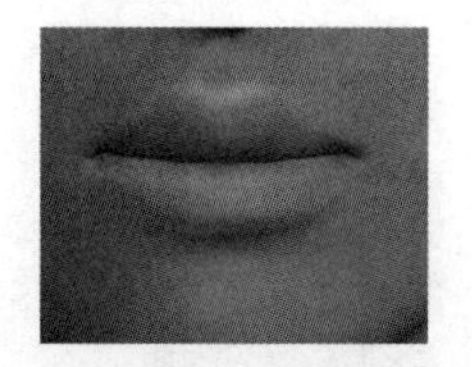
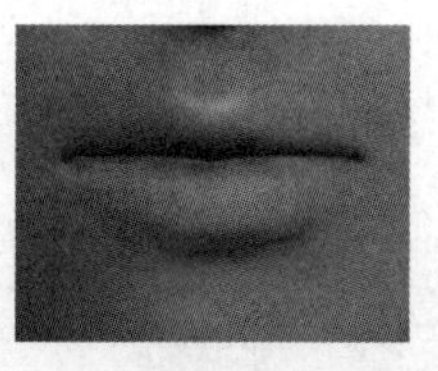
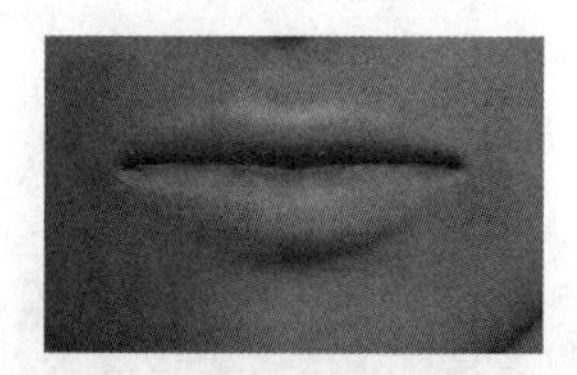

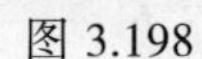

图 3.198　　图 3.199　　图 3.200　　图 3.201

丘比特弓宽度：调整上嘴唇中间位置的大小变化。滑块分别在两端的效果对比如图 3.202 和图 3.203 所示。

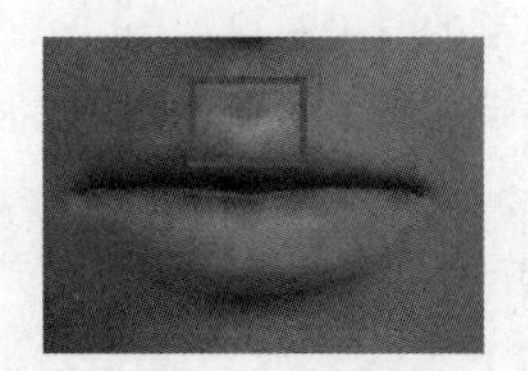
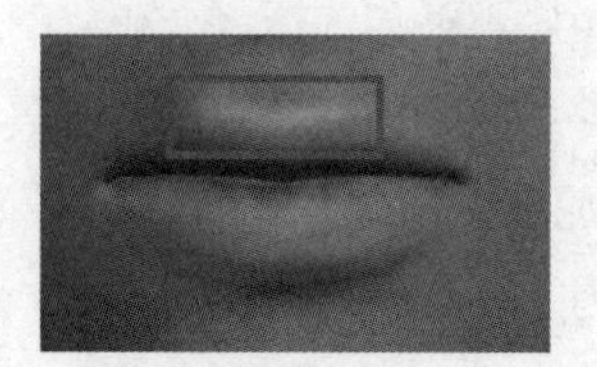

图 3.202　　图 3.203

10）嘴部特征参数。

下唇外沿：调整下嘴唇两侧的变化。滑块分别在两端的效果对比如图 3.204 和图 3.205 所示。

角度：调整嘴角的角度，使人物看起来像笑或者哭的效果。滑块分别在两端的效果对比如图 3.206 和图 3.207 所示。

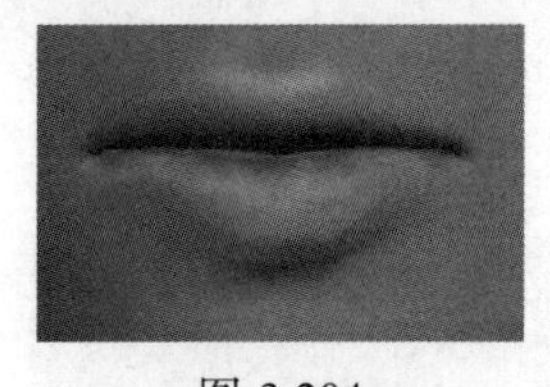
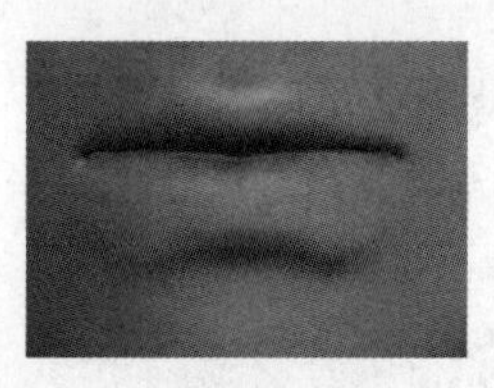
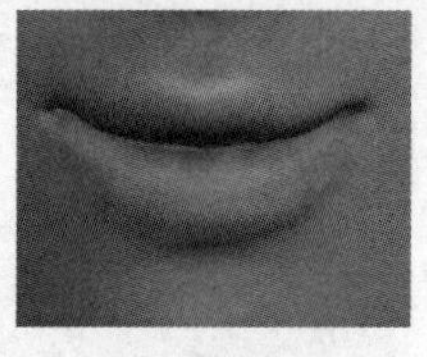
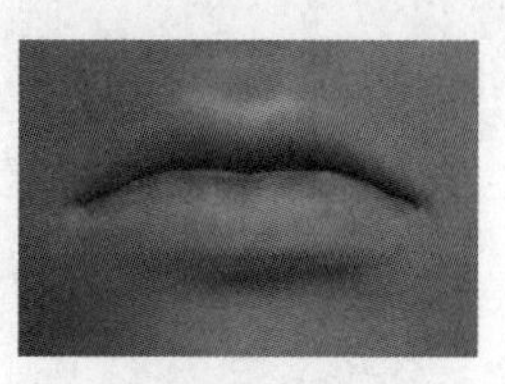

图 3.204　　图 3.205　　图 3.206　　图 3.207

下唇中部：调整下嘴唇中间位置的向下拉伸效果。滑块分别在两端的效果对比如图 3.208 和图 3.209 所示。

下唇体积：调整下嘴唇的饱满程度。滑块分别在两端的效果对比如图 3.210 和图 3.211 所示。

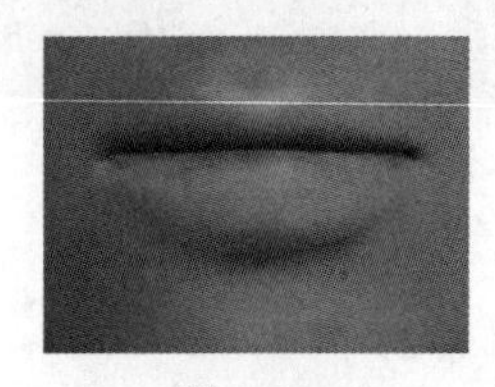
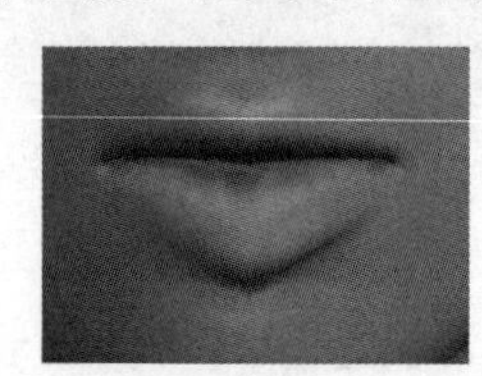
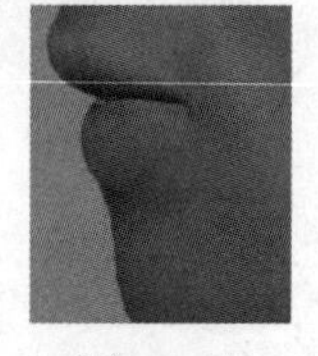
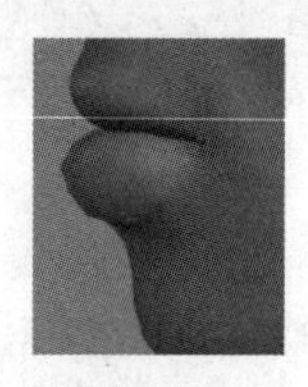

图 3.208　　图 3.209　　图 3.210　　图 3.211

人中体积：调整人中位置的饱满程度。滑块分别在两端的效果对比如图 3.212 和图 3.213 所示。

上唇体积：调整上嘴唇的饱满程度。滑块分别在两端的效果对比如图 3.214 和图 3.215 所示。

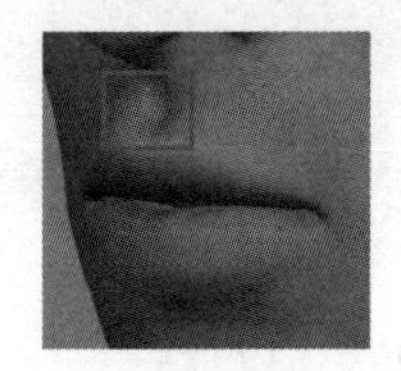
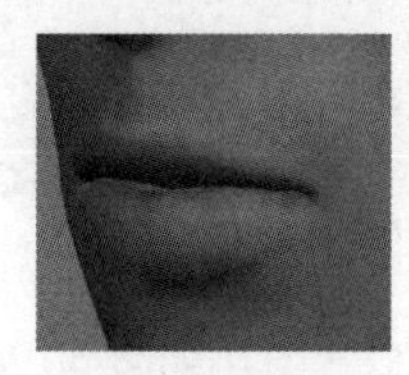
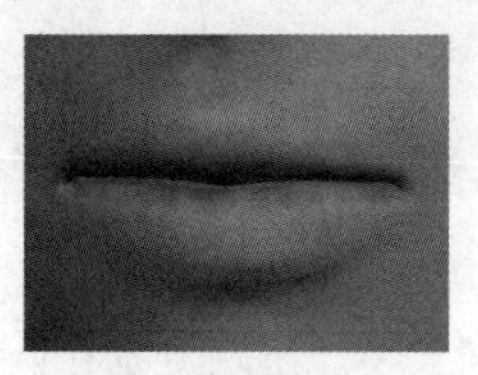
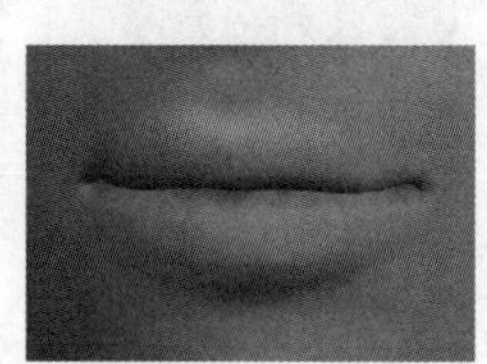

图 3.212　　图 3.213　　图 3.214　　图 3.215

上唇外沿：调整上嘴唇两边的变化。滑块分别在两端的效果对比如图 3.216 和图 3.217 所示。

上唇中部：调整上嘴唇中间位置的大小。滑块分别在两端的效果对比如图 3.218 和图 3.219 所示。

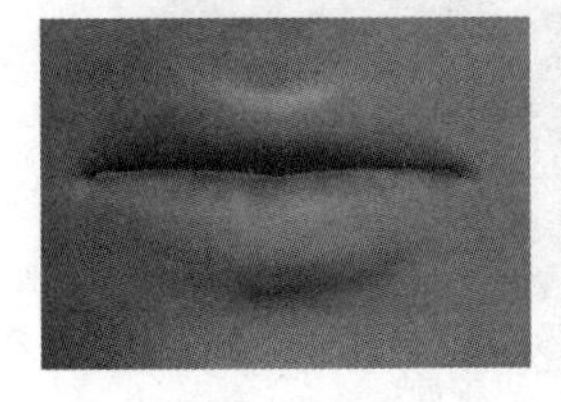

图 3.216

图 3.217

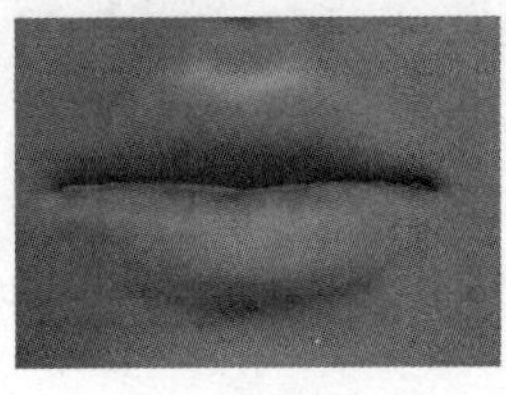

图 3.218

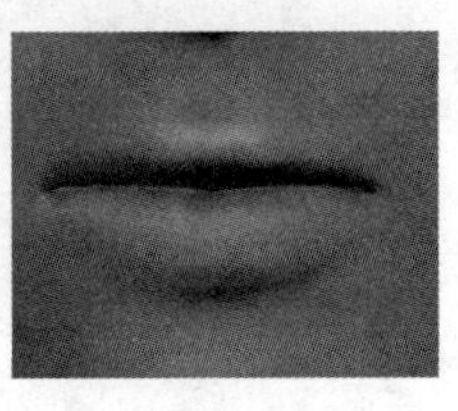

图 3.219

丘比特弓：调整上嘴唇中间位置变化。滑块分别在两端的效果对比如图 3.220 和图 3.221 所示。

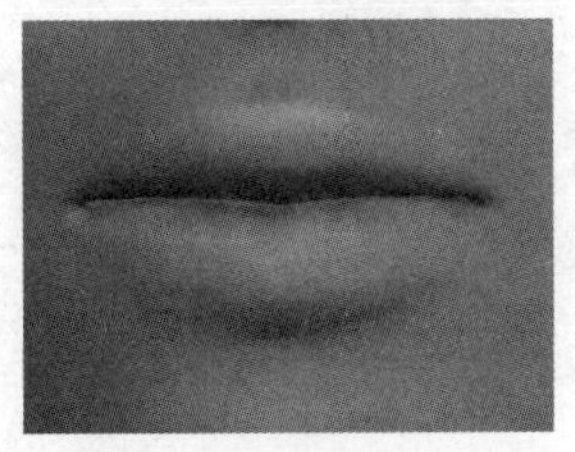

图 3.220

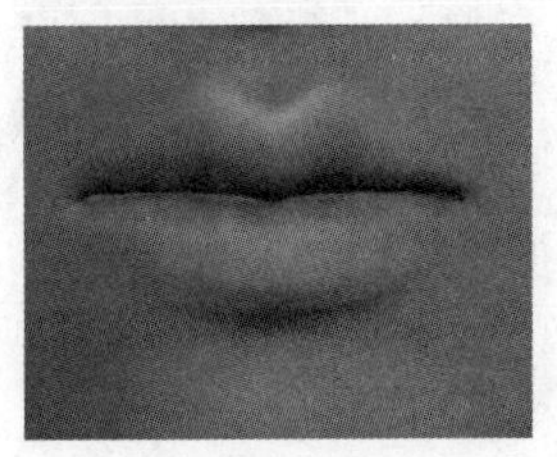

图 3.221

11）耳朵参数。

以左耳参数为例来学习一下不同参数模型的区别。

偏移深度：调整耳朵的前后移动位置。滑块分别在两端的效果对比如图 3.222 和图 3.223 所示。

耳朵尺寸：调整耳朵大小。滑块分别在两端的效果对比如图 3.224 和图 3.225 所示。

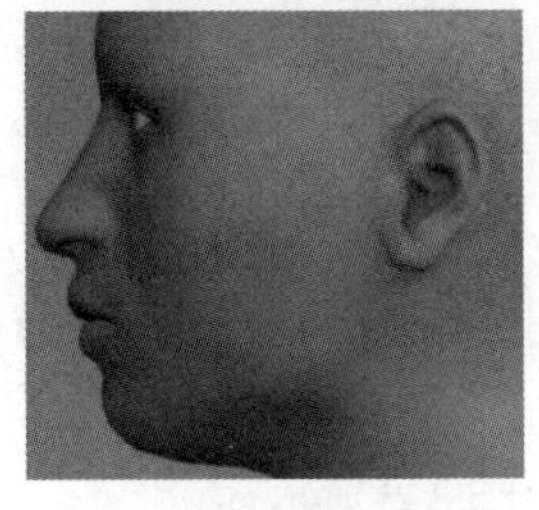

图 3.222

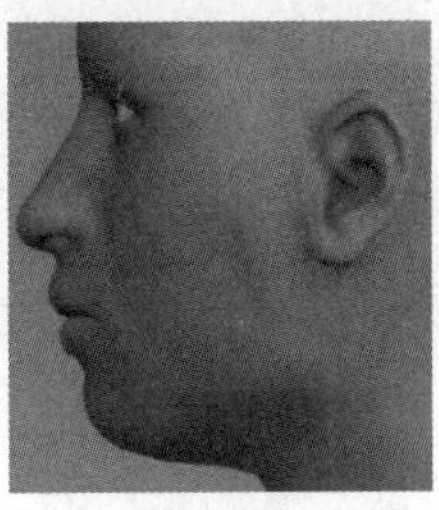

图 3.223

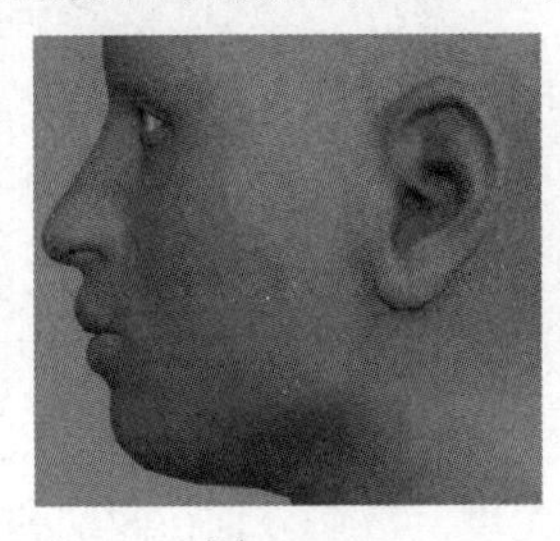

图 3.224

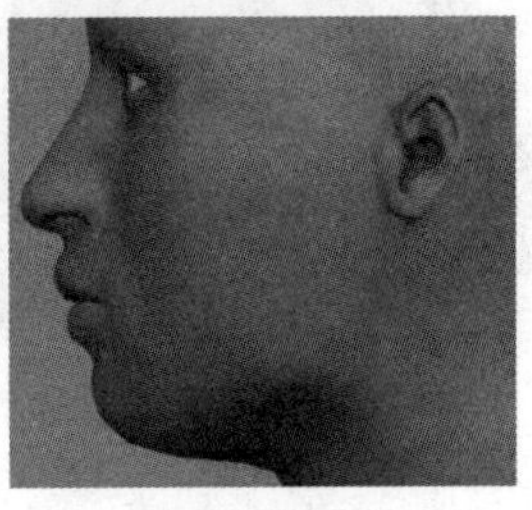

图 3.225

垂直偏移：调整耳朵上下位置变化。滑块分别在两端的效果对比如图 3.226 和图 3.227 所示。

耳朵高度：调整耳朵长短变化。滑块分别在两端的效果对比如图 3.228 和图 3.229 所示。

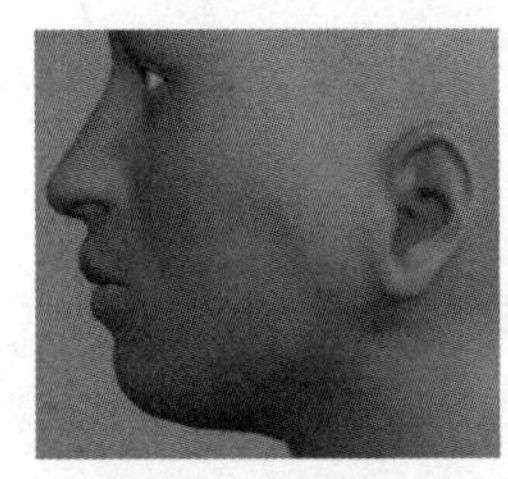

图 3.226

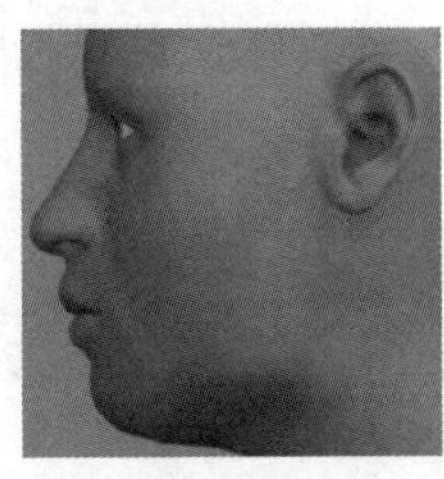

图 3.227

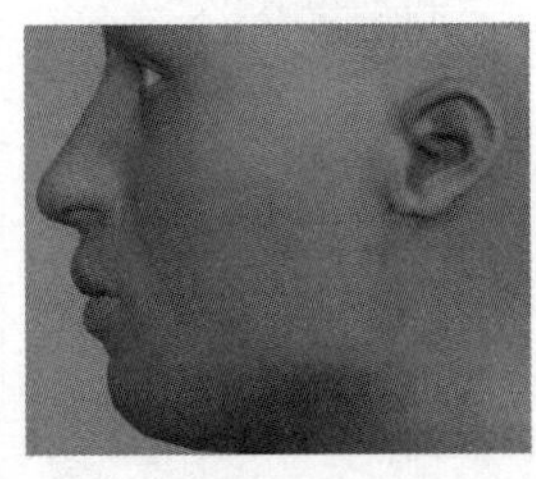

图 3.228

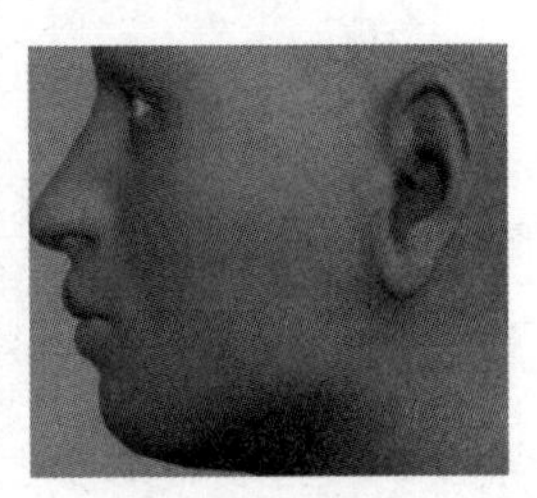

图 3.229

耳垂：调整耳垂大小。滑块分别在两端的效果对比如图 3.230 和图 3.231 所示。

外形 1 和外形 2：调整耳朵形状。滑块分别在两端的效果对比如图 3.232 ~ 图 3.235 所示。

耳朵旋转：调整耳朵的角度变化。滑块分别在两端的效果对比如图 3.236 和图 3.237 所示。

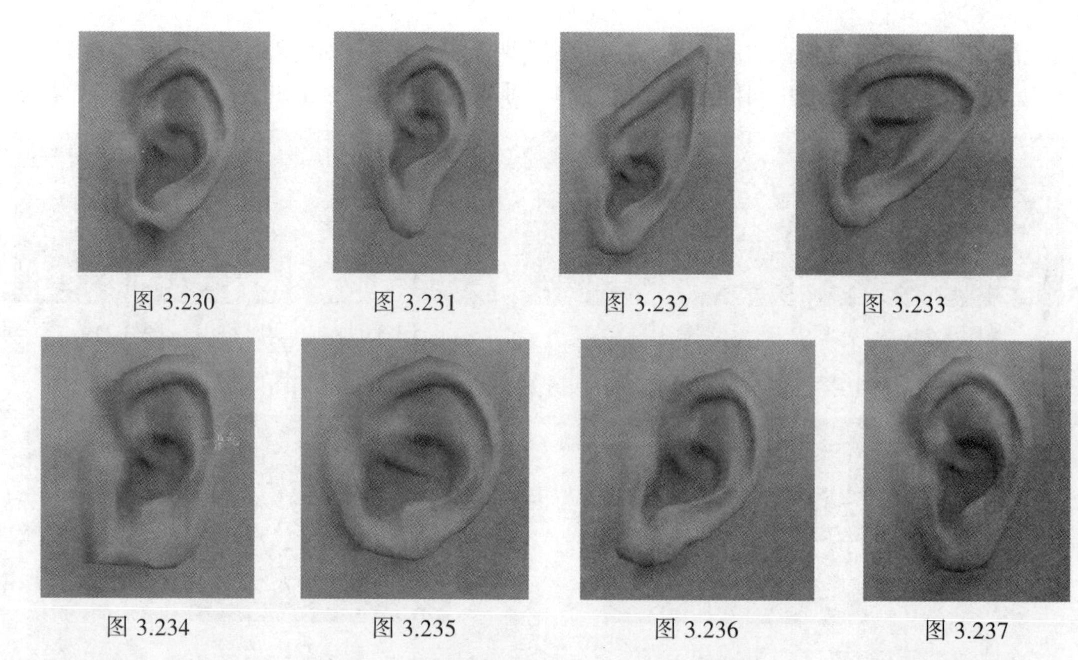

图 3.230　　图 3.231　　图 3.232　　图 3.233

图 3.234　　图 3.235　　图 3.236　　图 3.237

耳朵宽度：调整耳朵的宽度变化。滑块分别在两端的效果对比如图 3.238 和图 3.239 所示。

耳翼：调整耳朵耳翼凸起变化。滑块分别在两端的效果对比如图 3.240 和图 3.241 所示。

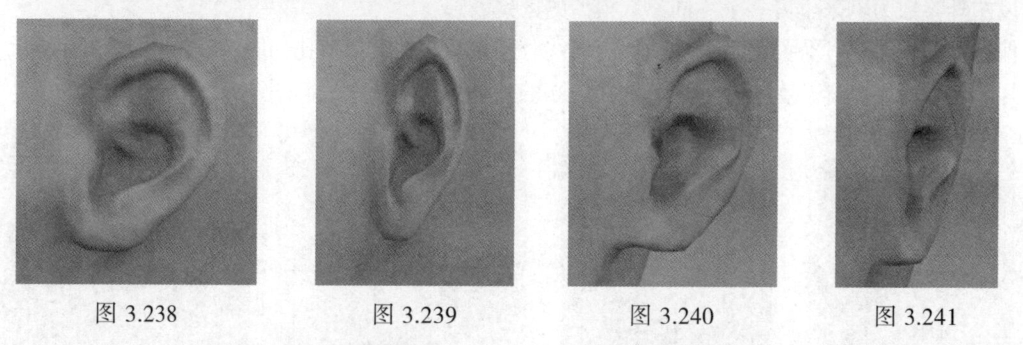

图 3.238　　图 3.239　　图 3.240　　图 3.241

耳郭：调整耳郭大小和角度。滑块分别在两端的效果对比如图 3.242 和图 3.243 所示。

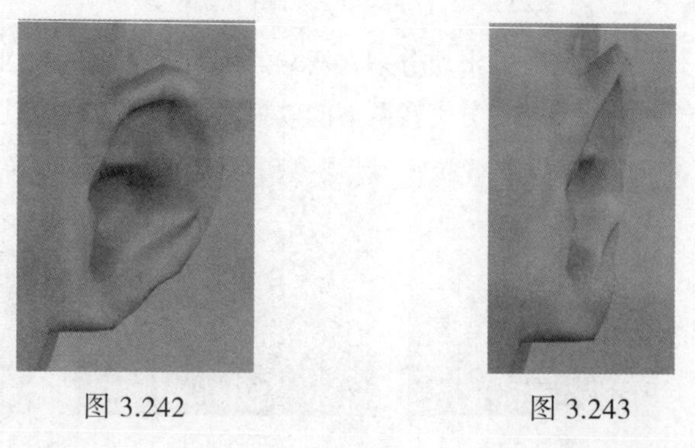

图 3.242　　图 3.243

12）下颌参数。

凸起：调整下颌凸起变化。滑块分别在两端的效果对比如图 3.244 和图 3.245 所示。

宽度：调整下颌宽度变化。滑块分别在两端的效果对比如图 3.246 和图 3.247 所示。

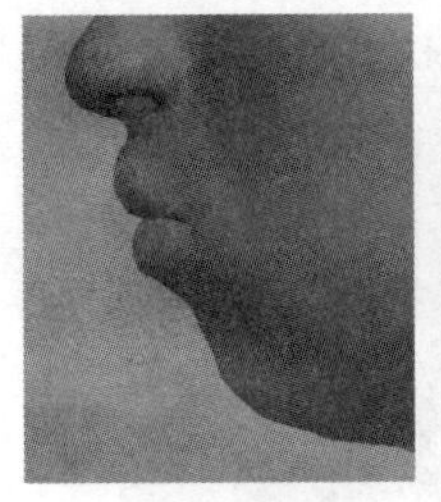
图 3.244

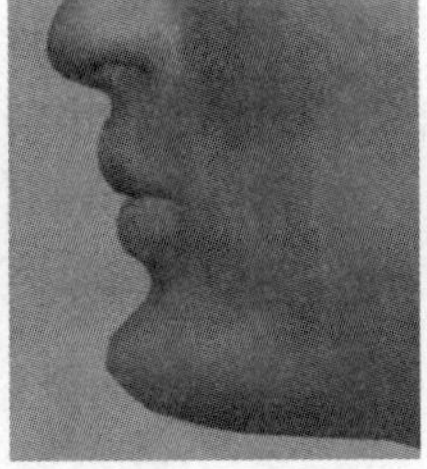
图 3.245

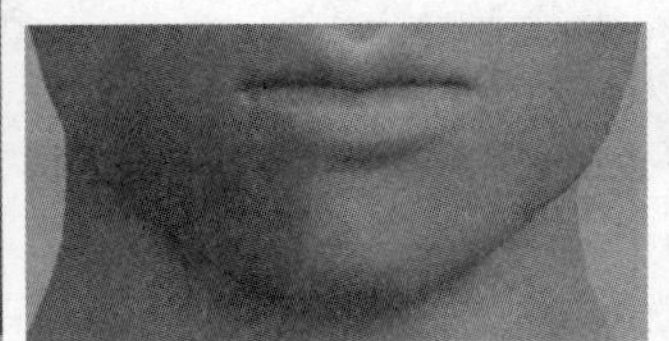
图 3.246

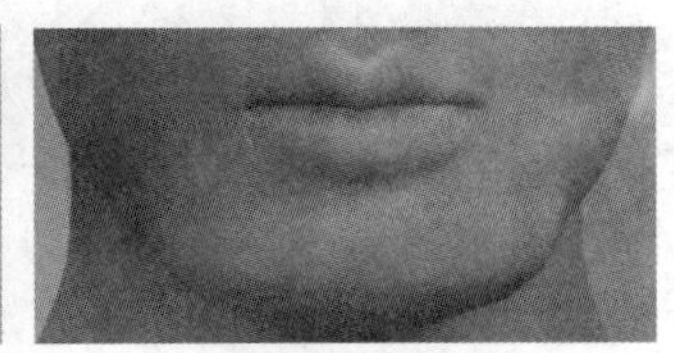
图 3.247

身高（下颌高度）：调整下颚高度。滑块分别在两端的效果对比如图 3.248 和图 3.249 所示。

骨骼：调整下颚两端的宽度变化。滑块分别在两端的效果对比如图 3.250 和图 3.251 所示。

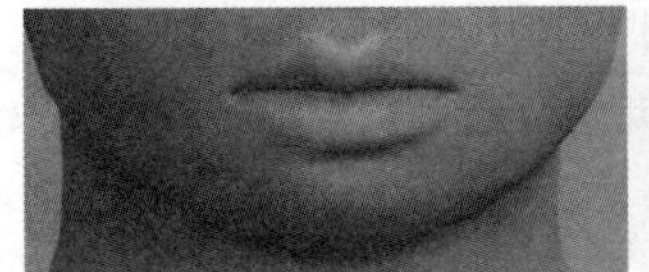
图 3.248

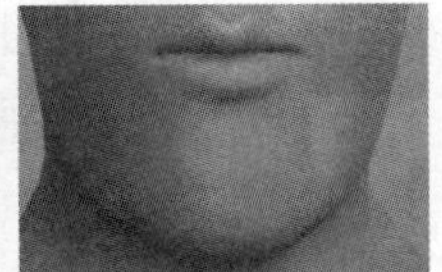
图 3.249

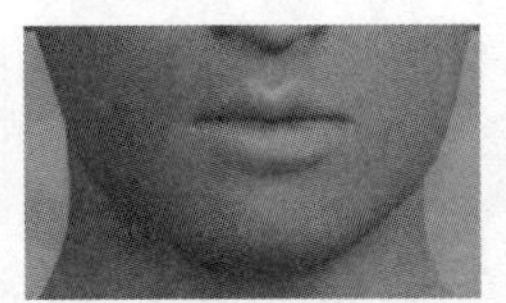
图 3.250

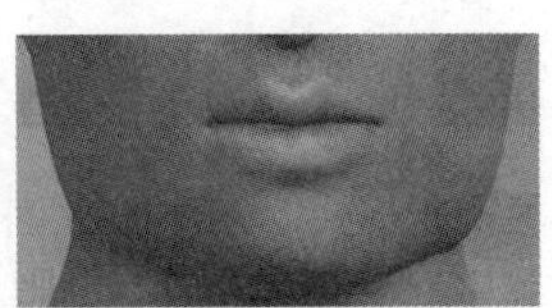
图 3.251

凸颌：调整下颌的前后位置移动。滑块分别在两端的效果对比如图 3.252 和图 3.253 所示。

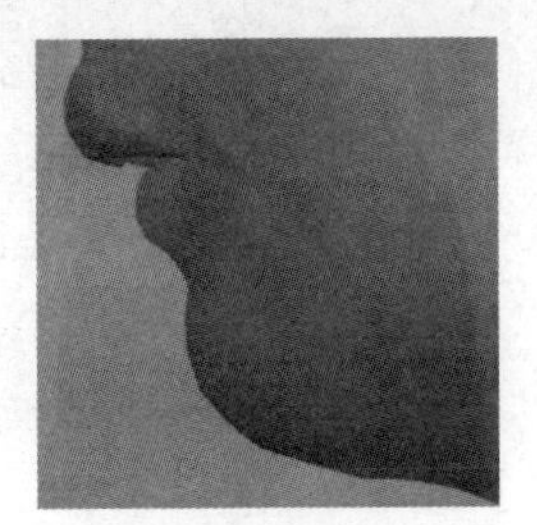
图 3.252

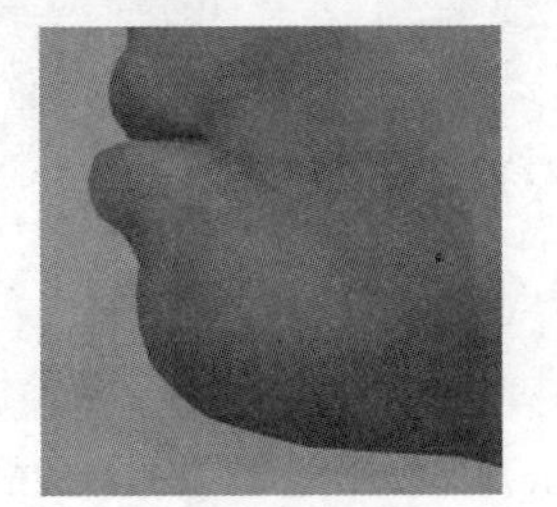
图 3.253

13）脸颊参数。

脸颊体积：调整脸蛋的凸起或凹陷效果。滑块分别在两端的效果对比如图 3.254 和图 3.255 所示。

脸颊骨骼：调整脸颊骨的凸起变化。滑块分别在两端的效果对比如图 3.256 所示。

脸颊凹陷：调整脸颊的前后凸起凹陷变化，如图 3.257 所示。

脸颊垂直偏移：图片参考对比不明显，在拖动过程中可以观察变化效果。

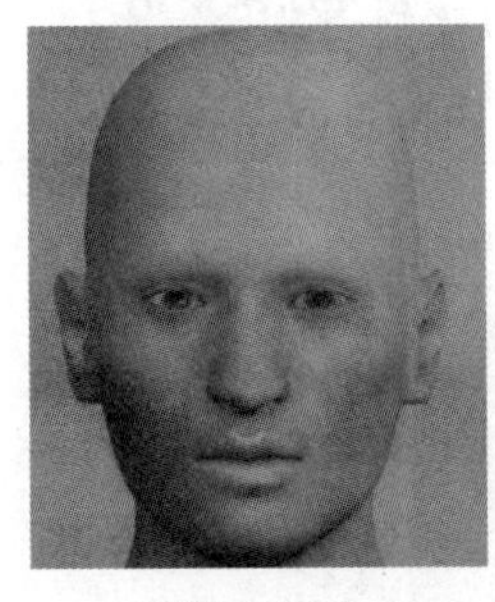
图 3.254

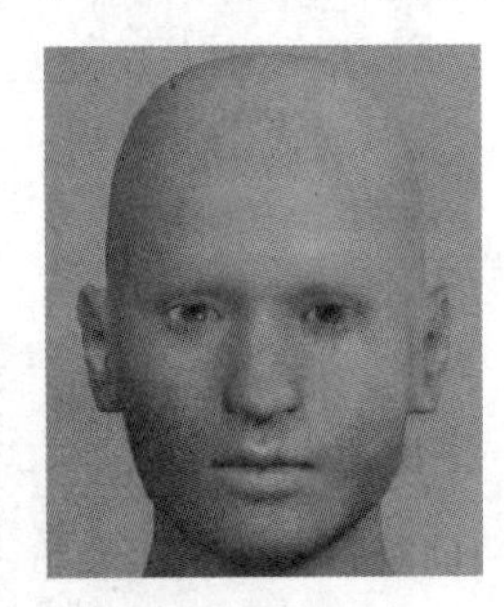
图 3.255

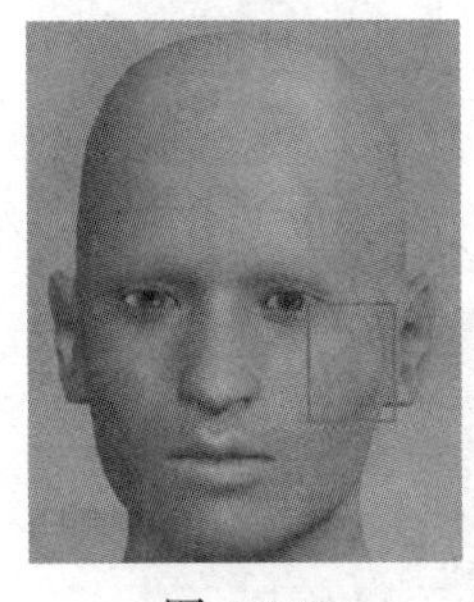
图 3.256

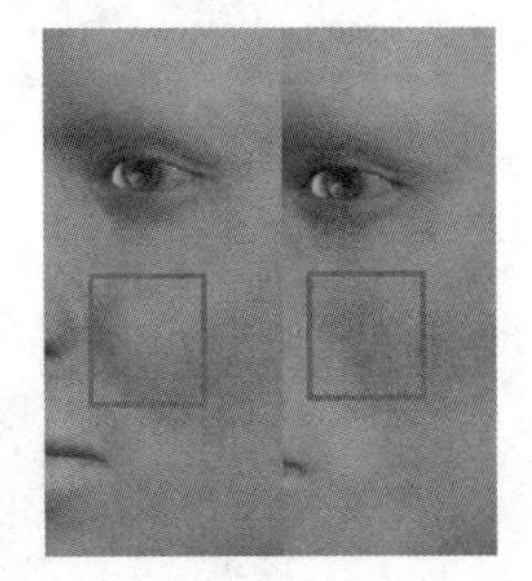
图 3.257

（4）躯干面板参数。

首先选择右侧的躯干，躯干下可以调节躯干的深度、缩放、偏移等。

缩放深度：调整背部的深度变化。滑块分别在两端的效果对比如图 3.258 和图 3.259 所示。

水平缩放：调整躯干的左右宽度变化。滑块分别在两端的效果对比如图 3.260 和图 3.261 所示。

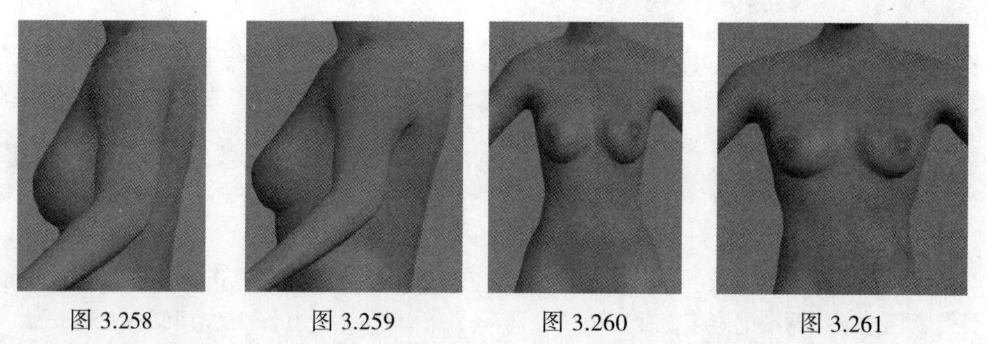

图 3.258　　图 3.259　　图 3.260　　图 3.261

垂直缩放：调整躯干的高度。滑块分别在两端的效果对比如图 3.262 和图 3.263 所示。

水平偏移、垂直偏移：调整躯干的左右、上下位置。滑块分别在两端的效果对比如图 3.264 和图 3.265，以及图 3.266 和图 3.267 所示。

偏移深度：调整躯干前后位置和深度变化。滑块分别在两端的效果对比如图 3.268 和图 3.269 所示。

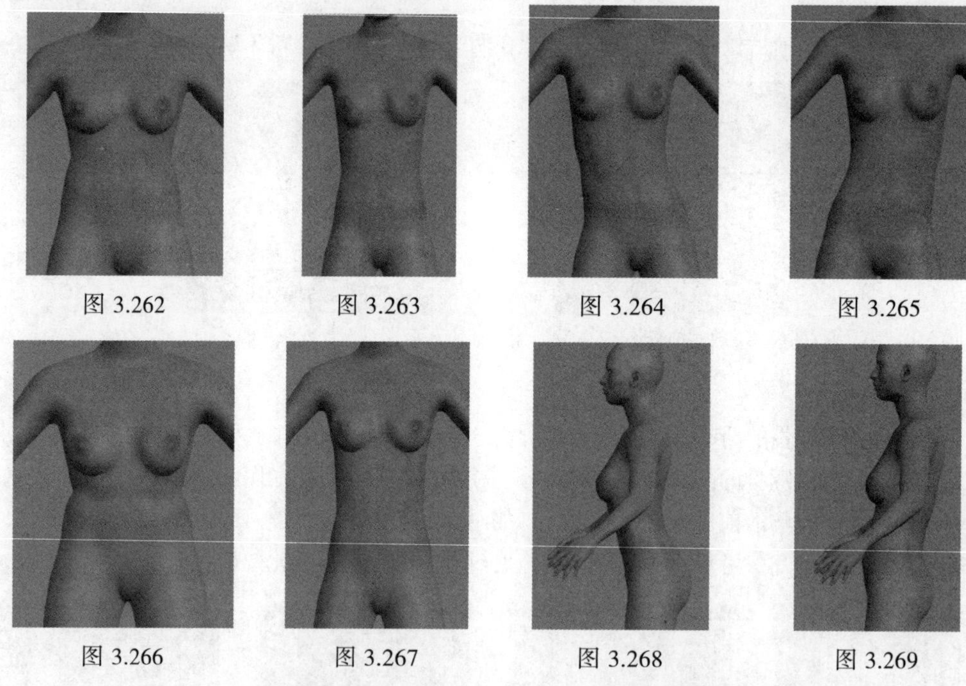

图 3.262　　图 3.263　　图 3.264　　图 3.265

图 3.266　　图 3.267　　图 3.268　　图 3.269

V 形：调整躯干 V 字形变化效果。滑块分别在两端的效果对比如图 3.270 和图 3.271 所示。

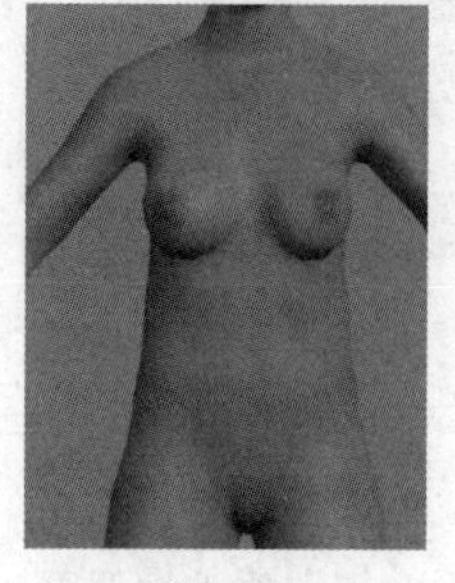

图 3.270

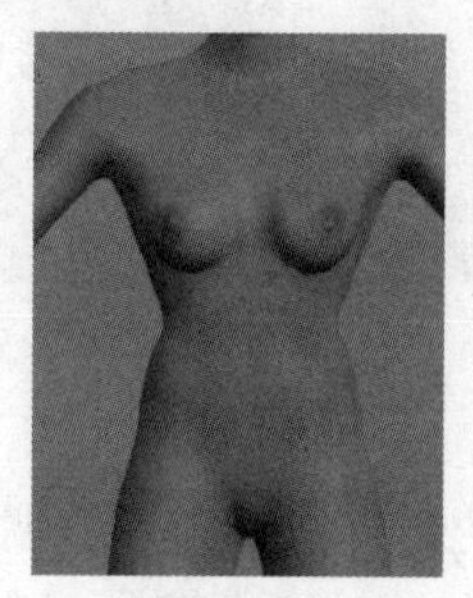

图 3.271

1）髋部参数。

缩放深度：调整髋部前后宽度变化。滑块分别在两端的效果对比如图 3.272 和图 3.273 所示。

水平缩放：调整髋部左右水平的宽度变化。滑块分别在两端的效果对比如图 3.274 和图 3.275 所示。

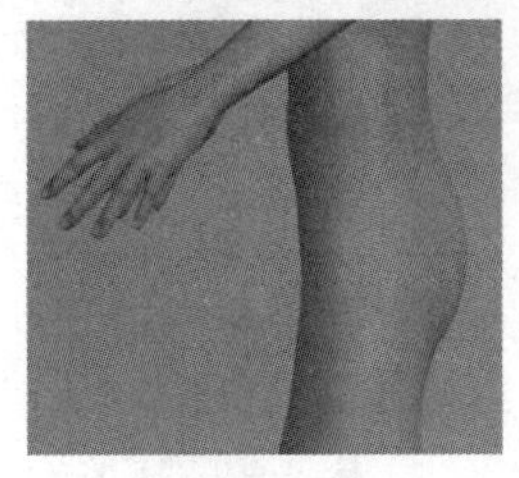
图 3.272

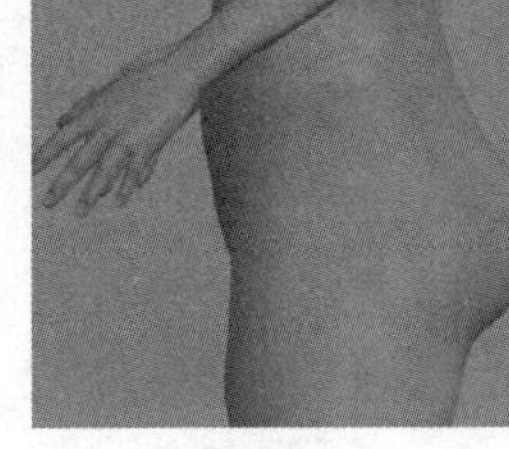
图 3.273

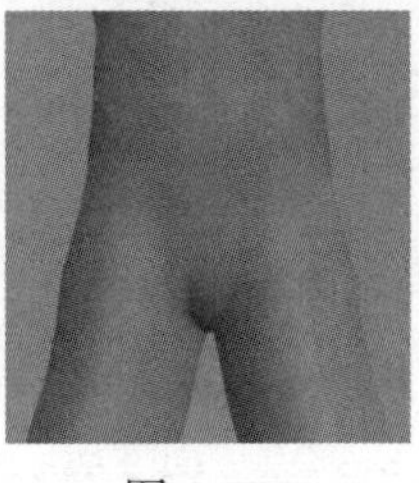
图 3.274

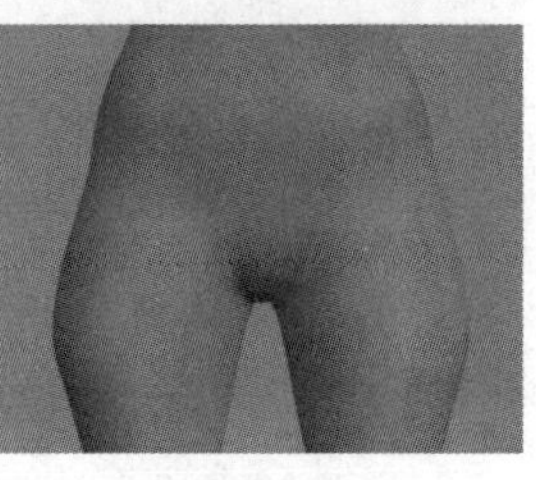
图 3.275

垂直缩放：调整髋部上下位置的大小变化。滑块分别在两端的效果对比如图 3.276 和图 3.277 所示。

偏移：偏移分左右偏移、上下偏移、前后偏移，如图 3.278 所示为左右偏移的效果，图 3.279 所示为前后偏移的效果。

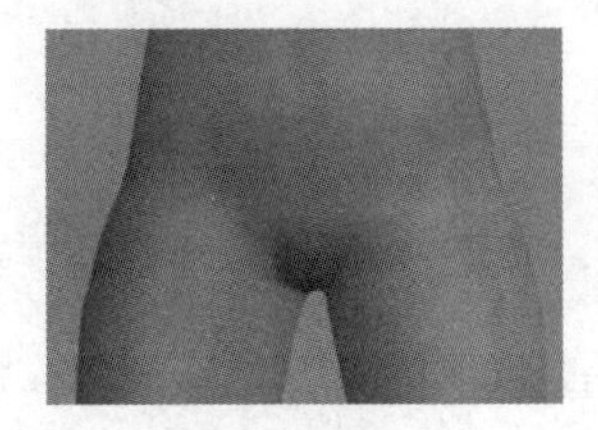
图 3.276

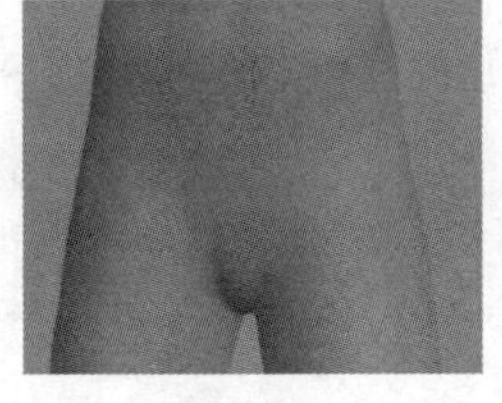
图 3.277

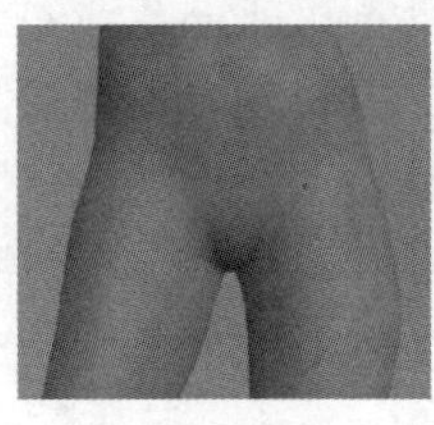
图 3.278

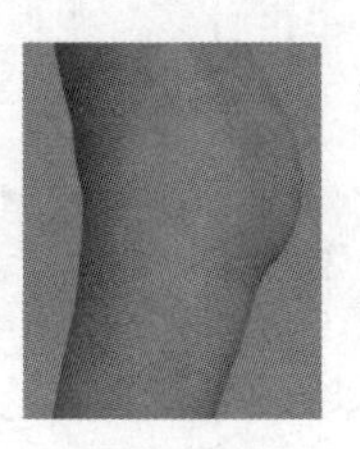
图 3.279

2）腹部参数。

翘凸：调整腹部的凸起变化。滑块分别在两端的效果对比如图 3.280 和图 3.281 所示。

怀孕：配合翘凸参数怀孕效果更加明显。滑块分别在两端的效果对比如图 3.282 和图 3.283 所示。

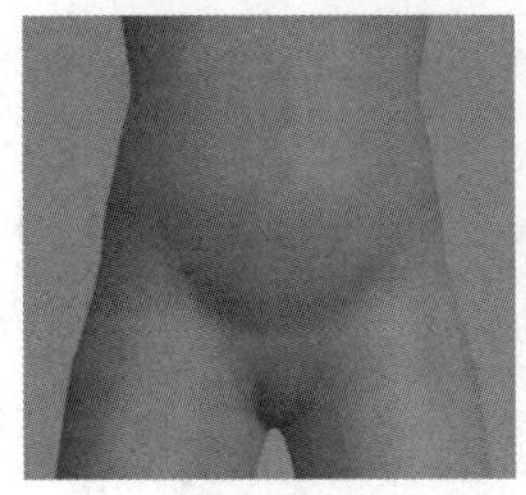
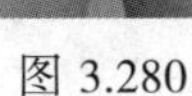
图 3.280

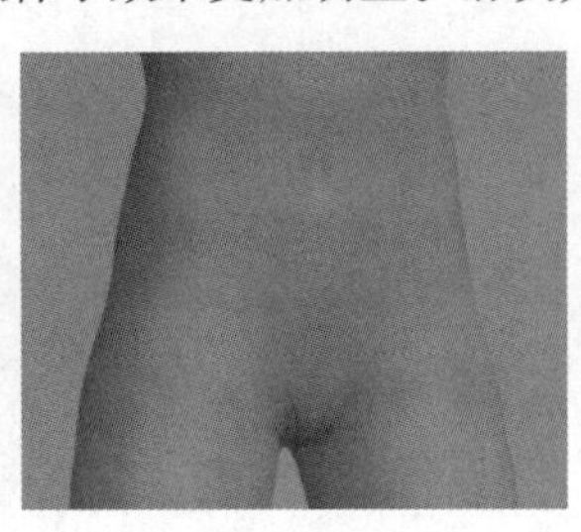
图 3.281

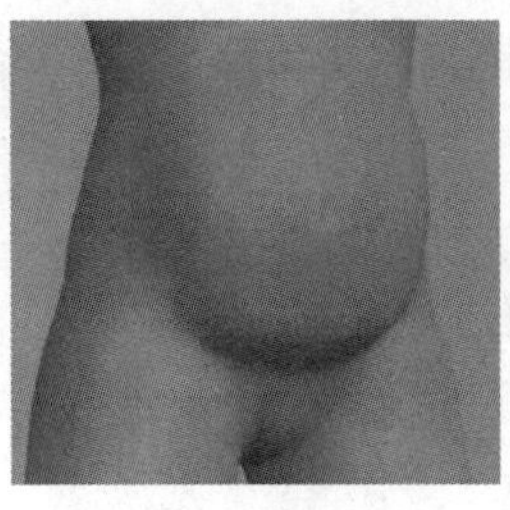
图 3.282

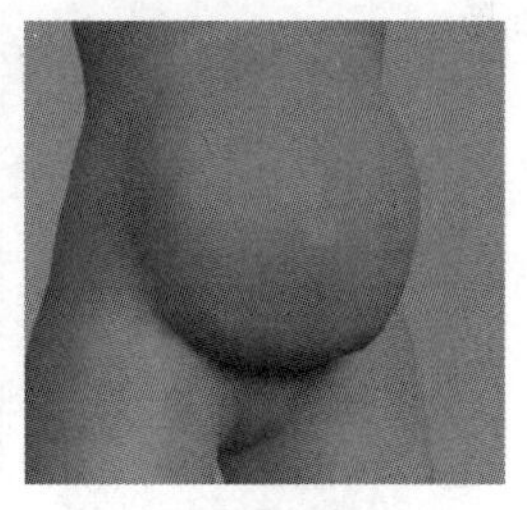
图 3.283

3）臀部参数。

体积：调整屁股的大小。滑块分别在两端的效果对比如图 3.284 和图 3.285 所示。

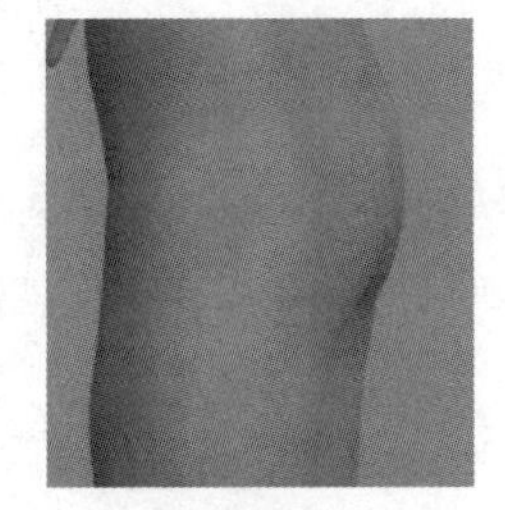
图 3.284

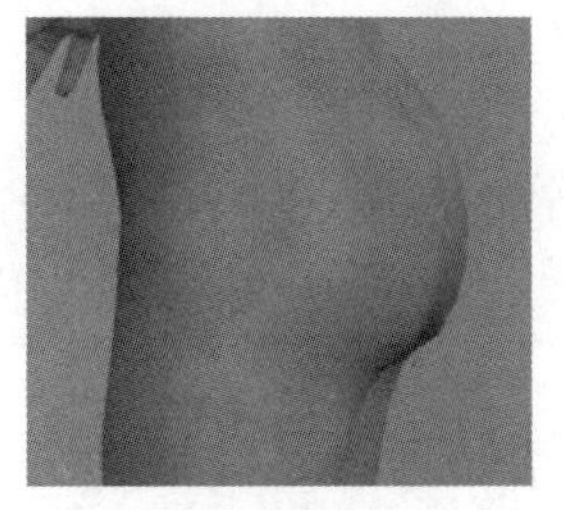
图 3.285

4）骨盆下参数。

翘凸：调整臀部的凸翘程度。滑块分别在两端的效果对比如图 3.286 和图 3.287 所示。

阴阜隆起：调整生殖器位置的凸起变化。滑块分别在两端的效果对比如图 3.288 和图 3.289 所示。

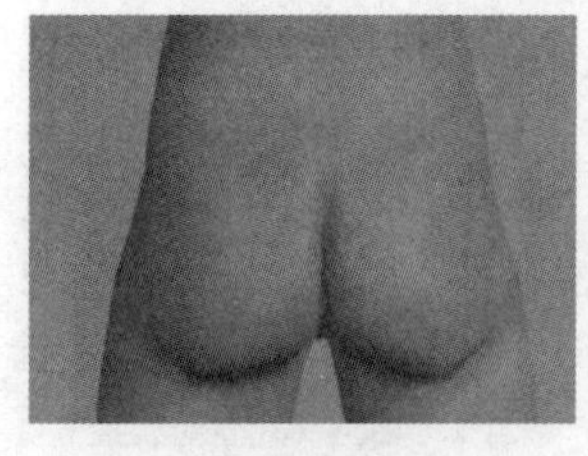

图 3.286

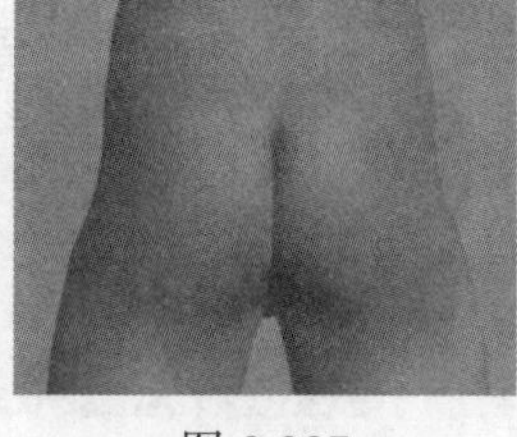

图 3.287

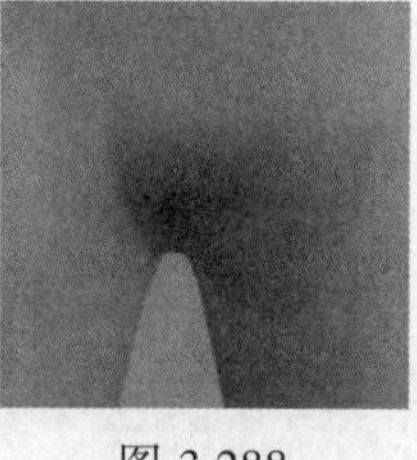

图 3.288

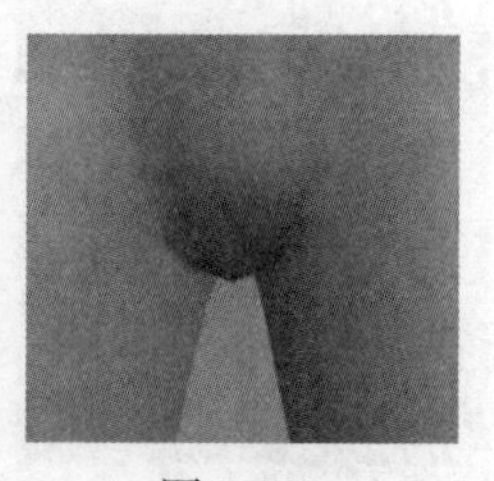

图 3.289

（5）手臂与腿脚面板。

因为手臂和腿、脚都是对称的，这里以左手、左脚、左臂和左腿为例讲解。

1）左手参数。

手指直径：调整手指的粗细变化。滑块分别在两端的效果对比如图 3.290 和图 3.291 所示。

手指长度：调整手指长短。滑块分别在两端的效果对比如图 3.292 和图 3.293 所示。

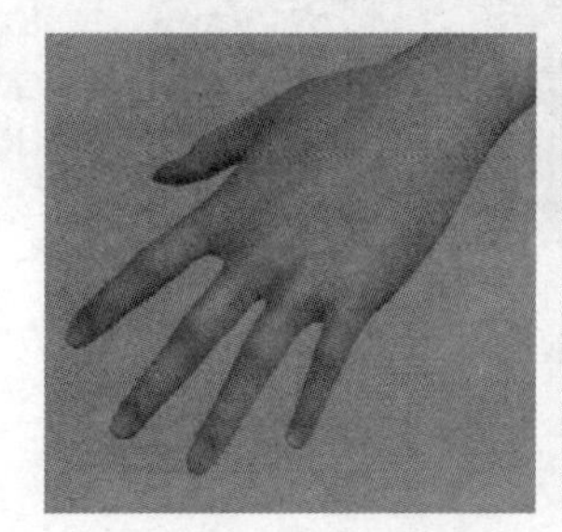

图 3.290

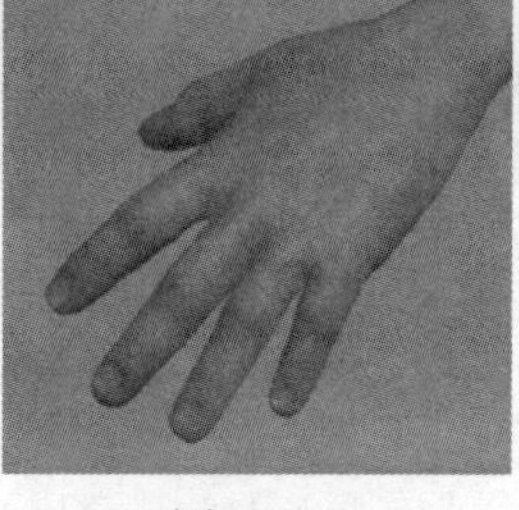

图 3.291

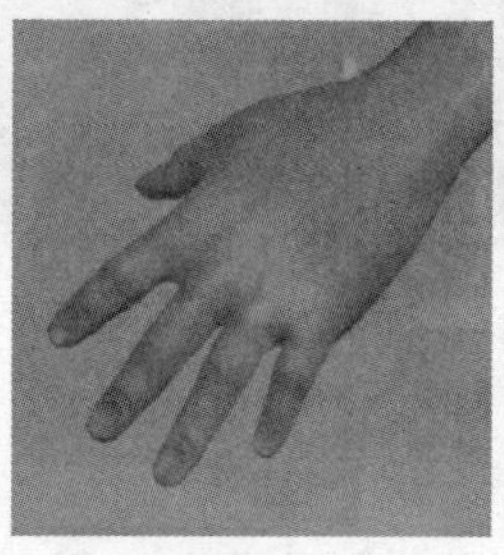

图 3.292

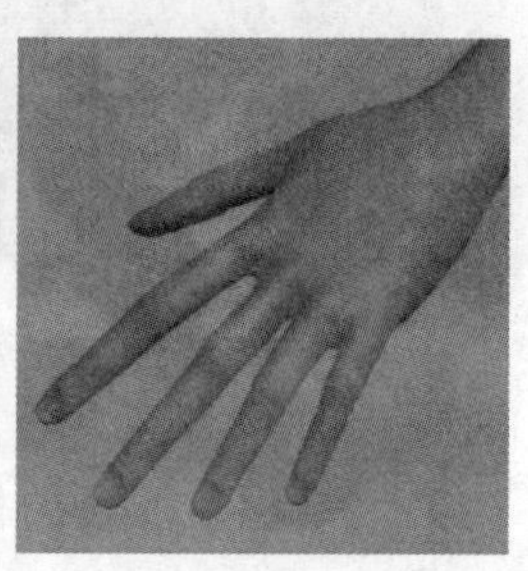

图 3.293

手缩放：调整整个手的大小变化。滑块分别在两端的效果对比如图 3.294 和图 3.295 所示。

手偏移：手腕被拉长。滑块分别在两端的效果对比如图 3.296 和图 3.297 所示。

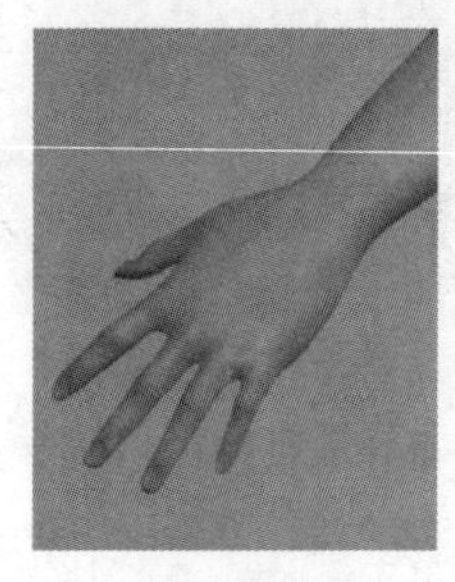

图 3.294

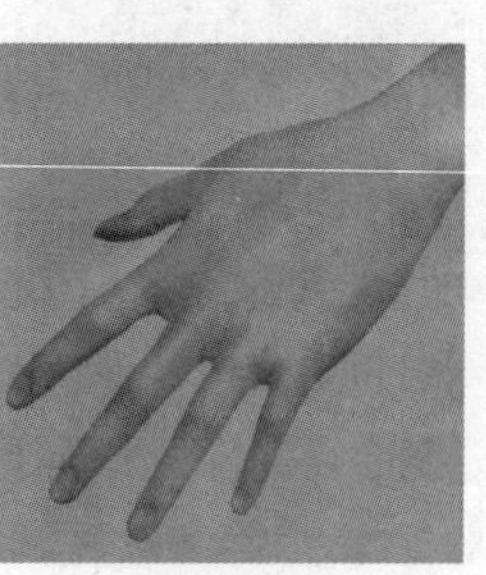

图 3.295

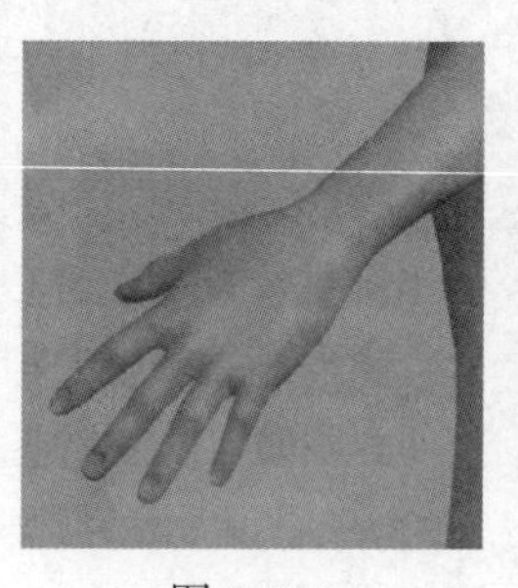

图 3.296

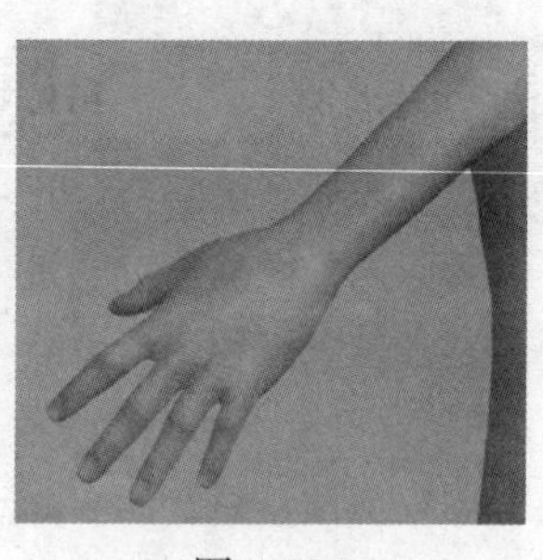

图 3.297

2）足参数。

足缩放：调整脚的大小变化。滑块分别在两端的效果对比如图 3.298 和图 3.299 所示。

足偏移：（左右偏移）调整脚的左右位置变化。滑块分别在两端的效果对比如图 3.300 和图 3.301 所示。

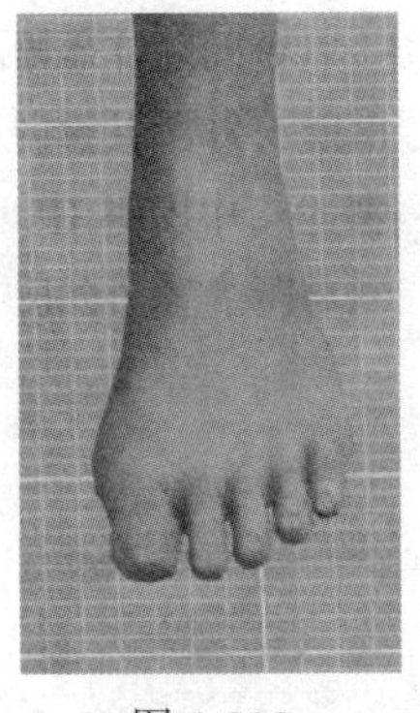
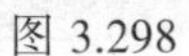
图 3.298

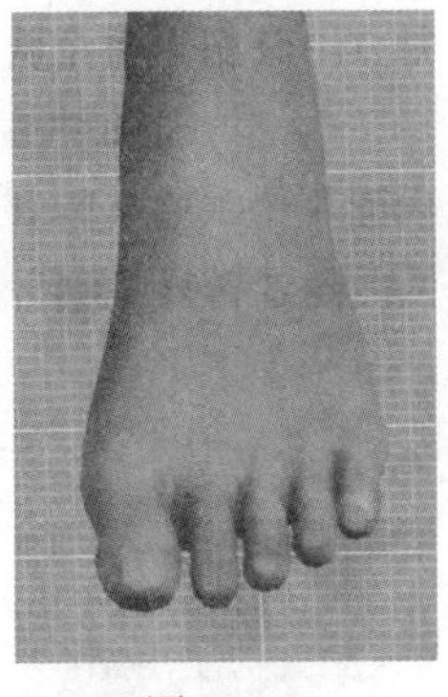
图 3.299

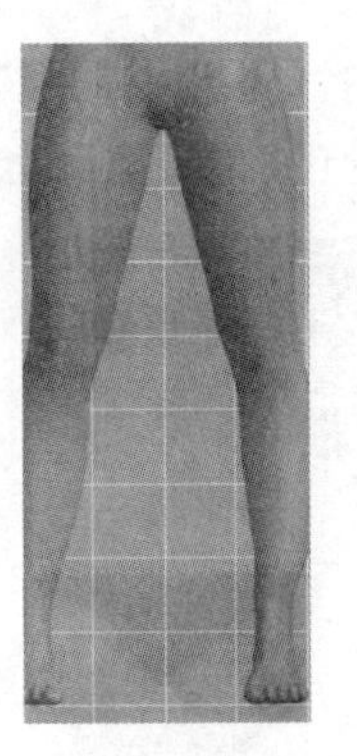
图 3.300

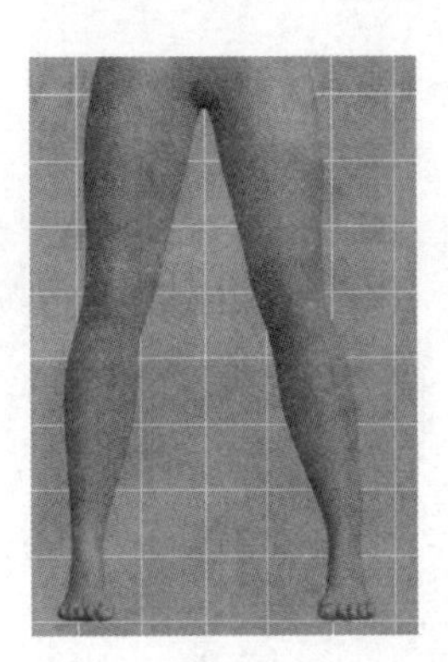
图 3.301

前后偏移：调整脚的前后位置变化。滑块分别在两端的效果对比如图 3.302 和图 3.303 所示。

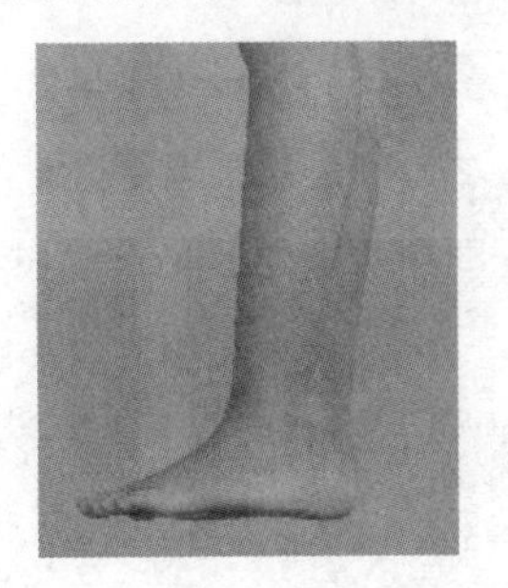
图 3.302

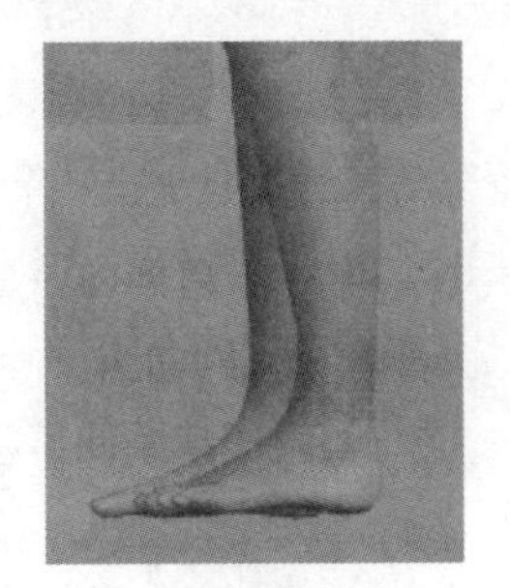
图 3.303

3）左臂参数。

前臂缩放深度：调整手臂的粗细变化。滑块分别在两端的效果对比如图 3.304 和图 3.305 所示。

前臂水平缩放：调整手臂长短变化。滑块分别在两端的效果对比如图 3.306 和图 3.307 所示。

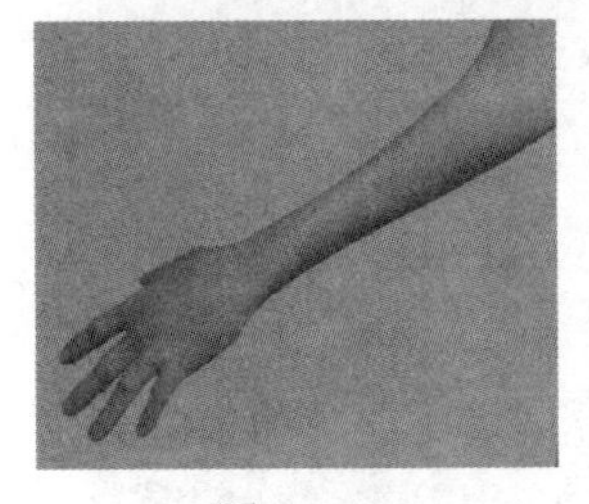
图 3.304

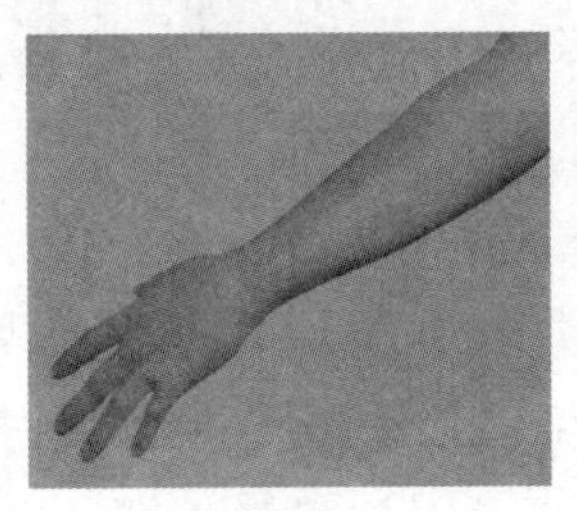
图 3.305

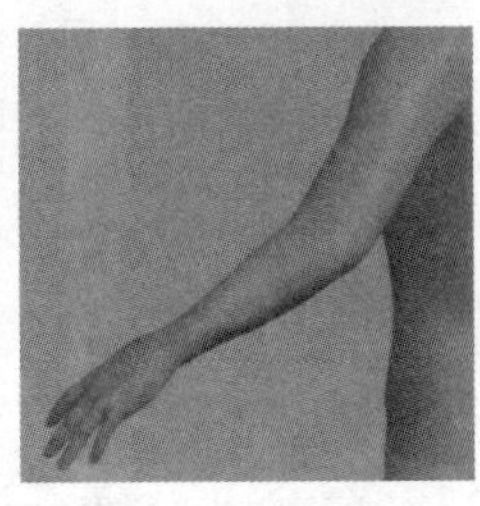
图 3.306

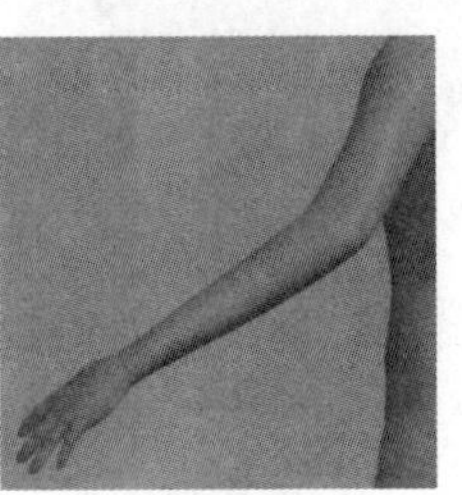
图 3.307

前臂垂直缩放：调整前手臂上下粗细变化。滑块分别在两端的效果对比如图 3.308 和图 3.309 所示。

上臂缩放深度：调整上臂前后的粗细变化。滑块分别在两端的效果对比如图 3.310 和图 3.311 所示。

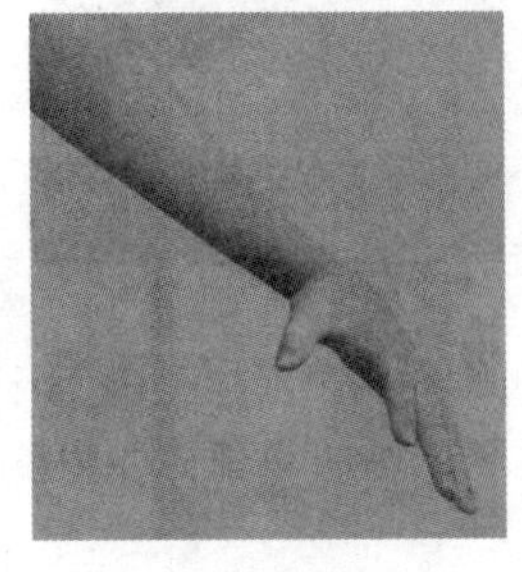
图 3.308

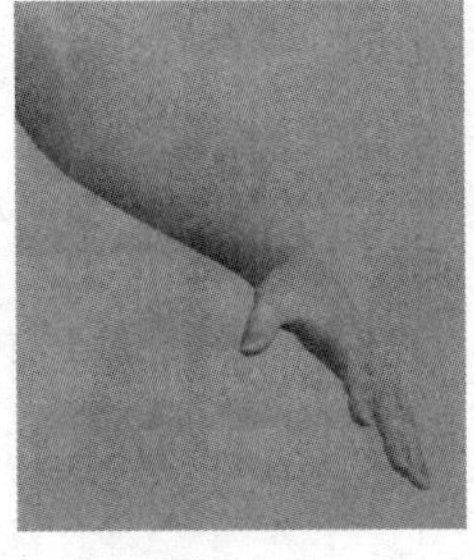
图 3.309

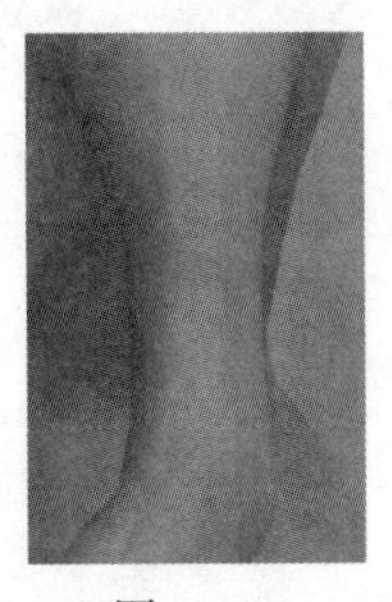
图 3.310

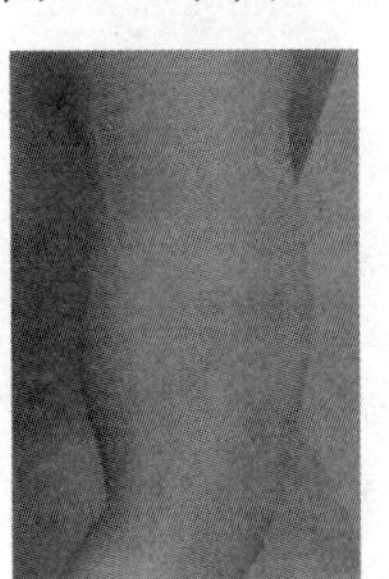
图 3.311

上臂水平缩放：调整上臂的长短变化。滑块分别在两端的效果对比如图 3.312 和图 3.313 所示。

上臂垂直缩放：调整上臂的粗细变化。滑块分别在两端的效果对比如图 3.314 和图 3.315 所示。

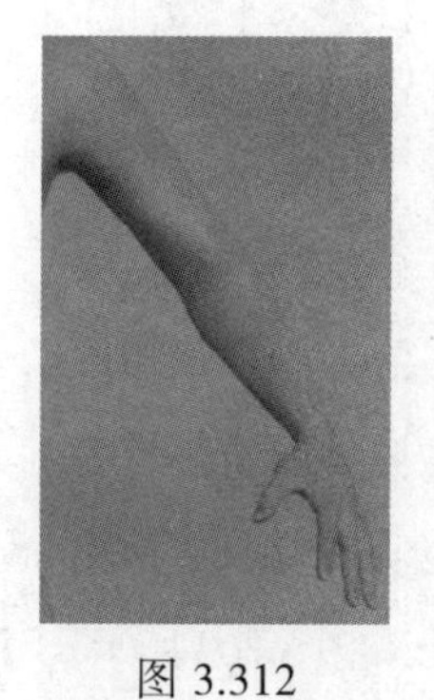
图 3.312

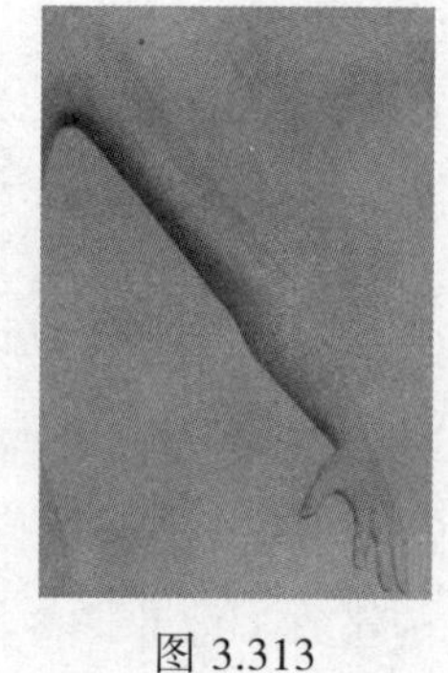
图 3.313

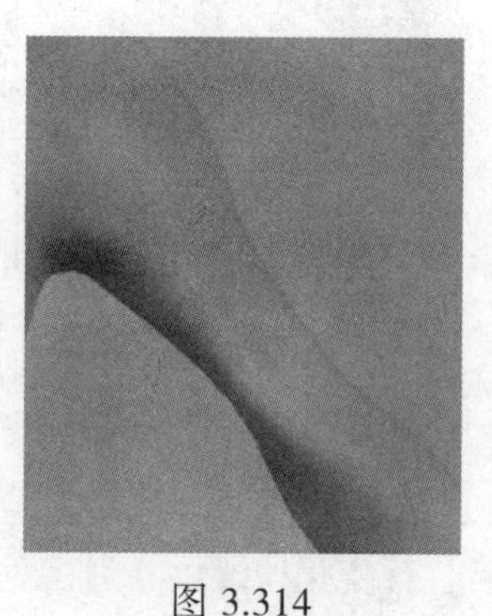
图 3.314

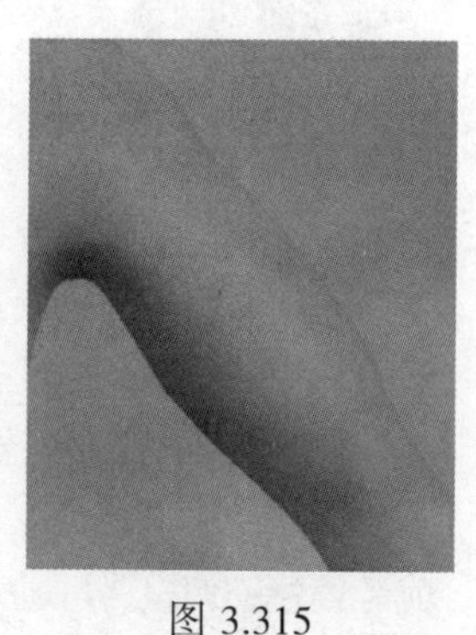
图 3.315

4）左腿参数。

腿膝部：调整膝盖的位置变化。滑块分别在两端的效果对比如图 3.316 和图 3.317 所示。

左小腿缩放深度：调整小腿的前后粗细变化。滑块分别在两端的效果对比如图 3.318 和图 3.319 所示。

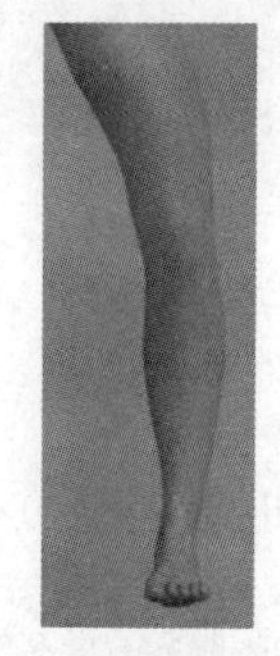
图 3.316

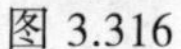

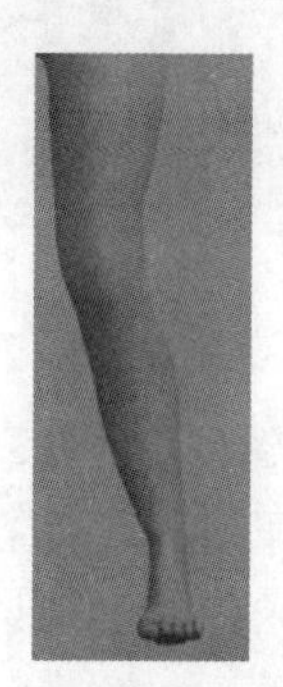
图 3.317

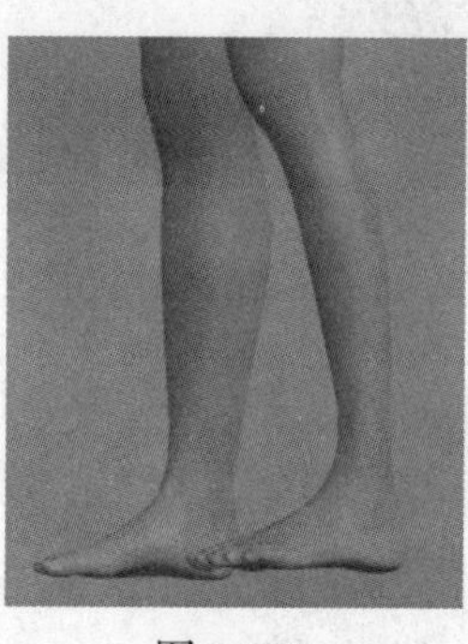
图 3.318

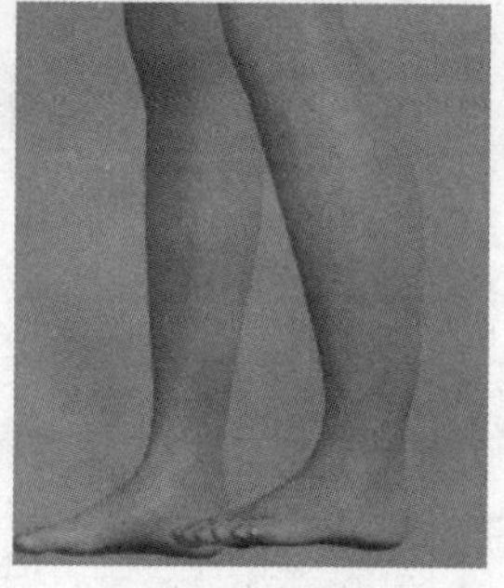
图 3.319

左小腿水平缩放：调整小腿左右粗细变化。滑块分别在两端的效果对比如图 3.320 和图 3.321 所示。

左大腿缩放深度：调整大腿前后粗细变化。滑块分别在两端的效果对比如图 3.322 和图 3.323 所示。

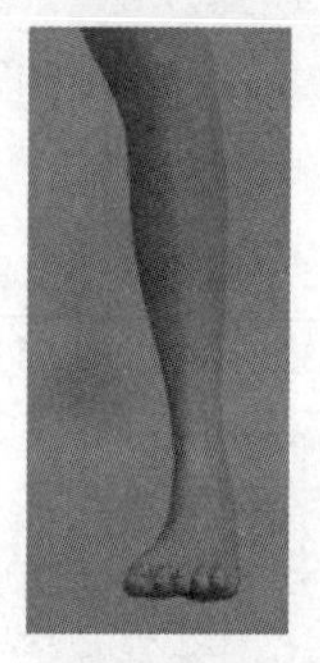
图 3.320

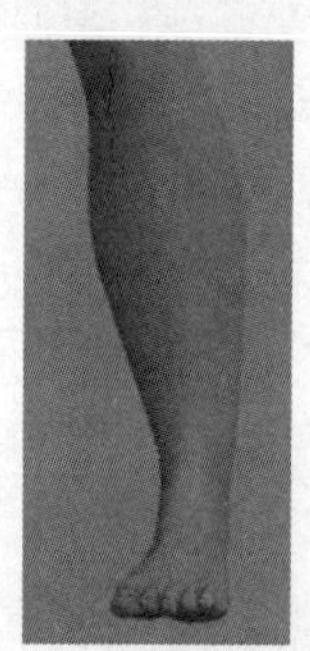
图 3.321

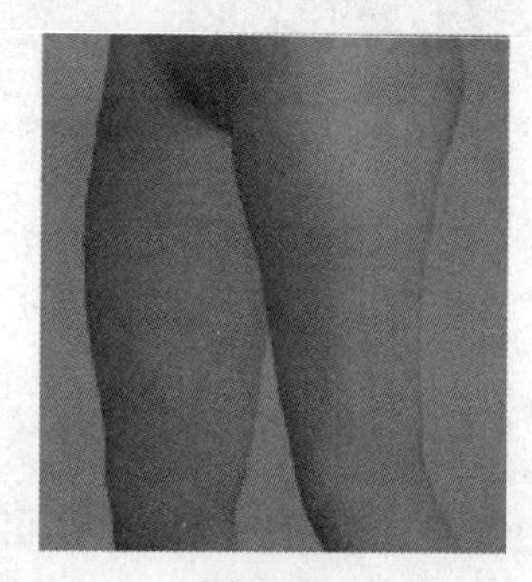
图 3.322

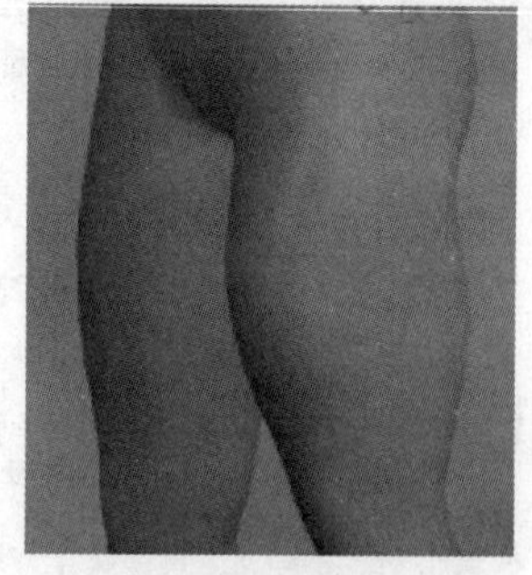
图 3.323

左大腿水平缩放：调整大腿左右粗细变化。滑块分别在两端的效果对比如图 3.324 和图 3.325 所示。

左大腿垂直缩放：调整大腿高低变化。滑块分别在两端的效果对比如图 3.326 和图 3.327 所示。

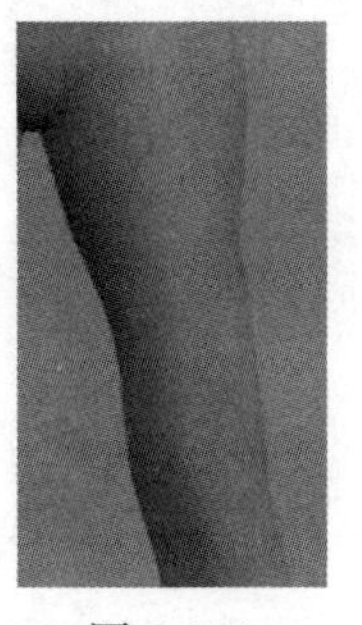

图 3.324

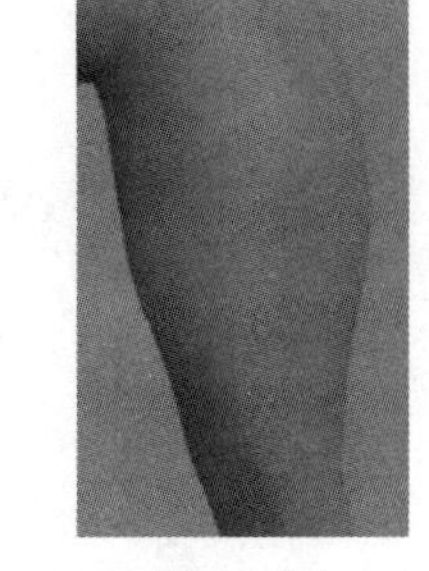

图 3.325

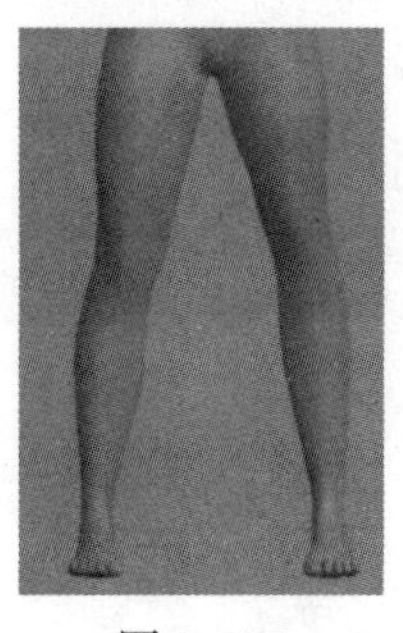

图 3.326

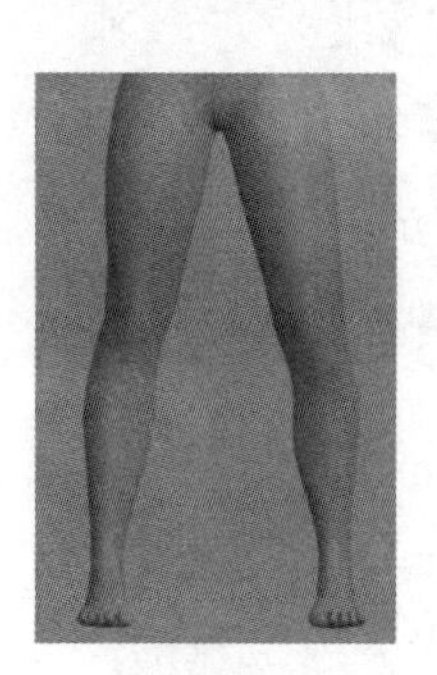

图 3.327

（6）测量面板。

测量面板下可以通过具体的参数设置人体比例和尺寸。该面板下参数也分得比较详细，通过输入数值可以调节颈部、手臂、胸围、腰围、髋部、大腿、小腿、脚踝等具体大小。

3.3　调节所需人体结构和形状

上一节学习了 MakeHuman 软件的主要参数，这一节我们介绍如何通过它制作我们需要的模型。

步骤 01 首先在“主要”面板下调整性别。拖动滑块至左侧也就是完全是一个女性角色，年龄滑块暂时不用调，保持在中间的位置即为一个成年女性，然后依次调整肌肉、体重、身高、比重等参数。调整结果和效果如图 3.328 和图 3.329 所示。

再调整非洲裔、亚洲裔、高加索裔参数，这三个参数主要是面部的变化，如图 3.330 和图 3.331 所示。注意，这三个参数是相互关联的，调整其中一个，其他的参数也会发生微小的变化。

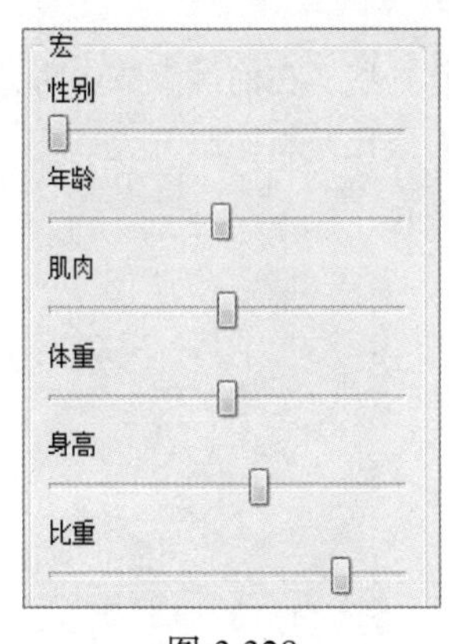

图 3.328

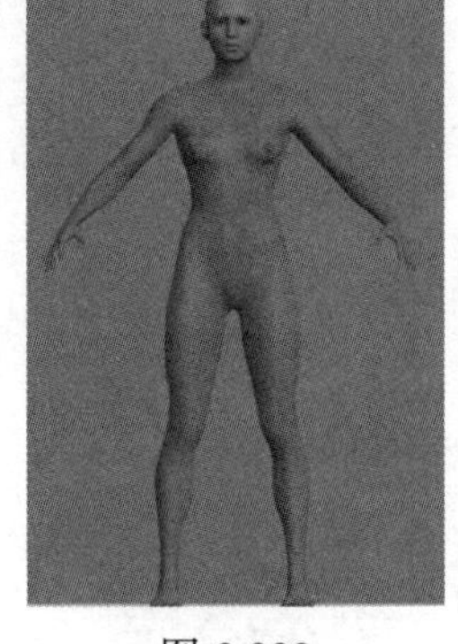

图 3.329

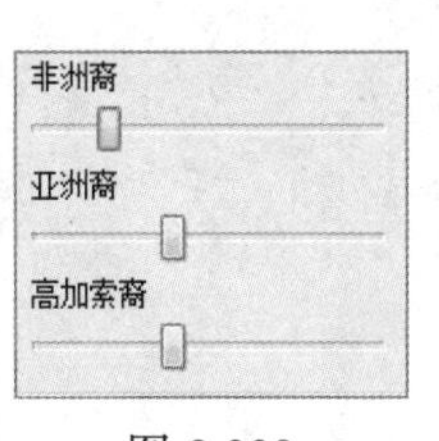

图 3.330

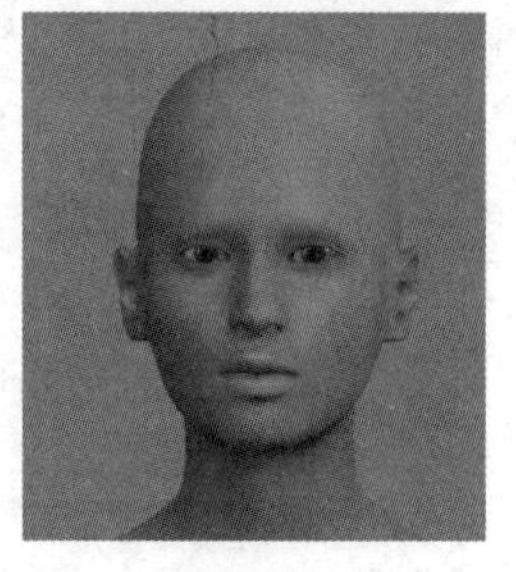

图 3.331

步骤 02 单击“材质”按钮，选择系统提供的年轻女性，如图 3.332 所示，效果如图 3.333 所示。

在“性别”面板下将乳房尺寸调大，但也不能太大，否则显得不真实。将乳房坚挺度调高一些，垂直位置向上调整一些，水平距离向两边调整一些，最后调整尖锐度和体积参数，参数和效果如图 3.334 和图 3.335 所示。

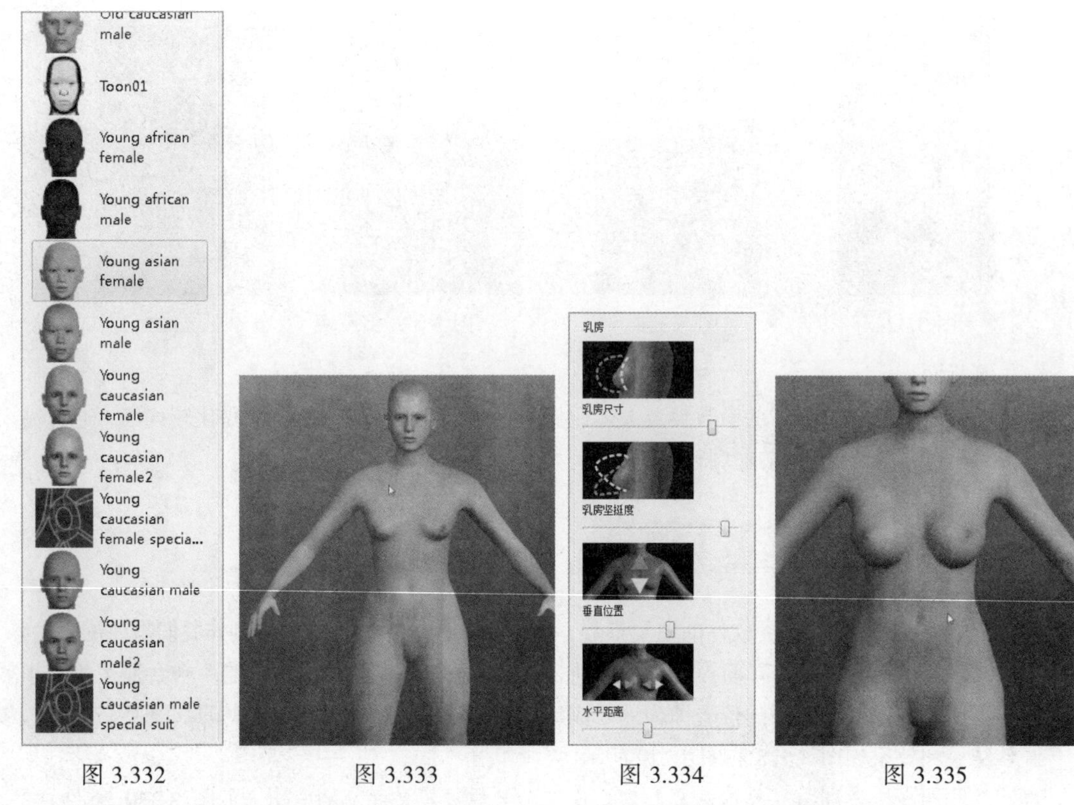

图 3.332 图 3.333 图 3.334 图 3.335

步骤 03 调整脸部面板参数。脸部参数基本上不用太大调整，只需调整“年龄”和“倒三角形”参数即可。使其下巴位置尖一些，如图 3.336 和图 3.337 所示。

在头部尺寸参数下将头部上下偏移适当向右调整，使脖子看起来更长一些；在前额参数中将太阳穴参数向左轻微调整使太阳穴的位置适当凹陷一点。在右眼参数中调整右眼尺寸将眼睛调大一些，参数和左右眼对比效果如图 3.338 和图 3.339 所示。

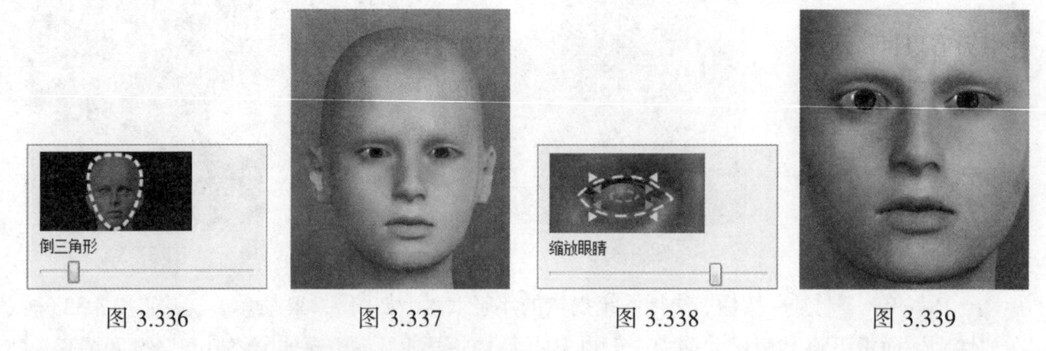

图 3.336 图 3.337 图 3.338 图 3.339

左眼调整完成后，单击按钮将右侧眼睛对称过来。

在鼻子尺寸参数中将水平缩放值向右滑动将鼻子适当调小一些。在鼻子尺寸细节中调节宽度 3 参数，将鼻孔位置调窄一些。在鼻子特征参数中配合希腊鼻形参数、隆起参数将鼻子调整坚挺一些，如图 3.340 所示。

接下来调整嘴巴尺寸和嘴部尺寸细节、嘴部特征参数，如图 3.341 ~ 图 3.343 所示。

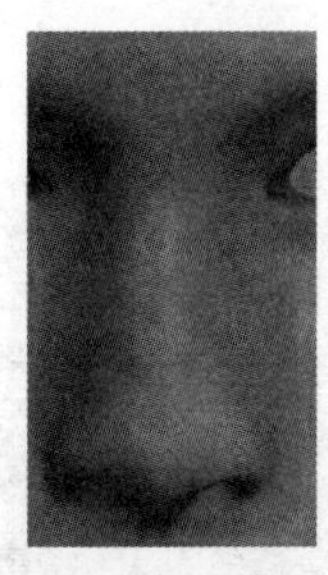

图 3.340

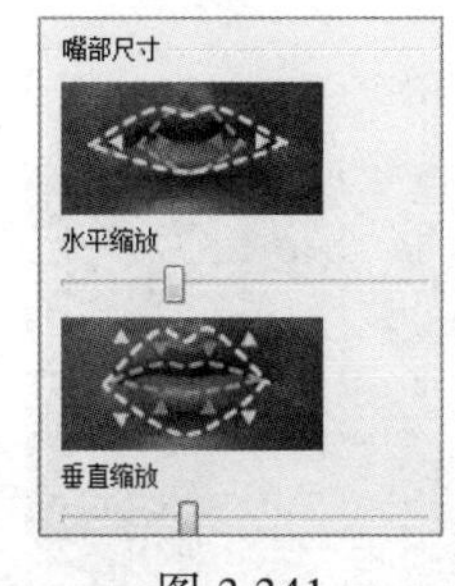

图 3.341

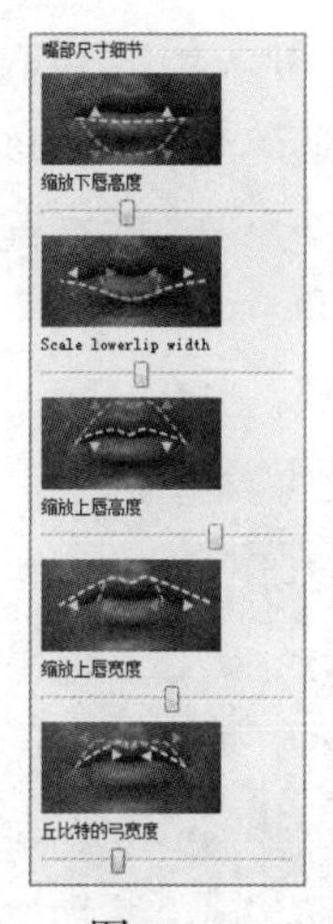

图 3.342

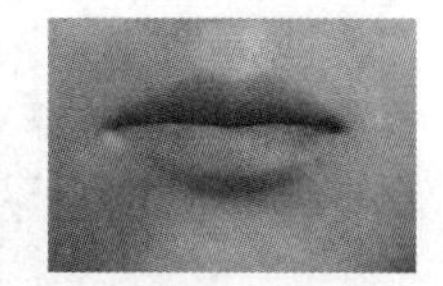

图 3.343

步骤 04 在躯干面板下调整臀部参数中的“臀部体积”，这样臀部看起来更加丰满，如图 3.344 和图 3.345 所示。

步骤 05 手臂与腿部参数基本上保持不变，唯一调整是的小腿和大腿的胖瘦参数，也就是将腿部稍微调瘦一些，这样显得腿比较修长，如图 3.346 和图 3.347 所示。

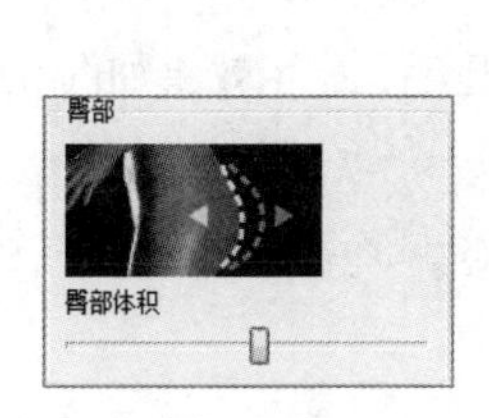

图 3.344

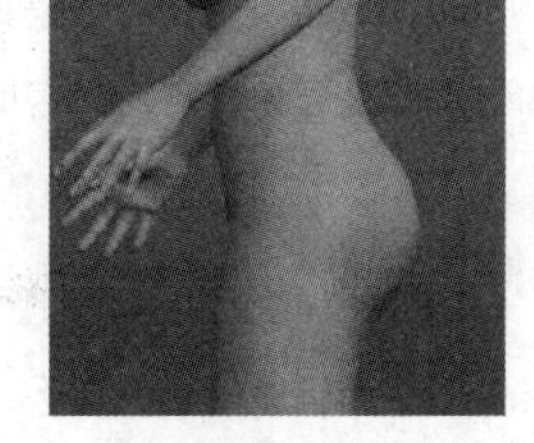

图 3.345

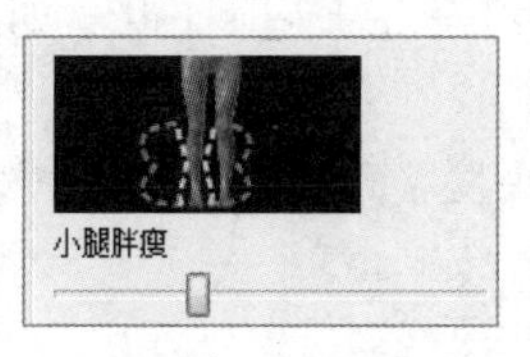

图 3.346

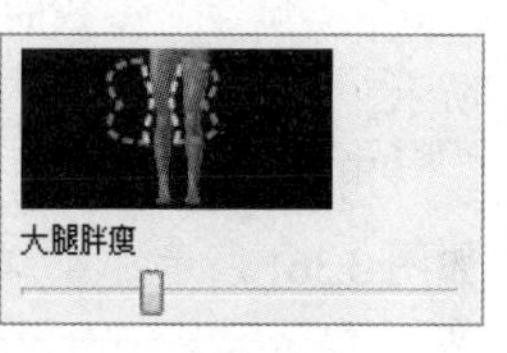

图 3.347

同时在 Legs 面板下将小腿和大腿拉长一些，如图 3.348 所示，效果如图 3.349 所示。

步骤 06 所有特征调整完毕后，需要注意几个细节，在 几何形状 | 眼睛 面板下系统提供了高模和低模，这里根据需要选择即可，如图 3.350 所示。同样，在牙齿选项中也提供了几种不同形状的牙齿，如果模型后期不参与动画调节的话，这里可以选择 None，如图 3.351 所示。

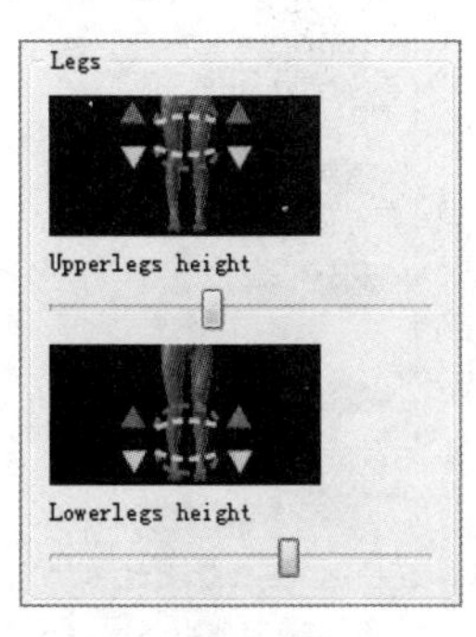

图 3.348

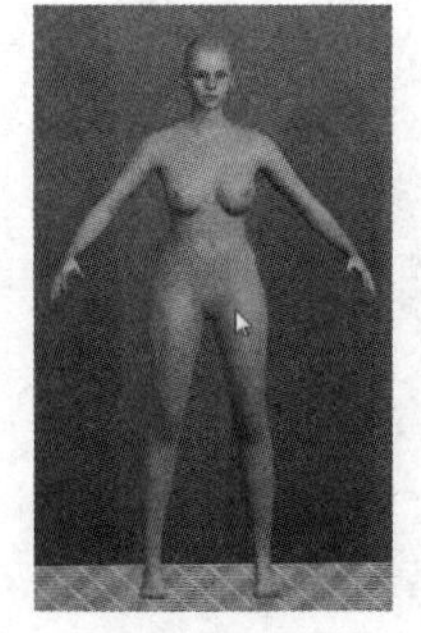

图 3.349

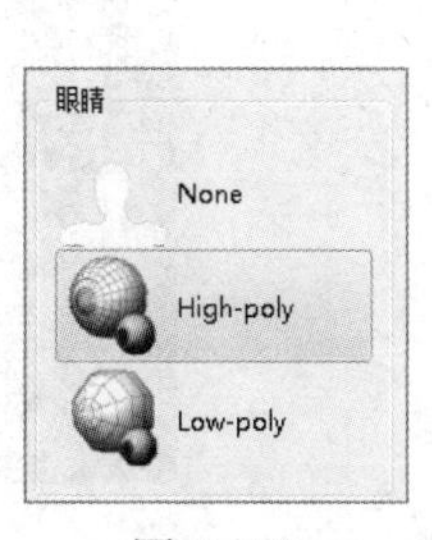

图 3.350

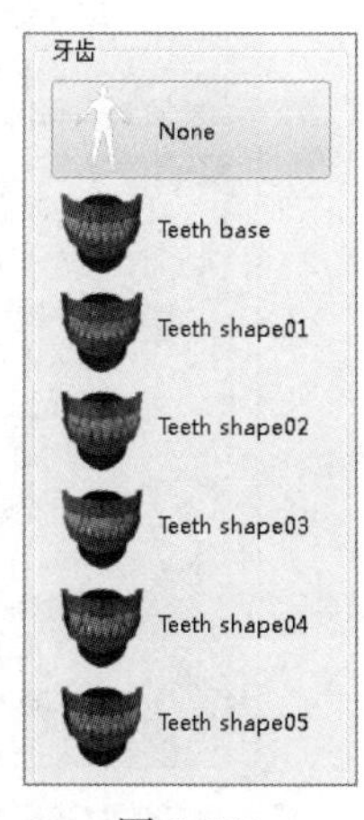

图 3.351

步骤 07 在输出模型之前，进入拓扑结构面板，单击按钮打开线框显示，系统同样提供了几种不同的布线方式，如图 3.352 所示。默认的布线效果如图 3.353 所示。

当选择第二个 Female1605 时，模型布线效果如图 3.354 所示，从该布线可以得知，模型面数较少，适合做游戏类模型；当选择 Female muscle13442 时，系统会以身体结构的走向进行布线，如图 3.355 所示。这里选择第一个 None 即可。

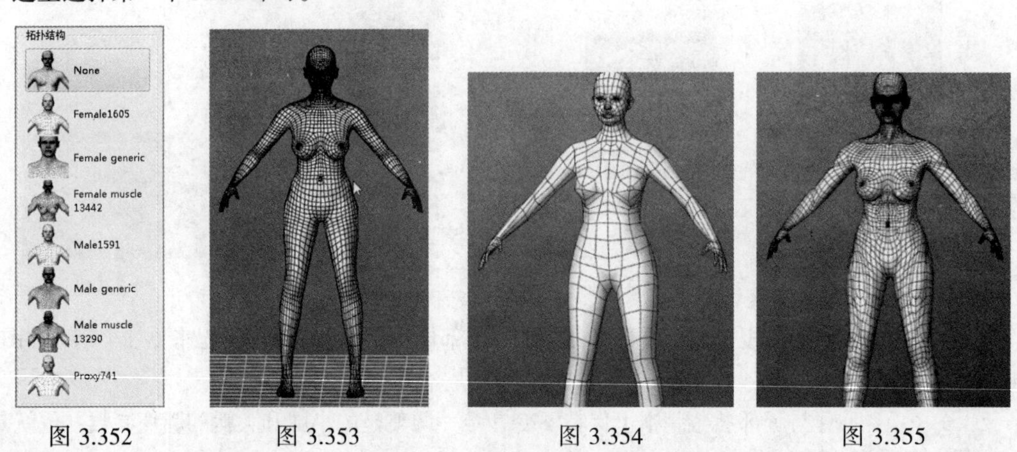

图 3.352　　图 3.353　　图 3.354　　图 3.355

步骤 08 在“几何形状”→“眉毛”面板下选择 Eyebrow001，如图 3.356 所示，此时眉毛效果如图 3.357 所示。

在“睫毛”参数面板中单击 Eyelashes03，如图 3.358 所示，给模型添加睫毛，显示效果如图 3.359 所示。

用同样的方法在“头发”面板中单击 Ponytail01，如图 3.360 所示，给模型添加头发，显示效果如图 3.361 所示。

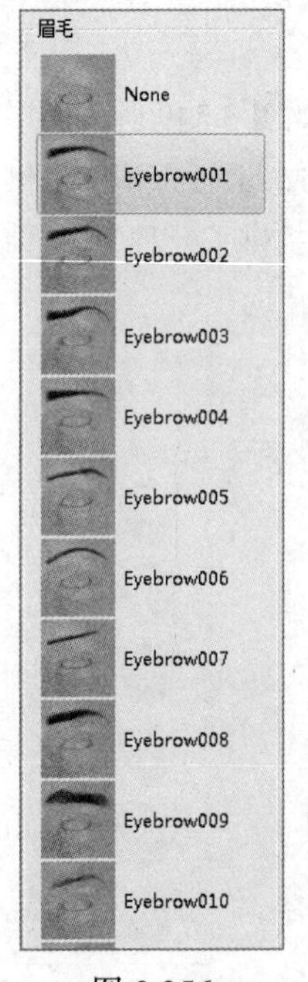

图 3.356

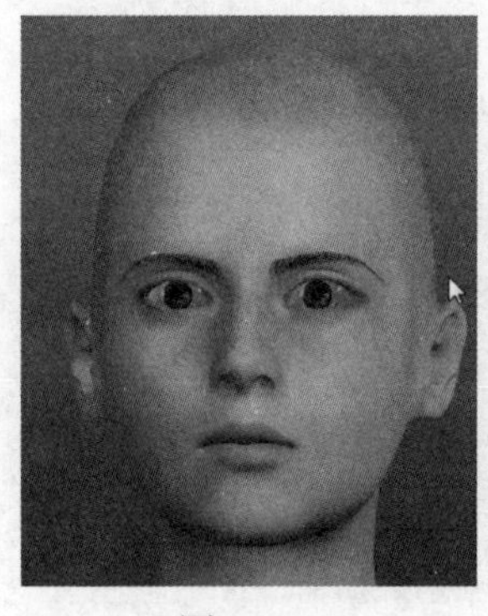

图 3.357

图 3.358

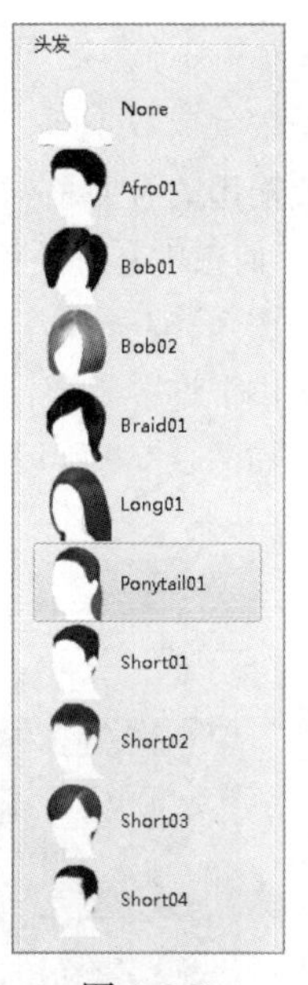

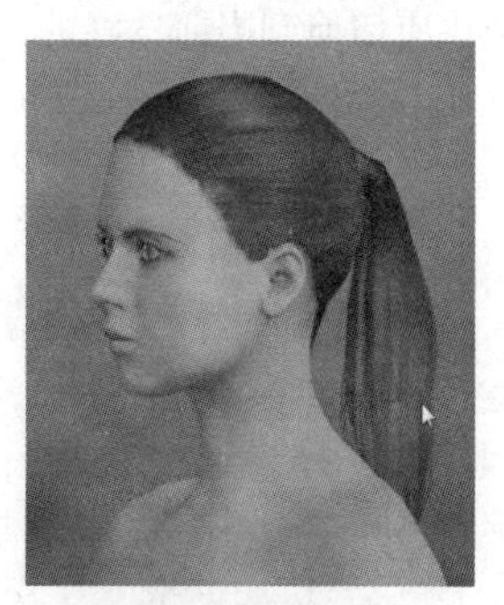

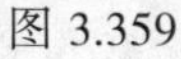

图 3.359

图 3.360

图 3.361

步骤 09　“服装”面板中系统提供了几套不同的男女服装，直接单击即可给模特添加衣服，如图 3.362 和图 3.363 所示。

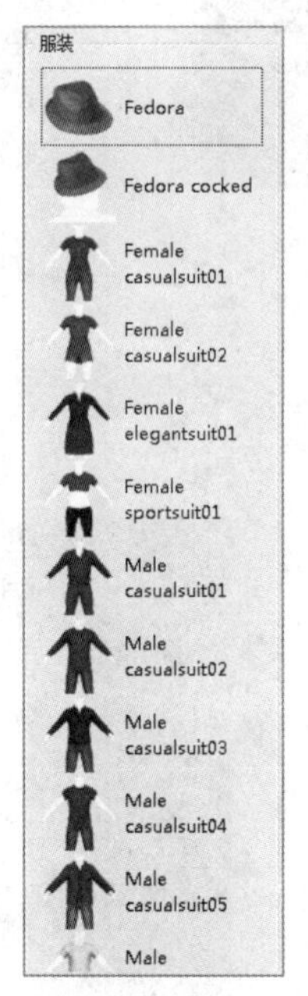

图 3.362

图 3.363

需要注意的是这里选择服装后，在导出模型时，服装和身体部分是一体的并不是独立的两个部分，也就是说选择了服装导出模型后，把服装隐藏起来，身体部位是空白的。所以这里尽可能不要给模特添加任何服装。

步骤 10　模型调整完成后接下来给人物添加骨骼系统，在“姿态/动画”面板中单击“骨架”按钮，系统提供了几种不同的骨骼系统，如图 3.364 所示。进入骨架系统后模型和服装会变得透明，如

图 3.365 所示。

几种骨骼的区别在于它们的精细分段数不同，同时还有手指、脚趾关节部位的骨骼多少的变化，这里可以根据使用情况酌情选择要输出的骨骼系统，本实例选择 Game engine 骨骼系统即可。

在“姿态/动画”面板下的 Pose 面板中系统还提供了许多姿态，如图 3.366 所示。单击任意一个模型就会快速切换到当前的姿态，如图 3.367 所示。

在 Expression 面板中系统还提供了许多表情，如图 3.368 所示。同样，单击任意一个表情，模型都会快速切换到当前选择的表情，如图 3.369 所示。

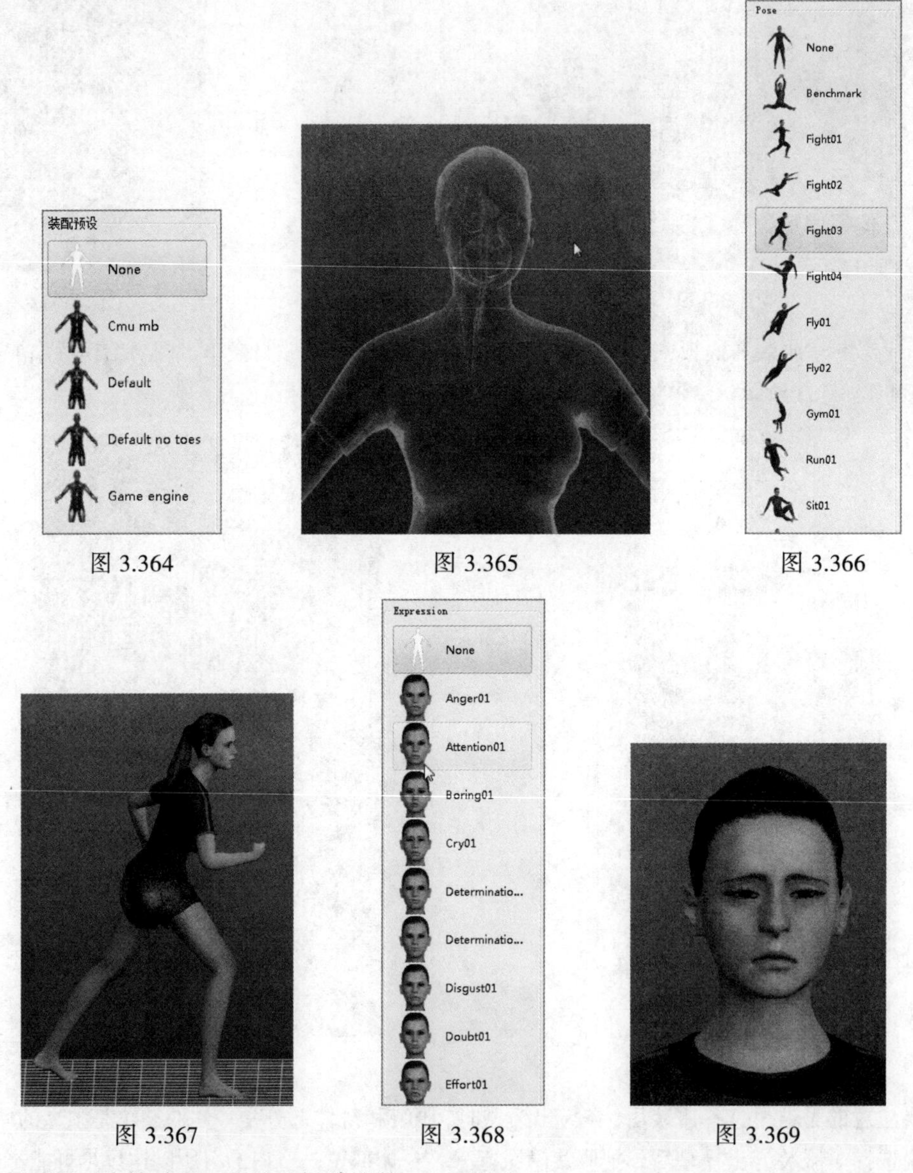

图 3.364　　图 3.365　　图 3.366

图 3.367　　图 3.368　　图 3.369

本实例不需要表情动画，所以选择默认的 None 即可。

步骤 11 文件的保存和导出。所有模型细节调整完成后，依次单击“文件”→“导出”进入“导出”系统面板，如图 3.370 所示。

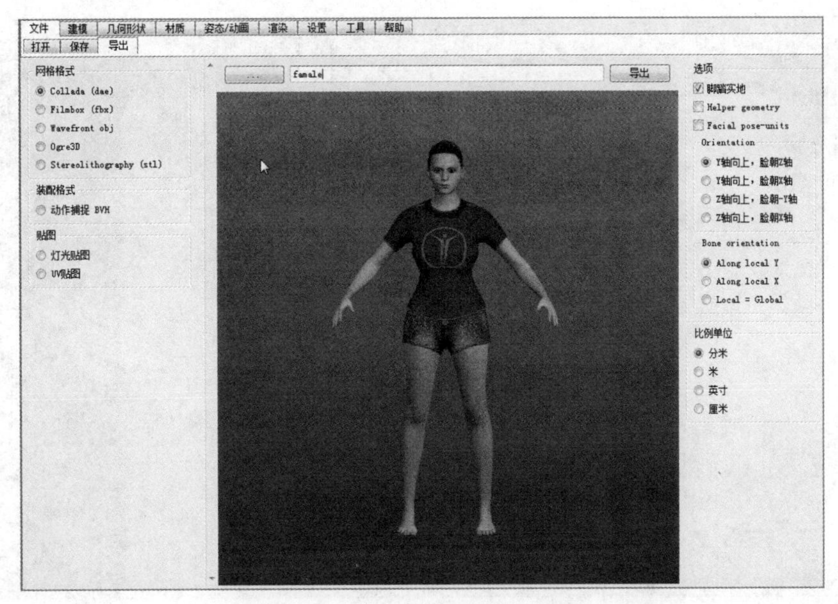

图 3.370

在导出模型时要注意导出的格式，以及右侧参数中的轴向的选择，同时还要注意比例单位的选择，这些导出选项直接影响其他三维软件中的尺寸大小等。

此处选择 FBX 格式，单击[...]按钮选择要保存的位置路径，然后输入一个要保存的名称后单击“导出”按钮即可。

注意　在导出时，右侧选项参数中比例单位最好选择厘米，导出路径最好是英文路径。

MakeHuman 软件导出文件时，提供了几种不同的导出文件类型：DAE 格式可以导出模型和骨骼，但不带材质；MHX 格式 3ds Max 不识别；最常用的有 OBJ 格式和 FBX 格式，OBJ 格式导出的是网格模型，FBX 导出时可以导出贴图、模型、骨骼、动画等信息。因为后期需要对模型进行姿态调整，所以这里选择 FBX 格式。

3.4　Marvelous Designer 软件基础知识

调整完姿态后，接下来学习衣服的制作。衣服的制作我们在 Marvelous Designer 软件中完成。做 CG 这行，不能不学习 Marvelous Designer 这个软件，Marvelous Designer 是目前世界上最流行的服装打板和模拟软件，能够即时地演算服装的打板、外观和动画，并且能够和 3ds Max、Maya 等主流动画软件进行数据交互，可以导入它们的动画数据，也可以把完成的布料导回 3ds Max 或者 Maya 中。对于服装设计、次时代角色制作、三维角色动画制作以及家装设计都是必学的软件。目前，市面上的 Marvelous Designer 教程较少，有一些教程又是收费的。所以本节就利用这个女性角色来给大家讲解一下 Marvelous Designer 10 的使用方法。

1. 基础界面

Marvelous Designer（简称 MD）10 打开的初始界面如图 3.371 所示。

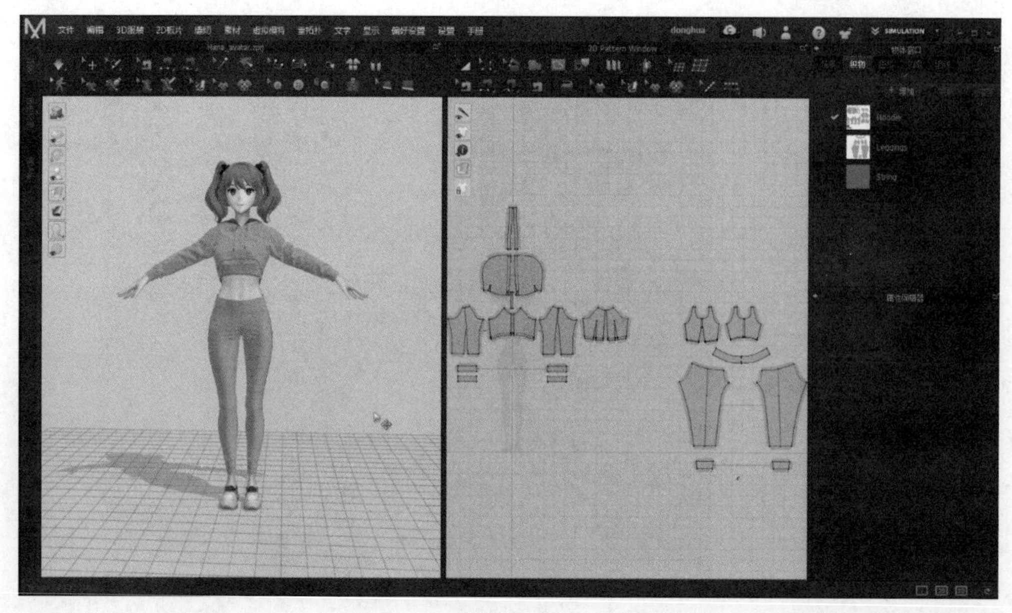

图 3.371

MD 软件可以分为几个区域，菜单栏、工具栏、系统资源面板、3D 视图区、2D 视图区以及参数面板。MD 10 这个新版本增加了一个虚拟模特，该模特类似卡通女孩的形象，非常可爱漂亮。如果在打开该软件时视图面板中是空白的，可以单击左侧的“图库”面板，然后在 garment 文件夹中找到新增的虚拟模特，如图 3.372 所示，双击虚拟模特即可快速打开模型。也可以在 Avatar 文件夹中找到新增的虚拟模特，当光标放置在该模型上时，会显示出前后以及侧面的效果，如图 3.373 所示。

图 3.372

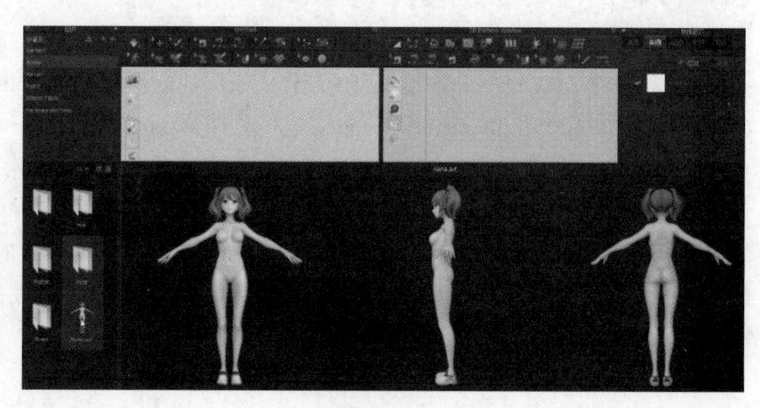

图 3.373

MD 10 版本把一些工具整合在了一起，比如图 3.374 中所示右下角带有小箭头的工具就是进行了整合的工具，长按工具按钮即可弹出内置的其他工具，如图 3.375 所示。

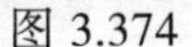

图 3.374

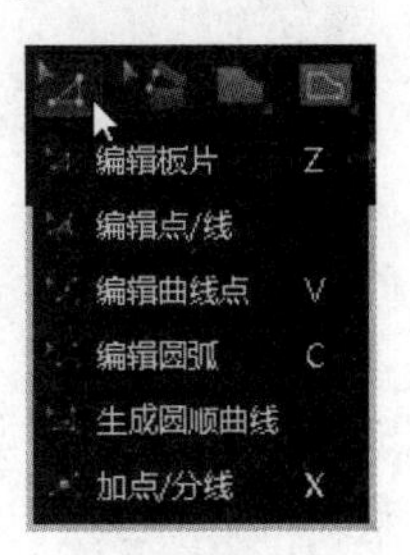

图 3.375

如果不希望工具按钮整合在一起，可以单击“设置”→“用户自定义”菜单，在“用户界面”中取消选择“工具群组”即可，如图 3.376 所示。

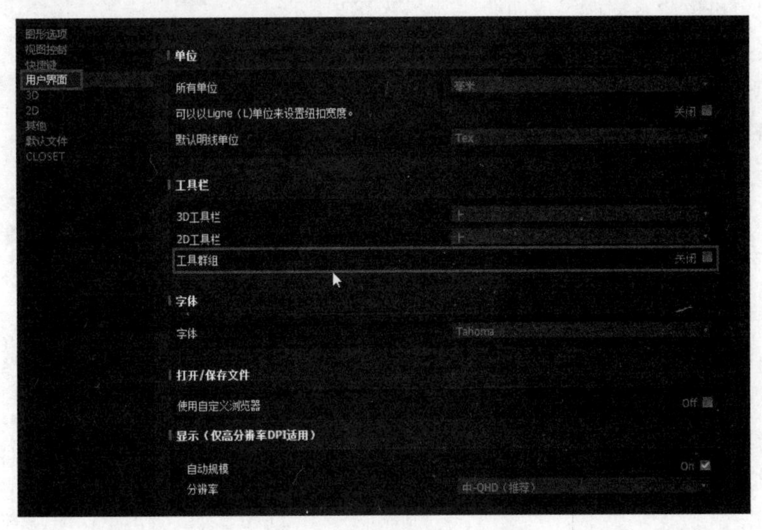

图 3.376

这样整合在一起的工具就会独立显示了，如图 3.377 所示。

图 3.377

2．2D 工具面板

首先来学习一下 2D 工具面板下各种工具的使用方法。

多边形板片创建：在 2D 视图中可以通过单击来创建出直角的线段，通过单击并拖动的方式可以创建出带有弧度曲线的线段。当创建的线段闭合后，系统会在 3D 视图中自动生成一个板片，如图 3.378 和图 3.379 所示。

编辑板片：只有先创建一个板片后才能使用编辑板片按钮进行板片的编辑操作。使用该工具可以调整点的位置和曲率等，如图 3.380 所示，也可以选择线段进行调整，如图 3.381 所示。

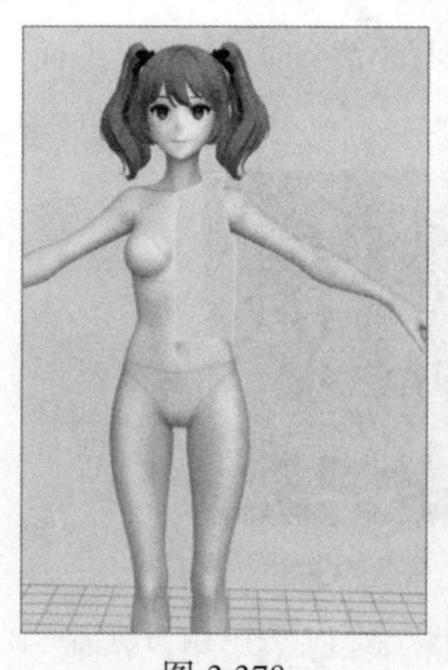

图 3.378

图 3.379

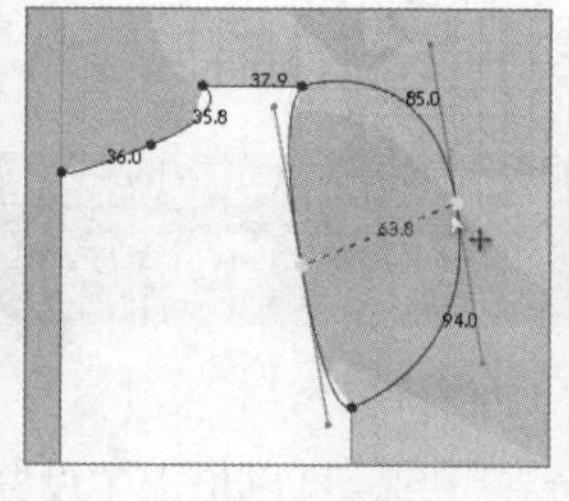

图 3.380

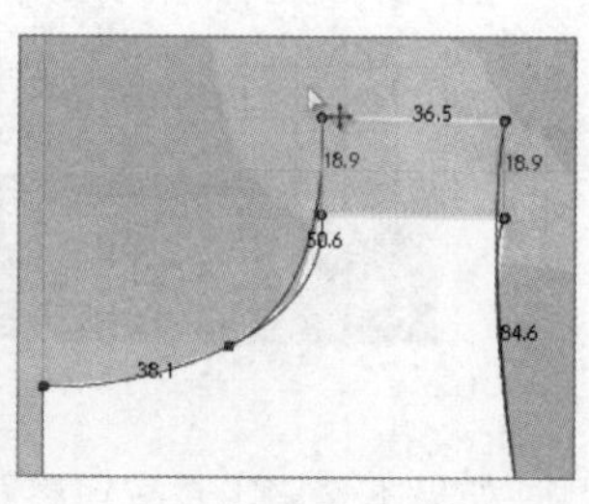

图 3.381

编辑圆弧：可以将直线调整成曲线，如图 3.382 所示。

编辑曲线点：和编辑圆弧类似，用来调整曲线上的点。

加点/分线：在线段上加点，如图 3.383 所示。

生成圆顺曲线：将直角点生成平滑的曲线点，如图 3.384 所示。

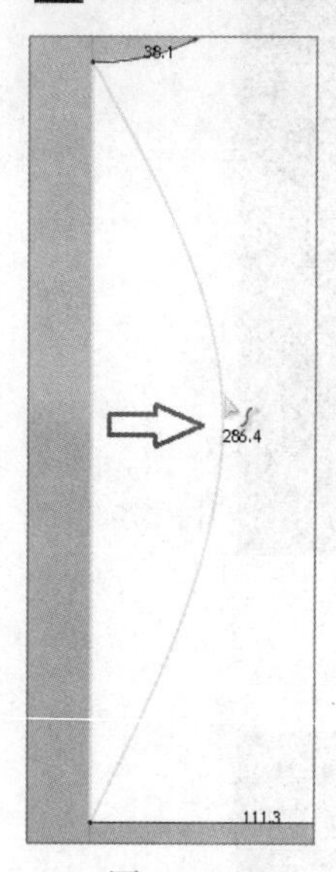

图 3.382

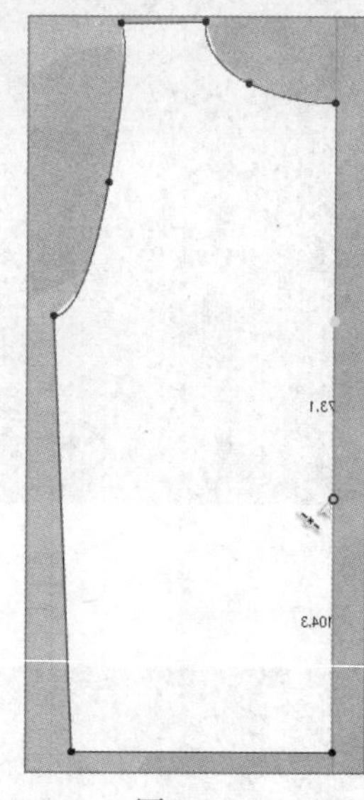

图 3.383

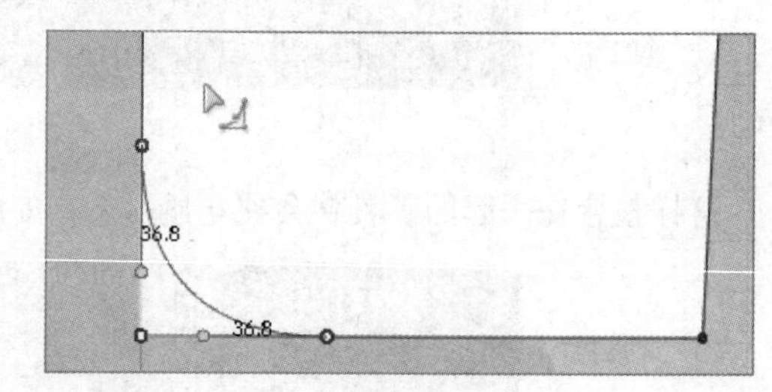

图 3.384

延展：延展工具可以使板片沿着某一个点或线进行旋转并延伸，过程显示如图 3.385 所示，延展后的效果如图 3.386 所示。

长方形板片创建：创建长方形板片。单击该按钮后有两种创建方法：一是单击并拖动来创建，如果在创建时按住 Shift 键，创建出的是正方形板片；二是在视图中直接单击鼠标并放开，此时会弹出参数面板，在参数面板中可以通过输入具体的数值来创建，如图 3.387 所示。

圆形板片创建：创建圆形或者椭圆形板片，按住 Shift 键创建的为正圆形，按住 Ctrl+Shift 组合键是以当前光标中心点为圆心向外侧延伸创建一个正圆形，当在视图中单击鼠标并松开时，也会弹出一个参数面板，如图 3.388 所示，在参数面板中可以设置具体的参数。

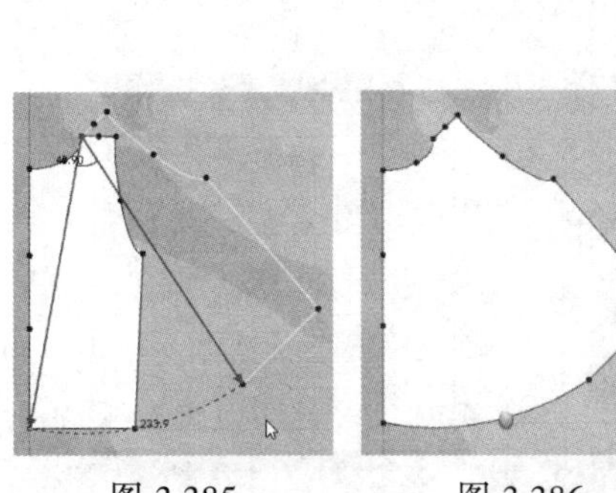

图 3.385　　图 3.386

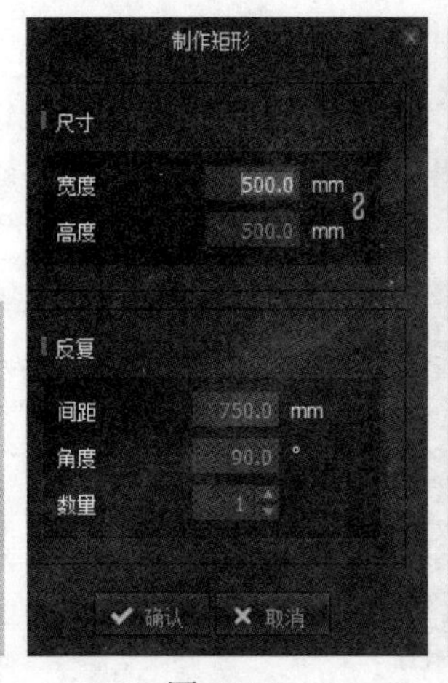

图 3.387

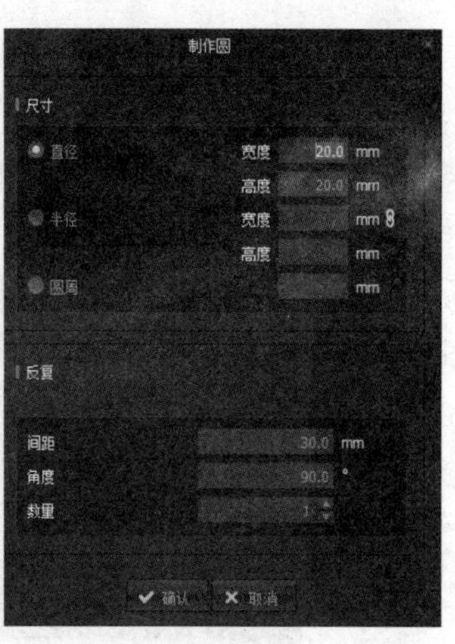

图 3.388

内部多边形/线 内部长方形 内部圆形：这几个工具也比较容易理解，就是在板片的基础上创建内部多边形、长方形或者圆形。以内部圆形为例，先创建一个圆形板片，然后单击按钮按住 Ctrl+Shift 组合键将光标放置在板片的中心点，单击并拖动创建一个内部的圆，如图 3.389 所示。在内部板片上右击，在弹出的菜单中选择转换为洞命令，可以快速将创建的内部圆形转化为洞，如图 3.390 所示。

省（内部缺口）：在板片上创建菱形并挖洞，如图 3.391 所示。

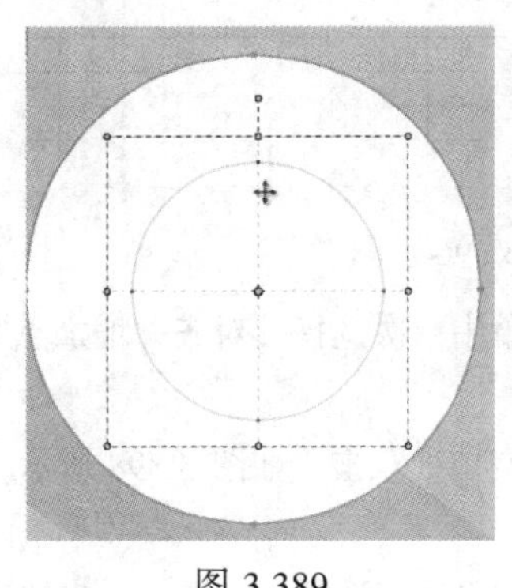

图 3.389

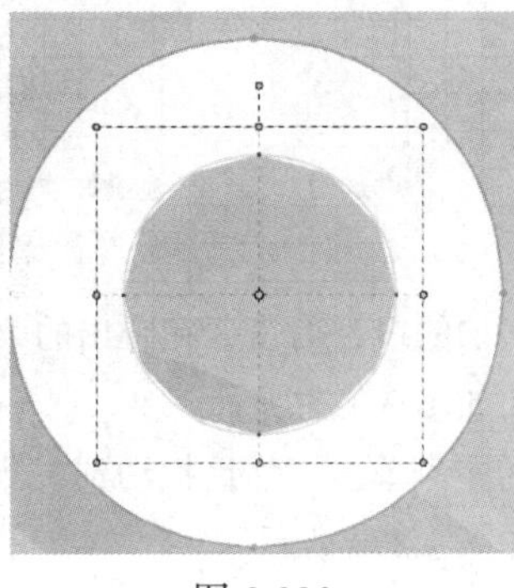

图 3.390

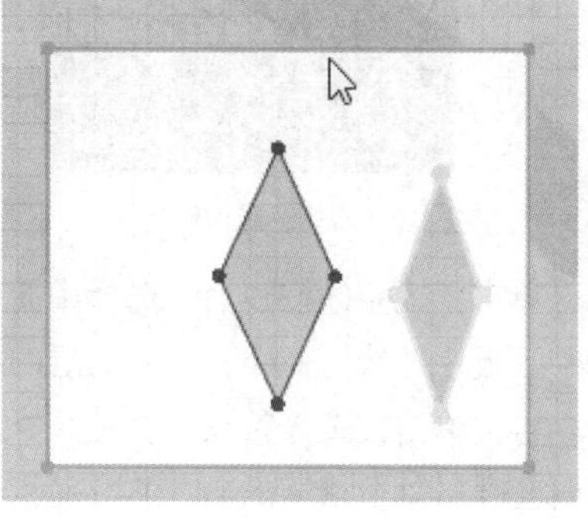

图 3.391

勾勒轮廓：该命令不常用，偶尔用到的是在内部线上右击，然后选择“勾勒为板片”，如图 3.392 所示，可以将内部线单独转化为板片。

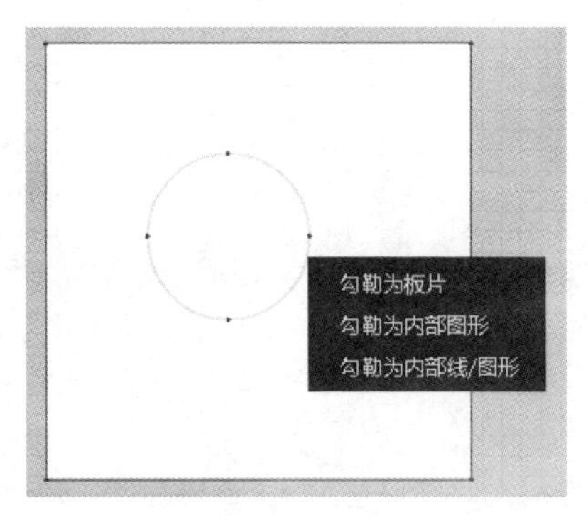

图 3.392

翻折褶裥：制作褶皱的工具，该工具比较常用，常用来制作百褶裙等。

首先创建一个长方形板片，单击按钮，选择长方形板片的左侧的线段，右击，此时会弹出内部线间距参数面板，在该面板中可以设置扩张数量和间距，如图 3.393 所示，对应的板片中也会增加线段的数量，如图 3.394 所示。

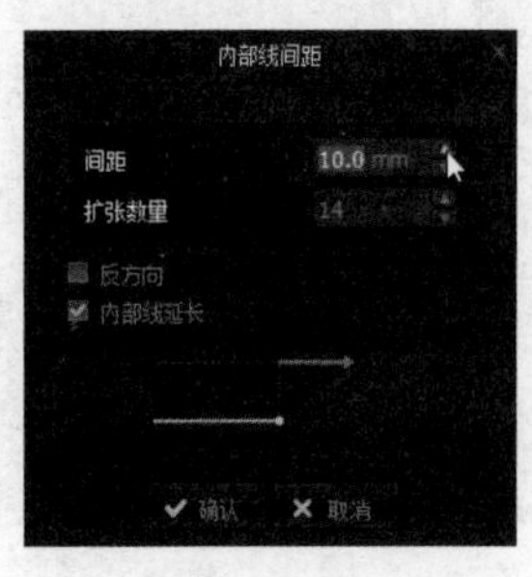

图 3.393

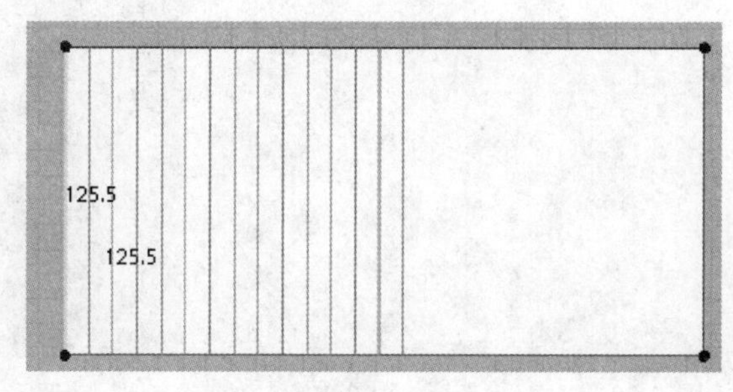

图 3.394

在设置时先设置好扩张数量的值，该值最好是 3 的倍数减 1，然后再逐步调整间距的距离直至线段大致平分，如图 3.395 和图 3.396 所示。

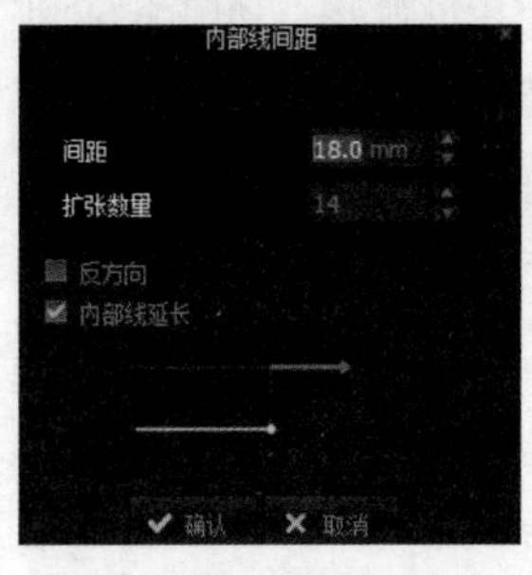

图 3.395

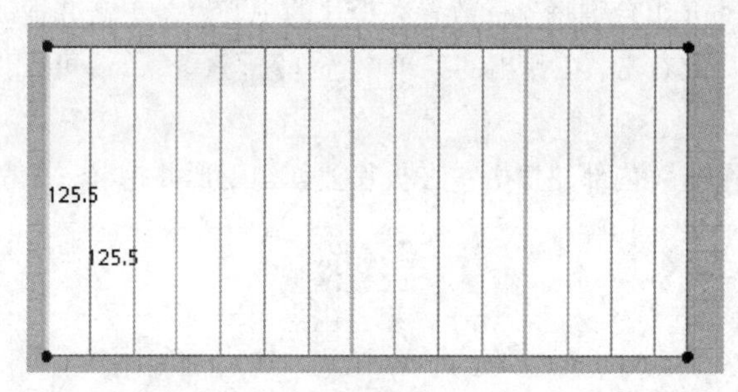

图 3.396

单击“确定”按钮后，选择中间新增加的线，右击，在弹出的菜单中依次选择“对齐并增加点”→“到板片外线”命令，对齐之后的板片如图 3.397 所示。

再次单击命令按钮，在板片外部的左侧单击，然后拖动到右侧空白处双击，如图 3.398 所示，此时会弹出翻折褶裥的命令参数面板，如图 3.399 所示。

系统内置了三种褶皱方式，可以根据需求执行选择其中的一种，这里我们选择工字褶，单击“确认”按钮即可。此时板片效果如图 3.400 所示。

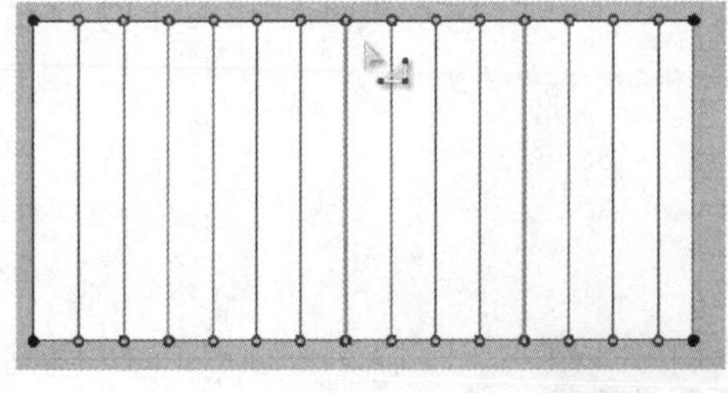

图 3.397

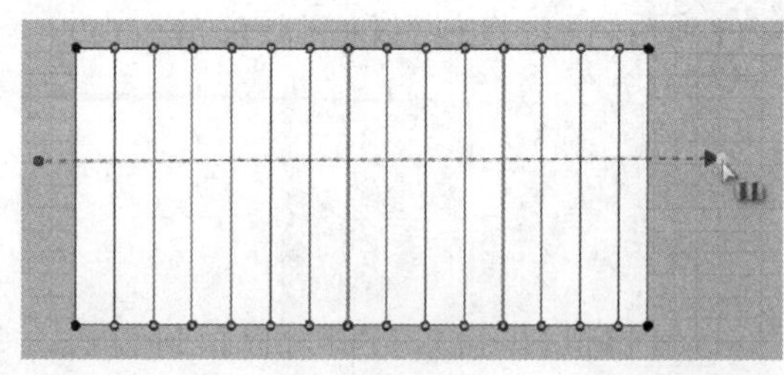

图 3.398

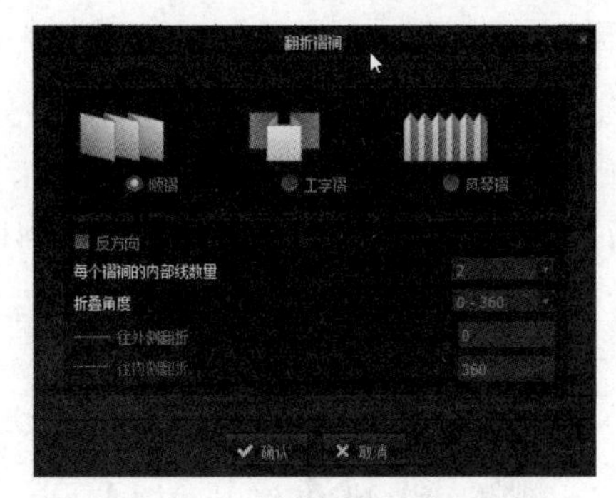

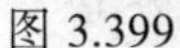
图 3.399

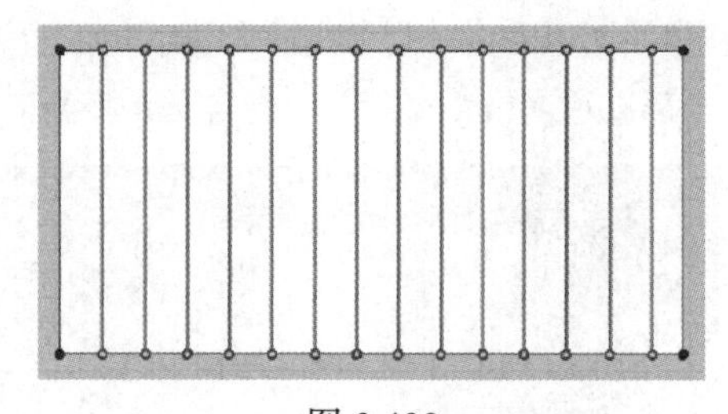
图 3.400

在该板片上方再创建一个长方形板片，长按按钮选择（缝制褶皱）工具，按照图 3.401 中所示的数值顺序依次单击将对应的边进行缝合。

单击（板片选择）工具选择上方的长方形板片，右击，在弹出的菜单中选择“冻结”命令，然后单击（解算按钮）进行解算，此时，在 3D 视图中就可以快速解算出一个裙摆的效果，如图 3.402 所示。

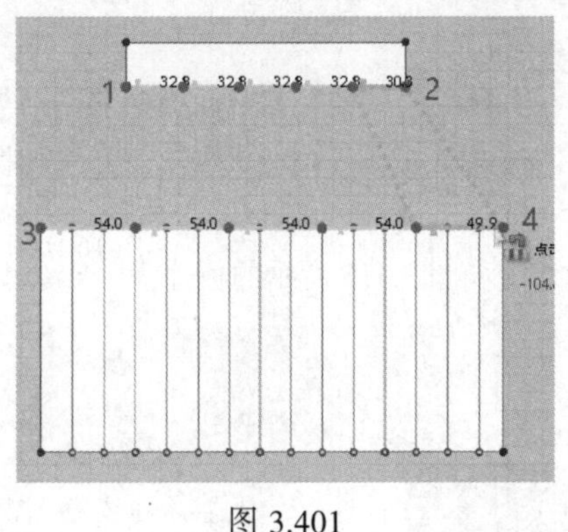

图 3.401

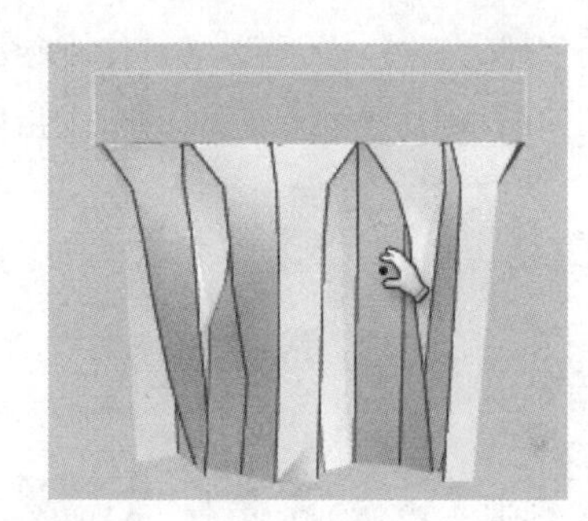
图 3.402

创建拓扑：可以在板片上重新拓扑新的面，在板片上按照顺序单击，当四边面闭合时就创建出了一个新的拓扑面，如图 3.403 所示。拓扑第二个面时依次按照顺序单击，最后闭合即可，如图 3.404 所示。

用同样的方法拓扑出其他的面，如图 3.405 所示。按住 Ctrl+Shift 组合键可以快速增加环形线，如图 3.406 所示。除了在横向上加线外还可以在竖向上快速加线。

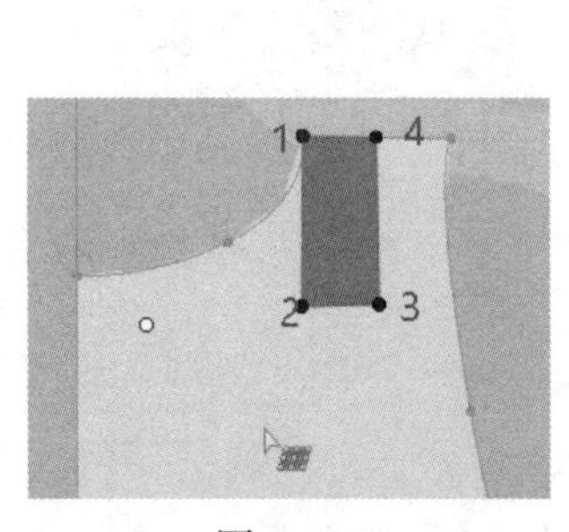

图 3.403

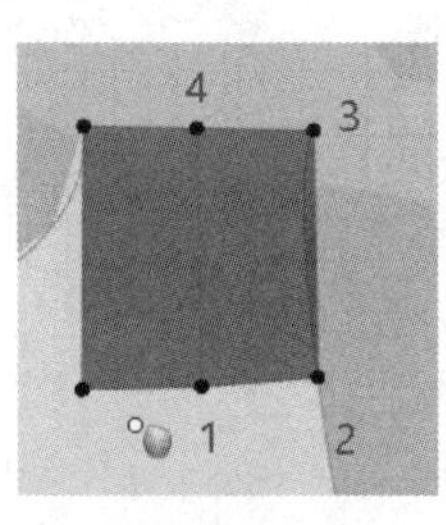

图 3.404

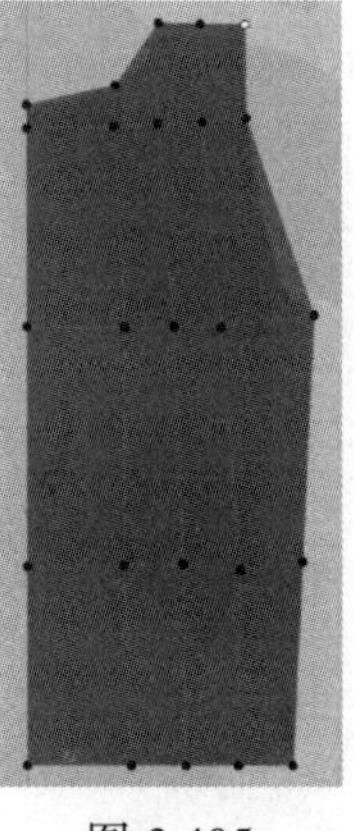
图 3.405

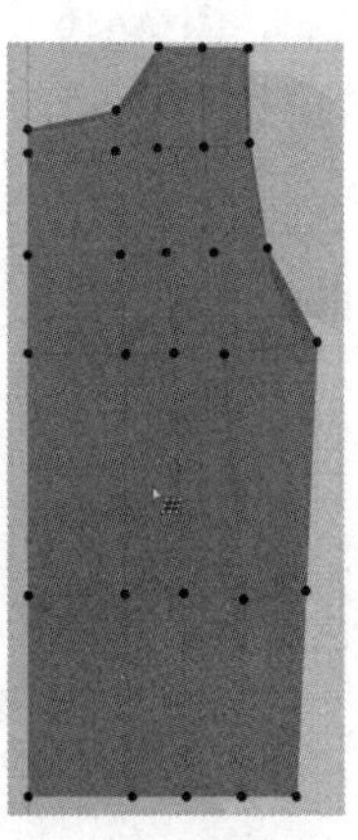
图 3.406

编辑拓扑：对拓扑出的面进行编辑。可以选择点或者线进行位置的移动，如图 3.407 所示。可以在任意一个线上双击快速选择环形线段进行编辑，如图 3.408 所示。

在拓扑面上右击，会弹出 3 个选项，如图 3.409 所示。

“全部重置网格（克隆）”的含义是将当前重新拓扑的板片克隆一个，效果对比如图 3.410 所示。

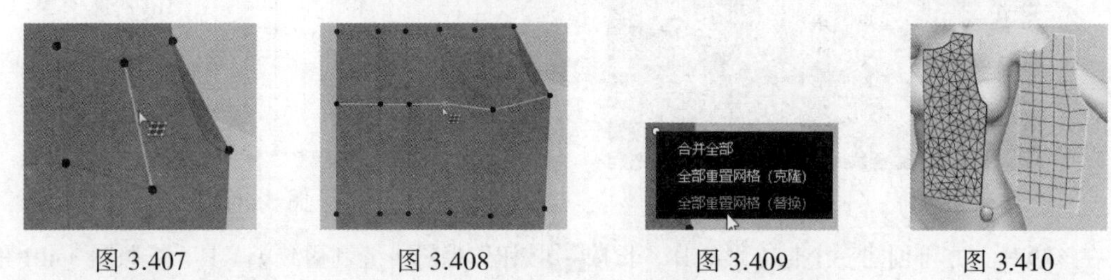

图 3.407　　图 3.408　　图 3.409　　图 3.410

“全部重置网格（替换）”的含义是直接将原有的板片替换为新拓扑后的板片。

使用拓扑功能可以使原有的三角面替换成所需要的布线结构，如果想快速将三角面替换成四边面，也可以在 3D 视图中的板片上右击，在弹出的菜单中选择“重置网格”命令，重置后的网格效果对比如图 3.411 和图 3.412 所示。

除了上述方法外，还可以通过修改参数来完成，在右侧的“其他”参数面板中的网格类型中选择四边面，如图 3.413 所示，此时的布线会自动转换为四边面，如图 3.414 所示。该方法转换的四边面比较随机。

接下来介绍缝纫工具，在介绍缝纫工具前，先创建出如图 3.415 所示的板片。

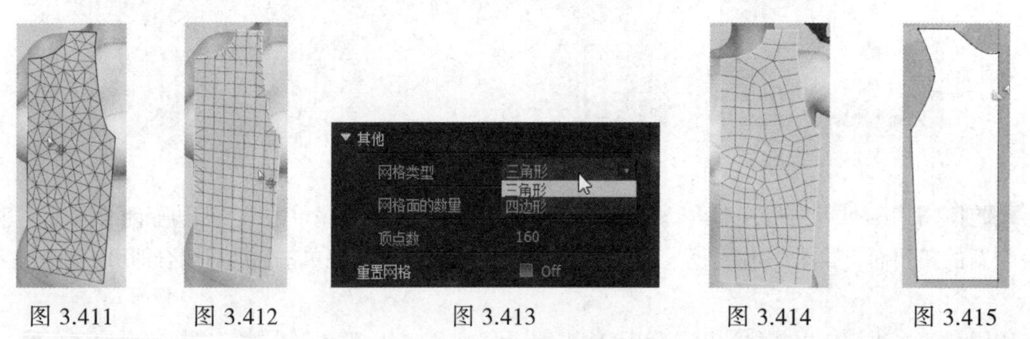

图 3.411　　图 3.412　　图 3.413　　图 3.414　　图 3.415

另外一半的板片可以通过复制粘贴来创建，也可以选择“对称板片”和“联动板片”命令来快速关联复制，图 3.416 中所示的左侧的板片为“对称板片”命令复制出来的板片，右侧为“联动板片”命令复制出来的板片。“对称板片”命令可以理解为镜像关联复制，“联动板片”可以理解为直接关联复制，当调整原有板片形状时，它们都会随之进行变化，如图 3.417 所示。

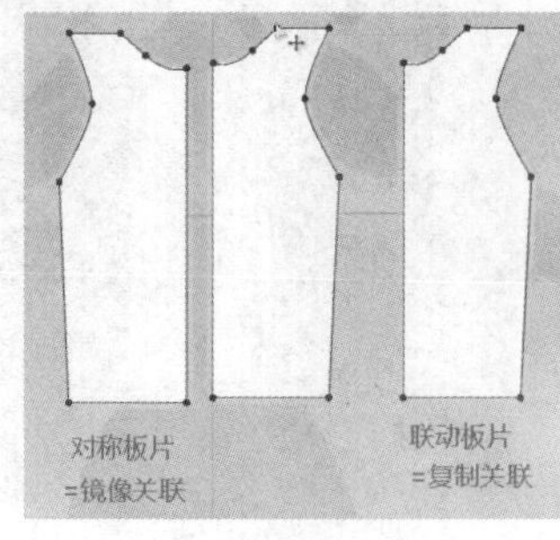

图 3.416

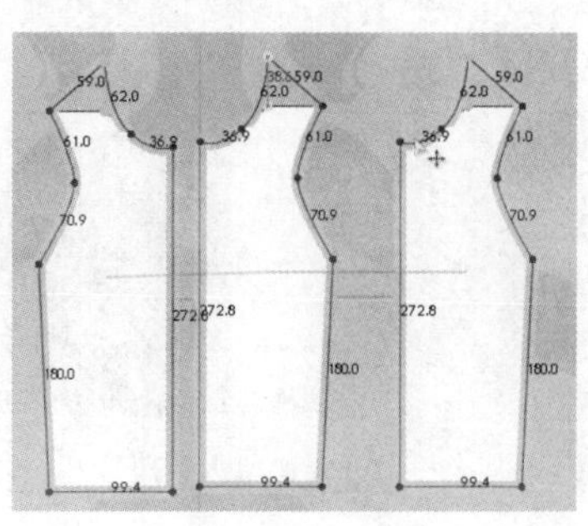

图 3.417

先删除右侧的板片，框选两个板片按 Ctrl+C 快捷键复制，再按 Ctrl+V 快捷键粘贴，重新调整一下粘贴后的板片形状，如图 3.418 所示。

在 3D 视图中，创建的板片都是在一个平面内的，如图 3.419 所示，在进行缝制和计算之前，最好将它们的位置先调整好。单击工具将右侧的两个板片移动到身体的背部，如图 3.420 所示。

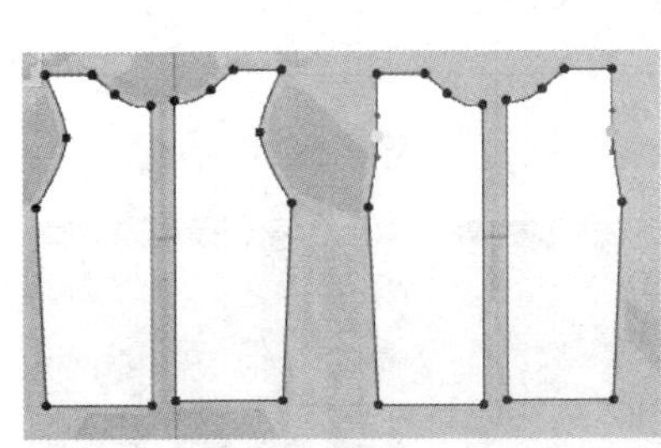
图 3.418

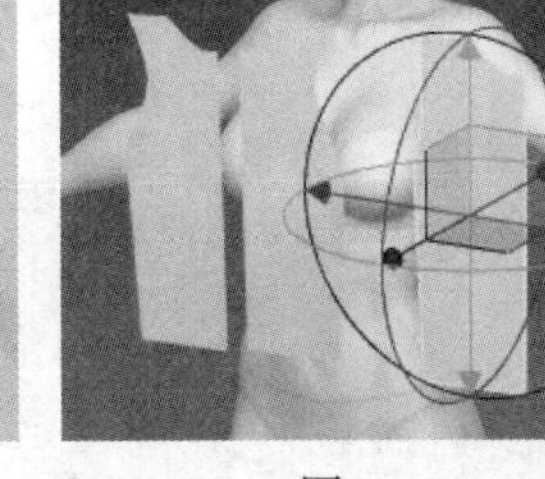
图 3.419

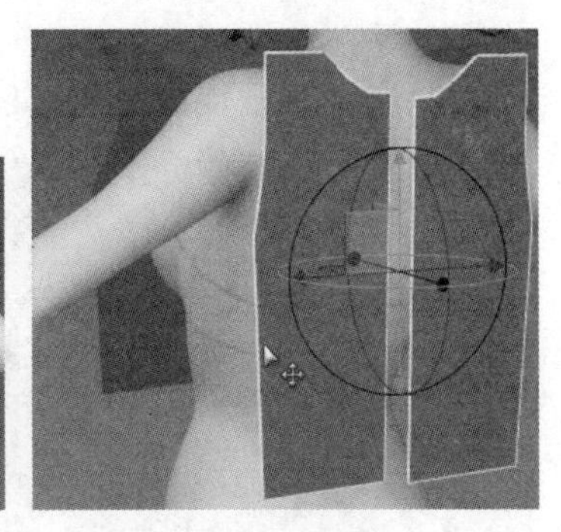
图 3.420

我们创建的板片是分正反面的，从正面看和背面看它们的颜色不一样，对比效果如图 3.421 和图 3.422 所示。如果此时直接进行缝制，后面的计算会出现一定的问题，需要将背部的两个板片进行翻转，翻转的方法也很简单，选择这两个板片后右击，在弹出的菜单中选择"水平翻转"命令即可（快捷键为 Ctrl+G 键）。

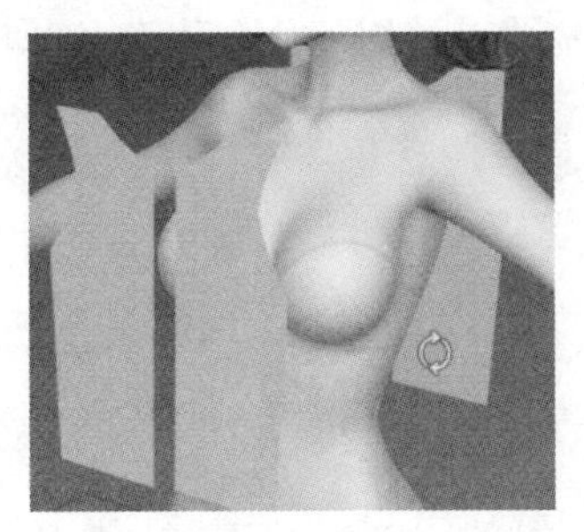
图 3.421

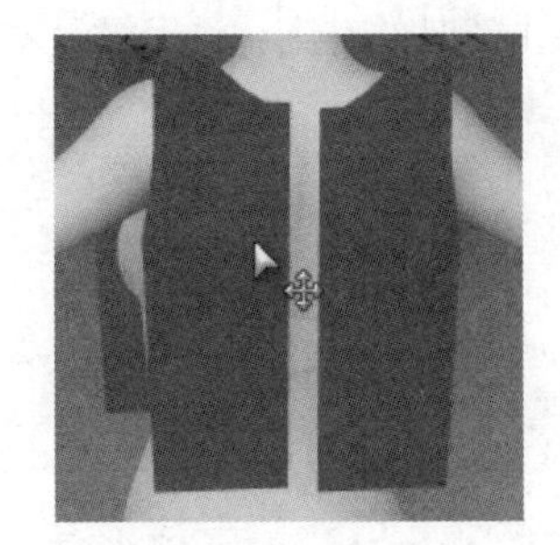
图 3.422

线缝纫：将板片其中的一段和另一个板片的其中一段进行缝纫，如图 3.423 所示。

操作的方法是先在板片其中的一段上单击，然后在对应的另一个板片上的线段上单击即可完成缝纫。缝纫的过程会显示出绿色的缝纫线，缝纫完成后缝纫线就会变成其他颜色，如图 3.424 所示。

除了在 2D 视图中缝纫外，还可以在 3D 视图中进行缝纫，如图 3.425 所示，这也是 MD 10 版本新增加的功能之一。

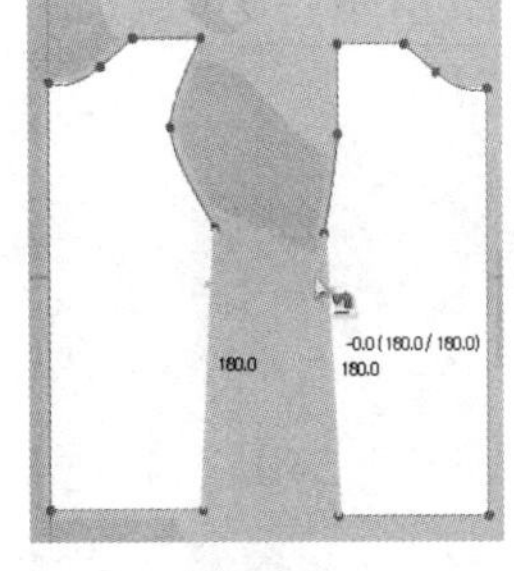

图 3.423

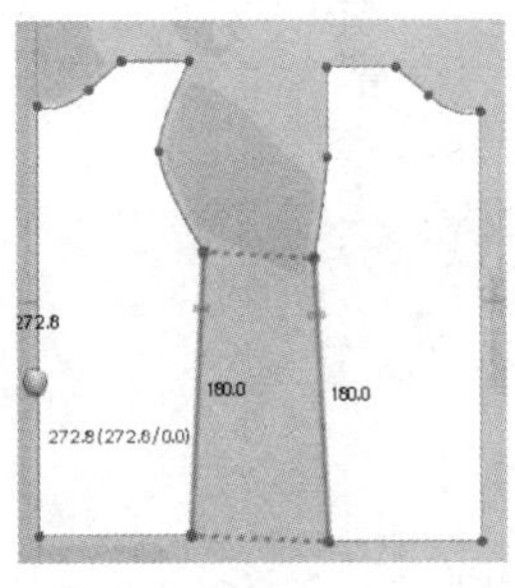

图 3.424

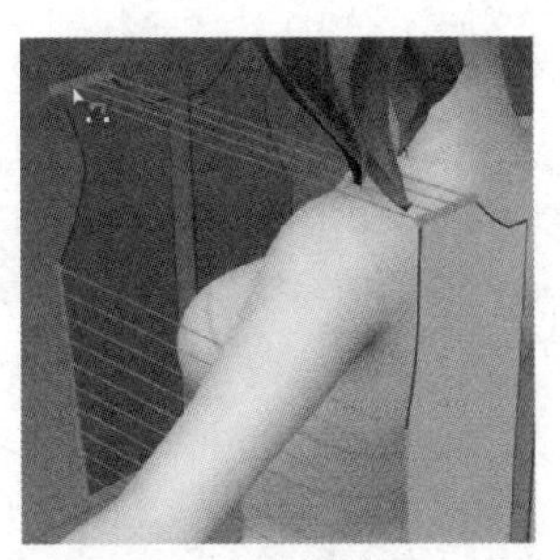
图 3.425

重新创建并复制几个板片，用线缝纫工具将其缝纫起来，2D 和 3D 视图的效果分别如图 3.426 和图 3.427 所示。

在 3D 视图中按下 W 键，在板片的上方两个角的位置单击将其固定一下，单击（解算）按钮或按空格键开始解算，此时系统会自动把相对应的位置缝合在一起，如图 3.428 所示。再次按空格键即可取消解算。

自由缝纫：自由缝纫可以根据需要将其中某一部分进行缝纫，如图 3.429 所示。

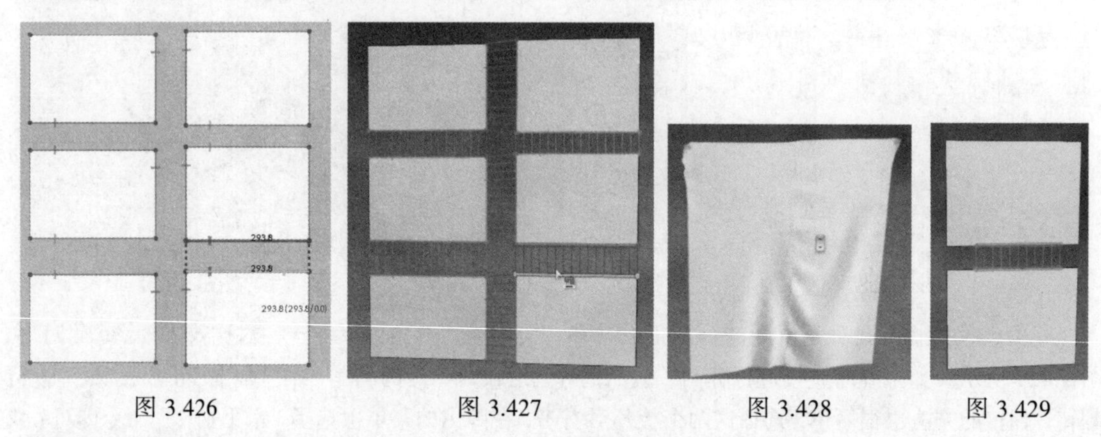

图 3.426　　图 3.427　　图 3.428　　图 3.429

M:N 缝纫：可以一次性将多个需要缝纫在一起的板片进行缝纫。如图 3.430 和图 3.431 所示为按照顺序依次单击线时的对比，最后提示“按下回车来完成 N 缝纫”时按下回车键即可。

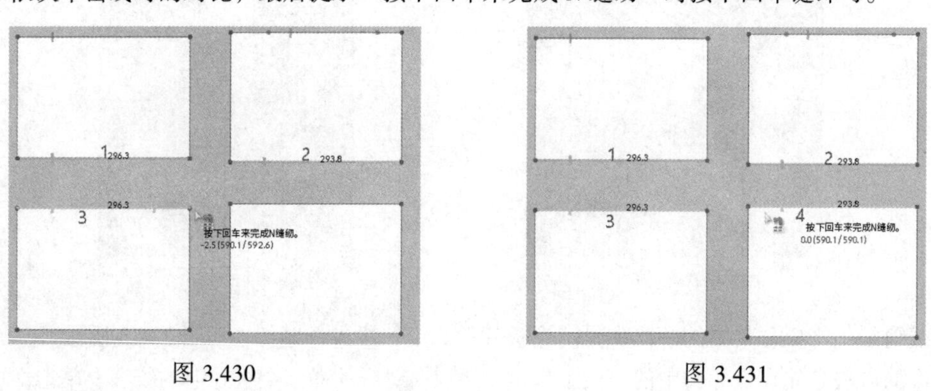

图 3.430　　图 3.431

M:N 自由缝纫：可以一次性将多个需要缝纫在一起的板片自由进行缝纫，如图 3.432 和图 3.433 所示。

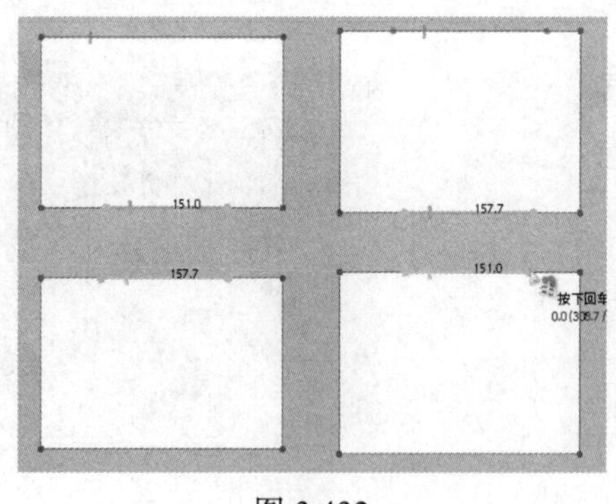

图 3.432

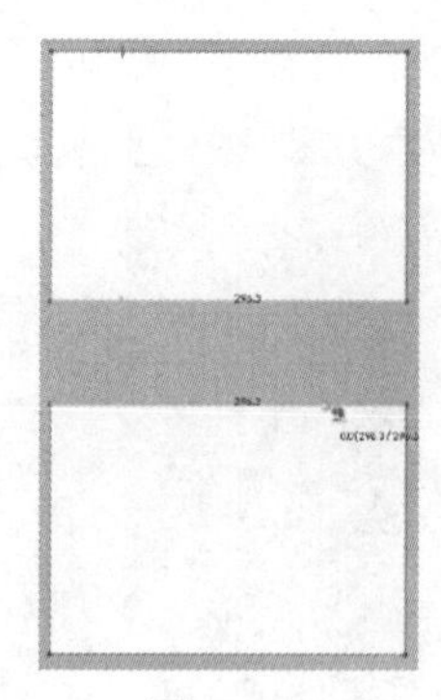

图 3.433

无论是用线缝纫还是自由缝纫，在缝纫时要注意方向。比如以线缝纫为例，要注意缝纫的顺序和方向，如果出现图 3.434 中所示的缝纫效果，就是方向缝反了。出现这种情况可以右击，在弹出的菜单中选择“调换缝纫线”即可，如图 3.435 所示。快捷键为 Ctrl+B。

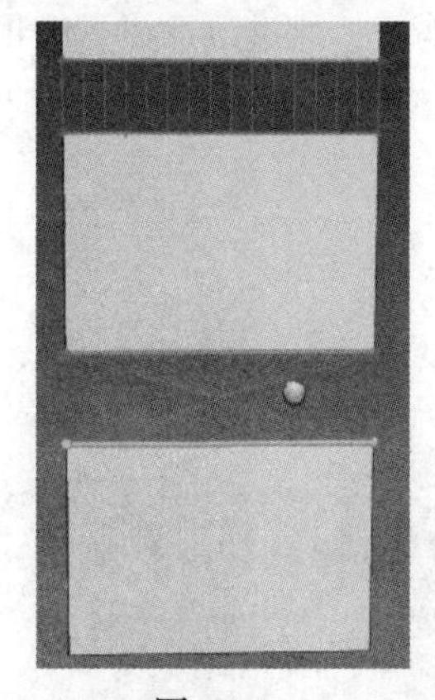

图 3.434

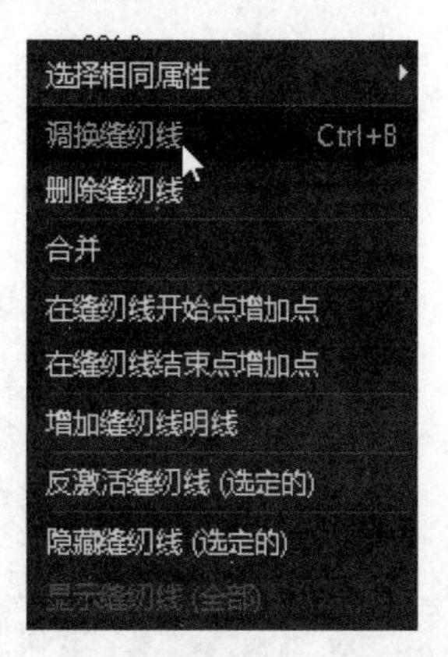

图 3.435

检查缝纫线长度：这个命令很少使用，这里不再介绍。

归拔：单击该按钮后，板片会显示出布线的密度，如图 3.436 所示。同时弹出一个参数面板，如图 3.437 所示。

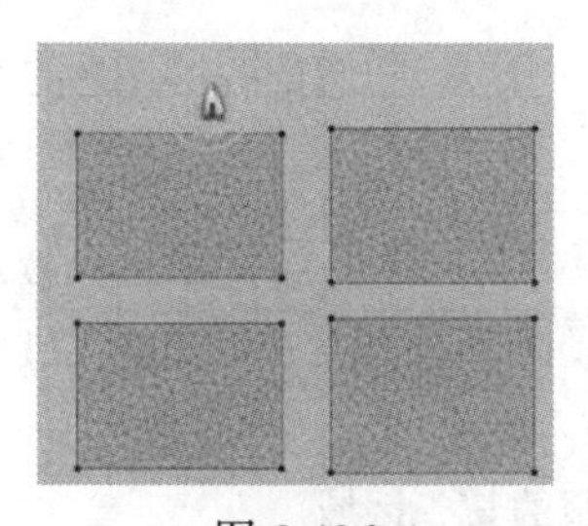

图 3.436

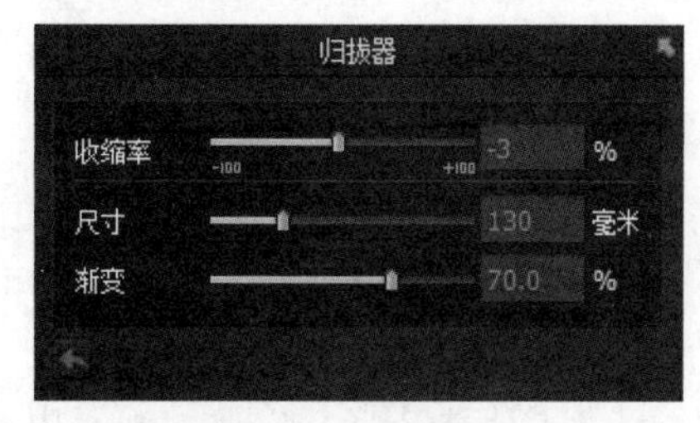

图 3.437

当收缩率为正值的时候在板片上涂抹会以红色显示，当收缩率为负值时在板片上涂抹会以蓝色显示，如图 3.438 和图 3.439 所示。蓝色代表收缩，红色代表膨胀。该工具可以手动调整衣服的收缩或者膨胀效果。

这三个工具是用来调整贴图纹理的。单击按钮先框选衣服的板片，在右侧的参数面板中单击右侧的图标，选择一张纹理图片，此时就将贴图赋予了板片，如图 3.440 所示。

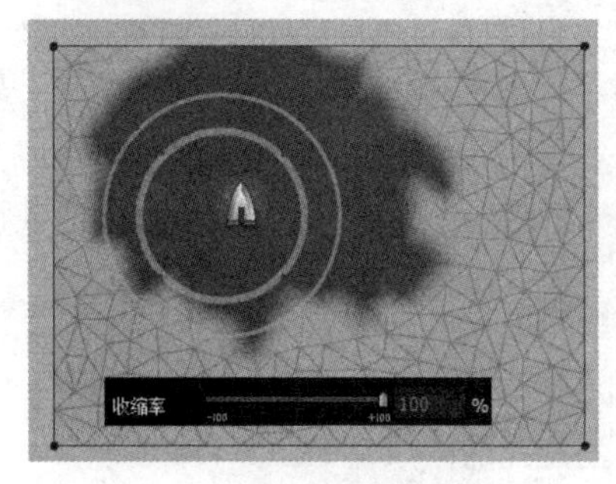

图 3.438

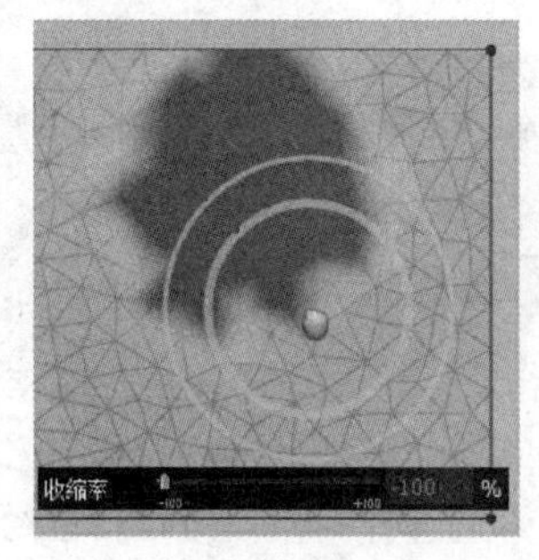

图 3.439

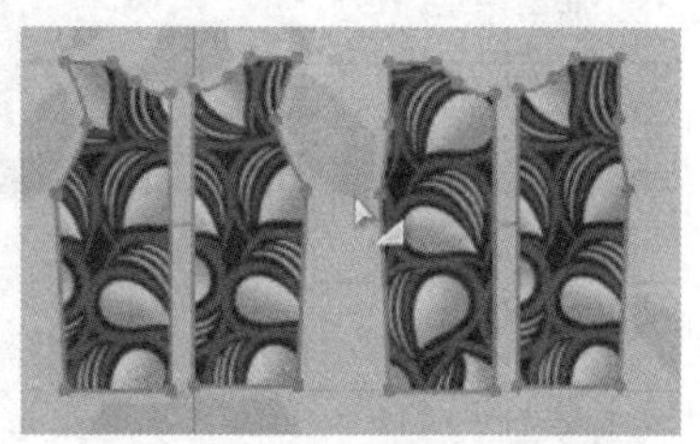

图 3.440

编辑纹理：单击该按钮后可以在贴图上调整纹理的位置和角度，通过图 3.441 中所示的轴可以缩放调整纹理的大小等。横向为 X 轴缩放，竖轴为 Y 轴的缩放，斜方向的轴为等比例缩放。单击右上角的弧线，通过手动鼠标可以调整纹理（如图 3.442 所示）以及角度（如图 3.443 所示）。

贴图（2D）板片：可以在原有的纹理基础上增加新的纹理贴图，如图 3.444 所示。

线段明线：明线的含义有点类似于现实中的针线的意思，通过该按钮可以将针线效果显示出来。首先单击该按钮后，再选择其中的一个缝纫边，这样在 3D 视图中就显示了明线效果，如图 3.445 所示。

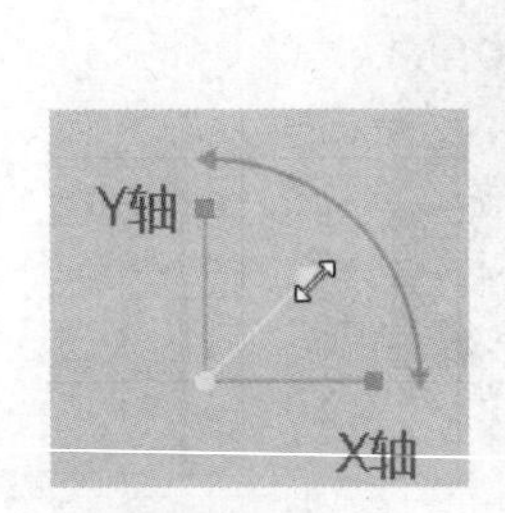

图 3.441

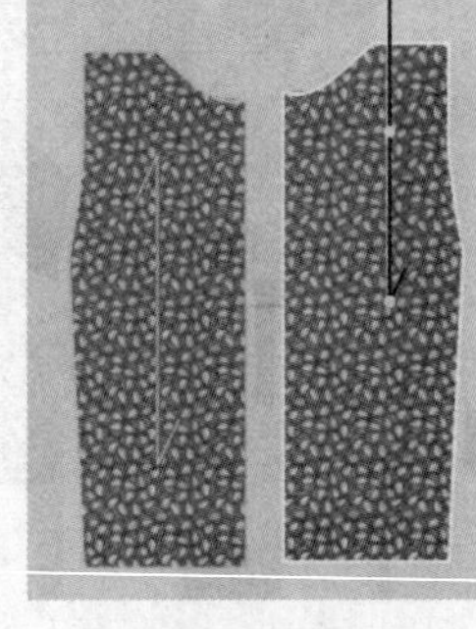
图 3.442

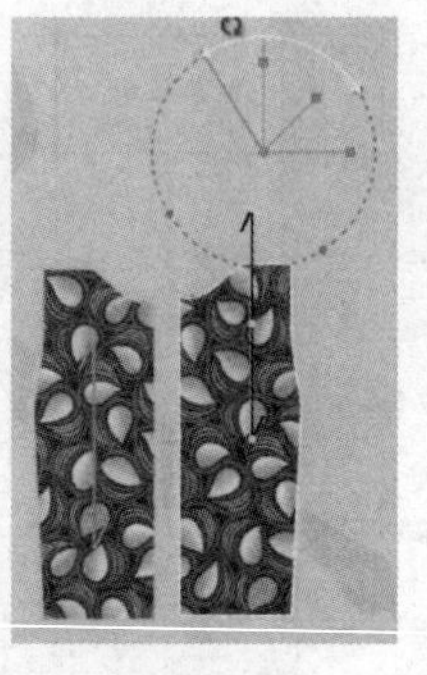
图 3.443

图 3.444

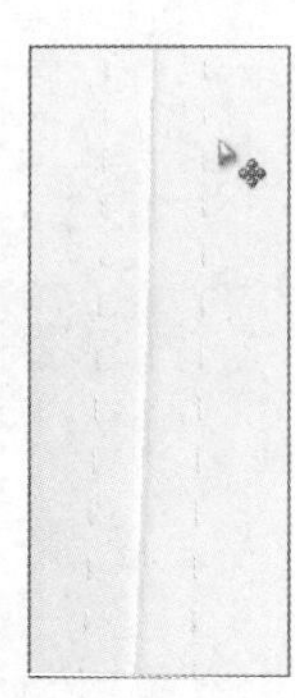
图 3.445

自由明线：可以自由设定某一段来显示明线。

编辑明线：用来选择明线，对其进行编辑。

以上就是 2D 视图中各种工具的使用方法，接下来学习一下 3D 视图中各种工具的使用。

3．3D 工具面板

解算：快捷键为空格键，默认为 CPU 解算。MD 10 版本新增加了 GPU 的解算方式，速度更快！特别是计算一些比较复杂的场景时，可以使用 GPU 进行解算，速度非常快。当然 CPU 解算也有它的好处，CPU 解算更加精准一些。

：移动选择工具。在开启解算时，可以用来拖动衣服的某一区域。

选择工具如图 3.446 所示。

选择网格（笔刷）：选择该笔刷时会弹出笔刷参数面板，如图 3.447 所示。可以在板片上涂抹来选择网格，如图 3.448 所示。右击，可以在弹出的菜单中选择“细分”命令将当前选择的网格进行细分，如图 3.449 所示，这也是 MD 10 版本新增加的功能之一。

图 3.446

图 3.447

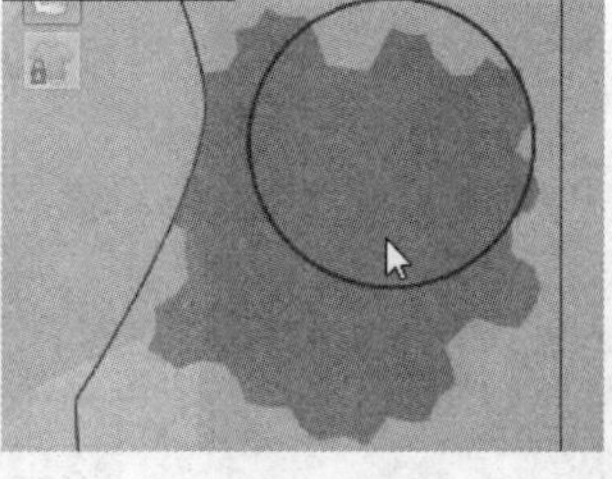
图 3.448

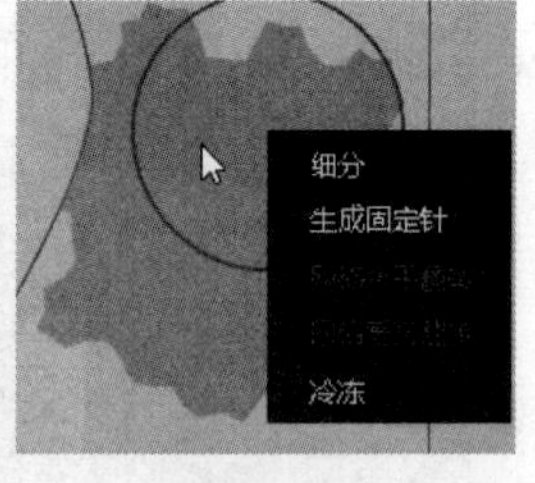

图 3.449

选择 网格（箱体）：通过框选的方式来选择网格。

选择网格（绳索）：通过套索来选择网格。可以自由绘制选择的区域，如图 3.450 所示。

固定针（箱体）：通过框选某一区域将该区域固定，如图 3.451 所示。该命令可以简单地理解为在某一区域打钉子，这样板片就被固定了。按住 Shift 键可以加选，按住 Ctrl 键可以减选。

固定针（绳索）：自由绘制固定的区域。

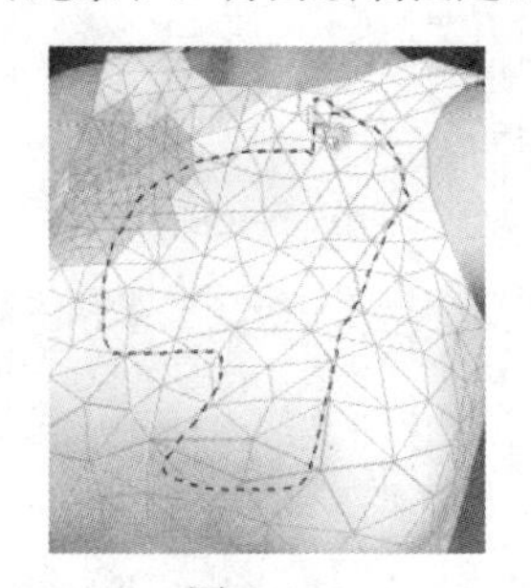
图 3.450

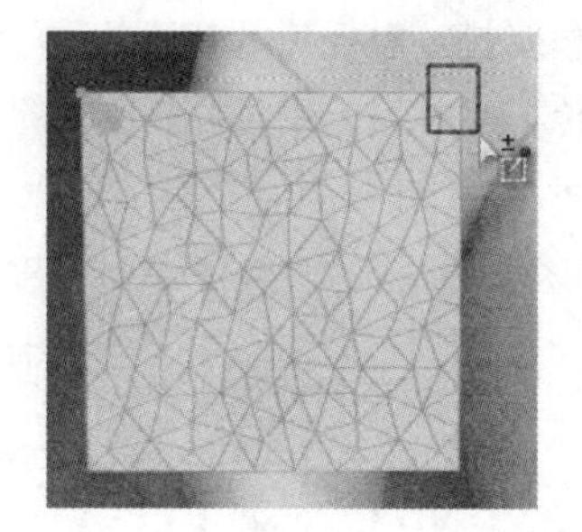
图 3.451

和 2D 视图中的缝纫命令一样，不再过多解释。

假缝：假缝可以简单地理解为在衣服上用针线将两个区域缝合在一起，但并不是真正的缝合。单击该按钮在图 3.452 中所示的位置分别单击创建一条假缝，解算之后的效果如图 3.453 所示。

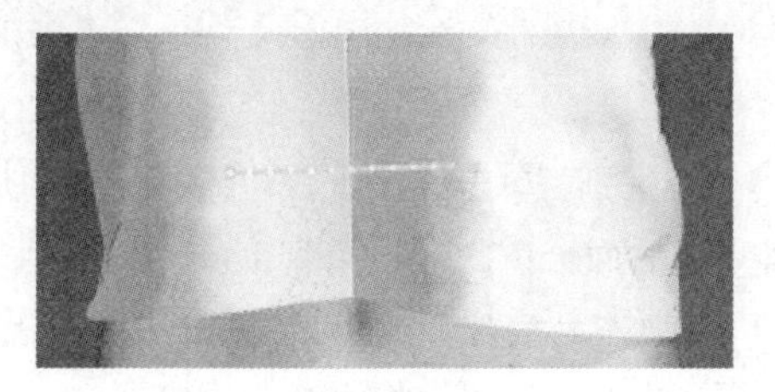
图 3.452

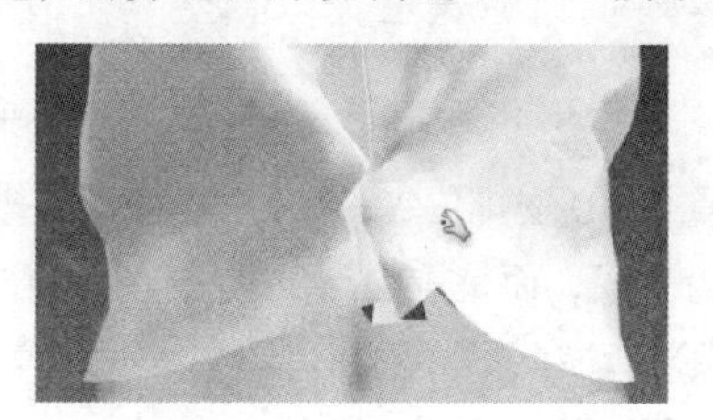
图 3.453

固定到虚拟模特上：和假缝的含义差不多，是将衣服的某一点和虚拟模特进行连接固定在一起。使用方法是先在衣服上单击，然后在虚拟模特上单击创建出一条连接线，如图 3.454 所示。解算后就会将衣服和模特缝合（假的缝合）起来，效果如图 3.455 所示。

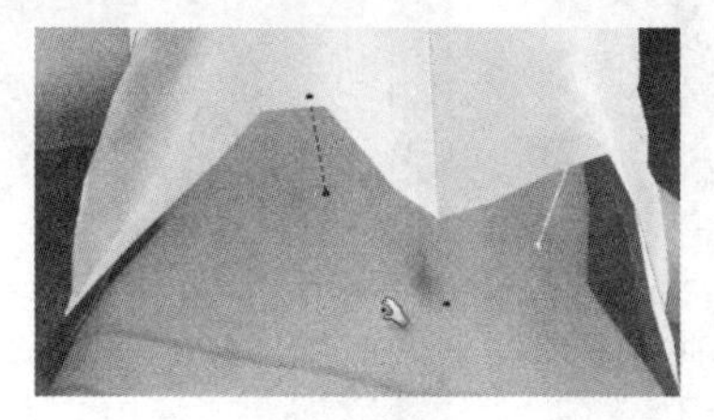
图 3.454

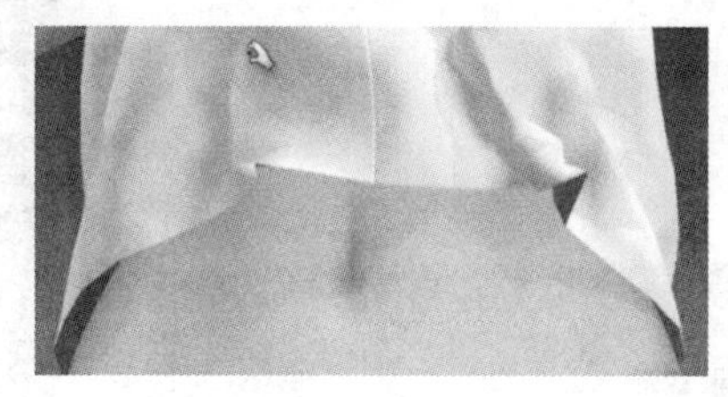
图 3.455

编辑假缝：对创建的假缝进行编辑调整。

线段假缝：创建的方法是先单击创建第一点，再双击结束第二个点的创建，这样就创建出了一条线段假缝。用同样的方法可以创建第二条假缝，如图 3.456 所示。解算后就会将创建的两条假缝直接粘连起来，如图 3.457 所示。

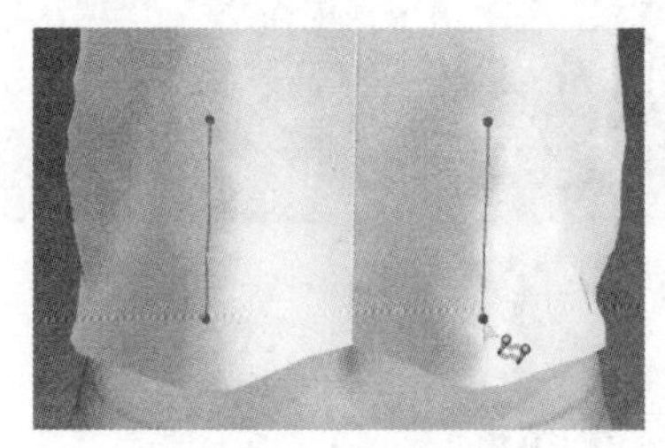
图 3.456

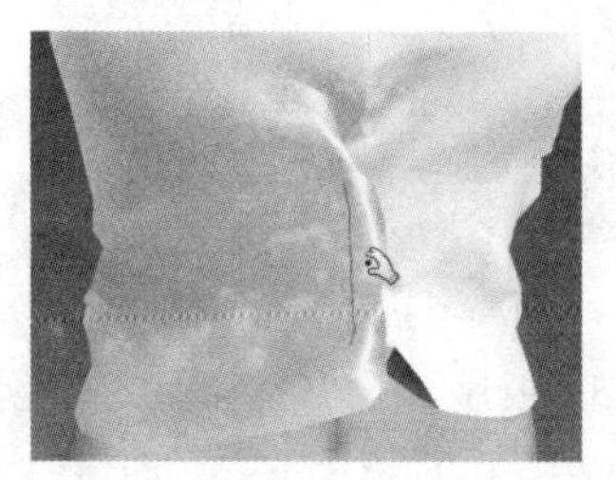
图 3.457

编辑线段假缝：对创建的线段假缝进行移动、删除等编辑操作。

折叠安排：对板片沿着某条线段进行折叠旋转。先选择图 3.458 中所示的线，然后沿着蓝色的圆进行旋转，此时的板片会沿着选择的线进行旋转，如图 3.459 所示。

重置 2D 安排位置：将创建的板片全部重置到初始的状态，如图 3.460 所示。

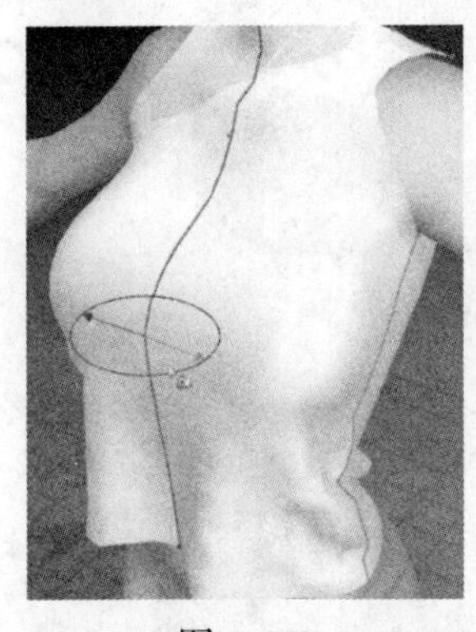

图 3.458

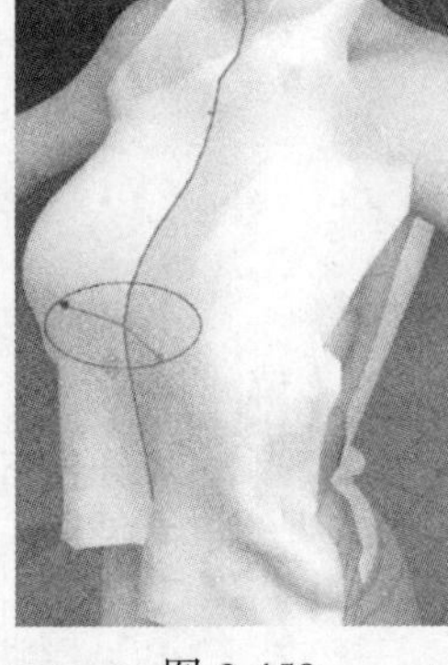

图 3.459

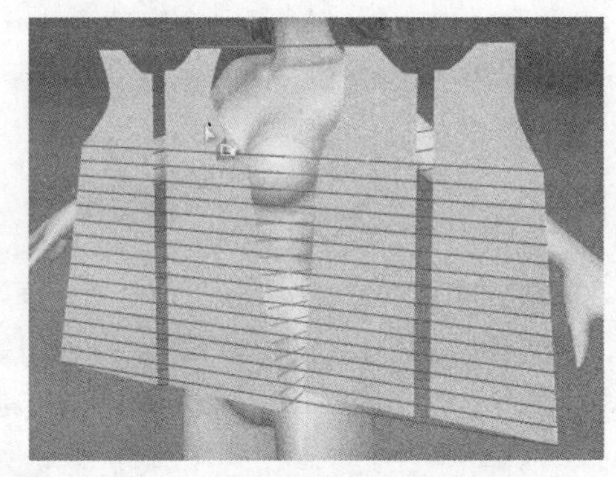

图 3.460

重置 3D 安排位置：它和重置 2D 安排位置工具有点区别，单击该按钮后，它并不会把所有的板片重置为平面，而是重置到自动安排点的位置（安排点在后面会讲到），如图 3.461 所示。

自动穿着和创建试穿服：这两个功能是 MD 10 版本新增加的功能，当我们用系统提供的模特创建完服装后，如果需要将衣服穿到自定义的人物模型上时，就可以使用这个功能了。

基本长度测量（虚拟模特）：用来测量模特的某一部分尺寸，有利于参考创建板片的大小。

打开动作：在左侧的库当中系统提供了几种不同的姿态，如图 3.462 所示。当双击一种姿态时，模特的姿态就会跟随变化，创建的衣服也会随之跟随解算，如图 3.463 所示。

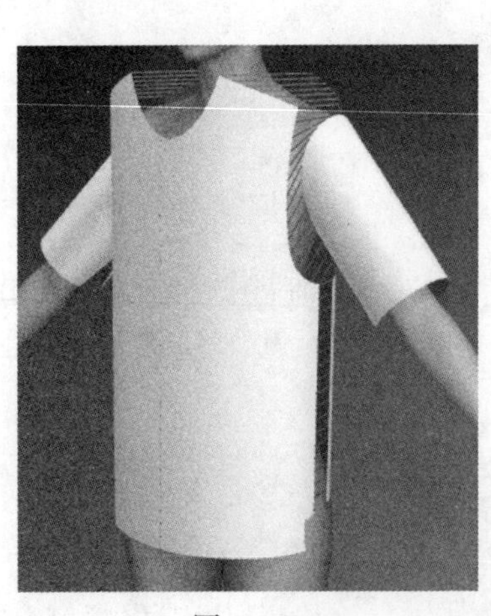

图 3.461

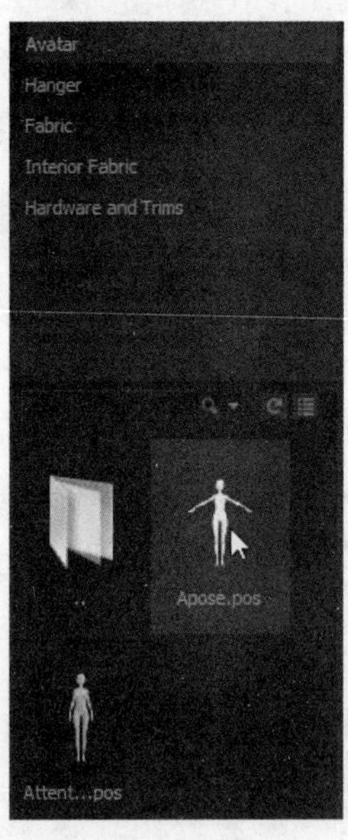

图 3.462

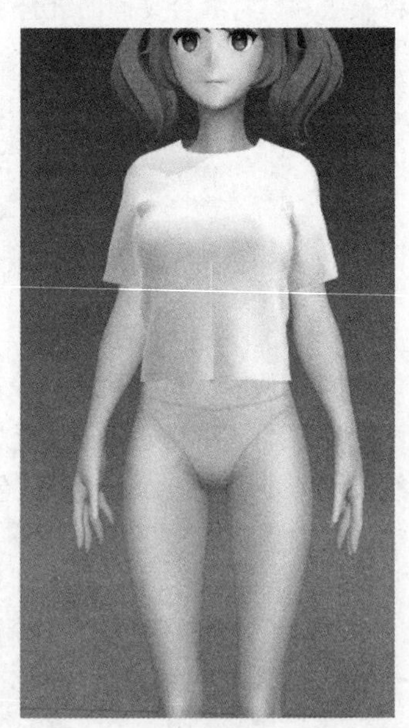

图 3.463

线段 3D 板片：可以在 3D 视图中创建板片。

编辑点/线（3D 板片）：对创建的板片进行点或者线的编辑。

线段（虚拟模特）：在虚拟模特上创建线段，如图 3.464 所示。可以通过该功能来大致参考所需要创建板片的尺寸。

编辑线段（虚拟模特）：对创建的虚拟模特上的线段进行编辑。

：用来调整贴图纹理的命令，和 2D 视图中的工具使用方法一致。

纽扣：单击该按钮可以在 2D 视图中的板片上创建出纽扣，如图 3.465 所示。

扣眼：和纽扣是对应的，可以在 2D 视图中的板片上创建出扣眼，如图 3.466 所示。

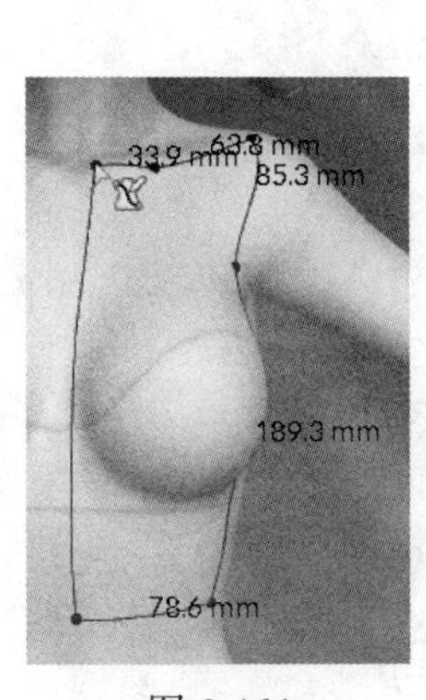

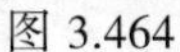
图 3.464

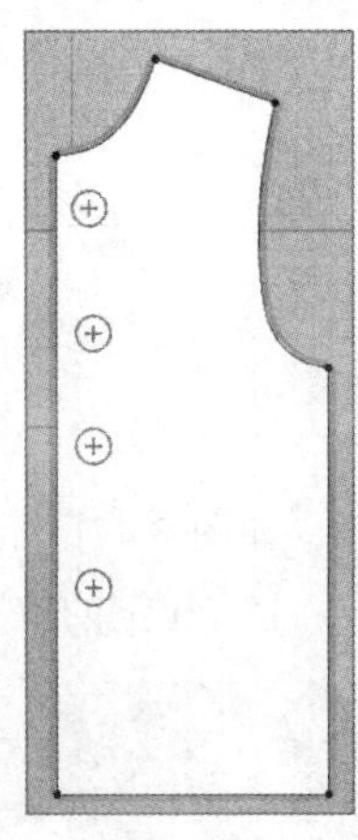
图 3.465

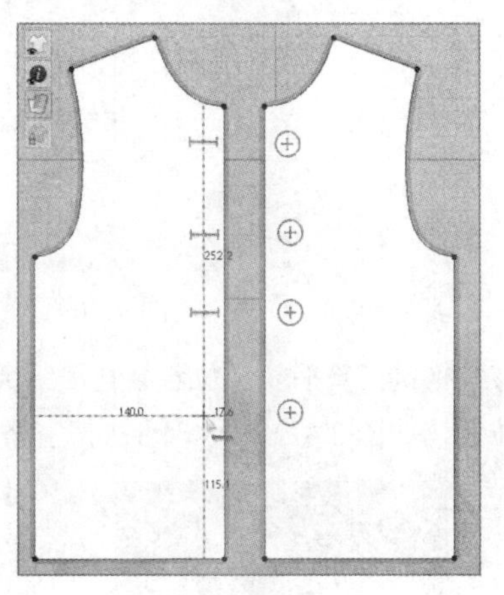
图 3.466

系纽扣：就是把创建的纽扣和扣眼系在一起、关联在一起便于解算，如图 3.467 所示。再次解算后系统会将纽扣和扣眼系在一起，如图 3.468 所示。

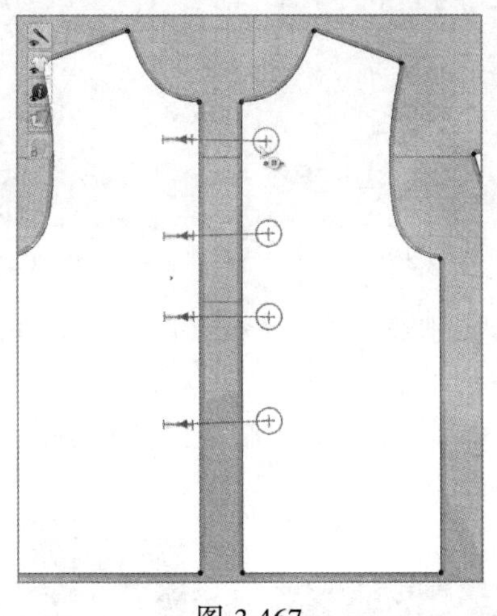
图 3.467

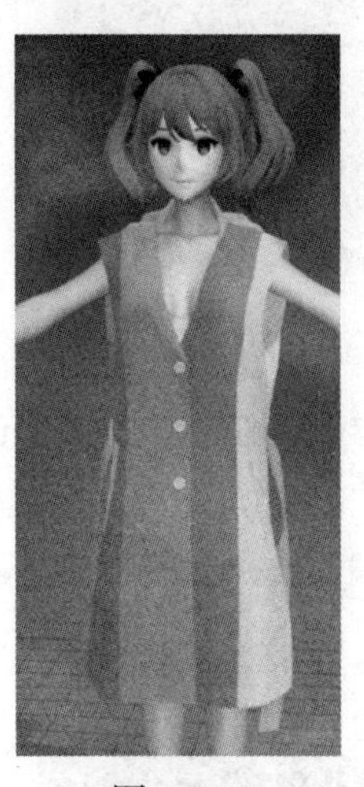
图 3.468

选择/移动纽扣：对创建的纽扣和扣眼选择编辑。

拉链：创建拉链。创建的方法是先在一侧的开始位置单击，然后移动鼠标到结束的位置双击，再在衣服的另一侧对应的位置单击确定起点后，在结束点的位置双击结束创建，如图 3.469 所示。系统经过计算后就会在相应的位置创建出拉链，如图 3.470 所示。

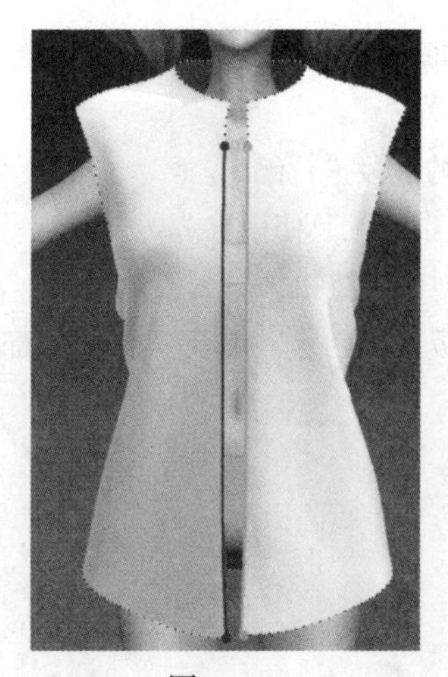

图 3.469

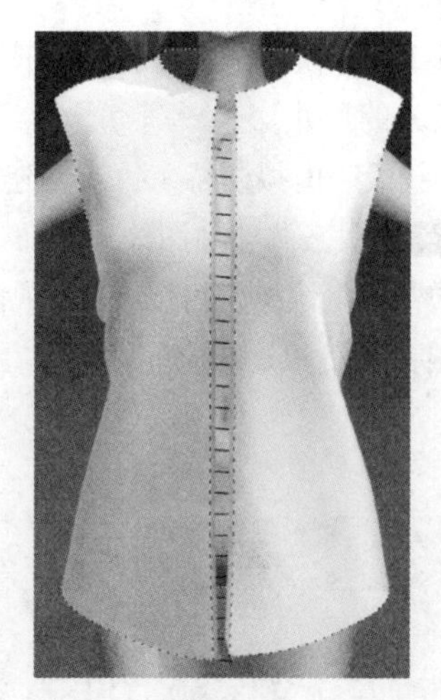

图 3.470

按空格键解算后拉链位置会自动结合在一起，如图 3.471 所示。我们也可以使用移动工具移动拉链的位置，如图 3.472 所示，再次按空格键解算，上方拉链的位置就解开了，如图 3.473 所示。

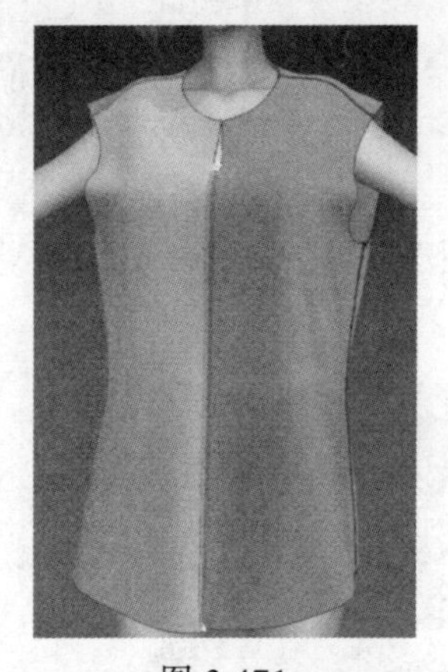

图 3.471

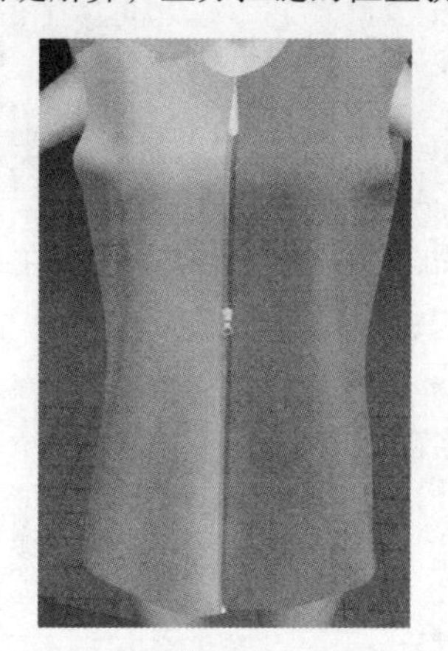

图 3.472

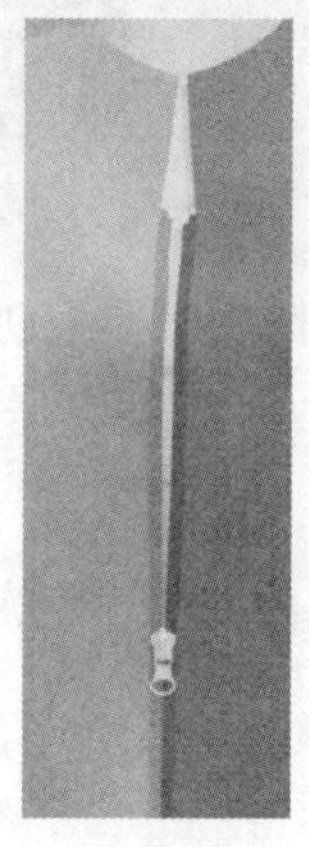

图 3.473

在右侧的参数面板中可以选择不同的拉链形状，如图 3.474 所示。单击小三角可以弹出很多形状包括拉头、拉片、止口等供我们选择，如图 3.475 所示。

嵌条 编辑嵌条：嵌条的创建方法和拉链一样，就不再讲解了，创建的嵌条效果如图 3.476 所示。

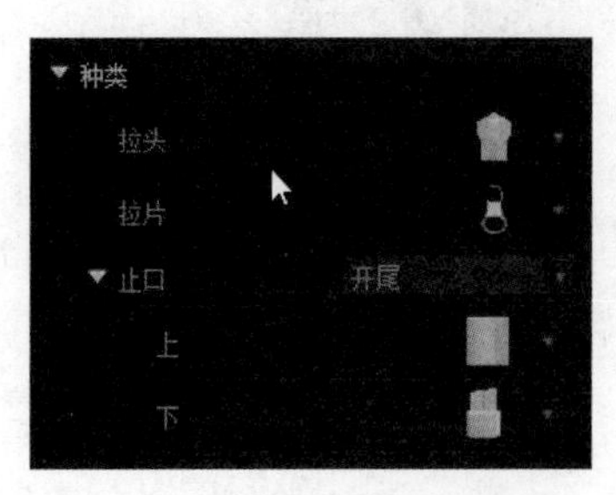

图 3.474

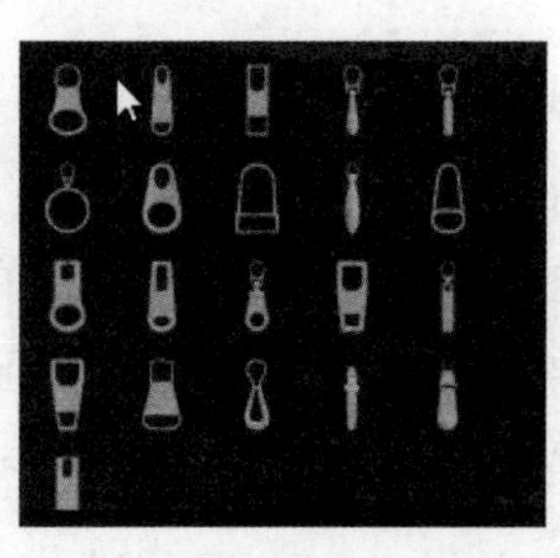

图 3.475

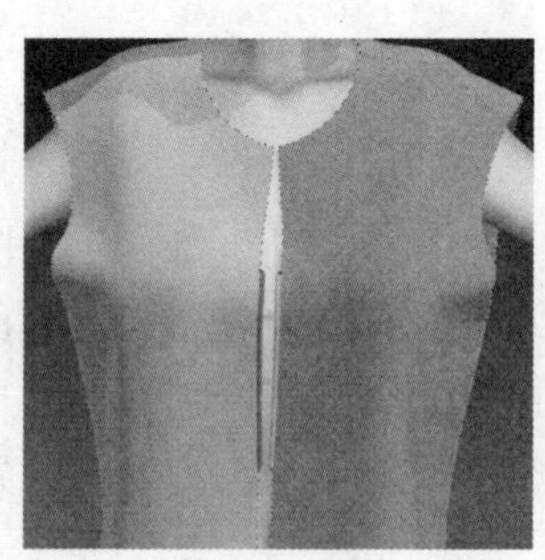

图 3.476

4. 各种显示开关

以上就是主要工具的使用方法，接下来学习一下 3D 视图中不同按钮的作用，如图 3.477 所示。

高品质渲染切换开关：打开之后和之前的效果分别如图 3.478 和图 3.479 所示。开启高品质渲染后，阴影更加柔和，服装上的细节显示更美观一些。

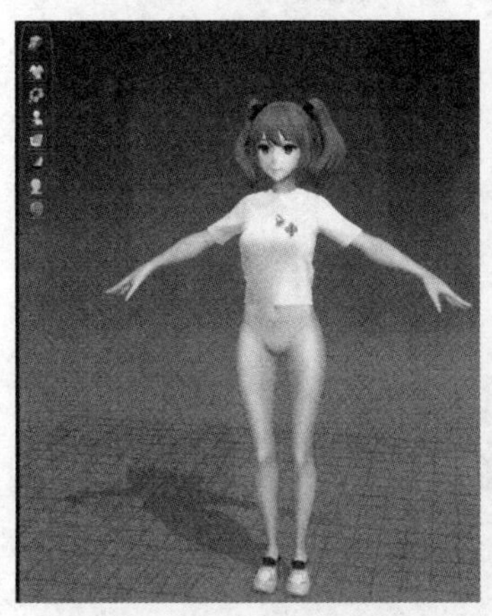

图 3.477

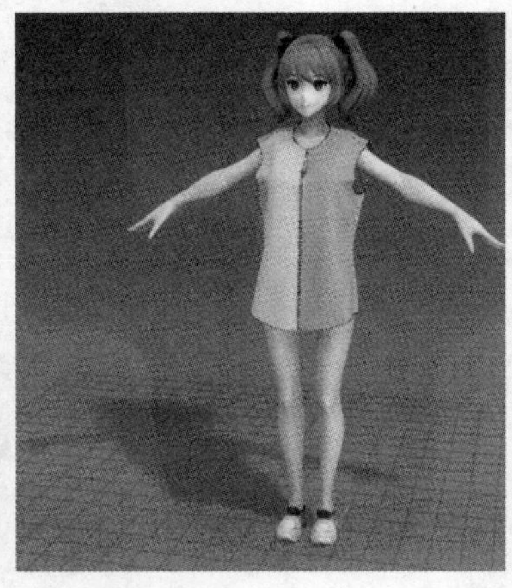

图 3.478

图 3.479

服装显示的各种开关。

显示服装：单击该按钮可以切换服装的显示与否。

显示 3D 缝纫线。

显示内部线。

显示线段（3D 板片）。

显示缝纫线。

显示针。

显示网格细分。

显示服装尺寸。

以上开关显示效果读者可以自己观察一下它们的区别，这里就不再一一讲解了，这些开关一般保持默认开启即可。

附件显示的开关：它们对应的分别是显示纽扣、显示嵌条、显示粘衬等。

虚拟模特的一些显示开关。

显示虚拟模特。

显示安排点：效果如图 3.480 所示。该功能非常实用，当我们创建了衣服板片之后，需要手动将这些板片移动到身体相对应的位置，这时可以开启安排点的显示，选择板片后直接在安排点上单击即可快速将板片吸附到身体的对应位置上，如图 3.481 所示。

显示安排版：和安排点有点类似，是以板片形式显示的，如图 3.482 所示。

显示骨骼：效果如图 3.483 所示。可以通过该功能来显示并调整骨骼进而调整模特的姿态。

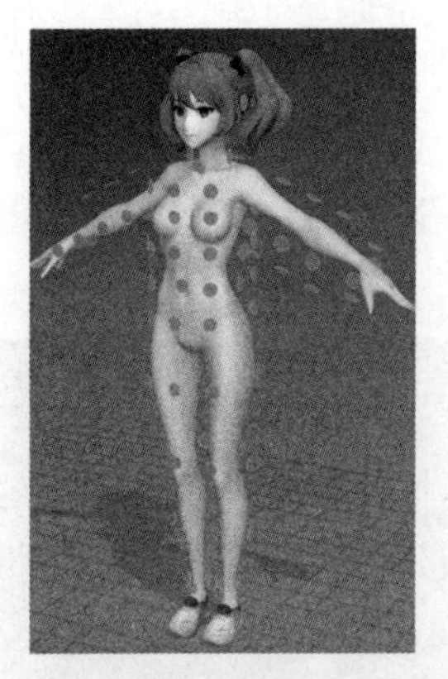

图 3.480

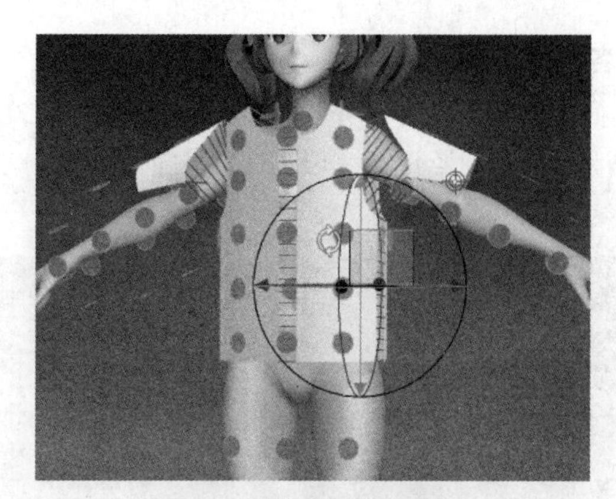

图 3.481

图 3.482

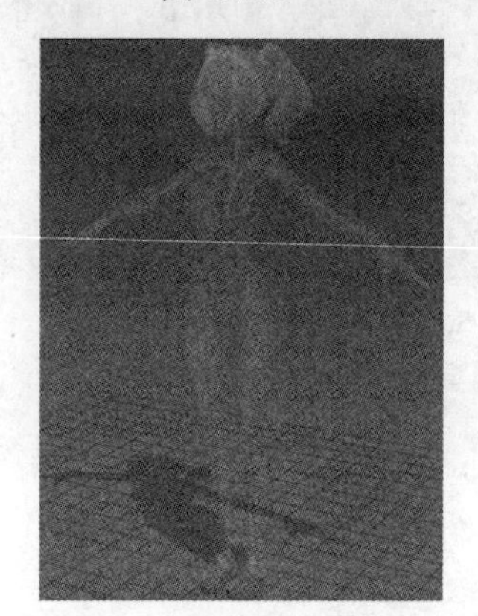

图 3.483

显示虚拟模特尺寸：新增加的卡通模特尺寸暂时显示不了，之前的模特可以显示。

显示线段虚拟模特，该按钮不常用。

衣服的不同显示模式。

黑白表面显示：只显示衣服的黑白颜色。

随机颜色：衣服会随机显示不同的颜色，如图 3.484 所示。

半透明显示：效果如图 3.485 所示。

网格显示：效果如图 3.486 所示。

表面线框显示：效果如图 3.487 所示。

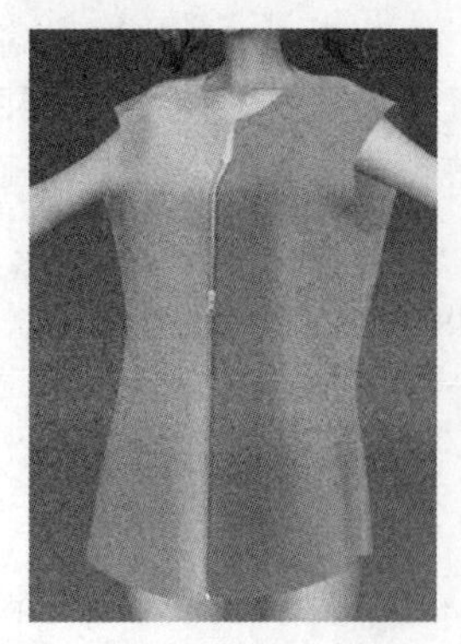

图 3.484

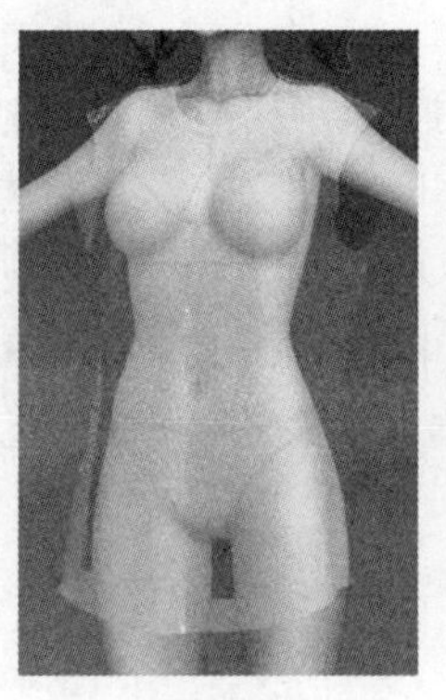

图 3.485

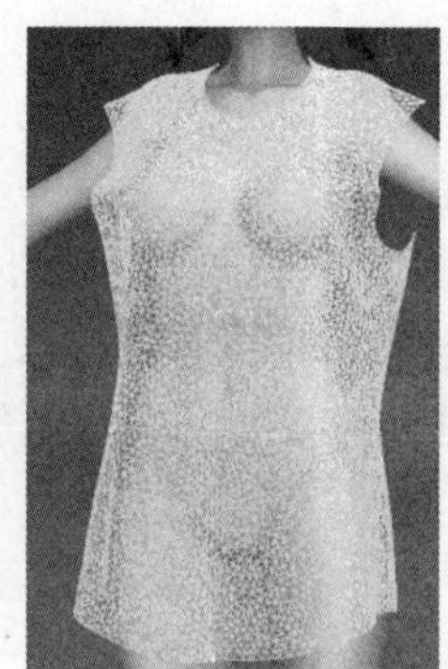

图 3.486

图 3.487

衣服的应力图和压力显示。

应力图显示压力显示，如图 3.488 和图 3.489 所示。红色区域表示布料越紧，蓝色区域表示越宽松。通过应力图的显示可以了解创建的板片是否偏大或者偏小。

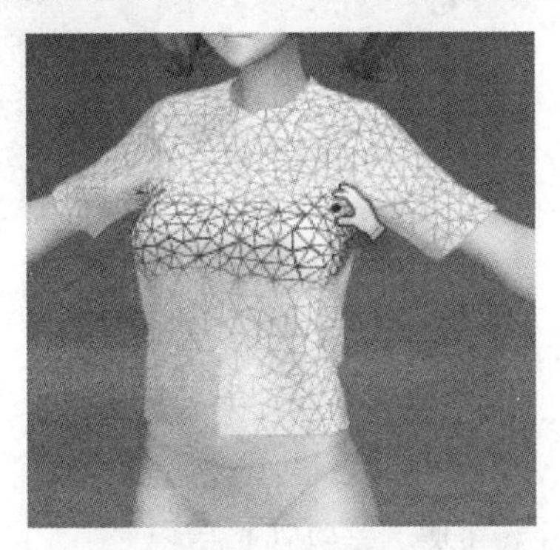

图 3.488

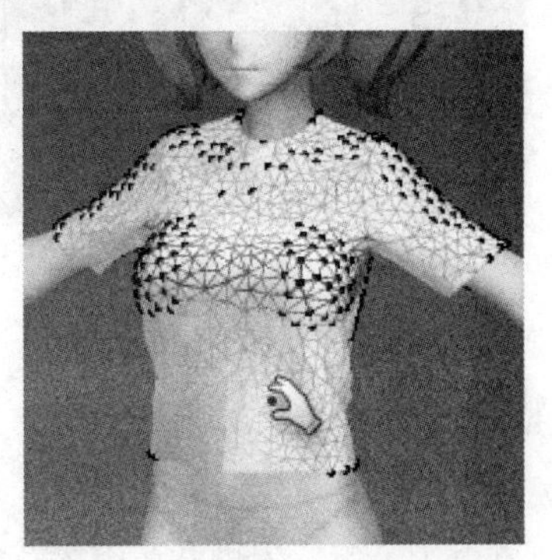

图 3.489

模特的显示设置。

黑白表面：模特以黑白表面显示，如图 3.490 所示。

网格：模特以网格显示，效果如图 3.491 所示。

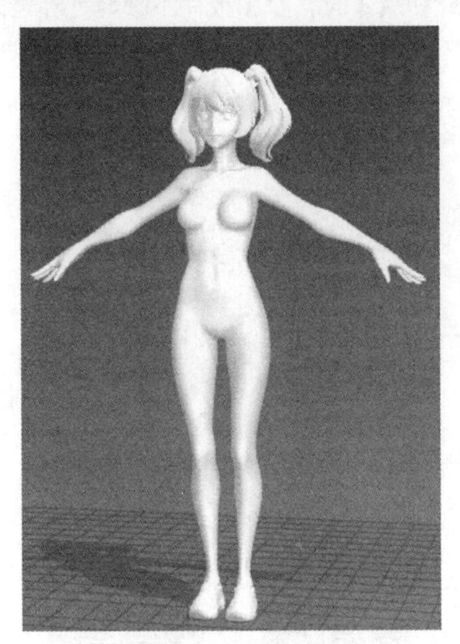

图 3.490

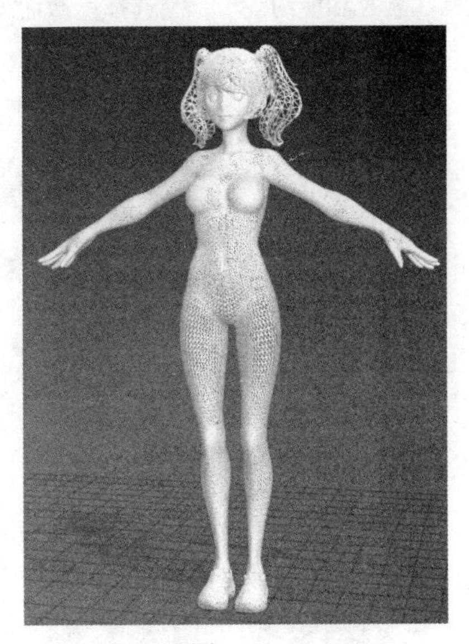

图 3.491

3D 环境的显示。

显示灯光控制器。

显示风控制器：为了便于理解，在视图中创建一个方形板片，选择“风”控制器，在右侧参数面板中激活风控制器，如图 3.492 所示。按空格键解算后，布料就被风吹动了，如图 3.493 所示。在参数面板中可以调整风的力度、频率等。

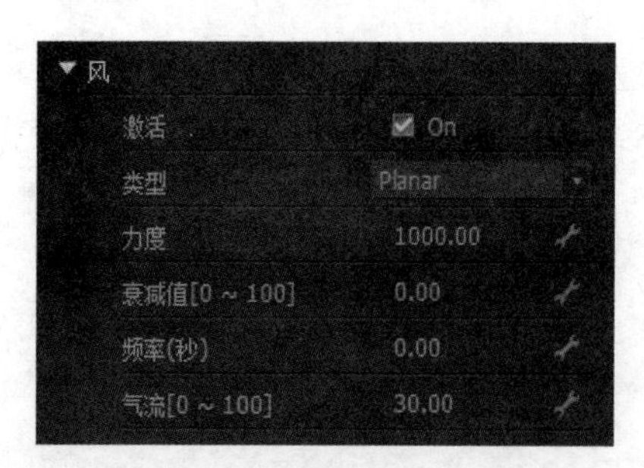

图 3.492

图 3.493

显示 3D 阴影。

显示视图中的网格。

5. 右键菜单

除了以上的工具之外，右键菜单中还有很多命令也比较重要，我们捡重点来学习一下。

复制、粘贴、镜像粘贴这几个命令比较好理解，不再讲解。

反激活（板片）：选择图 3.494 中所示的板片，右键选择反激活（板片）命令后，该板片就类似于被冻结了，在解算时是不参与计算的。

反激活（板片和缝纫线）：当选择反激活（板片和缝纫线）时，除了板片不参与计算之外，缝纫线也不参与计算，对比效果如图 3.495 所示。

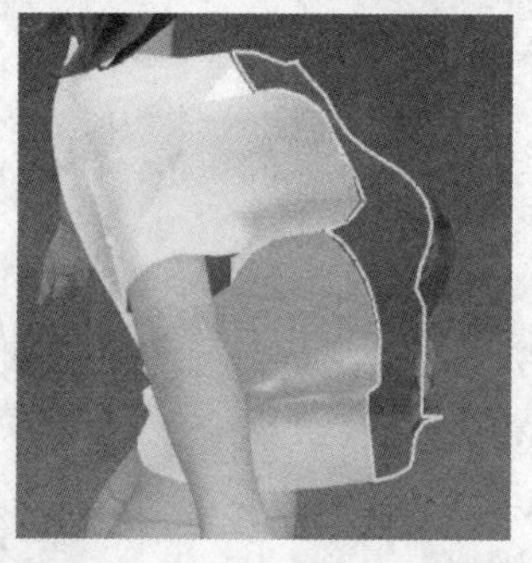

图 3.494

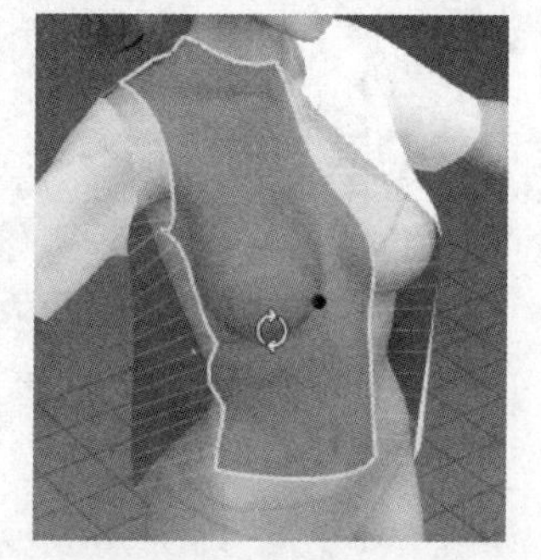

图 3.495

冷冻：自身不动，会影响其他的板片，如图 3.496 所示。

硬化：布料变硬，更像是一种皮革，如图 3.497 所示。

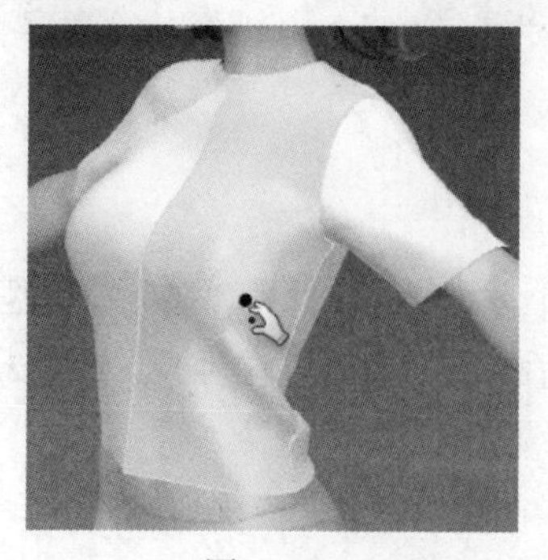

图 3.496

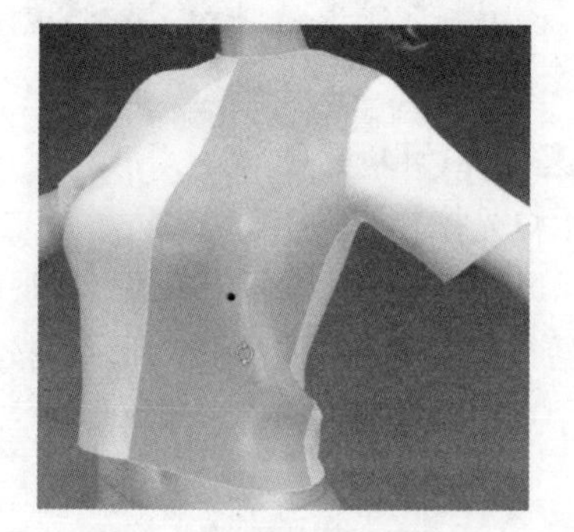

图 3.497

形态固化：它的意思是当衣服解算到一种形状之后，选择形态固化后，在我们调整该板片位置角度等后，再次解算的时候尽可能还是保持原有的形状不变。

四方格和三角形：用来切换板片的四边面和三角面的转换。

表面翻转：将板片的法线翻转。

其他的命令在介绍工具使用的时候基本上已经讲解到了，这里就不再赘述了。

6. 参数面板中重要的参数

除此之外，右侧的一些参数也比较重要，我们也来学习一下。

粒子间距（毫米）：通过该值控制板片的密度，值越小，密度越大，值越大，密度越小，对比效果如图 3.498 和图 3.499 所示。该值最好不要小于 5。

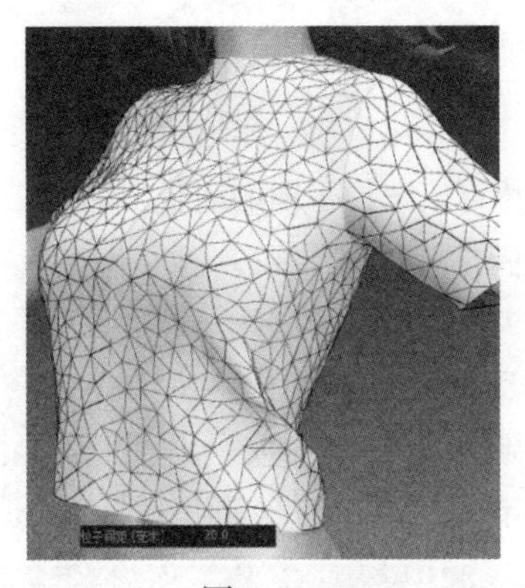

图 3.498

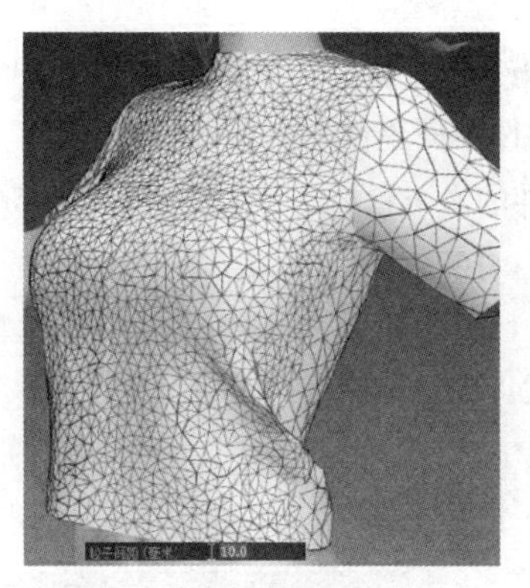

图 3.499

层：用来控制不同的衣服的层级运算，就像我们穿衣服，哪些衣服穿在外面，哪些衣服穿在里面。我们就可以通过不同的层来控制，值越大，越靠外。

压力：当值为正数时，压力向外，压力为负数时，压力向内，对比效果如图 3.500 和图 3.501 所示。

当选择缝纫线时，右侧的参数面板如图 3.502 所示。

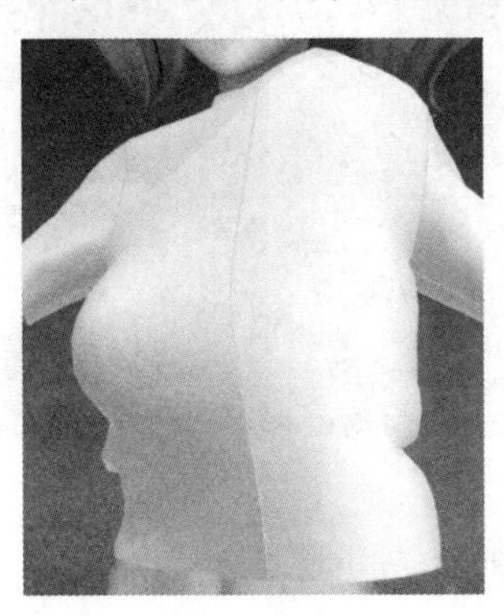

图 3.500

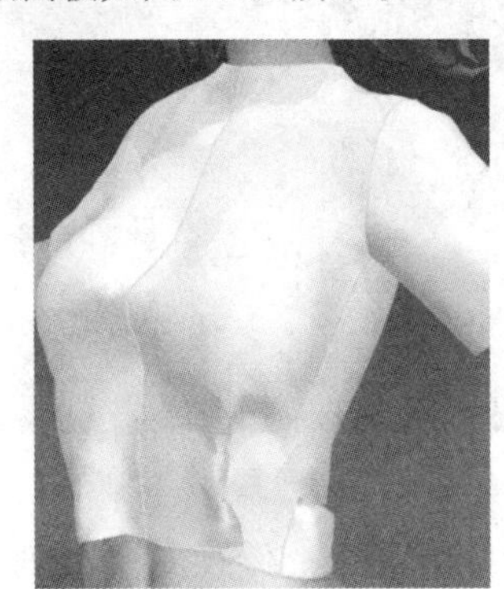

图 3.501

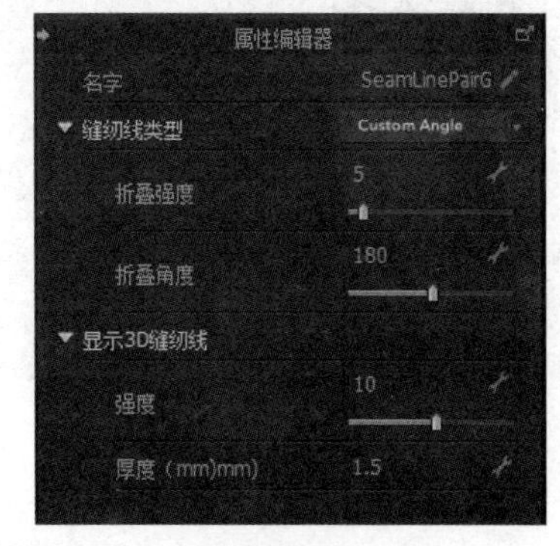

图 3.502

折叠角度：值越大，表示缝纫线的位置越向内凹陷，如图 3.503 所示。当值越小时，缝纫线的位置越向外折叠，如图 3.504 所示。

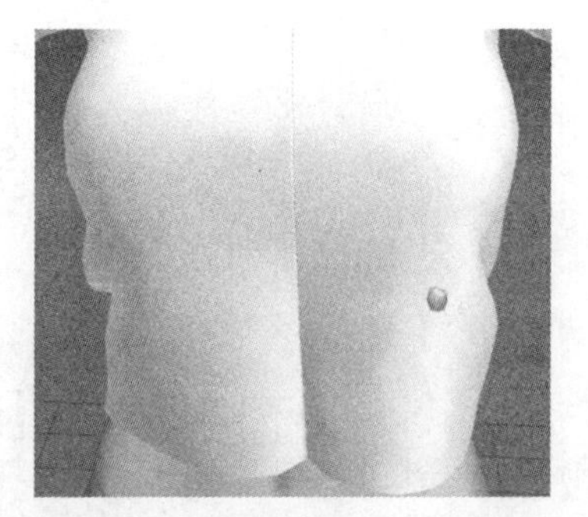

图 3.503

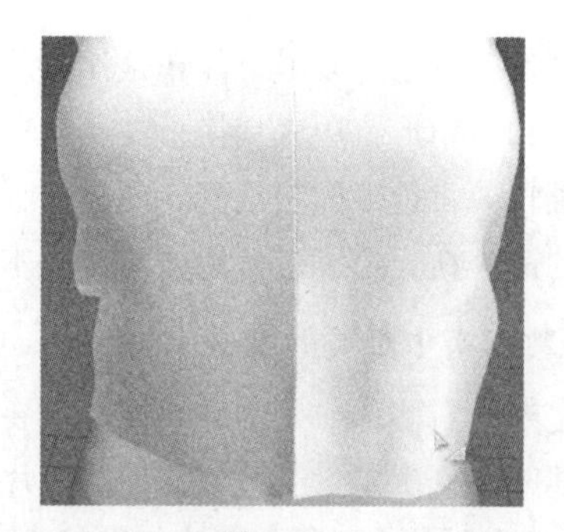

图 3.504

折叠强度：配合折叠角度一起使用，控制折叠的强度。

7. 软件不同界面

在软件的右上角有几种不同的面板显示，单击小三角可以选择不同的面板，如图 3.505 所示。

ANIMATION 为动画面板，可以在该面板中制作角色动画和布料动画。

MODULAR 和默认的 SIMULATION 基本上一致，很少使用。

UV EDITOR：UV 编辑面板，主要用来调整衣服的 UV。

SCULPT：雕刻面板，MD 10 版本提供了几种雕刻笔刷，可以在该面板中快速雕刻模型，如图 3.506 所示。该面板很少使用，真正需要雕刻的时候一般都会导入到 ZBrush 软件中来雕刻处理。

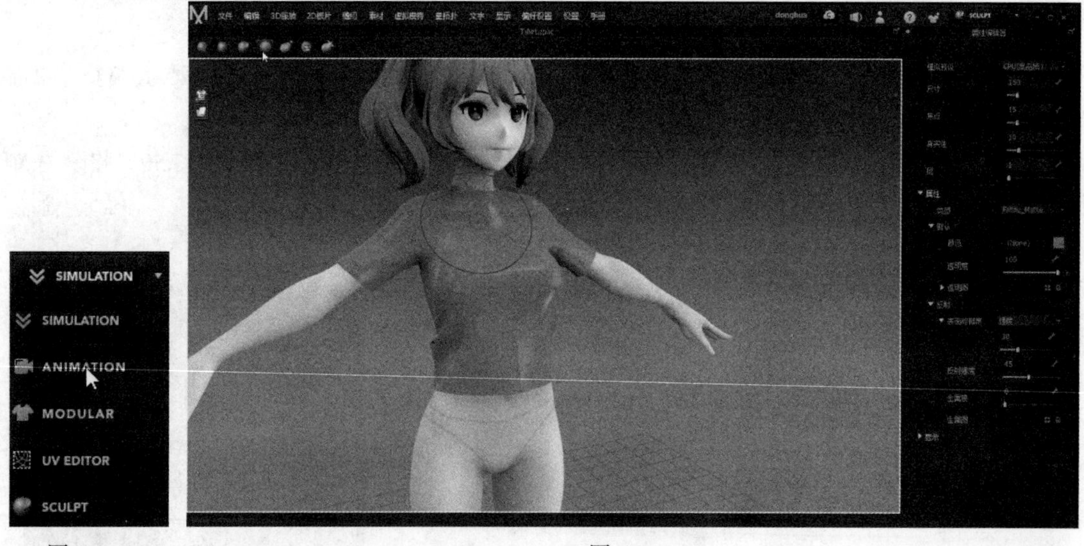

图 3.505　　图 3.506

以上就是 MD 10 软件的详细讲解。接下来通过该软件制作小的实例和需要的衣服效果。

3.5 Marvelous Designer 软件操作练习

步骤 01 单击■按钮创建一个如图 3.507 所示的板片，右击，在弹出的菜单中选择“对称板片”命令将另一半关联镜像复制，如图 3.508 所示。

使用同样的方法创建如图 3.509 所示的板片。

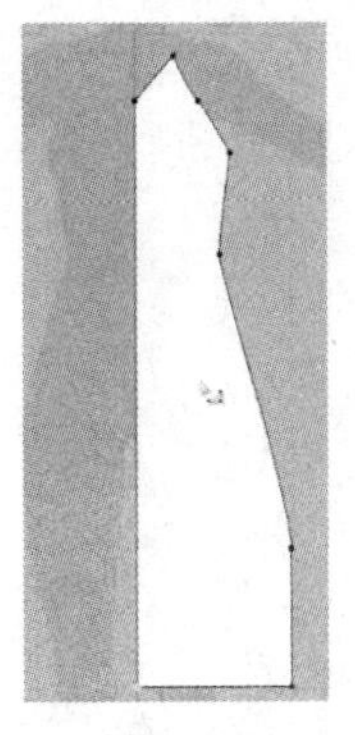
图 3.507

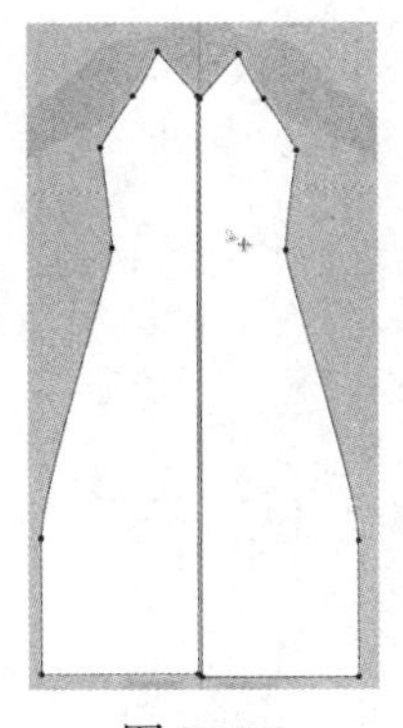
图 3.508

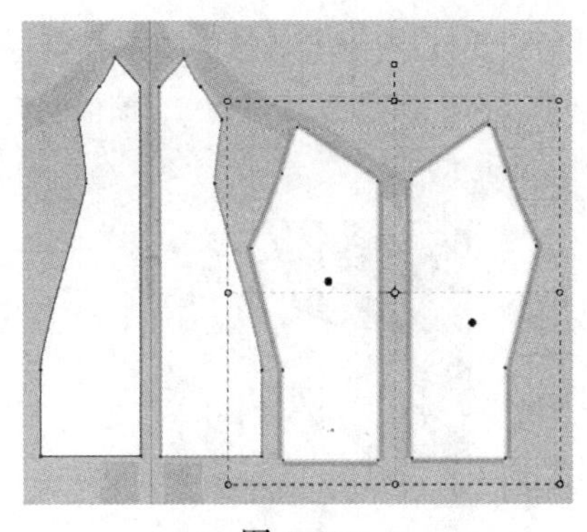
图 3.509

步骤 02 按快捷键 Shift+F 打开安排点，选择右侧的两个板片，在安排点上单击快速吸附到身体的背部，如图 3.510 所示。用同样的方法将图 3.511 中所示的板片也向身体位置移动。再次按 Shift+F 键即可关闭安排点。

步骤 03 单击自由缝纫工具，依次将图 3.512 中数值一样的对应线缝纫起来。

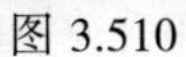
图 3.510

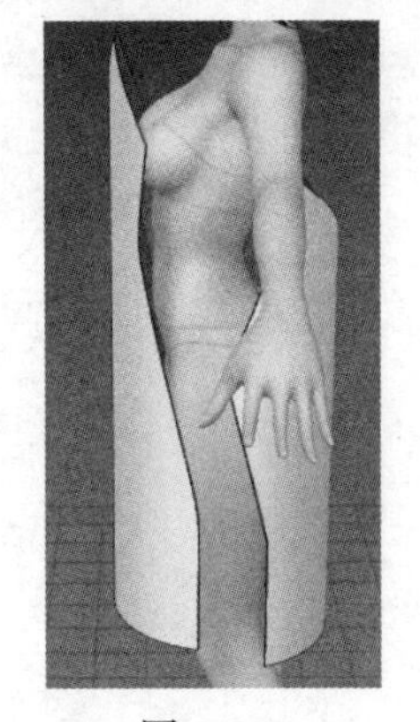
图 3.511

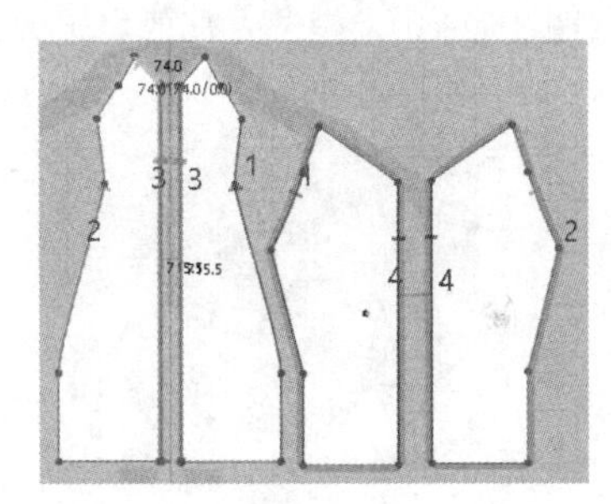

图 3.512

步骤 04 在 3D 视图中单击按钮，将图 3.513 中所示的布料和虚拟模特对应的位置创建出假缝。按空格键解算，效果如图 3.514 和图 3.515 所示。

如果对解算的效果不满意或者创建的板片不满意，可以在 2D 视图中对板片重新调整大小和形状，尽可能使图中的缝纫线在身体两侧的中心位置，如图 3.516 所示。

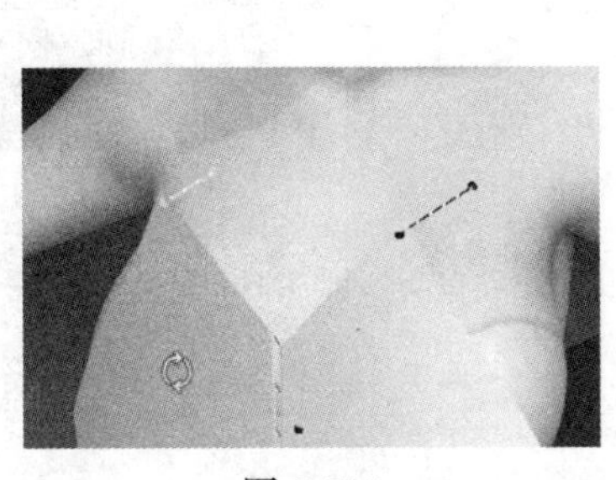
图 3.513

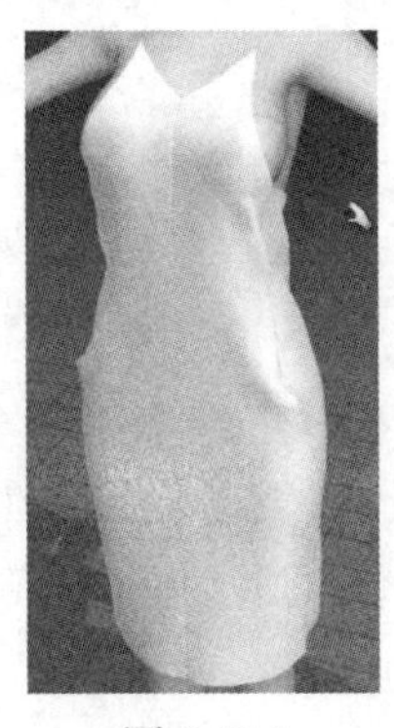
图 3.514

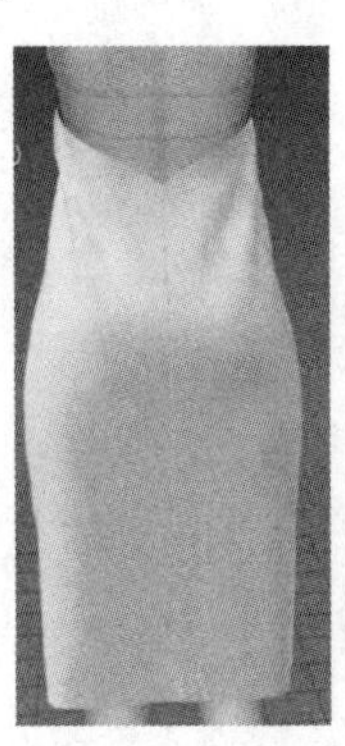
图 3.515

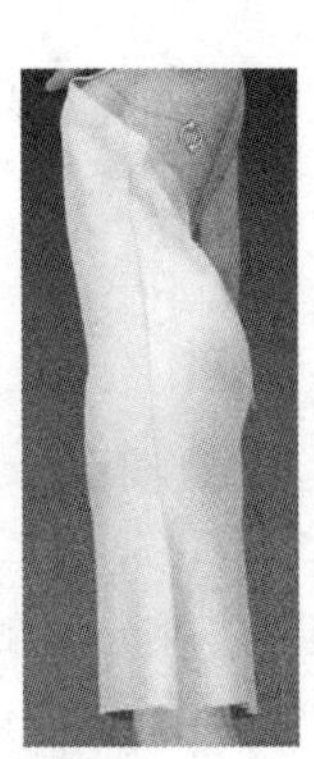
图 3.516

同时从图 3.517 中可以发现，衣服和模特之间的距离有点偏大。选择模特，将右侧参数面板中的“表面间距”调小一些，默认值为 3，该值越大，衣服与模特之间的空隙越大。对板片进行调整后的效果如图 3.518 所示。

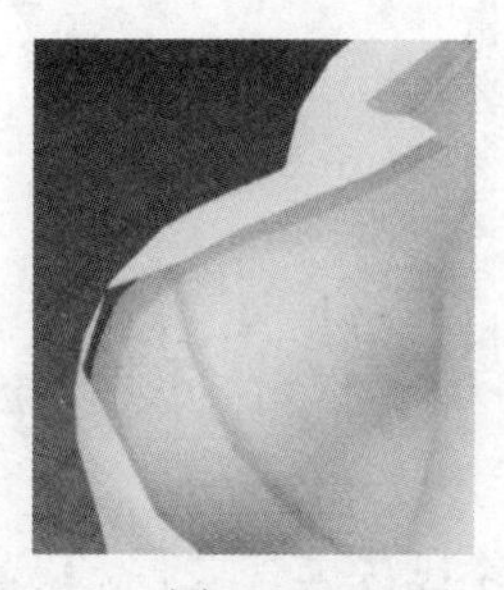

图 3.517

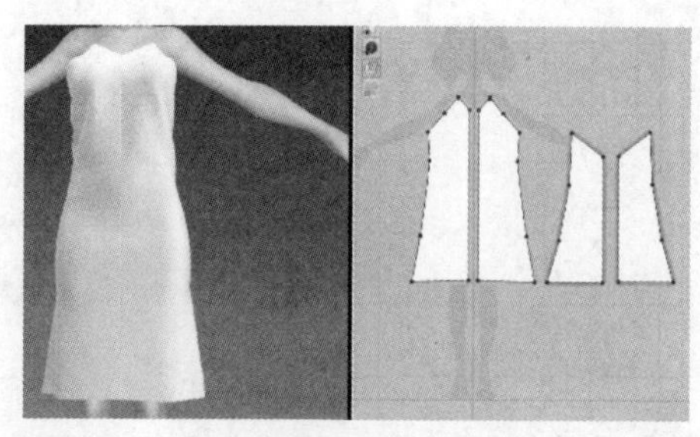

图 3.518

框选所有板片，在右侧参数面板中设置粒子间距为 15，使板片密度增加。

步骤 05 创建肩带板片，如图 3.519 所示。单击■（生成圆顺曲线）按钮，将图中的点处理成圆弧，如图 3.520 所示。然后用■（编辑曲线）工具将曲线调整至图 3.521 所示。

然后将创建的肩带板片和下方对应的线缝纫起来，如图 3.522 所示。背部复制出肩带的板片，用自由缝纫工具将对应的位置也缝纫起来，如图 3.523 所示。解算后的效果如图 3.524 所示。

从图 3.525 中发现，背部的肩带太长了，在 2D 视图中调整肩带的长度重新解算即可。

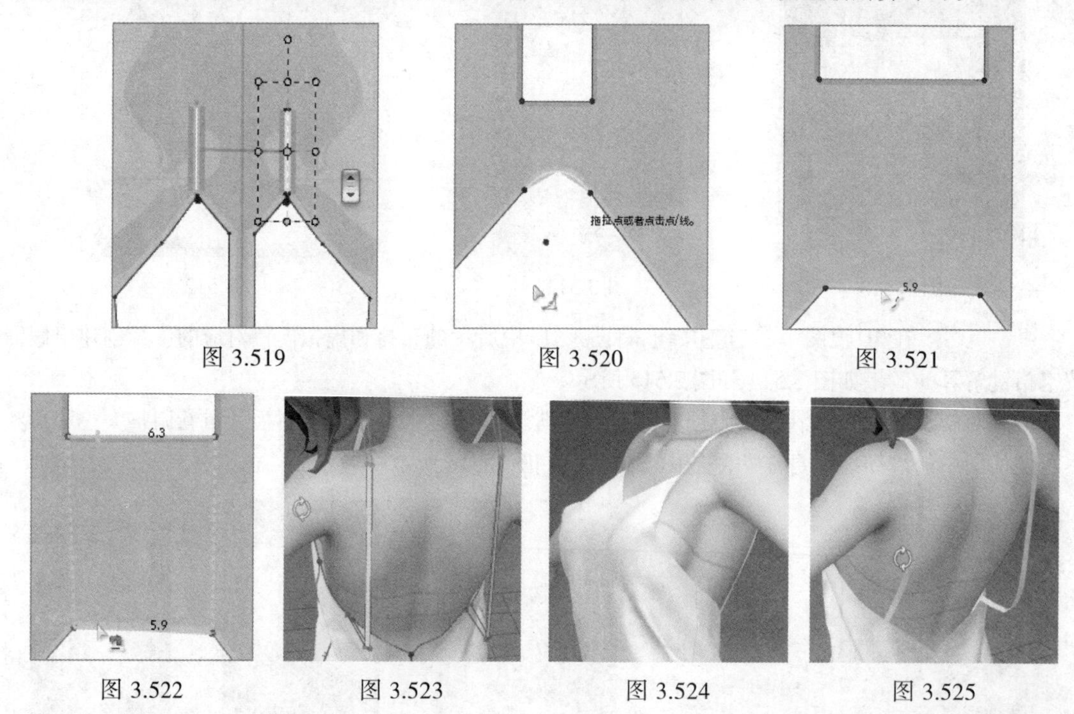

图 3.519　图 3.520　图 3.521

图 3.522　图 3.523　图 3.524　图 3.525

步骤 06 框选图 3.526 中所示的板片，在右侧的属性面板中单击纹理后面的按钮，选择一张纹理贴图，将贴图赋予选择的板片，如图 3.527 所示。

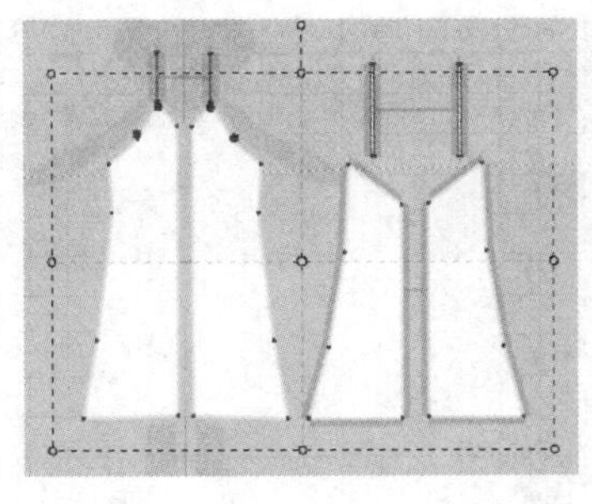

图 3.526

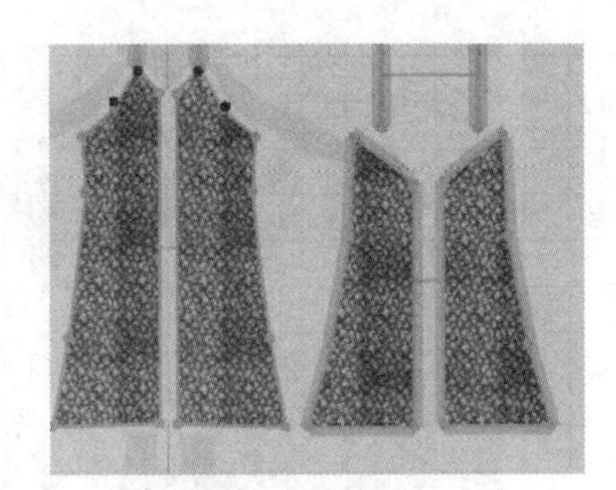

图 3.527

步骤 07 通过纹理编辑工具缩放调整贴图大小，用同样的方法选择吊带板片，在右侧面板中单击“增加”按钮，然后赋予一个红色，如图 3.528 所示。有时当你设置好第二个材质后，贴图并没有发生改变，此时需要将图 3.529 中所示的织物选择对应的名称贴图即可。

设置好后的整体效果如图 3.530 所示。如果觉得姿态不好看，可以单击■按钮进入骨骼系统，通过调整模特的骨骼来调整姿态，最后再次解算即可，如图 3.531 所示。

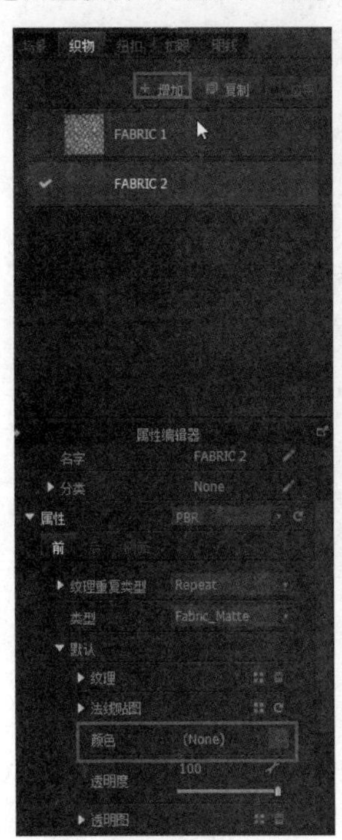

图 3.528

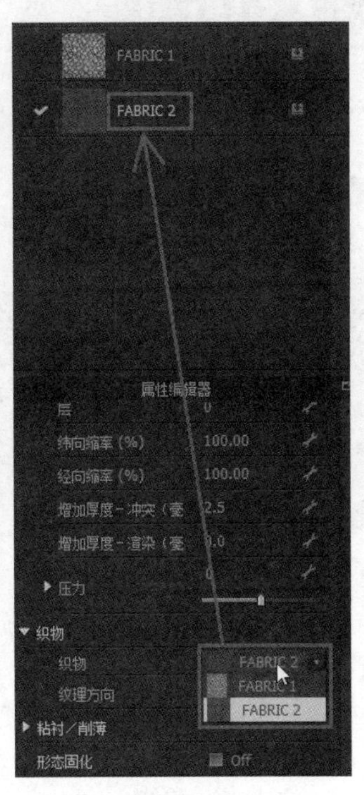

图 3.529

图 3.530

图 3.531

最后选择“文件”→“另存为”→“项目”，将文件保存即可。

3.6　用 Marvelous Designer 软件为角色制作衣服

步骤 01 单击左侧的模块库，依次双击 Blocks\woman\shirts 文件夹，然后双击 short 图标打开系统提供的衣服模板，如图 3.532 所示。打开模板后，在 2D 视图中会显示出对应的打板图。

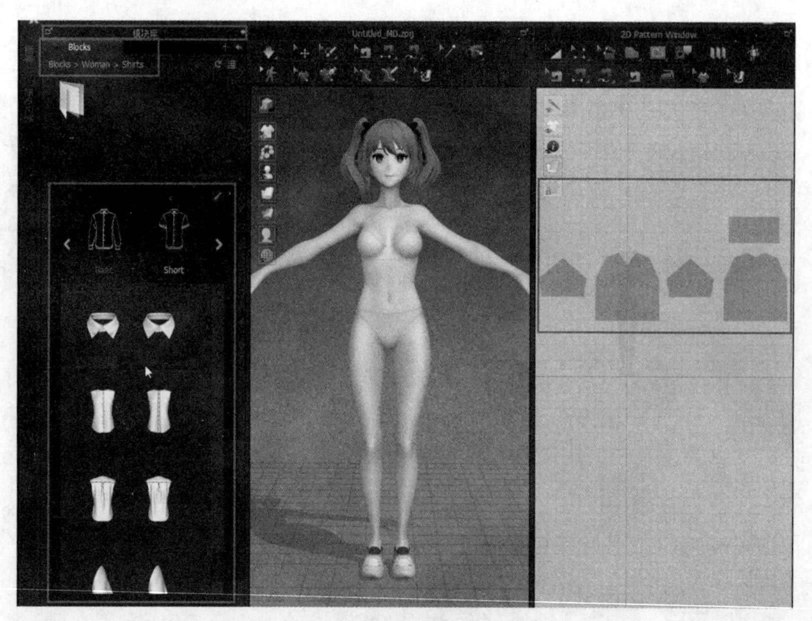

图 3.532

依次双击领子、衣服正面、背面、袖子模型，将它们加载进来，如图 3.533 所示。

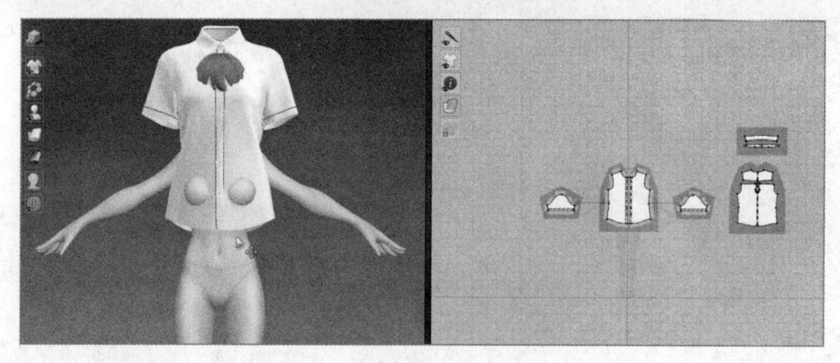

图 3.533

由于卡通模特的身高问题，加载进来的模型需要重新调整位置。系统提供的板型是比较准确的，我们可以根据需求来模拟创建出板片或者直接修改即可。

在图 3.534 中所示位置创建出纽扣和扣眼，并用“系纽扣”工具将其连接起来。同样在领口的位置也创建出扣眼和纽扣，如图 3.535 所示。

衣服背部打板图如图 3.536 所示。创建背部时分成了上下两部分，然后在底部中间位置创建了几条内部线，最后再将这些内部线依次缝纫起来，解算后的效果如图 3.537 所示。

分别将这些板片移动调整好位置后重新解算，效果如图 3.538 所示。如果衣服偏大，可以框选所有的板片，然后在中心位置双击使控制点变成粉红色，如图 3.539 所示，这样就可以等比例缩放调整大小了。

将所有板片等比例缩小调整，将袖口拉长，再次解算后衣服就变小了，如图 3.540 所示。

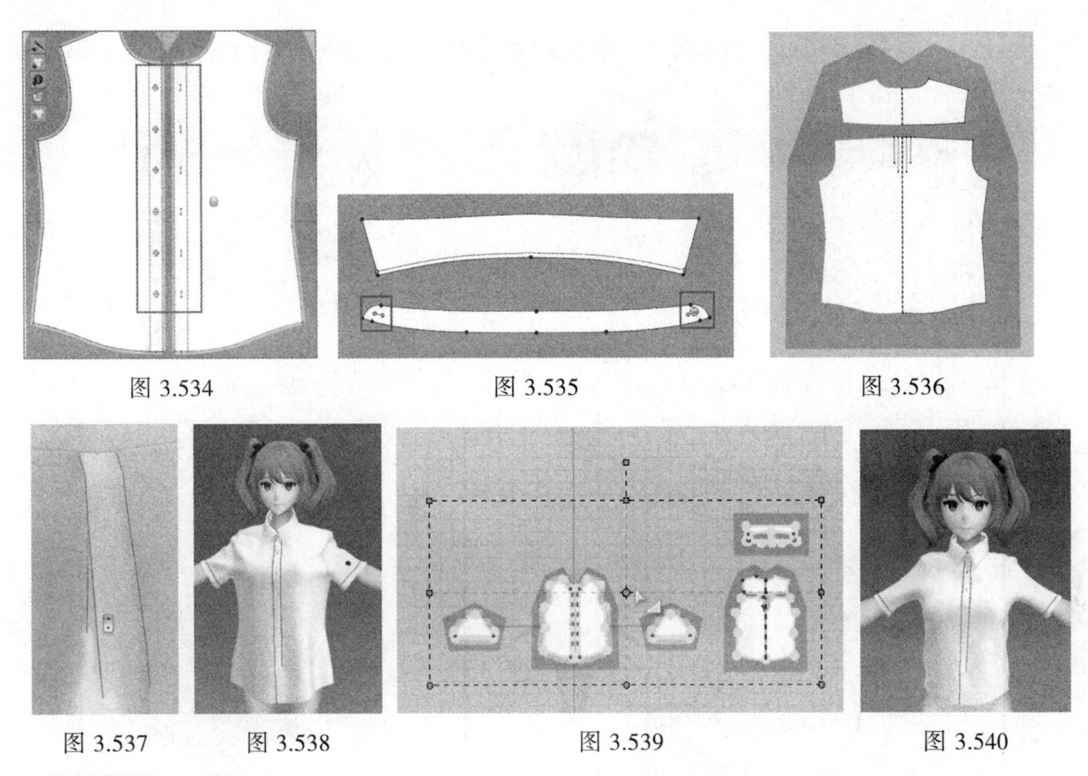

图 3.534　图 3.535　图 3.536

图 3.537　图 3.538　图 3.539　图 3.540

步骤 02 制作蝴蝶结。

在领口的位置创建一个长方形板片，如图 3.541 所示，然后在领口衣服的板片上创建两条内部线，如图 3.542 所示。

图 3.541

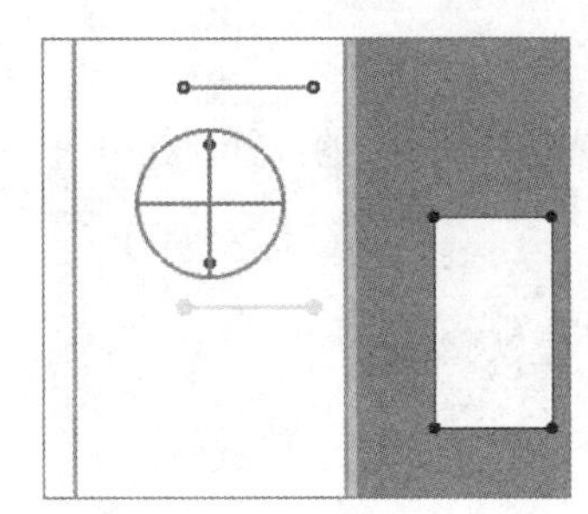

图 3.542

将长方体板片和内部线缝纫起来，如图 3.543 所示。3D 中显示效果如图 3.544 所示。

将该板片的粒子间距设置为 12，解算后的效果如图 3.545 所示。

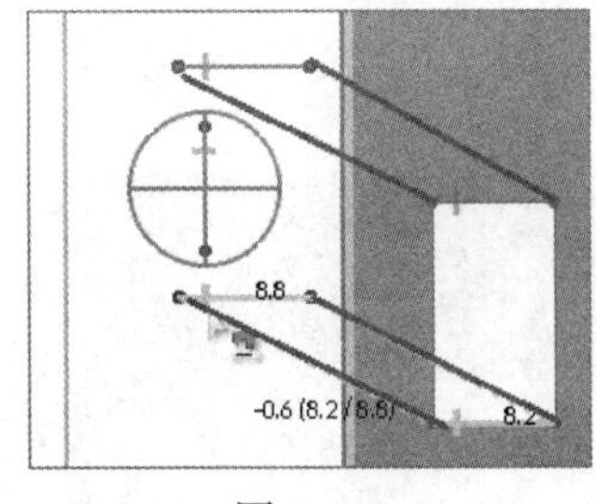

图 3.543

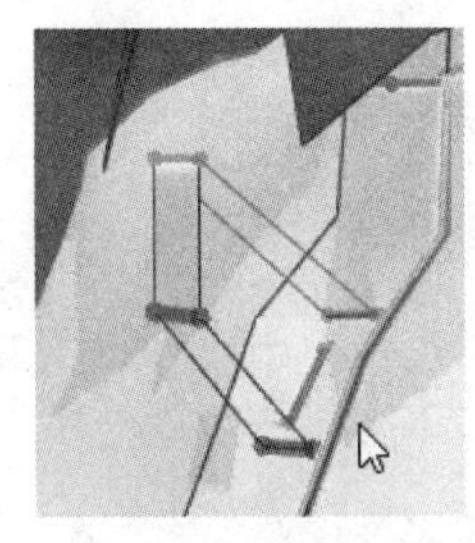

图 3.544

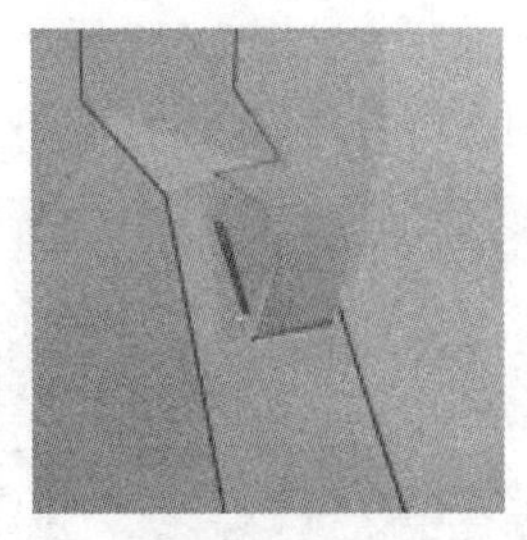

图 3.545

继续创建图 3.546 中所示形状的板片，在图 3.547 中所示位置再创建一个内部线。将内部线和蝴蝶结分别缝纫，如图 3.548 和图 3.549 所示。

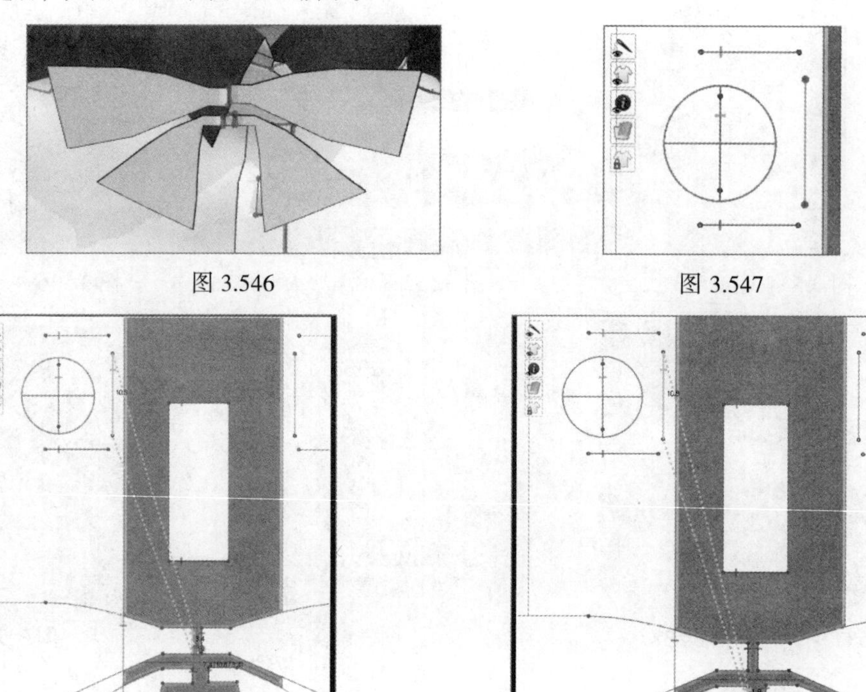

图 3.546　　图 3.547

图 3.548　　图 3.549

调整 3D 视图中蝴蝶结的位置，如图 3.550 所示，设置粒子间距为 10，层为 2，如图 3.551 所示。

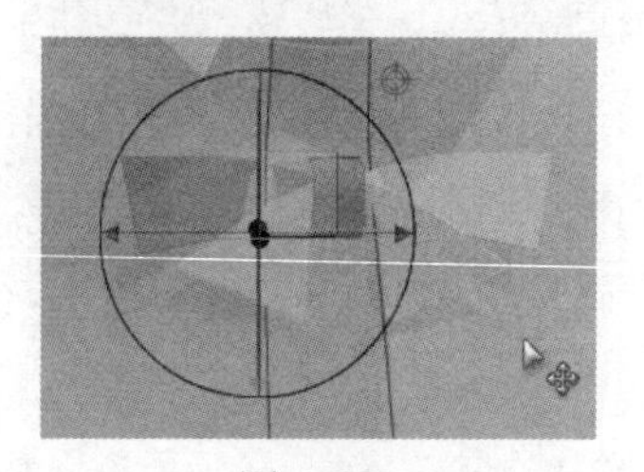

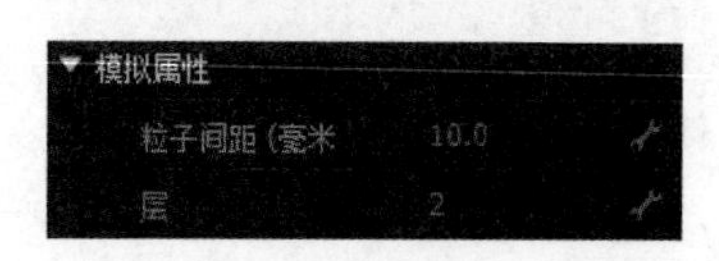

图 3.550　　图 3.551

如果解算时出现图 3.552 中所示较乱的效果，可以使用假缝工具分别在顶角的位置创建假缝使其与衣服固定，如图 3.553 所示。

再次解算后的效果如图 3.554 所示。

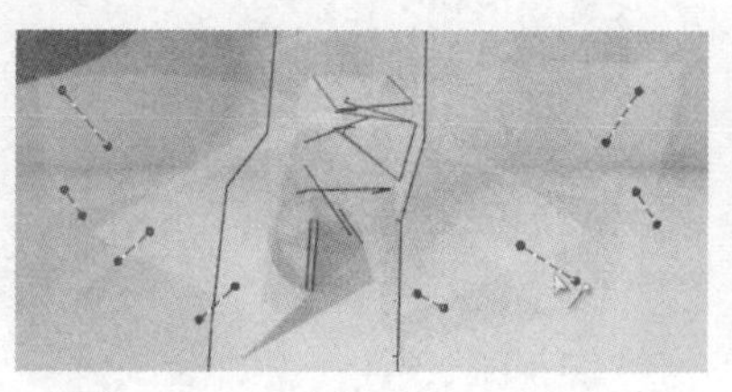

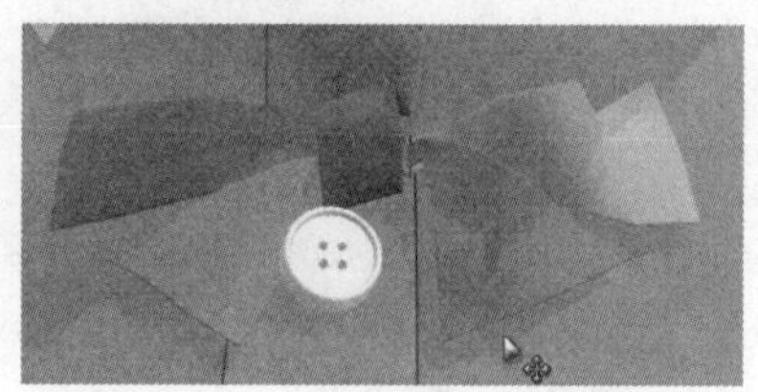

图 3.552　　图 3.553　　图 3.554

步骤 03 裙子的制作。

创建一个长方形板片，如图 3.555 所示，然后将该板片复制一个，分别移动放置在身体的前侧和后侧，如图 3.556 所示，并在右侧的参数中设置“层”为 1。

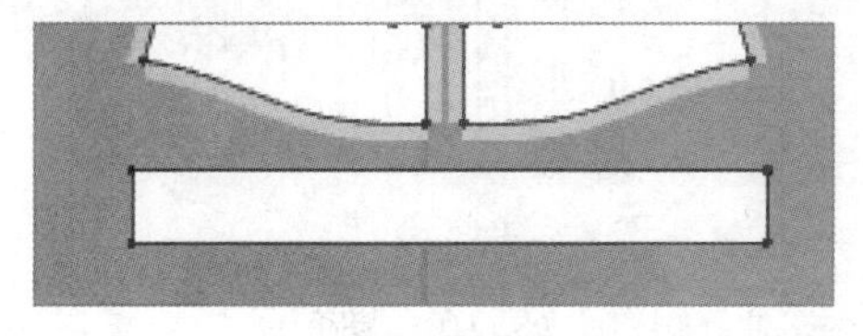

图 3.555

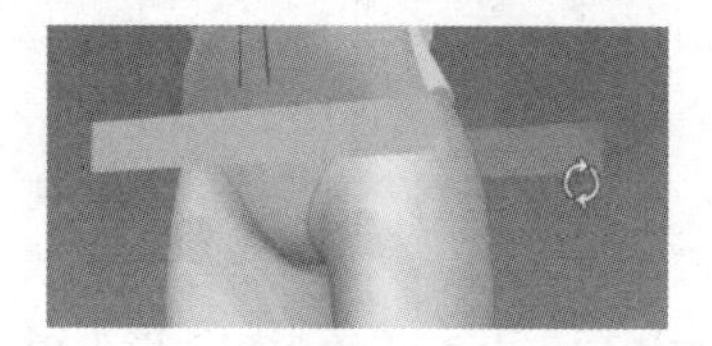

图 3.556

再创建一个长方形板片，大小对比如图 3.557 所示。在该板片上右击，选择“内部线间距”命令，设置好扩张数量和间距的值，如图 3.558 所示，这样我们就把该长方形板片内部平均等分了很多段，如图 3.559 所示。

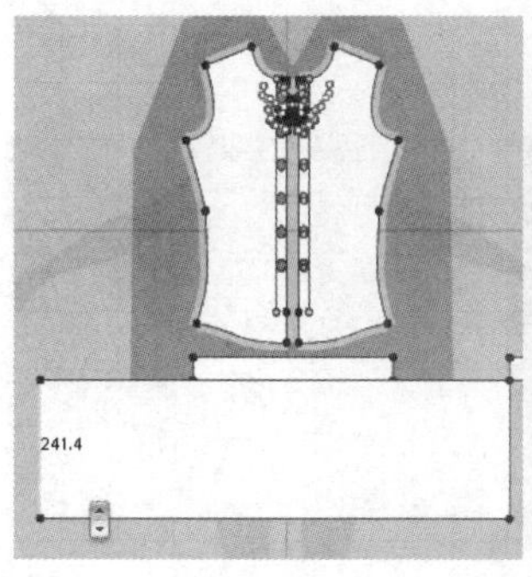

图 3.557

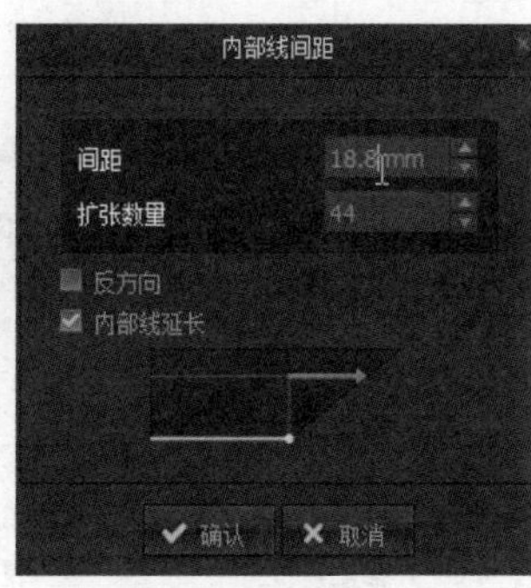

图 3.558

图 3.559

选择所有生成的内部线段，当前的内部线的两端其实并没有真正在长方形板片的边缘上，选择所有的内部线，右击，在弹出的菜单中选择“对齐并增加点”→“到板片外线”命令，如图 3.560 所示。

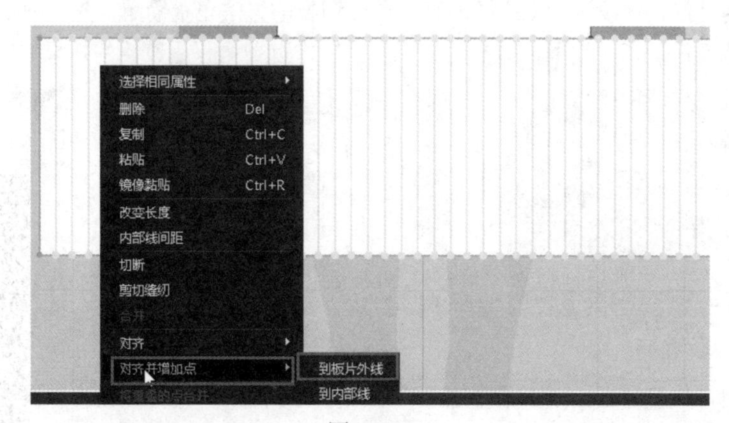

图 3.560

对齐之后的效果如图 3.561 所示。

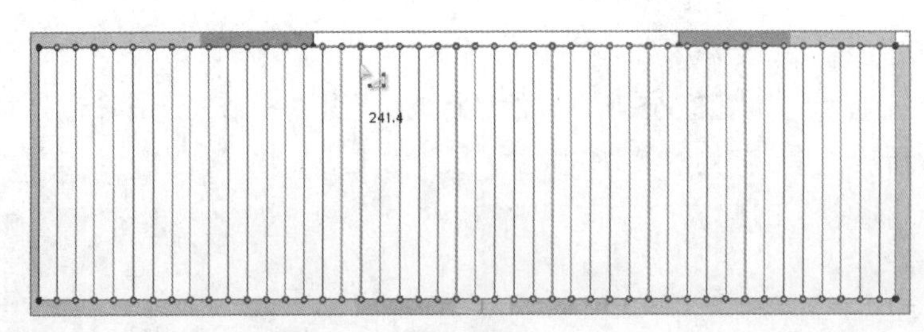

图 3.561

单击按钮，在板片的左侧空白处单击然后拖动到右侧空白处双击，此时会弹出翻折褶裥的参数面板，设置每隔褶裥的内部线数量为 3，单击“确认”，如图 3.562 所示。

单击（缝制褶皱）按钮，依次将长方形板片对应的边缝制在一起，如图 3.563 所示。单击“解算”按钮，此时就会快速制作出一个百褶裙的效果，如图 3.564 所示。

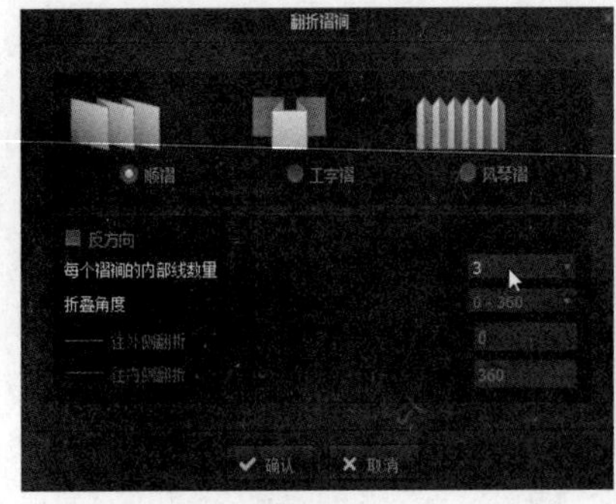

图 3.562

图 3.563

图 3.564

将缝制好的百褶裙板片再复制一份调整到身体的背部，用缝纫工具将对应的边缝纫起来，如图 3.565 所示。单击偏好设置菜单下的模拟属性，在右侧的参数中将重力值先改为 0，单击“解算”按钮，此时的运算效果如图 3.566 所示。从图中可以发现此时的解算效果并不理想，这是因为我们在创建褶皱内部线的时候，分段设置太高的原因。更改调整的方法也很简单，先将内部线删除重新设置好内部分段数，然后再重新利用翻折褶裥的命令重新制作百褶裙，修改后的效果如图 3.567 所示。

图 3.565

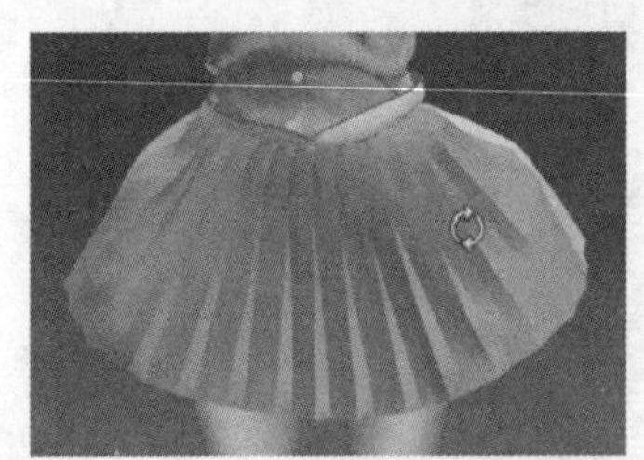

图 3.566

图 3.567

注意，此时腰带位置的面出现了很多皱褶，如图 3.568 所示。选择该板片，在右侧参数面板中的模拟属性中将纬向缩率设置为 50 左右（默认为 100），再次解算后效果如图 3.569 所示。

图 3.568

图 3.569

如果感觉裙子太短，可以选择裙摆下方的点将其拉长即可。整体效果如图 3.570 所示。

选择裙子板片，给它设置一个纹理贴图效果，如图 3.571 所示。同样，给蝴蝶结设置一个贴图，效果如图 3.572 所示。

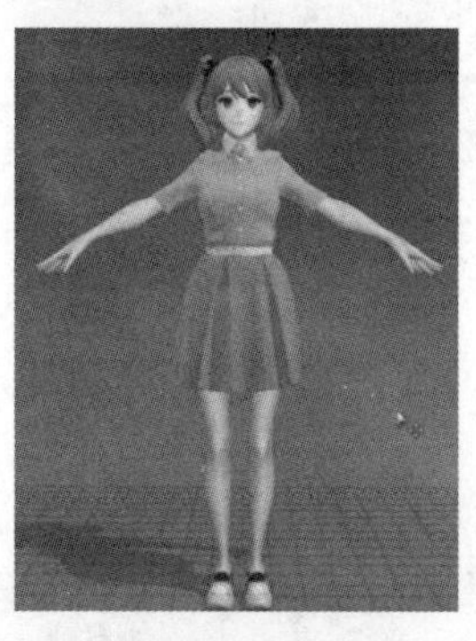
图 3.570

图 3.571

图 3.572

步骤 04 将制作的衣服匹配到新的角色上。

首先要导入创建的角色模型，单击“文件”→“导入”命令，根据之前导出的模型格式选择对应的格式文件导入模型，在导入的参数面板中注意选择好比例和单位，要和之前导出的模型单位相匹配，单击“确认”后即可将角色导入进来，如图 3.573 所示。

单击（创建试穿服）按钮，此时系统会弹出一个如图 3.574 所示的面板，要求我们根据提示在角色相对应的位置创建参考线，包括上颈、颈底、腰部、左侧手腕、左手肘、左肩、左膝盖、左脚踝等。

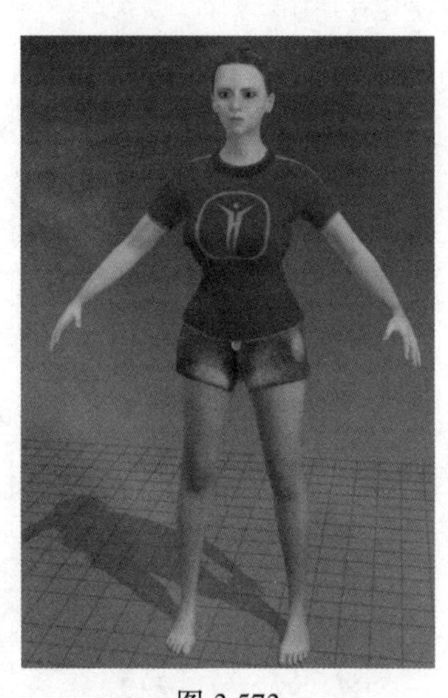
图 3.573

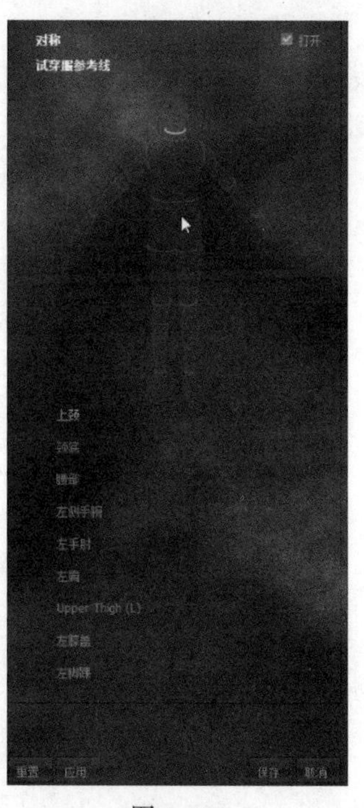

图 3.574

首先创建上颈的参考线，先在左侧单击，然后在右侧单击，最后在中间的位置单击，创建一个环形的参考线，如图 3.575 所示。然后根据系统提示的位置依次创建出颈底、腰部、左侧手腕、左手肘、左肩、左膝盖、左脚踝等参考线，过程如图 3.576 ~ 图 3.579 所示，参考位置图如图 3.580 所示。因为左右是对称的，只需要绘制一侧即可。

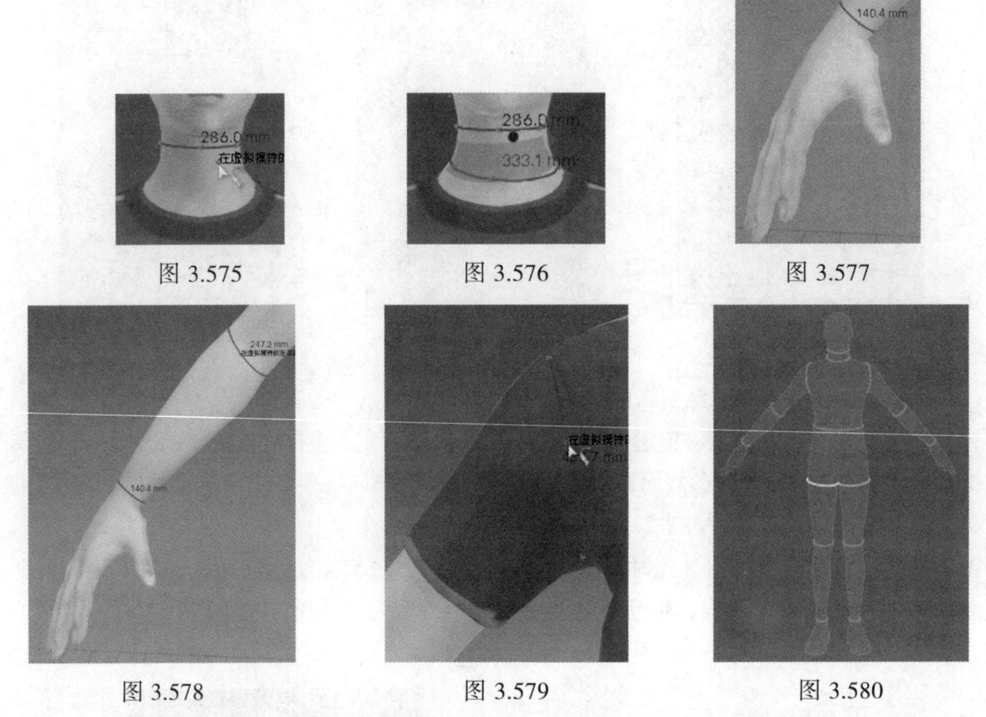

图 3.575　　图 3.576　　图 3.577

图 3.578　　图 3.579　　图 3.580

全部创建好之后，系统会在角色上生成灰色的透明的板片，如图 3.581 所示，这些板片就是用来记录角色的各部位位置的。单击“应用”按钮，系统生成的灰色透明板片就会自动吸附到身体上，如图 3.582 所示。然后再单击“保存”按钮，将当前的信息保存好，保存的位置保持默认即可（也就是系统内置模特的文件位置）。

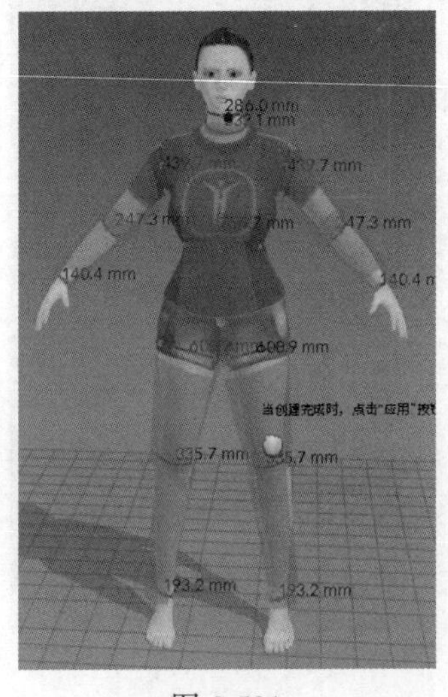

图 3.581

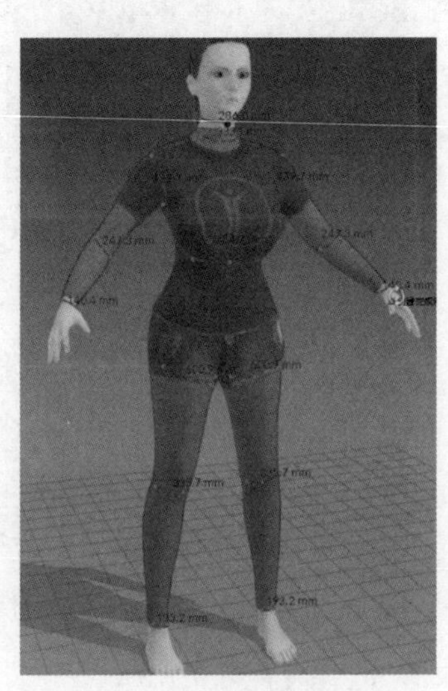

图 3.582

保存完后，右击，在弹出的菜单中选择“删除虚拟模特”，然后依次选择“文件”→“项目”，打开之前创建的衣服和内置的角色项目文件。再次右击，在弹出的菜单中选择“删除虚拟模特”，将内置的虚拟模特删除，然后在图库里双击刚刚保存的带有位置信息的角色将其加载到当前场景中，如图 3.583 所示。由于角色高矮胖瘦都不一致，所以衣服大小也不合适，如果用之前的老方法将衣服板片重置后，再缩放调整大小，再解算，就显得比较麻烦了，现在有了自动穿着功能，单击按钮，系统经过计算后，会自动调整衣服的大小和位置，自动穿着到新的模特身上，如图 3.584 所示。

最后将模特和衣服一起导出，导出 FBX 格式时注意导出的参数，如图 3.585 所示。这里也可以把 MD 内置的新角色也导出一份。

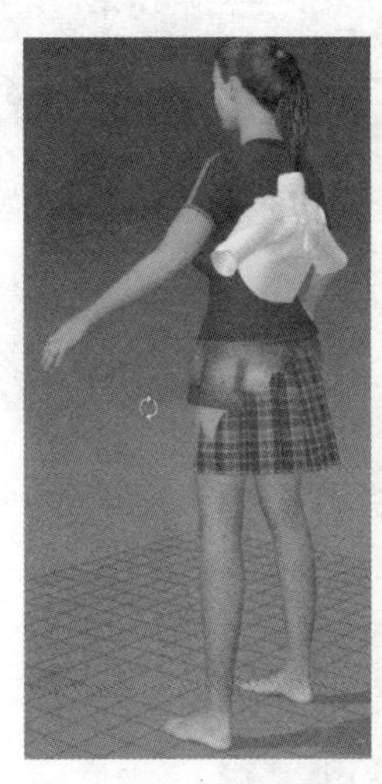

图 3.583

图 3.584

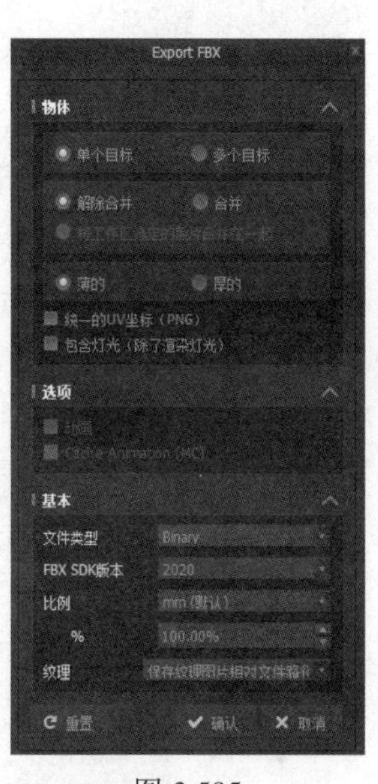

图 3.585

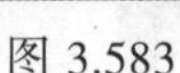

打开 3ds Max 软件，依次选择“文件”→“导入”命令，将在 MD 软件中导出的模型导入进来，把 MD 的卡通角色也导入进来，删除角色模型，保留鞋子模型，调整鞋子大小如图 3.586 所示。

选择角色的身体模型，按 Alt+Q 组合键孤立化显示该模型角色模型，右击，在弹出的快捷菜单中选择“转换为”→“转换为可编辑多边形”命令，将其转换为可编辑的多边形物体。按 4 键进入“面”级别，选择腿部模型，按住 Shift 键缩放克隆出新的对象，如图 3.587 所示。按 M 键打开材质编辑器，将漫反射颜色设置为黑色并调整高光级别和光泽度并赋予当前模型，如图 3.588 所示。由于复制出来的面和身体的面有部分穿插，需要用偏移笔刷对复制出来的面重新调整一下，调整好后的面如图 3.589 所示。

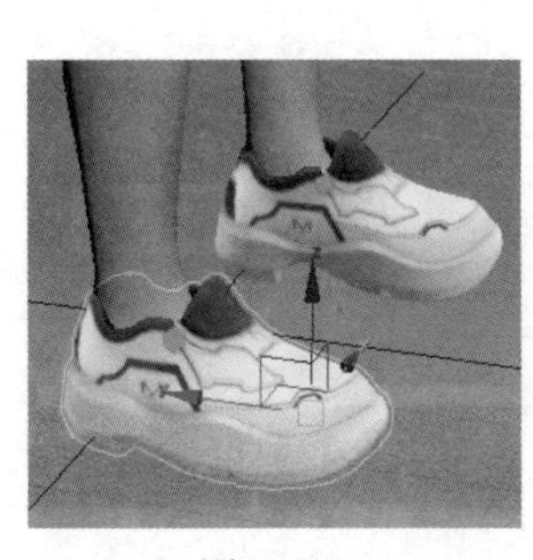

图 3.586

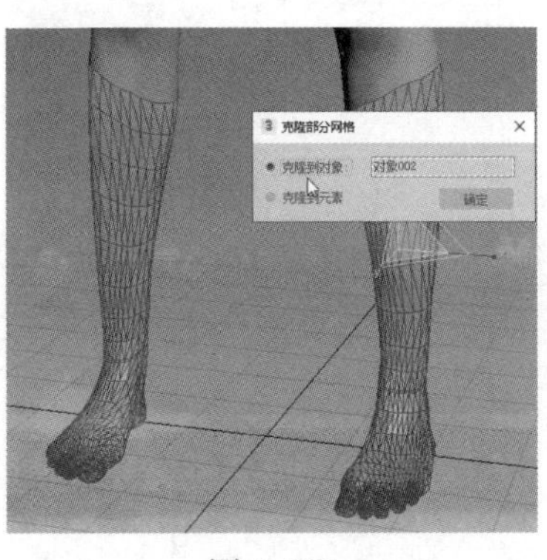

图 3.587

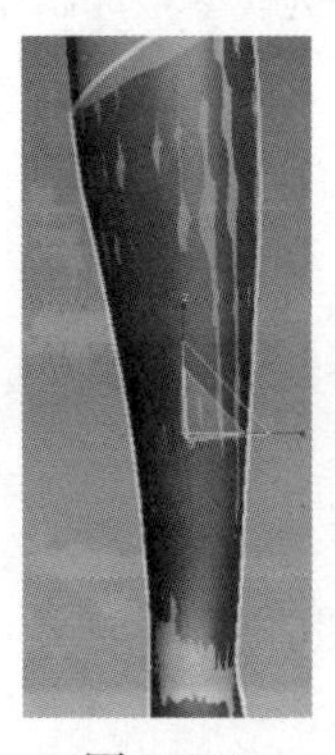

图 3.588

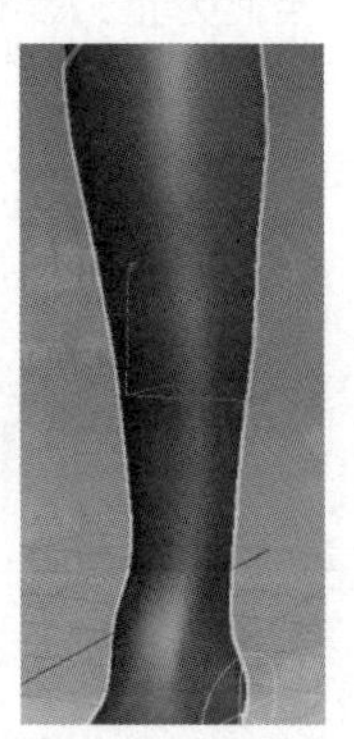

图 3.589

简单重新调整一下布线，对比效果如图 3.590 和图 3.591 所示。

最后选择顶部边界线，按住 Shift 键配合缩放工具向内再向下挤出面，这样细分后就可以模拟出厚度感，如图 3.592 所示。

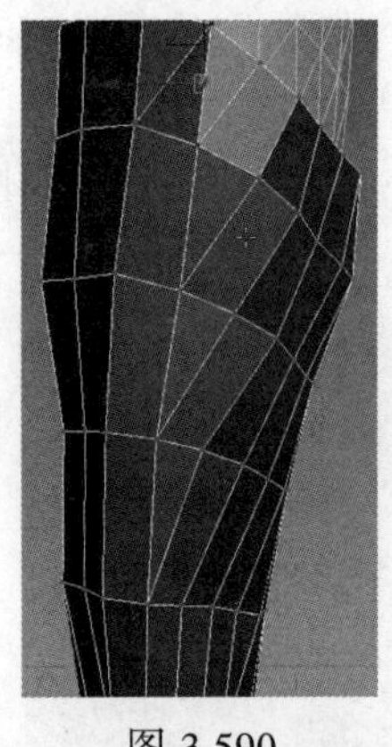

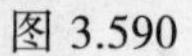

图 3.590

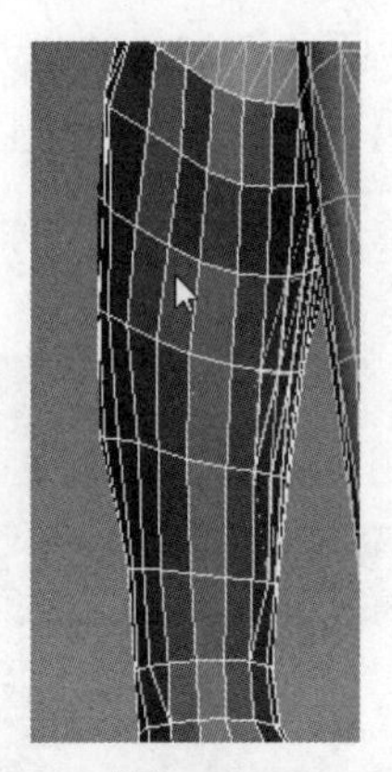

图 3.591

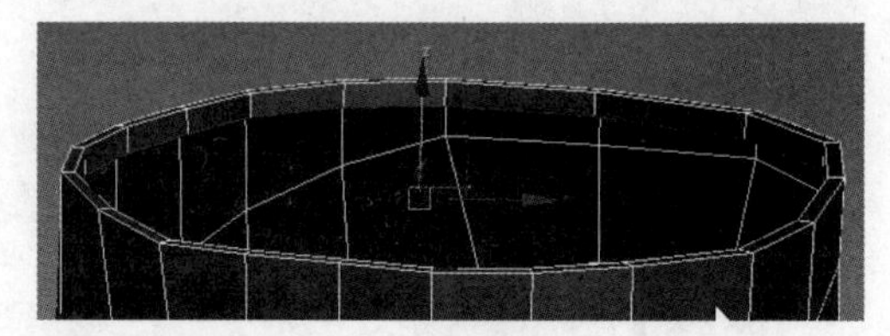

图 3.592

将制作好的丝袜再镜像复制到另一侧，最终的效果如图 3.593 所示。

图 3.593

至此为止，本实例模型全部制作完毕。

第 4 章 儿童角色设计

儿童的身体比例在结构上和成人有一定的区别，随着年龄的变化，人体比例也逐渐变化，如图 4.1 所示为不同年龄的身高比例。儿童头部较大，身体较短，这是最明显的特征。另外，儿童的身体还没有完全发育，所以肌肉结构等也不是太明显，在制作模型时需要注意这几点。本章中制作的小女孩角色年龄在 10 ~ 15 岁之间。

图 4.2 ~ 图 4.5 所示为不同年龄的人头和手的比例。

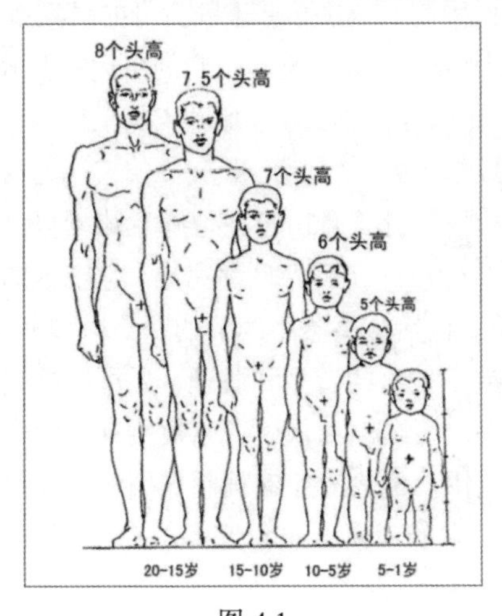

图 4.1

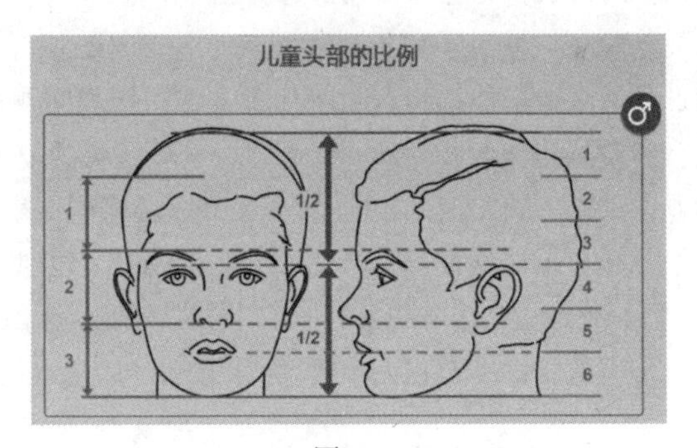

图 4.2

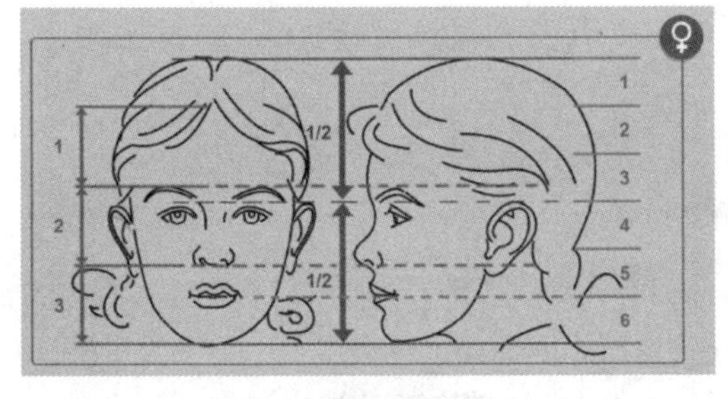

图 4.3

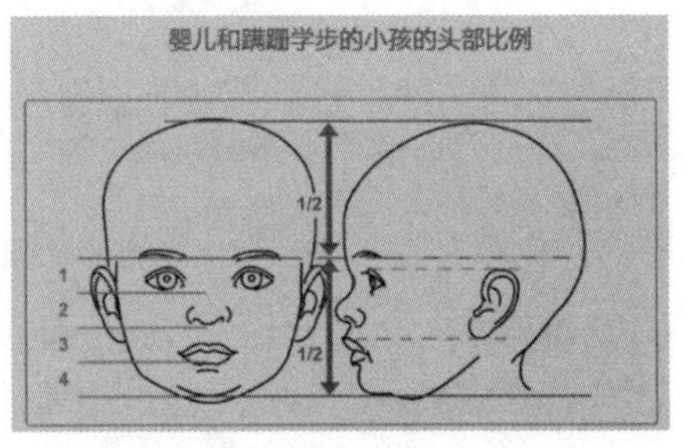

图 4.4

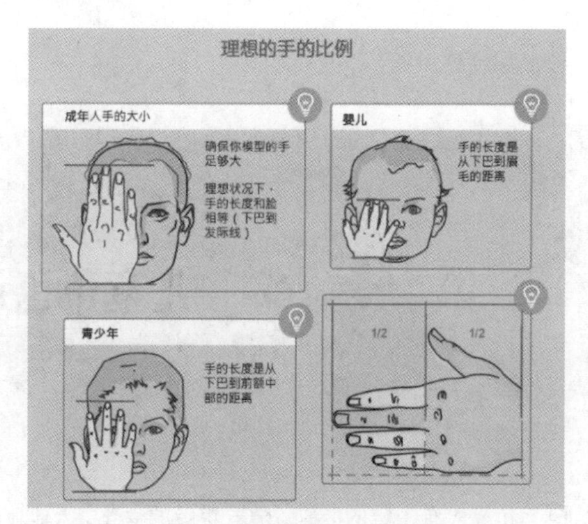

图 4.5

本章的模型制作以 ZBrush 软件为主，配合 MD 软件制作简单的衣服。

ZBrush 是一个数字雕刻和绘画软件，它以强大的功能和直观的工作流程彻底改变了整个三维行业。ZBrush 以实用的思路开发出的功能组合，在激发艺术家创作力的同时，也让用户在操作时会感到非常顺畅。ZBrush 能够雕刻高达 10 亿多边形的模型，所以说限制只取决于艺术家自身的想象力。

ZBrush 软件是世界上第一个让艺术家感到无约束自由创作的 3D 设计工具！它的出现完全颠覆了过去传统三维设计工具的工作模式，解放了艺术家们的双手和思维，告别过去那种依靠鼠标和参数来笨拙创作的模式，完全尊重设计师的创作灵感和传统工作习惯。

设计师可以通过手写板或者鼠标来控制 ZBrush 的立体笔刷工具，自由自在地随意雕刻自己头脑中的形象。至于拓扑结构、网格分布一类的烦琐问题都交由 ZBrush 在后台自动完成。它细腻的笔刷可以轻易塑造出皱纹、发丝、青春痘、雀斑之类的皮肤细节，包括这些微小细节的凹凸模型和材质。令专业设计师兴奋的是，ZBrush 不仅可以轻松塑造出各种数字生物的造型和肌理，还可以把这些复杂的细节导出成法线贴图和展好 UV 的低分辨率模型。这些法线贴图和低模可以被所有的大型三维软件 Maya、3ds Max、Softimage|XSI、LightWave 等识别和应用。成为专业动画制作领域里面最重要的建模材质的辅助工具。ZBrush 的魅力实在是难以抵挡的，它的建模方式会是将来 CG 软件的发展方向。

接下来我们学习一下 ZBrush 2021 版本的主要使用方法。

4.1 ZBrush 软件知识讲解

这一节来学习一下 ZBrush 软件的基础知识和基本操作。

1. 认识界面

打开 ZBrush 软件后，会显示如图 4.6 所示的默认界面。界面以黑色为主，本书中为了保证更好的印刷效果，我们暂时需要更改一下界面的颜色，单击右上角的按钮来切换界面颜色，选择一个灰色的界面，如图 4.7 所示。

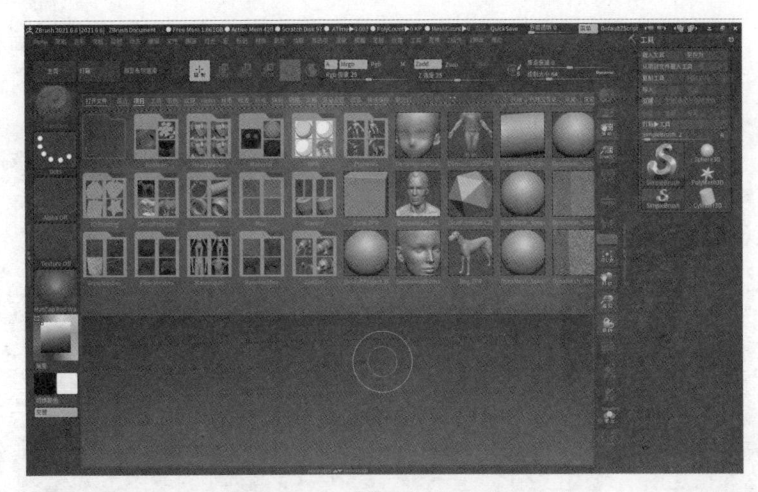

图 4.6

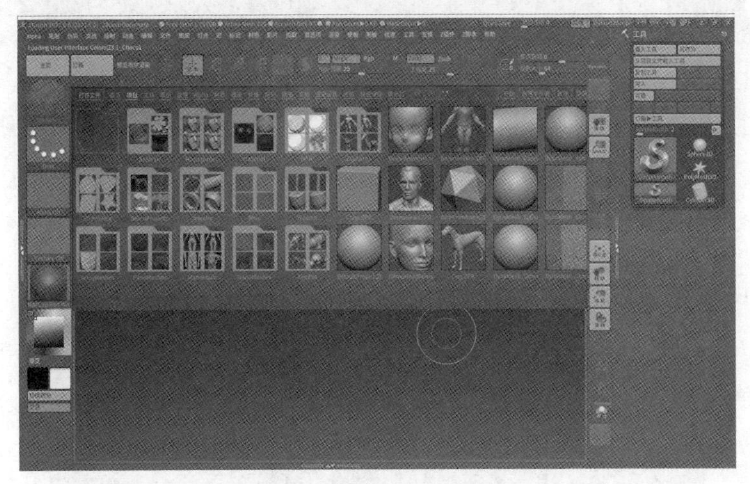

图 4.7

单击灯箱按钮关闭灯箱的显示。虽然界面颜色已经更改为灰色了，但是视图背景区域还是黑色，如图 4.8 所示。

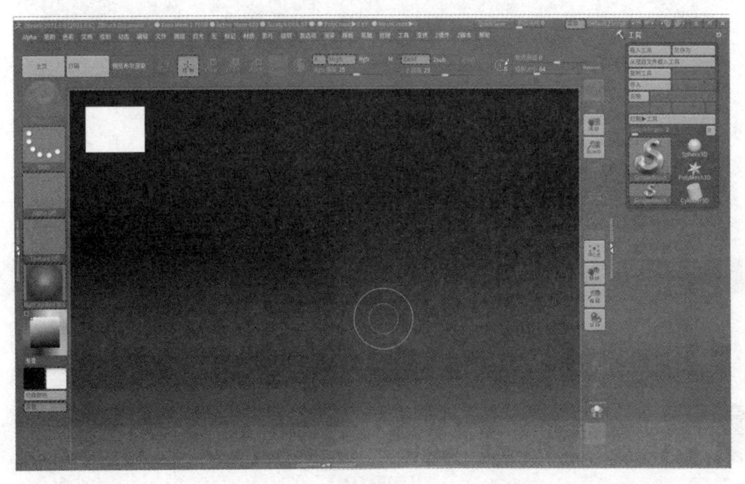

图 4.8

单击“文档”菜单打开文档面板，在背景按钮上单击并拖动到界面中灰色区域后释放鼠标，如图 4.9 所示。这时系统就会拾取当前拖动位置的颜色来更改背景的颜色，如图 4.10 所示。

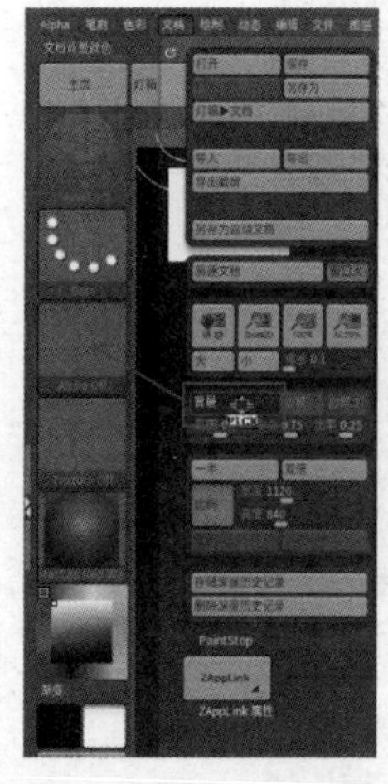

图 4.9

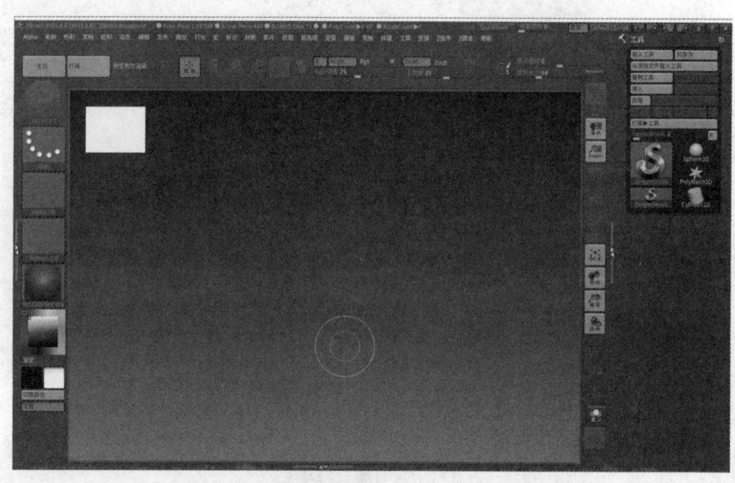

图 4.10

当前更改的背景色是以灰色渐变为主的，如果需要更改为纯灰色，在文档菜单下将范围值更改为 0 即可。

如需更改当前的界面布局，可以单击右上角的按钮来切换。如图 4.11 所示的界面布局也是我们比较常用的，这里可以根据需要执行选择切换。

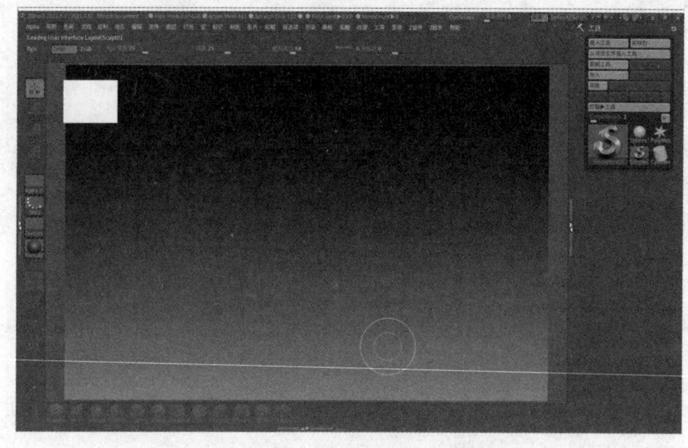

图 4.11

2. 界面布局

图 4.12 所示为软件的菜单栏，ZBrush 软件的菜单栏的排列顺序和其他的软件有一定的差别，它是按照名称的首字母的顺序来排列的。

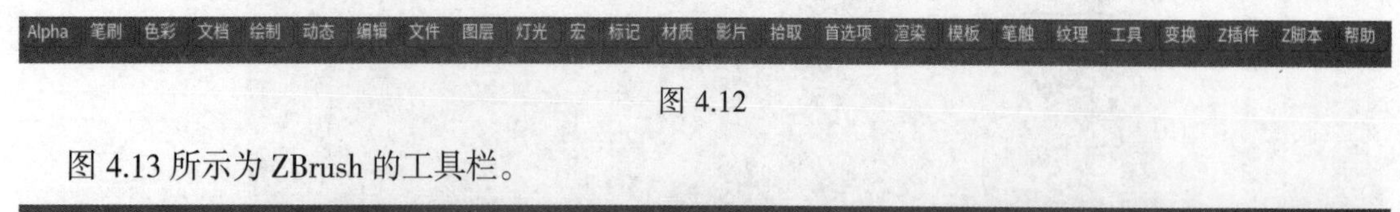

图 4.12

图 4.13 所示为 ZBrush 的工具栏。

图 4.13

在工具栏中可以选择移动、旋转、缩放和编辑以及各种调整笔刷大小、强度、衰减值的工具。在工具栏中还有一个按钮叫灯箱（英文叫 Lightbox），单击该按钮后可以打开内置的各种模型、工具、笔刷、纹理、Alpha、材质、噪波、纤维、阵列、网格、文档，以及快速保存的文件等，如图 4.14 所示。

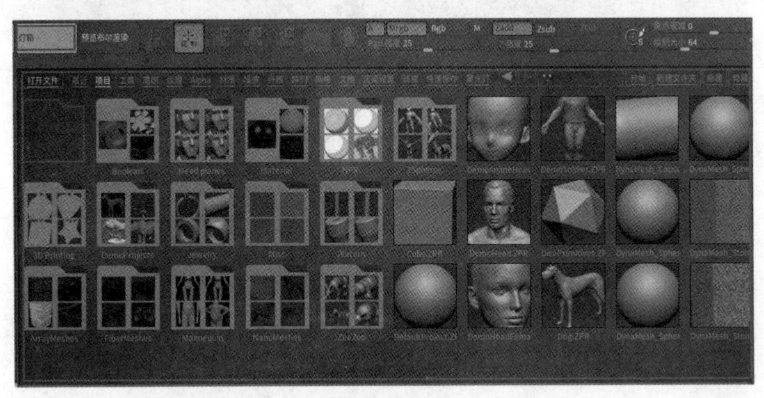

图 4.14

在软件的左侧区域是我们常用的雕刻笔刷、笔触、Alpha、Texture、材质、颜色选择等工具，如图 4.15 所示。单击笔刷按钮可以弹出系统提供的大部分笔刷，如图 4.16 所示。ZBrush 2021 的笔刷非常庞大，很多初学者一看就蒙了，这么多笔刷该怎么学习呢？其实大可不必惊慌，虽然看起来笔刷比较多，但是它们都是分类的，而且常用的笔刷其实并不太多。

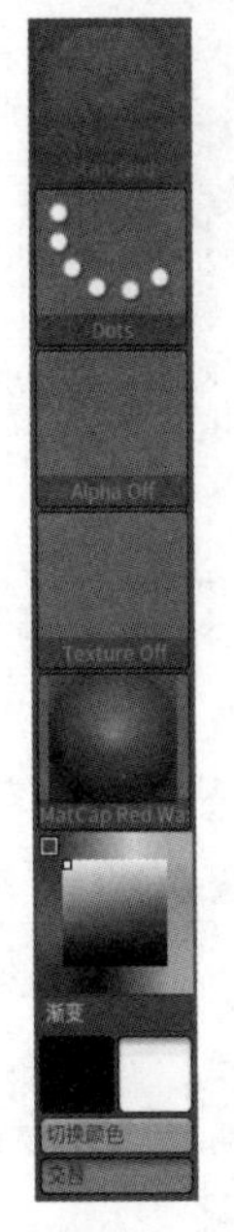

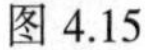

图 4.15

图 4.16

第二个是笔触，也就是我们雕刻的方式。单击笔触按钮可以弹出如图 4.17 和图 4.18 所示的笔触面板。当视图中不存在需要编辑的三维模型时笔触面板如图 4.17 所示，当视图中存在需要编辑的三维模型时，笔触面板如图 4.18 所示，也就是说图 4.17 比图 4.18 多了一些二维图像的绘制方式。

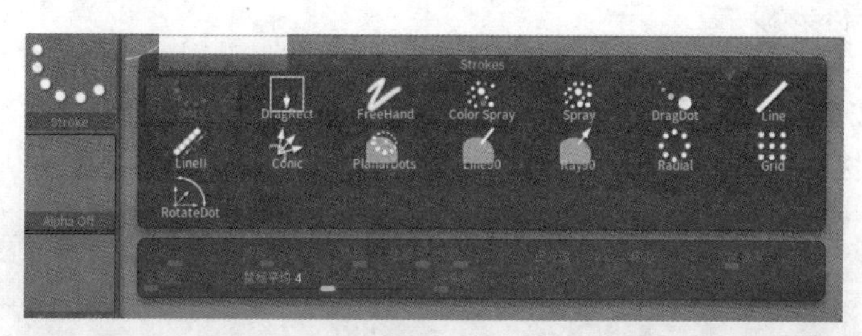

图 4.17

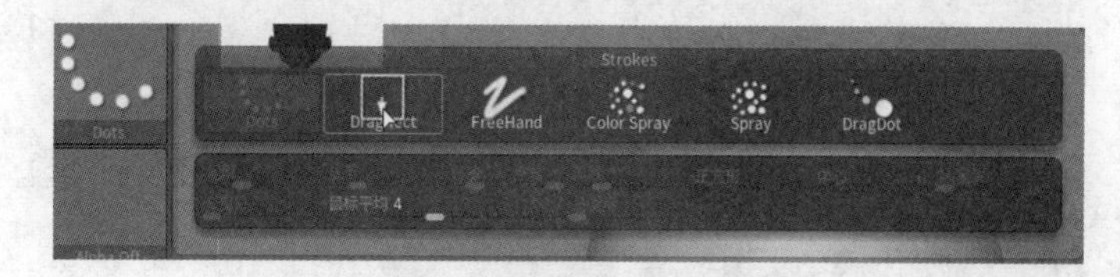

图 4.18

系统默认是以多点的方式雕刻的，如图 4.19 所示。第二种 DragRect 是以拖动的方式雕刻，如图 4.20 所示。除此之外，还有喷绘雕刻和 DragDot 方式，常用的是 Dots、DragRect 和 DragDot 这三种方式。

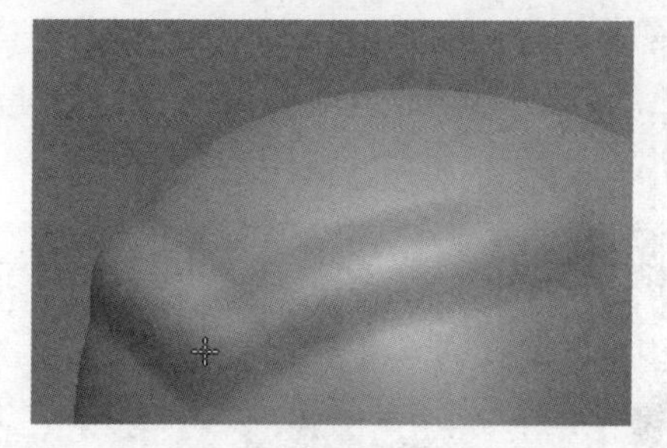

图 4.19

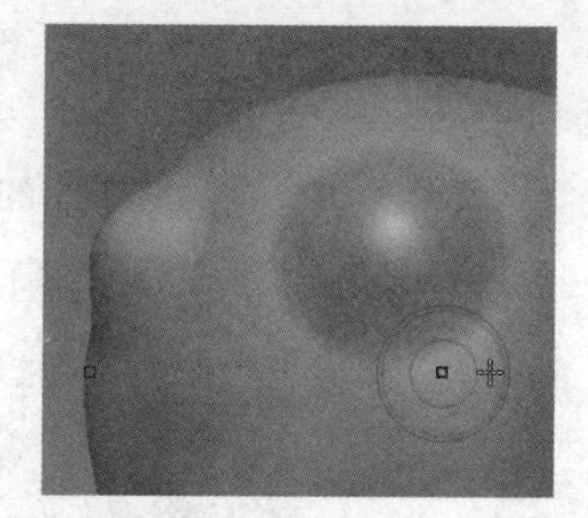

图 4.20

图 4.21 所示为 Alpha 面板。在该面板中可以选择不同的 Alpha 形状进行雕刻，如图 4.22 所示。除了内置的 Alpha 外，还可以导入自定义的 Alpha。

图 4.21

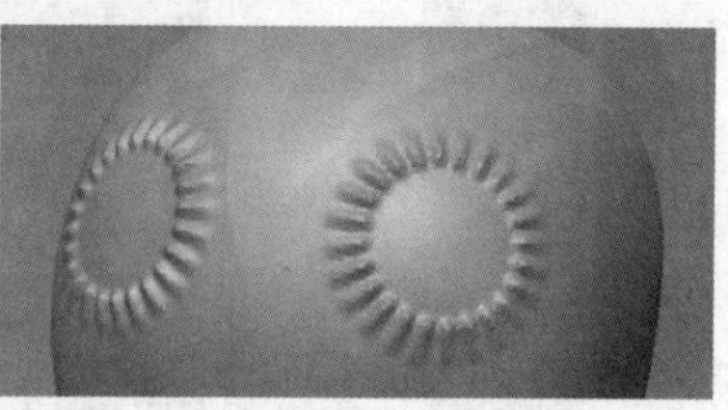

图 4.22

图 4.23 所示为 Texture 贴图面板。

图 4.24 所示为材质面板。系统提供了很多不同的材质，单击材质球即可切换不同的材质。

再接下来就是颜色面板，后期给模型上色时使用。

图 4.25 所示为视图操作和雕刻区域。在该区域中的左上角为视图预览，右上角为三维视图的快速切换按钮，可以快速切换模型的视图和角度等。

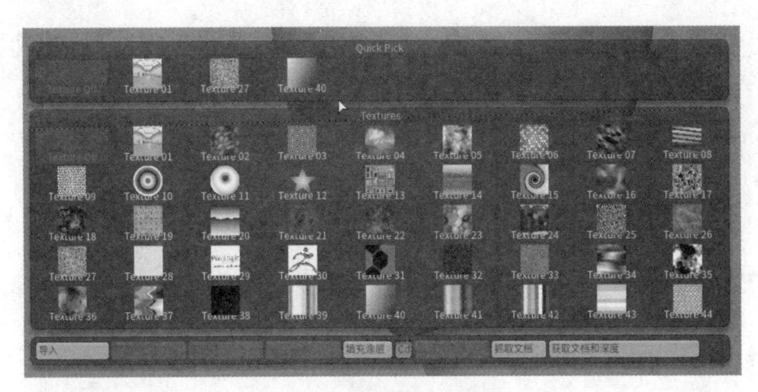

图 4.23

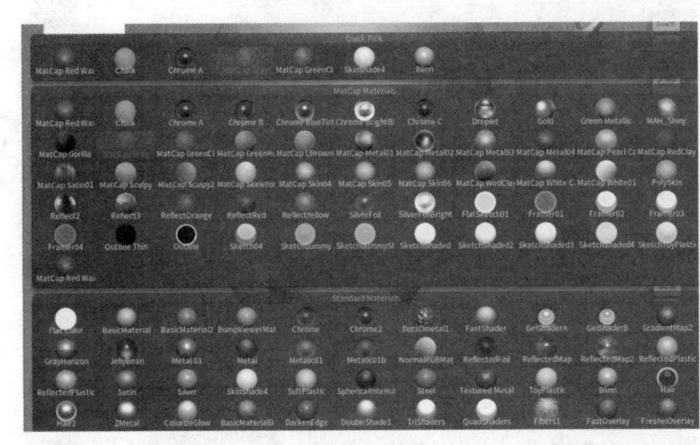

图 4.24

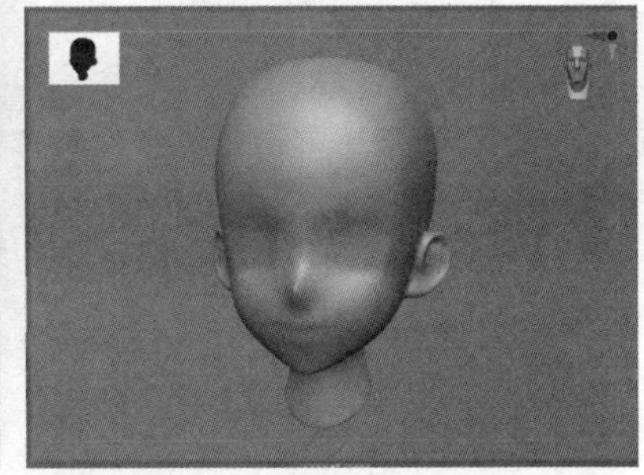

图 4.25

注意，在视图操作的上方有一个黄色滑块，该滑块为历史记录滑块，我们的每一步操作都可以被记录，可以按快捷键 Ctrl+Z 撤回也可以拖动该滑块撤回操作。

3．视图操作方法

在空白处单击并拖动鼠标为模型的旋转，在旋转时按住 Shift 键可以快速旋转到模型的侧面、正面、顶部或者底部。按住 Alt 键在视图空白区域单击并拖动可以移动模型，在移动的时候，松开 Alt 键，按住鼠标左键不松开并拖动可以放大或缩小模型。ZBrush 软件中的移动、旋转和缩放操作不同于其他三维软件，可能对于新手来说会非常不适应，不过多操作练习一下很快就会适应。

值得一提的是，当我们把模型放大到布满整个画布的时候，画布中就没有空白区域了，那么这种情况下该如何来缩放模型呢？此时我们可以通过单击图 4.26 中所示两个方框（系统默认为红色）之间的区域来进行缩放操作。

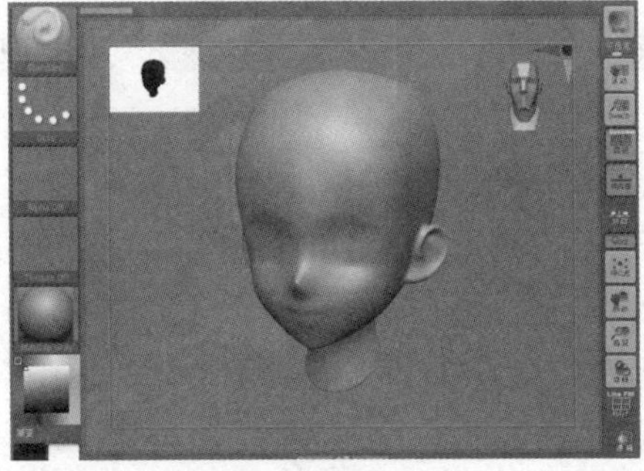

图 4.26

除了上述的方法外，还有一种方法。就是通过紧挨视图区域右侧的各种调节和开关按钮来控制，如图 4.27 所示。

接下来学习一下各种按钮的作用。

：BPR 渲染，用来快速渲染场景模型。

：文档的移动，单击该按钮并拖动鼠标可以快速移动视图中的文档位置。

：文档大小的缩放，单击该按钮并拖动鼠标可以缩放视图中的文档大小。

：模型的移动，单击该按钮并拖动鼠标可以移动视图中的模型位置。

：模型的缩放，单击该按钮并拖动鼠标可以缩放视图中的模型大小。

：在左右轴上旋转。：在 Y 轴上旋转。：在 Z 轴上旋转。这三个按钮不是很常用。

：模型的旋转，单击该按钮并拖动鼠标可以旋转视图中的模型角度。

注意 上述中的两个移动和缩放是有区别的，一个是移动缩放文档的位置和大小，一个是移动缩放模型的位置和大小。

：模型中心点，当我们在视图中缩放的模型找不到的时候，可以单击该按钮快速将模型显示到视图的中心。

：透视开关。

：低网格开关。

：模型的局部对称开关。可以通过该按钮开启或者关闭模型的局部对称。

：模型的网格显示开关，快捷键为 Shift+F，该功能还是比较有用的，一定要记住它的快捷键，网格显示一般用来观察模型的分组和布线情况，如图 4.28 所示。

图 4.27

：模型透明显示，不透明和透明显示的效果对比如图 4.29 和图 4.30 所示。

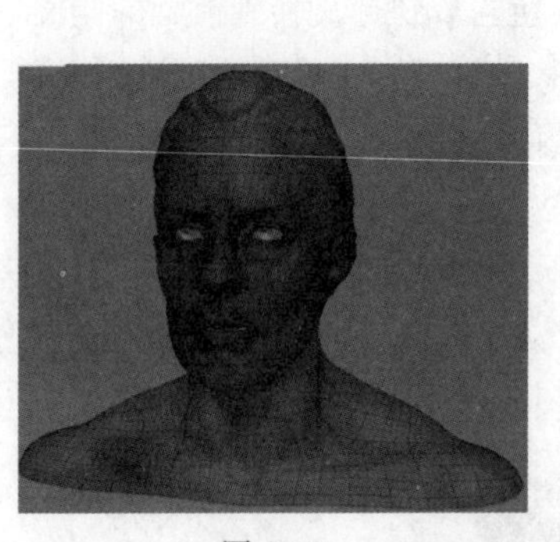

图 4.28

图 4.29

图 4.30

：幽灵模式开关，单击该按钮后的效果如图 4.31 所示。

：孤立模式，当场景中有很多个模型时，单击该按钮可以只显示当前层中的模型，有点类似 3ds Max 中的孤立化模式。

下面还有一些按钮，如果分辨率不够的话它们是显示不全的，我们先将不常用的按钮移除掉。单击“首选项”再单击“启用自定义”按钮，如图 4.32 所示。按住 Ctrl+Alt 键在不用的按钮上单击并拖动，丢到视图区域就可将该按钮移除。用同样的方法移除其他不用的按钮然后将常用的按钮移动排列一下位置，排列好图标后再次单击“首选项”下的“启用自定义”按钮将其关闭即可。我们还可以单击“保存 UI”将调整好的 UI 保存以便下次调用。

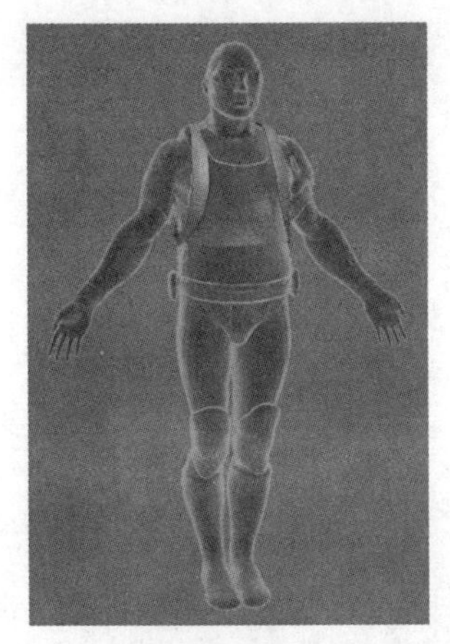

图 4.31

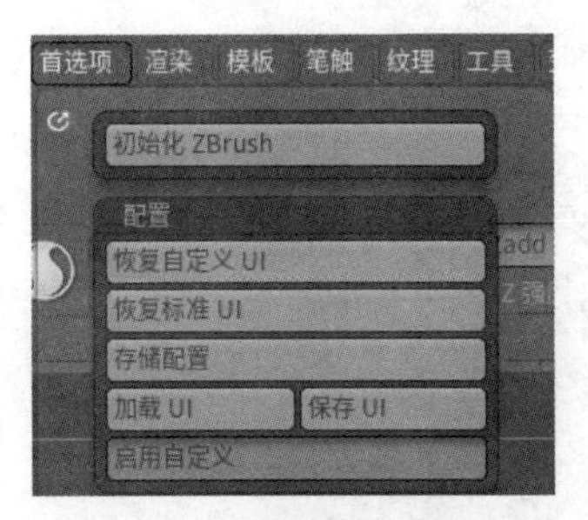

图 4.32

：炸开。将场景中所有层中的模型炸开，再次单击将它们合并，如图 4.33 和图 4.34 所示。这个炸开和合并的过程是有动画的，这一点非常酷。

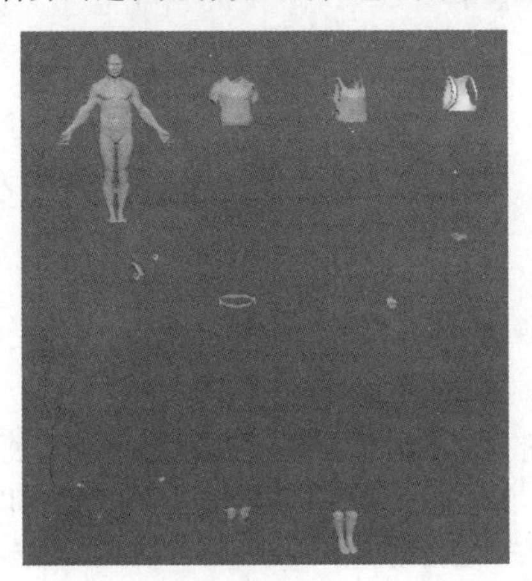

图 4.33

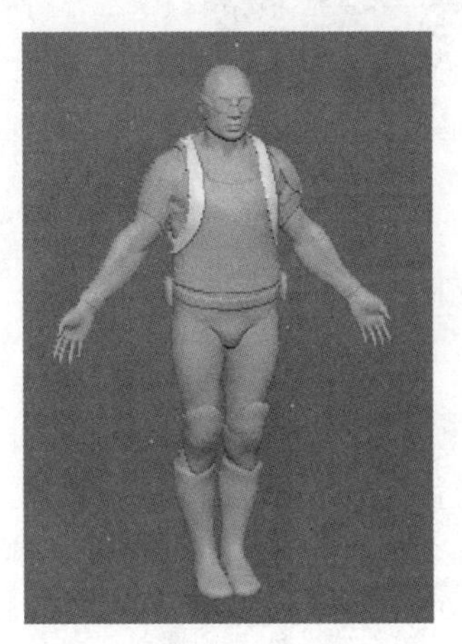

图 4.34

4. 雕刻笔刷快捷键的设置

在雕刻模型时，需要来回切换不同的笔刷，如果通过一个个单击选择的方法就太麻烦了，所以需要将常用的雕刻笔刷设置快捷键。

单击“笔刷”菜单，然后单击按钮将笔刷面板加载到左侧区域。如需要设置某个笔刷的快捷键，可以先选择在笔刷按钮上单击，在弹出的笔刷面板中找到对应的笔刷单击它，这样就把该笔刷显示在了笔刷面板中了，如图 4.35 所示。然后按住 Alt+Ctrl 快捷键在该笔刷上单击，此时菜单栏下方会显示按任意组合键指派自定义热键 -或- 按 ESC 或鼠标键取消 -或- 按删除键删除先前自定义指派。，这时松开 Alt+Ctrl 键我们按下 1 键，此时如果弹出如图 4.36 所示的对话框，直接单击“确定”即可。这样就把该笔刷设置了快捷键。用同样的方法设置 ClayBuildup 笔刷快捷键为 2，Move 笔刷快捷键为 3，DamStandard 笔刷快捷键为 4，Inflat 笔刷快捷键为 5，Flatten 笔刷快捷键为 6，hPolish 笔刷快捷键为 7。

Clay 或者 ClayBuildup 笔刷为黏土笔刷，常用来塑造一些造型。Move 为移动笔刷。DamStandard

为耙子笔刷，用来制作一些划痕效果。Inflat 为膨胀笔刷。Flatten 和 hPolish 均为抹平笔刷，常用来抹平表面。Smooth 平滑笔刷也比较常用，它不用特意指定快捷键，在雕刻时按住 Shift 键即为光滑笔刷。

设置好快捷键后，记得在“首选项”中的“热键”面板中单击“存储”按钮，再单击“保存”按钮将热键保存，以便在其他电脑上调用。

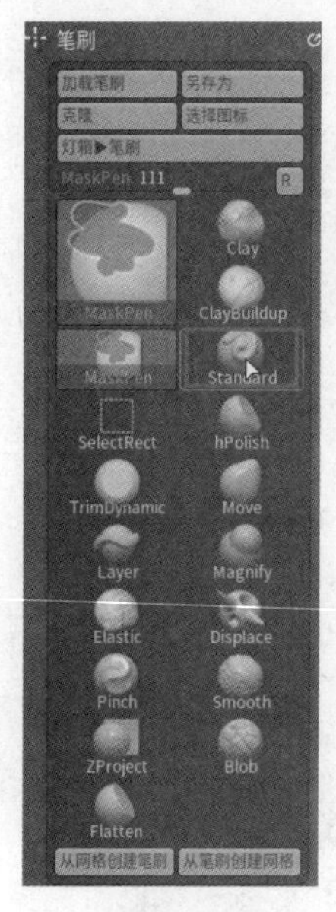

图 4.35

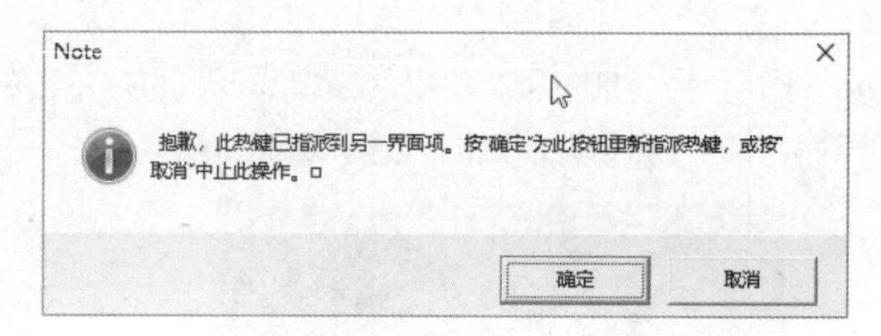

图 4.36

4.2 角色的几种制作思路

1. Z 球制作模型

我们常常说的 Z 球就是 ZSphere，它是 ZBrush 软件建模一个非常重要的工具，让用户使用拓扑结构快速建立一个基础模型，然后将其塑造成任何形状，然而这一切都是非常简单的，比起 ZBrush 这在其他任何三维应用软件中都将花费更长的时间。Z 球的创建也很简单，单击右侧的任一模型，在弹出的面板中选择 ZSphere 即可，如图 4.37 所示。

图 4.37

拖出一个 Z 球，单击 Edit 按钮进入编辑模式，当光标放置在 Z 球上时会有一个连接球，按 X 键打开对称，在 Z 球表面再次单击并拖动可以创建出新的连接球，如图 4.38 所示。单击按钮选择移动工具，可以单击创建的 Z 球通过移动来调整它的位置和长度，如图 4.39 所示。

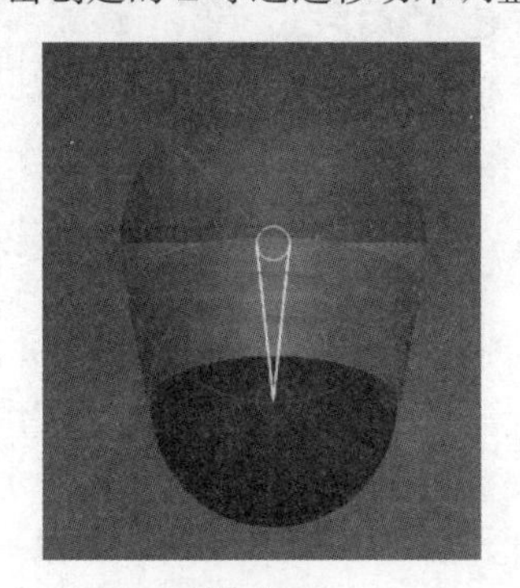

图 4.38

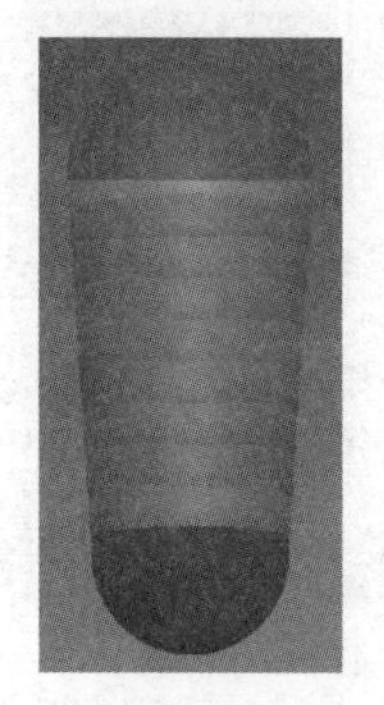

图 4.39

调整好位置后，单击按钮进入编辑模式可以继续创建出新的 Z 球，用这种方法可以快速创建出人体的基本形状，过程如图 4.40 ~ 图 4.42 所示。在创建 Z 球时可以按住 Alt 键在 Z 球上单击将其删除，在绘制模式下，单击 Z 球与 Z 球中间的连接部分可以增加 Z 球。

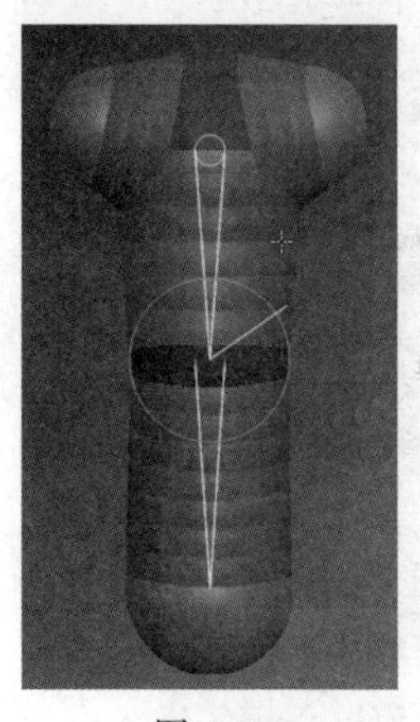

图 4.40

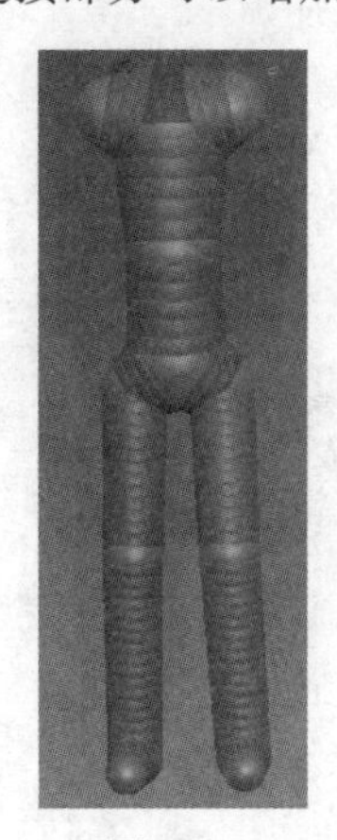

图 4.41

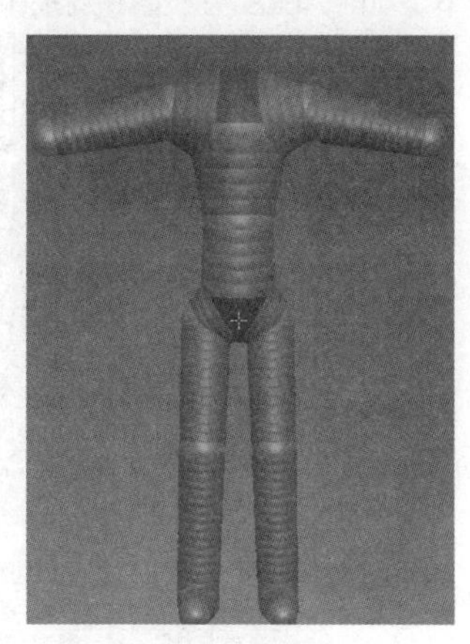

图 4.42

创建手部位的时候，连续创建 5 个小的 Z 球，如图 4.43 所示，然后在 5 个 Z 球上继续创建出其他的 Z 球，如图 4.44 所示。

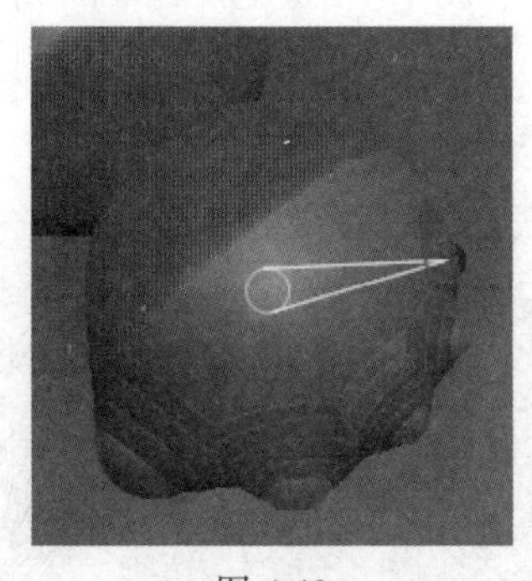

图 4.43

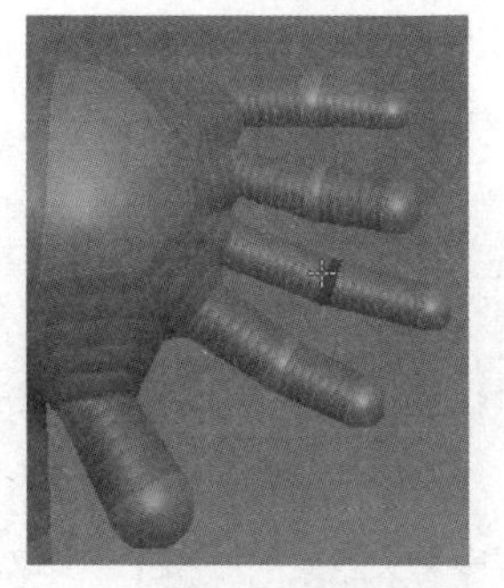

图 4.44

在中间部位单击增加 Z 球控制点，如图 4.45 所示，创建完的人体基本 Z 球如图 4.46 所示。

按 A 键预览网格，如图 4.47 所示。再次按 A 键又可以切换到 Z 球模式，通过这种方式可以不断调整形状直至满意为止，最后再细分进行雕刻即可。

图 4.45

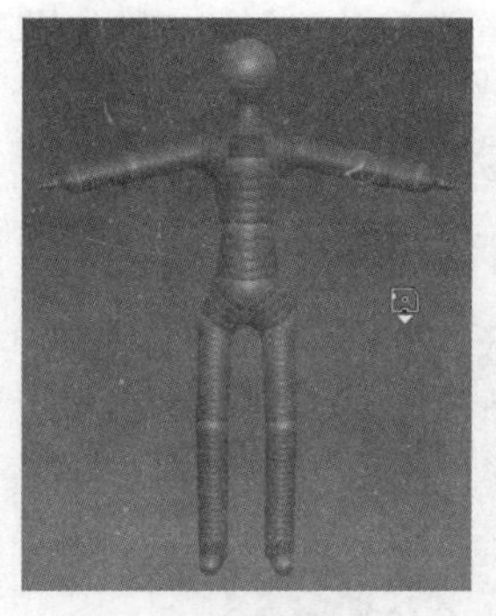

图 4.46

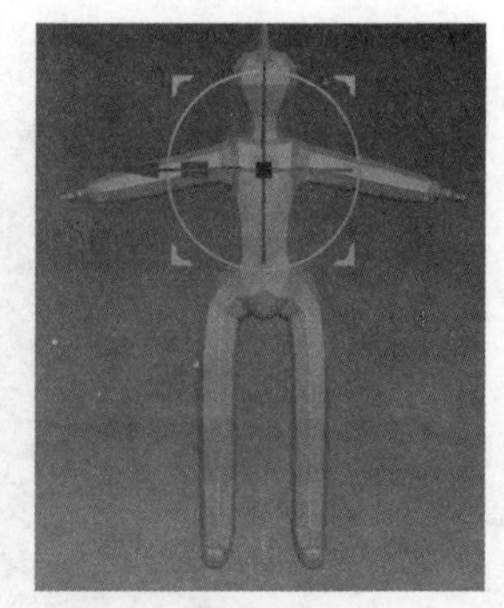

图 4.47

2．用多个 Z 球模型进行编辑

第二种方式是利用系统提供的众多 Z 球模型进行编辑。

单击“灯箱”按钮，在灯箱面板下双击 Mannequin 文件夹，可以看到系统提供了很多创建好的 Z 球模型，如图 4.48 所示。系统提供了手、人体、动物等 Z 球结构可以直接拿来使用。

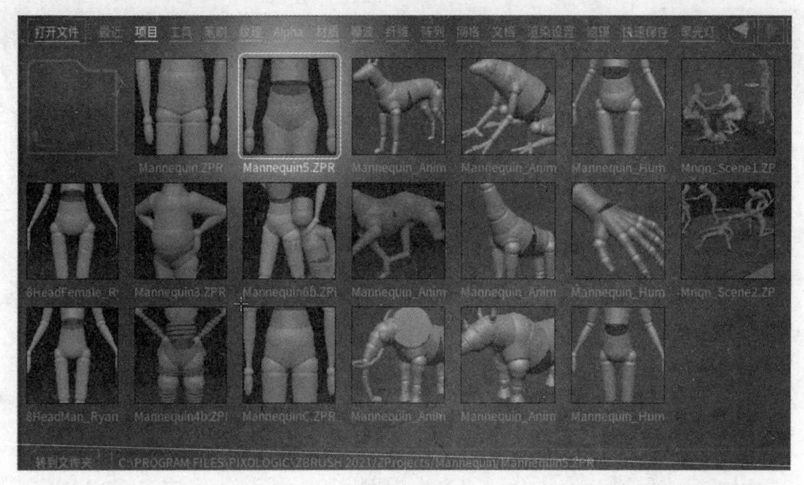

图 4.48

在 ZSpheres 文件夹和 Zeezoo 文件夹下同样提供了很多 Z 球结构模型，如图 4.49 ~ 图 4.52 所示。特别是 Zeezoo 文件夹下提供的模型非常多，基本上包含了常见的动物结构，这样在雕刻一些模型的时候可以直接使用。

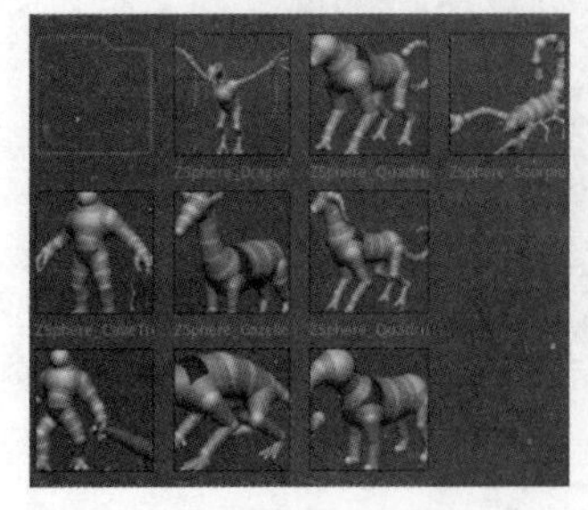

图 4.49

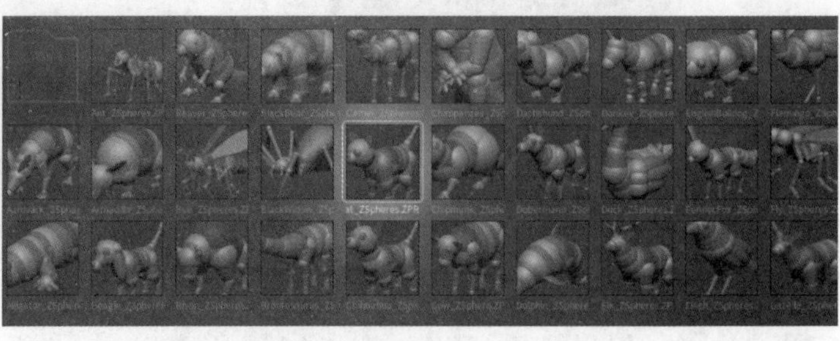

图 4.50

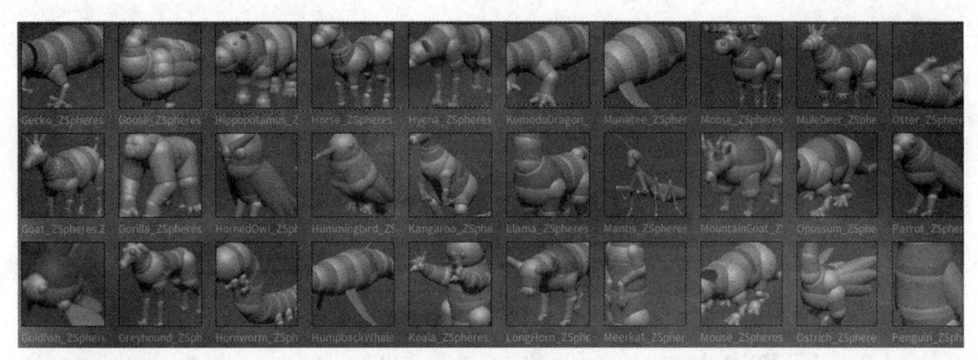

图 4.51

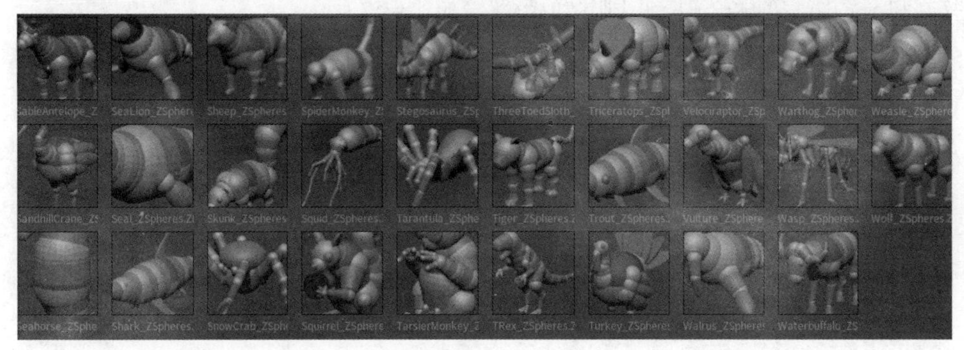

图 4.52

3．利用 ZBrush 的简模制作小女孩头部模型

系统还提供了一个简模的小孩头部模型，如图 4.53 所示。

这个模型和本节中制作的卡通小女孩有点类似，所以本节中的模型制作就可以在该模型的基础上对它进行雕刻处理。在雕刻模型时，如果你使用的有绘图板，可以在首选项中的数位板中选择合适的数位板驱动程序，如图 4.54 所示，这样就可以使用数位板来进行雕刻了。数位板的好处非常多，可以根据画笔的压力感知自动调整雕刻的深浅。

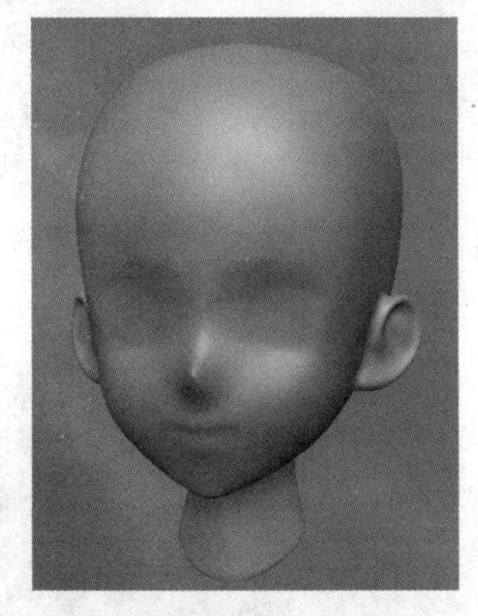

图 4.53

图 4.54

按 2 键切换到 ClayBuildup 笔刷，先雕刻出眼睛和眉毛的位置。在雕刻时如果当前的笔刷正常是凸起的效果，那么按住 Alt 键就可以雕刻出凹陷的效果，按住 Alt 键雕刻时系统会有显示，如图 4.55 所示。

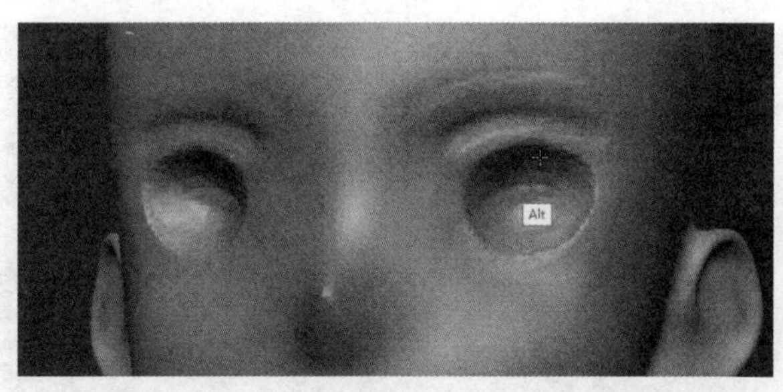

图 4.55

切换到 DamStandard 笔刷，在眼皮上方按住 Alt 键雕刻出更明显的凹痕效果，如图 4.56 所示。配合移动笔刷和 Standard 笔刷进一步细化眼睛的形状，如图 4.57 所示。

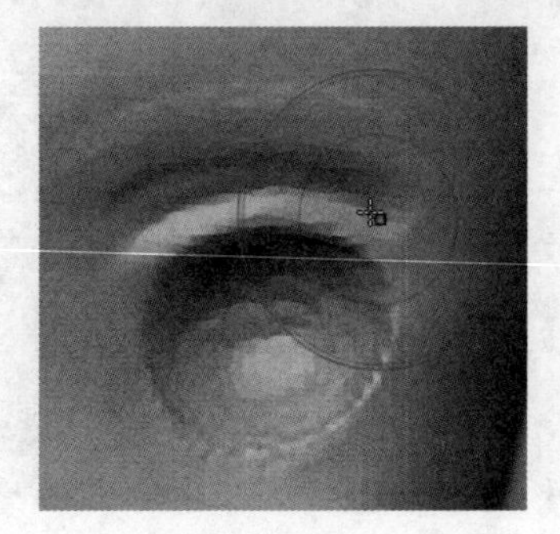

图 4.56

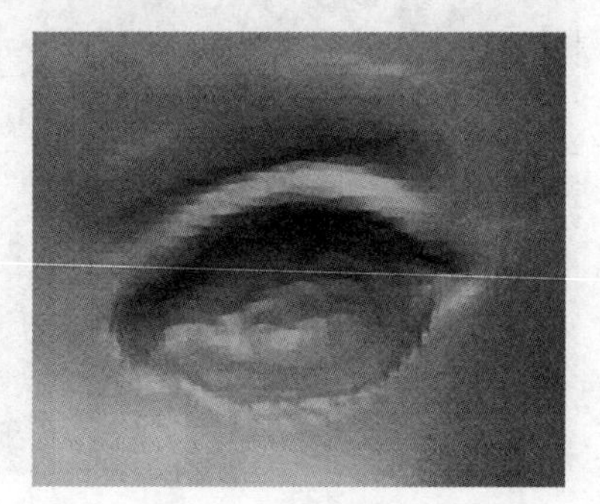

图 4.57

在右侧的几何体编辑面板中单击“细分网格”命令，将模型细分增加，用 Standard 笔刷先雕刻出鼻翼，然后按住 Alt 键挖出鼻孔，如图 4.58 所示。按住 Shift 键光滑处理，如图 4.59 所示。进一步细化调整鼻子形状，效果如图 4.60 所示。

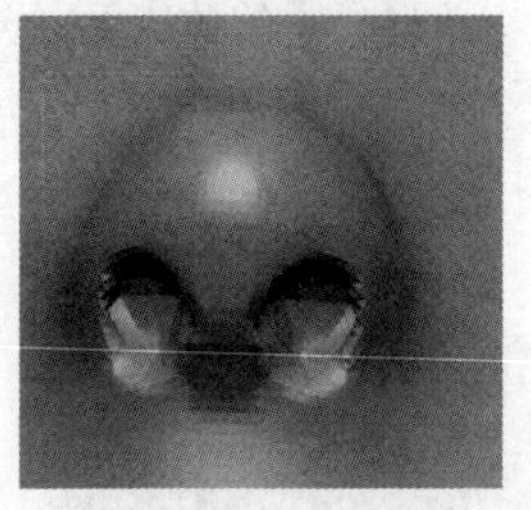

图 4.58

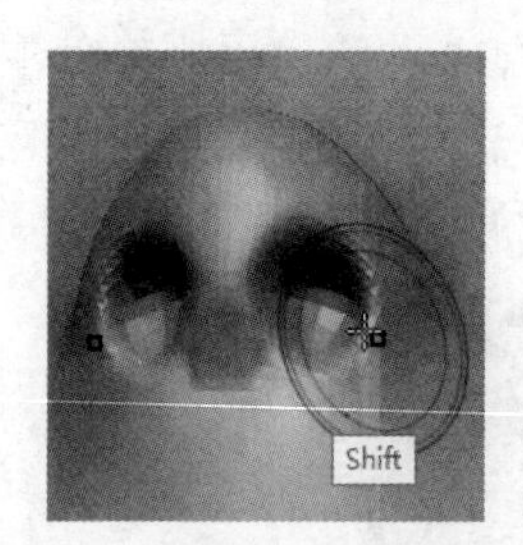

图 4.59

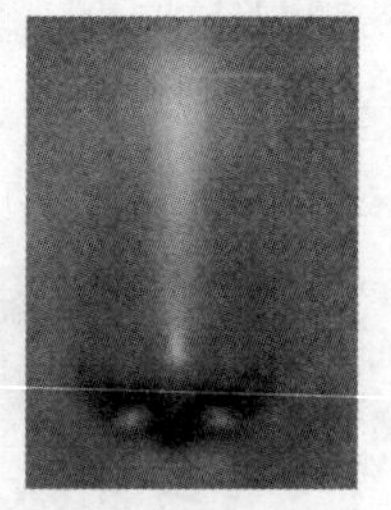

图 4.60

切换到 DamStandard 笔刷，先大致绘制出嘴巴的形状，如图 4.61 和图 4.62 所示。

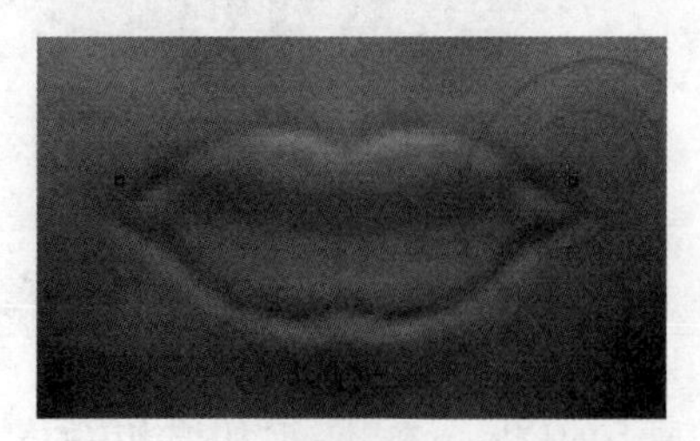

图 4.61

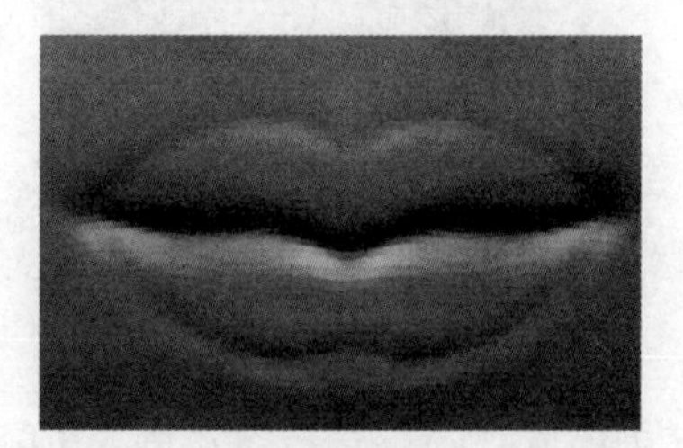

图 4.62

然后用 Clay 笔刷雕刻出嘴唇，如图 4.63 所示。配合 Shift 键光滑处理，如图 4.64 所示。

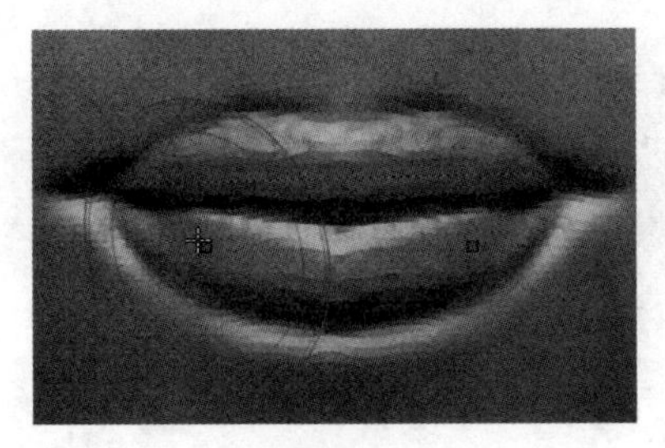
图 4.63

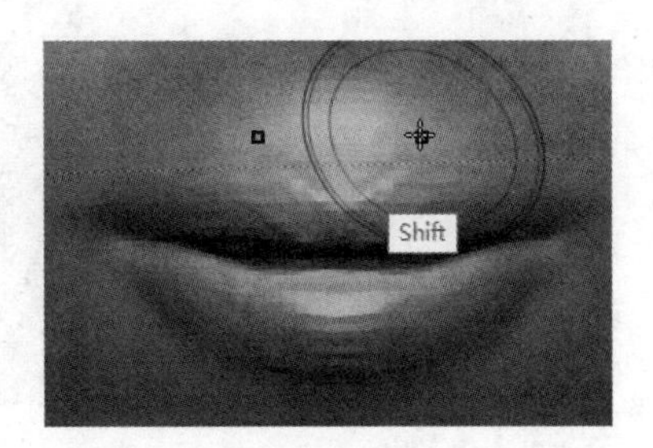

图 4.64

下颌骨向下雕刻，如图 4.65 所示。用 DamStandard 笔刷雕刻出唇线，效果如图 4.66 所示。

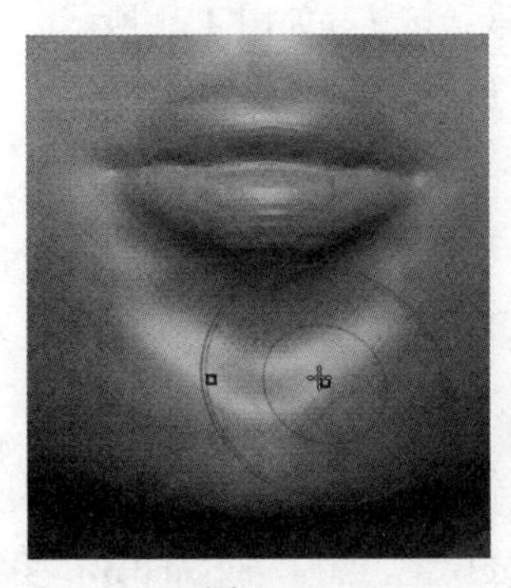
图 4.65

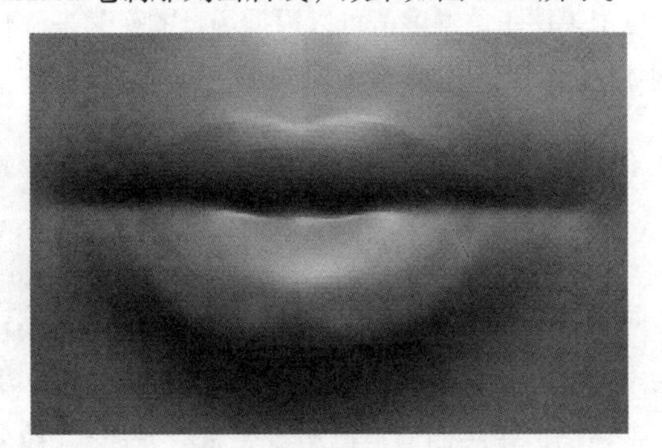
图 4.66

用 Move 笔刷将两眼之间的距离调整一下。展开右侧的“子工具”面板，单击追加按钮，然后选择一个球体模型将球体追加进来，追加进来的球体模型比较大，需要缩小调整，切换到“缩放”工具，将球体缩小并移动到眼窝位置，如图 4.67 所示。移动笔刷调整眼睑至图 4.68 所示。

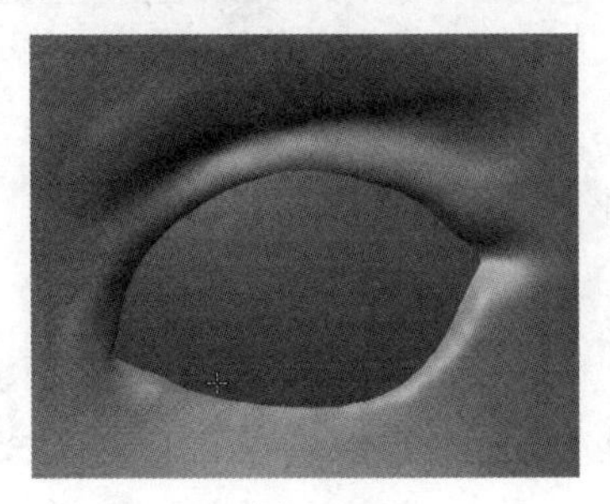
图 4.67

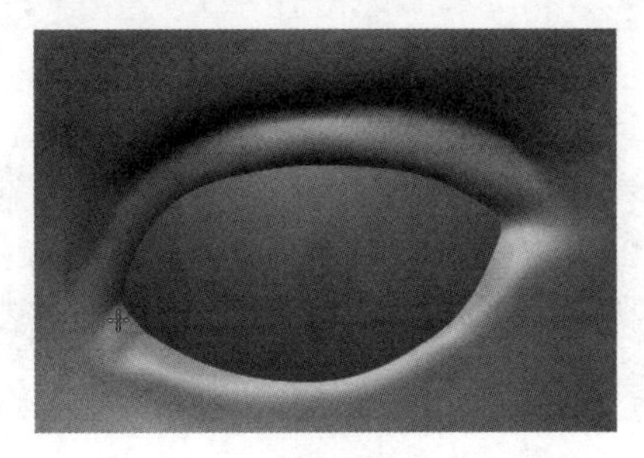
图 4.68

先选择眼球模型，在 Z 插件菜单“子工具”大师面板中单击“镜像”按钮，选择 X 轴，单击 OK 按钮，这样就快速把眼球模型镜像了过来，如图 4.69 所示。镜像过来的两个眼球模型也同时在一个子工具的层中，如图 4.70 所示。

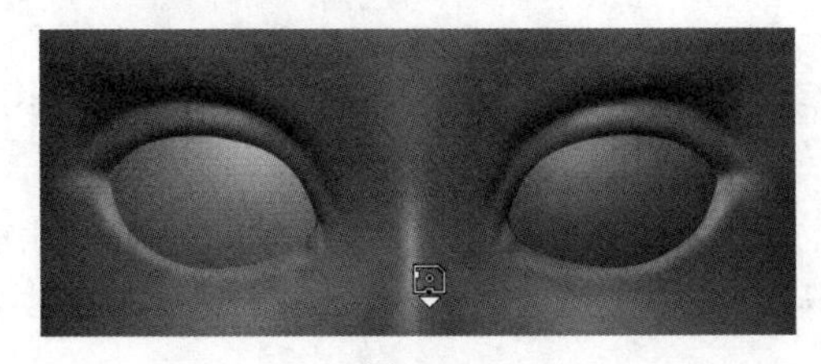
图 4.69

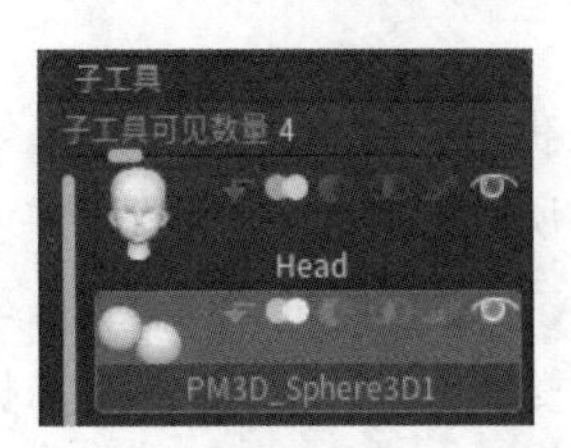

图 4.70

用 ClayBuildup 笔刷在眉骨的位置雕刻，如图 4.71 所示，注意最后再光滑处理。

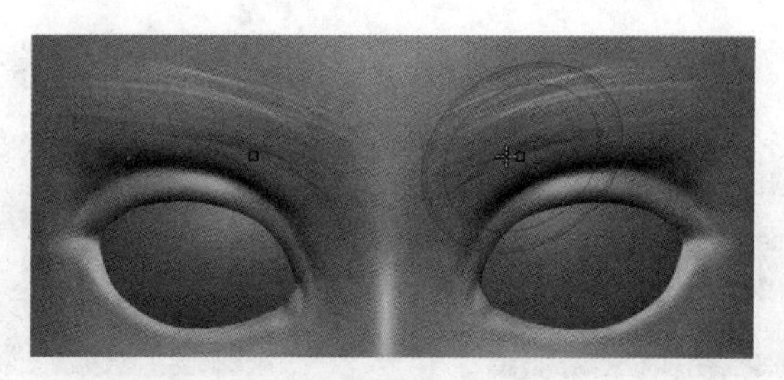

图 4.71

按住 Ctrl 键绘制出眉毛的遮罩，如图 4.72 所示。展开“子工具”面板下的“提取”参数面板，设置厚度值（这里的厚度值可以根据场景的变化来调整）后单击“提取”按钮，如图 4.73 所示。这样就在刚才绘制的遮罩位置自动生成了一个带有厚度的模型，如图 4.74 所示。

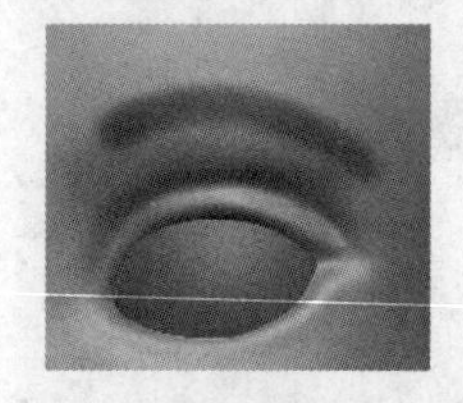

图 4.72

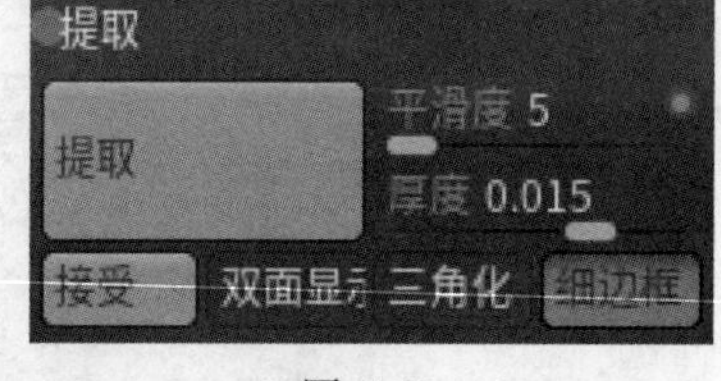

图 4.73

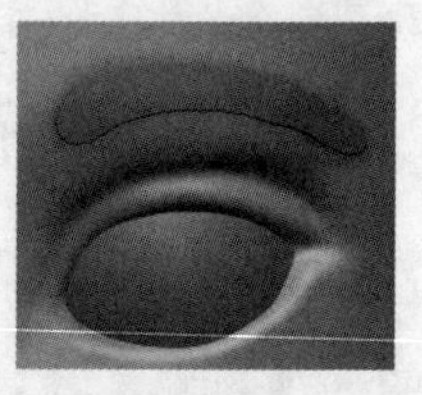

图 4.74

选择提取出来的眉毛模型，先光滑处理，按 Ctrl+D 快捷键细分模型。用 DamStandard 笔刷配合 Rake 笔刷雕刻出一些凹痕，如图 4.75 所示。按住 Shift 键光滑处理，效果如图 4.76 所示。

选择人头模型，单击“材质”按钮，选择 SkinShade4 的皮肤材质，整体效果如图 4.77 所示。

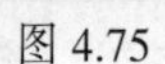

图 4.75

图 4.76

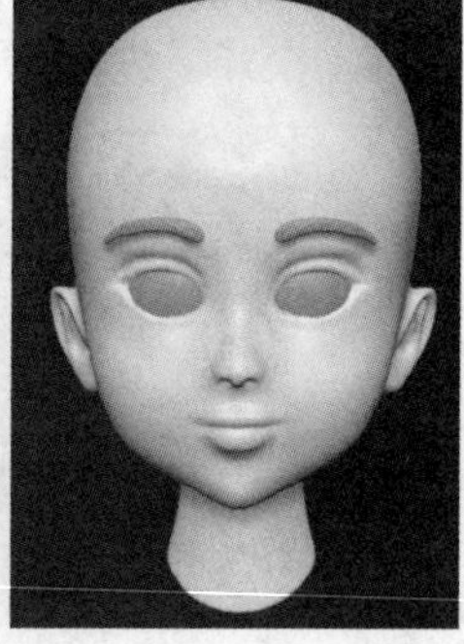

图 4.77

4.3　制作身体

接下来我们用 ZBrush 2021 的新笔刷“插入笔刷”来插入身体部分，由于插入的模型大小比例不容易控制，所以我们先给它设置一些参考图。

步骤 01　先将绘制菜单放置在软件的右侧，单击（地板格）按钮打开地板显示，单击前后参数面板下的贴图按钮，在贴图选择面板中单击“导入”按钮，如图 4.78 所示。选择自己制作或者下载好的参考图图片，将其加载进来，如图 4.79 所示。

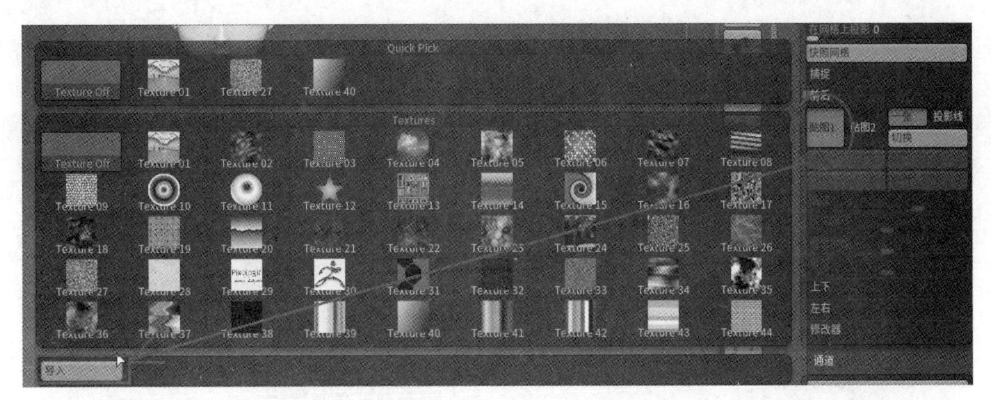

图 4.78

通过这种方法可以快速将图片设置在视图的背景中。由于当前的参考图中正面和侧面都在一个图片当中，如图 4.80 所示，而这里只需要它的正面即可，所以还需要设置一下。单击右侧参数面板中的“调整”按钮，此时会弹出一个贴图的调整面板，在调整面板中拖动四个角的红色圆圈可以设置需要显示的图片，如图 4.81 所示。注意，在拖动红色圆圈时，尽可能使图片的左右空白区域相等。

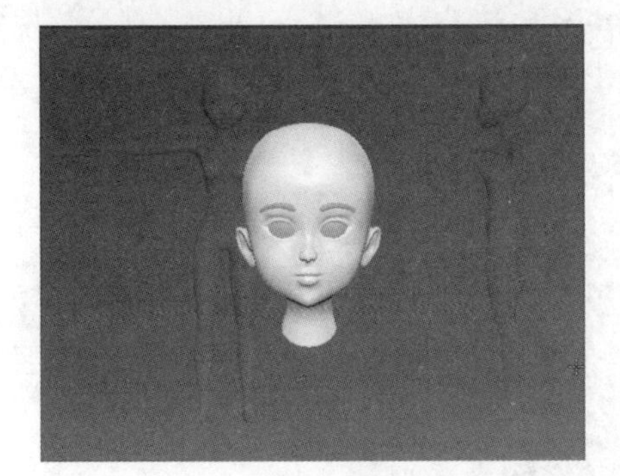

图 4.79

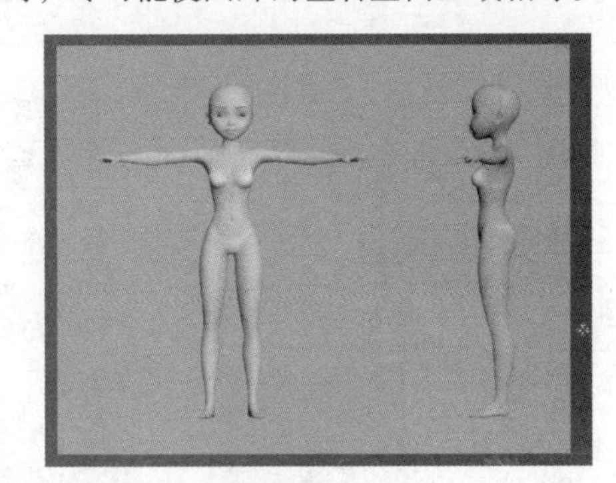

图 4.80

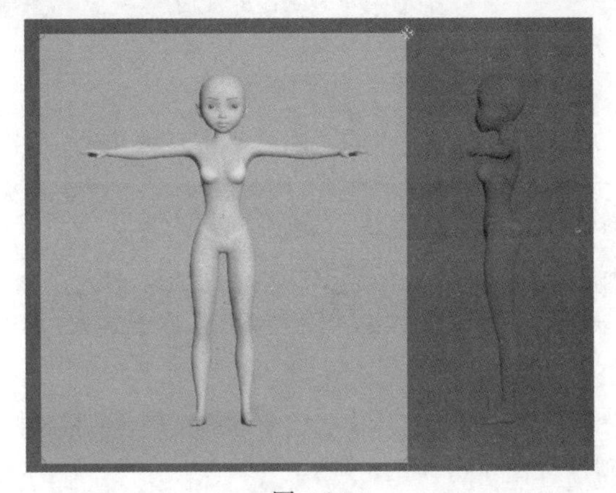

图 4.81

用同样的方法在“左右”参数面板中设置好参考图，最后的效果如图 4.82 所示。单击“翻转”按钮将角度调整一下，如图 4.83 所示。

步骤 02 设置好参考图后，接下来根据参考图的大小先调整人头的大小和参考图相匹配，由于当前的人头模型我们分成了 3 个子工具层，一个层一个层地调整大小又太麻烦，所以这里可以先将 3

个层合并成一个层。单击“子工具”面板下的“合并”参数面板中的“向下合并”或者“合并可见”按钮，将 3 个层中的模型合并到一个层中，用缩放和移动工具调整头部模型大小，如图 4.84 所示。此时会发现，模型把参考图遮挡住了，在“绘制”菜单下的参数中设置填充模式为 3，这样模型就变透明显示了，如图 4.85 所示。在移动模型时先取消对称功能。

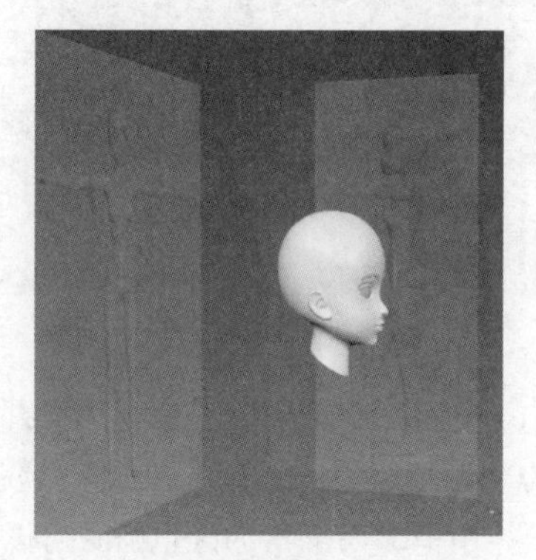

图 4.82

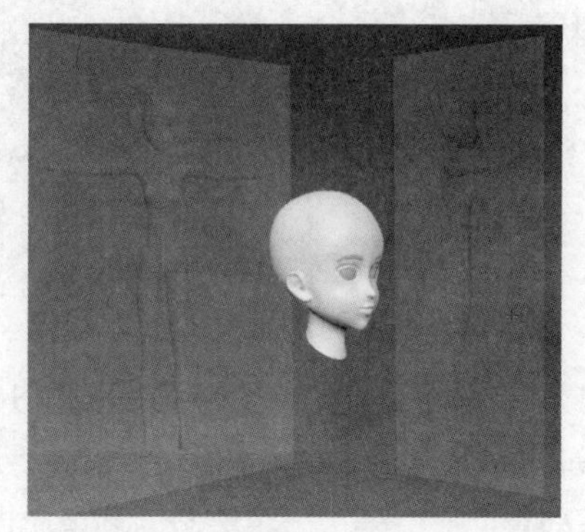

图 4.83

调整好位置和大小后再次打开对称，此时发现左右并不能完全对称雕刻了，出现了错位等现象，如图 4.86 所示。这时单击右侧的（局部对称）按钮开启局部对称即可。

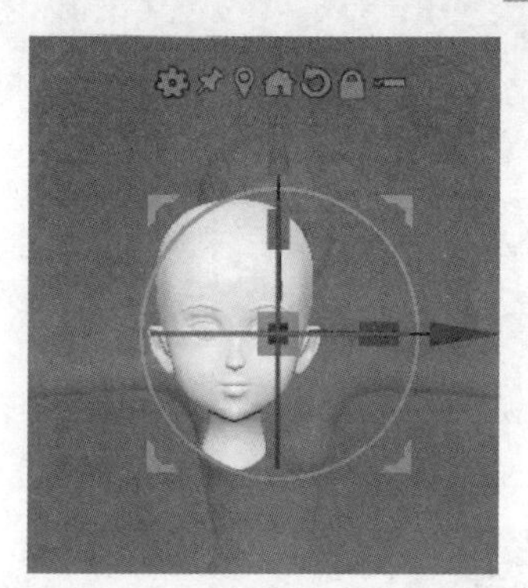

图 4.84

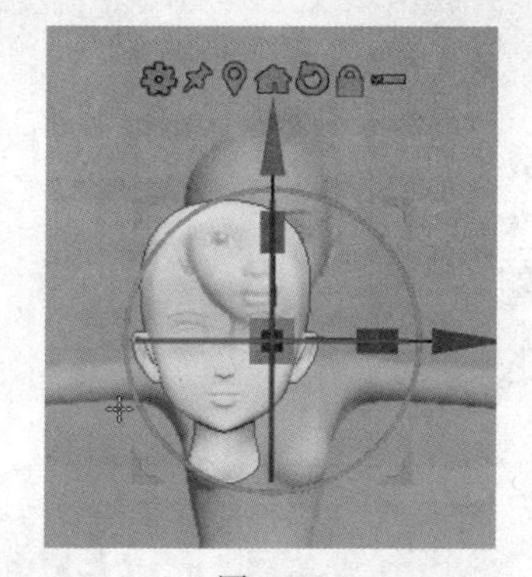

图 4.85

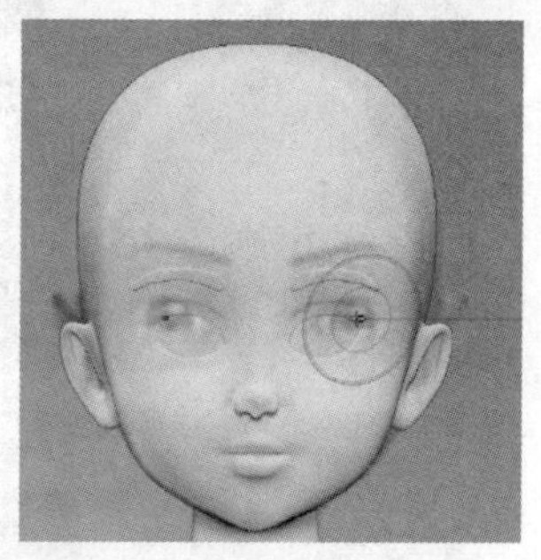

图 4.86

步骤 03 单击“笔刷”按钮，再按下 I 键，然后选择 IMM Bparts 笔刷，如图 4.87 所示。

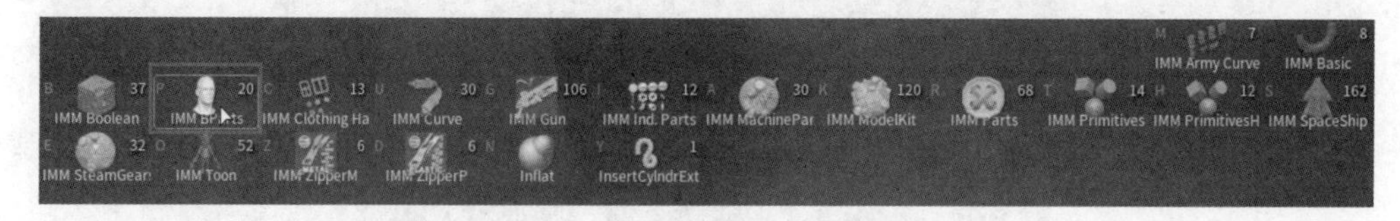

图 4.87

选择该笔刷后，在视图区域的上方会显示出当前笔刷内置的一些插入模型，有身体、眼睛、耳朵、人头、胳膊、腿、手、脚等，如图 4.88 所示。

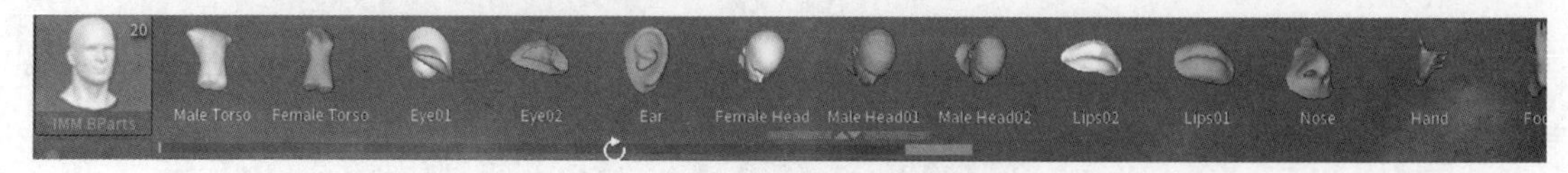

图 4.88

在插入新的模型之前，先将之前合并为一层的人头模型再次单独分离出来，也就是眉毛分成一层，眼球分为一层。先关闭地板格和参考图的显示，关闭的方法也很简单，再次单击按钮即可。按快捷键 Shift+F 打开模型的线框显示，当前的眉毛、眼球和头部模型的颜色是不同的，如图 4.89 所示。不同的颜色代表不同的组。单击子工具参数下拆分面板下的按组拆分按钮，该功能会将不同的组分别设置成不同的“子工具层”，如图 4.90 所示。

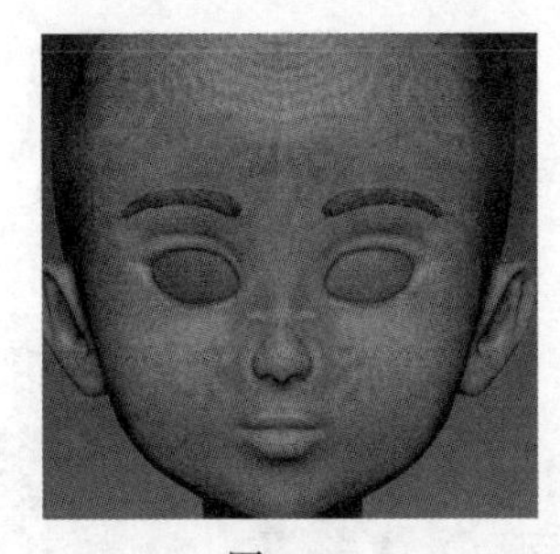

图 4.89

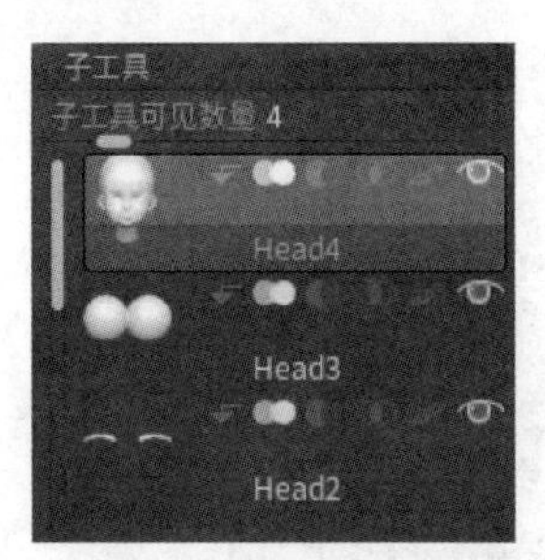

图 4.90

重新打开参考图显示，单击“插入”笔刷下的 Female Torso 模型，如果当前模型存在细分级别，系统会提示网格包括多个细分级别。 删除或冻结细分级别，然后重试。 操作已取消。，所以要先将细分级别删除或者冻结细分级别。单击冻结细分级别按钮，再次选择 Female Torso 模型，在视图中拖动出身体的部分，如图 4.91 所示。调整好大小和位置（注意侧面也要调整好角度），如图 4.92 所示。

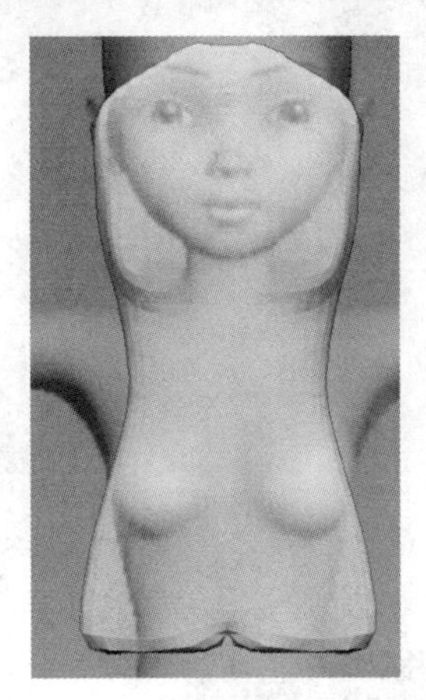

图 4.91

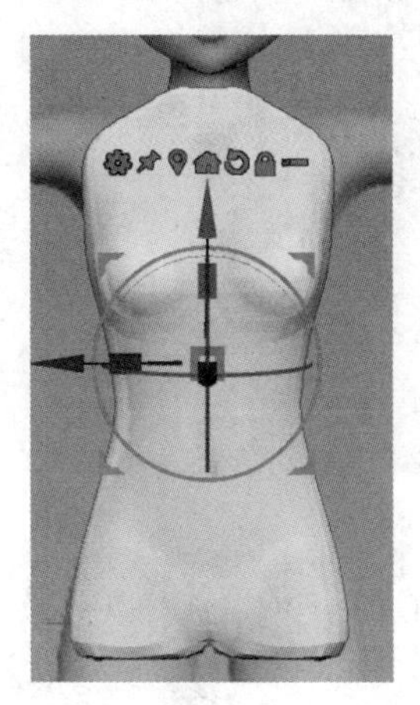

图 4.92

插入进来的身体和头部如何完美衔接成一个模型呢？再次关闭参考图显示，在子工具参数面板下有一个 Dynamesh 功能，该功能可以根据设置的参数自动调整模型面数和结构，也可以使用该功能将模型与模型之间完美融合在一起。Dynamesh 参数下的“分辨率”是用来控制模型的面数的，分辨率越高重新生成的模型面数也就越高。单击Dynamesh按钮打开 Dynamesh 功能，在视图中按住 Ctrl 键在空白处框选先取消遮罩，再次在空白处框选激活 Dynamesh，此时人头和身体衔接的脖子位置已经融合在了一起，如图 4.93 所示。配合雕刻笔刷处理平滑即可，如图 4.94 所示。

步骤 04 打开参考图显示，用“移动”笔刷大致调整一下身体的整体结构，再插入胳膊模型，如图 4.95 所示。调整大小和位置如图 4.96 所示。

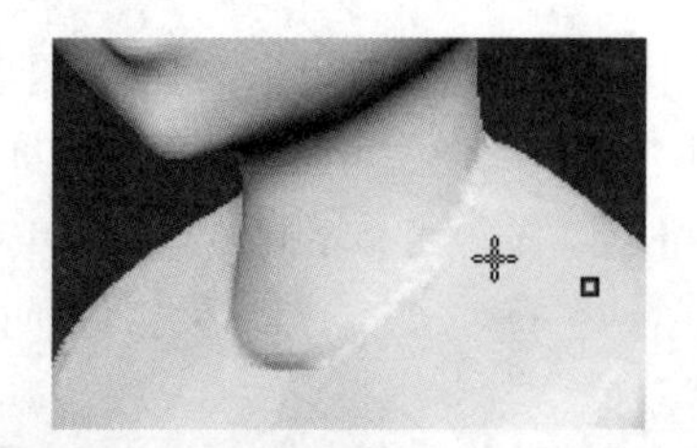

图 4.93

图 4.94

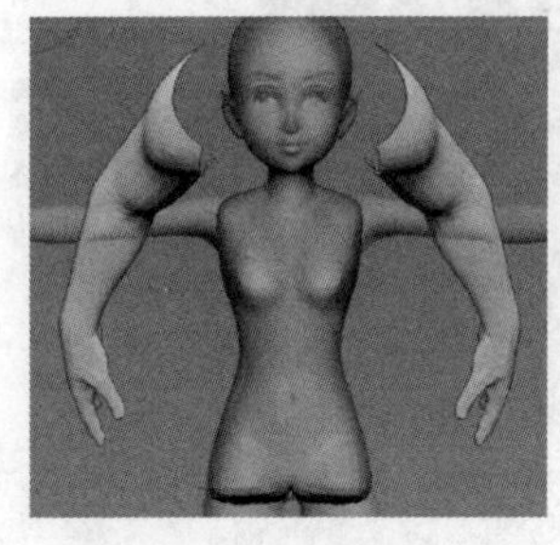

图 4.95

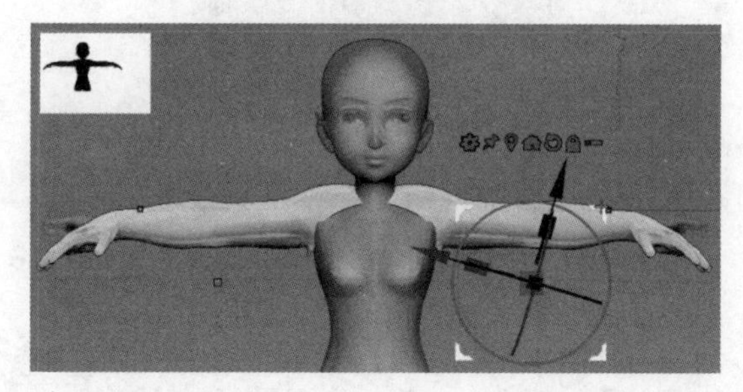

图 4.96

注意侧面也要调整好，如图 4.97 所示。按住 Ctrl 键，在空白处框选两次，执行 Dynamesh 命令，此时身体和胳膊位置就融为一体了，如图 4.98 所示。

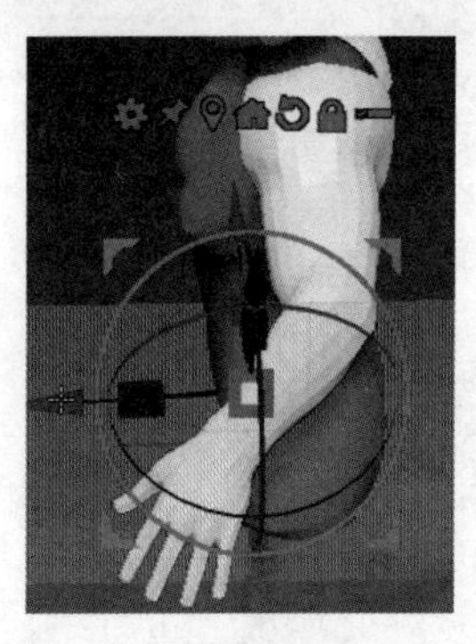

图 4.97

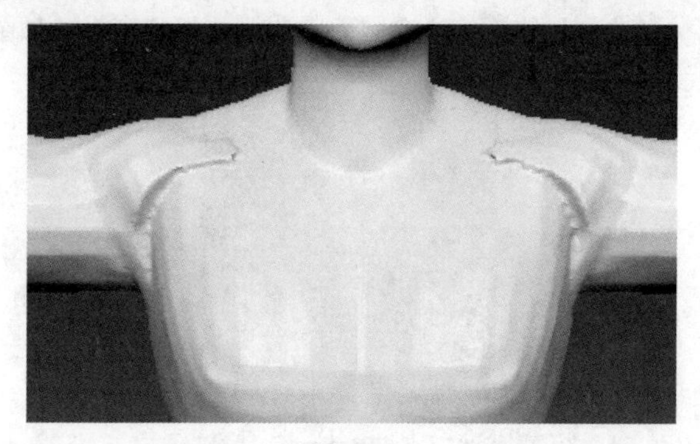

图 4.98

用光滑笔刷将衔接的位置光滑处理，如图 4.99 所示。

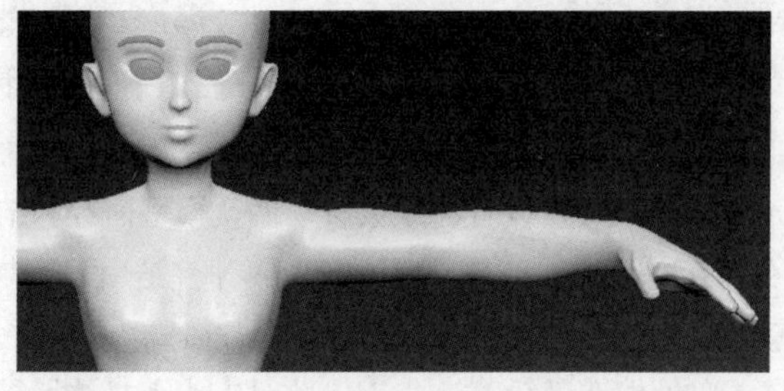

图 4.99

由于制作的是一个小女孩的角色，手有点偏大，接下来把手的部分调小一些。

切换到移动工具，单击按钮切换到之前版本的变形器，按住 Ctrl 键在胳膊位置拖拉创建遮罩，按 Ctrl 键在遮罩位置多次单击将遮罩软化（也就是使其遮罩有一定的过渡），如图 4.100 所示。切换到缩放工具调整好控制变形器的位置，然后单击顶端的圆圈（系统默认为粉色）向内拖动即可缩放调整模型大小。调整完后按住 Ctrl 键在空白处框选取消遮罩即可。

步骤 05 选择插入笔刷，用同样的方法插入腿部模型，如图 4.101 所示。调整好位置。注意此时模型衔接的位置并不太好，用移动笔刷先将其调整至图 4.102 所示。

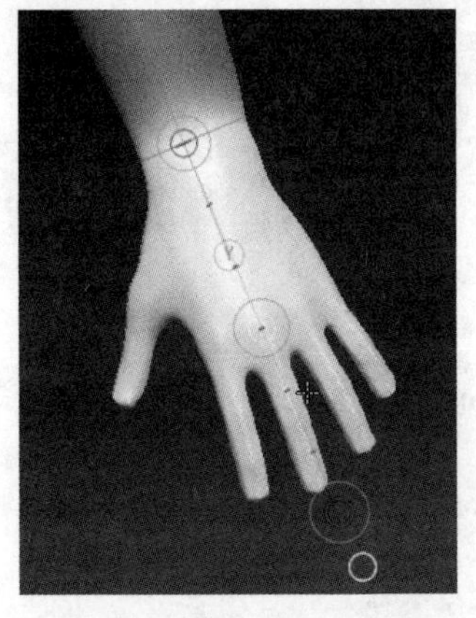

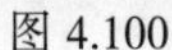

图 4.100

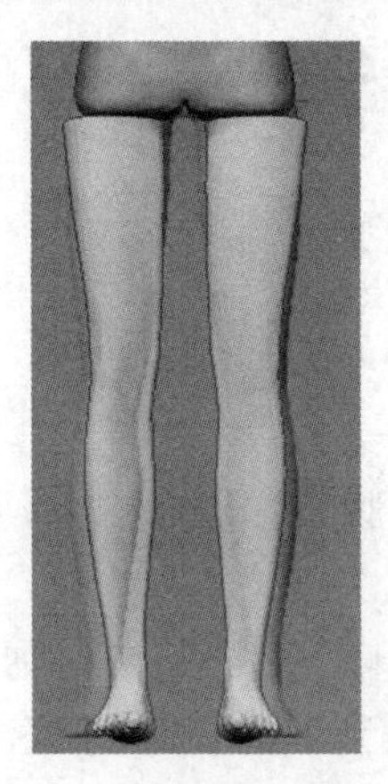

图 4.101

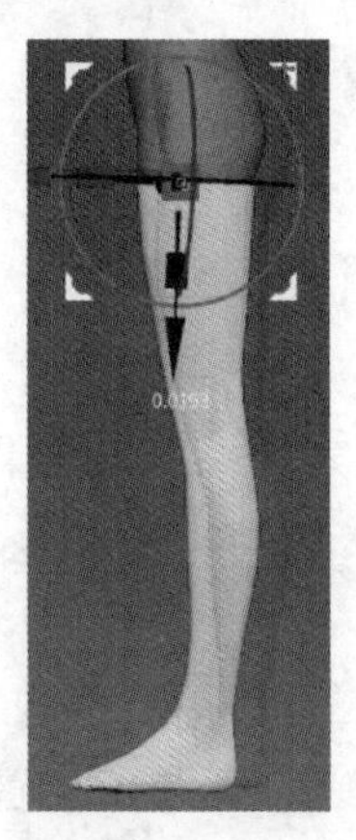

图 4.102

按住 Ctrl 键在空白处框选两次执行 Dynamesh 命令将其融合在一起，最后再平滑雕刻处理，如图 4.103 和图 4.104 所示。需要注意的是，由于脚趾的位置非常近，在进行 Dynamesh 时脚趾的面会粘连在一起，如图 4.105 所示。由于后期对脚的细节表现要求不高，所以这里暂时不用处理它。整体效果如图 4.106 所示。

图 4.103

图 4.104

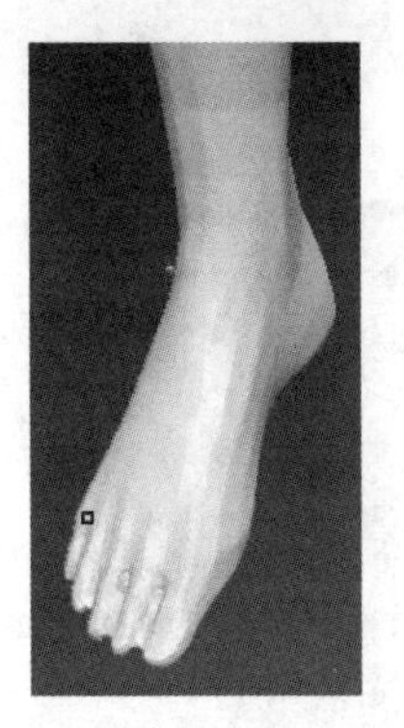

图 4.105

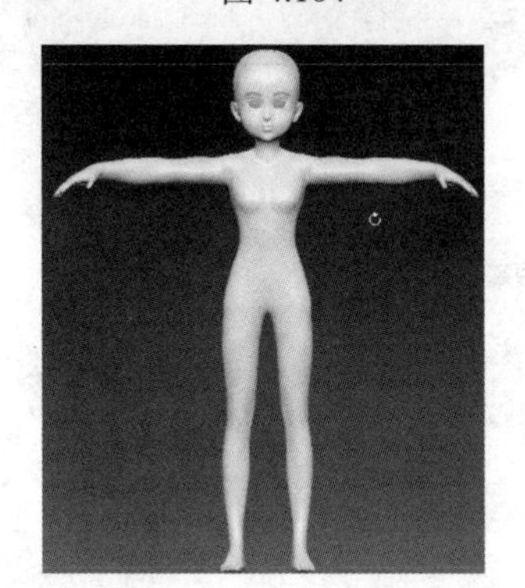

图 4.106

单击几何体编辑参数下的冻结细分级别按钮，经过计算后，系统又找回了细分级别，这样就便于后期进行雕刻处理了。

4.4　雕刻身体

步骤 01 先降低细分级别细分级别 1为 1 级，由于当前的模型面数较高，所以这里 1 级细分就可以了。选择 ClayBuildup 笔刷，开启对称，雕刻出锁骨和颈部肌肉结构，如图 4.107 和图 4.108 所示。

步骤 02 用 Inflat 笔刷雕刻胸部形状，使其有一定的膨胀效果，如图 4.109 所示。移动笔刷整体调整形状。

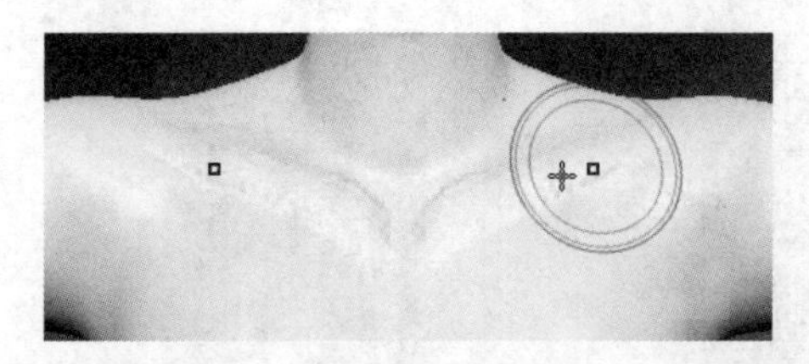

图 4.107

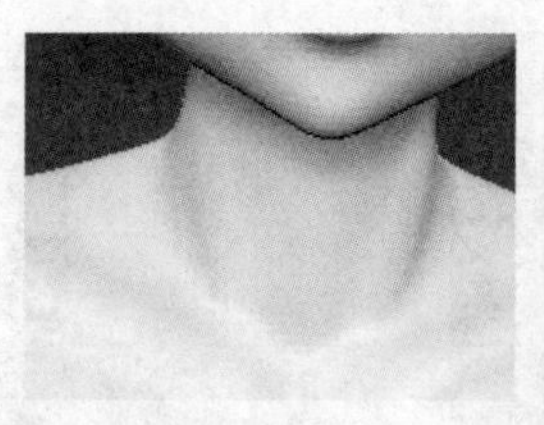

图 4.108

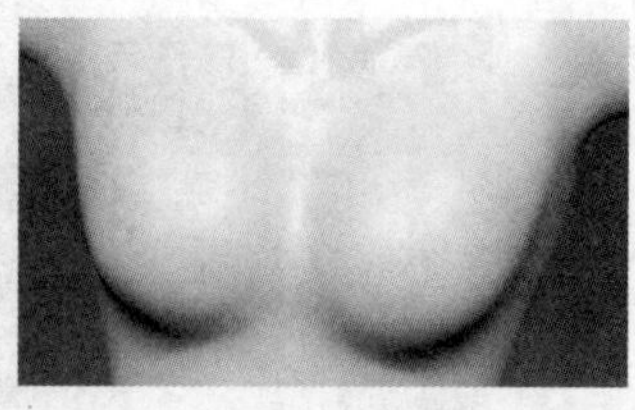

图 4.109

步骤 03 用 ClayBuildup 笔刷将腹部肌肉雕刻出来，再配合 Shift 键平滑处理，如图 4.110 和图 4.111 所示。

选择 Standard 笔刷，按住 Alt 键雕刻出肚脐形状，如图 4.112 所示。

步骤 04 用同样的方法雕刻出背部的肌肉，如图 4.113 所示。雕刻出臀部，雕刻前后效果对比如图 4.114 和图 4.115 所示。

步骤 05 调整膝盖效果如图 4.116 所示。最后再整体调整结构比例，效果如图 4.117 所示。

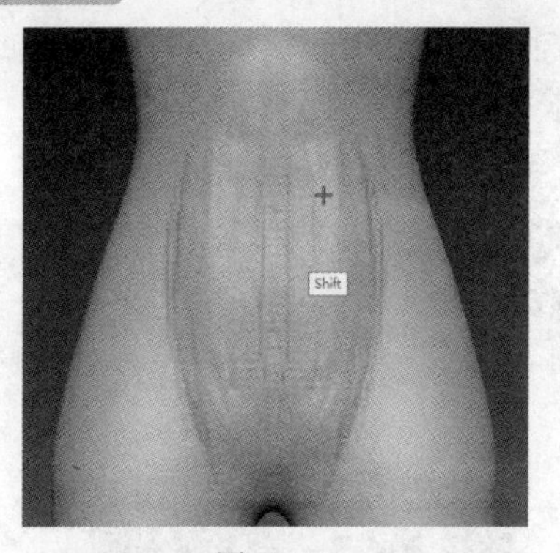

图 4.110

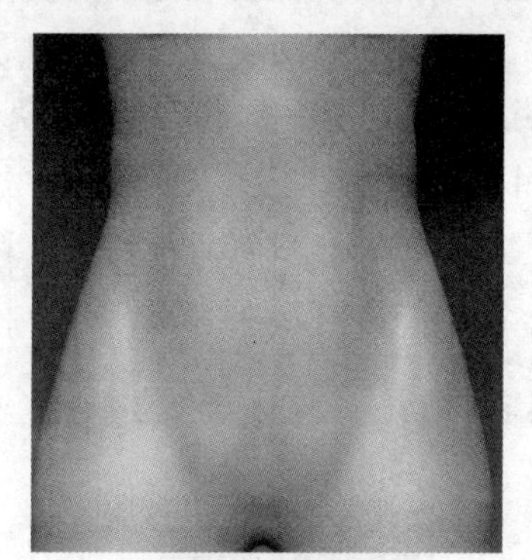

图 4.111

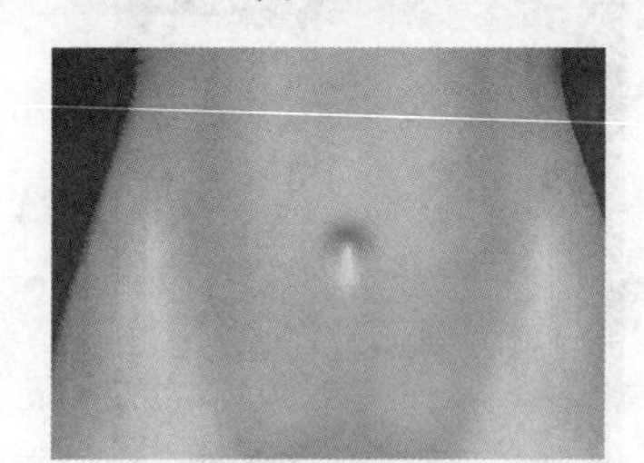

图 4.112

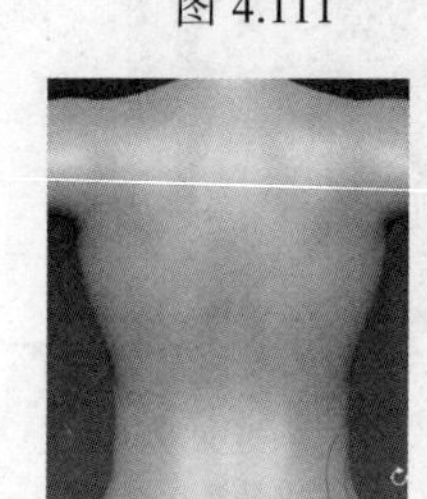

图 4.113

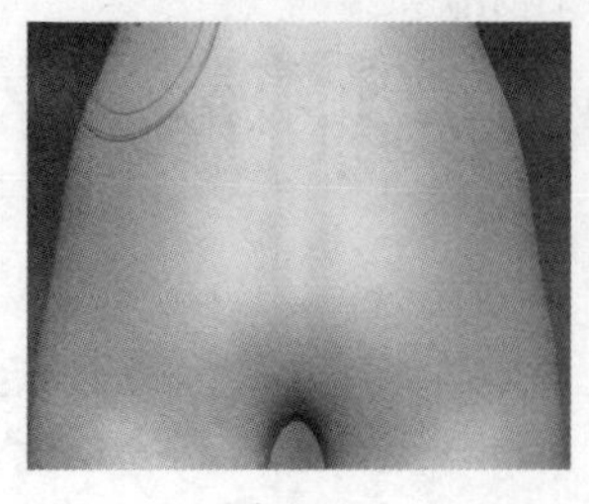

图 4.114

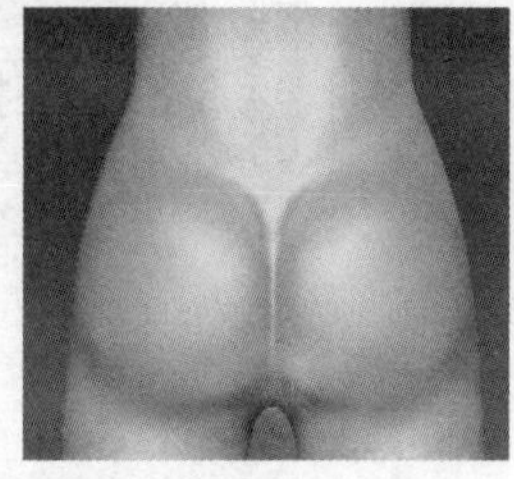

图 4.115

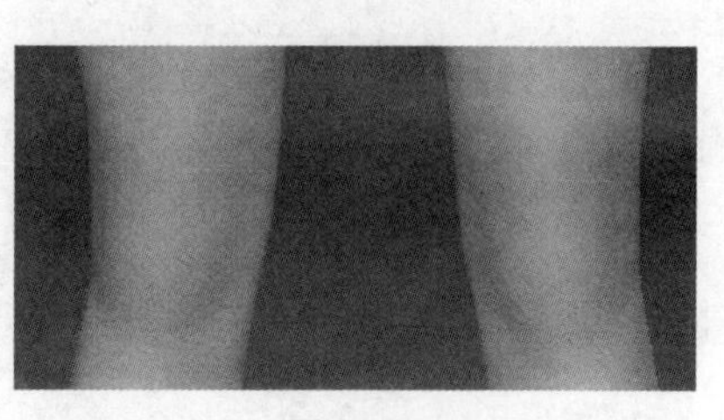

图 4.116

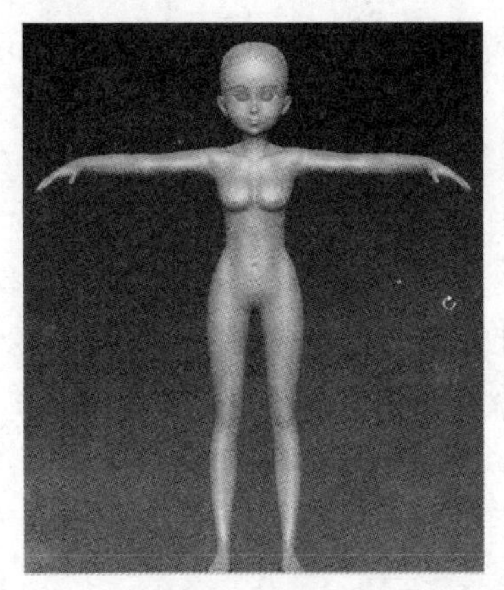

图 4.117

4.5　重新调整布线

步骤 01　按 Shift+F 快捷键打开线框显示，当前的模型的布线效果如图 4.118 所示。从图中可以发现，当前模型的布线是非常密集的，而且并不是根据身体的结构走向布线的，如果后期需要进行动画的设置，这样的模型在后期工作中是不能直接使用的。所以需要将模型的布线重新调整一下。

首先将当前的模型复制备份，备份的方法是单击子工具面板下的“创建副本”按钮，如图 4.119 所示。单击最上层的子工具模型，接下来运用系统提供的强大拓扑功能（ZRemesher）来调整模型的布线，ZRemesher 拓扑面板如图 4.120 所示。

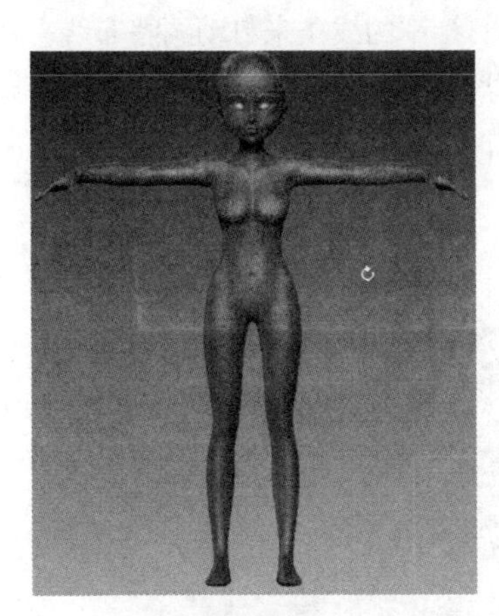

图 4.118

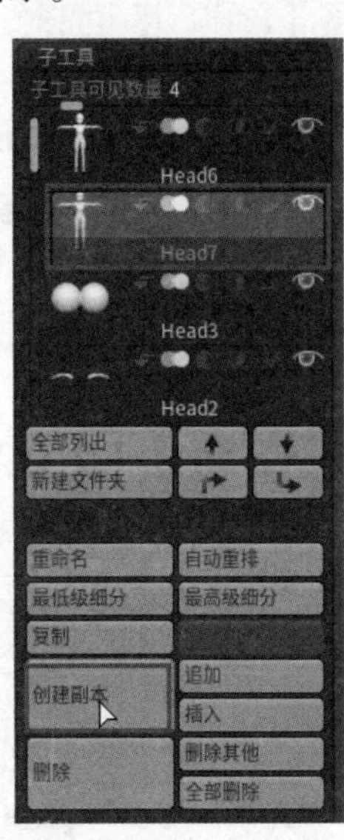

图 4.119

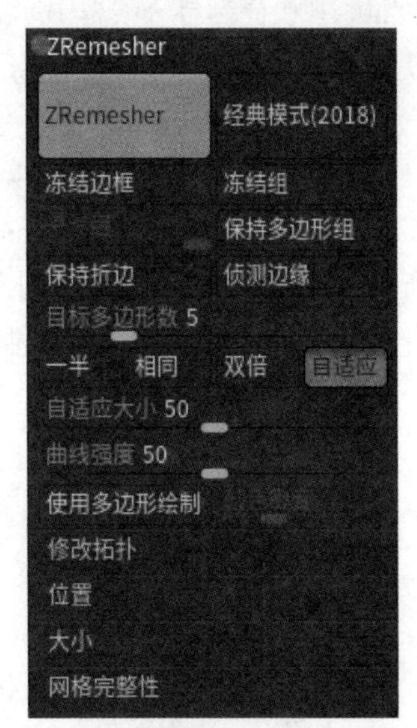

图 4.120

下面先来学习几个参数。

“目标多边形数”：它的单位是千，默认为 5，就代表了 5 000 个面左右（该值并不是一个严格的标准值，布线后的面数是一个大概的数值）。

“一半”：它的含义就是设置为当前模型面数的一半。

“相同”：设置的面数和当前模型相同。

“双倍”：设置双倍的面数。

“自适应”：该参数非常重要，开启后，模型重新拓扑的面数会根据模型的变化而自适应变化，比如有些地方的面密集，有些部位的面稀少等。

“自适应大小”：自适应的一个比例，也就是自适应参数占到多大的一个比重。

“曲线强度”：拓扑笔刷绘制的曲线所占的一个比例。接下来会给大家讲解拓扑笔刷的使用方法。

先保持默认的参数，单击ZRemesher按钮，这时系统会开始计算，稍等片刻待计算完成后显示如图 4.121 所示。由于前面备份了一个模型，当前同时显示了拓扑之前和之后的模型，所以两个模型会重叠在一起，关闭如图 4.122 中所示的备份模型后面的眼睛图标，显示效果如图 4.123 所示。

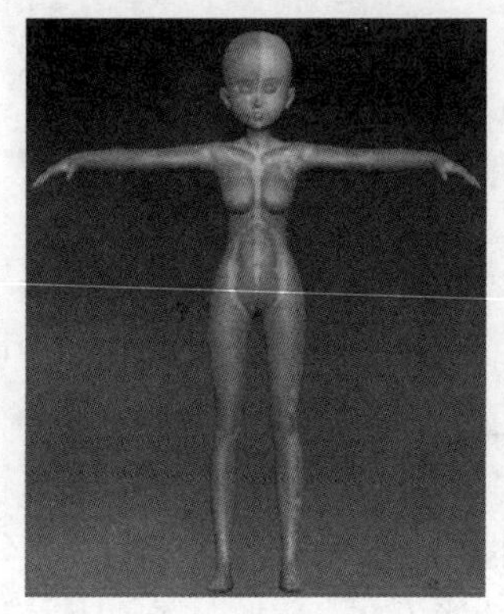

图 4.121

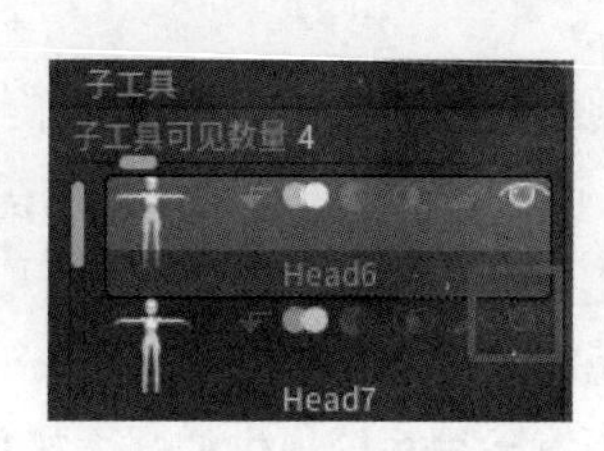

图 4.122

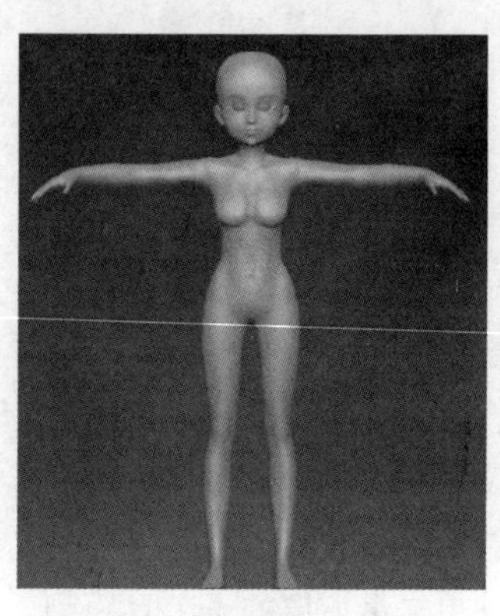

图 4.123

按 Shift+F 快捷键打开线框显示，如图 4.124 所示。可以发现重新布线之后的效果要比之前好了太多，但是系统默认的布线效果也并不算太理想，我们希望它头部、身体某些部位根据肌肉走向来布线，那么该如何来调整呢？接下来学习一个新的笔刷，该笔刷叫 ZRemesherGuid，选择该笔刷后可以在模型上绘制一些简单的线条，再重新拓扑，最后模型也会参考我们绘制的线条来自动调整布线。

步骤 02 选择 ZRemesherGuid 笔刷后将笔刷调小，在眼球和嘴巴位置绘制一圈拓扑线，如图 4.125 所示。注意，如果绘制的拓扑线出现了如图 4.126 所示的线时，按住 Alt 键在绘制的线上单击可以删除绘制的拓扑线，然后重新绘制直至满意为止。

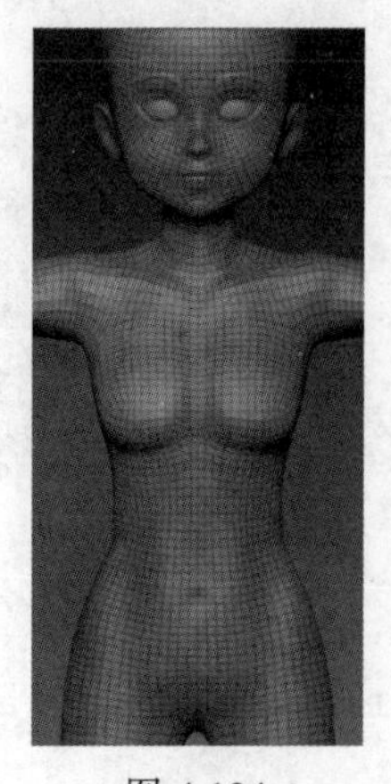

图 4.124

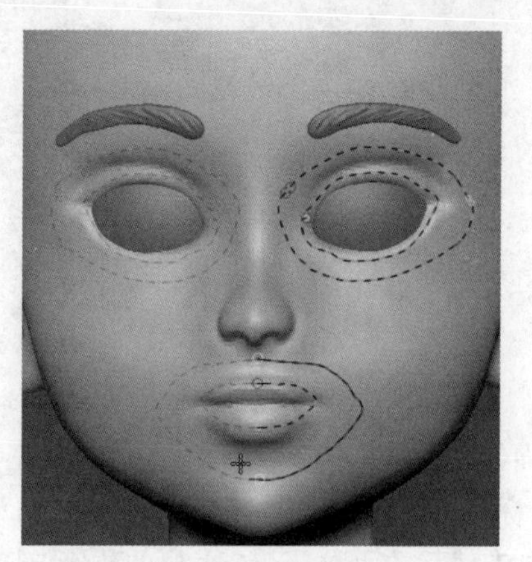

图 4.125

用同样的方法再绘制鼻翼和额头等位置的拓扑线，如图 4.127 所示。

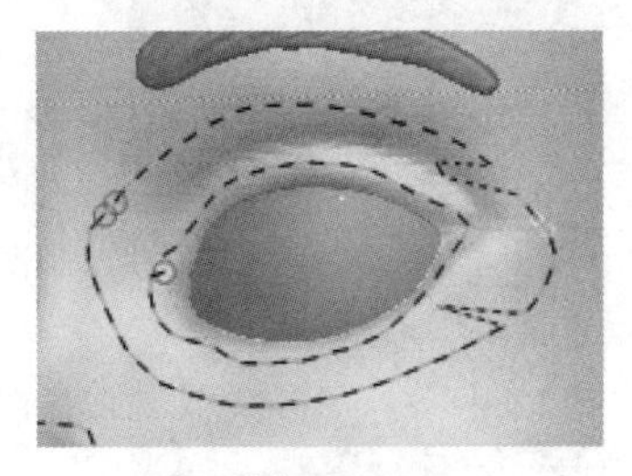
图 4.126

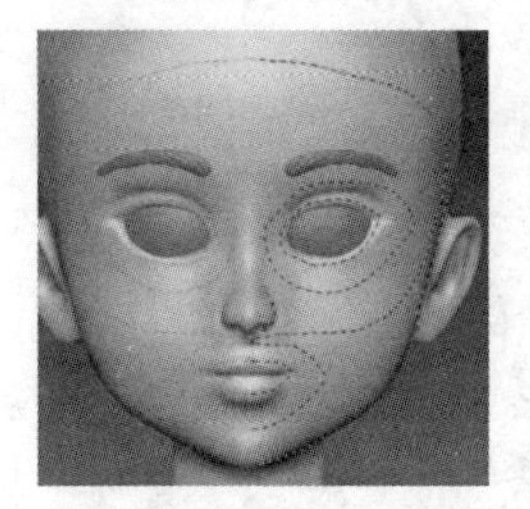
图 4.127

绘制身体上的拓扑线，如图 4.128 和图 4.129 所示。

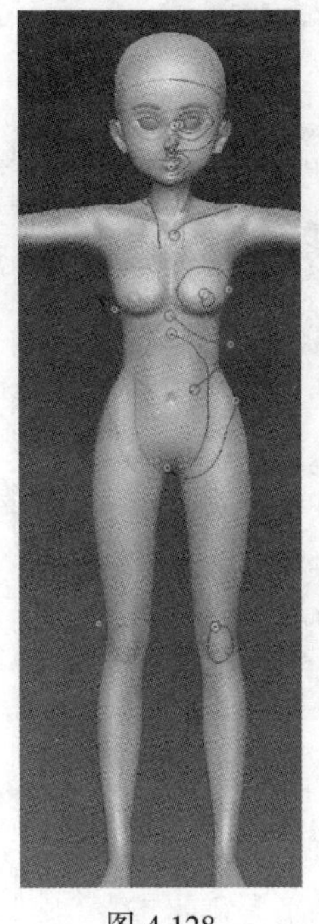
图 4.128

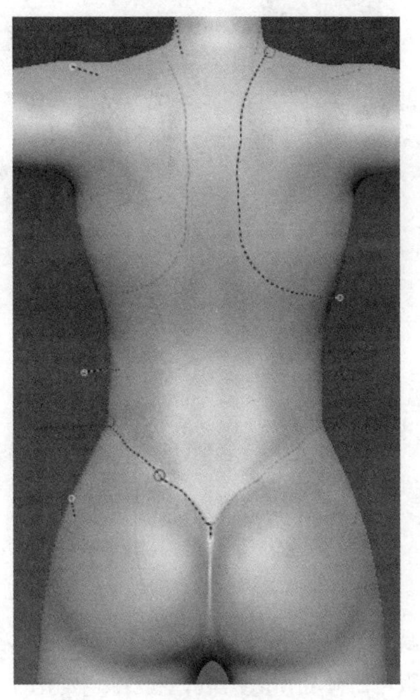
图 4.129

步骤 03 由于人体中头部特别是脸部的面数要远远大于身体的其他部位，所以绘制完拓扑线后，接下来手动设置不同位置的密度。在右侧的参数面板中单击使用多边形绘制开启使用多边形绘制，然后单击笔刷按钮，选择 Paint 笔刷，在脸部区域涂抹，此时脸部会被涂抹上粉红色的颜色，如图 4.130 所示。用同样的方法在耳朵位置、手和脚的位置也涂抹成粉红色，绘制的粉红色区域就是自动拓扑之后布线比较密集的区域，那么相比较其他区域密度增加多少呢？这就和参数面板中的颜色密度 2 颜色密度值有很大的关系了。参数中还有一个叫曲线强度，该参数是用来控制绘制的拓扑线所占的比重。

再次单击 ZRemesher 按钮进行重新拓扑，拓扑之后的布线效果如图 4.131 所示，可以发现，脸部眼睛、嘴巴和鼻子的布线基本上已经按照我们所绘制的拓扑线的方向进行了拓扑，还有颈部、锁骨、乳房等位置的布线也得到了调整。

步骤 04 将目标多边形数量设置为 8，再次执行 ZRemesher 命令，身体和背部的布线效果如图 4.132 和图 4.133 所示。由此可见模型的拓扑线基本上能够按照所绘制的走向进行布线了。

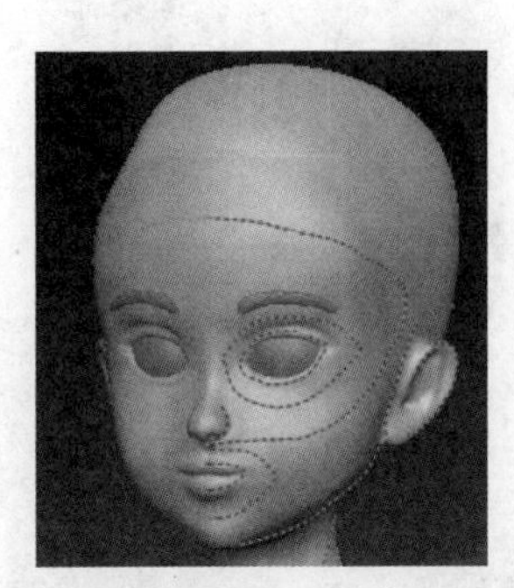

图 4.130

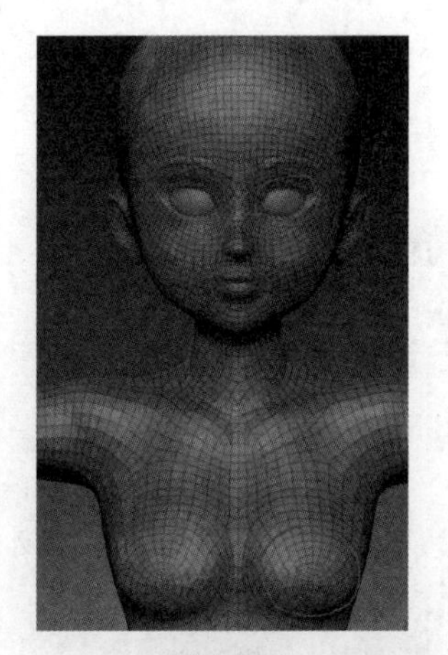

图 4.131

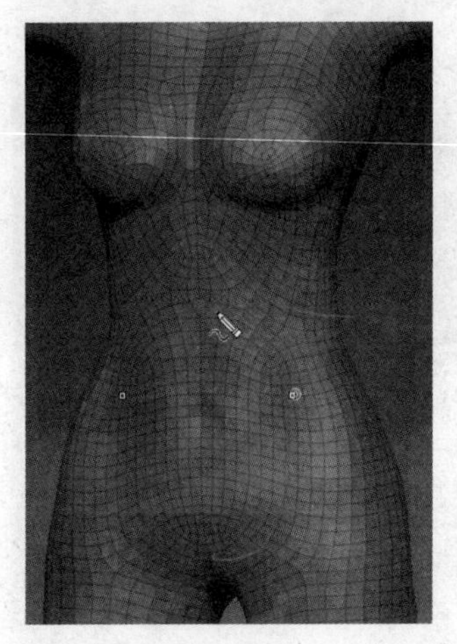

图 4.132

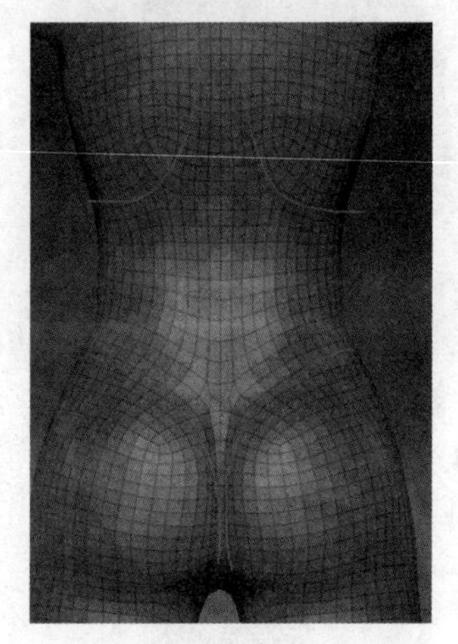

图 4.133

将重新拓扑后的模型细分，同时打开显示拓扑后和之前备份的没有拓扑的模型，在子工具面板下的投射面板中，单击全部投射按钮将原有模型的细节全部投射到新的拓扑模型上。该功能也非常强大，大大减少了我们对新模型的重新雕刻。

4.6 ZBrush 与 3ds Max 软件相互配合修改模型细节

步骤 01 由于当前创建的角色使用了 Dynamesh 功能，使得脚趾位置出现了粘连，还有手的部分细节没有处理，如果在 ZBrush 中调整是比较麻烦的，所以需要导入到 3ds Max 软件中进行调整。

将细分级别先调到 1 级，单击导出按钮将模型导出一个 OBJ 格式文件。打开 3ds Max 软件，依次选择“文件”→“导入”→“导入”命令，将刚才导出的模型导入进来。也可以使用GoZ功能进行 ZBrush 和 3ds Max 之间的模型互导，第一次使用 GoZ 功能时，系统会提示你设置各个软件的路径，如果你安装了很多软件比如 Cinema 4D、Maya、3ds Max 软件，你可以一一设置路径，如果只安装了 3ds Max 软件，那么你就可以跳过其他软件的设置只设置 3ds Max 的安装路径就可以。在 3ds Max 软件中导入前面制作的手和脚的模型，由于 ZBrush 和 3ds Max 软件之间使用的单位不一致，所以导入 3ds Max 中的模型是非常小的，如图 4.134 所示。

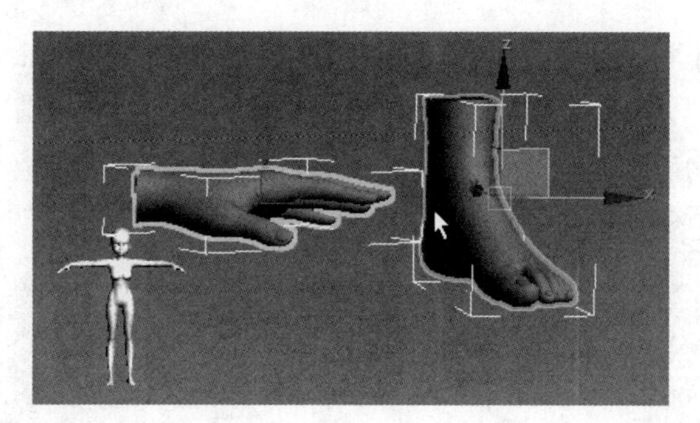

图 4.134

步骤 02 缩放调整手和脚的大小及位置，删除原有模型的手和脚中的面，然后单击“附加”按钮拾取手和脚模型将它们附加在一起，按 3 键进入“边界”级别，框选图中对应的边界线，单击“桥”命令自动生成对应的面，如图 4.135 和图 4.136 所示。

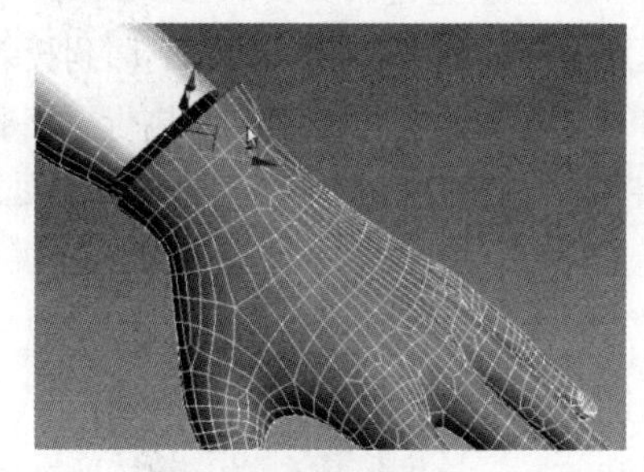

图 4.135

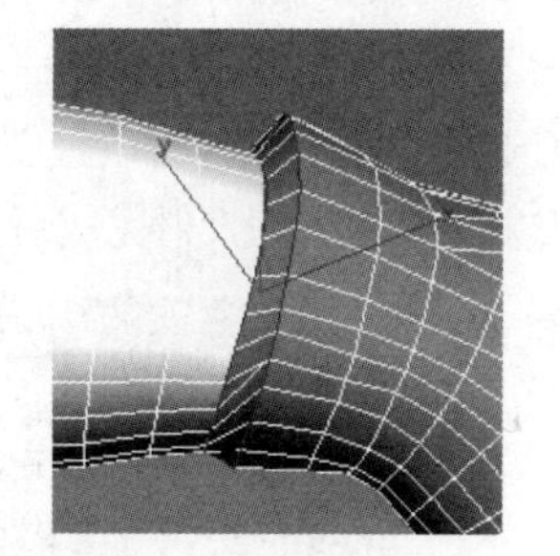

图 4.136

单击“石墨”工具下的“松弛”笔刷在衔接的位置松弛处理。用同样的方法将脚的部位也连接在一起，如图 4.137 所示。由于模型之间的面数不匹配，所以会出现一些三角面，这里只需要手动调整一下布线即可。

步骤 03 删除一半的点，在修改器下拉列表中选择“对称”修改命令，设置阈值为 0.025 左右，然后将该模型再次塌陷为多边形物体。选择人体模型，在 GoZ 菜单下单击 Edit in ZBrush，在弹出的如图 4.138 所示的对话框中单击“是”按钮，系统会跳转到 ZBrush 软件中。由于我们更改了模型的布线，ZBrush 也会弹出如图 4.139 所示的对话框，单击“否”按钮。这时在 3ds Max 中修改之后的模型就会直接替换掉 ZBrush 中原有的模型。

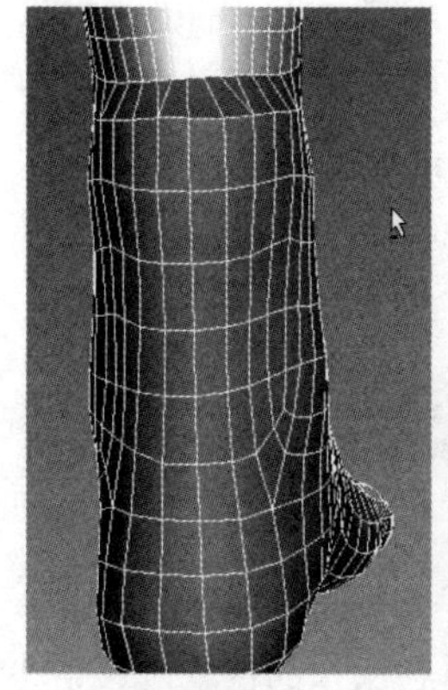

图 4.137

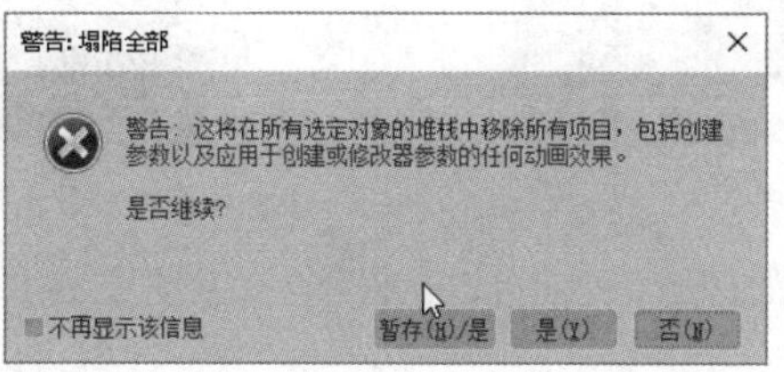

图 4.138

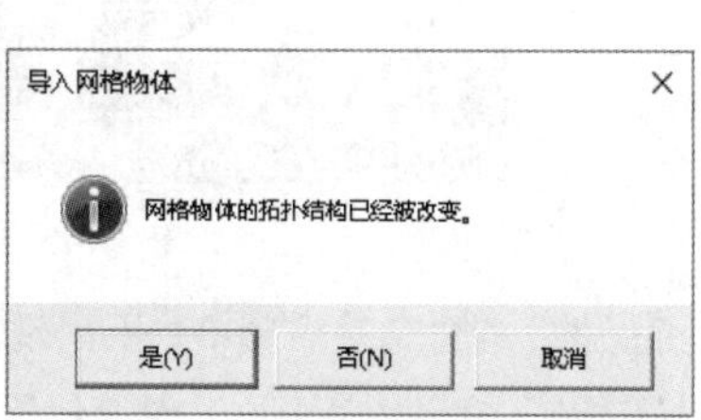

图 4.139

步骤 04 虽然模型进行了替换，但是出现了细节丢失的现象。将 ZBrush 原有的模型显示出来，将导入的新模型进行细分后，再选择“投射”命令即可（最好各个细分级别下均进行投射）。投射后的模型效果如图 4.140 所示。

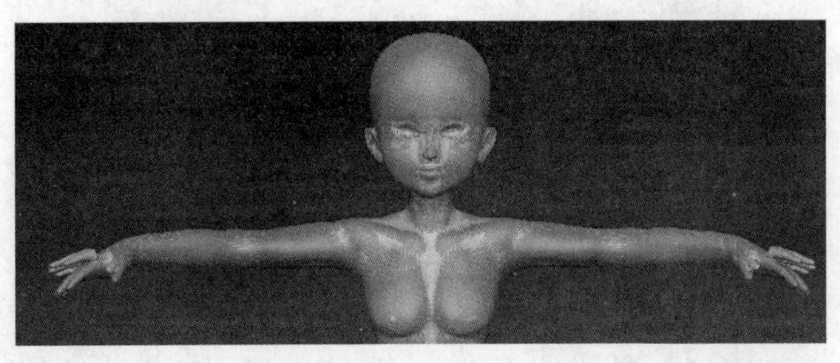

图 4.140

可以看到投射之后的模型手的位置出现了拉扯和扭曲现象，这是因为我们在 3ds Max 中修改的模型中手的位置和原有模型的位置不一致造成的，所以此处按 Ctrl+Z 快捷键先撤销，回到投射之前的状态，按住 Ctrl 键，在手和脚的位置创建遮罩，如图 4.141 和图 4.142 所示，再次执行“全部投射”命令将细节投射出来即可。投射完成后，取消遮罩，按住 Shift 键在手和脚的衔接位置平滑处理。

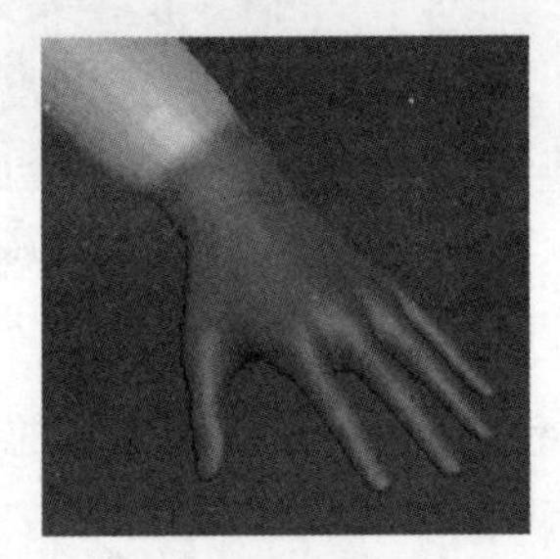

图 4.141

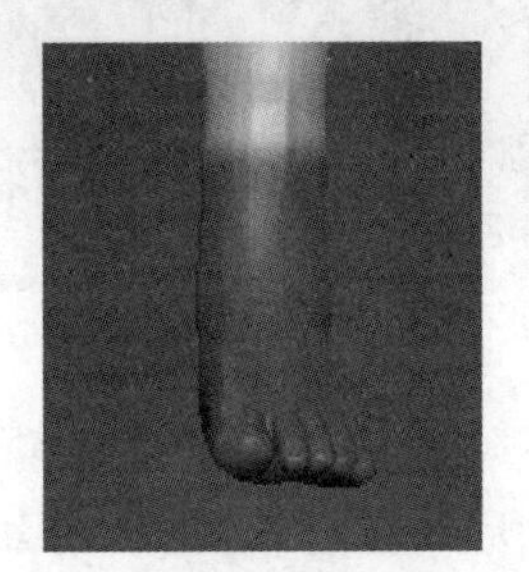

图 4.142

4.7 用 UVLayout 软件拆分 UV

模型制作完成后，后期需要对角色上色处理，上色之前重要的一步就是拆分模型的 UV。ZBrush 也提供了快速拆分 UV 的工具，就是“插件”菜单下的 UV 大师。

步骤 01 单击 UV 大师参数面板下的启用控制绘画按钮，如果此时弹出图 4.143 中所示的提示框，意思就是模型存在多级细分，使用启用控制绘画功能时需要删除多级的细分。此时回到模型的一级细分级别，单击冻结细分级别按钮将多级细分暂时冻结起来，再次单击启用控制绘画按钮即可，开启“启用控制绘画”按钮后，下方有三个按钮分别是“保护”“画出”“删除”，如图 4.144 所示。

This function requires a model with no subdivision levels.
Please use the Work on Clone feature to set your model up for control painting.

图 4.143

图 4.144

“保护”的含义是希望 UV 不出现的区域，我们可以在模型上绘制将其保护起来，如图 4.145 所示。

“画出”的含义是 UV 出现的位置，也就是绘制的 UV 线的位置，我们可以在头顶的位置画一个 T 字形的 UV 线，如图 4.146 所示。然后分别在胳膊、大腿、身体的两侧，腿部内侧绘制出蓝色的线，如图 4.147 和图 4.148 所示。

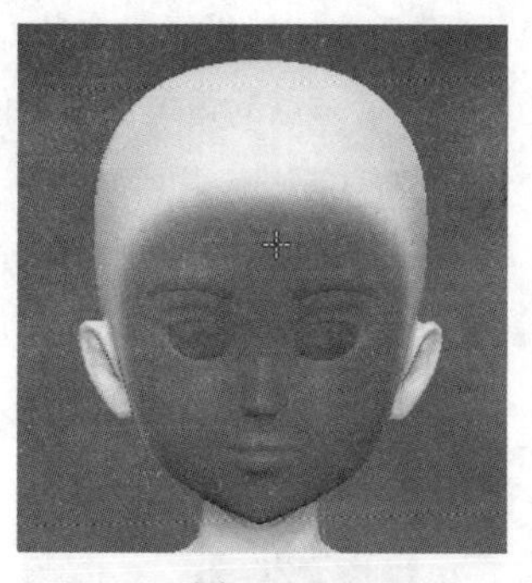

图 4.145

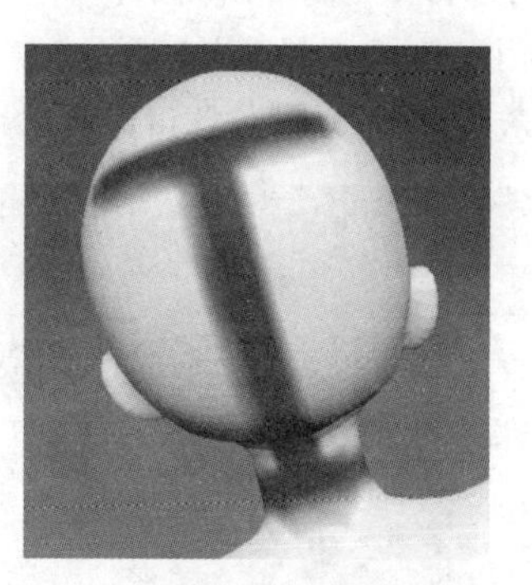

图 4.146

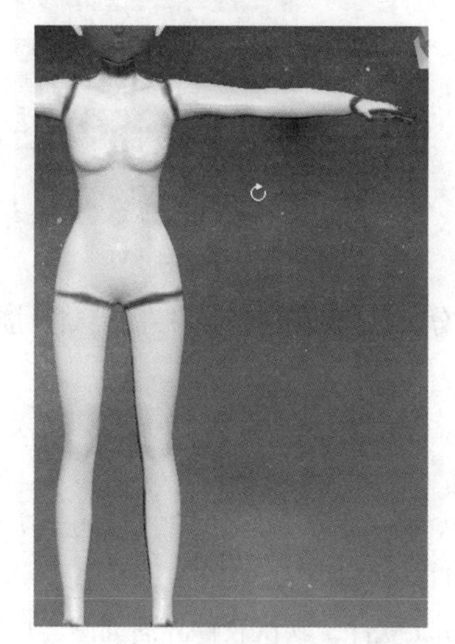

图 4.147

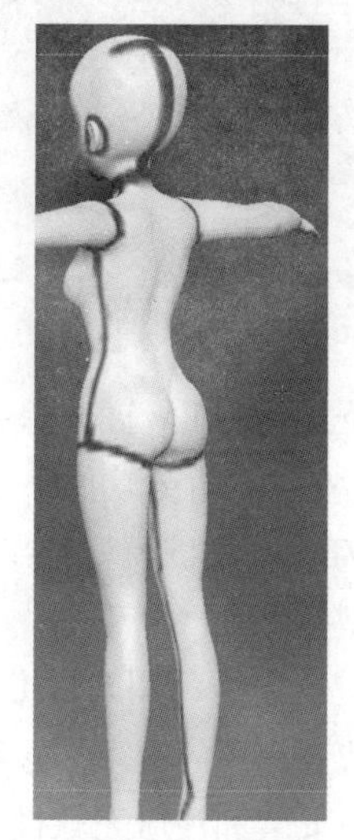

图 4.148

步骤 02 绘制完成后单击“开卷”按钮，在系统计算之后，模型就被拆分了 UV。单击按钮，黄色线就是拆分的 UV 线，如图 4.149 所示。

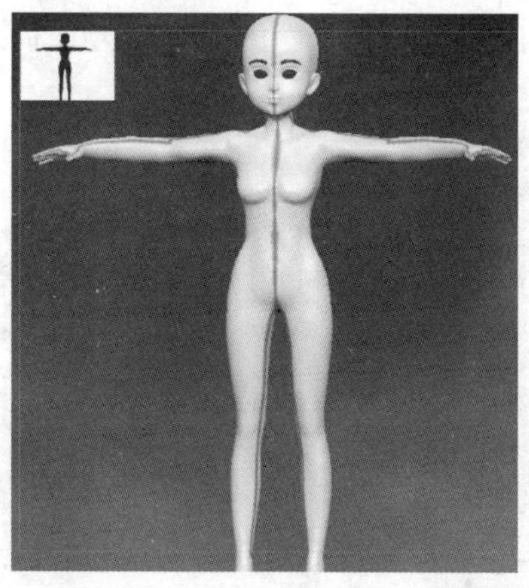

图 4.149

可以发现，虽然我们自定义设置了一些 UV 线，但是系统在拆分 UV 时并不能完全按照设置的 UV 线进行拆分，这是因为软件拆分 UV 时是进行整体的拆分，而不能将模型分成几个部分进行拆分。单击平面化按钮可以将 UV 以平面显示，如图 4.150 所示。单击取消平面化可以恢复 3D 显示。由此可见，ZBrush 拆分的 UV 都是一个整体。除了 UV 大师快速拆分 UV 外，系统还提供了很多种 UV 贴图方式，如图 4.151 所示。一般简单的物体可以使用系统默认的拆分方式，复杂一点的角色不提倡使用这种方式。

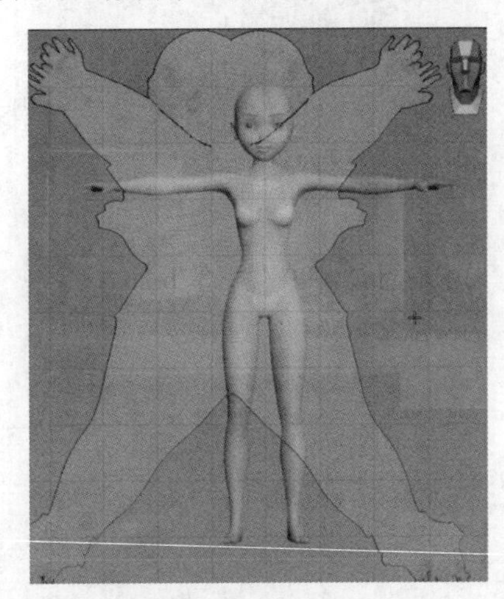

图 4.150

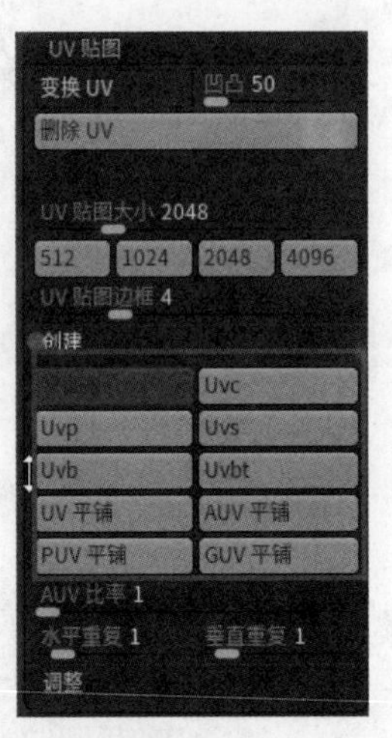

图 4.151

通常情况下角色的 UV 拆分都会将其分成几个部分，这样便于后期的贴图绘制。接下来给大家讲解一下一个专业的 UV 拆分软件——UVLayout。

首先要将 ZBrush 中的模型导出一份，在导出的时候由于模型有多级细分，记得一定要切换到最低级细分再将模型导出。

UVLayout 是一款专门用来拆 UV 的简单好用的 UV 展开软件，它可以和 3ds Max 或者 Maya 协同使用。主要依靠快速直观的 UV 预览来展开 UV，并且可以放松调整、拉直等，是非常实用的工具。

步骤 03 安装和注册完软件之后，打开 UVLayout 软件，默认软件界面如图 4.152 所示。

该软件看起来非常简洁，没有其他软件中的菜单栏等，看似也没有视图区域，别着急，视图显示区域需要载入模型之后才显示。单击 About UVLayout 按钮，可以打开软件版本和基本信息，如图 4.153 所示。

步骤 04 单击 Load 按钮，会弹出载入面板和载入选项面板，如图 4.154 和图 4.155 所示。

图 4.152

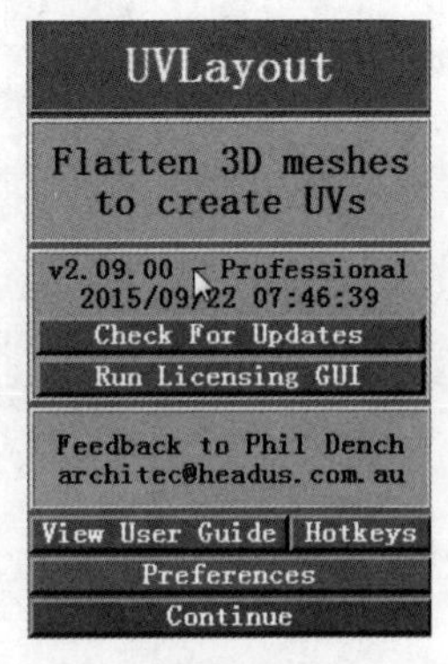

图 4.153

单击Dir按钮，在弹出的浏览文件夹面板中找到要载入的文件路径后单击“确定”，在载入面板的右侧会自动列出可以载入的模型列表，如图 4.156 所示。选择 8.obj 文件。在载入模型时，载入面板中有几个按钮需要注意，如果选择Edit，载入的模型会保留模型的 UV 信息，如图 4.157 所示。

如果选择New选项，在载入模型后会把模型原有的 UV 信息清除，如图 4.158 所示。

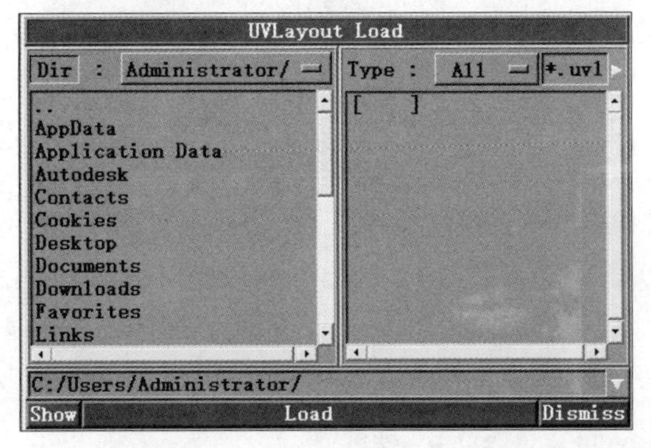

图 4.154

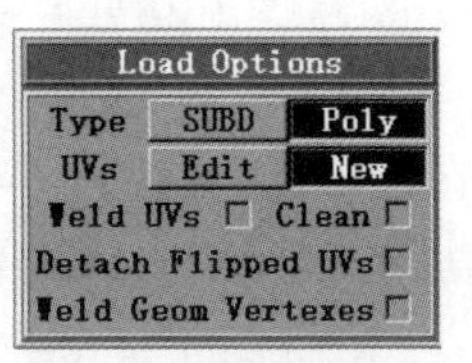

图 4.155

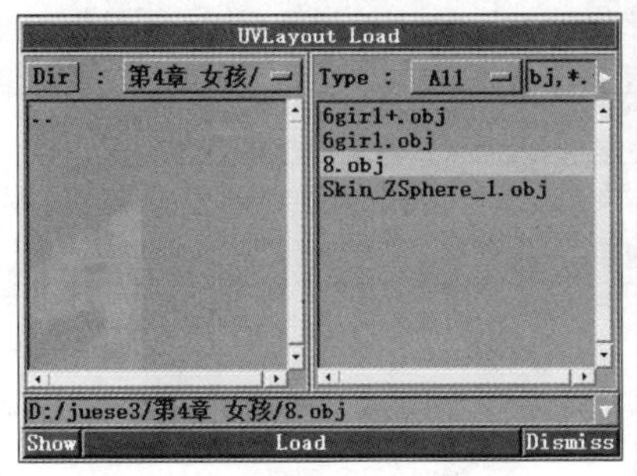

图 4.156

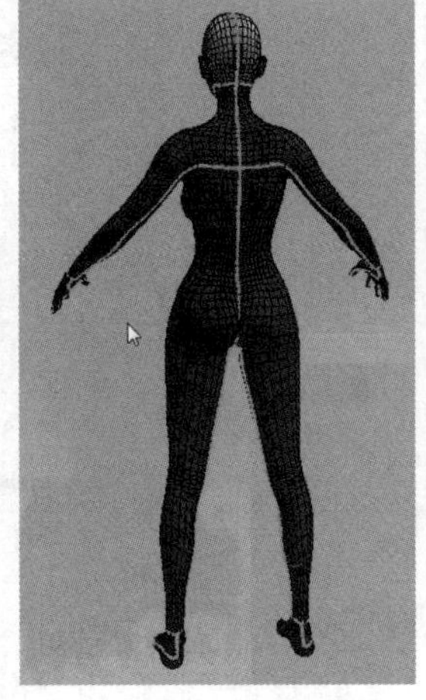

图 4.157

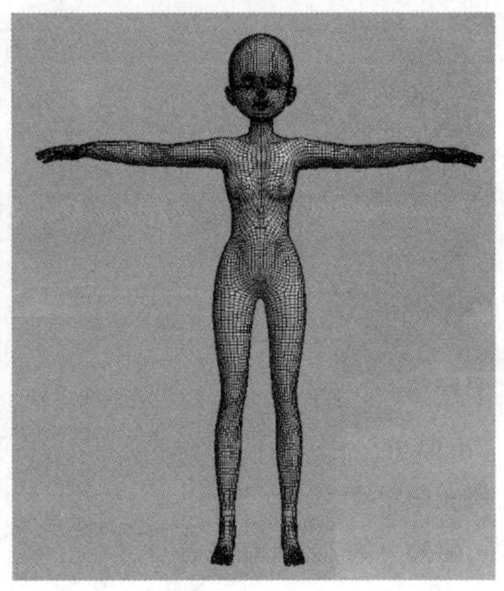

图 4.158

UVLayout 的操作也很简单，左键旋转视图，中键移动视图，右键缩放视图。UVLayout 的使用基本上都是靠快捷键来完成的，所以几个重要的快捷键一定要记住。常用到的快捷键有 C 键切割 UV。如果发现在模型上的线段位置按下 C 键没有作用的时候，就要看看当前的视图是否在 Ed 面板（UVLayout 有 3 个视图显示面板，第一是 UV 面板，第二为编辑面板也就是 Ed 面板，第三为 3D 面板）下，从界面的View　UV　Ed　3D位置可以查看。3 个面板之间切换的快捷键为 1、2、3。在拆分 UV 之前，先来找到模型的对称中心，单击Edit按钮，在面板下单击On按钮开启对称功能。然后单击Find按钮，在模型对称中心的任意一个线段上单击，如图 4.159 所示。按空格键，系统会自动找到对称中心的线段，如图 4.160 所示。

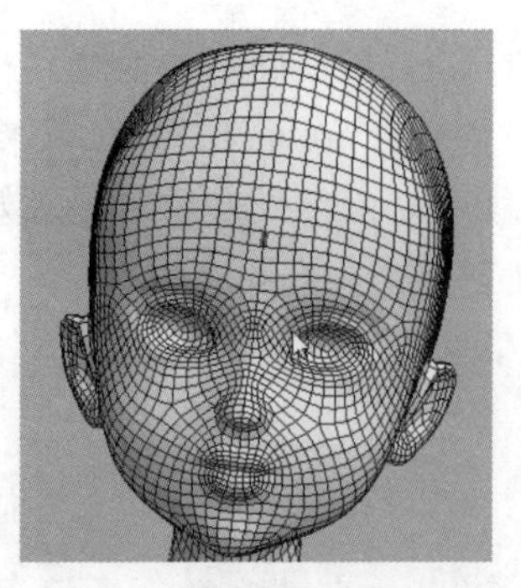
图 4.159

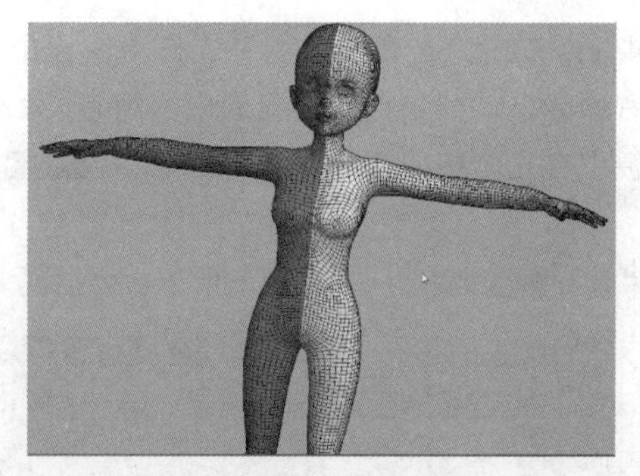
图 4.160

设置好对称中心后，在切分 UV 时只需要设置一半的模型即可，另外一半会自动计算。除了 C 键另外一个重要的快捷键是 W 键，W 键的作用是减选不需要的 UV 线段。第三个快捷键为 S 键，当然在不同的面板下它们的作用也不尽相同。第四个是 D 键，将拆分好的 UV 塌陷到 UV 面板中。第五个是 F 键，解算 UV。除了这几个常用的快捷键外，UVLayout 软件的快捷键命令如表 4.1 所示。

表 4.1　UVLayout 软件的常用快捷键

快捷键	功　能
C	Ed 模式下绘制 UV 线；UV 模式下切开线；3D 模式下绘制绿色 UV 线
Enter	Ed 模式下确定切开有 UV 线的物体；UV 模式下合并已用红色线选中的 UV 线边缘的物体，或将已经 MASK 的绿色部分分离
W	Ed 模式下取消绘制的红色 UV 线；UV 模式下合并或者绘制 UV 线；3D 模式下合并绘制的红色 UV 线
Shift+W	UV 模式下 LOOP 选定或取消选定红色线
M	UV 模式下（当已经绘制好合并 UV 线的情况下）光标移动到物体上按 M 键则将原本连接的物体尽量靠近
F	UV 模式下以物理算法解算并松弛 UV
Shift+F	UV 模式下以边缘为圆形放松 UV，按空格键取消
空格+F	UV 模式下持续性以物理算法放松 UV，按空格键停止
Shift+空格+F	UV 模式下持续性以物理算法放松 UV 并自动以紫色线锁定开放边，按空格键停止
D	Ed 模式下将物体投放到 UV 模式
Shift+D	Ed 模式下取消切开物体；UV 模式下将已经投放到 UV 模式的物体重新投入 Ed 模式
A	UV 模式下对点开启“轴向”黏滞即 SNAPE 功能
Shift+A	UV 模式下取消所有已经黏滞点的 SNAPE 功能
空格	Ed 模式下配合鼠标中键将已经切开的物体移动；UV 模式下配合鼠标中键移动物体，配合鼠标右键缩放物体，配合鼠标左键旋转物体
H	Ed 模式下/UV 模式下/3D 模式下，配合鼠标左键隐藏物体，配合鼠标右键隐藏选中以外的物体（S 反向隐藏，U 取消隐藏）

Ed 模式下的快捷键如表 4.2 所示。

表 4.2　Ed 模式下的常用快捷键

快捷键	功　能
左键	旋转视图
中键	移动视图
右键	缩放视图
空格 + 中键	移动物体
镜像物体	单击左边工具栏中的 Find 按钮，在模型中将光标放在对称中心的任意一条线段上，单击并按空格键完成镜像
Home	显示完整物体，或将光标所指的位置设为中心点
D	将物体投放到 UV 模式
C	选择切线
W	取消切线
Enter	设置完切线，按 Enter 键切下物体
Shift + S	单独给一个物体切开一个边

UV 模式下的快捷键如表 4.3 所示。

表 4.3　UV 模式下的常用快捷键

快捷键	功　能
F	将光标放在物体上按 F 键直接对物体进行解算
Shift + F	单独给一个物体进行解算
Shift+空格 + F	将挤在一起的面展平，UV 不会重叠在一起
RUN FOR	在空白处按 F 键框选所有物体，在左边工具栏中单击 RUN FOR 进行解算
T	选择边按原模型进行解算，防止面的重叠
Shift + T	选择整条边或取消整条边的选择
S	将已经解算好的物体的另一半进行镜像解算与摆放
空格 + 左键	旋转物体
空格 + 中键	移动物体
空格 + 右键	缩放物体
C	将 UV 切开
W	将临近的面打上红色边作为标记，如果两条边距离很近就会被合并
M	将打好红色边的物体移动到一起，按 Enter 键执行焊接
H	隐藏所选区域
P	钉子，按 P 键将 UV 钉住（在两端双击 P），在绿色边上一端先打一个钉，在另一端再打一个钉，双击两端钉子之间的区域，此区域将会布满钉子
Shift + P	接触钉子，在空白处按 Shift + P+左键，选择的物体将被打上钉子，按 Shift + P+右键取消选择。用钉子先把物体做成方形，可进行方形 UV 解算

续表

快捷键	功　能
A	粘滞图标，可使别的点对准粘滞图标到 U 轴和 V 轴上，想分成正方形的 UV 非常有用
Ctrl + 中键或右键	移动点
Shift + 中键或右键	单独调整区域
Ctrl + Shift	软选择笔刷
4、5、6	扩大/缩小 UV 笔刷命令，在左边菜单的 DISPLAY 下边
G	用于选择 MARK。在空白处按 G 键，再单击，可框选 MARK，右击取消框选。按 F 键将所有 UV 进行 MARK。在 UV 上按 G 键以笔刷方式选择 MARK。在选中的 MRAK 区域双击，按 G 键相邻的区域将被选中
Shift + G	以笔刷方式取消 MARK
L	锁定。在空白处按 L 键+鼠标左键选择锁定，按 S 键反向锁定，按 U 键取消所有锁定

3 D 模式下的快捷键如表 4.4 所示。

表 4.4　3D 模式下的常用快捷键

快捷键	功　能
T	转换三种显示棋盘格的方式
+	放大棋盘格
_	缩小棋盘格

有些快捷键本节没有用到，所涉及的知识点也不再详细讲解。接下来看一下人体模型 UV 的拆分方法。

步骤 05 拆分脖子 UV。

按 2 键进入“编辑”面板，首先将光标放置在要拆分 UV 的线段上，如图 4.161 所示。按 C 键系统会自动在光标当前指的环形线段上拆分，如图 4.162 所示。

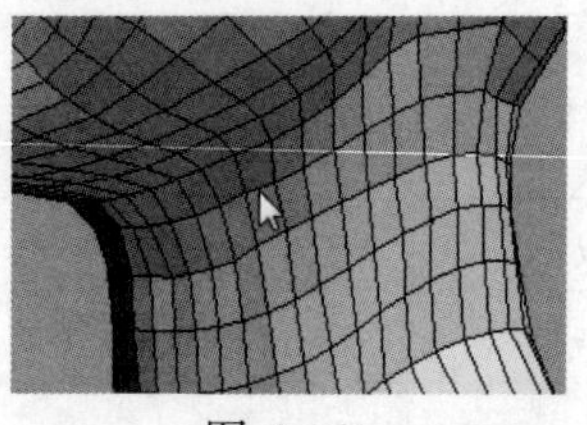

图 4.161

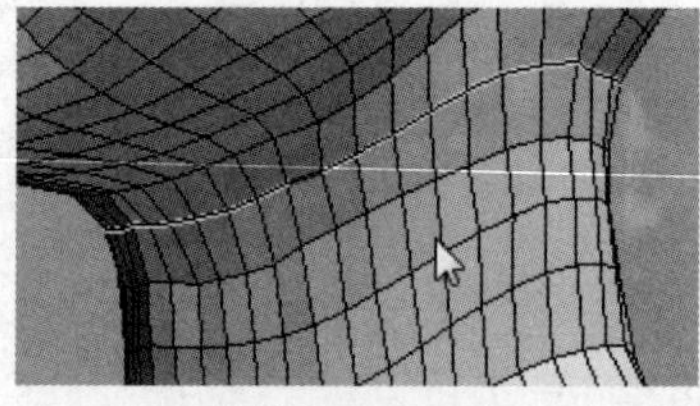

图 4.162

系统在拆分 UV 时，会自动向两边延伸，默认的延伸个数为 10 个线段。如图 4.163 所示，红色线段（系统显示为红色）开始往左右分别延伸 10 条线段后会自动停止，所以把光标放在黄色线的延伸线段上继续按 C 键即可，如图 4.164 所示。

拆分好之后，在黄色线段位置按下回车键，系统会自动将一圈的线段分离，如图 4.165 所示。其实并不是真正将模型分开，只是将 UV 分开而已。

步骤 06 拆分耳朵的 UV。用同样的方法将光标放置在耳朵的位置，按 C 键进行 UV 线段的划分，如果对 UV 线拆分不满意，可以配合 Ctrl+Z 键撤销或者在 UV 线上按下 W 键取消 UV 划分，再找到合适的 UV 线拆分即可。找好耳朵的 UV 线后，按回车键分离，如图 4.166 和图 4.167 所示。

步骤 07　拆分头部 UV。头部的 UV 一般采用 T 字形或者十字形来拆分，本节中采用 T 字形来拆分。将鼠标放置在头顶的一条线段上，按下 C 键先寻找 UV 线，如图 4.168 和图 4.169 所示。

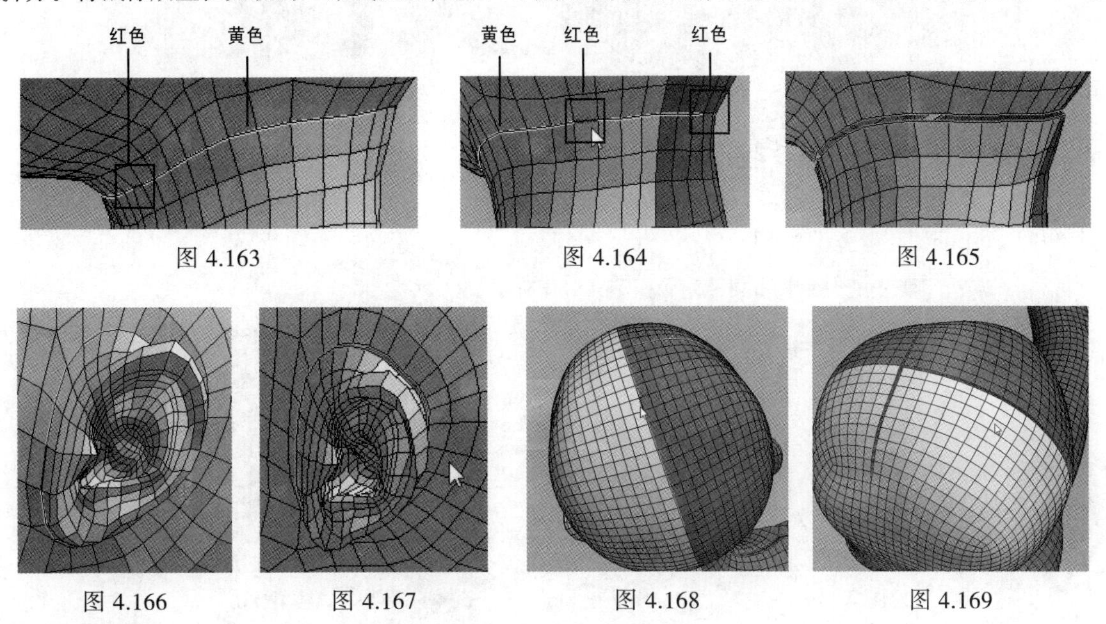

图 4.163　图 4.164　图 4.165

图 4.166　图 4.167　图 4.168　图 4.169

步骤 08　用同样的方法将手臂和手拆分开，如图 4.170 和图 4.171 所示。

步骤 09　将腿部和脚部拆分开，如图 4.172 ~ 图 4.174 所示。

步骤 10　身体部分的拆分沿着肩膀位置和侧面位置将其分为两部分，如图 4.175 和图 4.176 所示。

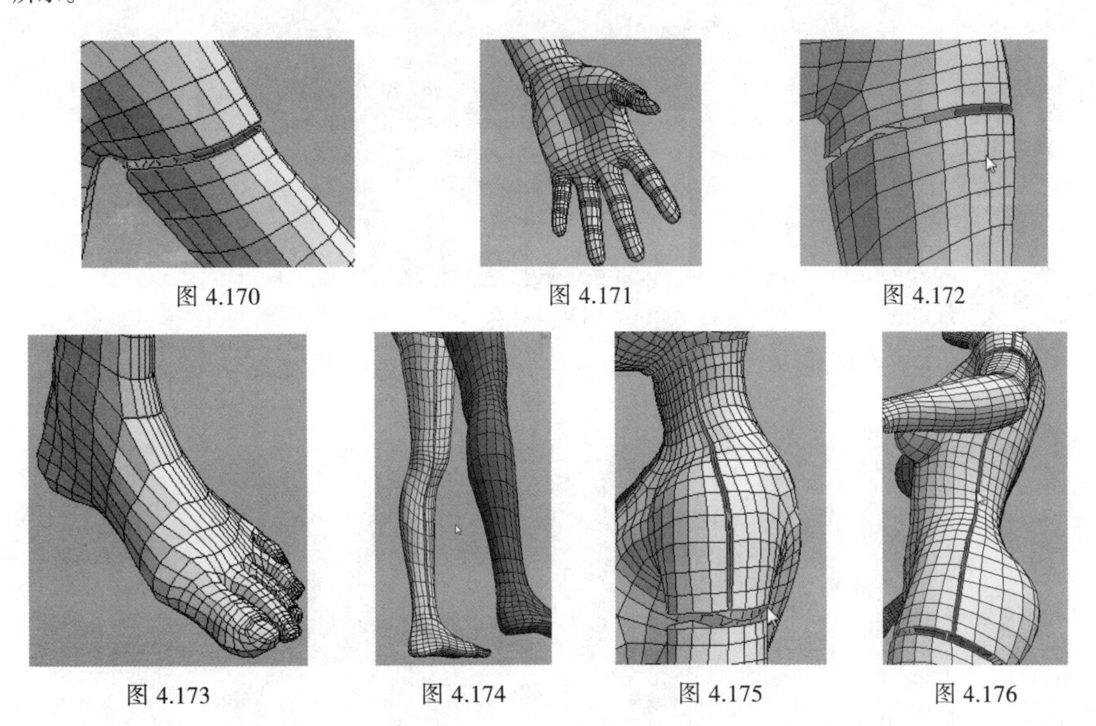

图 4.170　图 4.171　图 4.172

图 4.173　图 4.174　图 4.175　图 4.176

步骤 11 胳膊和手的拆分位置如图 4.177 和图 4.178 所示。

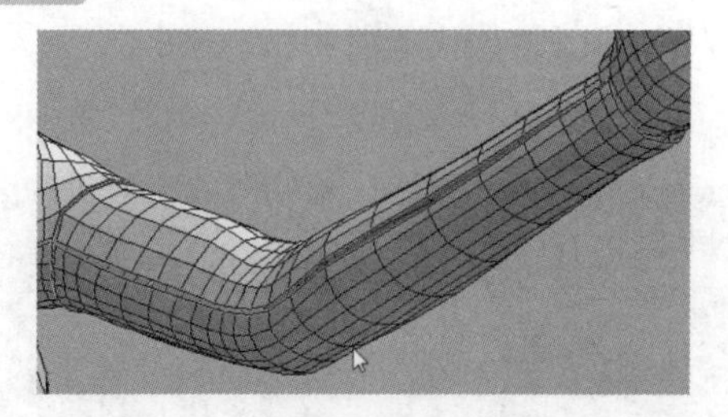
图 4.177

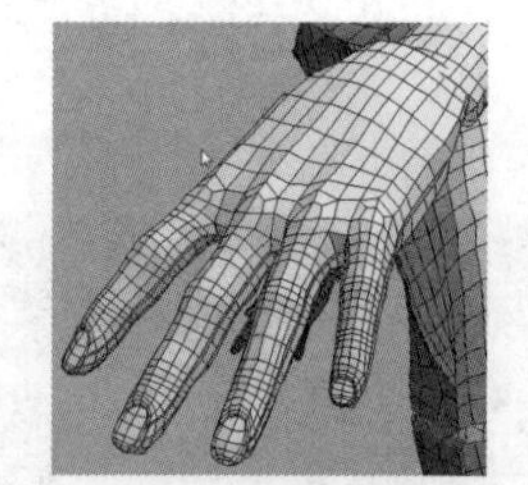
图 4.178

步骤 12 脚的拆分效果如图 4.179 和图 4.180 所示。

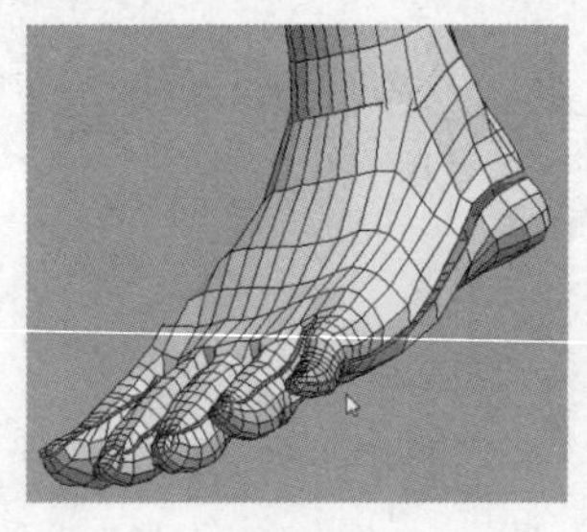
图 4.179

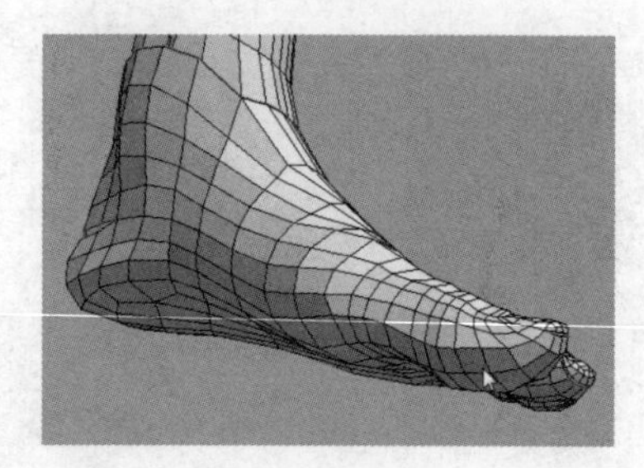
图 4.180

步骤 13 拆分好 UV 后，将光标放在拆分好的身体模型上，按 D 键将 UV 模型塌陷到 UV 面板，如图 4.181 所示。

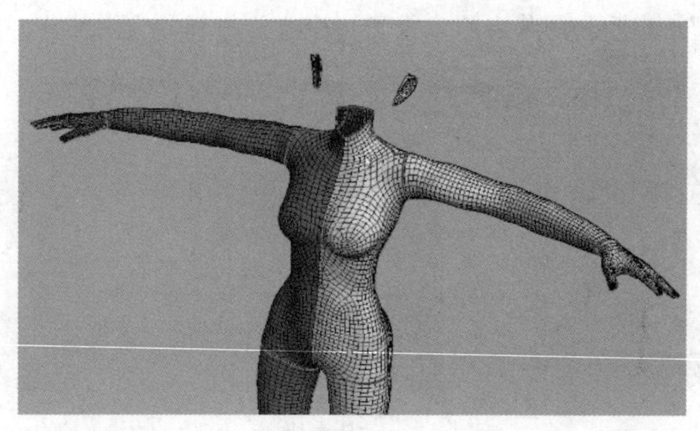
图 4.181

将所有模型塌陷到 UV 面板之后，按 1 键切换到 UV 显示面板，如图 4.182 所示。这是没有解算的 UV 信息。

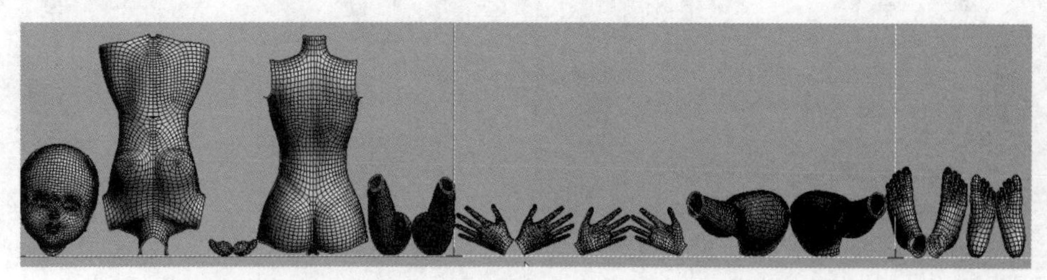
图 4.182

步骤 14　在空白处按下 F 键，框选所有模型。单击 Optimize 下的 Run For 按钮开始解算 UV，计算的过程如图 4.183 和图 4.184 所示，模型也会逐渐由大面积的蓝色区域变为浅蓝色和绿色，稍等片刻，解算完成之后的效果如图 4.185 所示。

从图 4.185 中可以发现有些 UV 展开得很好，有些 UV 有一些问题，那是因为我们开启了对称模式，它只解算了其中的一半，另一半可以通过手动对称的方法将解算好的 UV 对称过来，只需在解算好的 UV 上按下 S 键即可将另一半对称出来，如图 4.186 所示。

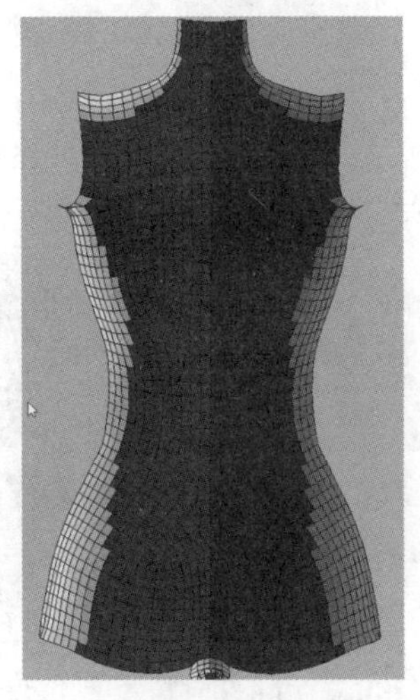

图 4.183

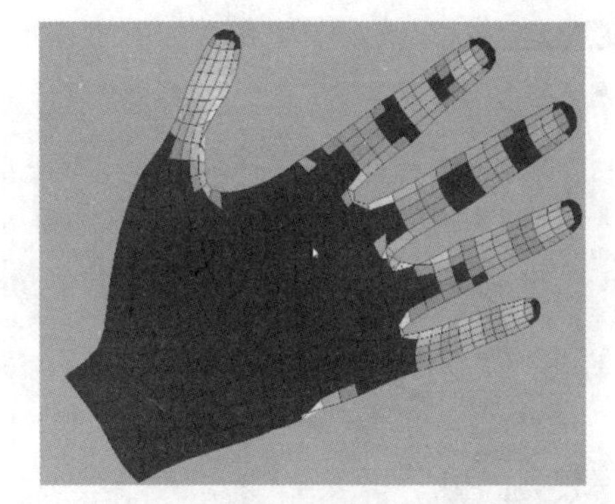

图 4.184

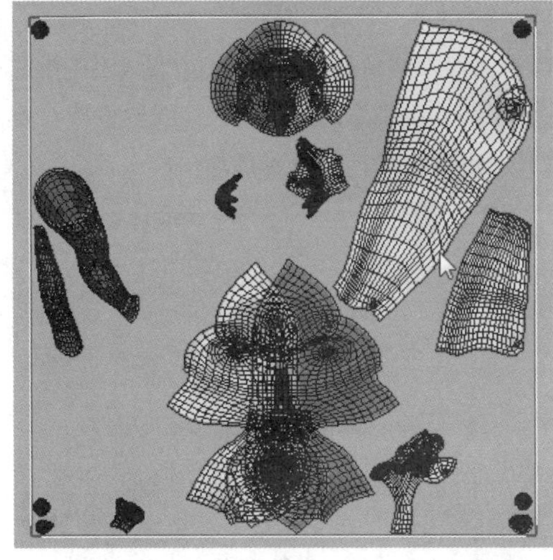

图 4.185

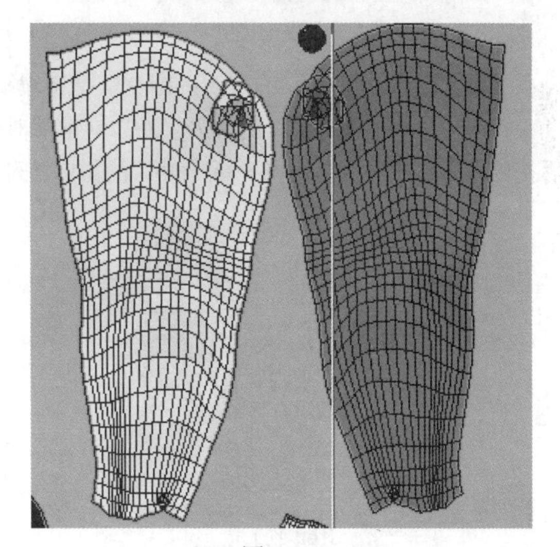

图 4.186

空格键+鼠标左键为旋转 UV，空格键+鼠标中键为移动 UV，空格键+鼠标右键为缩放 UV。对称调整后如果还有 UV 解算不满意的地方（比如身体部分），可以选择该部分后按下 Shift+D 快捷键将其重新塌陷到编辑面板，按 2 键进入编辑面板，重新检查模型拆分情况。可以发现，身体部分外侧虽然拆分开了，但是胯下的部分忘记对齐拆分了，如图 4.187 所示。选择胯下的线段，按 C 键，然后按回车键将其拆分开，如图 4.188 所示。

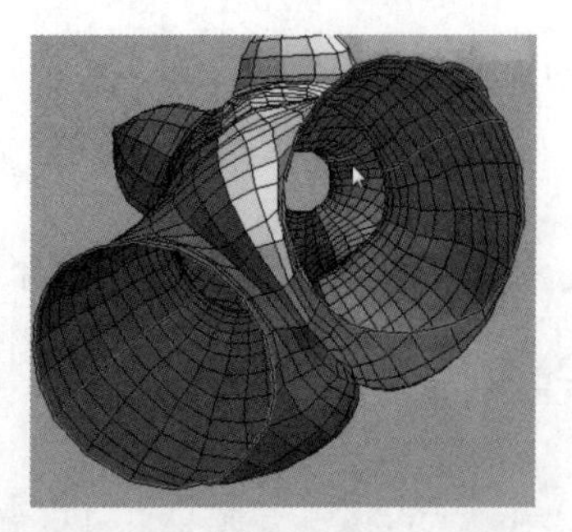

图 4.187

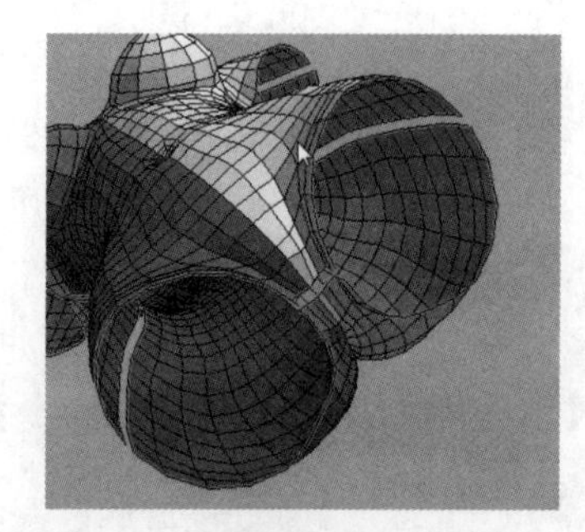

图 4.188

在模型上按 D 键将其塌陷到 UV 解算面板，如图 4.189 所示。在空白处按 F 键选择身体前后 UV，单击 Run For 按钮开始解算。解算好后的效果如图 4.190 所示。

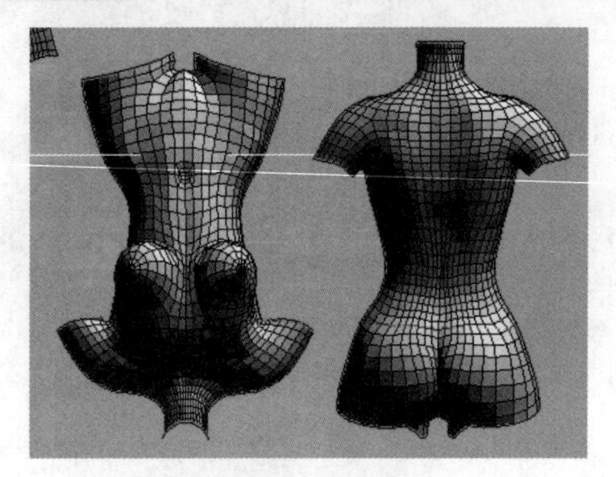

图 4.189

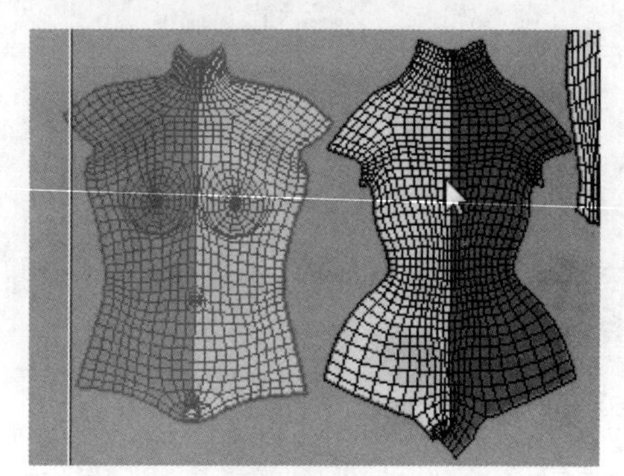

图 4.190

手掌部分也解算得不好，按 Shift+D 快捷键塌陷到编辑面板中来重新检查。注意在图 4.191 中漏选了一条线段，造成没有完全拆分开。所以在解算时就造成了解算不满意的情况。在该线段上按 C 键然后按回车，再次将其拆分开，拆分好后的 UV 之间会错开一定的距离，如图 4.192 所示。

图 4.191

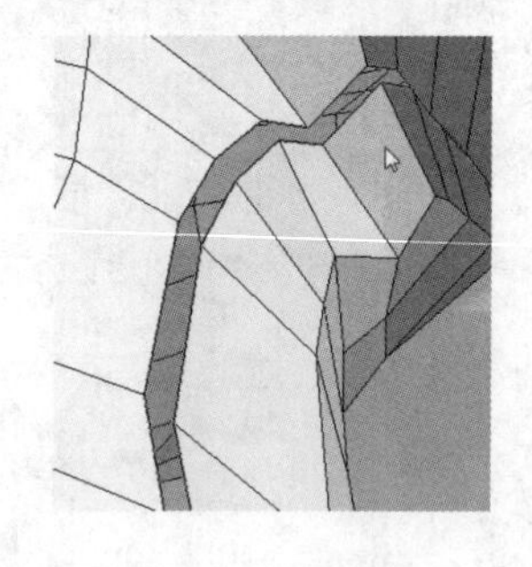

图 4.192

除了上述的解算方法之外，还可以将光标放在要解算的模型面上直接按 F 键进行单个解算，解算好后按下 S 键将另一半对称出来，如图 4.193 所示。

脚的解算效果也不理想，塌陷到编辑面板后，可以先将脚底拆分开，如图 4.194 所示。解算前后对比效果如图 4.195 和图 4.196 所示。

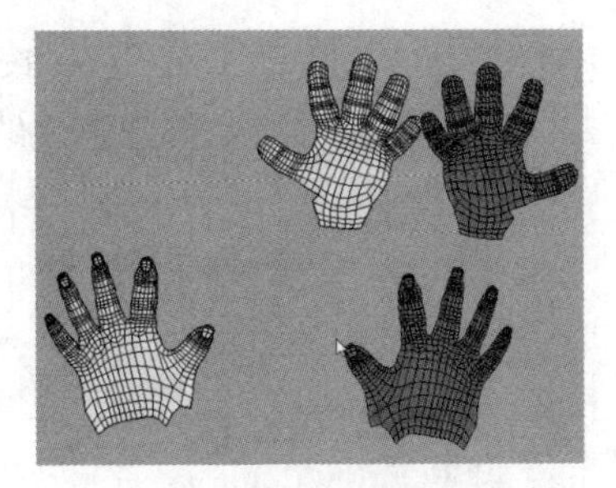

图 4.193

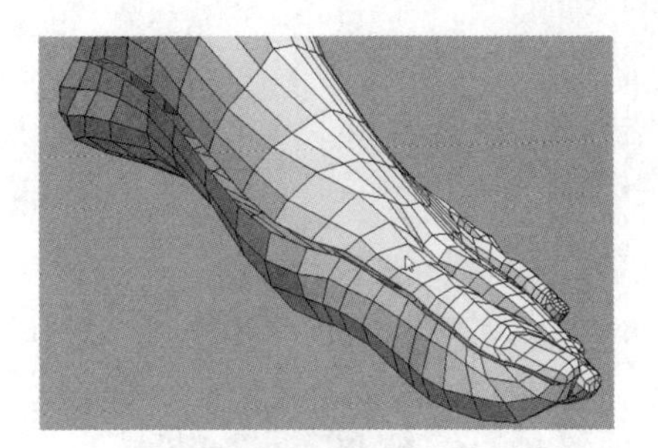

4.194

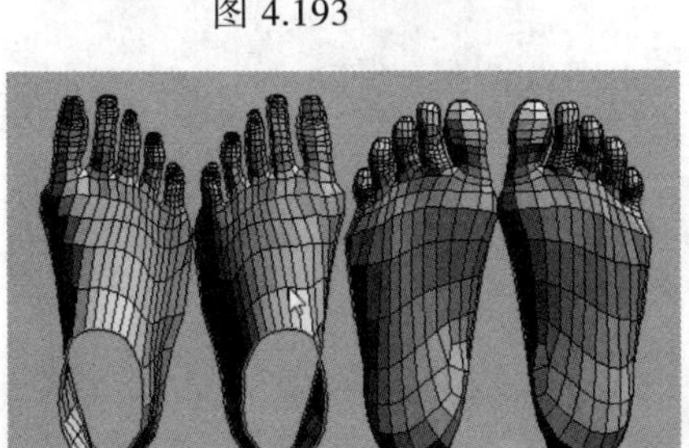

图 4.195

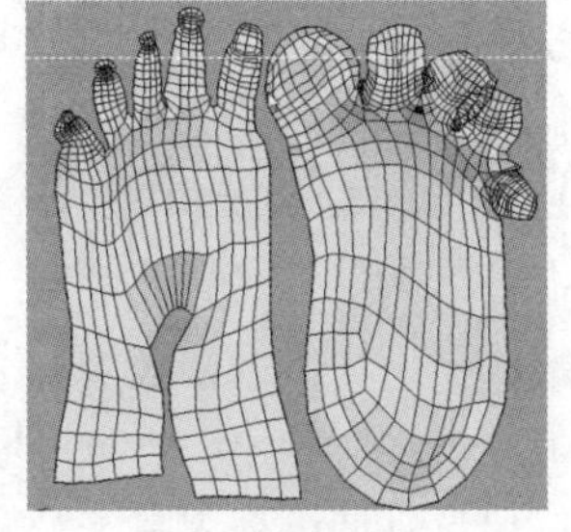

图 4.196

解算完之后，将脚上半部分和脚底移动到相近的位置，在 UV 边缘的位置按住 Alt+W 快捷键然后移动鼠标（不是单击移动），光标划过的地方的线段会以红色颜色显示，如图 4.197 所示。然后按下回车键，系统将会在对应的红色线段之间自动连接起来，如图 4.198 所示。

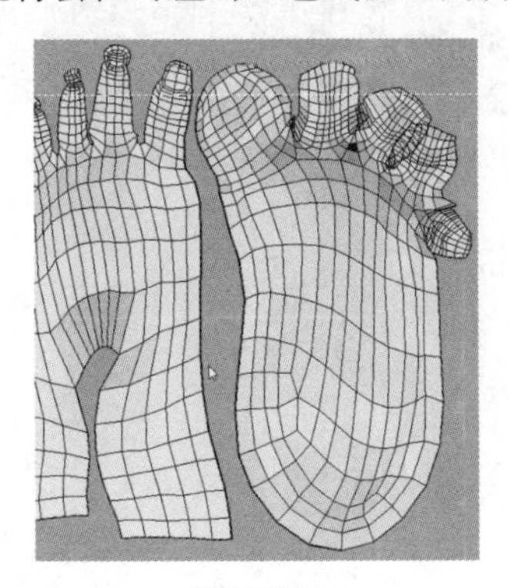

图 4.197

图 4.198

再次按下 F 键解算即可，如图 4.199 所示。解算好后按下 S 键对称出另一半。用同样的方法将手心和手背部分也连接起来，如图 4.200 所示。

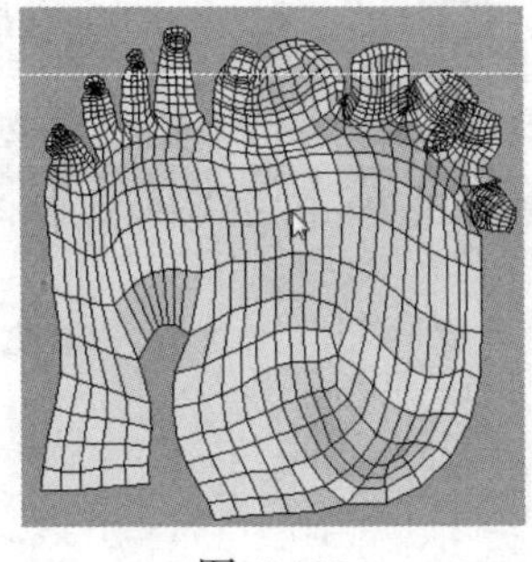

图 4.199

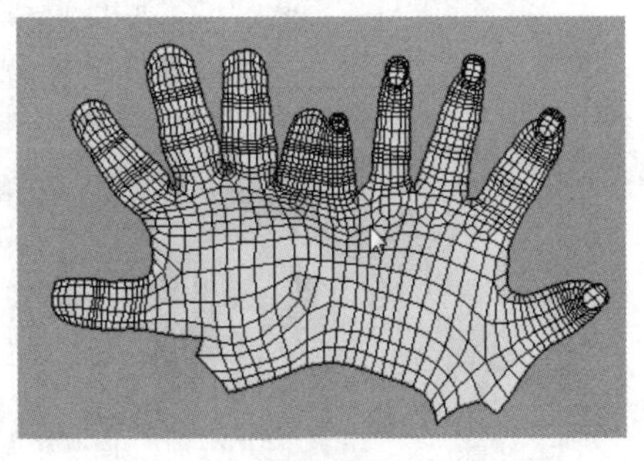

图 4.200

步骤 15 头部的解算效果也不是太好，那么接下来换一种解算方式。选择头部 UV，按快捷键 Shift+空格+F，先将 UV 以椭圆形为标准向外拉扯开，如图 4.201 所示。然后再按空格键进行解算，效果如图 4.202 所示。

图 4.201

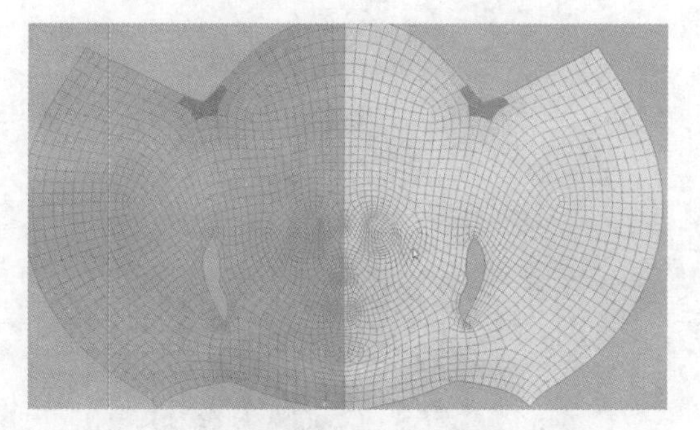

图 4.202

全部解算完之后，默认的 UV 排列方式比较混乱，如图 4.203 所示。

按“】”键将所有 UV 快速自动整合到 UV 框中，如图 4.204 所示。

系统自动整合的效果不是太好，没有最大化利用 UV 框空间，所以还是手动调整比较好。调整的原则是将头部放大（因为后期需要对面部绘制贴图），最后手动调整 UV 框的 UV 大小和位置，如图 4.205 所示。

图 4.203

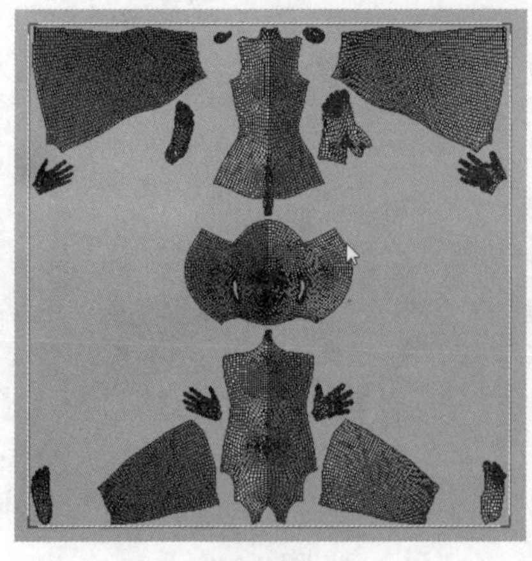

图 4.204

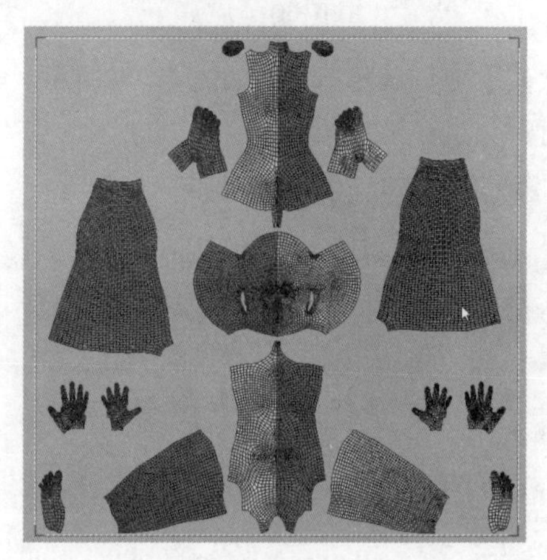

图 4.205

从图 4.206 中观察身体乳房的位置有红色显示（红色代表 UV 被挤压在一起），在 UV 面板中按住 Shift+鼠标中键拖拉，可以在 UV 面上以软笔刷的形式进行软调整，如图 4.207 所示。尽量调整成均为绿色最好，当然有一些地方出现一些蓝色面和红色面也在所难免，只要不出现大范围的拉伸或者挤压即可。

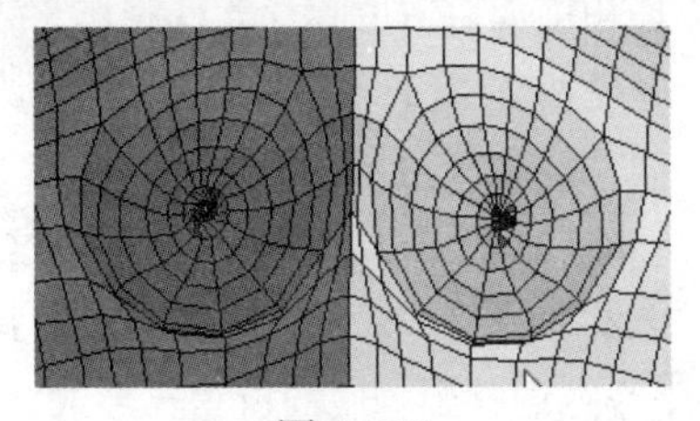
图 4.206

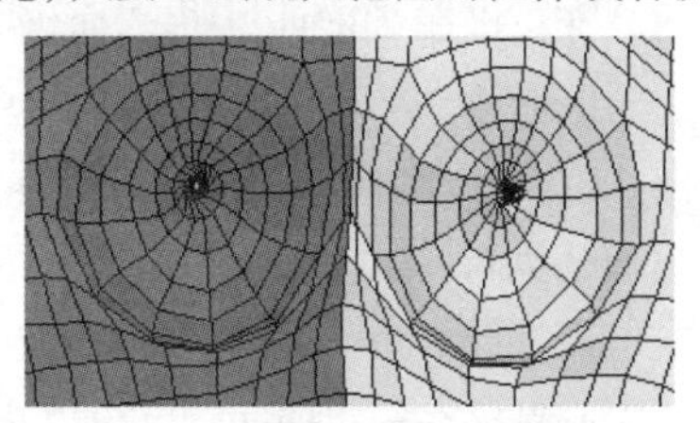
图 4.207

在调整时，比如图 4.208 中位置的 UV 面，可以在该位置按下 X 键进行区域解算，也可以一个点一个点地移动调整部分 UV 面，如图 4.209 和图 4.210 所示。

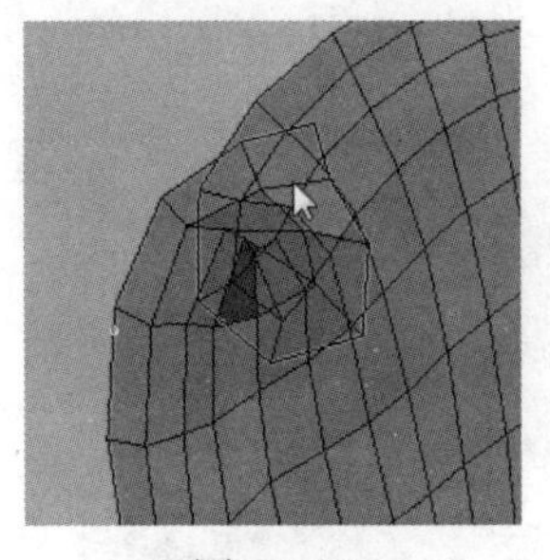
图 4.208

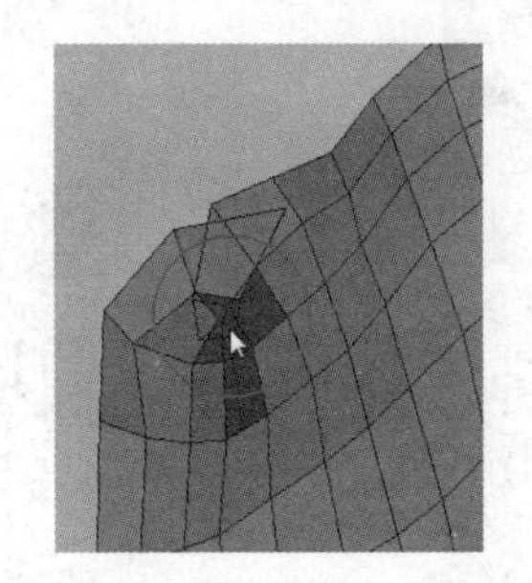
图 4.209

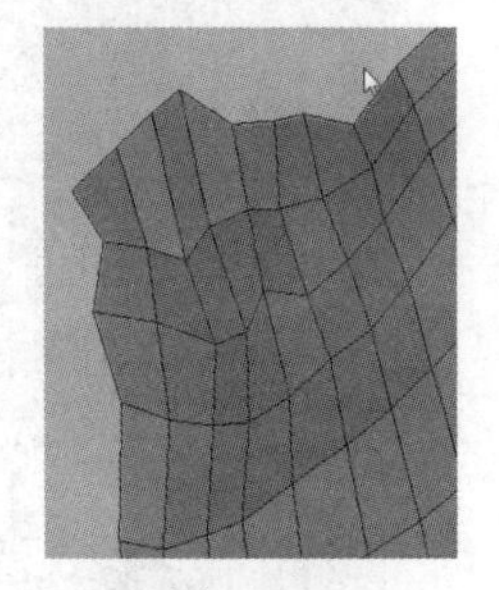
图 4.210

步骤 16 全部调整完成之后，按 3 键进入 3D 面板，按 T 键打开棋盘格显示，如图 4.211 所示。再次按 T 键又可以切换另一种显示方式，如图 4.212 所示。棋盘格的大小可以通过“+”“-”号快捷键进行调整，使棋盘格显示更加密集一些，通过棋盘格的平均分配显示效果可以看出整体的 UV 拆分是否合理。

步骤 17 拆分好 UV 之后，单击 Save 按钮，在右侧保存面板的底部位置 D:/juese3/第4章 女孩/8.obj 是模型的保存位置和文件显示，在该位置更改名称后，单击底部的 Save 按钮即可将模型保存为新的 obj 格式文件。

步骤 18 将拆分好的模型重新导入到 ZBrush 软件，为了更直观地观察拆分后的 UV 效果，可以单击 UV 贴图面板下的 变换UV 按钮，此时模型会自动炸开，如图 4.213 所示。再次单击 变换UV 按钮即可恢复原有的模型显示。导入进来的模型由于形状和布线没有修改，所以模型的细分级别还在。

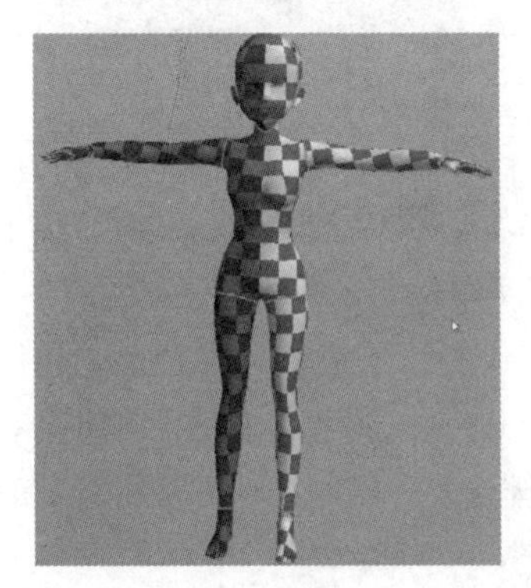
图 4.211

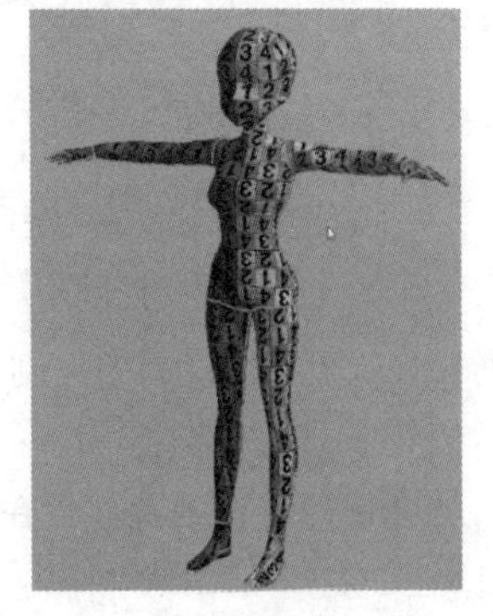
图 4.212

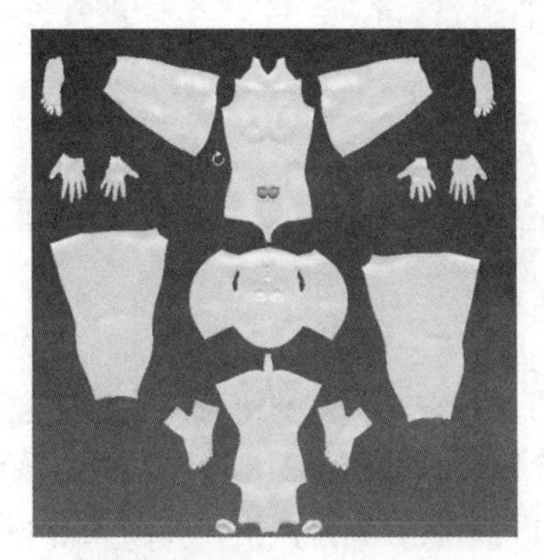
图 4.213

4.8 制作衣服

衣服的制作可以在 ZBrush 中提取面进行雕刻，也可以使用前面讲解的 MD 软件制作。

步骤 01 选择“文件”→“导入”→Obj 命令，选择好模型文件后，在导入时系统默认的是 mm 单位，如图 4.214 所示。导入进来的模型小得几乎找不到，如图 4.215 所示。

删除模型，重新导入，将比例选择 m（米），模型又太大了，如图 4.216 所示。所以这里在进行导入的时候可以选择 Auto Scale（自动缩放）的方式，对比效果如图 4.217 所示。虽然比例调整好了，但是模型的中心点存在一定的问题，可以在 3ds Max 中将中心点调整到脚底的位置再导入，当然这里也可以使用系统默认的模特直接制作衣服，最后再导出到 3ds Max 中进行整合。

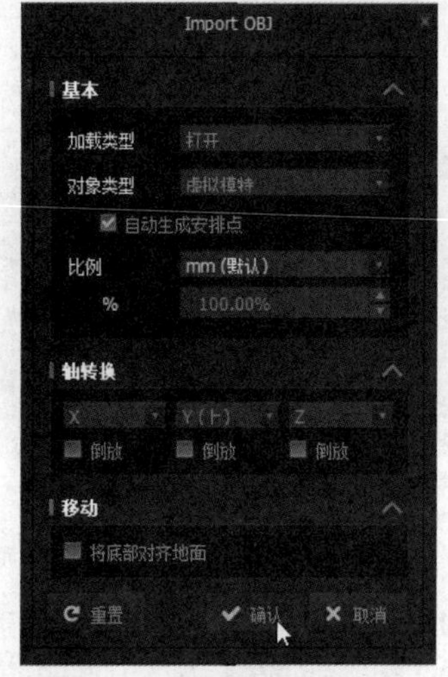

图 4.214

图 4.215

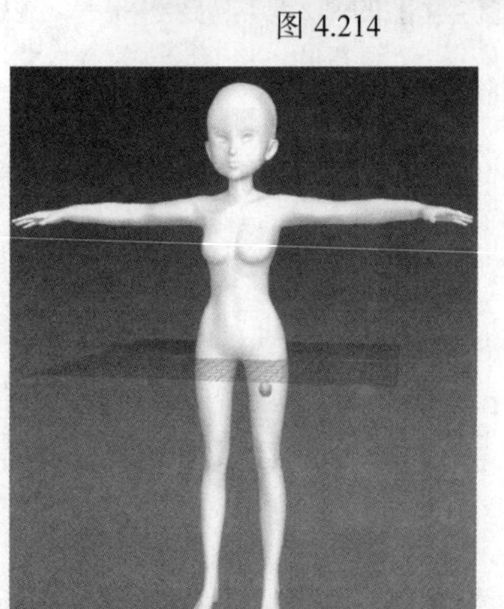

图 4.216

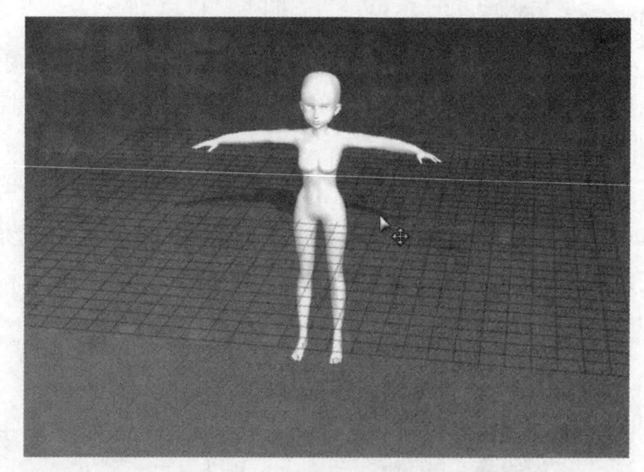

图 4.217

步骤 02 打开 MD 系统新增的卡通模特，在 2D 视图中先创建一个长方形板片，按 Ctrl+V 快捷键再复制一个，在 3D 视图中单击■显示模特安排点，选择一个板片，当光标放置在安排点上时会有一个阴影，如图 4.218 所示。单击该点后就会快速将该板片放置在安排点上，用同样的方法将背部的板片也放置在安排点上，如图 4.219 所示。

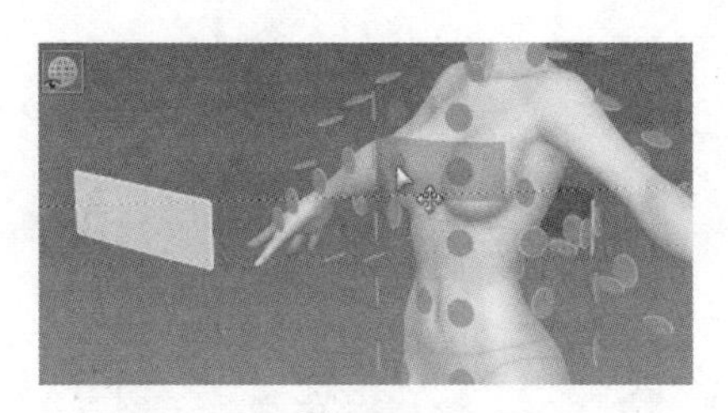

图 4.218

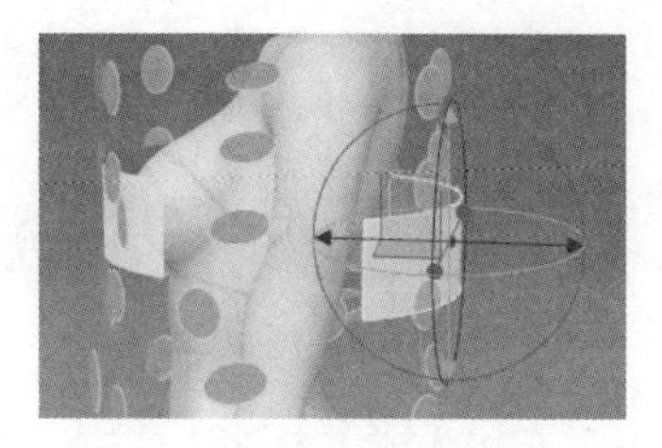

图 4.219

步骤 03 用缝纫工具将板片按照对应的数字缝纫起来，如图 4.220 所示。

长按假缝选择“固定到虚拟模特上”按钮，将图中的点固定到虚拟模特上，这样操作是为了使板片不掉下去。单击解算按钮，效果如图 4.221 所示。此处效果不太满意，框选板片，设置“粒子间距”为 10，同时将板片缩小，再次进行解算后效果还是不太满意，如图 4.222 所示，是由于虚拟模特胸部有点偏大造成的，接下来删除虚拟模特，导入自己创建的角色，用同样的方法制作抹胸，解算后的效果如图 4.223 所示。

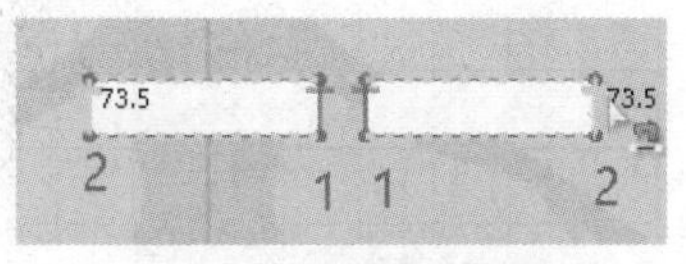

图 4.220

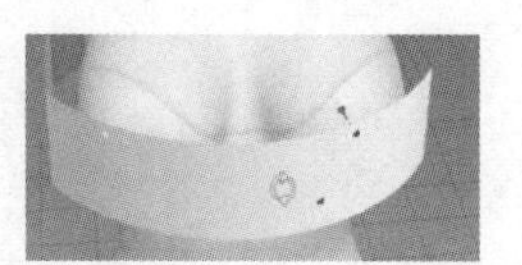

图 4.221

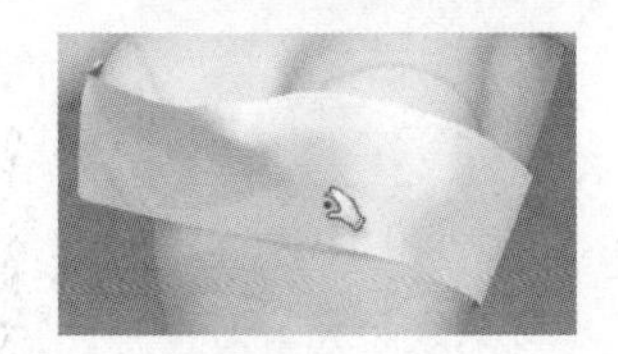

图 4.222

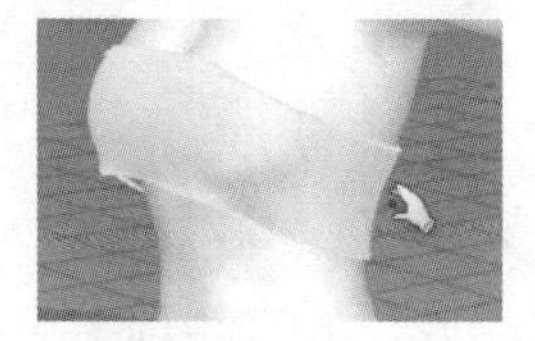

图 4.223

步骤 04 创建如图 4.224 所示的板片，选择图 4.225 中箭头所指的线段，右击，在弹出的菜单中选择“展开”命令，展开后的效果如图 4.226 所示。

步骤 05 用同样的方法创建出背部的板片，如图 4.227 所示。

步骤 06 用缝纫工具依次将对应的边缝纫起来，如图 4.228 所示。按空格键或者单击“解算”按钮开始解算，效果如图 4.229 所示。

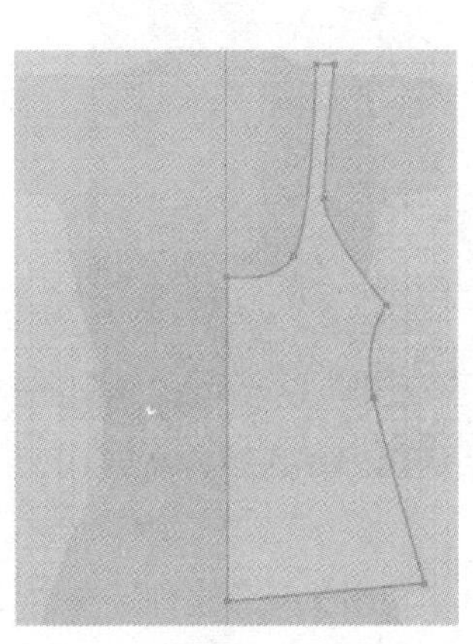

图 4.224

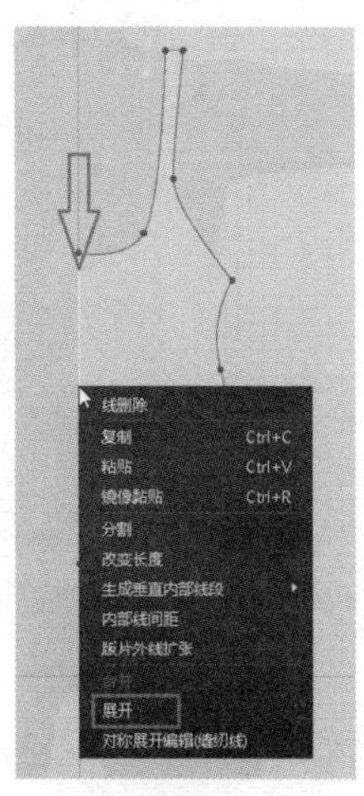

图 4.225

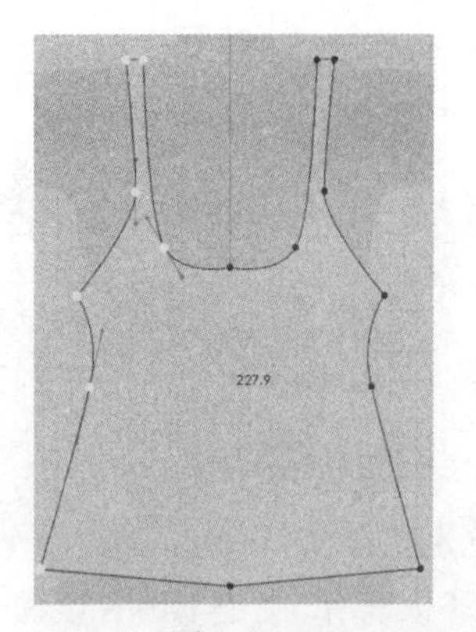

图 4.226

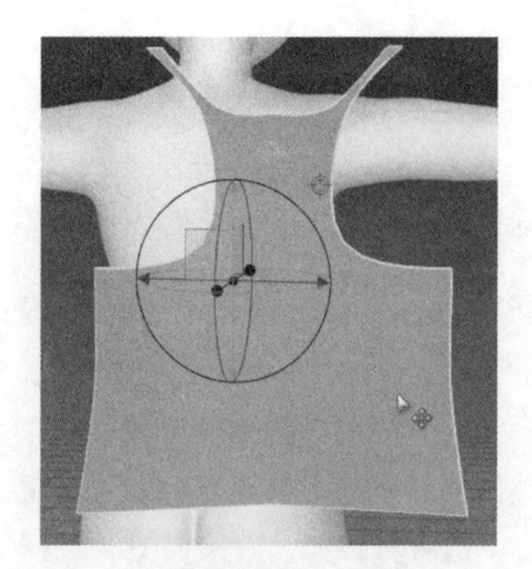

图 4.227

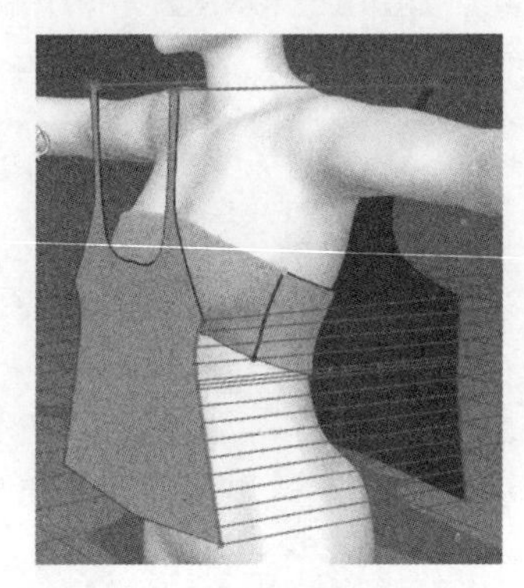

图 4.228

图 4.229

选择吊带板片，在右侧的面板中单击“增加”按钮添加一个新的材质并更改增加的材质的颜色，在织物中选择对应的增加的材质名称，如图 4.230 所示。然后将“层”参数设置为 1。

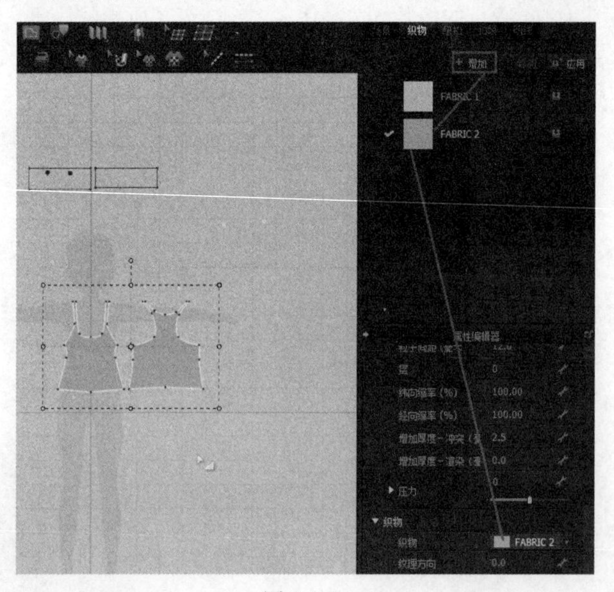

图 4.230

步骤 07 制作完成后，将网格类型设置为四边面，然后选择“文件”→“导出”→OBJ（选定的）选项将吊带模型和抹胸模型导出。

回到 ZBrush 软件中，将角色 GoZ 到 3ds Max 中，再单击“文件”菜单下的“导入”→“导入”命令将衣服模型导入进来，由于模型大小不一致，首先要将衣服缩放调整大小和位置，将模型塌陷为多边形物体，按 5 键进入“元素”级别，当选择衣服时发现前后是两个元素级别，如图 4.231 所示。

进入“点”级别后，发现前后中心位置的点是分开的，如图 4.232 所示。框选衔接位置的点，单击 焊接 后面的 □ 按钮，设置焊接距离值将这些点焊接起来（当不能焊接的时候检查一下模型是否存在多层的面，删除内层的面即可）。用同样的方法将抹胸模型也焊接调整。将吊带调整得宽一些。

按 3 键进入“边界”级别，选择图 4.233 中所示的边界线，按住 Shift 键配合缩放和移动工具向内挤出面，其他位置也进行同样的处理，如图 4.234 所示。这样操作的目的是增加衣服的厚度感。

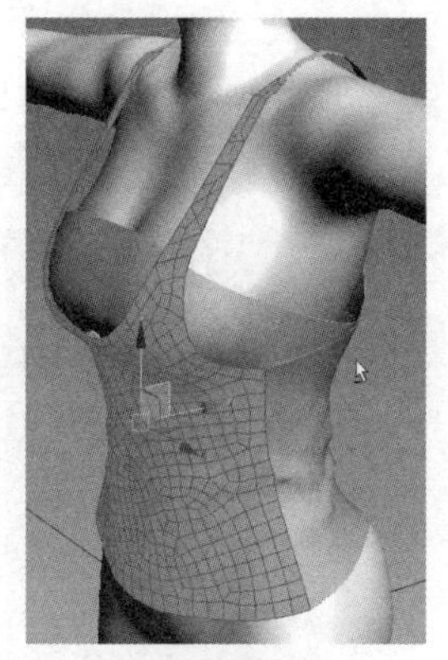

图 4.231

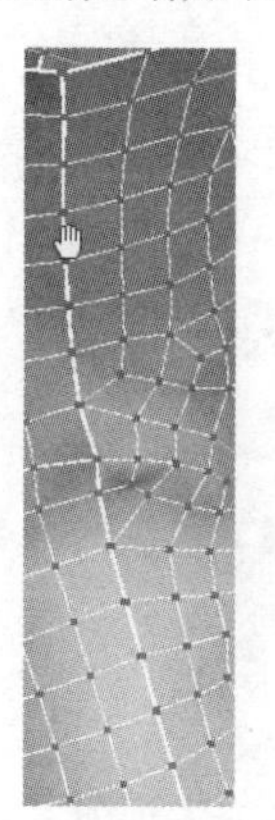

图 4.232

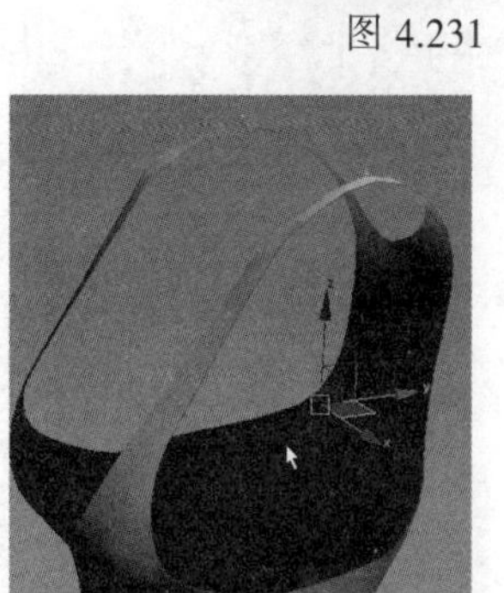

图 4.233

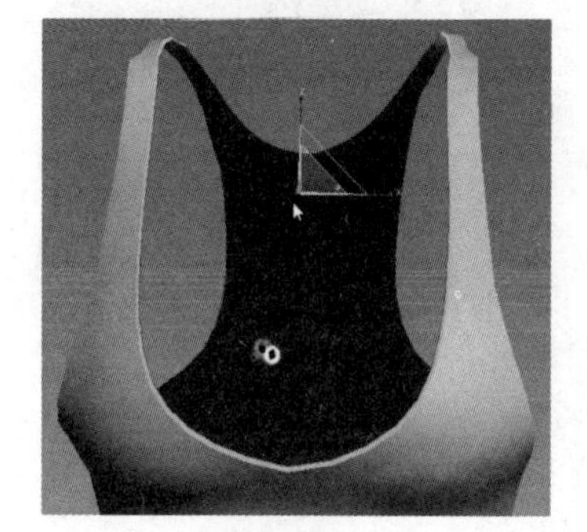

图 4.234

步骤 08 导入第三章中制作的女性角色，删除角色和上衣，保留牛仔短裤模型，调整大小和位置，当短裤和角色不能完全匹配时（如图 4.235 所示），用偏移笔刷逐步修改或者配合软选择工具进行细致调整，效果如图 4.236 所示。

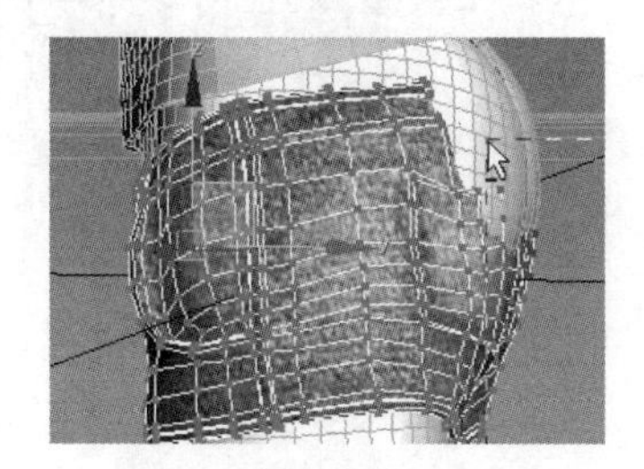

图 4.235

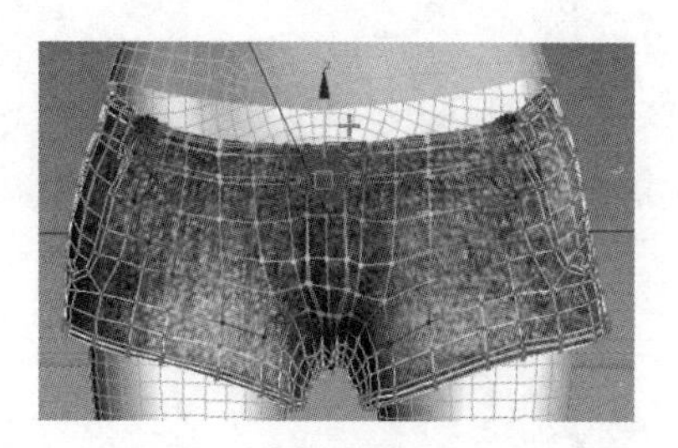

图 4.236

调整之后的效果如图 4.237 所示。选择衣服模型，选择“文件”菜单下的“导出”→FBX 命令将文件导出一个 FBX 格式文件，FBX 格式的文件是含有材质信息的。

步骤 09 回到 ZBrush 软件中，单击“导入”按钮选择在 3ds Max 中导出的 FBX 格式的衣服文件，此时会弹出 FBX 导入选项，如图 4.238 所示。接下来对比一下三个参数的不同，首先选择以子工具形式导入材质，单击“确定”后，导入进来的衣服会分布在不同的子工具层中，同时材质也会显示出来，但是之前的模型好像会出现一些问题。

选择以多边形组形式导入材质和以多边形组形式导入选择集合时导入进来的模型显示如图 4.239 所示，同时右侧的子工具层均正常，这种方式是比较理想的。

先选择吊带层，切换到角色模型，单击追加按钮，在弹出的面板中选择刚才导入的吊带衣服模型将其追加到角色模型中，再选择抹胸层，用同样的方法追加到角色中，最后再选择短裤子工具层，如图 4.240 所示，切换到角色模型追加选择短裤将其追加进来，最后的效果如图 4.241 所示。这里追加的含义可以理解为合并的意思。

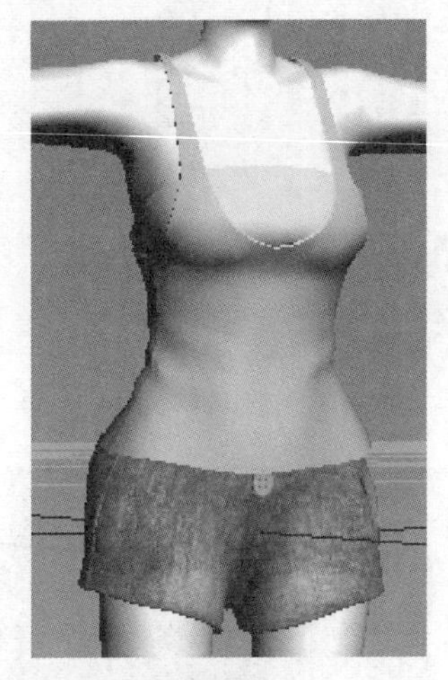

图 4.237

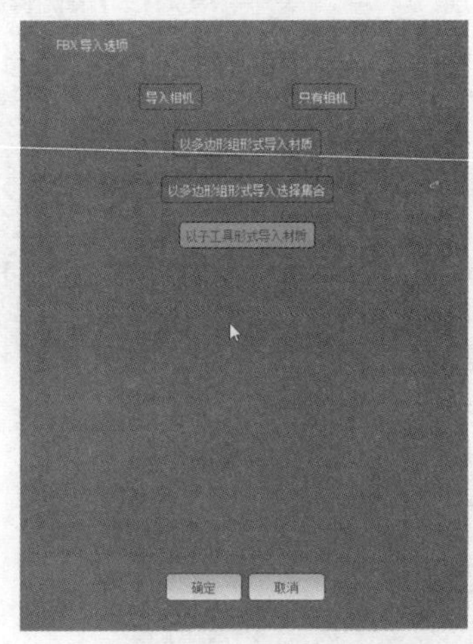

图 4.238

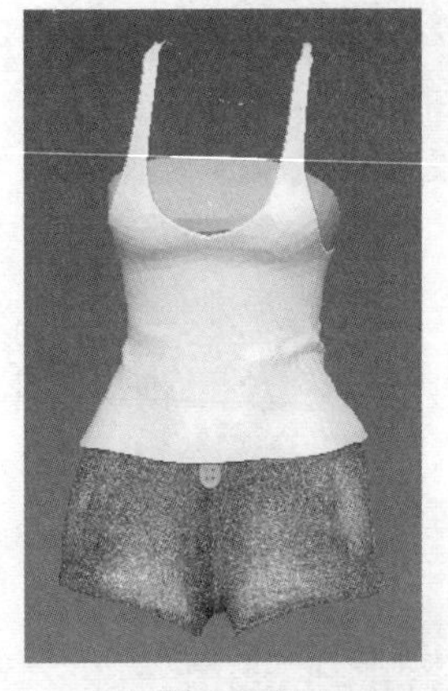

图 4.239

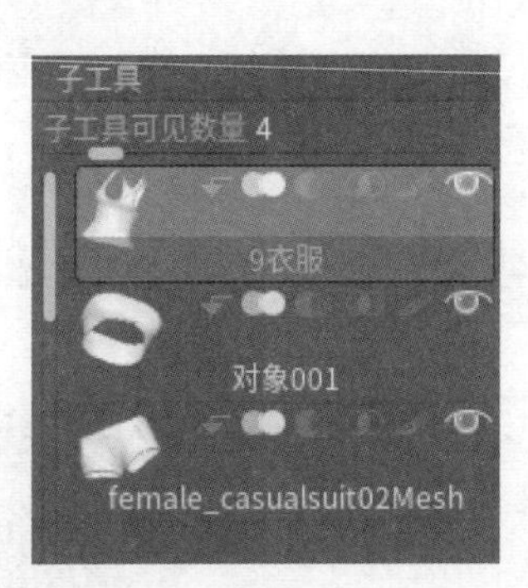

图 4.240

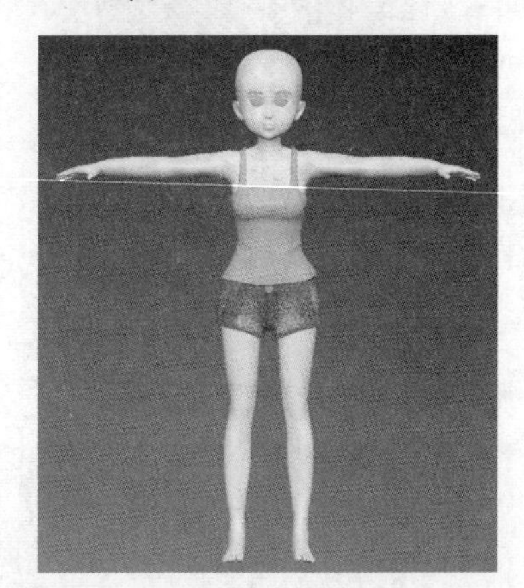

图 4.241

4.9 制作头发

步骤 01 头发可以从网上找一些合集，如图 4.242 所示。从中选择一到两款合适的即可，此处暂时选择如图 4.243 所示的两款发型并将其导出为 FBX 格式文件。

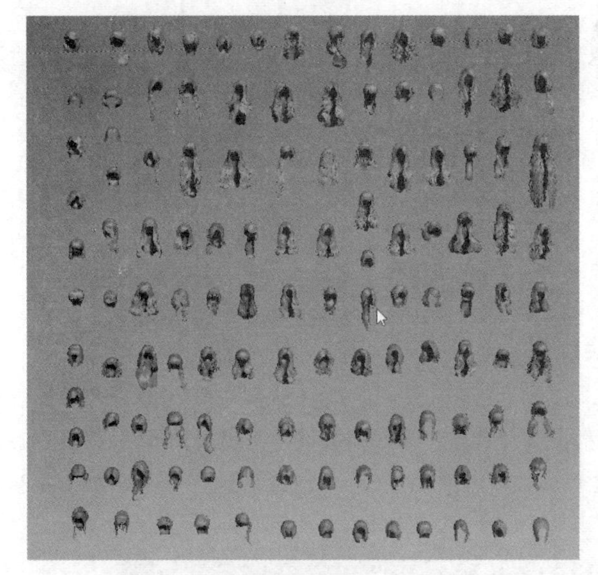

图 4.242

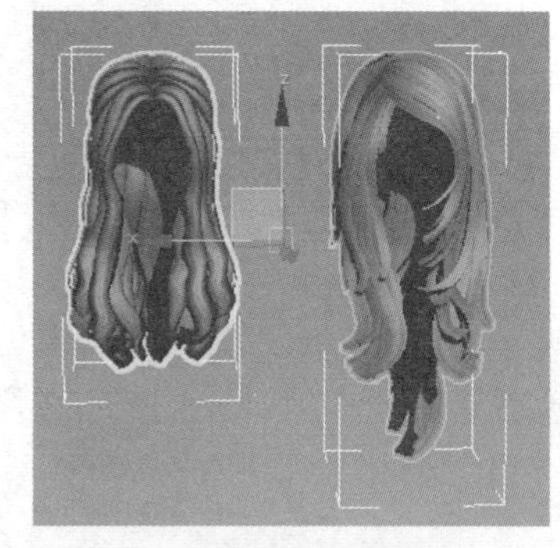

图 4.243

步骤 02 回到 ZBrush 软件中，在导入头发模型时，最好先选择一个其他模型，如图 4.244 中所示的六角星模型，然后再导入头发模型，不要在角色的场景中直接导入，如果直接在原有的角色中导入它会替换掉之前的角色。导入进来的头发效果如图 4.245 所示。

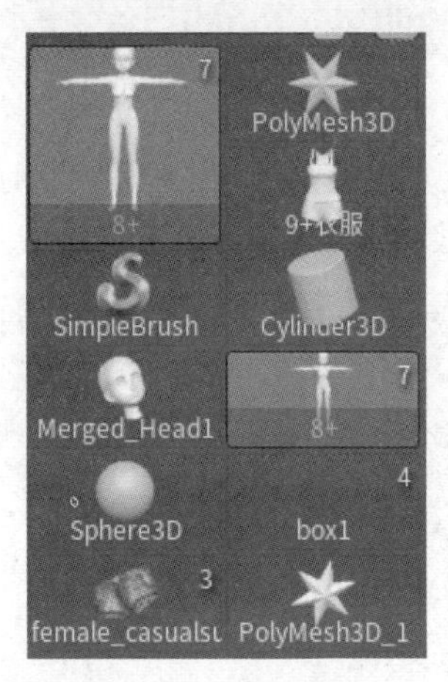

图 4.244

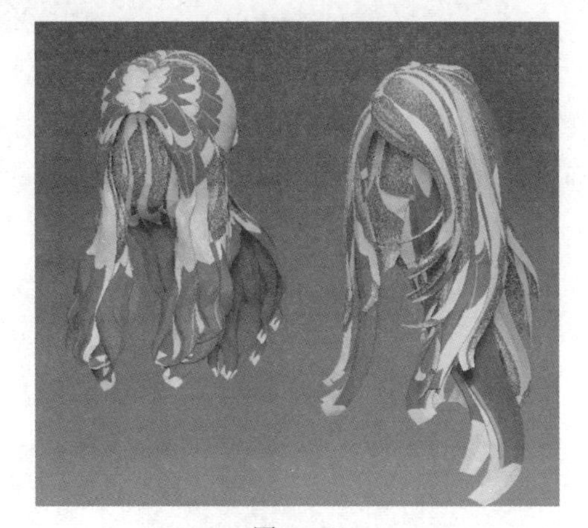

图 4.245

大家可能会问材质哪里去了，为什么没有显示？这是因为在 3ds Max 软件中发型合集的贴图类型是 DDS 格式造成的，ZBrush 是不认这种格式的，解决的方法就是把 DDS 格式的贴图文件处理成 jpg 格式文件，然后再重新导出即可。

ZBrush 中重新导入后的效果如图 4.246 所示。这时候贴图就能正常显示了，但是由于 ZBrush 和 3ds Max 软件之间的差异，贴图有时并不能完美显示。切换到角色模型，单击追加按钮再选择头发将其追加到角色场景中（保留一种发型即可），缩放调整头发的大小后移动到合适位置，如图 4.247 所示。

图 4.246

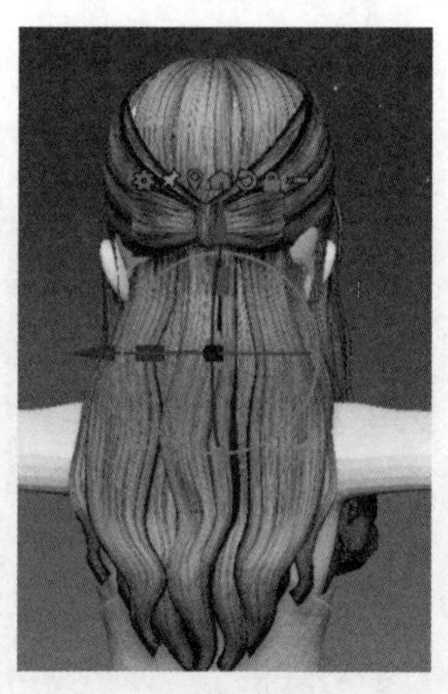

图 4.247

步骤 03 用 Move 笔刷将头发和角色穿插的部分调整一下。如果觉得头发太长可以修剪掉一部分。按住 Ctrl+Shift 键单击笔刷按钮在弹出的选择面板中选择 TrimCurve（曲线修剪）笔刷，如图 4.248 所示，该笔刷常用来切割掉一部分模型。

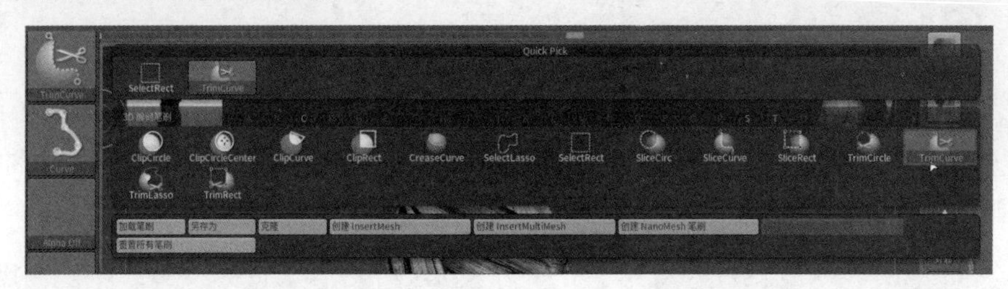

图 4.248

在切割时，注意切割线的阴影的位置，阴影的一侧代表切割删除的部分，正常绘制时绘制的是直线，如图 4.249 所示。在切割时可以按住 Alt 键来绘制曲线，如图 4.250 所示。

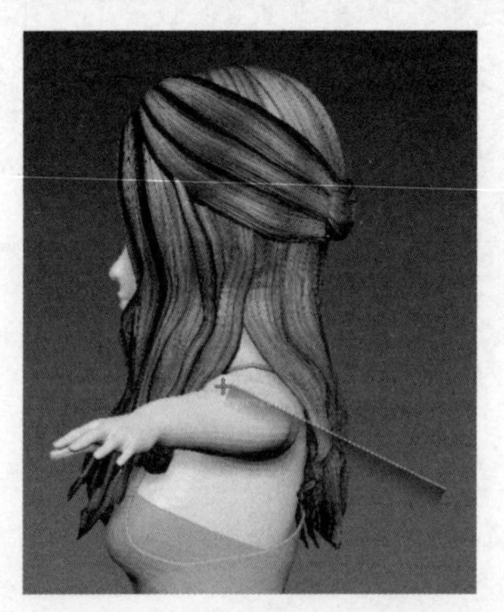

图 4.249

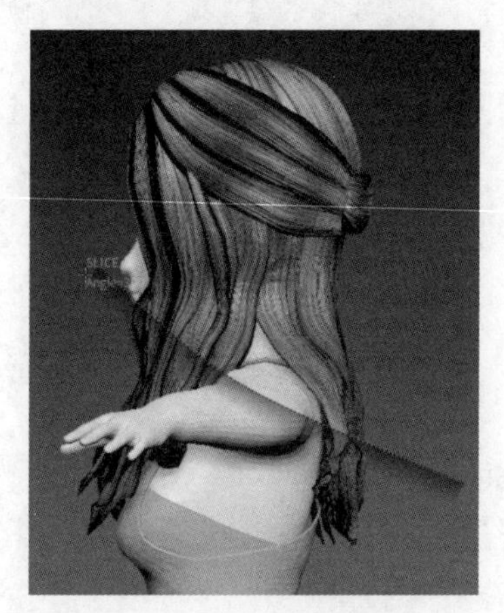

图 4.250

切割后会发现材质贴图出现了乱面，如图 4.251 所示。

步骤 04 这时可以切换到（曲线切割）笔刷来进行修改，SliceCurve 笔刷和 TrimCurve 是有一定区别的，TrimCurve 切割后直接删除切割的部分，而 SliceCurve 笔刷切割后并不会直接删除模型，如图 4.252 所示。按住 Ctrl+Shift 组合键在头发上方单击将切割的底部头发隐藏起来，在几何体编辑参数面板下的修改拓扑中单击删除隐藏按钮即可将隐藏的头发删除。切换到移动笔刷，细致调整头发的形状，如图 4.253 所示。经过调整后的效果如图 4.254 所示。

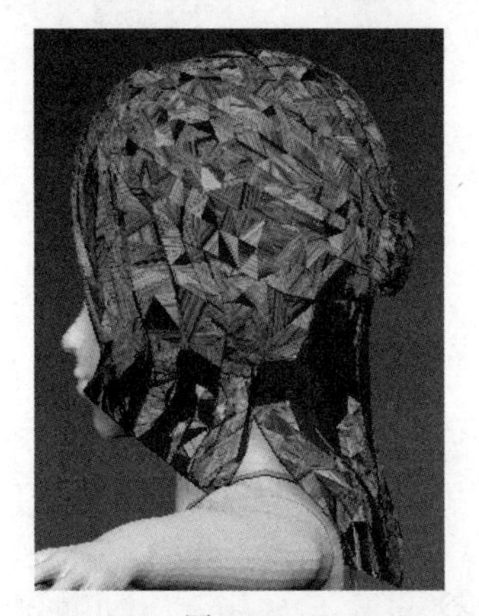
图 4.251

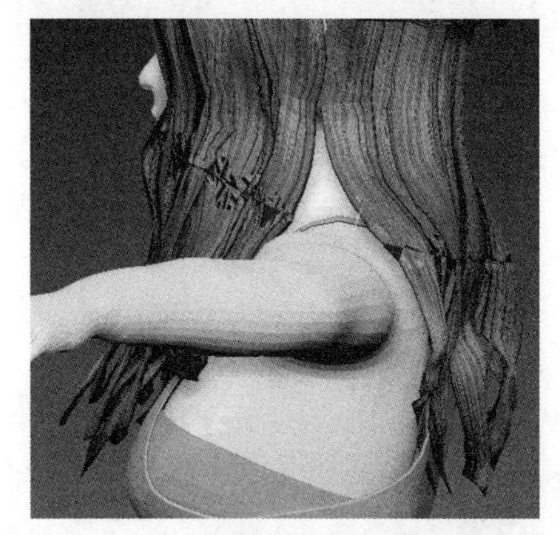
图 4.252

图 4.253

图 4.254

通过纹理贴图参数下的参数（如图 4.255 所示）可以控制纹理的显示与否等。关闭纹理后，可以选择一个暗黄的颜色，单击色彩菜单下的“填充对象”按钮将颜色填充到模型上即可，如图 4.256 所示。

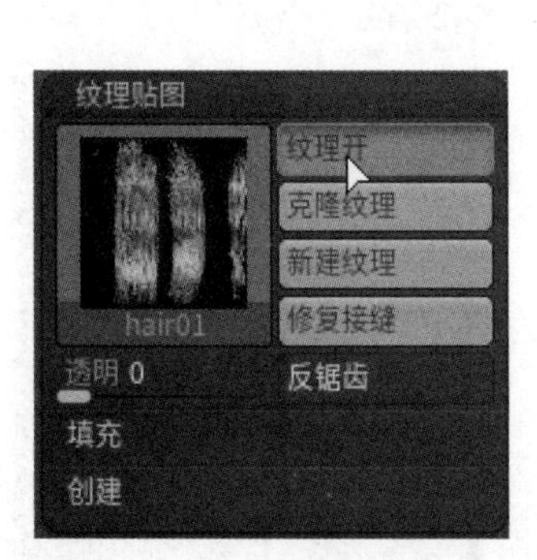

图 4.255

图 4.256

步骤 05　除了上述的方法导入头发进行修改之外，还可以在 ZBrush 中制作，接下来学习一下如何在 ZBrush 中雕刻出头发。

在当前角色中追加一个球体模型，调整球体的大小和位置，如图 4.257 所示。选择 SnakeHook 可以快速拖动出头发的造型，如图 4.258 所示。

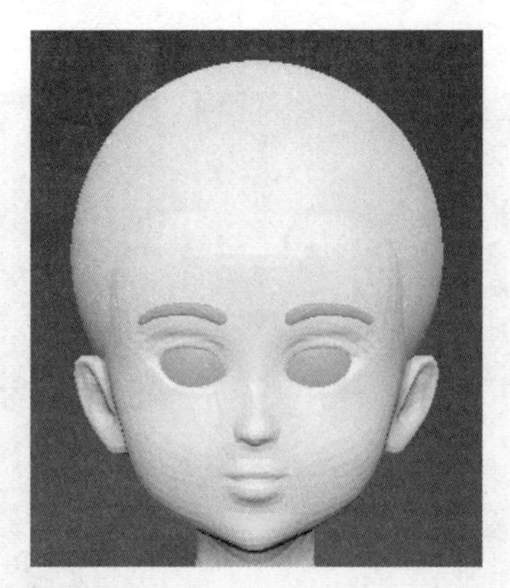

图 4.257

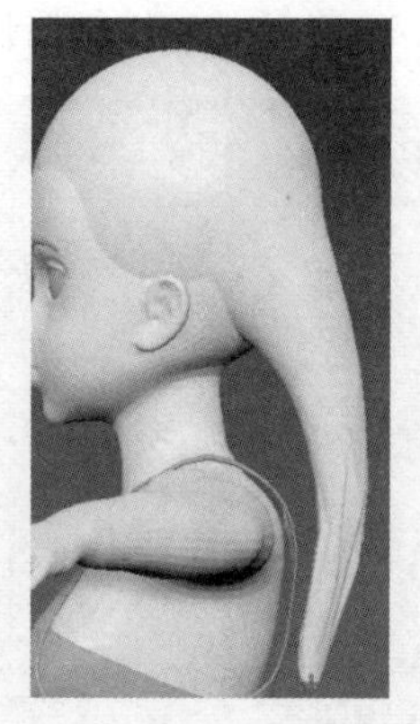

图 4.258

按 Ctrl+Z 快捷键撤销，选择 Move 笔刷先简单地移动调整形状至图 4.259 所示，再用蛇形笔刷拖动出头发造型，如图 4.260 所示。

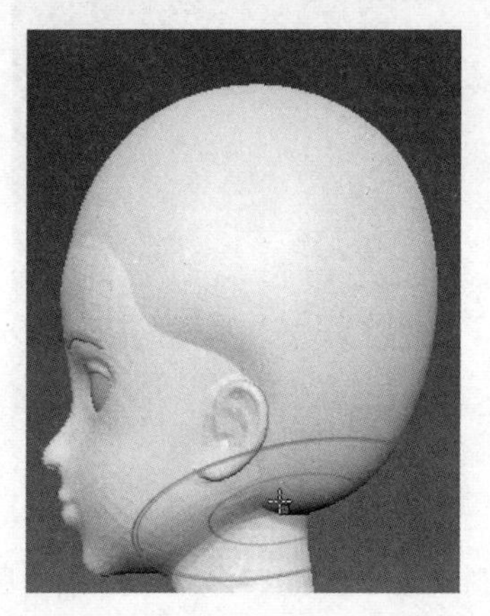

图 4.259

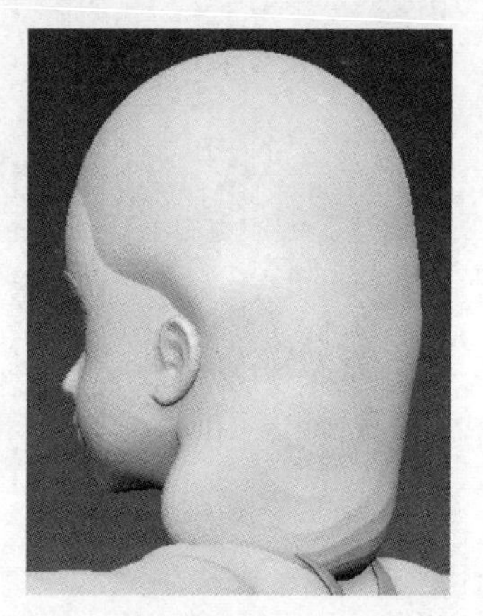

图 4.260

步骤 06 切换到 Standard 笔刷配合 ClayBuildup 笔刷雕刻出头发纹理细节，如图 4.261 所示。然后再用 DamStandard 笔刷按住 Alt 键雕刻出更深纹理，如图 4.262 所示。

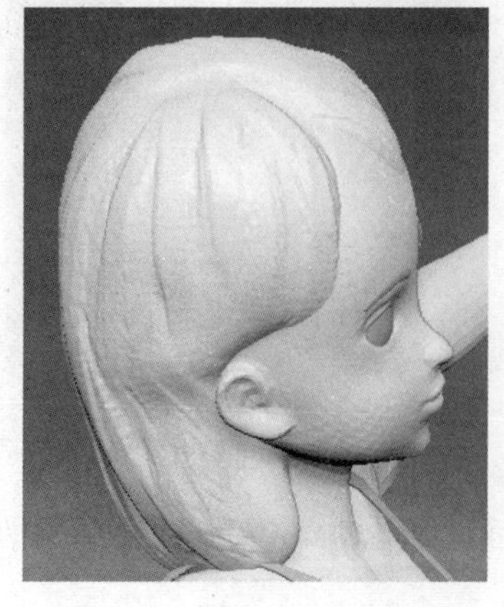

图 4.261

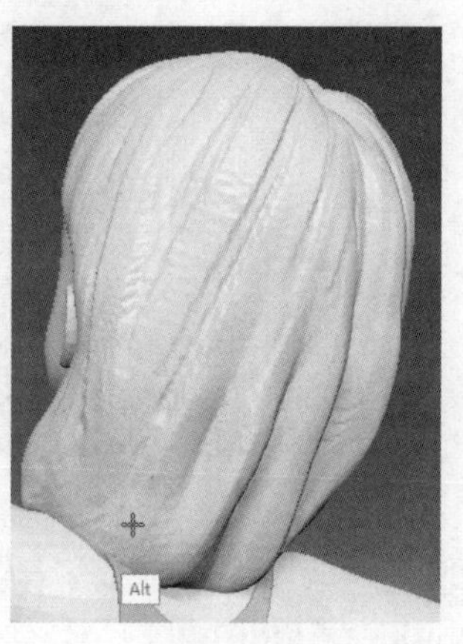

图 4.262

进一步细化雕刻，最后效果如图 4.263 所示，如果对头发的网格布线不太满意，可以使用前面讲解的 Dynamesh 命令重新调整面数即可。在进行 Dynamesh 时一定先冻结细分级别。整体效果如图 4.264 所示。

这就是本节中学习的两种头发的制作方法。

图 4.263

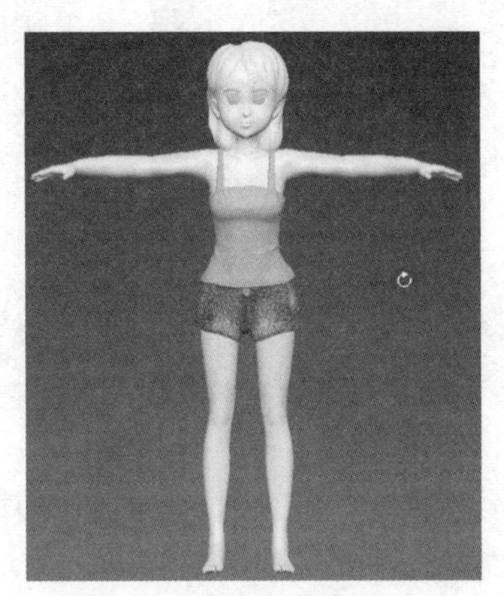

图 4.264

4.10　在 ZBrush 中绑定骨骼

步骤 01 模型全部制作好之后，接下来学习一下如何在 ZBrush 中进行骨骼的绑定并调整模型的姿态。ZBrush 中骨骼的绑定需要用到内置的一个插件，插件的名字叫 Transpose 大师，参数面板如图 4.265 所示。先单击Z球骨骼，再单击TPoseMesh按钮，系统经过计算后会弹出完成的提示框并在中心点位置创建了一个 Z 球，如图 4.266 所示。

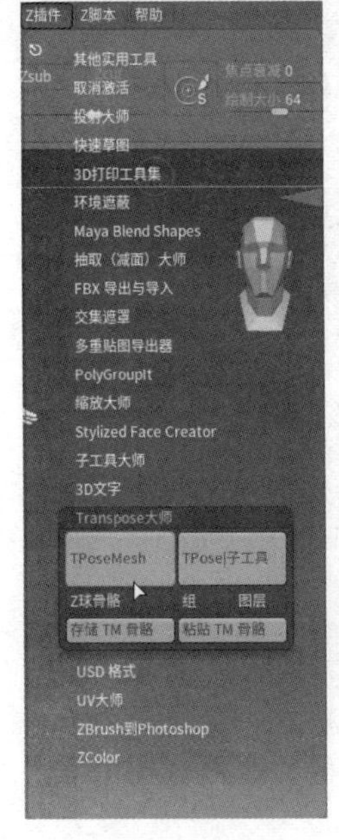

图 4.265

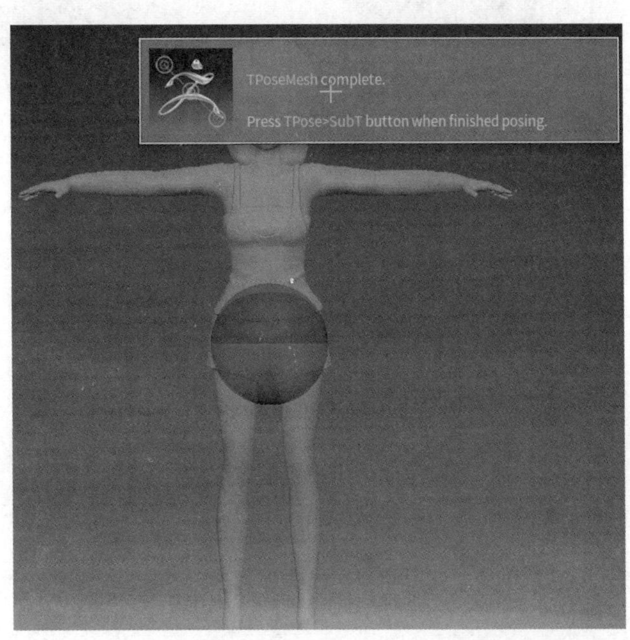

图 4.266

步骤 02 接下来配合绘制、移动、缩放工具（对应的快捷键分别是 Q、W、E 键）进行 Z 球骨骼的创建，身体骨骼创建的过程如图 4.267 和图 4.268 所示。头部的骨骼创建如图 4.269 所示。

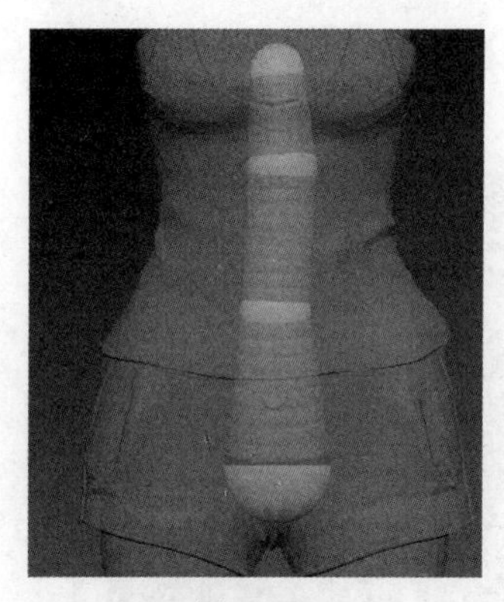

图 4.267

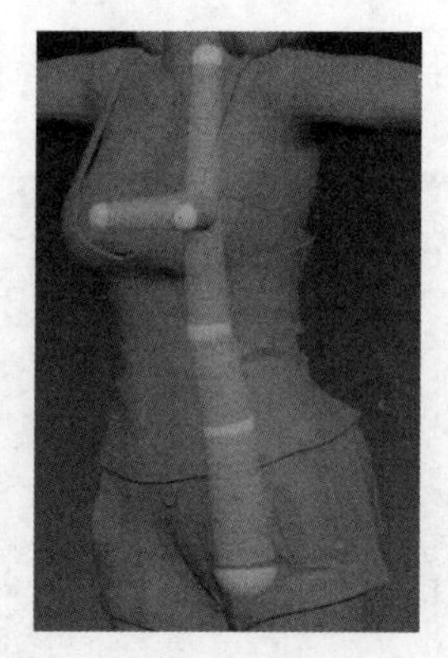

图 4.268

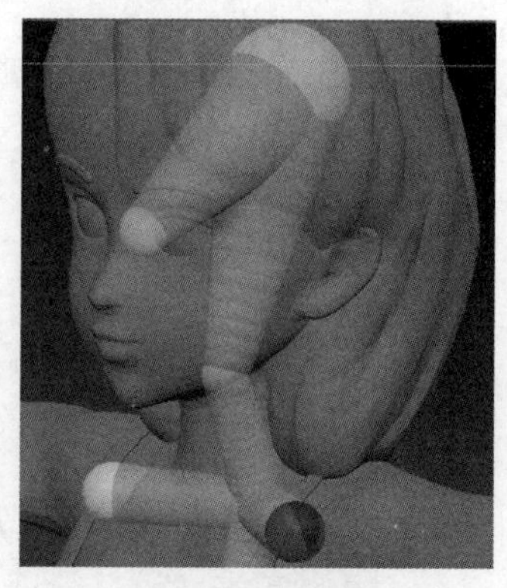

图 4.269

手臂骨骼如图 4.270 所示，创建手部骨骼时先创建出几个小的 Z 球，如图 4.271 所示。然后再创建出手掌部位的骨骼，如图 4.272 所示。最后创建调整出手指部位的骨骼，如图 4.273 所示。

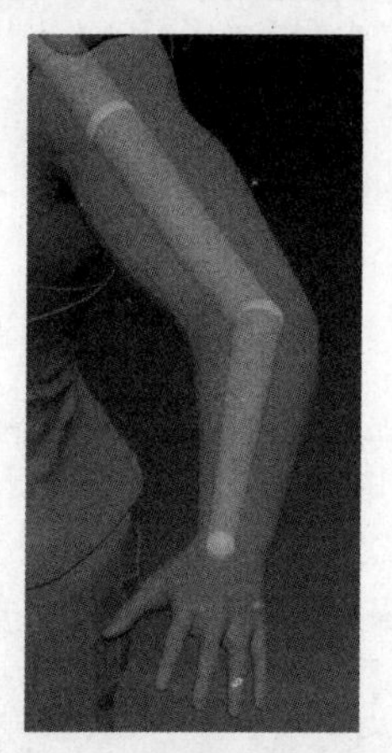

图 4.270

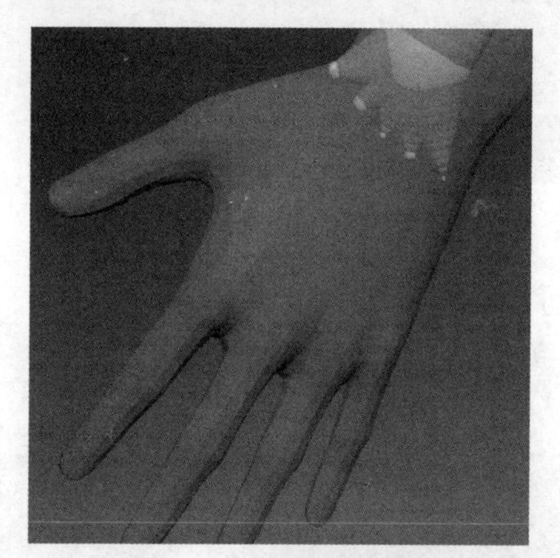

图 4.271

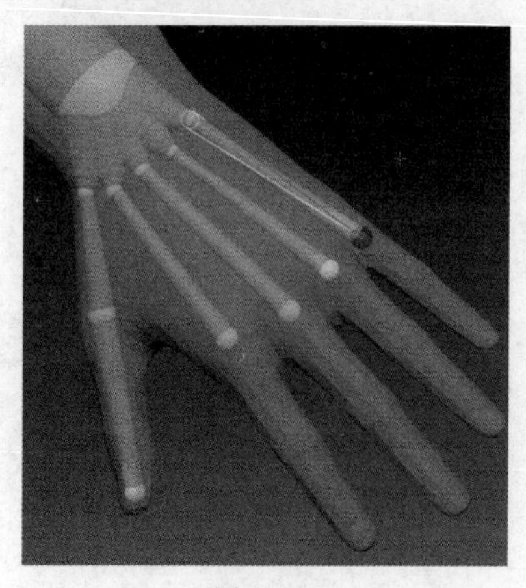

图 4.272

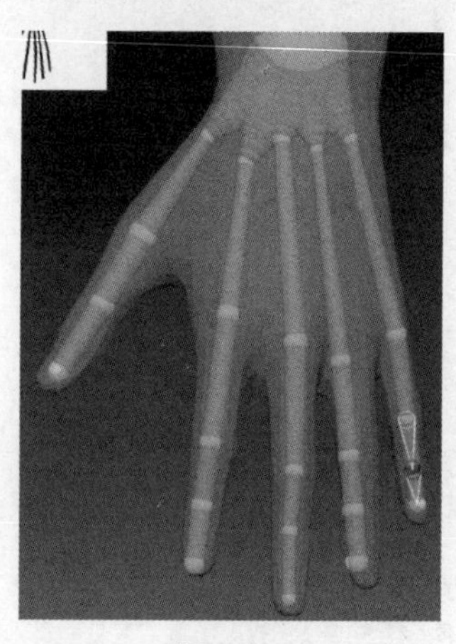

图 4.273

腿部骨骼如图 4.274 所示。最后分别在关节的位置增加新的 Z 球控制点，如图 4.275 和图 4.276 所示。这样做的好处是为了后期方便调整。

整体骨骼结构如图 4.277 所示。

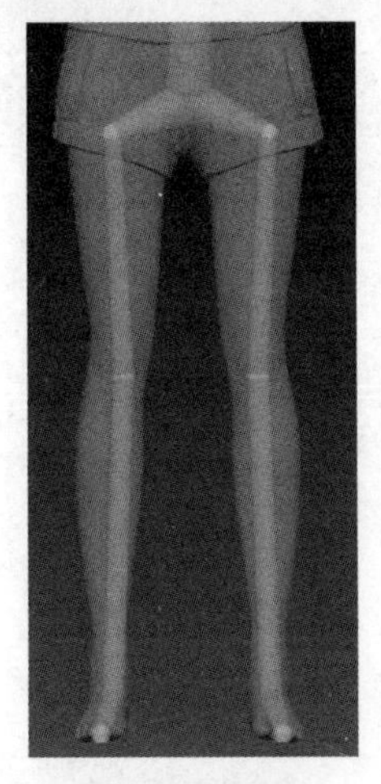

图 4.274

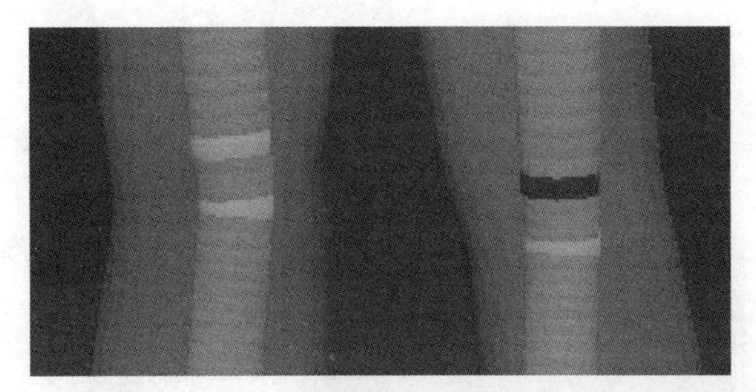

图 4.275

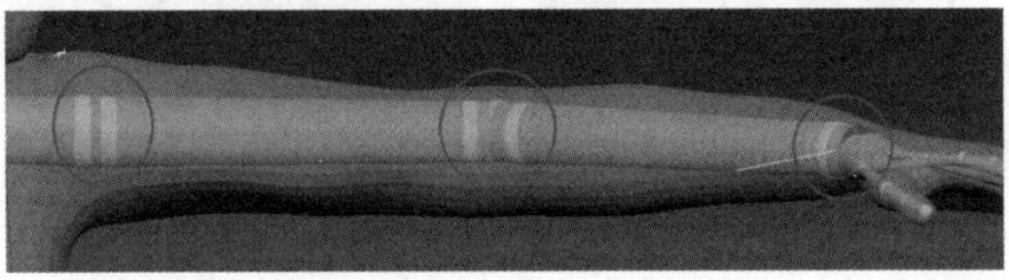

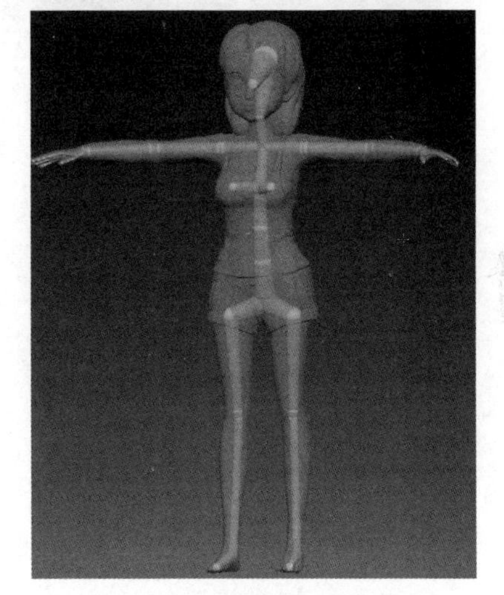

图 4.276

图 4.277

步骤 03 创建完 Z 球骨骼后，单击右侧面板下骨骼面板中的“捆绑网格”按钮，如图 4.278 所示。骨骼面板只有创建了 Z 球骨骼才能显示该命令。捆绑完成之后，当我们移动或者旋转 Z 球的时候，模型中的面就会跟随进行变化了，如图 4.279 所示。

该功能对电脑的配置要求比较高，如果配置不太好的话调整骨骼时，系统会有卡顿现象。

步骤 04 逐步调整模型姿态至图 4.280 所示形状。调整好姿态后在 Transpose 大师参数面板中单击 TPose|子工具 按钮，系统经过计算后就会把所有的子工具模型进行姿态的变换，变换完成后的效果如图 4.281 所示。整体效果如图 4.282 和图 4.283 所示。

骨骼
捆绑网格
选择网格　删除网格

图 4.278

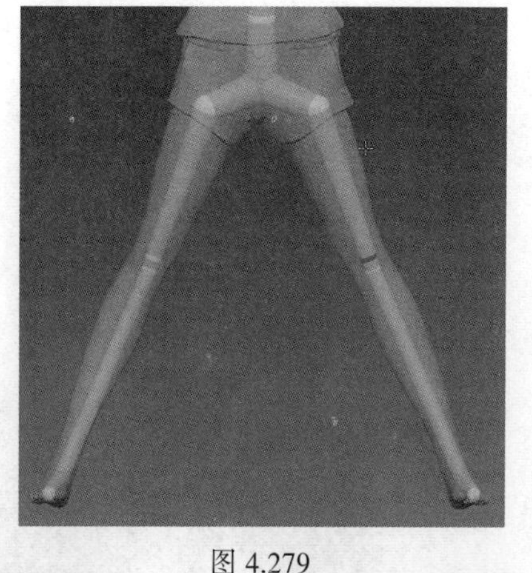

图 4.279

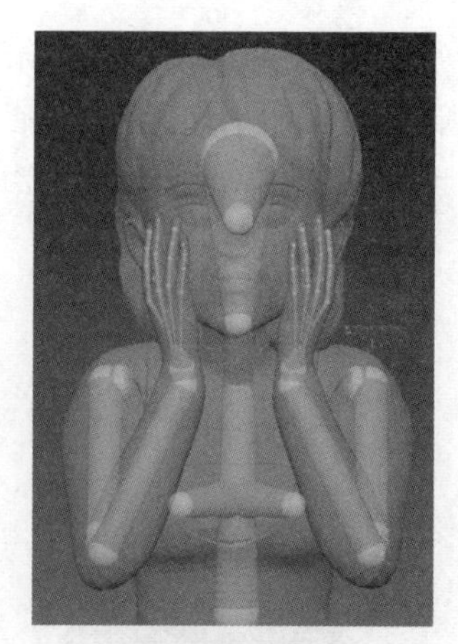

图 4.280

图 4.281

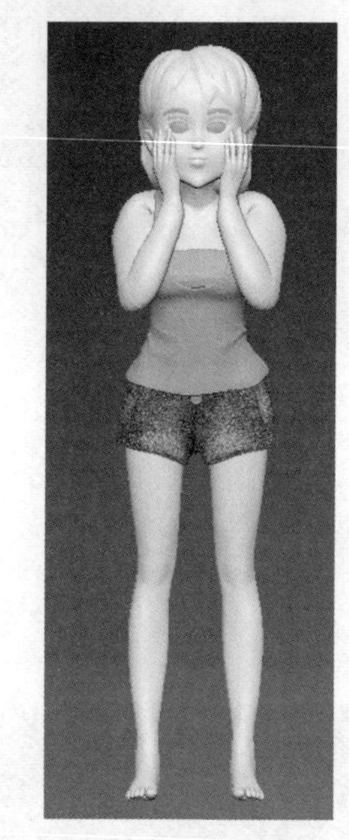

图 4.282

图 4.283

4.11　模型上色

步骤 01 先选择抹胸子工具层中的模型，在颜色面板中选择一个合适的颜色，单击“色彩”菜单下的“填充对象”按钮将颜色填充给模型。用同样的方法选择吊带子工具模型，选择一个黄色颜色填充，如图 4.284 所示。

步骤 02 将“纹理”菜单放置在软件左侧，单击 Texture Off 按钮，在贴图材质面板中单击“导入”按钮导入一张纹理贴图，将贴图导入进来后单击该贴图，再单击（添加到聚光灯）按钮，此时在视图区域会将纹理贴图显示出来，如图 4.285 所示。单击按钮并拖动鼠标可以缩放调整纹理大小，如图 4.286 所示。单击纹理参数下的按钮可以关闭纹理的显示。

步骤 03 将吊带模型细分，重新打开聚光灯显示，缩放调整图片的显示大小如图 4.287 所示。在工具栏中确认Zadd按钮没有被开启，然后开启Rgb，按下 Z 键先隐藏聚光灯的显示面板，然后直接在当前的图片上进行雕刻涂抹，注意需要将带有图片信息的位置全部涂抹。涂抹完后单击按钮关闭聚光灯工具面板，此时已经把当前的图片纹理绘制在了衣服上，如图 4.288 所示。贴图的绘制显示与模型的细分级别和图片的分辨率都有很大的关系，如果绘制的贴图很模糊，可以试着提高模型细分来解决。

由于贴图背景色和赋予的衣服颜色有一定的区别，在绘制颜色的时候可以按下 C 键吸取衣服的颜色，然后在贴图的背景上绘制覆盖，最后效果如图 4.289 所示。

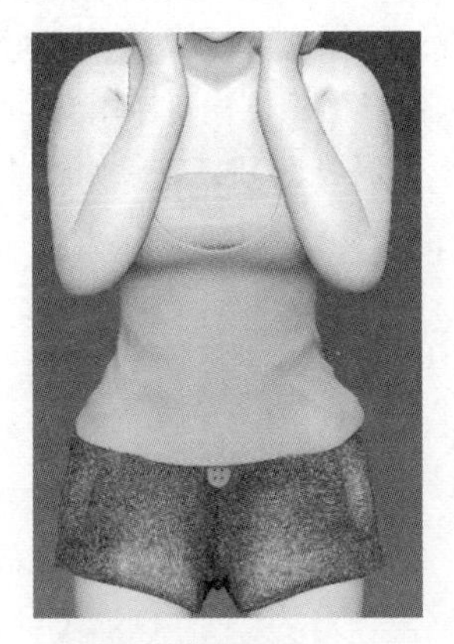

图 4.284

图 4.285

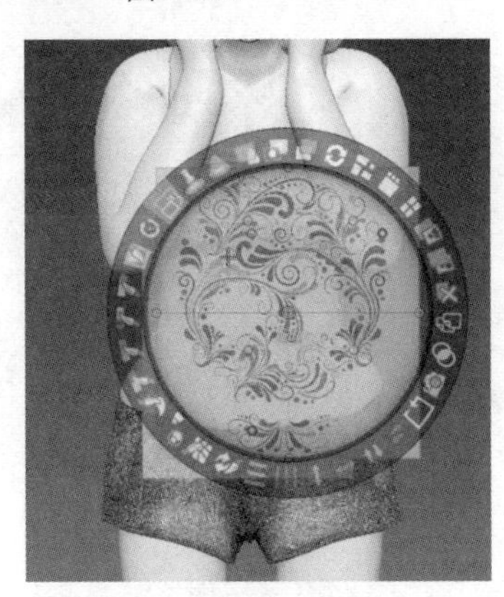

图 4.286

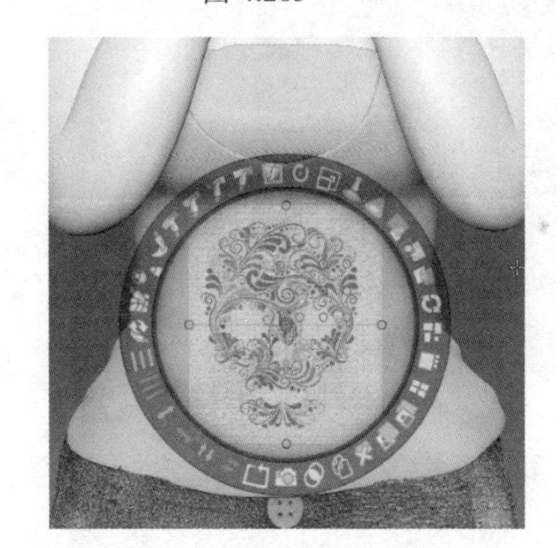

图 4.287

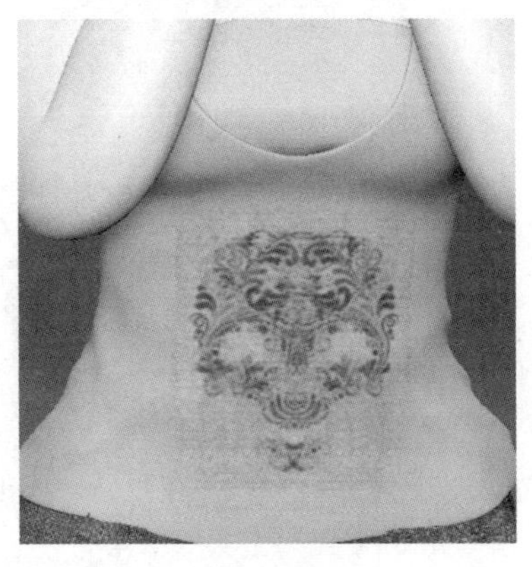

图 4.288

图 4.289

步骤 04 按住 Alt 键在睫毛模型上单击，选择黑色，单击色彩文档下的填充对象按钮填充黑色，用同样的方法选择眼球填充白色。

步骤 05 选择人体模型，设置一个淡黄色并填充，同样填充头发颜色为黑褐色，效果如图 4.290 所示。

步骤 06 单击 Texture 按钮，导入一张眼睛的贴图，单击（添加到聚光灯）按钮，移动缩放调整贴图大小到眼睛的位置，选择眼球模型，打开 RGB 绘制，关闭 Zadd 绘制，选择 Paint 笔刷直接在贴图的位置绘制，效果如图 4.291 所示。由于当前的眼球细分精度不高，所以绘制的贴图精度也不高，可以提高细分级别后重新绘制，效果对比如图 4.292 所示。选择一个黑色，同样用 Paint 笔刷绘制出眼球中间的颜色，如图 4.293 所示。切换到白色，绘制出眼睛上的高光区域，效果如图 4.294 所示。有了高光后眼睛看起来更加明亮。

绘制出眼睑部位的眼影，如图 4.295 所示。

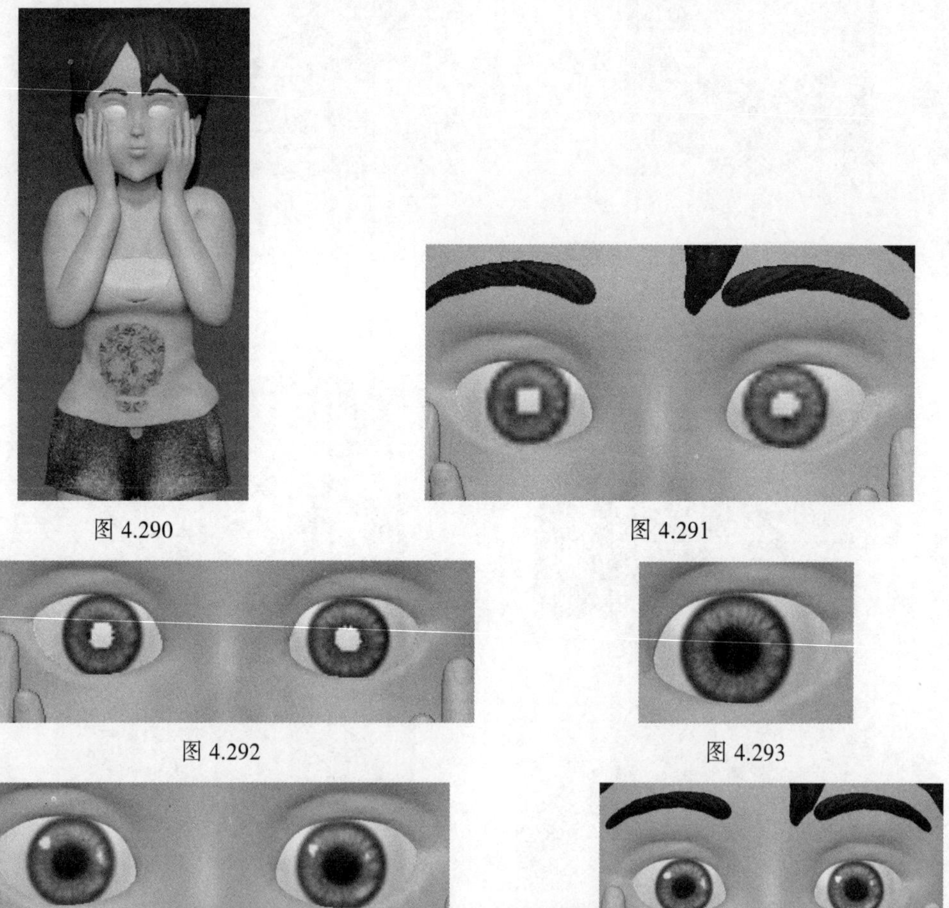

图 4.290 图 4.291

图 4.292 图 4.293

图 4.294 图 4.295

步骤 07 绘制唇色。先绘制出粉红色再绘制出高光，如图 4.296 所示。在眼睛一圈的位置绘制出黑色眼影，如图 4.297 所示。

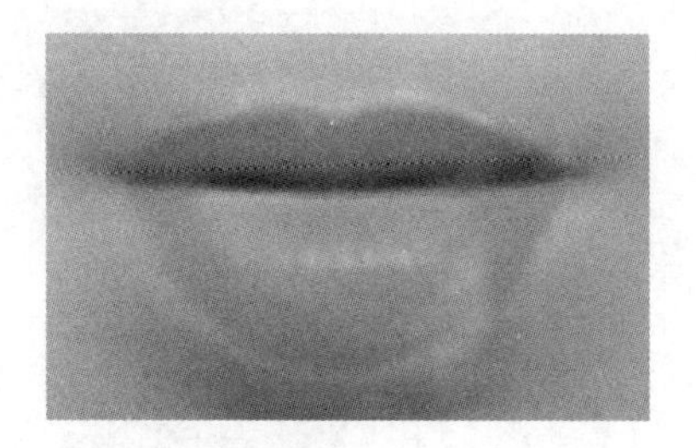

图 4.296

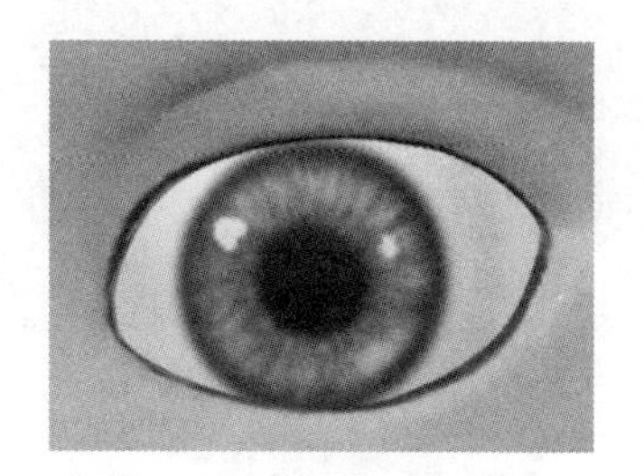

图 4.297

步骤 08 在膝盖位置增加红色，如图 4.298 所示。最后效果如图 4.299 所示。

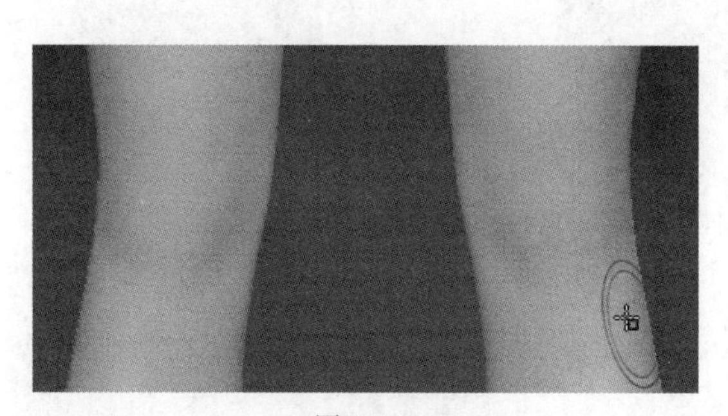

图 4.298

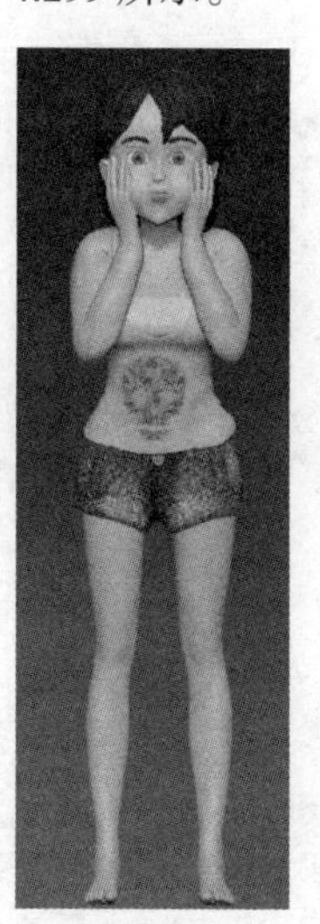

图 4.299

4.12　技术拓展

接下来再学习一下制作头发的常用笔刷，那就是曲线笔刷，曲线笔刷是以 Curve 命名的笔刷。

CurveAlpha 笔刷，该笔刷可以配合 Alpha 来绘制不同的形状，如图 4.300 和图 4.301 所示。

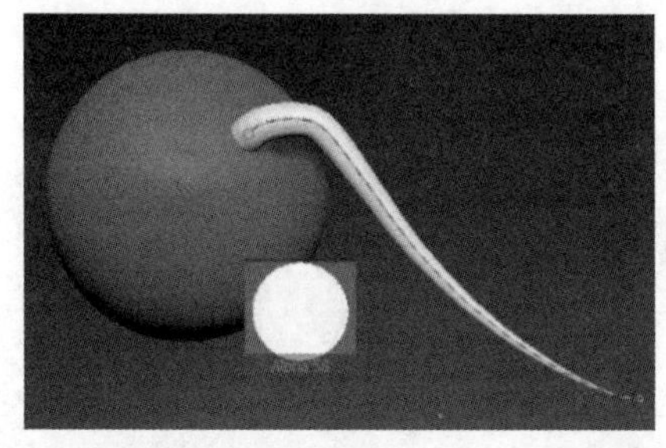

图 4.300

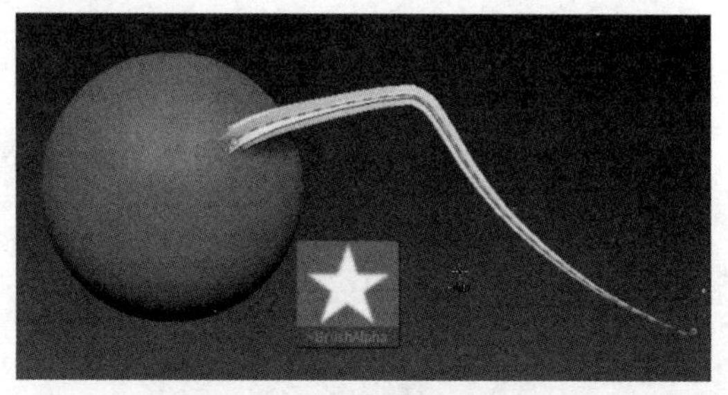

图 4.301

CurveTube 笔刷，可以绘制出粗细一致的物体，如图 4.302 所示。如果想更改粗细的变化，可以更改笔触菜单下的曲线参数，如图 4.303 所示。

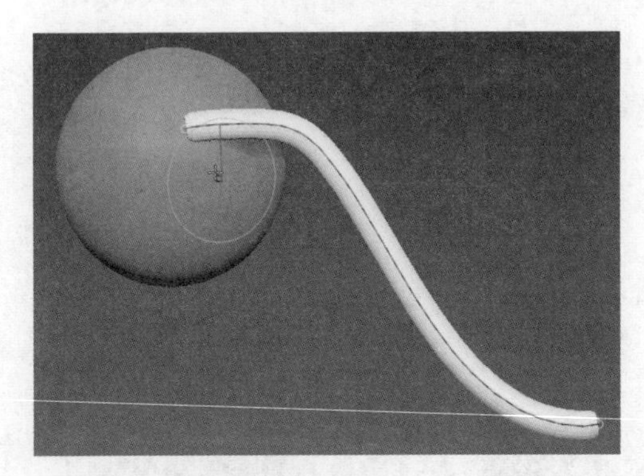
图 4.302

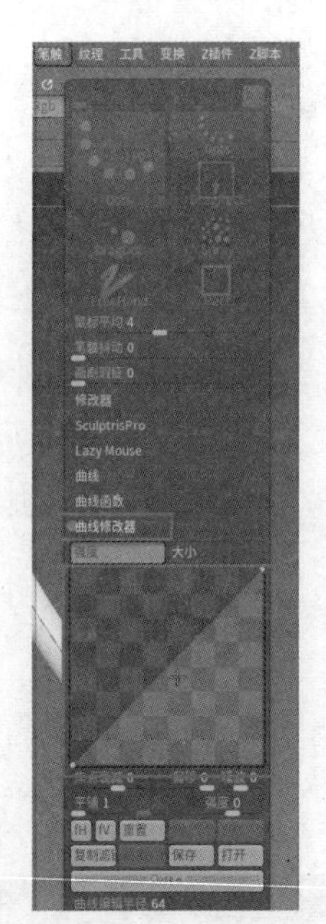
图 4.303

将曲线调整，如图 4.304 所示，绘制的效果如图 4.305 所示。

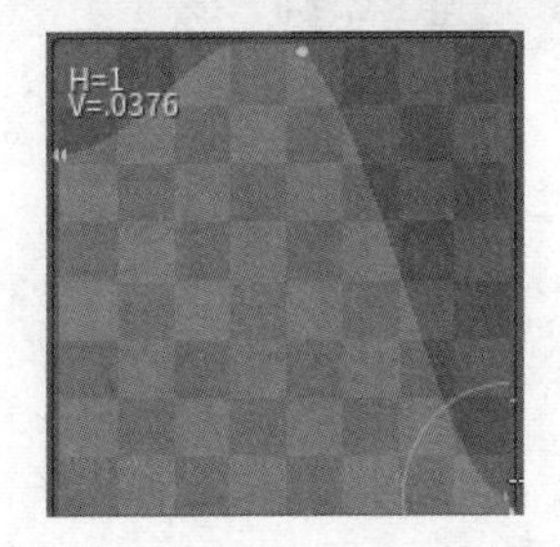

图 4.304

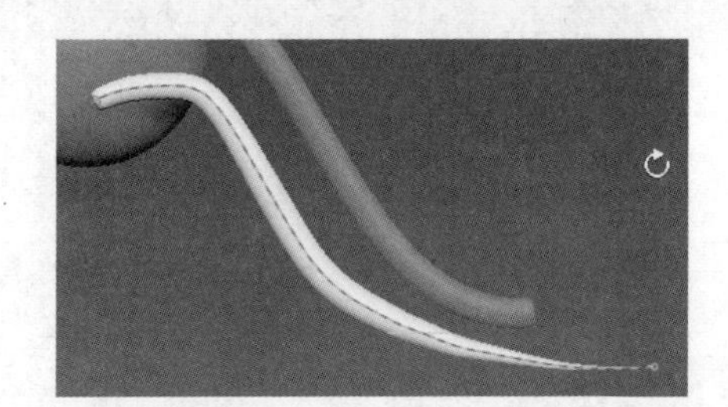
图 4.305

当前绘制的类似圆柱体由粗到细的变化，如果希望绘制的是一个压扁的形状，可以在笔刷参数面板中的修改器参数中将“压力”修改为 30 左右，绘制效果如图 4.306 所示。

利用这种方法可以简单地绘制一些头发的造型出来，比如图 4.307 中所示头发。绘制的头发位置需要调整的话，可以直接拖动曲线的末梢来改变它的位置和形状，如图 4.308 所示。

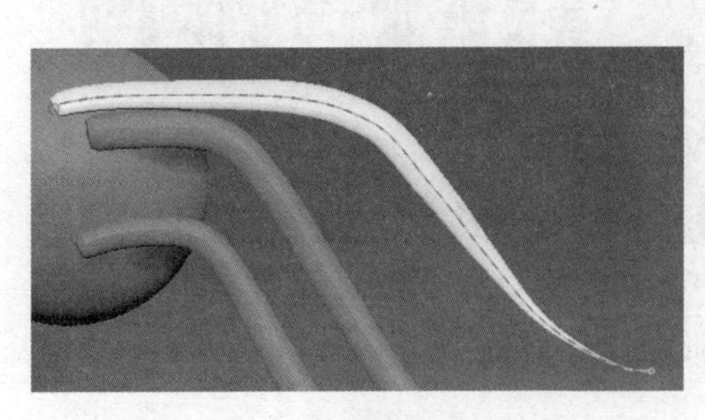
图 4.306

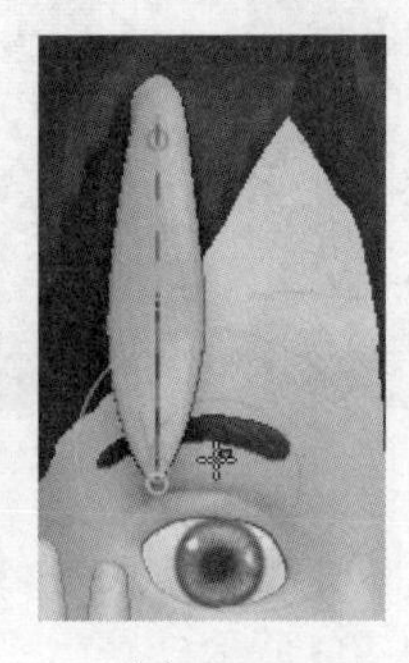
图 4.307

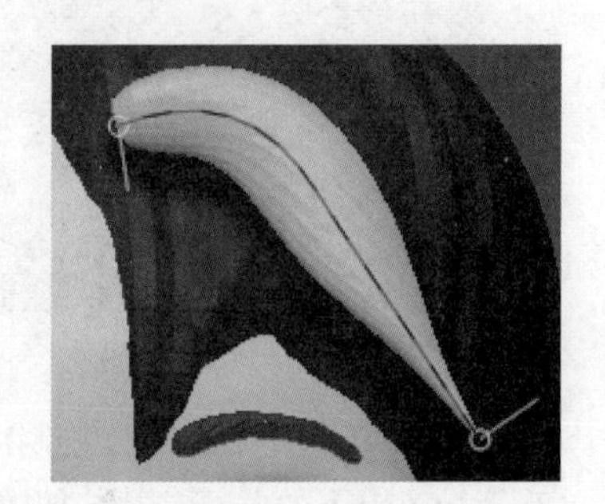
图 4.308

拖动的时候模型会整体跟随进行移动，单击笔触菜单下曲线参数面板中的“锁定起点”可以将起点锁定，这样在拖动的时候起点就被固定了，方便形状和位置的掌握。通过这种方法可以绘制出头发的简单造型，最后再填充颜色和原有的头发模型融合即可。

通过这种方法也可以绘制出简单的睫毛效果，绘制出的模型粗细是由笔刷的大小来控制的。

最终的模型效果如图 4.309 所示。

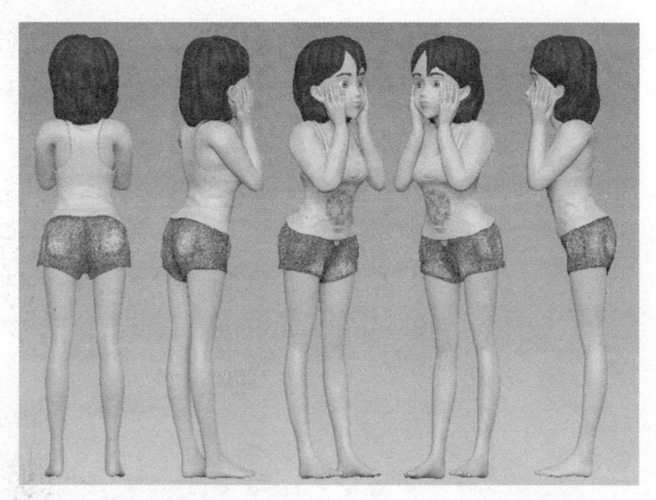

图 4.309

通过该实例详细介绍了 ZBrush 软件的使用方法和各种常用命令，同时还学习了 UVLayout 软件拆分 UV 的方法，通过 ZBrush、UVLayout、3ds Max 软件之间的配合完成了本实例的制作。

第 5 章 卡通大象设计

在前几章中主要学习了人体的制作，本章中来学习一下动物模型（卡通象）的制作方法，主要以 3ds Max 软件为主，其制作过程如图 5.1 ~ 图 5.4 所示。

图 5.1

图 5.2

图 5.3

图 5.4

本章中卡通象的制作思路是先在 3ds Max 软件中制作好大致的外形，然后在 ZBrush 软件中进行细节的雕刻，最后再绘制出颜色纹理即可。

5.1 在 3ds Max 中制作基础模型

步骤 01 在“前”视图中设置参考图，这里给大家提供了一张 1024 像素*865 像素的参考图。在 3ds Max 中创建一个长为 865mm 宽为 1024mm 的面片，如果按照这个尺寸创建，面片比例有点偏大，所以可以整体缩小为 86.5mm*102.4mm 即可。创建完后，直接将参考图拖放到面片物体上即可显示参考图效果，如图 5.5 所示。

按 G 键取消网格显示，在该面片上右击，在弹出的菜单中选择“对象属性”，在对象属性面板中取消选择“以灰色显示冻结对象”，如图 5.6 所示。单击“确定”按钮后再次右击，在弹出的菜单中选择“冻结当前选择”命令将面片冻结起来，这样在制作模型的时候，就不会对该面片进行误操作了。

步骤 02 创建一个长方体模型并将其转换为可编辑的多边形物体。按 Alt+X 快捷键透明化显示，如图 5.7 所示。

单击视图中左上角的“默认明暗处理”，依次选择“显示选定对象”→“以边面模式显示选定对象”，如图 5.8 所示。这样设置后，选择的物体会显示边面，没有被选择的物体不会显示线框。选择图 5.9 中所示的前后部分中的面并删除，在“前”视图中按照参考图的形状先大致调整形状至图 5.10 所示。

按 3 键选择图 5.11 中所示的边界线，单击“封口”按钮将开口封闭，在模型上右击，在弹出的菜单中选择“剪切”命令加线调整，如图 5.12 所示。

图 5.5

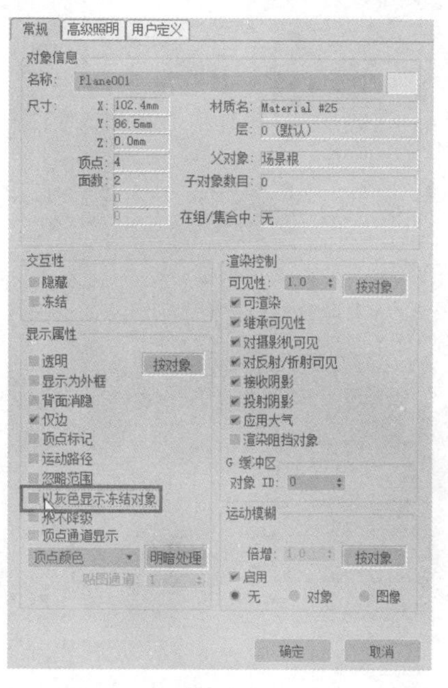

图 5.6

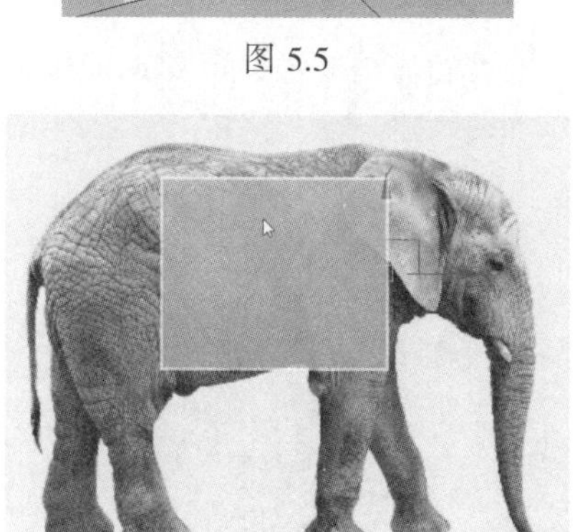

图 5.7

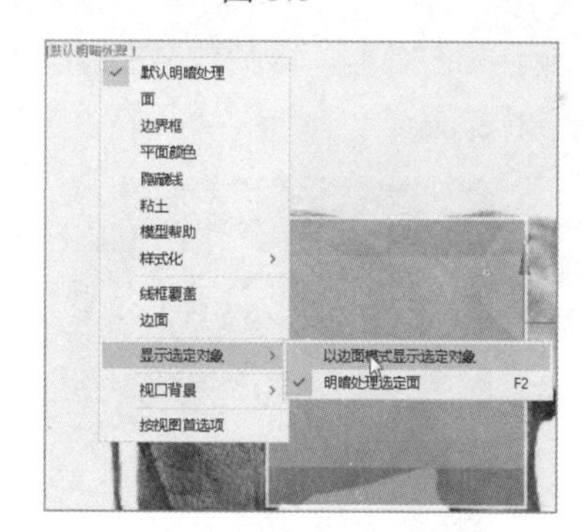

图 5.8

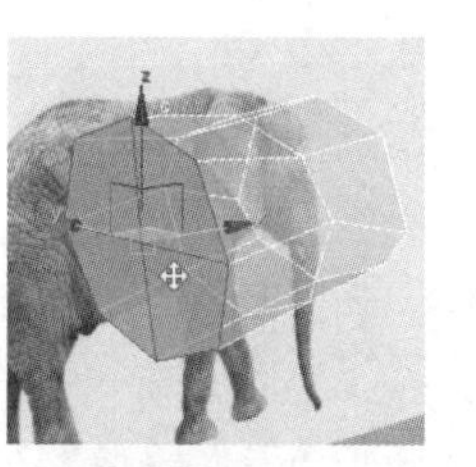

图 5.9

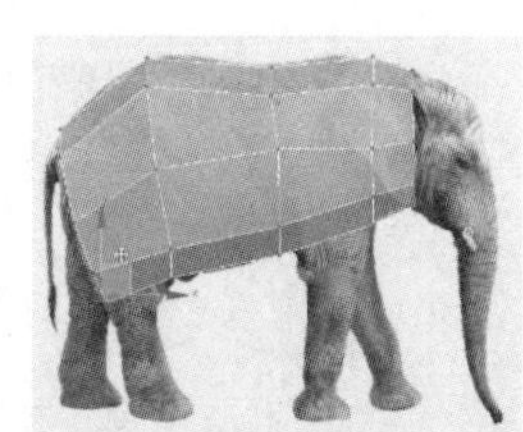

图 5.10

图 5.11

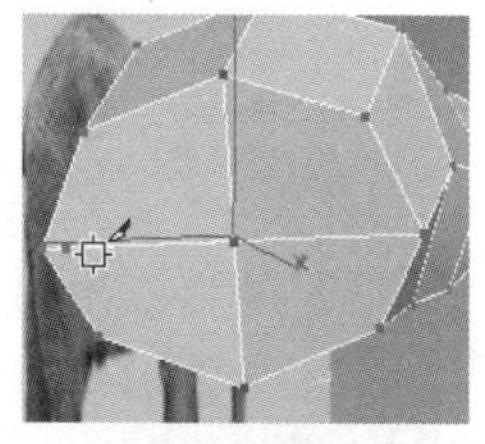

图 5.12

步骤 03 进入“点”级别或者“面”级别，选择其中一半的点，按 Delete 键删除一半的面，如图 5.13 所示。然后单击按钮关联镜像复制出另一半模型，如图 5.14 所示。

分别在图 5.15 和图 5.16 中所示的位置加线。

在模型上右击，在弹出的菜单中选择“剪切”工具，在图 5.17 中所示位置手动切线，然后选择尾巴位置的面挤出调整，如图 5.18 所示。

继续挤出面并调整出尾部形状，如图 5.19 所示。

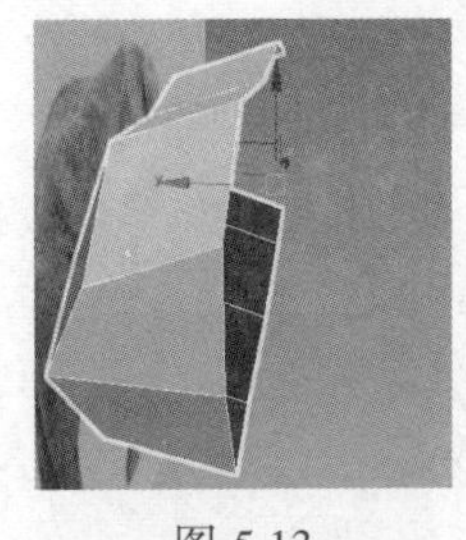
图 5.13

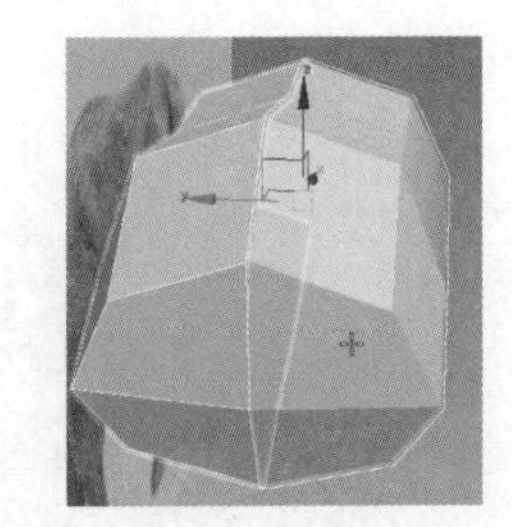
图 5.14

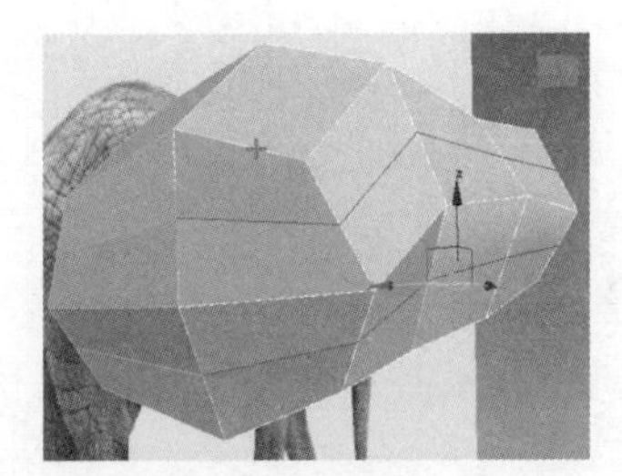
图 5.15

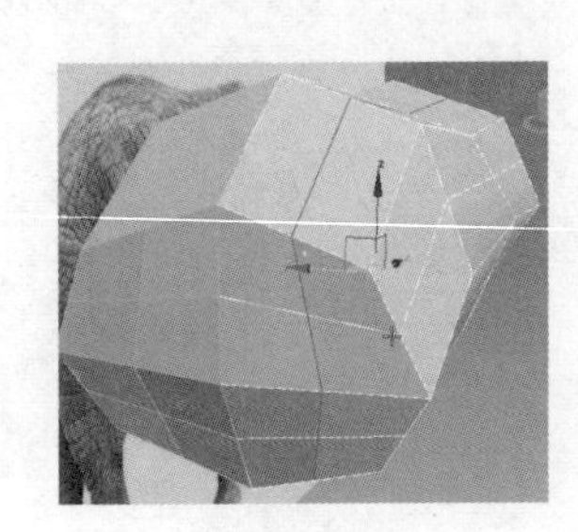
图 5.16

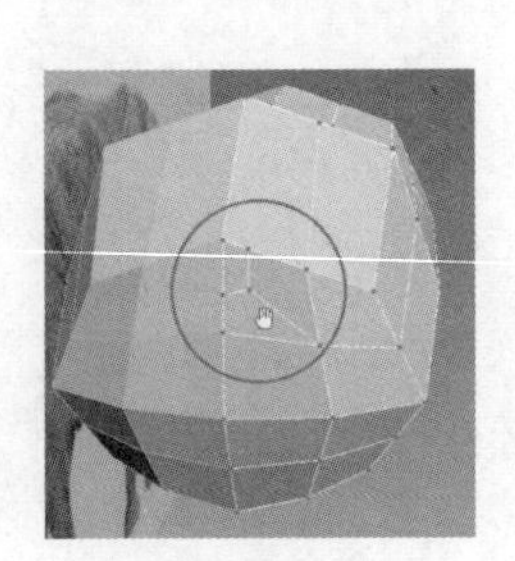
图 5.17

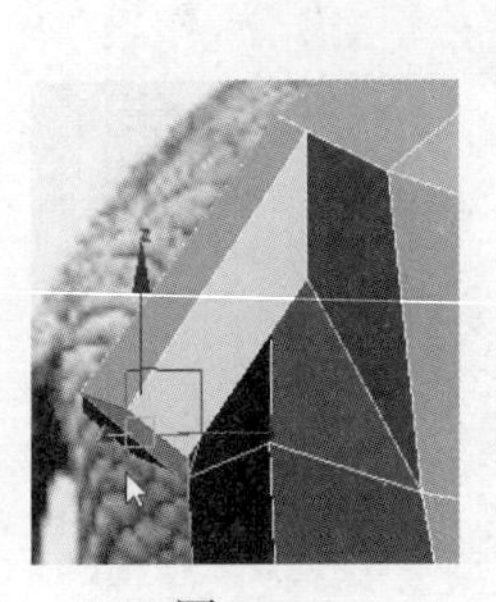
图 5.18

图 5.19

步骤 04 先删除后腿部位中的面，如图 5.20 所示。选择边界线按住 Shift 键向下移动挤出面，如图 5.21 所示，最后单击“封口”按钮将开口封闭起来，如图 5.22 所示。

用同样的方法挤出前腿形状，如图 5.23 所示。

图 5.20

图 5.21

图 5.22

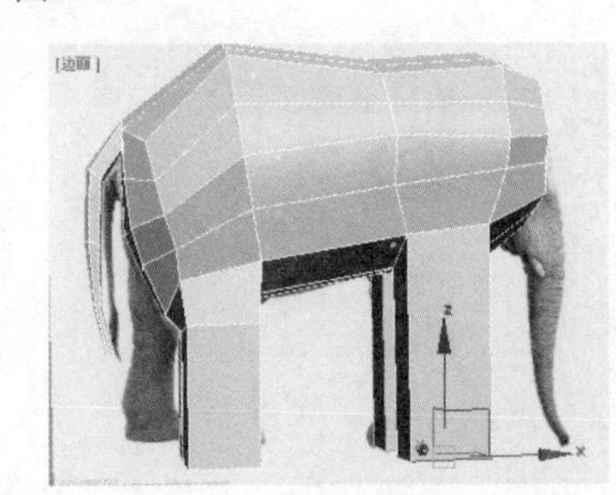
图 5.23

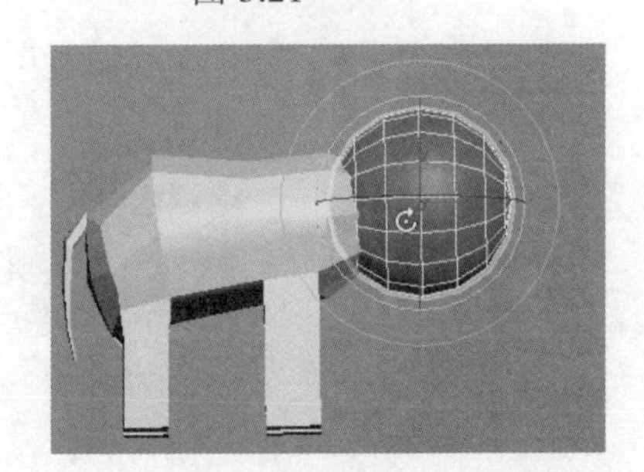
图 5.24

步骤 05 创建一个半径为 16mm，分段为 16 的球体，如图 5.24 所示。先将脖子位置中的边界线缩小调整，如图 5.25 所示。将球体转换为可编辑的多边形物体。删除底部部分面，如图 5.26

所示。

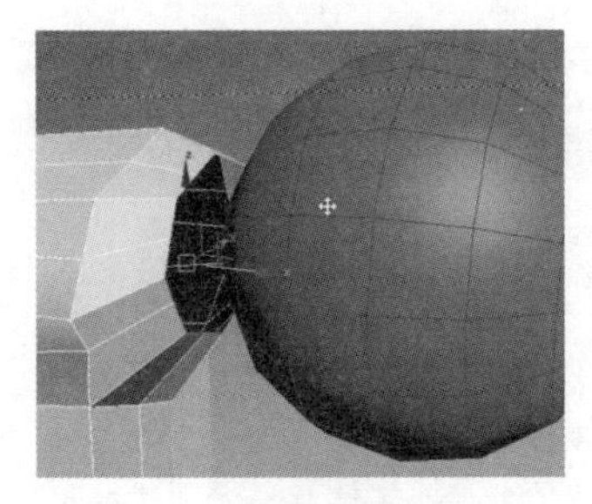

图 5.25

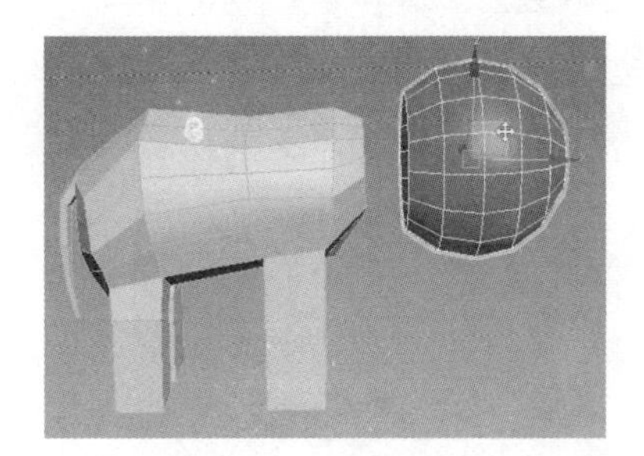

图 5.26

选择大象身体模型，删除另一半模型后，在修改器下拉列表中选择“对称”修改命令，效果如图 5.27 所示。然后将其转换为可编辑的多边形物体。单击 附加 按钮拾取球体模型附加在一起，如图 5.28 所示。

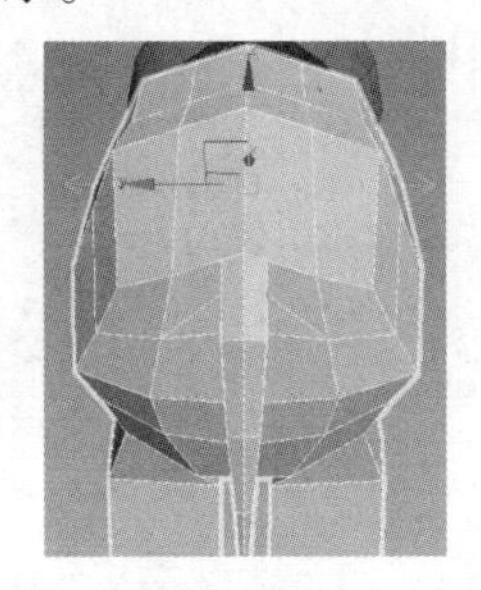

图 5.27

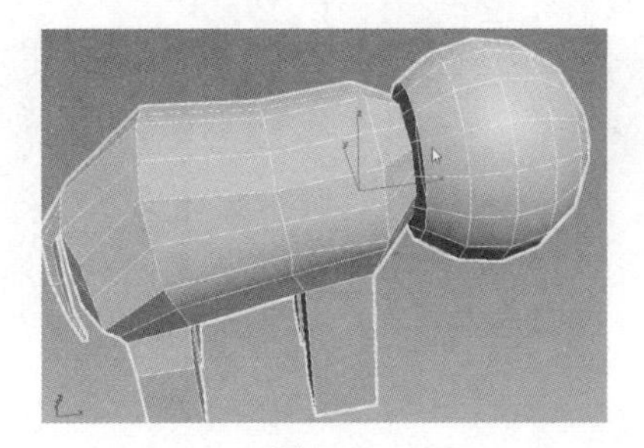

图 5.28

选择图 5.29 中对应的边界线，单击“桥”命令自动生成中间过渡的面，随后调整形状至图 5.30 所示。

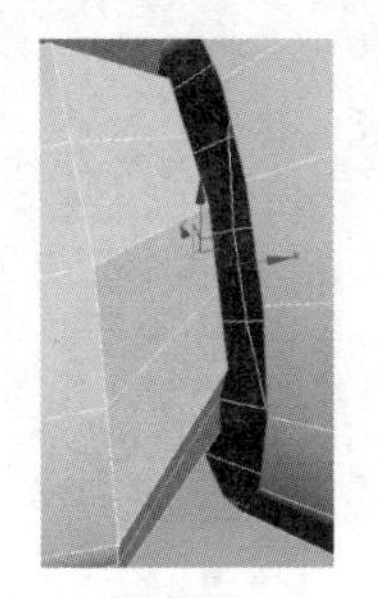

图 5.29

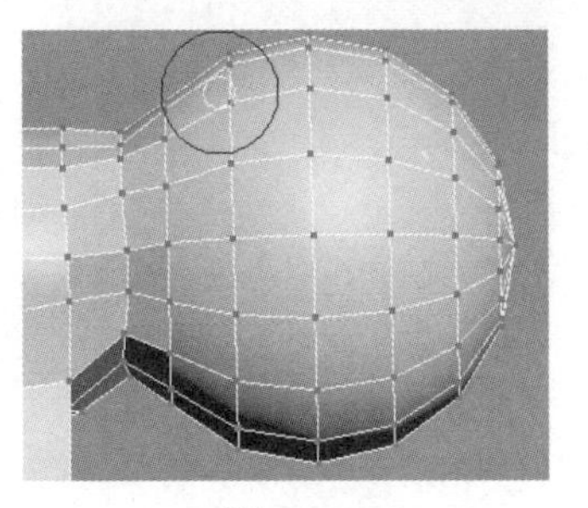

图 5.30

由于此处头部面有点多，不便于形状的把握，暂时还是先删除半球体模型部分。选择图 5.31 中所示的边界线，封口处理如图 5.32 所示。右击，选择“剪切”命令手动加线调整至图 5.33 所示。

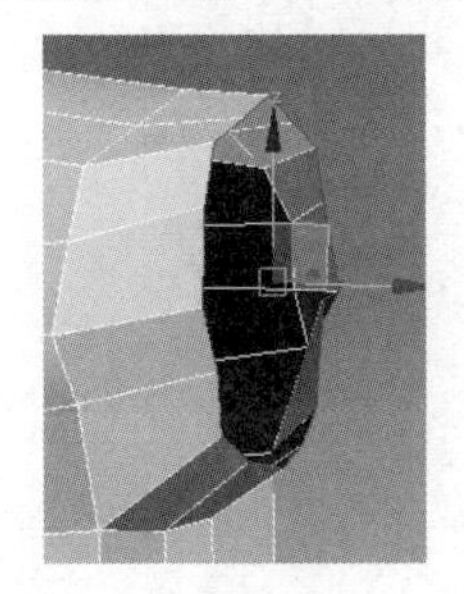

图 5.31

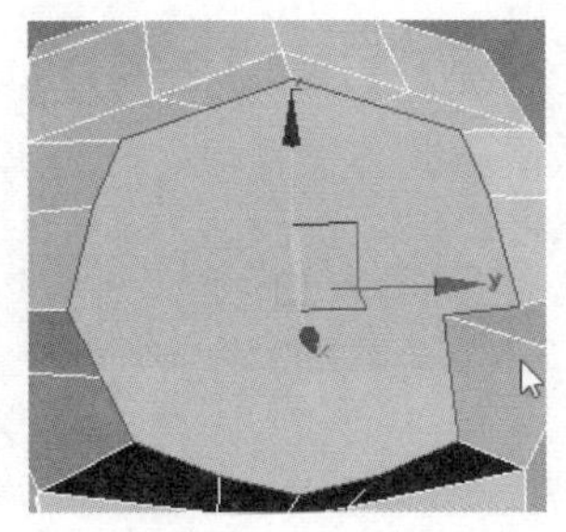

图 5.32

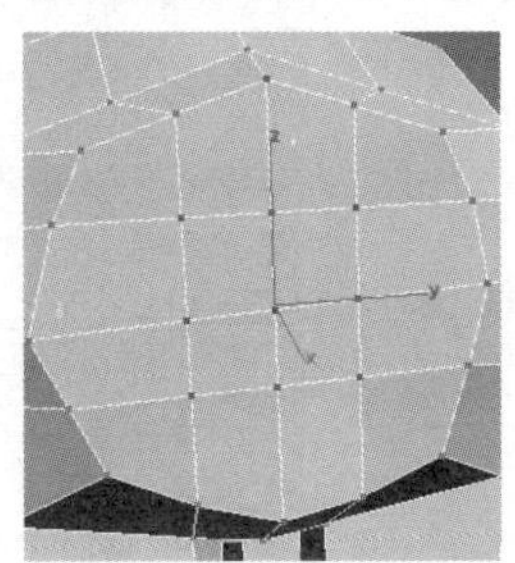

图 5.33

单击“石墨”建模工具下的“松弛”笔刷，在模型上涂抹松弛处理，如图 5.34 所示。然后删除图 5.35 中所示的面。

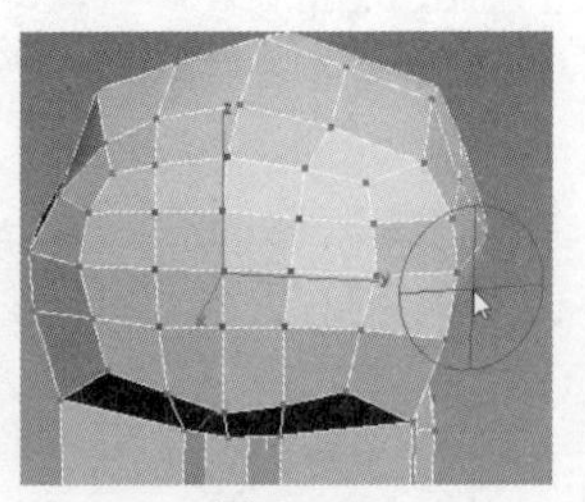
图 5.34

图 5.35

选择开口位置的边界线，按住 Shift 键挤出面，如图 5.36 所示。再创建一个半径为 11，分段为 8 的球体并旋转调整好位置，如图 5.37 所示。用同样的方法删除底部部分的面后将两者模型附加在一起。选择对应的边界线桥接出对应的面，如图 5.38 所示。

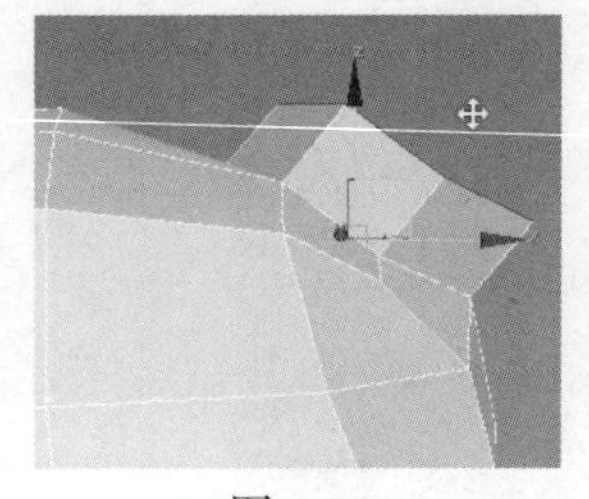
图 5.36

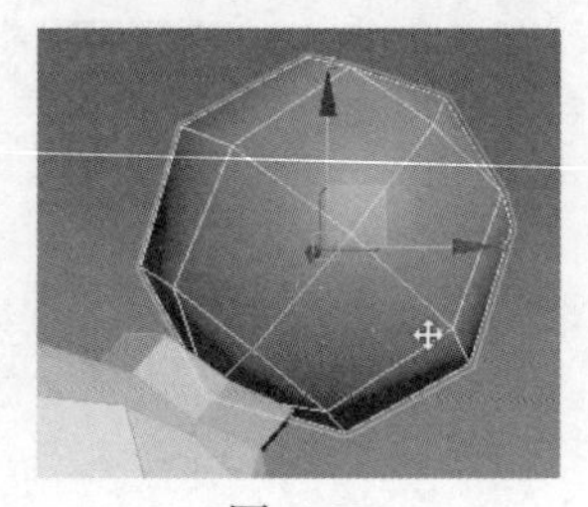
图 5.37

图 5.38

加线调整形状，如图 5.39 所示。选择顶点并右击，在弹出的菜单中选择“切角”命令将点切角处理，如图 5.40 所示。

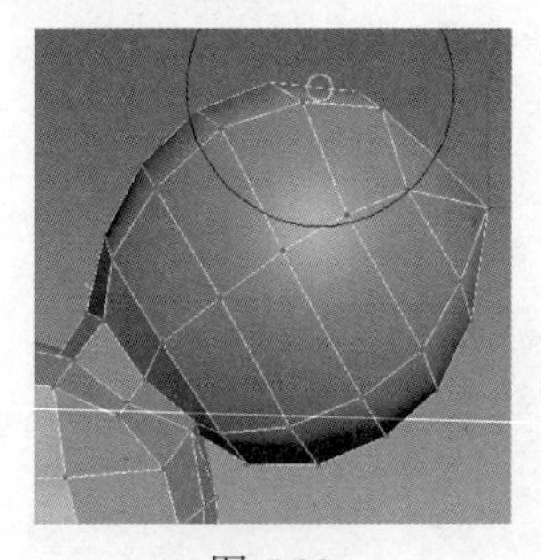
图 5.39

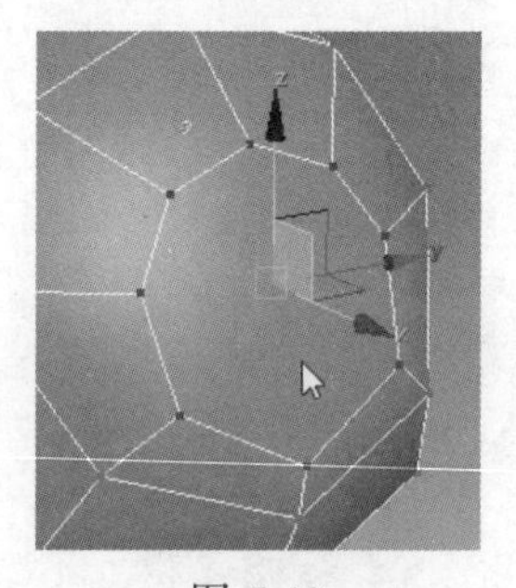
图 5.40

步骤 06 单击 +（创建）→ （图形）→ 线 （线）按钮，在视图中创建如图 5.41 所示的样条线。

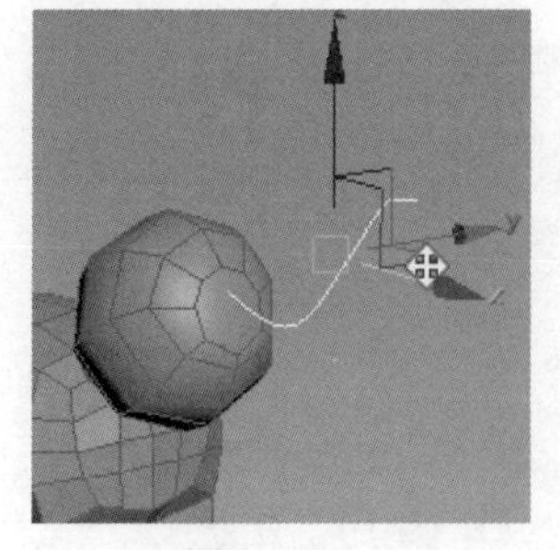
图 5.41

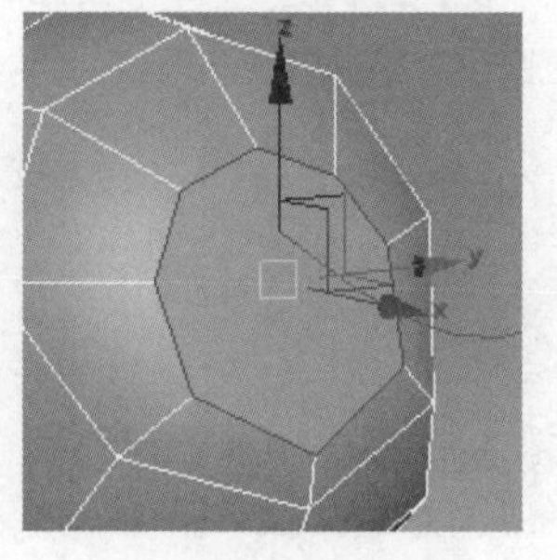
图 5.42

选择图 5.42 中所示的面，单击 沿样条线挤出 后面的□按钮，在参数面板中单击 拾取曲线，沿着样条线挤出面，如图 5.43 所示。简单调整一下形状至图 5.44 所示。

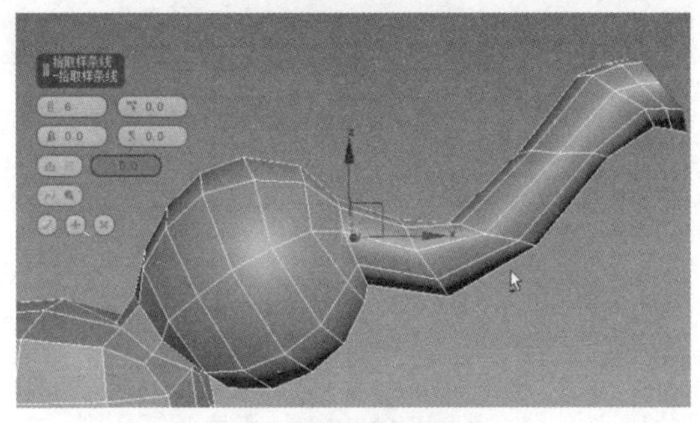

图 5.43

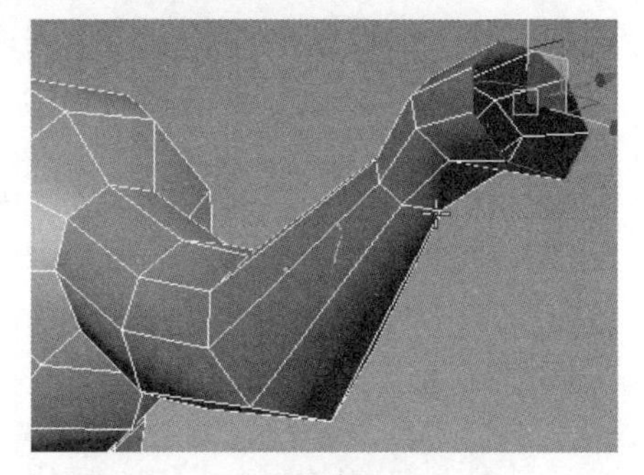

图 5.44

删除象身一半的点并关联镜像出另一半，将象牙位置的点切角处理，如图 5.45 所示。选择切角处的面并删除，然后选择边界线配合 Shift 键先向内挤出面再挤出象牙的面，如图 5.46 和图 5.47 所示。

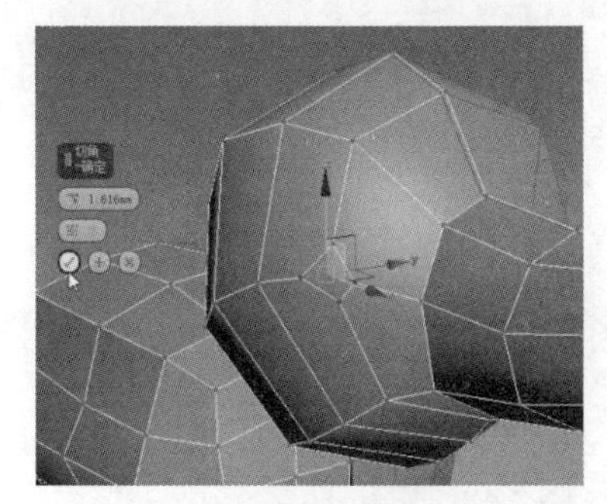

图 5.45

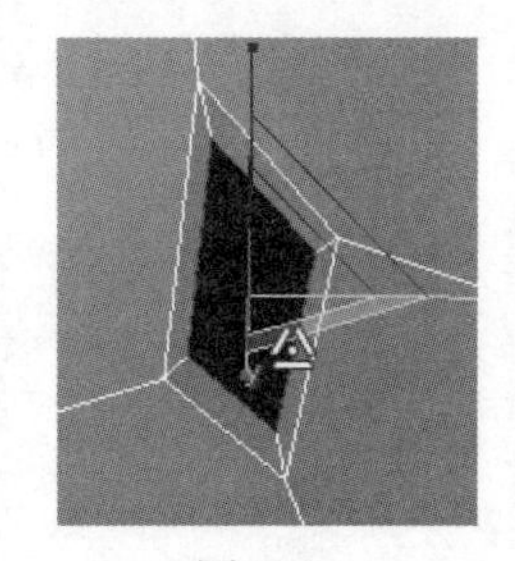

图 5.46

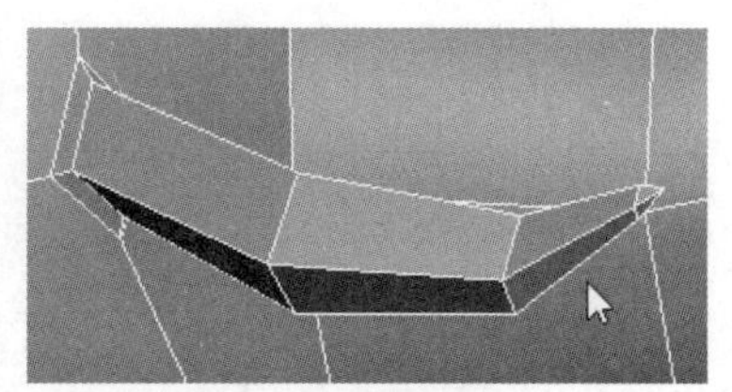

图 5.47

手动切线调整一下布线，如图 5.48 和图 5.49 所示。

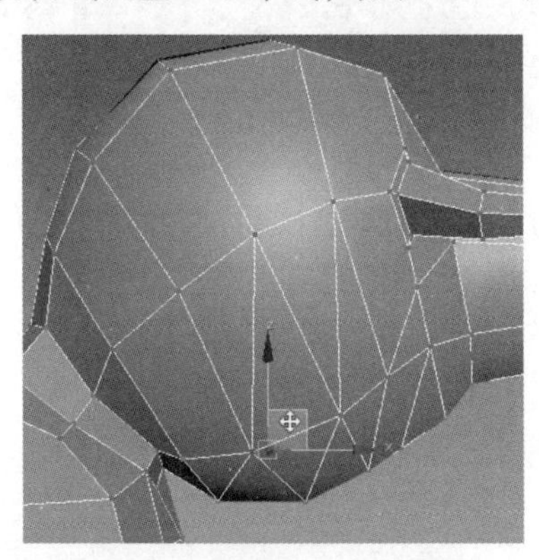

图 5.48

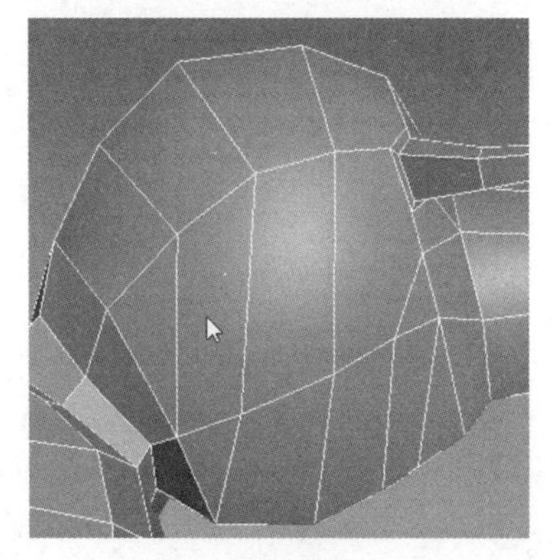

图 5.49

步骤 07 继续加线调整布线切出嘴巴位置的线段，如图 5.50 所示，删除嘴巴位置的面，如图 5.51 所示。

选择嘴巴位置的边线，分别向内挤出面，如图 5.52 所示。最后将对应的面桥接起来，如图 5.53 所示。

图 5.50

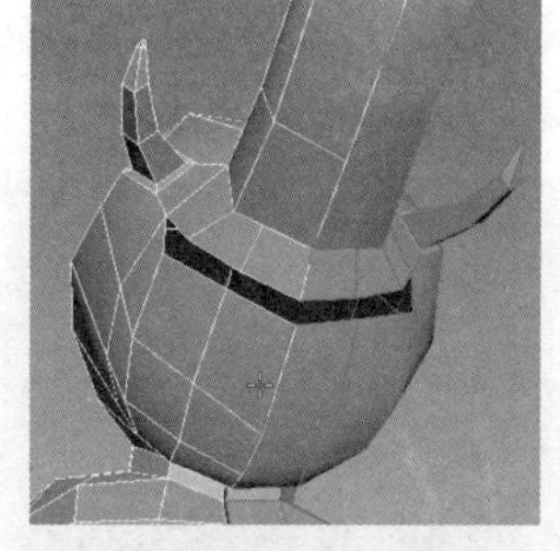

图 5.51

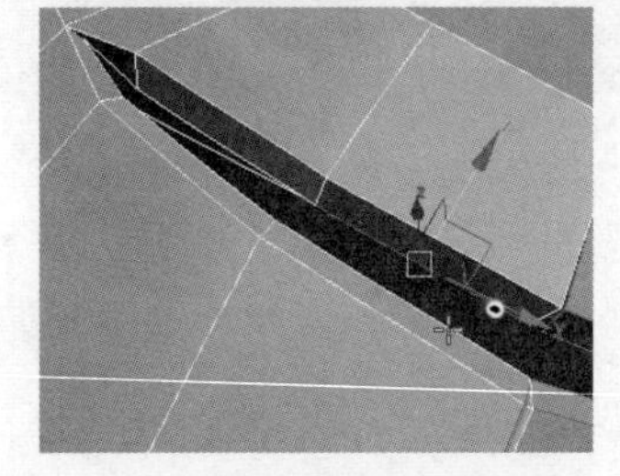

图 5.52

图 5.53

步骤 08 在耳朵位置切线，如图 5.54 所示。删除图 5.55 中所示的面。

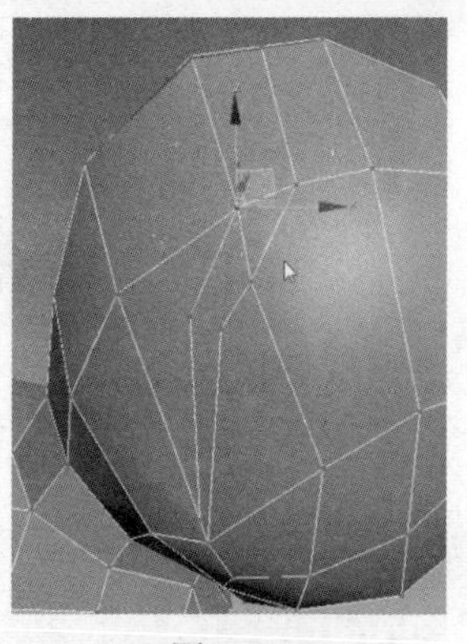

图 5.54

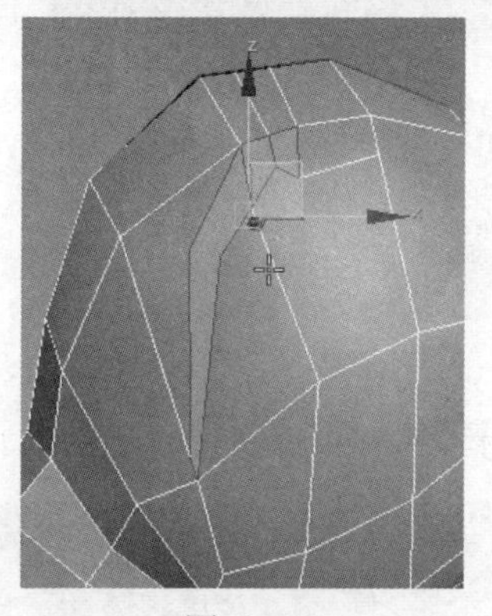

图 5.55

选择边界线边挤出面边调整形状，如图 5.56 所示。最后，单击“封口”按钮将开口封闭起来，如图 5.57 所示。在调整耳朵时要注意角度的变化，如图 5.58 所示。

图 5.56

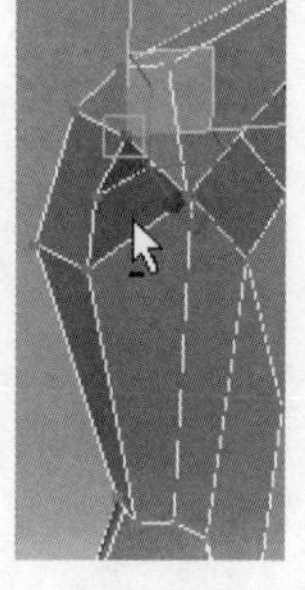

图 5.57

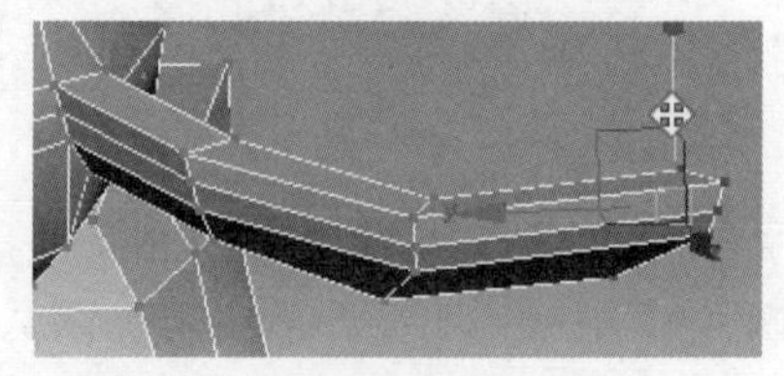

图 5.58

在耳朵位置加线并调整形状至图 5.59 所示。同样，在图 5.60 中所示的位置加线后再调整布线。

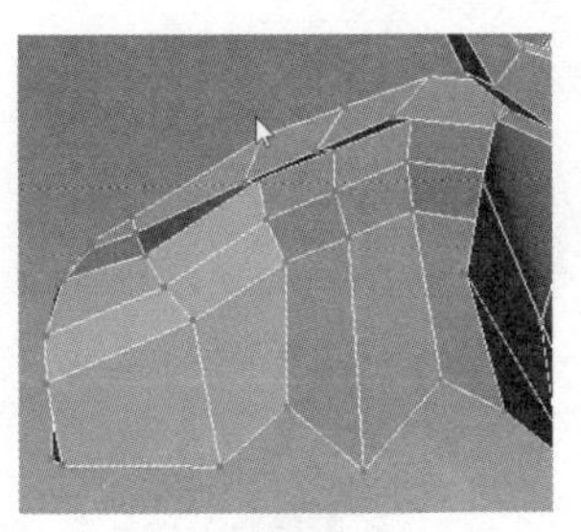

图 5.59

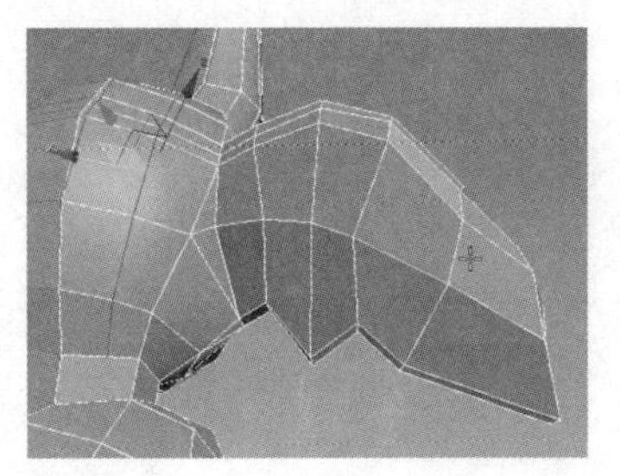

图 5.60

步骤 09 在眼睛的位置创建一个球体，如图 5.61 所示。选择大象模型，右击，在弹出的菜单中选择“剪切”工具，沿着球体的一周切线，如图 5.62 所示。

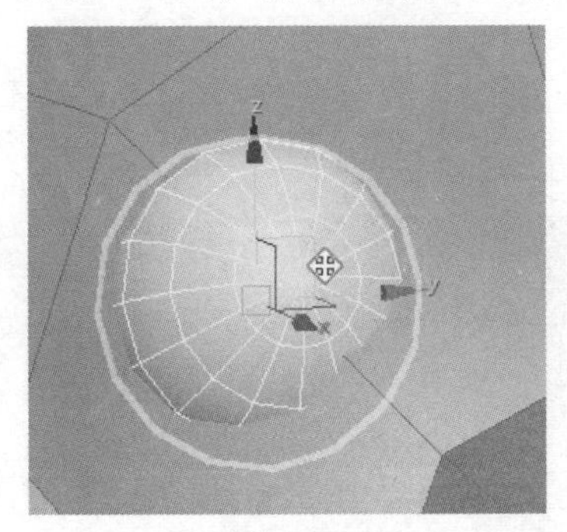

图 5.61

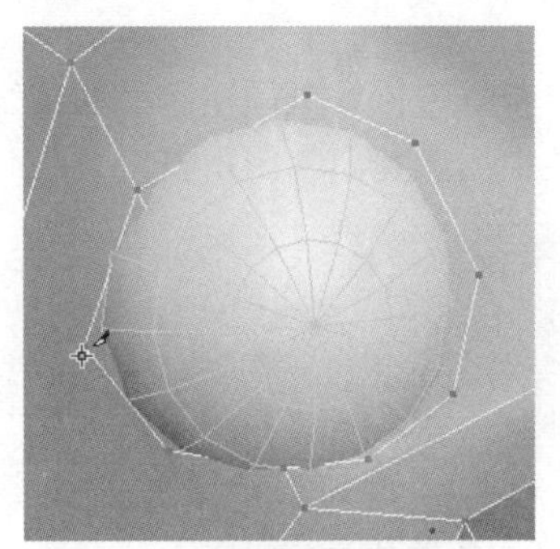

图 5.62

选择切线位置的面，将其删除并用偏移笔刷快速调整形状，再加线调整布线，如图 5.63 所示。然后选择眼睛位置的边界线，按住 Shift 键分别挤出面并调整，如图 5.64 和图 5.65 所示。将眼球模型显示出来后的效果如图 5.66 所示。

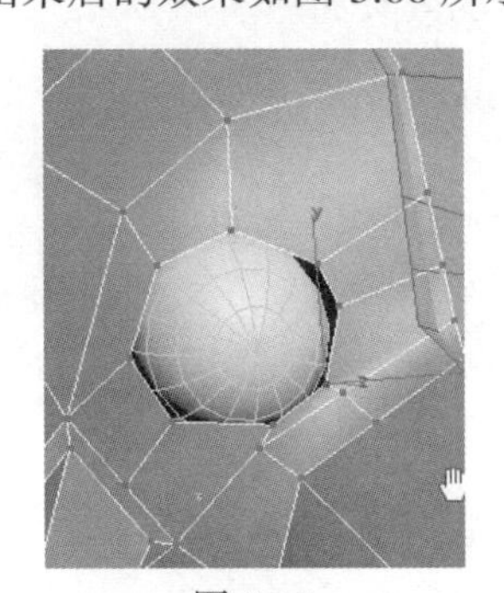

图 5.63

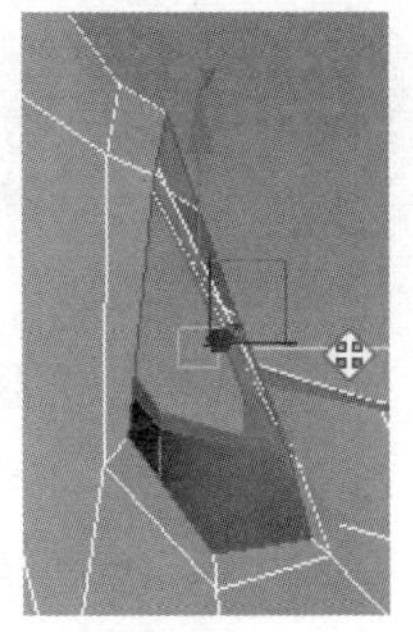

图 5.64

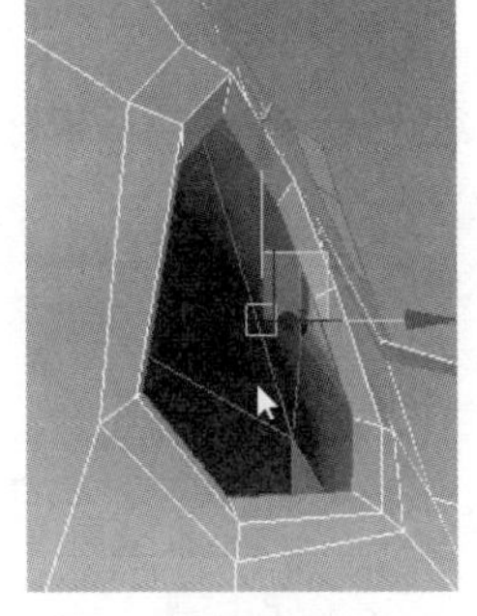

图 5.65

图 5.66

步骤 10 选择头顶位置的一个点，单击“挤出”命令将点直接挤出，如图 5.67 所示。用同样的方法挤出图 5.68 中所示的形状。整体效果如图 5.69 所示。

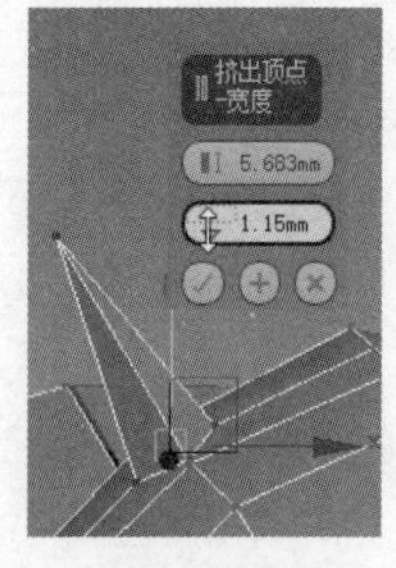

图 5.67

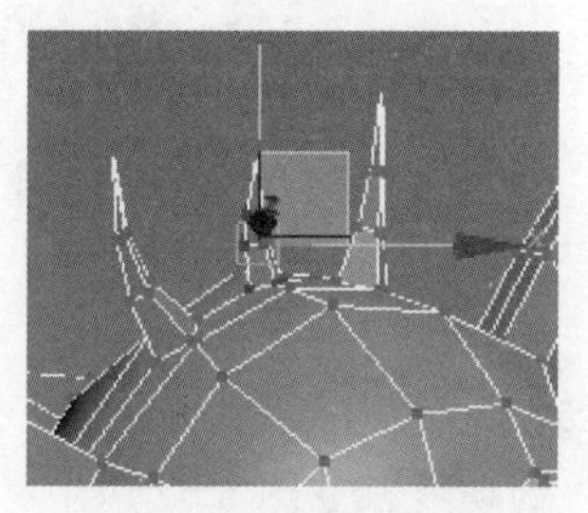

图 5.68

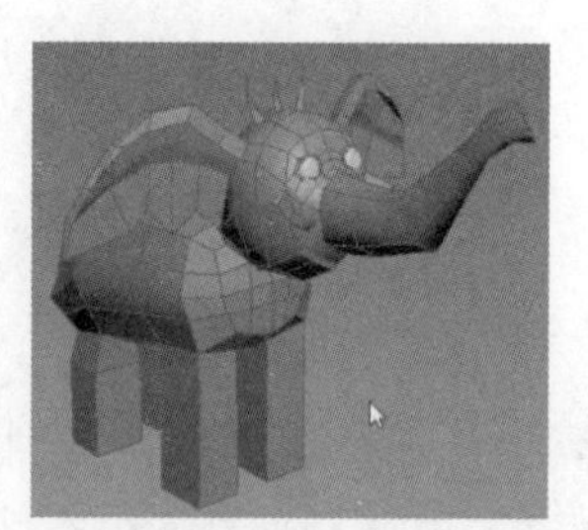

图 5.69

继续对布线进行细节调整。手动切线调整头部的布线，如图 5.70 所示。然后，选择图 5.71 中所示耳朵中的面并向下倒角挤出。

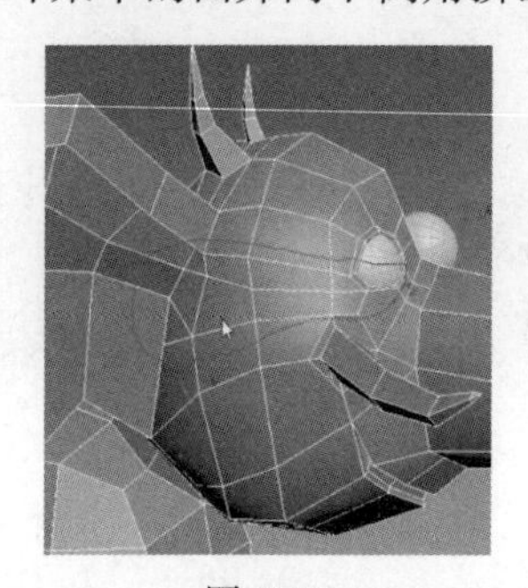

图 5.70

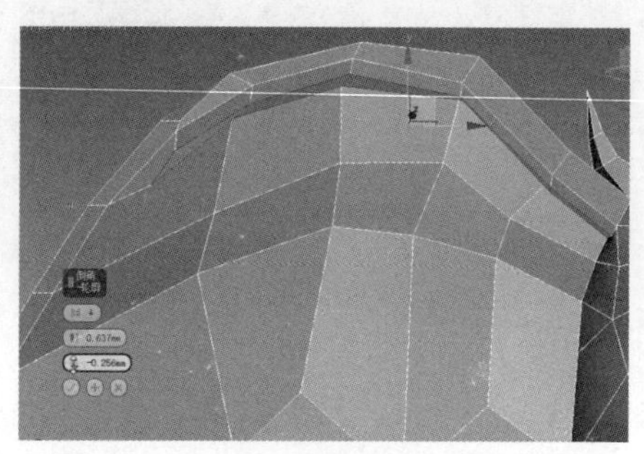

图 5.71

在图 5.72 中所示位置加线并向外稍微移动，细分后的效果如图 5.73 所示。

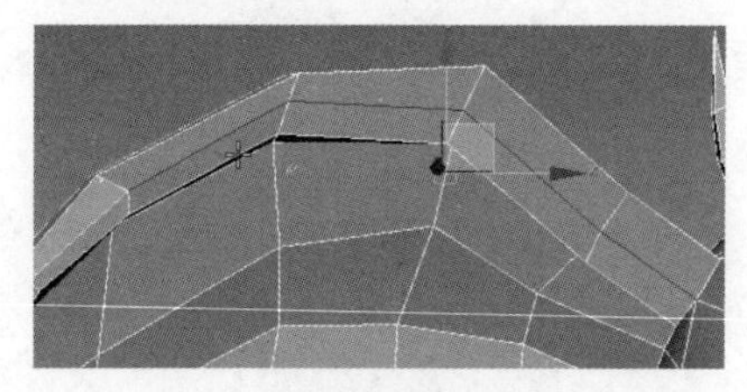

图 5.72

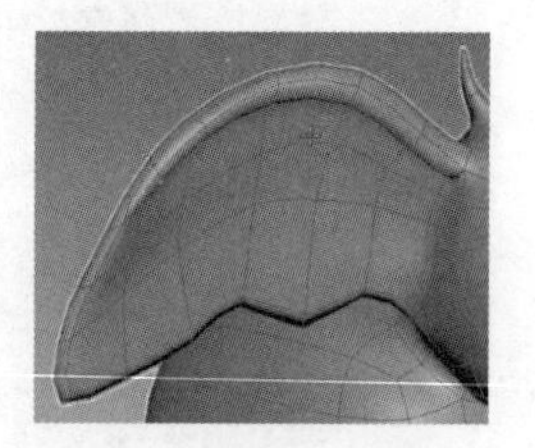

图 5.73

在图 5.74 和图 5.75 中所示的位置加线。

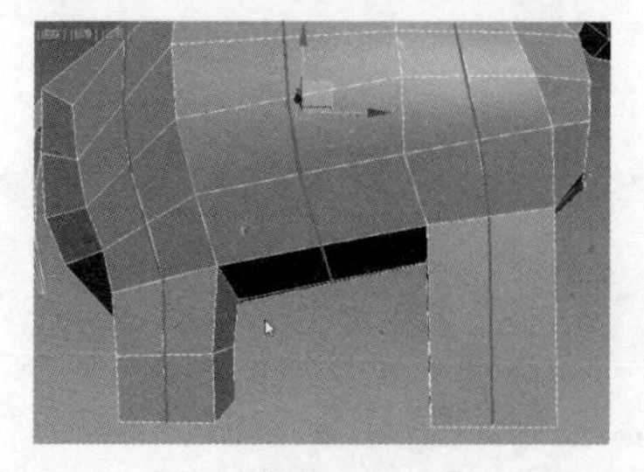

图 5.74

图 5.75

在腿部模型上也加线并将四边形调整得圆一些，如图 5.76 所示。在底部位置环形上加线约束，如图 5.77 所示。

图 5.76

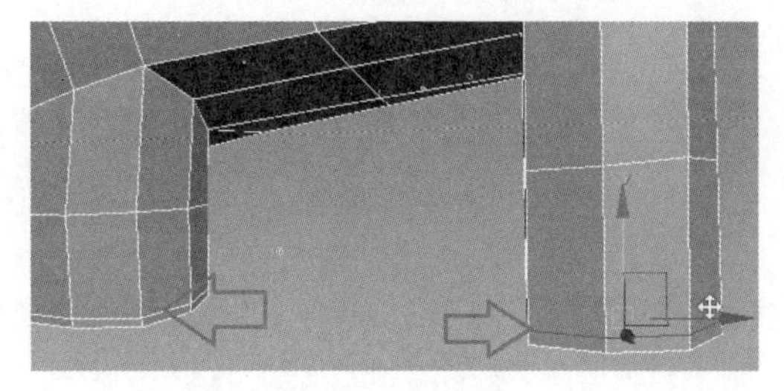

图 5.77

步骤 11 进一步细化调整耳朵。先手动加线，如图 5.78 所示。将图 5.79 中的线段向内挤出处理。

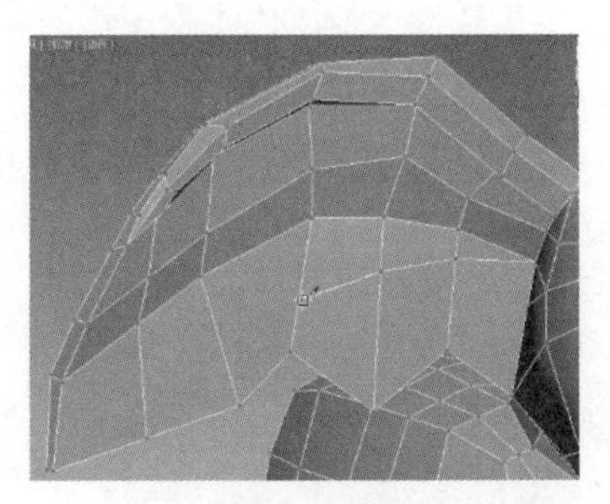

图 5.78

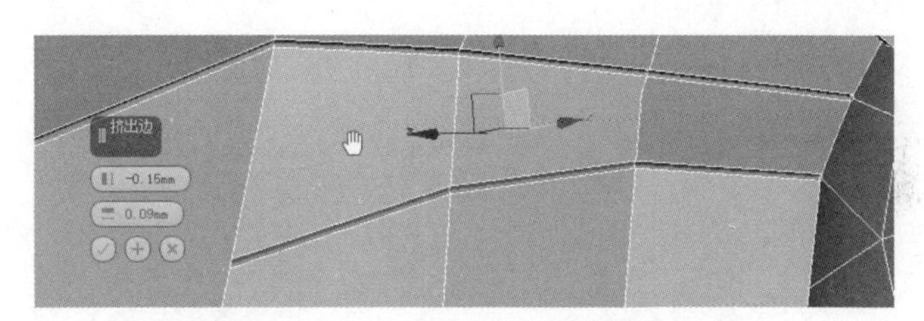

图 5.79

线段挤出后注意图 5.80 中圆圈位置中的点，由于存在多边形的面，所以可以再次手动加线调整布线，如图 5.81 所示。在调整过程中尽量使模型保持四边面或者三角面。

调整后的细分效果如图 5.82 所示。注意图中耳朵的位置细分后角度过于圆润，如图 5.83 所示，我们希望它还能保持一个锐角的形状，所以此处需要将底部线段切角，如图 5.84 所示。再次细分后效果就得到了改善，如图 5.85 所示。

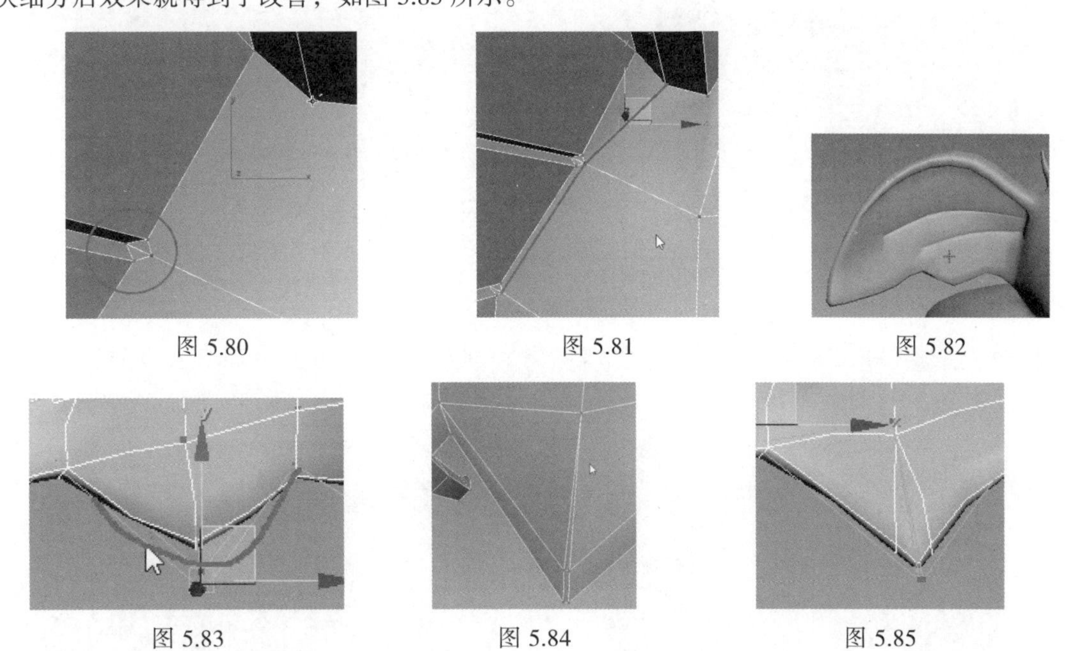

图 5.80　图 5.81　图 5.82

图 5.83　图 5.84　图 5.85

步骤 12 调整完成后在修改器下拉列表中添加“对称”修改命令，调整好镜像的中心后将模型塌陷。接下来制作鼻子上的褶皱细节。选择图 5.86 中所示的线段直接向下挤出边。

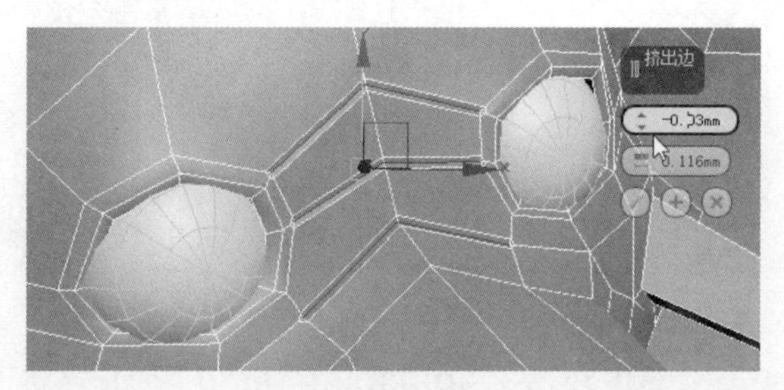

图 5.86

将边挤出后，需要特别处理一下两端的点，如图 5.87 所示。用目标焊接工具将点焊接起来至图 5.88 所示。

在象鼻上加线，如图 5.89 所示，然后将图 5.90 中所示的线段挤出，细分后的效果如图 5.91 所示。此时模型显得比较生硬。

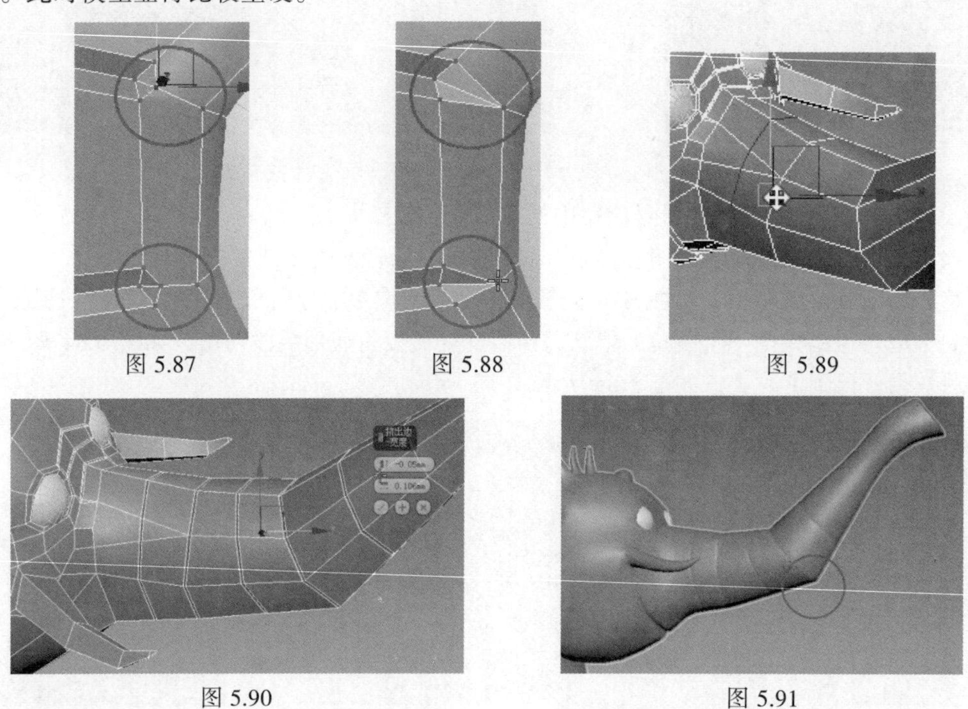

图 5.87　　图 5.88　　图 5.89

图 5.90　　图 5.91

选择“石墨”建模工具下的“松弛”笔刷，在模型上涂抹松弛处理，如图 5.92 所示。再次调整后的细分效果如图 5.93 所示。

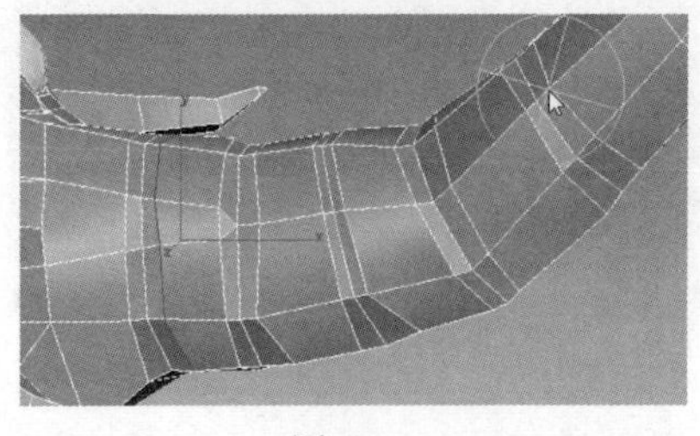

图 5.92

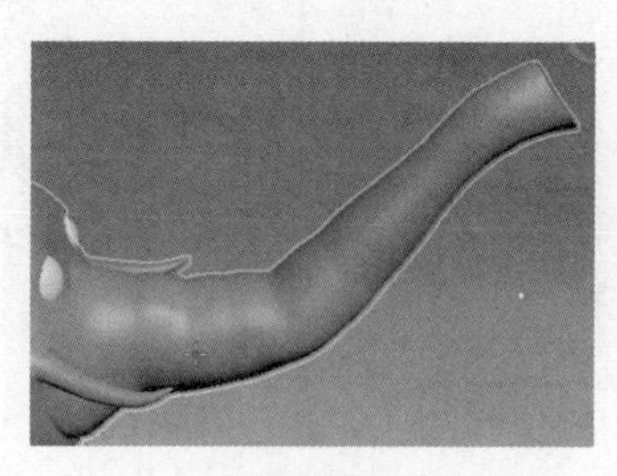

图 5.93

调整整体比例后，将鼻孔位置的形状挤压出来，如图 5.94 ~ 图 5.96 所示。

图 5.94

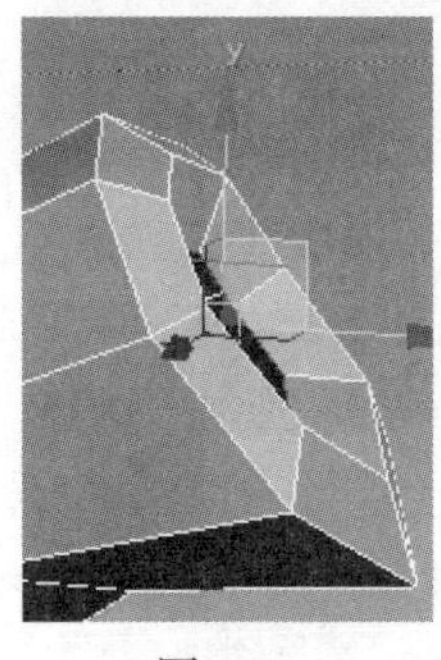
图 5.95

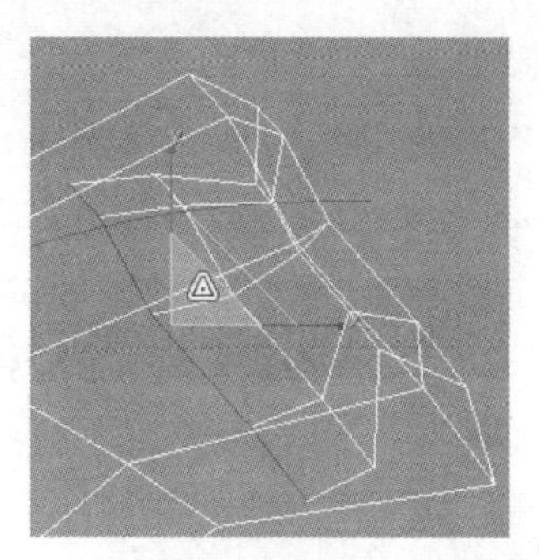
图 5.96

再次删掉一半的面，在鼻孔位置加线并调整鼻孔的形状至图 5.97 所示。同时，在象牙根部加线并向下挤出，然后将挤出的线段再切角处理，如图 5.98 所示。

图 5.97

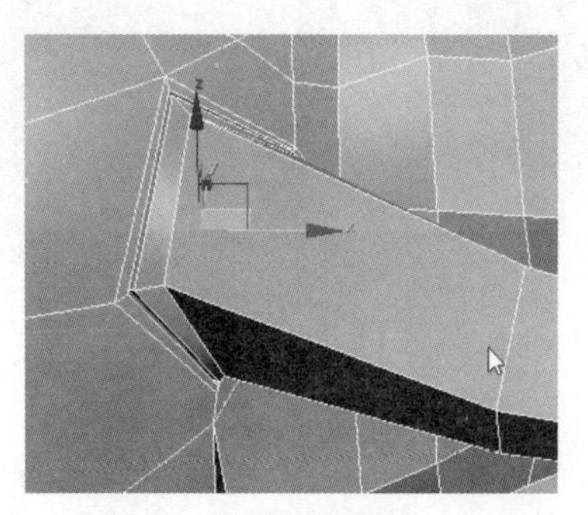
图 5.98

选择象牙中的面，如图 5.99 所示，单击 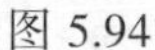 按钮，将选择的象牙的面分离出来。细节全部调整完成后再次添加“对称”修改命令对称出另一半模型，然后将模型再次塌陷。选择象牙模型，单击“镜像”按钮镜像到另一侧。最后将整体模型导出。导出时的参数如图 5.100 所示。

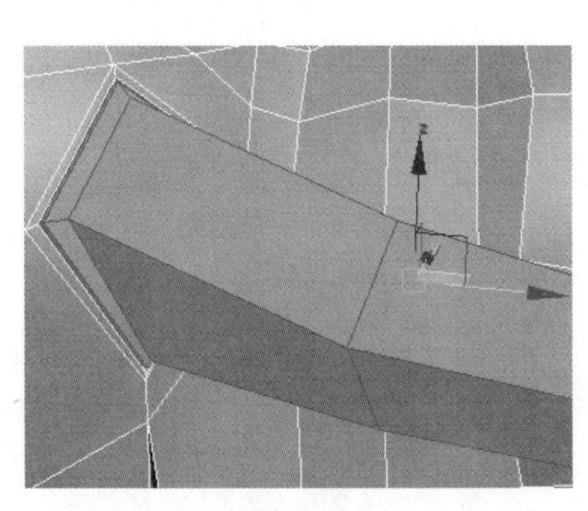
图 5.99

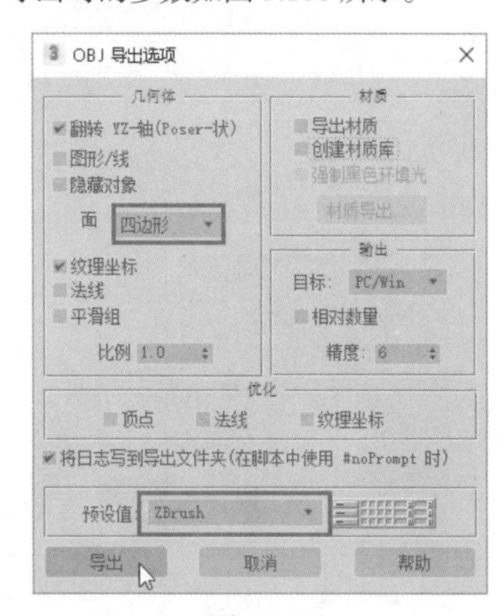

图 5.100

5.2 在 ZBrush 中进行细节处理和上色

步骤 01 打开 ZBrush 软件，单击“导入”按钮导入 3ds Max 中导出的模型，单击 Edit 按钮进入编辑模式，单击材质按钮给模型赋予一个亮一点的材质，当前导入的模型均在一个子工具层中，如图 5.101 所示。按 Shift+F 快捷键打开线框显示，从图中可以观察到眼睛、身体和象牙的颜色不一致，如图 5.102 所示，也就代表了它们在不同的组当中。

单击拆分下的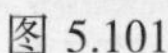按钮将不同的组拆分到不同的子工具层中，如图 5.103 所示。

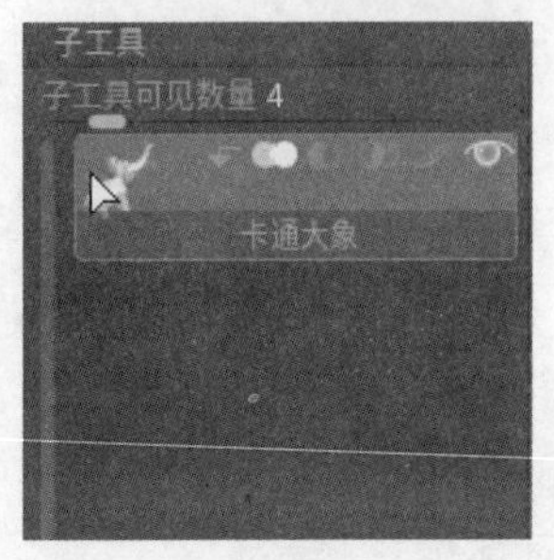

图 5.101

图 5.102

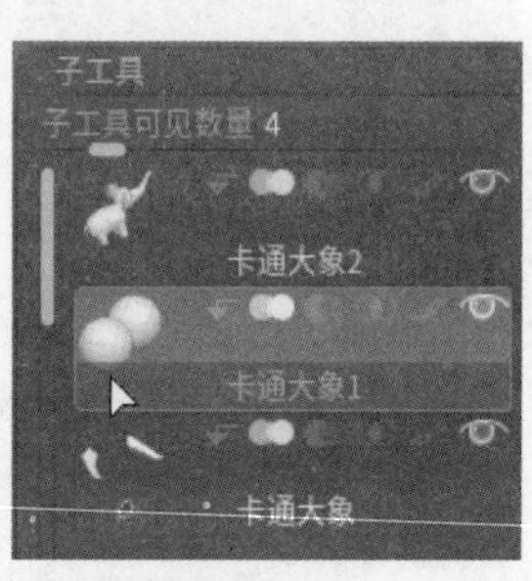

图 5.103

步骤 02 分别单击不同的子工具层，按 Ctrl+D 快捷键细分模型。按 X 键打开对称，如果当前的对称不正确，可以在变换菜单中更改一下对称的轴向即可。切换到移动笔刷，先整体调整结构比例等。将大象身体的部分细分到 4～5 级，按住 Ctrl 键分别在前腿和后腿上绘制出如图 5.104 所示的遮罩。

图 5.104

在绘制时难免会出现多余的遮罩部分，如图 5.105 所示，此时只需要减选掉遮罩即可，如图 5.106 所示。

图 5.105

图 5.106

在子工具参数下的“提取”参数面板（如图 5.107 所示），单击“提取”按钮即可将绘制的遮罩提取出模型。模型的厚度是由“厚度参数值”决定的，如果提取的模型太厚可以将厚度参数调小，再单击“提取”按钮即可，提取后的效果如图 5.108 所示。

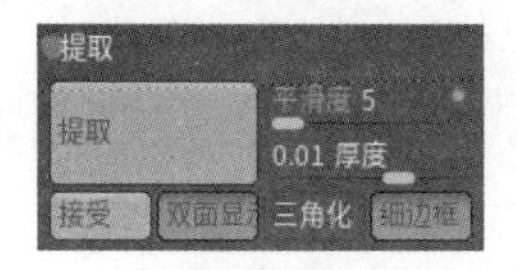

图 5.107

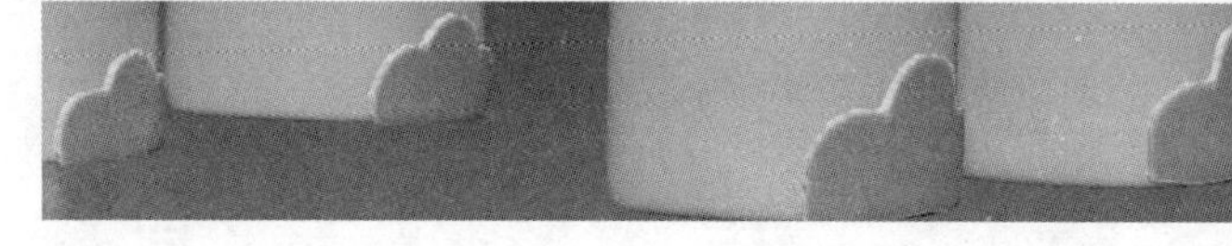

图 5.108

按住 Ctrl 键在空白处框选，取消遮罩，在提取出的模型边缘位置按住 Shift 键光滑雕刻处理，切换到 DamStandrd 笔刷简单雕刻出凹痕效果，如图 5.109 所示。

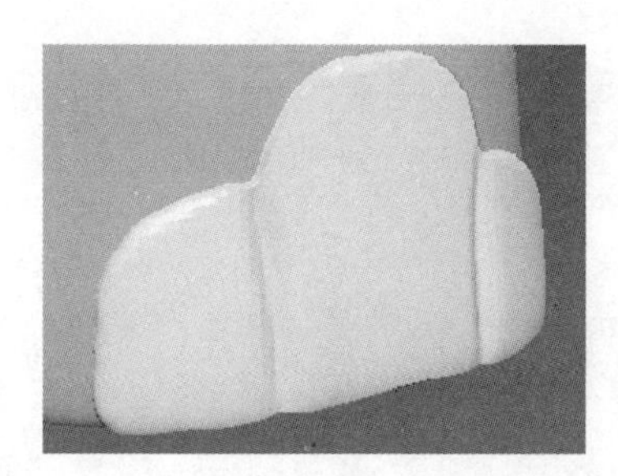

图 5.109

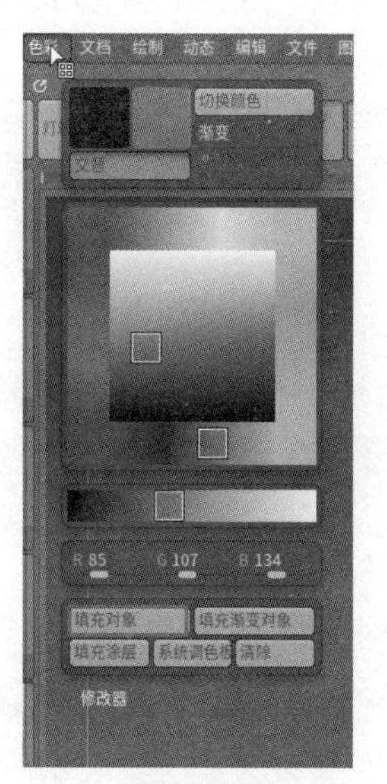

图 5.110

步骤 03 选择一个暗蓝色，选择“色彩”菜单，然后单击“填充对象”按钮，如图 5.110 所示。此时就会把选择的颜色填充给大象身体的部分。用同样的方法选择象牙模型，选择白色并填充，将象牙填充白色效果，如图 5.111 所示。选择 Paint 笔刷，选择暗红色并在耳朵内侧进行上色，如图 5.112 所示。

图 5.111

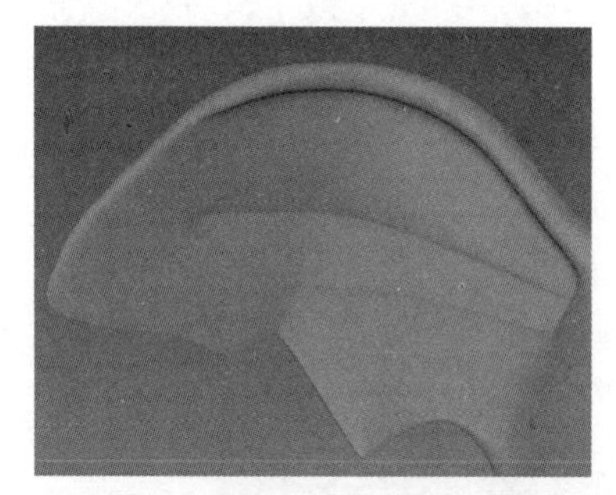

图 5.112

选择黑灰色，在腿部上绘制出如图 5.113 所示的图案，整体效果如图 5.114 所示。

图 5.113

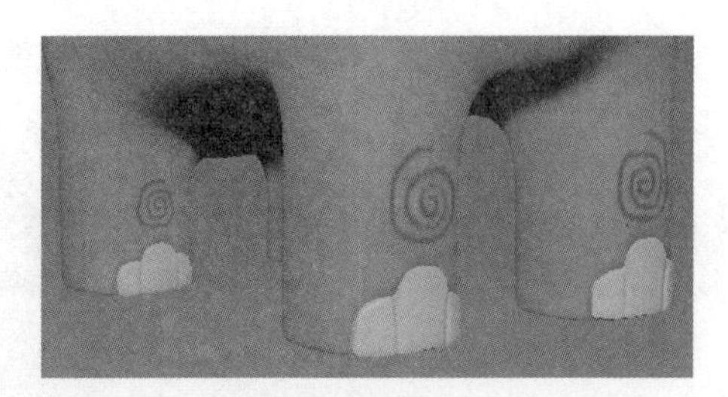

图 5.114

步骤 04 单击 Dots 图标，选择 DragDot 方式，如图 5.115 所示。

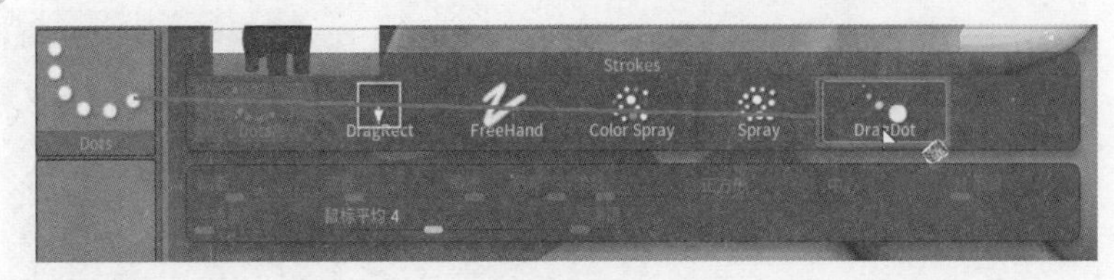

图 5.115

单击 Alpha 图标，选择一个圆形的 Alpha，如图 5.116 所示。

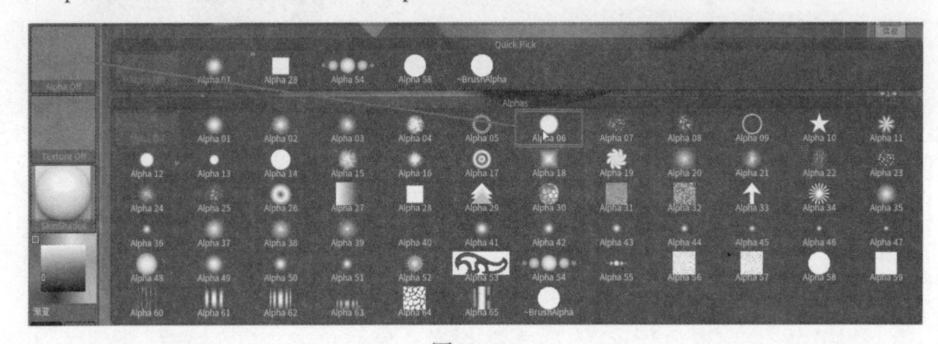

图 5.116

颜色选择黑灰色，在大象身体上单击，此时就会出现一个黑色的圆，当移动鼠标时，绘制的圆也会跟随移动，圆的大小是由笔刷大小决定。通过这种方式可以快速绘制出一些贴图效果，如图 5.117 所示。用同样的方法绘制出身体上的斑点，如图 5.118 所示。

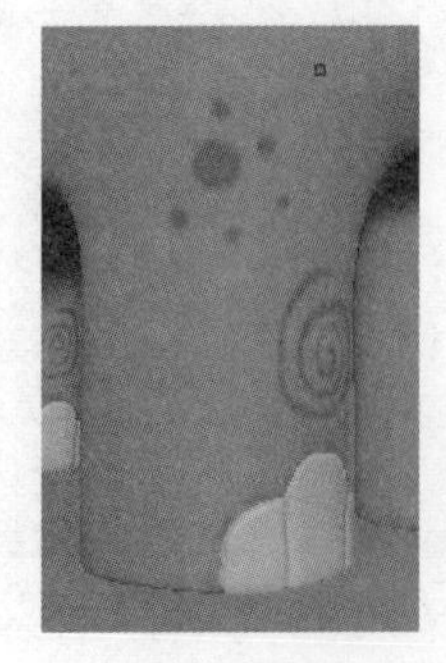

图 5.117

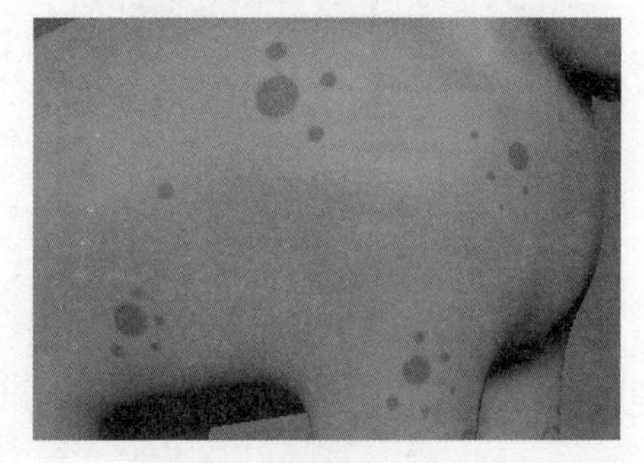

图 5.118

再用同样的方法在耳朵内侧也绘制出斑点，如图 5.119 所示。此时会出现一个问题，就是耳朵的背部也出现了一些纹理效果，如图 5.120 所示。这种效果不是我们所需要的。

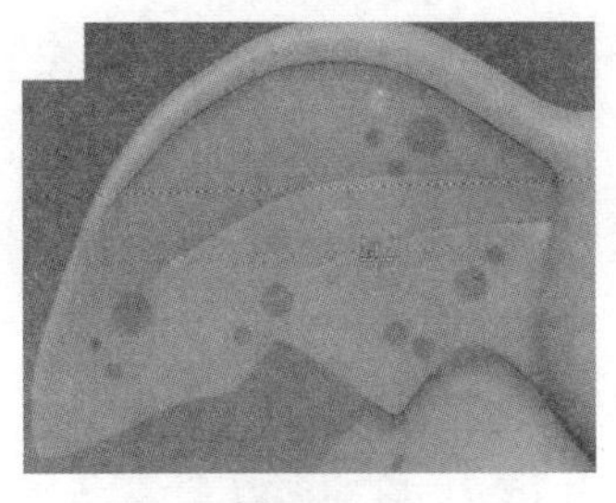

图 5.119

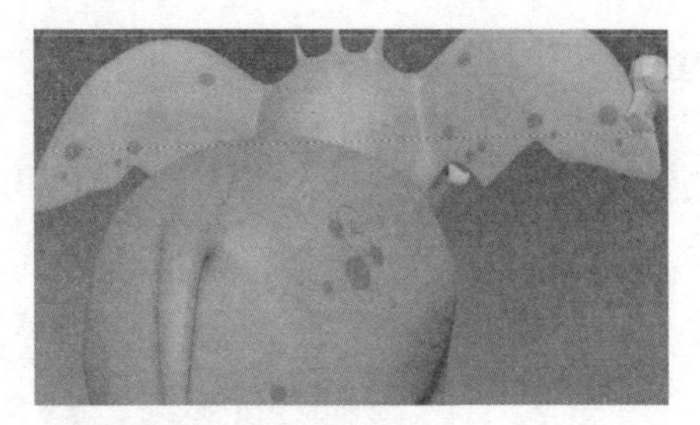

图 5.120

是什么原因造成的呢？是因为耳朵的前后面距离非常近，以至于影响到了背面造成的。解决的方法也很简单，在“笔刷”菜单的“自动遮罩”参数中单击“背面遮罩”按钮，如图 5.121 所示，开启背面遮罩，这样在绘制贴图颜色时就不会影响到背面了。将耳朵背面重新绘制好颜色，如图 5.122 所示。

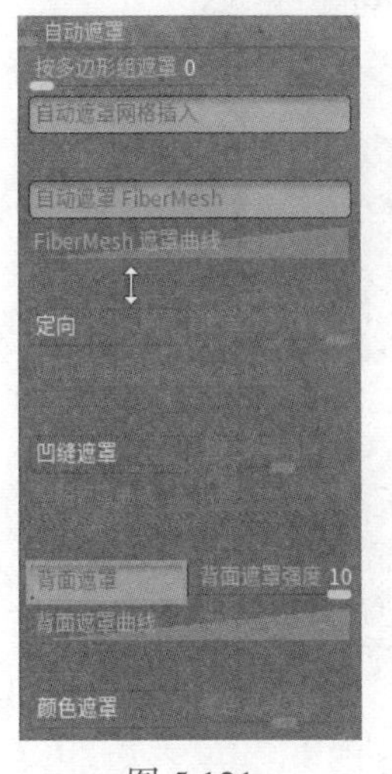

图 5.121

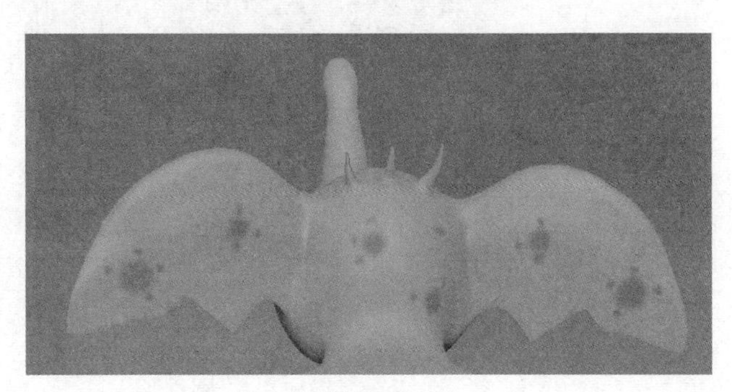

图 5.122

步骤 05 选择 Paint 笔刷，然后选择 DragDot 拖动的方式以及圆形 Alpha，如图 5.123 所示。将眼球模型细分，先填充一个白色，然后分别选择不同的颜色绘制出如图 5.124 所示的眼睛效果。

再选择白色，绘制出高光，如图 5.125 所示。

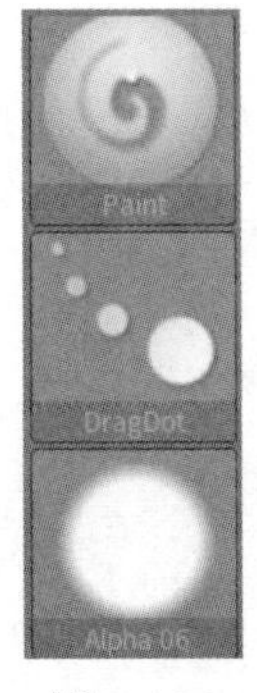

图 5.123

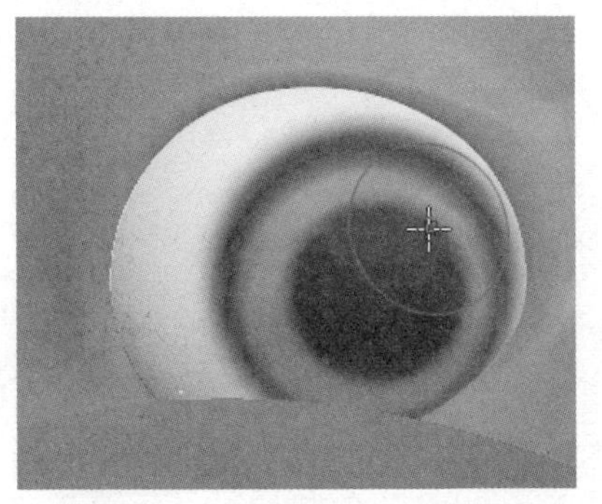

图 5.124

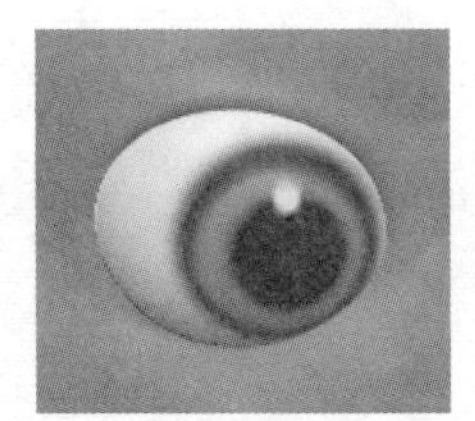

图 5.125

图 5.126

按 Ctrl+Shift 快捷键框选绘制好颜色的眼球模型，隐藏另一侧眼球，在修改拓扑参数面板中单击删除隐藏按钮将隐藏的模型删除，然后单击 Z 插件菜单下子工具大师面板中的“镜像”按钮，如图 5.126 所示。在弹出的镜像面板中选择 Z 轴，单击“确定”按钮将绘制好的眼球镜像过来，效果如图 5.127 所示。

最后将象鼻内侧涂抹成粉红色，如图 5.128 所示。

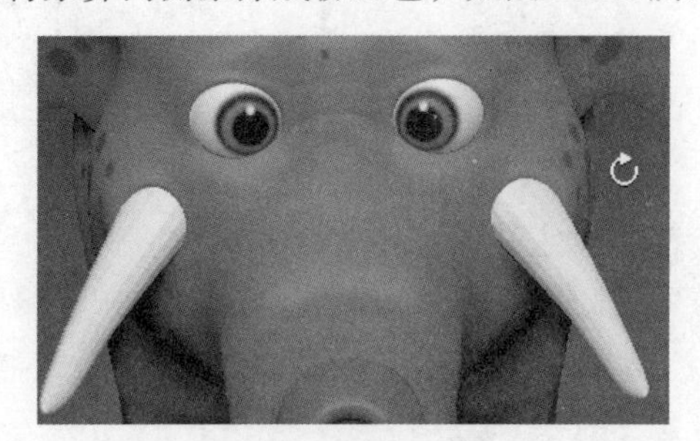

图 5.127

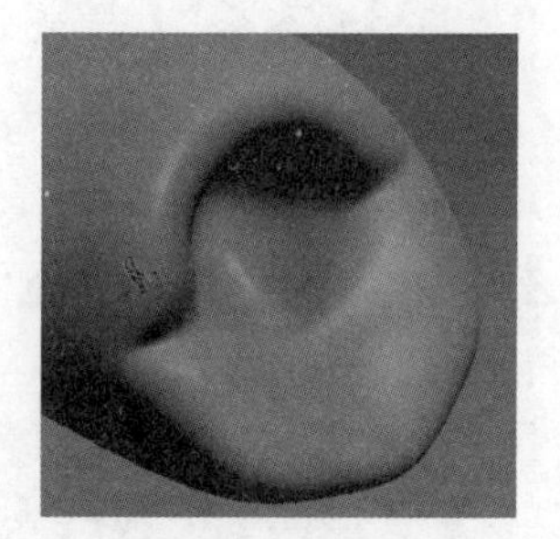

图 5.128

最终的效果如图 5.129 所示。

图 5.129

本章的实例主要学习了如何在 3ds Max 软件中制作一头卡通大象的基础模型（主要难点在于造型的把握以及布线的调整），最后将模型导入到 ZBrush 软件中进行细节的处理和最终的纹理绘制。在 ZBrush 中绘制贴图要比在 3ds Max 中绘制贴图方便很多。所以在学习的过程中大家一定要学会软件之间的相互配合。

第 6 章　游戏卡通角色设计

前面学习了写实角色的模型制作过程后，这一章来学习游戏卡通角色制作。相对于写实模型来说，游戏卡通人物制作起来自由发挥空间更大、更加随意一些，但也要注意模型的布线。游戏角色对模型的面数有着非常高的要求，一般精度比较高的游戏角色面数在四五千面左右，精度低一点的游戏角色面数要求在一到两千面左右。

本章中主要学习一下各个软件之间相互配合快速制作一个简模的方法。

6.1 多种软件结合快速制作简模

前几章中我们详细学习了 MakeHuman、MD、ZBrush 软件的使用方法，首先来看一下如何在 MakeHuman 软件中生成简模也就是低模模型。

步骤 01 打开 MakeHuman 软件，先调整一下主要参数，如图 6.1 和图 6.2 所示（因为制作的是游戏卡通小女孩的角色，所以此处乳房尺寸均调至最小）。

在 几何形状 下的 拓扑结构 面板中，选择 Proxy741，单击 打开线框显示，如图 6.3 所示。

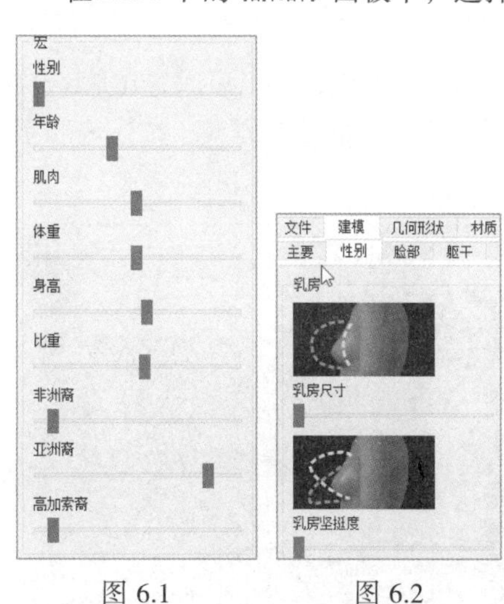

图 6.1　　图 6.2

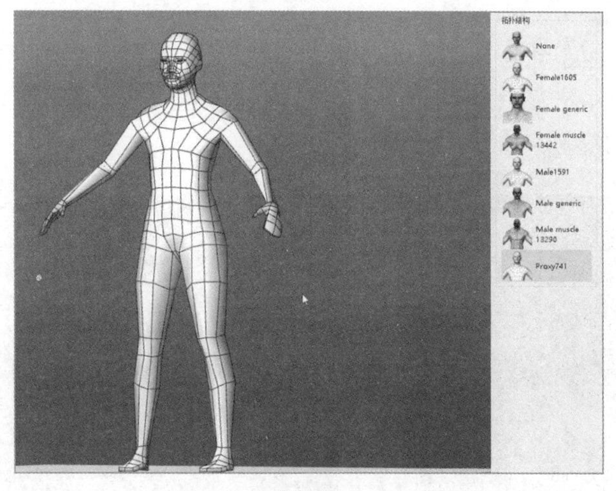

图 6.3

Proxy741 就是默认的最低模，面数也就几百个，非常适合游戏角色的输出，依次单击“文件”→“导出”，注意导出的格式选择 Wavefront obj。单击 ... 按钮，设置好保存的路径和名称后保存，

再单击 导出 按钮即可将模型导出。

步骤 02 打开 Marvelous Designer 10 Personal 软件，在图库下的 Avatar 下的 Stylized 文件夹中双击新增模特将其加载进来。然后依次单击“文件”→“导出”→“OBJ”命令，设置好保存路径和名称后单击“保存”按钮将模特导出。

步骤 03 打开 3ds Max 软件，依次选择“文件”→“导入”→“导入”命令分别将在 MakeHuman 和 Marvelous Designer 软件中导出的文件导入进来。由于两种软件的单位设置不一致，所以导入进来的模型大小也不一致，通过缩放工具将两者大小调整接近一致，按 F4 键打开线框显示，如图 6.4 所示。

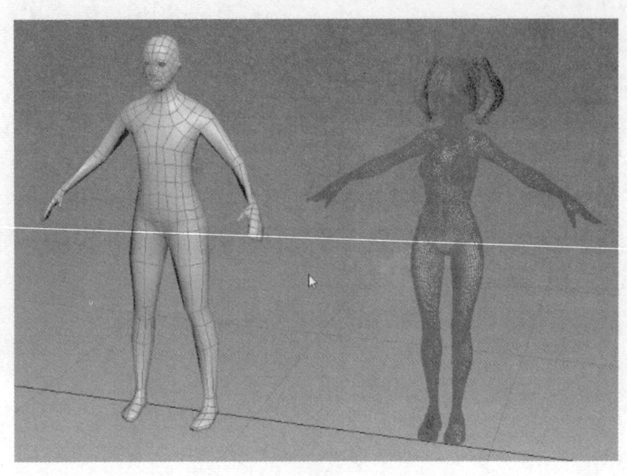

图 6.4

从图 6.4 中可以发现在 Marvelous Designer 软件中导出的角色都是三角面，而且多边形面数非常高，是不能够直接使用的。

步骤 04 打开 ZBrush 软件，导入 Marvelous Designer 中导出的模型，拖拉出模型后单击 Edit 按钮进入编辑模式，默认显示效果如图 6.5 所示。单击材质按钮选择 Shinshade4 材质，效果如图 6.6 所示。

由于此处需要对其重新调整布线，角色的头发会影响到布线的调整，所以可以先在 3ds Max 软件中将头发删除。在 3ds Max 中按 5 进入“元素”级别，框选身体的所有元素，按住 Shift 键移动复制，如图 6.7 所示。

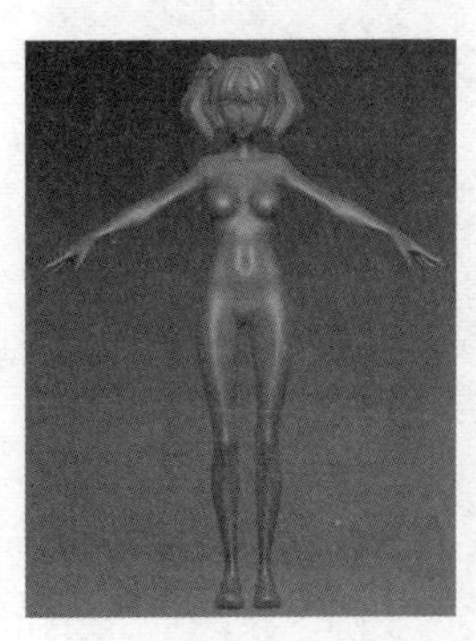

图 6.5

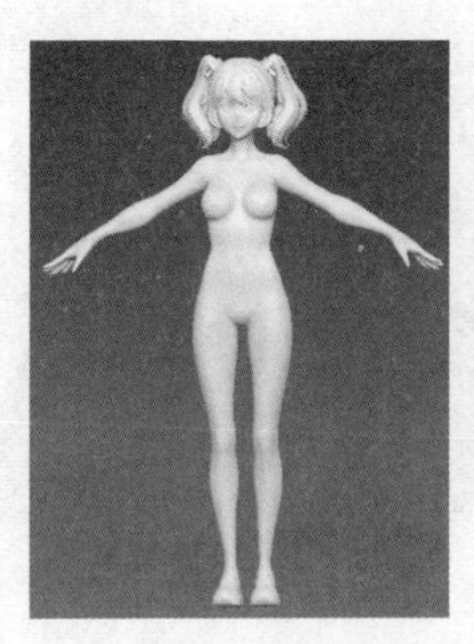

图 6.6

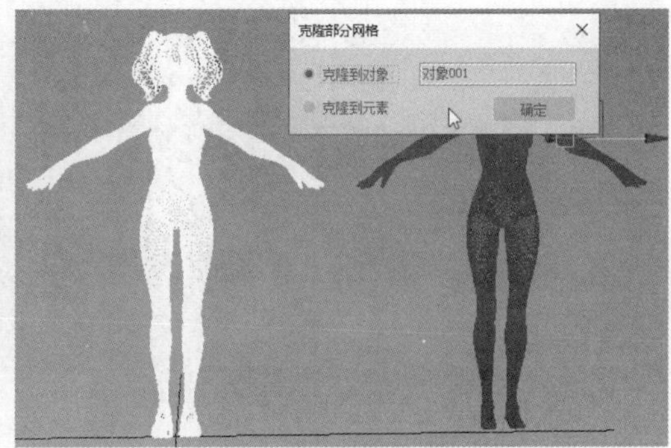

图 6.7

依次单击 → 轴 → 仅影响轴 → 居中到对象将模型轴心点居中，然后将复制出来的身体单独导出。

用同样的方法在 ZBrush 中重新导入，当光标放置在该模型上时会显示当前模型的面数等信息，如图 6.8 所示。

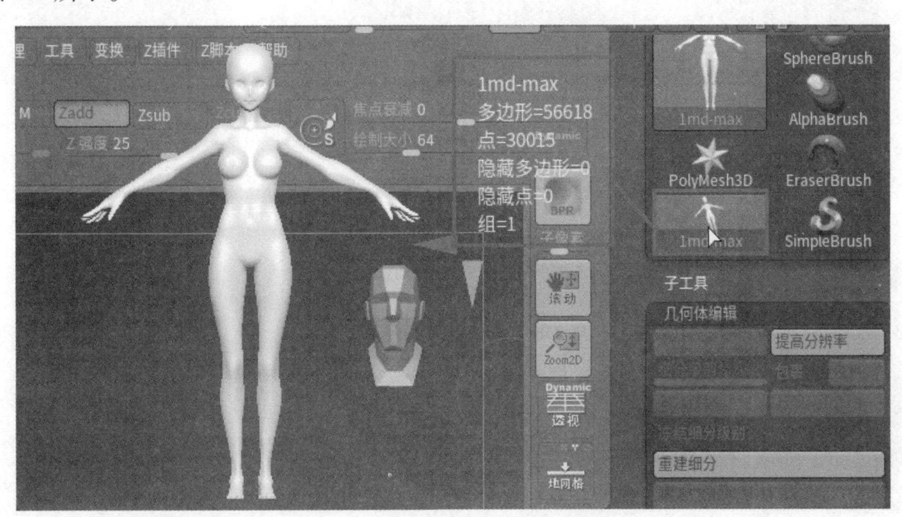

图 6.8

当前的模型有五万多个面，很明显面数太高，需要重新拓扑调整面数。首先单击 ZRemesher 参数面板中的“经典模式（2018）”按钮，修改目标多边形数为 1，其他参数保持不变，如图 6.9 所示。再单击 ZRemesher 按钮进行拓扑计算，拓扑后的效果如图 6.10 所示。

按 Ctrl+Z 快捷键撤销，按 X 键打开“对称”，重新拓扑，此时拓扑出来的模型就是左右对称的了，如图 6.11 所示。注意此时头部不同颜色交接的区域出现了漏面，如图 6.12 所示。这是因为我们在 MD 软件当中导出模型的时候没有设置一个整体。

当前模型的面数大概在三千个面左右，再撤销到拓扑之前的模型，选择 ZRemesherGuide 笔刷，在眼睛的周围和嘴巴周围绘制出拓扑引导线，如图 6.13 所示。同样，在乳房的位置也绘制出拓扑引导线，如图 6.14 所示。

单击使用多边形绘制按钮开启使用多边形绘制。选择 Paint 笔刷，在脸部和耳朵区域涂抹，如图 6.15 所示。使用多边形绘制涂抹的红色区域代表了在拓扑布线时，该区域相对于其他区域是面数比较密集的区域。设置“目标多边形数”为 0.1，单击ZRemesher按钮再次拓扑计算，拓扑后的模型脸部和耳朵部位很明显布线较密集，如图 6.16 所示。当前总面数大概在 2 700 个面左右，大家都知道“目标多边形数”的单位是千，前面设置了 0.1，为什么最终的面数不是 100 呢？当前面设置的“目标多边形数”数值太小时，系统达到运算极限后，也会根据模型自身的布线综合调整最终的多边形面数，所以“目标多边形数”这个参数接近模型极限后只能作为一个参考。“目标多边形数”最低值只能设置到 0.1。

除此之外，“使用多边形绘制”按钮后面的“颜色密度”参数也会决定最终模型的面数多少。

按 Shift+S 快捷键将该模型复制一个，按 Ctrl+Z 快捷键撤销回到拓扑之前的模型，保持前面设置的参数不变，单击经典模式(2018)按钮，再次单击ZRemesher重新拓扑。两者的效果对比如图 6.17 所示。

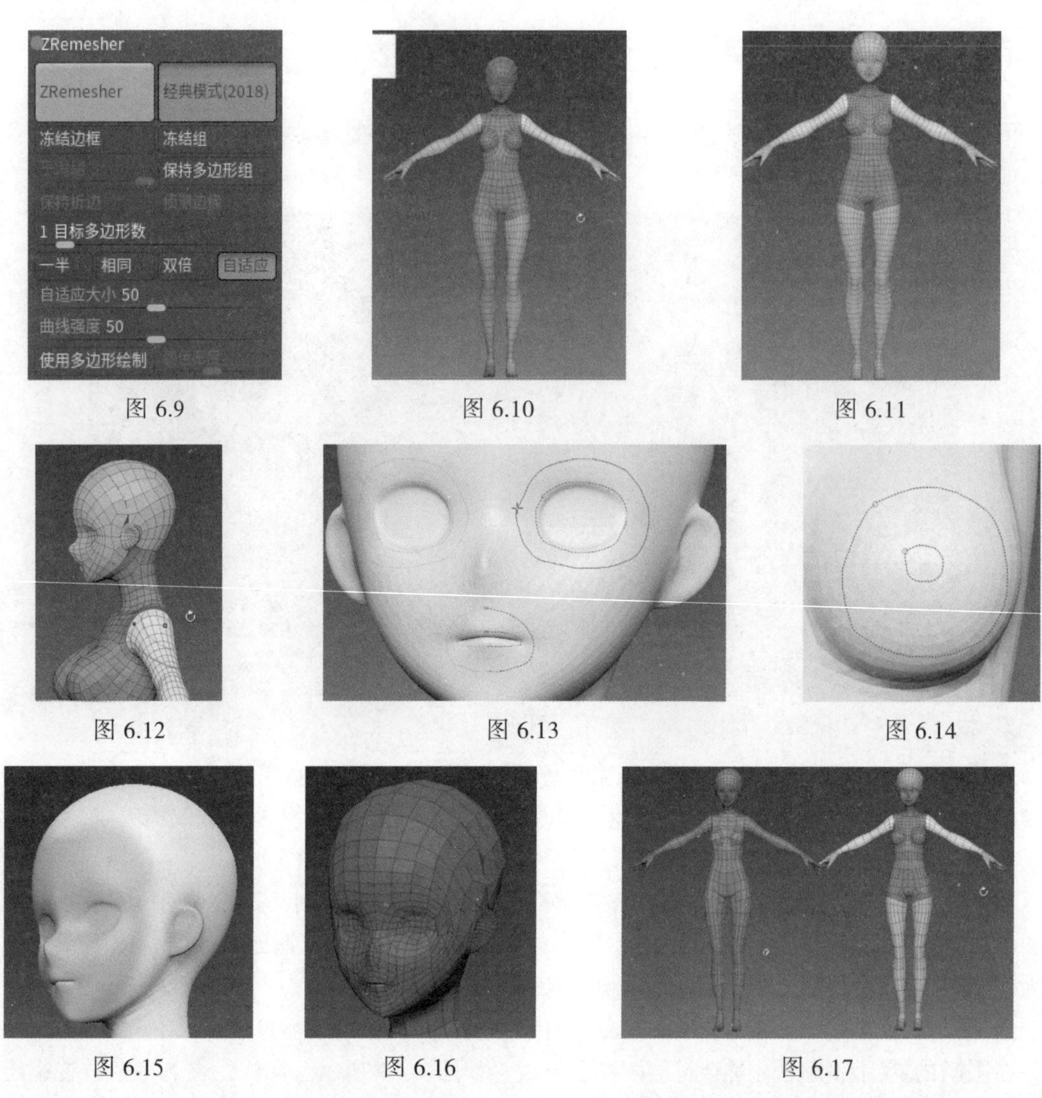

图 6.9　图 6.10　图 6.11

图 6.12　图 6.13　图 6.14

图 6.15　图 6.16　图 6.17

对重新拓扑后的模型满意后，将模型导出并导入到 3ds Max 软件中，从图 6.18 中可以发现，此时身体、头部、胳膊、腿也是分成了几个部分，如果进行焊接的话，由于各个部位之间的面数不一致，焊接起来也是比较麻烦的，所以还有一种方法就是先将 MD 软件中导出的模型在 3ds Max 软件中将各个部位进行焊接（各个部位之间对应的点线都一致比较容易焊接），再将模型导出到 ZBrush 中进行拓扑。

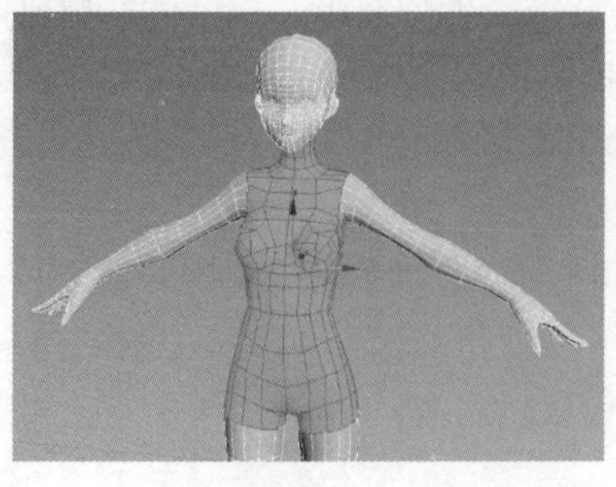

图 6.18

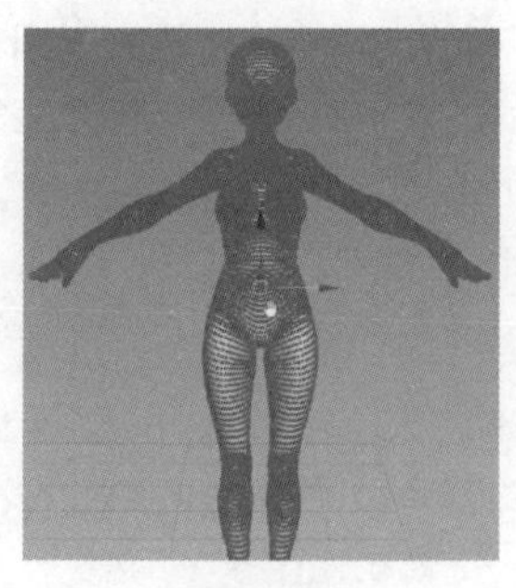

图 6.19

步骤 05 在 3ds Max 软件中重新导入 MD 软件中导出的模型，进入“元素”级别，框选所有的点，如图 6.19 所示。单击 焊接 后面的□按钮，设置焊接距离为 0.005 左右，单击✓按钮完成焊接，此时就把角色各个部位对应的点焊接在了一起，然后将焊接后的模型重新导出并导入到 ZBrush 软件中。

同样使用 ZRemesherGuide 笔刷绘制眼睛和嘴巴位置的拓扑线，如图 6.20 所示。打开 使用多边形绘制 使用 Paint 笔刷绘制，在脸部区域绘制出红色，设置目标多边形数为 0.2，颜色密度为 2，单击 ZRemesher 按钮拓扑计算，效果如图 6.21 所示。拓扑计算后的面数在 1 600 个面左右，是比较满意的。

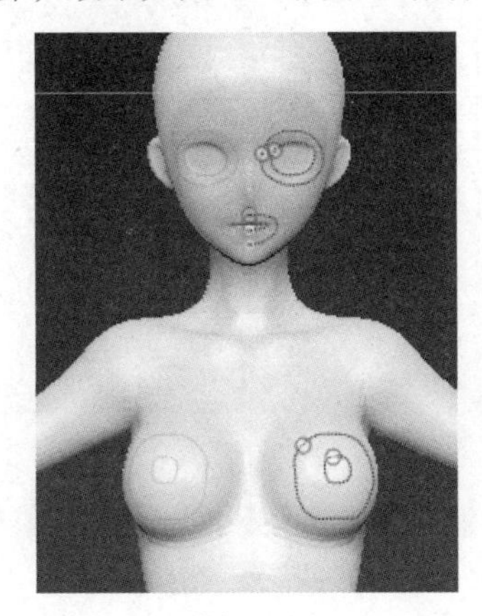

图 6.20

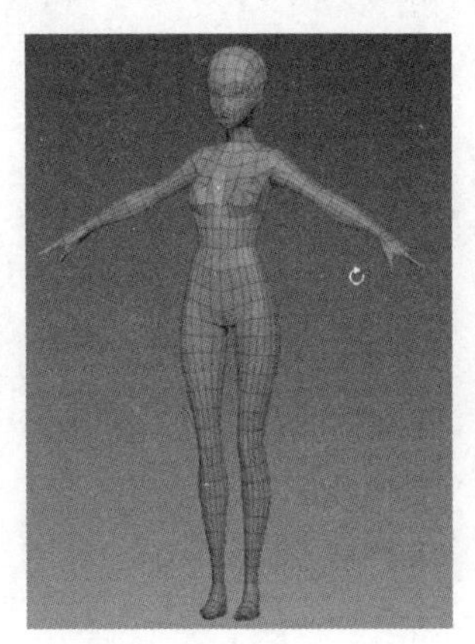

图 6.21

但是此时有一个问题，手指和脚趾的部分由于设置面数较低，在拓扑后出现了缺失的现象，此时可以适当将“目标多边形数”增加到 0.22 左右，效果如图 6.22 所示。此时的面数在 1 800 个左右。

将拓扑后的模型导出，重新导入 3ds Max 中的效果对比如图 6.23 所示。以上就是配合各个软件进行角色快速制作的过程。

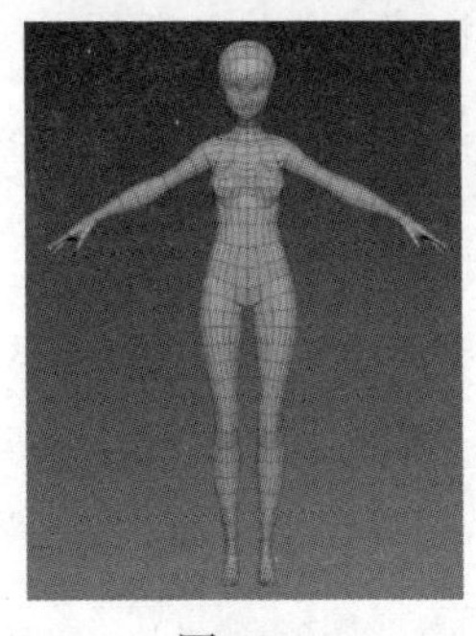

图 6.22

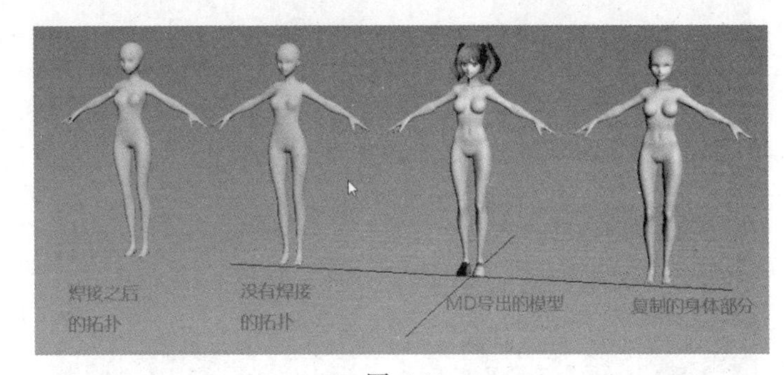

图 6.23

6.2　Stylized Face Creator 卡通头像插件

步骤 01 除了上述的方法外，ZBrush 还有一个专门制作卡通头像的插件，它的名字叫作 Stylized Face Creator，安装好插件后可以在 Z 插件下找到它，如图 6.24 所示。单击 START CREATOR 按钮后即可启动该插件，参数面板如图 6.25 所示。默认的人头效果如图 6.26 所示。

图 6.24

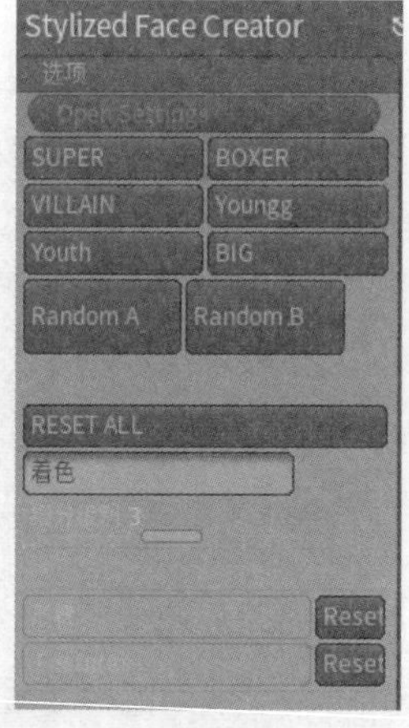

图 6.25

图 6.26

步骤 02 单击SUPER按钮可以得到一个超人的卡通人头，如图 6.27 所示。BOXER对应的效果如图 6.28 所示。

VILLAIN、Youngg、Youth、BIG分别对应的效果如图 6.29 ~ 图 6.32 所示。

图 6.27

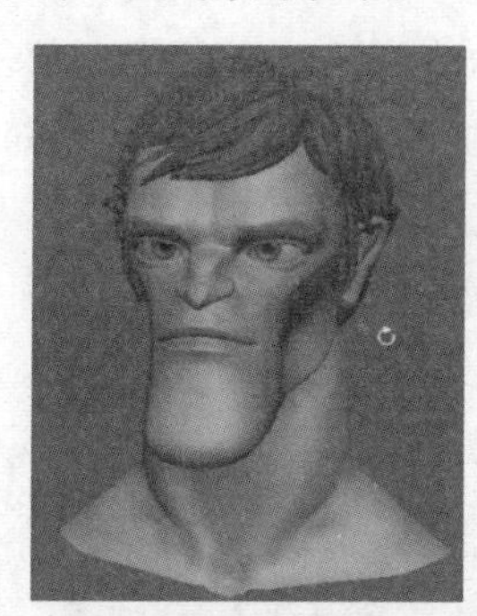

图 6.28

图 6.29

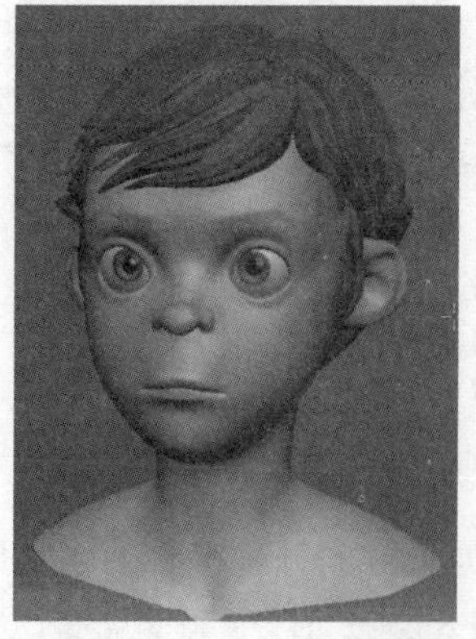

图 6.30

图 6.31

图 6.32

步骤 03 下方还有一些随机的生成按钮Random A和Random B，单击这两个按钮可以随机生成卡通人头模型，RESET ALL 为重置按钮。

除了上述参数外还有一些形状等参数的控制，如图 6.33 和图 6.34 所示。这里的参数就不再一一介绍了，我们选择主要的几个参数来讲解一下。

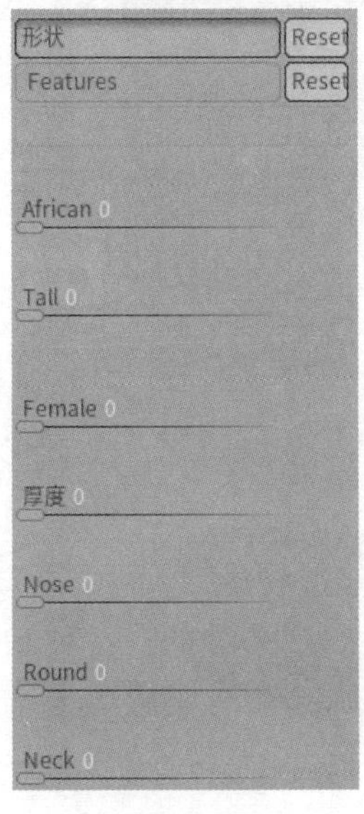

图 6.33

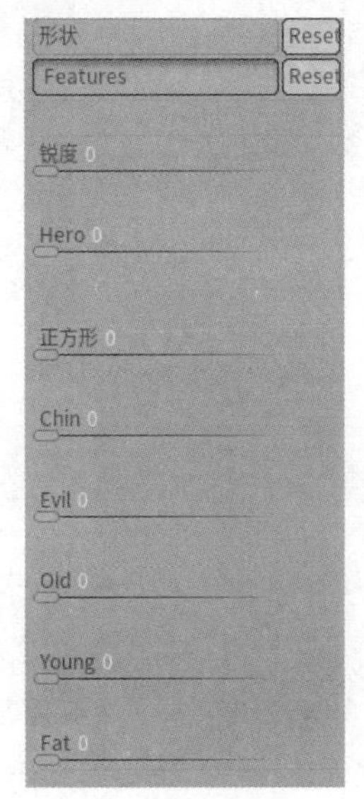

图 6.34

图 6.35

（1）Female：用来调节男女的变化，当把该值拖到最右侧也就是 1 时，角色就变成了一个女性的头像，如图 6.35 所示。

（2）厚度：调整脸型，值为 1 时的效果如图 6.36 所示。

（3）Old：老龄化参数调整，值为 1 时的效果如图 6.37 所示。

（4）Yong：年轻化参数调整，值为 1 时的效果如图 6.38 所示。

（5）Fat：调整胖瘦，值为 1 时的效果如图 6.39 所示。

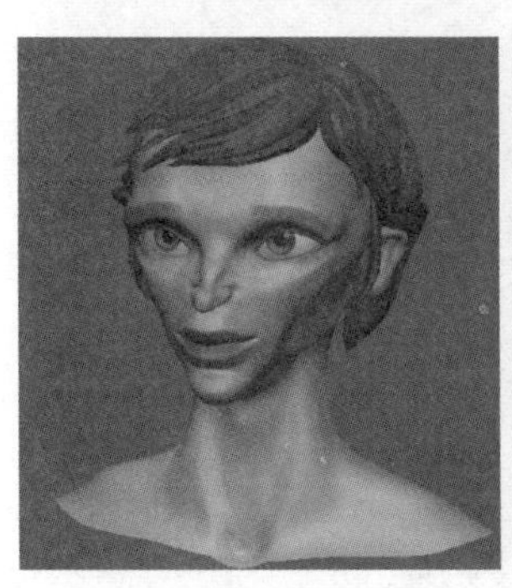

图 6.36

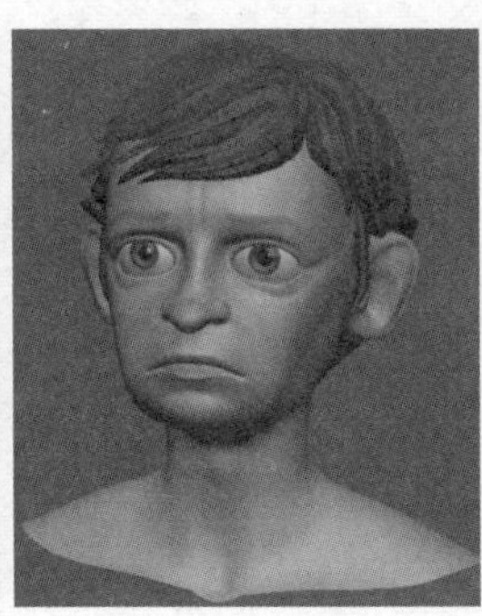

图 6.37

图 6.38

图 6.39

其他参数大家可以自己试验一下。当调整好需要的效果后，单击“应用”按钮即可，然后再根据模型的需要进行下一步的拓扑等操作。

步骤 04 当我们通过该插件得到一个如图 6.40 所示的人头模型时，设置 ZRemesher 参数下的“目标多边形数”为 0.25 左右，打开“对称”，单击 ZRemesher 按钮进行拓扑，效果如图 6.41 所示，然后把模型导出即可。

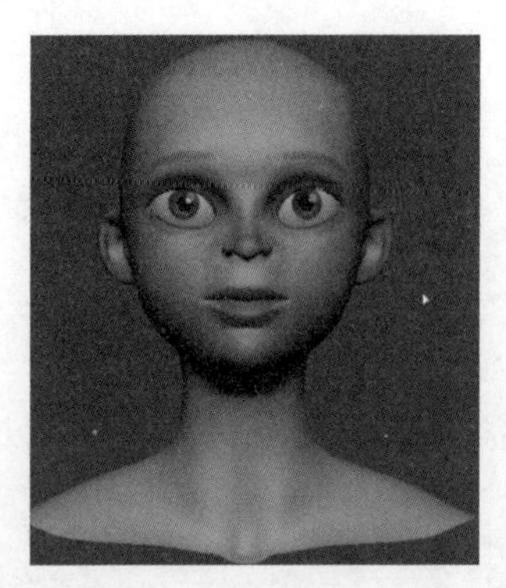

图 6.40

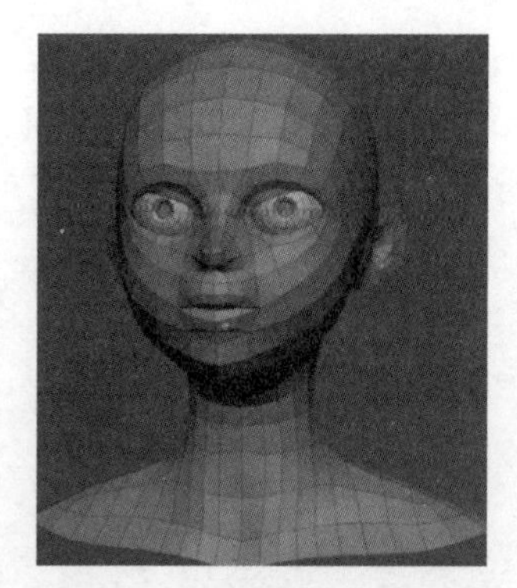

图 6.41

6.3　脸部生成器插件介绍及头部模型调整

3ds Max 软件中也有一个制作人头的插件，它的名字叫“脸部生成器”。首先来看一下它的安装方法。下载后将文件夹中的 Face_Maker.ini 文件复制到 3ds Max 安装的根目录\plugcfg 文件夹下，将 facemaker 文件夹放到 3ds Max 安装的根目录\scripts\startup 文件夹中。重新启动 3ds Max，在 3ds Max 的创建命令面板下单击下三角按钮，在下拉列表中新增加了一个“优—插件”，如图 6.42 所示。

选择“优—插件”后，单击 人脸生成器 按钮，在视图中拖动出人头模型，进入修改面板，可对人头的各个参数进行调节，如图 6.43 所示。

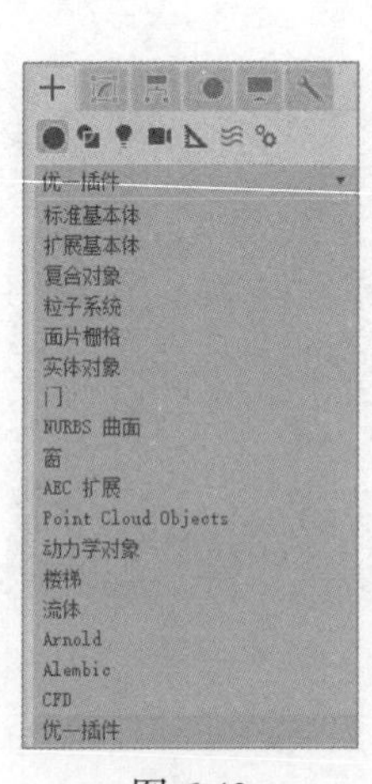

图 6.42

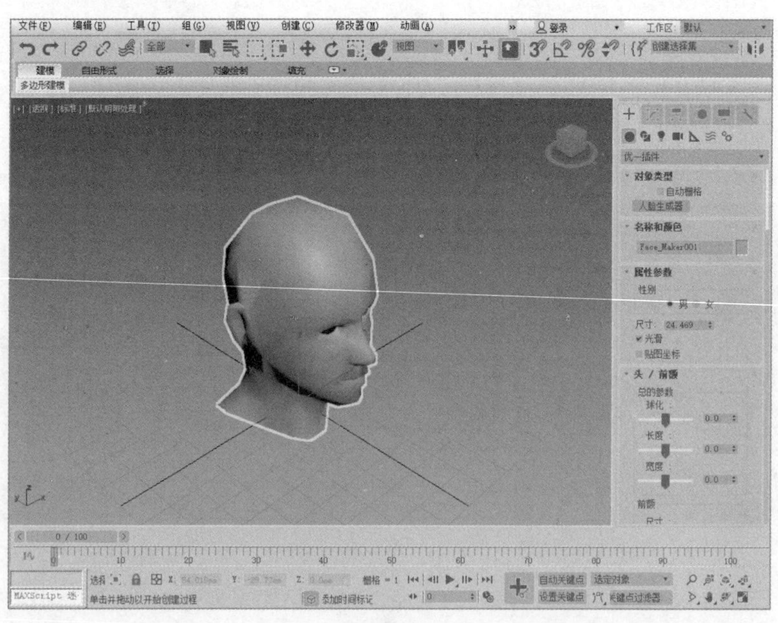

图 6.43

接下来介绍一下各参数面板中的主要参数。下面介绍的各面板中的参数值变化范围均为-1 ~ 1 之间，列举出的图片对比也都是参数值在-1 和 1 时的效果。

1. 属性参数面板

性别参数：效果对比如图 6.44 所示。

尺寸：调节头部大小。

光滑：创建的网格面是否平滑，效果对比如图 6.45 所示。

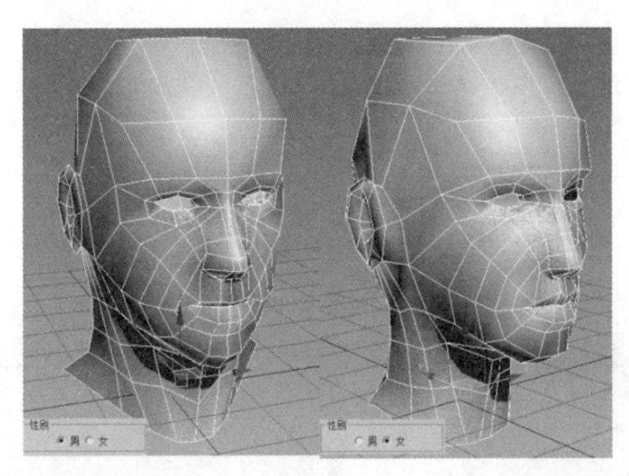

图 6.44

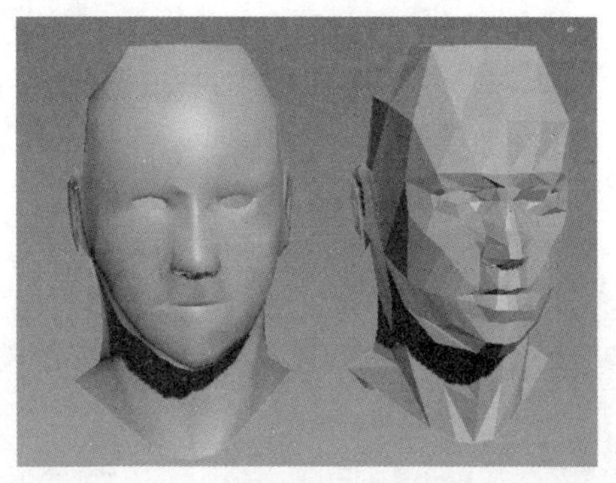

图 6.45

2. 头/前额面板

头/前额面板主要调整头部形状、长宽、前额的简单变化效果。

球化：调整头部球化变形，效果对比如图 6.46 所示。

长度：控制头部长短变化，效果对比如图 6.47 所示。

宽度：调整头部宽度，效果对比如图 6.48 所示。

前额：调整额头部位的凸起变化，效果对比如图 6.49 所示。

角度：调整额头面的向下角度，效果对比如图 6.50 所示。

Y 方向：调整额头向前凸起变化，效果对比如图 6.51 所示。

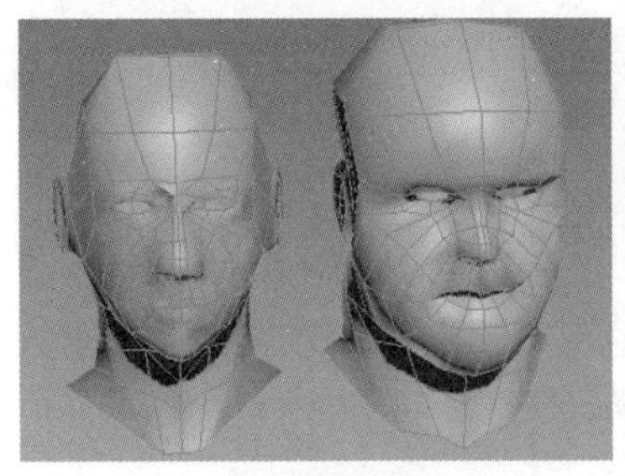

图 6.46

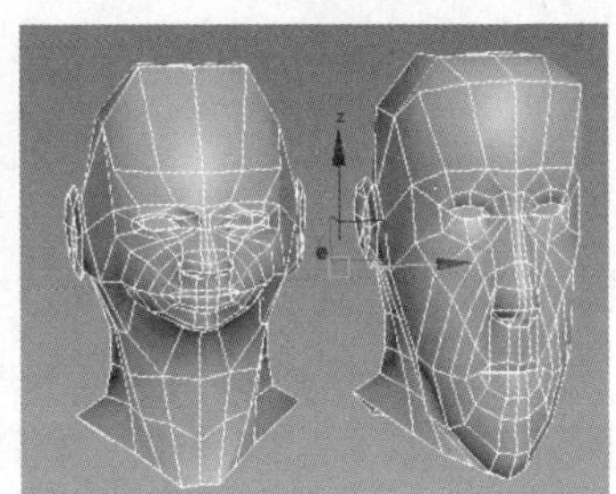

图 6.47

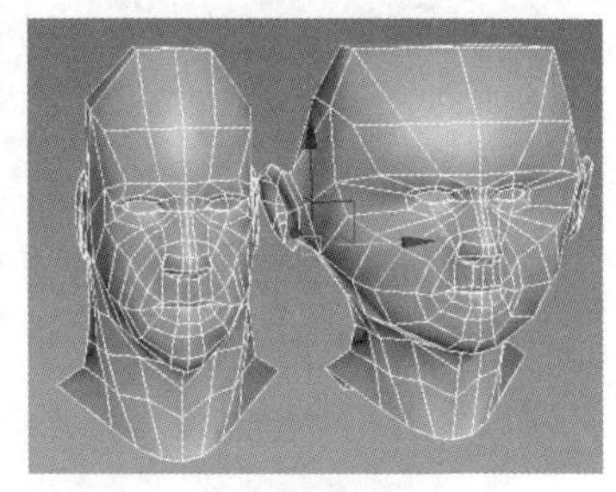

图 6.48

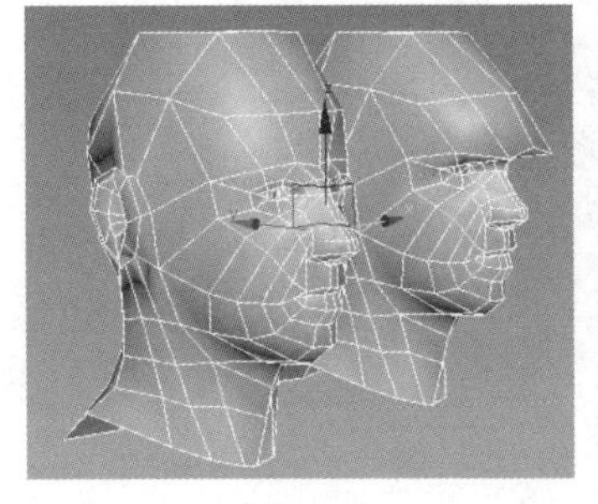

图 6.49

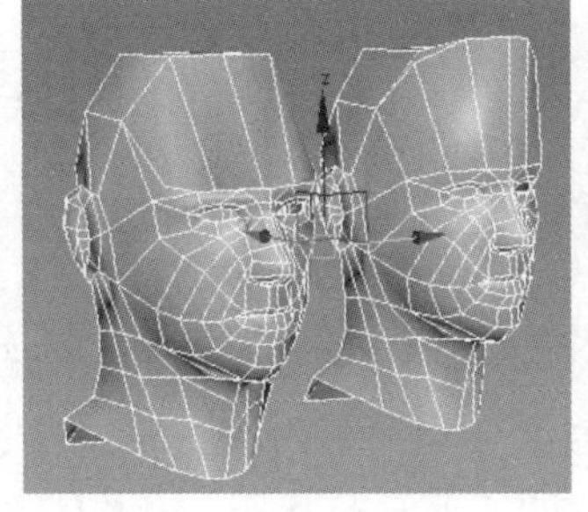

图 6.50

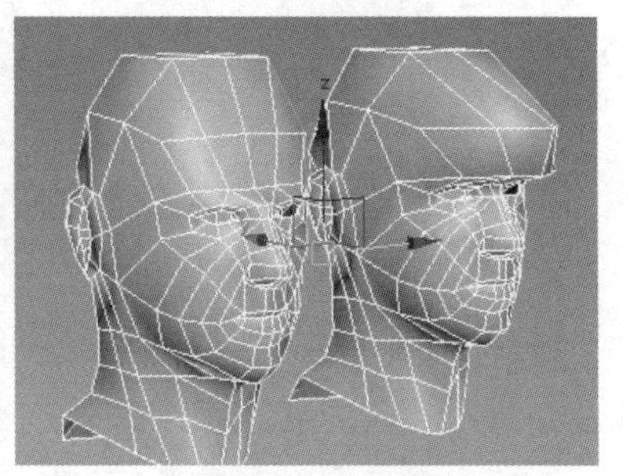

图 6.51

3．头/下部参数面板

骨骼：调整脸部颧骨大小变化，效果对比如图 6.52 所示。

肥大：调整脸部胖瘦，效果对比如图 6.53 所示。

颌角度：调整颌位置角度，效果对比如图 6.54 所示。

形状和尺寸：调整颌部位的形状和大小，效果对比如图 6.55 所示。

下巴尺寸：调整下巴大小，和颌的大小有点类似。肥大参数同理。双下巴参数可以调节出双下巴效果，不过因为头部模型布线较少，调整出来的双下巴效果比较尖锐，效果并不太好。这个参数一般很少调整。

脖子尺寸：效果对比如图 6.56 所示。

肌肉：调整脖子位置的肌肉，效果对比如图 6.57 所示。

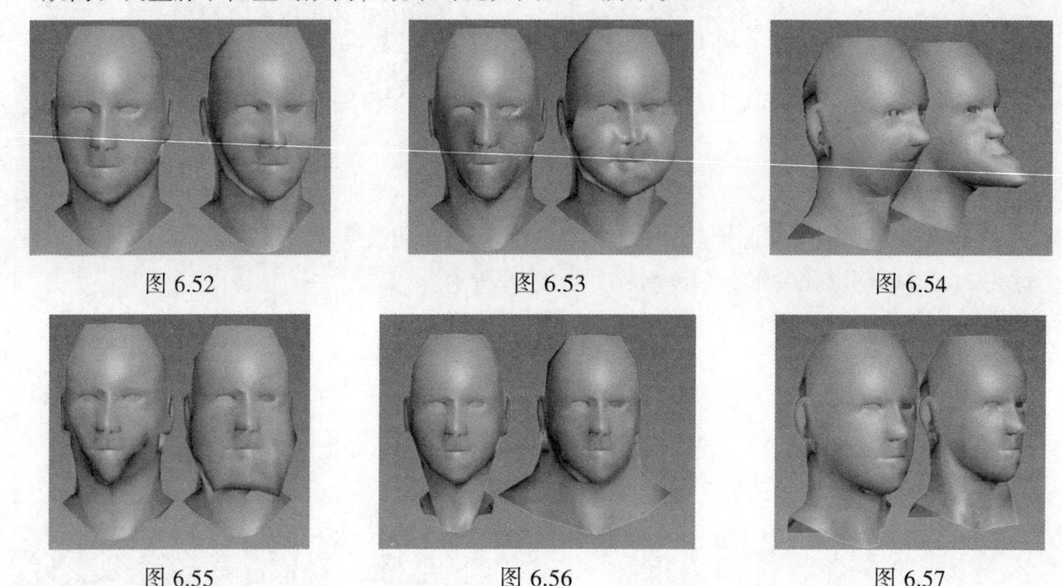

图 6.52　图 6.53　图 6.54

图 6.55　图 6.56　图 6.57

4．眼睛面板参数

X 方向：调整双眼的距离变化，效果对比如图 6.58 所示。

尺寸：调整眼睛大小，效果对比如图 6.59 所示。这里参数值为-1 和 1 时，效果有些太夸张。

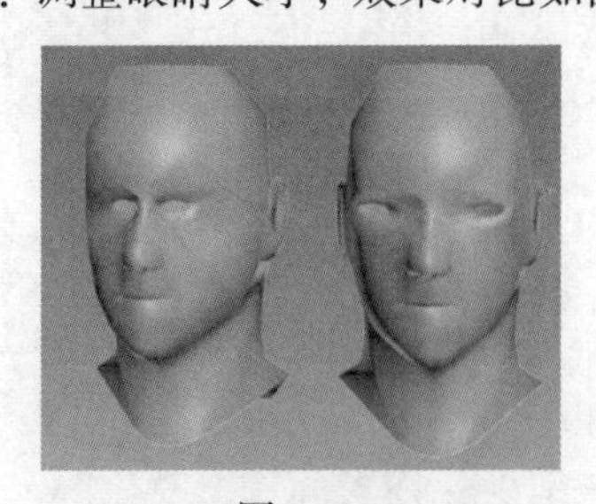

图 6.58

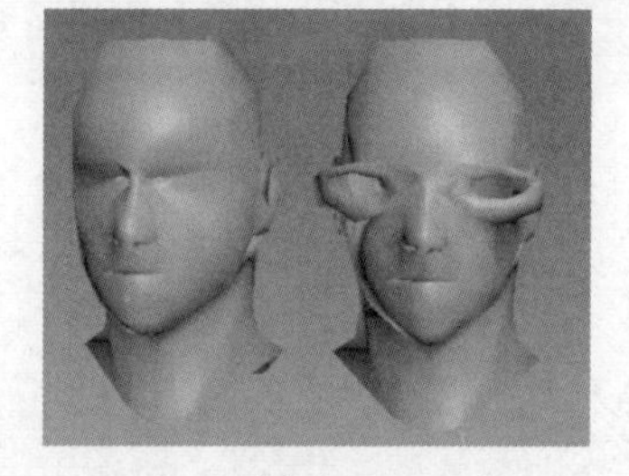

图 6.59

隆起参数：隆起参数可以单独调节左眼或者右眼的隆起，也就是眼睛部位的凸起和凹陷效果，变化效果也比较夸张，很少调整该参数。

形状参数：眼角参数。控制眼角的下垂或者上扬，效果对比如图 6.60 所示。

“平直”和“下眼帘”参数值可以调整眼睛大小，效果对比如图 6.61 所示。

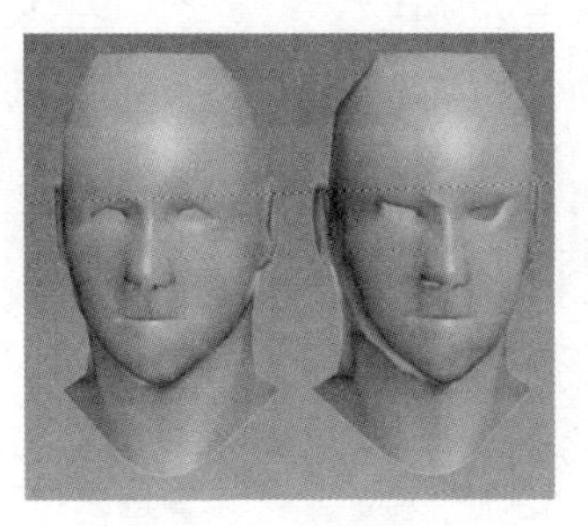

图 6.60

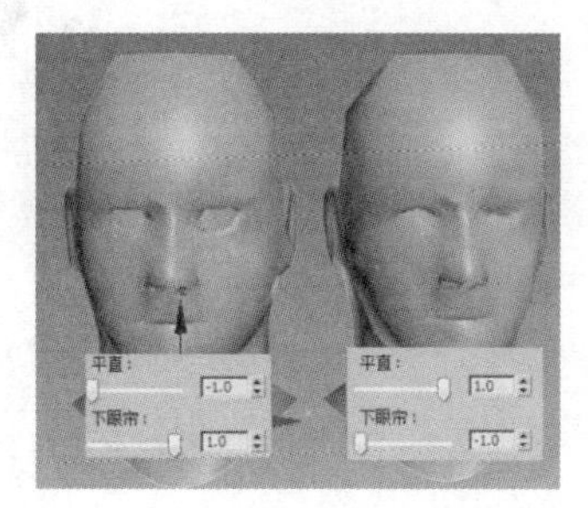

图 6.61

5. 子参数面板

Y 方向和 X 方向：调整鼻子前后和上下位置。

形状：效果对比如图 6.62 所示。

鼻梁：调整鼻梁骨的高低。

鹰钩鼻：调整鼻尖的上下位置，效果对比如图 6.63 所示。

宽度：调整鼻子宽度变化。

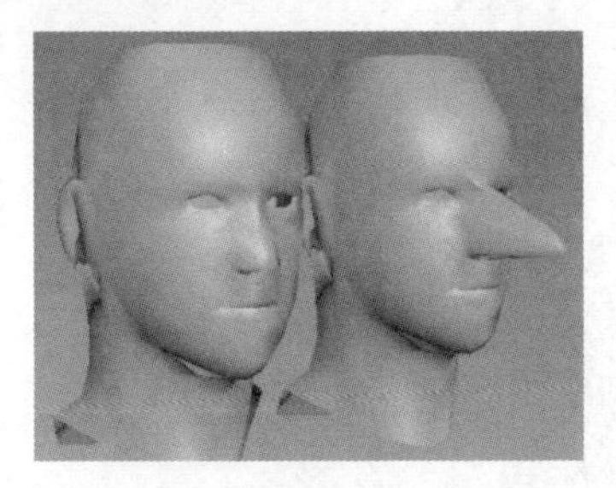

图 6.62

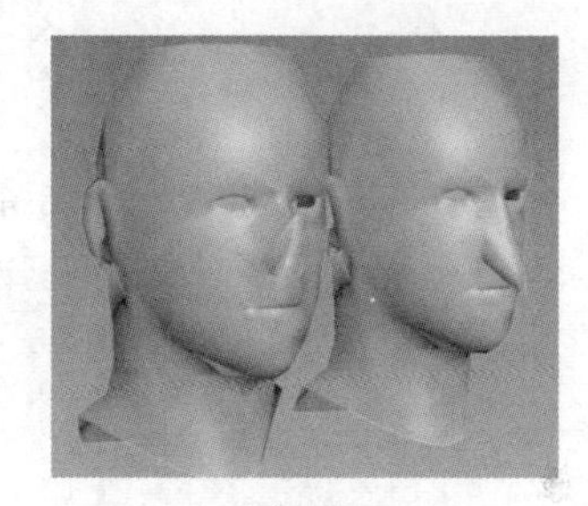

图 6.63

鼻尖和鼻孔参数也比较简单，分别可以调整鼻尖的尺寸、高度和宽度变化等。

6. 嘴参数面板

宽度：调整嘴巴宽度变化，效果对比如图 6.64 所示。这个参数并不是嘴巴的整体大小调整。

Y 方向和 Z 方向控制嘴巴的前后位置变化和上下位置变化。

上嘴唇和下嘴唇可以单独调整，它分 Y 轴方向和厚度调节参数。Y 方向也是调整前后的位置变化，厚度调整嘴唇薄厚，效果对比如图 6.65 所示。

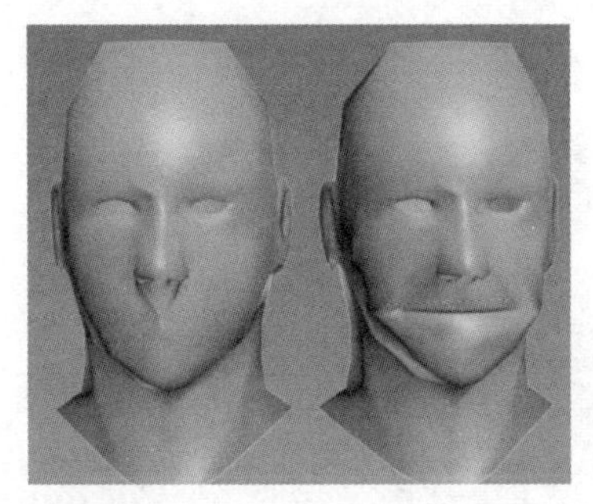

图 6.64

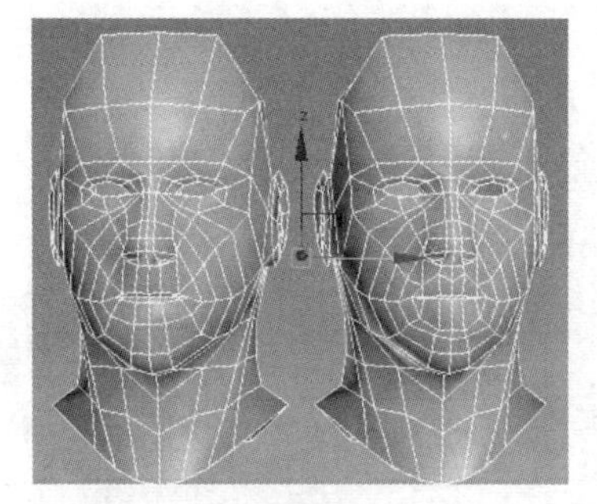

图 6.65

7. 耳朵参数面板

X 方向、Y 方向、Z 方向分别调整耳朵的位置变化。

尺寸调整耳朵的大小变化，效果对比如图 6.66 所示。角度调整耳朵的隆起角度，效果对比如图 6.67 所示。

学习了参数调节之后接下来调整所需要的头部效果。

用此插件将嘴巴适当调小一些，眼睛调大一些，鼻子调小一些，调整后的效果如图 6.68 所示。

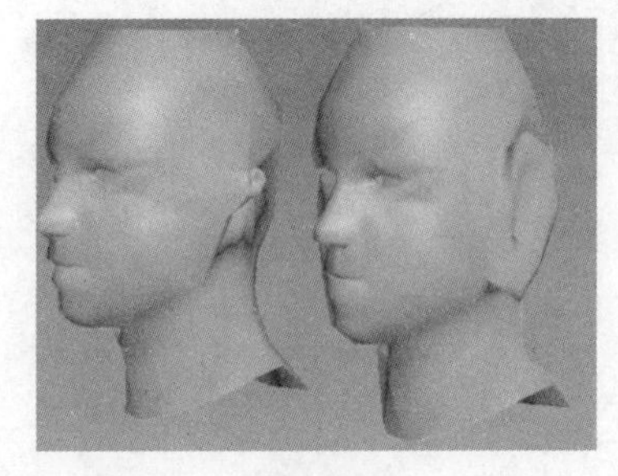

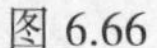

图 6.66

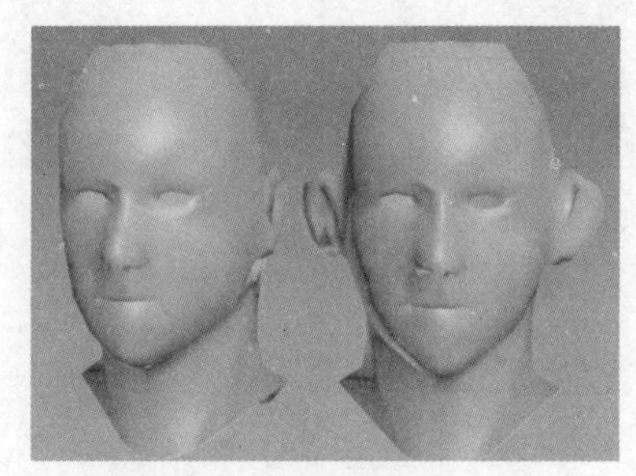

图 6.67

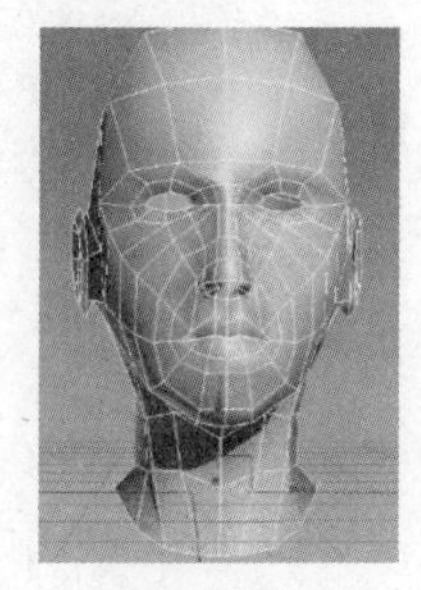

图 6.68

以上就是两个插件快速制作简模人头的方法。

6.4 调整模型

步骤 01 在 3ds Max 中打开 ZBrush 中拓扑后的角色模型，如图 6.69 所示。

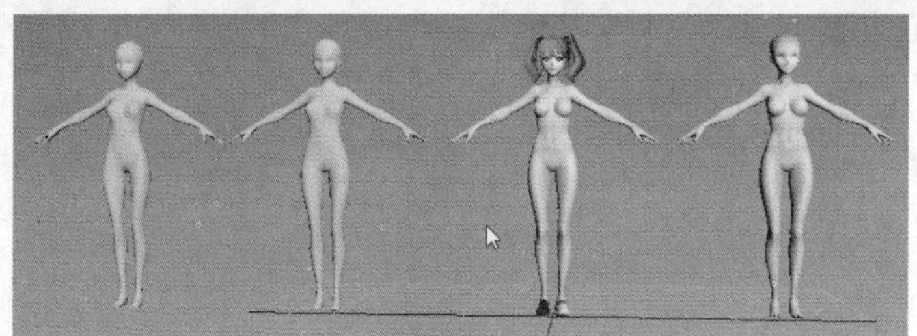

图 6.69

删除不需要的模型，只保留身体简模和头发模型，如图 6.70 所示。选择身体模型，进入“点”级别，删除一半的点。接下来针对身体部分再进一步做优化调整，我们使用“石墨”建模工具下的“优化”命令（如图 6.71 所示）来优化模型。

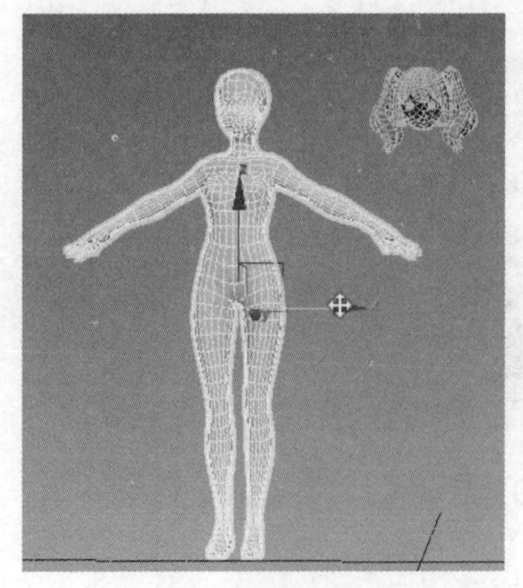

图 6.70

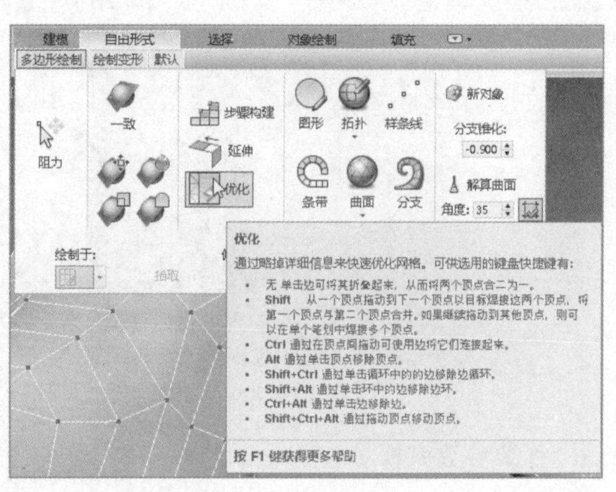

图 6.71

首先来学习一下优化命令的使用方法：先创建一个面片并转换为可编辑的多边形物体，按 F4 键打开线框显示，按住 Ctrl 键先在点 1 上单击再在点 2 上单击，可以在两点之间连接出线段，如图 6.72 所示。按住 Alt 键在点上单击可以移除与它相连的点和线段，如图 6.73 所示。

按住 Shift+Ctrl 键在线段上单击可以快速移除环形线，如图 6.74 中所示的虚线。

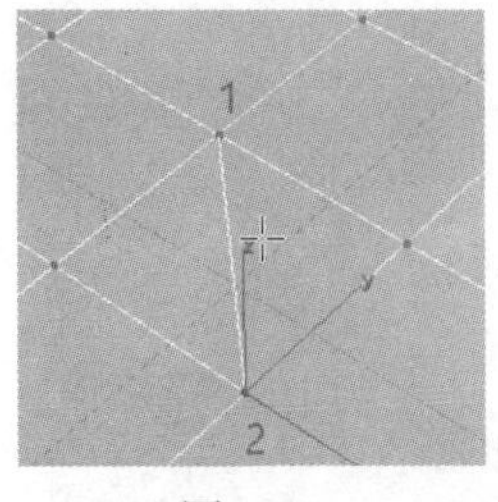

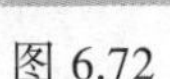
图 6.72

图 6.73

图 6.74

按住 Shift+Alt 键，在线上单击会把相邻的两条环形线段合并成一条线段，如图 6.75 所示。

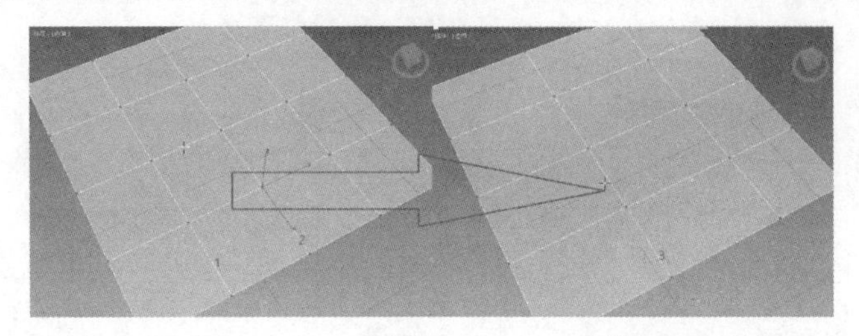

图 6.75

按住 Ctrl+Alt 键为单独移除某一条边，如图 6.76 所示。

按住 Shift+Ctrl+Alt 键为移动点，如图 6.77 所示。

图 6.76

图 6.77

接下来我们所需要用到的就是配合 Shift+Ctrl 键或者 Shift+Alt 键来移除多余的线段。移除多余线段前后身体效果对比如图 6.78 和图 6.79 所示。

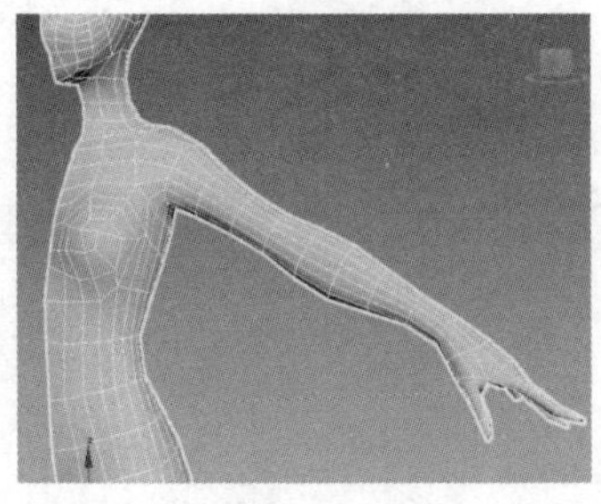

图 6.78

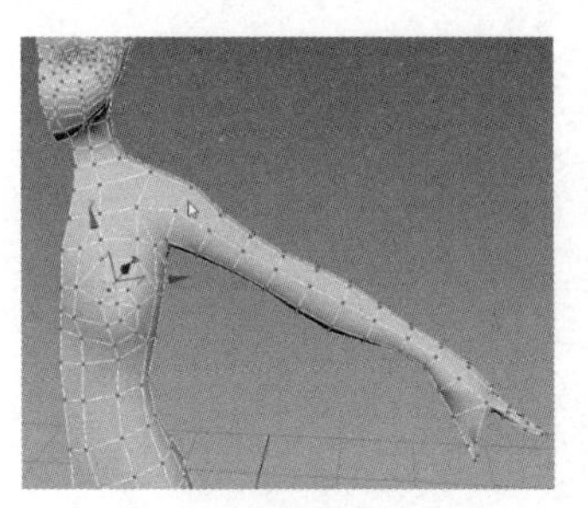

图 6.79

用同样的方法将腿部的布线也适当地精简，精简前后的效果对比如图 6.80 和图 6.81 所示。将手臂进一步精简，效果如图 6.82 所示。

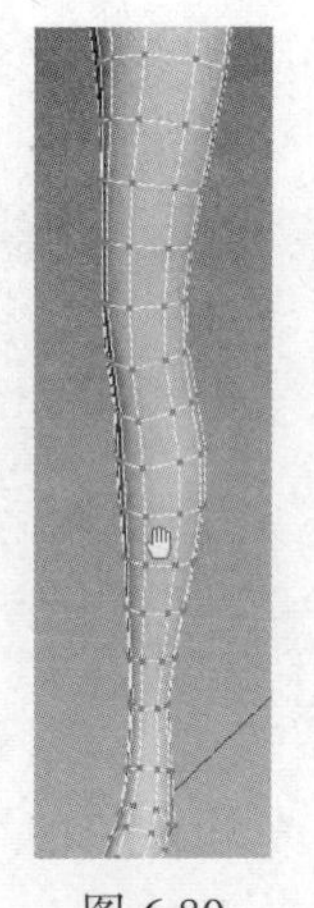

图 6.80

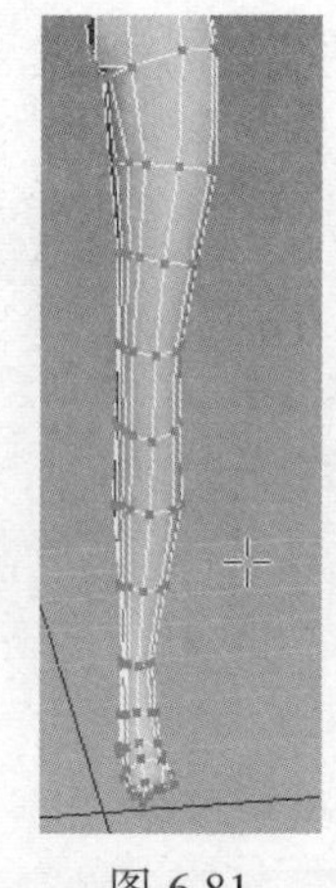

图 6.81

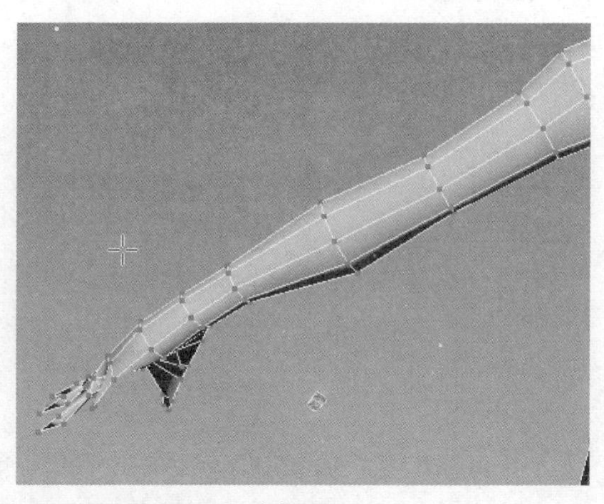

图 6.82

过度精简模型后手出现了一些问题，如图 6.83 所示。删除手指部分多余的面，手动调整布线后，依次选择边界线挤出手指模型，过程如图 6.84 ~ 图 6.86 所示。

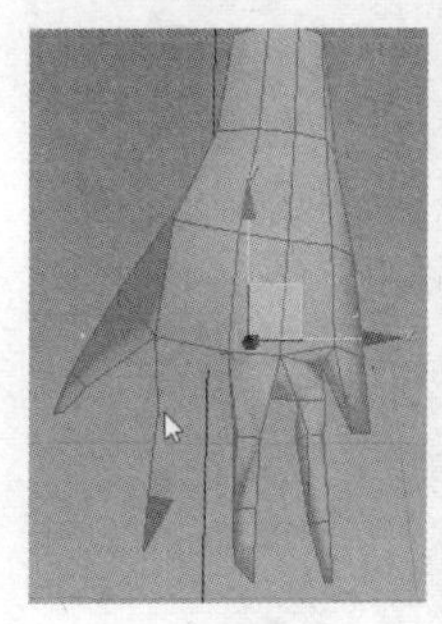

图 6.83

图 6.84

图 6.85

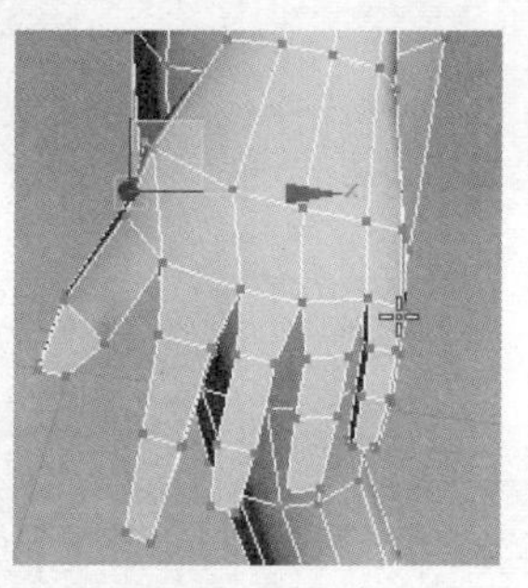

图 6.86

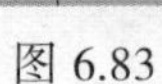

选择所有的面，单击 自动平滑 按钮，在修改器下拉列表中选择“对称”修改命令，效果如图 6.87 所示。

选择头部所有的点，用缩放工具稍微放大处理，然后将上半身稍微调短一点，如图 6.88 所示。这样就显得腿长一些，角色会更加美观。

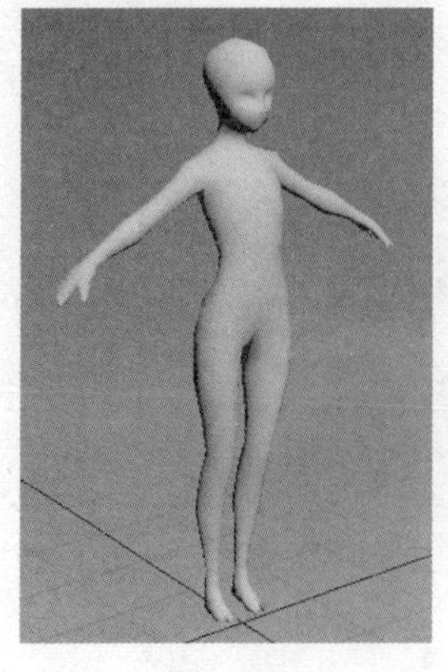

图 6.87

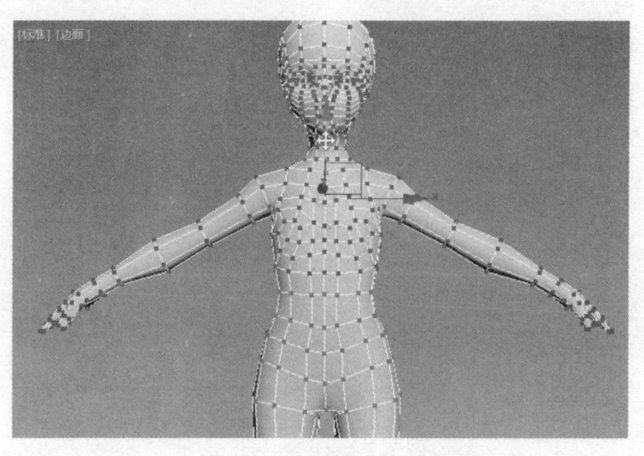

图 6.88

将头发和眼球模型显示出来，如图 6.89 所示。头发和头部会有一些面的穿插，用偏移笔刷细致调整头发，最后整体效果如图 6.90 所示。

图 6.89

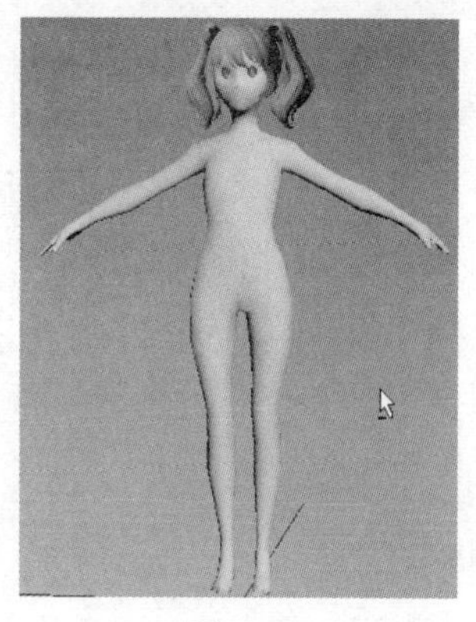
图 6.90

6.5　制作衣服

步骤 01 选择如图 6.91 所示的模型的面，按住 Shift 键缩放复制一个，选择复制出来的模型，按 Alt+Q 快捷键孤立化显示，删除一半的面，简单调整一下布线后的效果如图 6.92 所示。选择底部的边，按住 Shift 键向下挤出面并调整，用“偏移”笔刷工具整体调整一下衣服的位置，尽可能使衣服和身体的面不要穿插在一起，如图 6.93 所示。

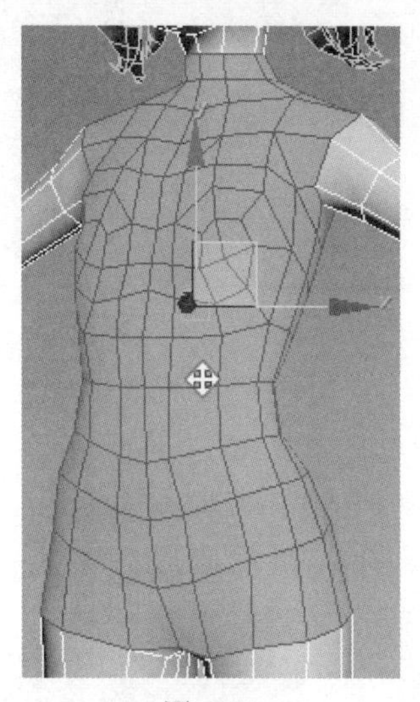
图 6.91

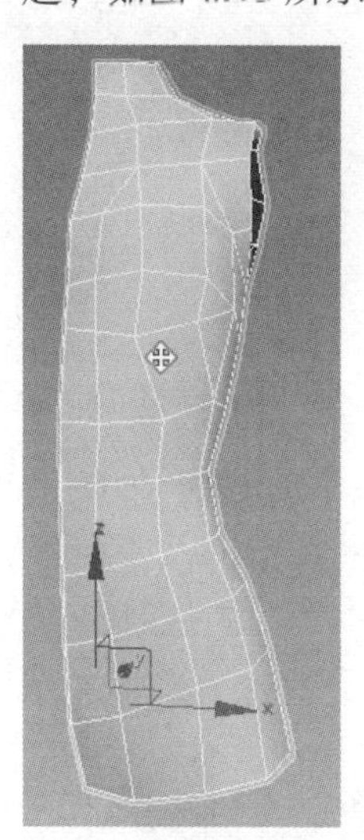
图 6.92

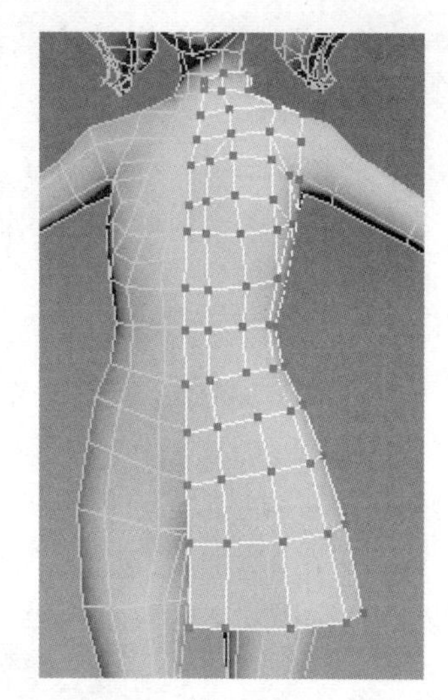
图 6.93

步骤 02 选择对称中心的线，用“缩放”工具沿着 X 轴多次缩放使其缩放成一条直线，如图 6.94 所示。在修改器下拉列表中选择“对称”修改命令，按 M 键打开材质编辑器，选择一个材质球，将漫反射颜色设置为青色并赋予模型，如图 6.95 所示。

步骤 03 用同样的方法选择图 6.96 中所示的面并复制出来，删除一半的点后调整形状至图 6.97 所示。

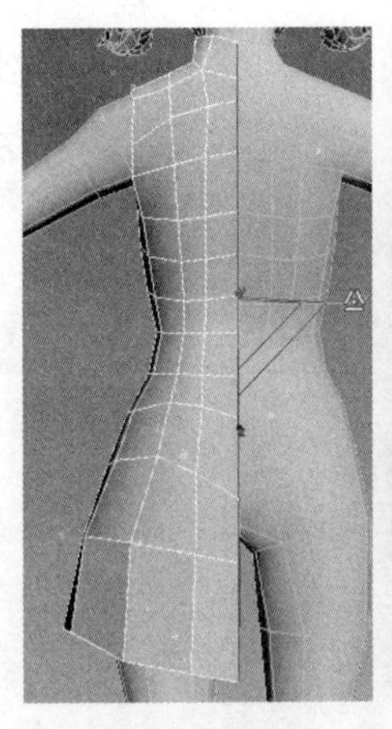
图 6.94

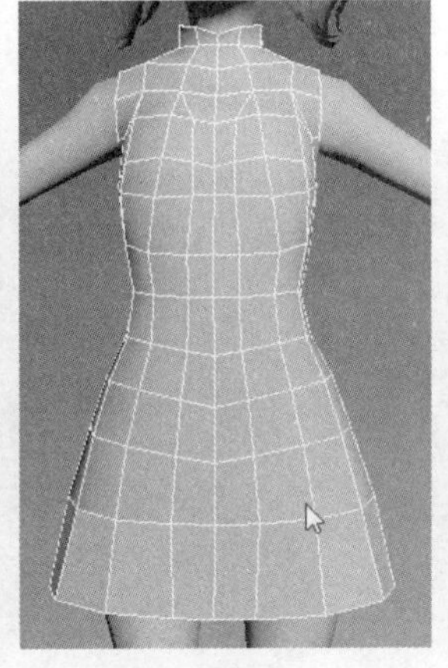
图 6.95

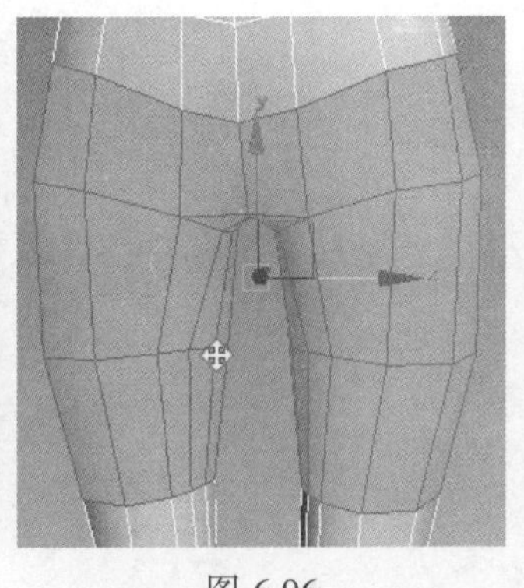
图 6.96

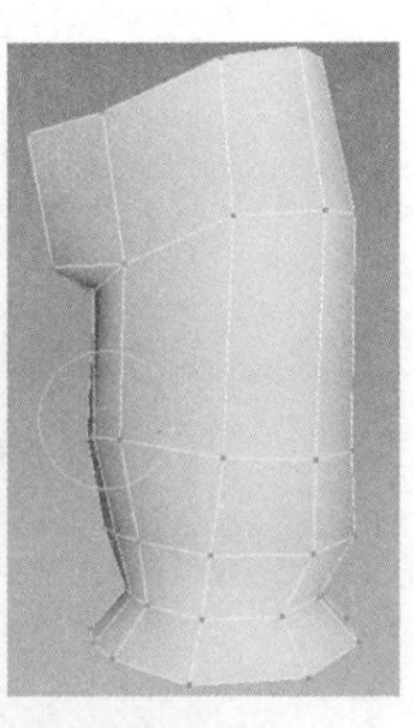
图 6.97

在修改器下拉列表中选择“对称”修改命令后将模型塌陷为可编辑的多边形物体，如图 6.98 所示。在领口位置创建一个面片并修改调整至图 6.99 所示的形状。用同样的方法对称出另一半，并修改至如图 6.100 所示。整体效果如图 6.101 所示。

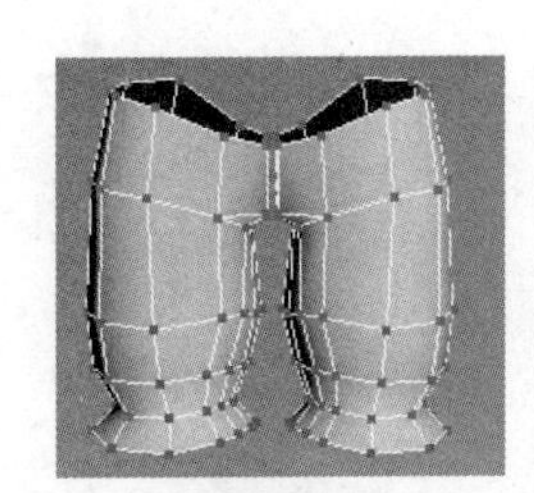
图 6.98

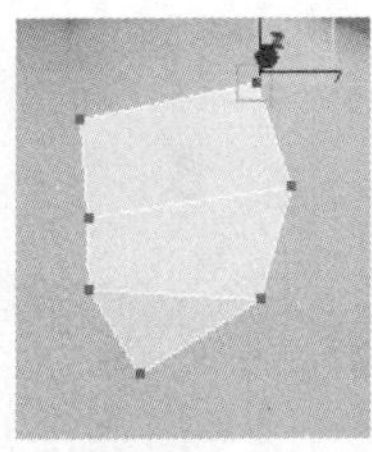
图 6.99

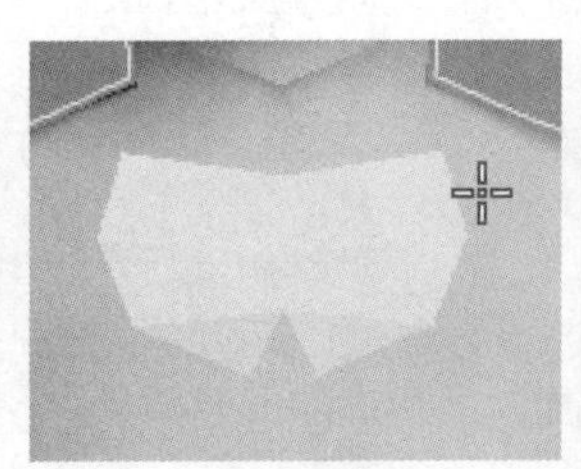
图 6.100

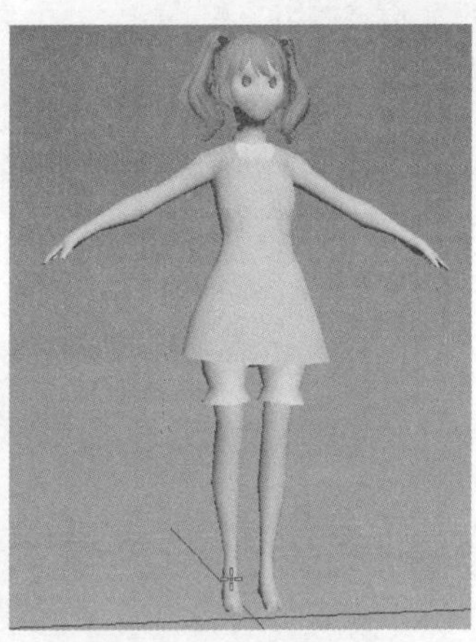
图 6.101

步骤 04 制作鞋子。创建一个长方体模型，如图 6.102 所示。将其转换为可编辑的多边形物体，加线调整至图 6.103 所示形状。将前段的面缩小调整后，选择图 6.104 中所示的面并挤出。挤出的同时随时调整形状，删除一半的面，调整至图 6.105 和图 6.106 所示形状。

在图 6.107 中所示位置加线，然后选择底部的面并挤出，如图 6.108 所示。

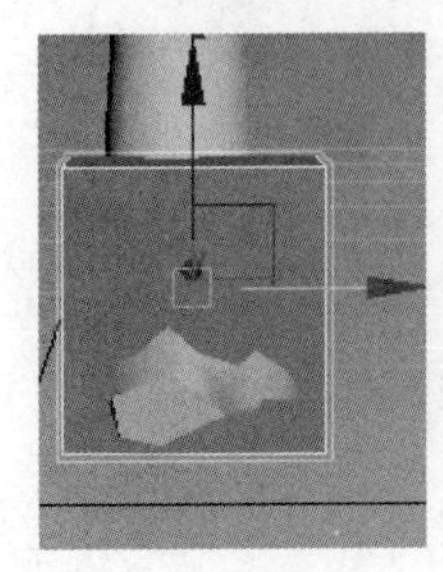
图 6.102

图 6.103

图 6.104

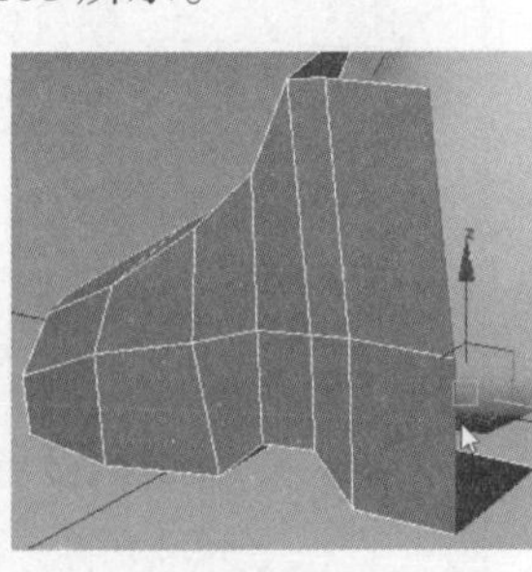
图 6.105

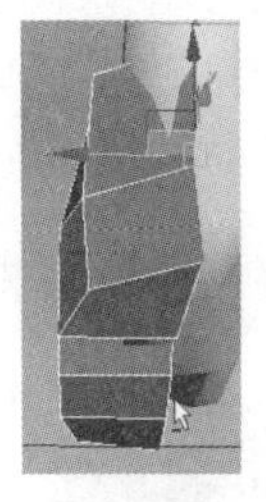

图 6.106

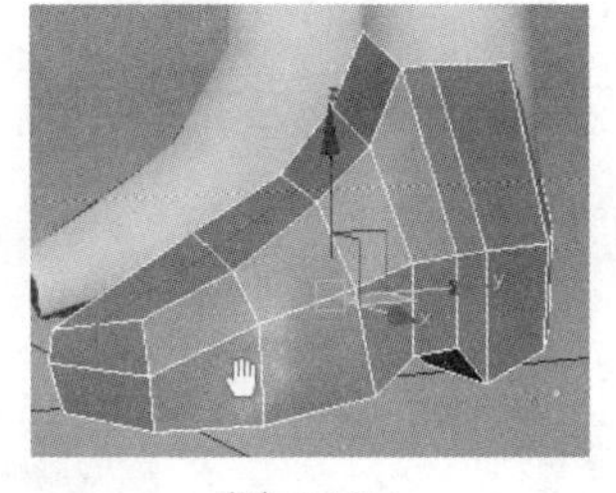

图 6.107

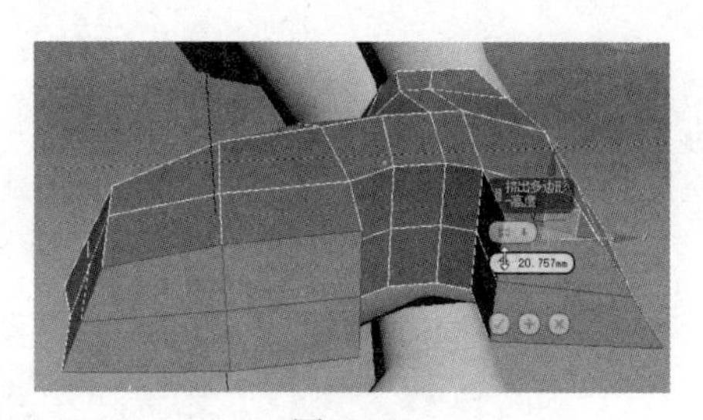

图 6.108

加线调整至图 6.109 所示形状后添加“对称”修改命令并将模型塌陷，然后选择图 6.110 所示顶部的边界线，此处的开口位置非常不规则，我们希望将其调整至一个圆形的开口。按 2 键进入“边”级别，单击“石墨”工具下“循环”面板中的“循环工具”，如图 6.111 所示。

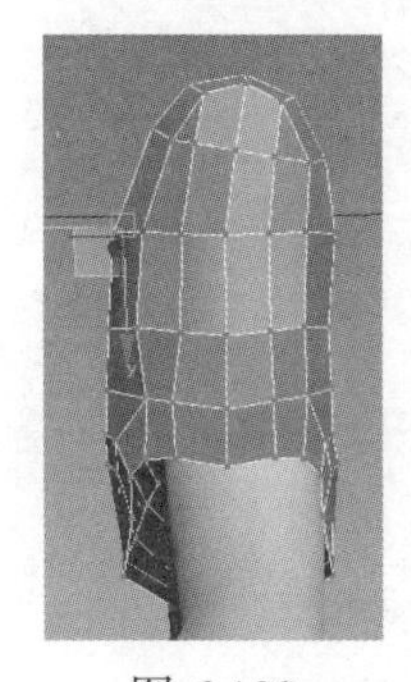

图 6.109

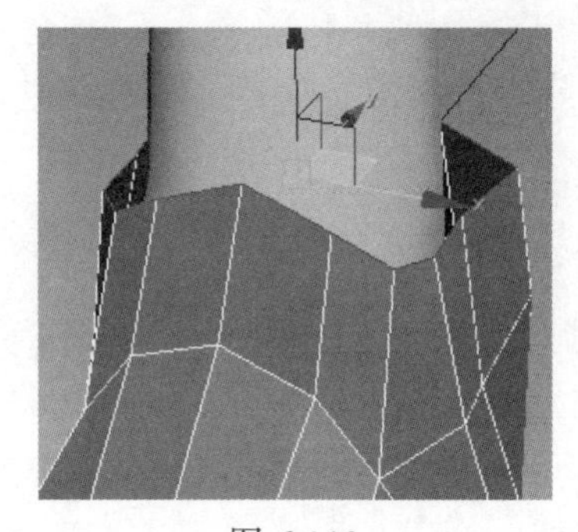

图 6.110

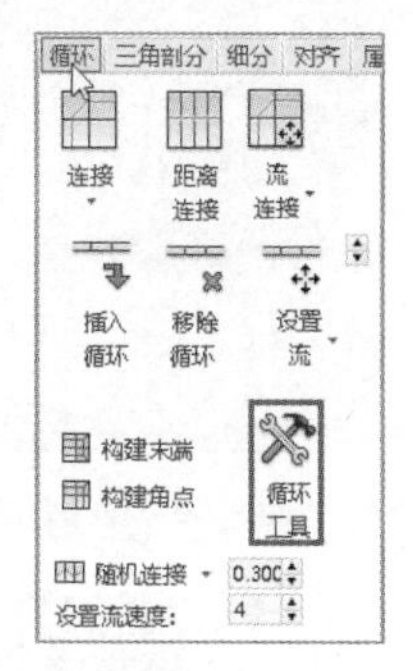

图 6.111

在“循环”工具面板中单击“呈圆形”按钮，如图 6.112 所示，将选择的边快速处理成圆形，如图 6.113 所示。然后配合 Shift 键向上挤出面并调整形状至图 6.114 所示。

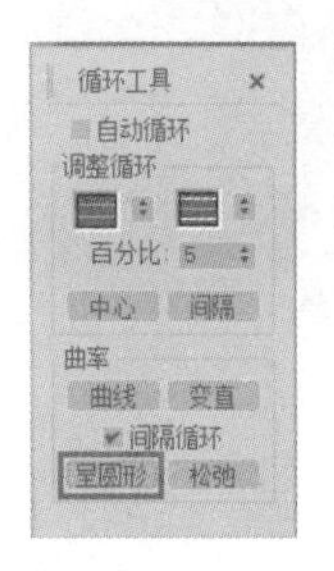

图 6.112

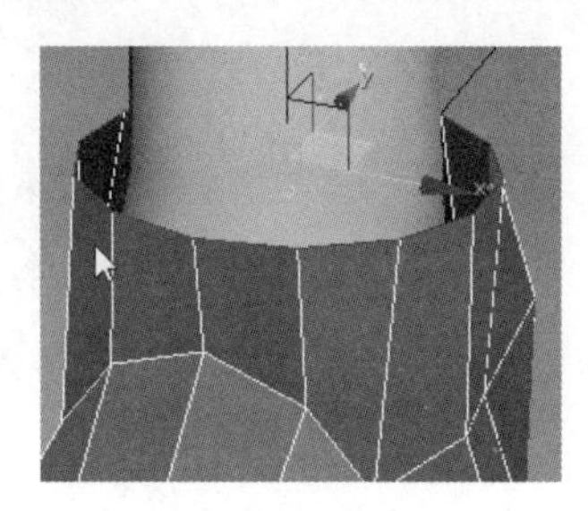

图 6.113

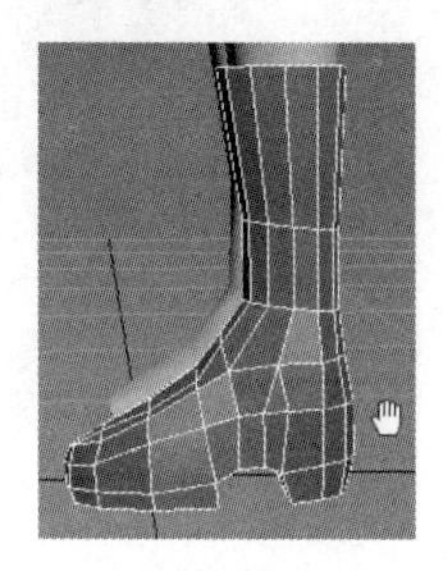

图 6.114

在鞋面上创建一个面片（后期用来制作贴图），如图 6.115 所示。最后将鞋子模型对称复制一个整体效果，如图 6.116 所示。

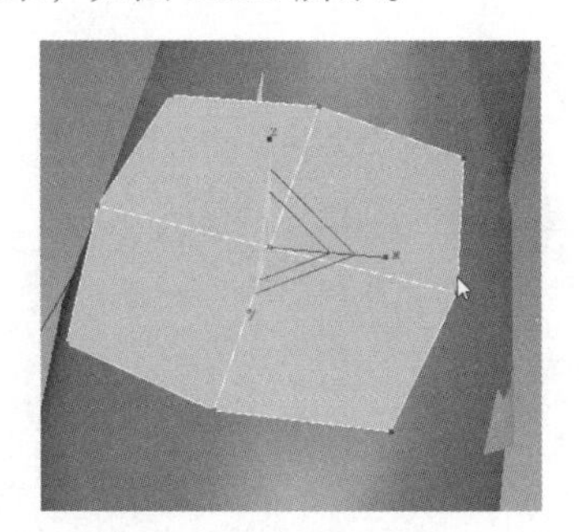

图 6.115

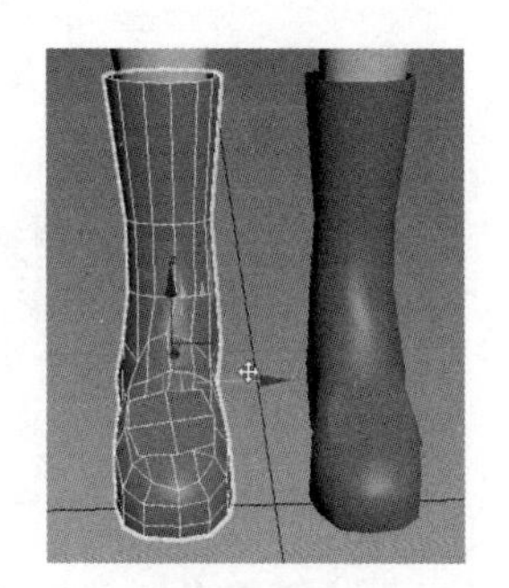

图 6.116

6.6 制作头发

步骤 01 选择角色模型中头顶的面，如图 6.117 所示，按住 Shift 键缩放复制，然后选择底部的边，逐步向下挤出面调整至如图 6.118 所示。

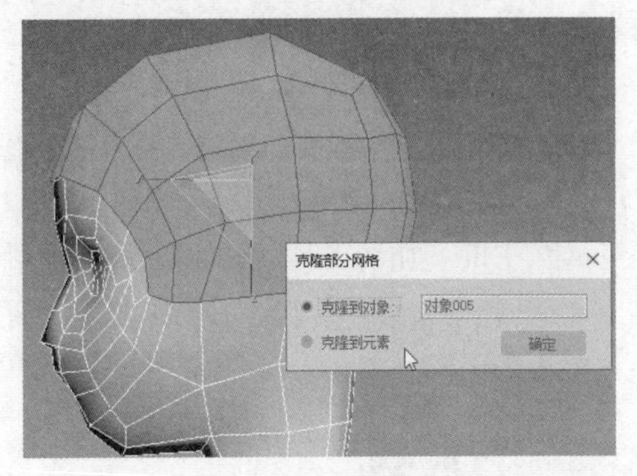

图 6.117

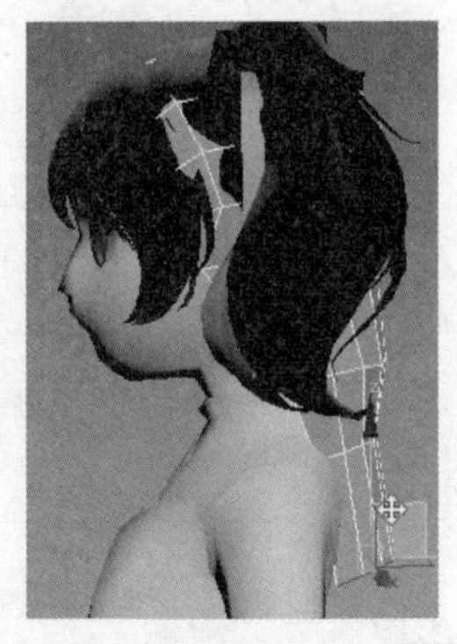
图 6.118

删除一半的面并关联镜像复制出另一半（删除一半面的原因是因为模型左右对称只需要调整一半即可，再镜像复制的原因是为了整体观察效果），如图 6.119 和图 6.120 所示。

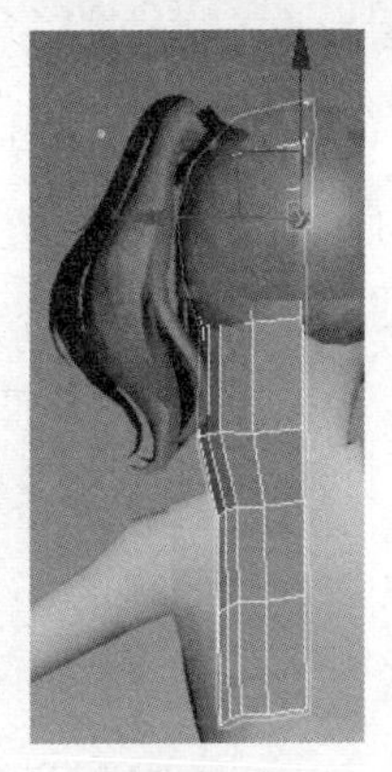
图 6.119

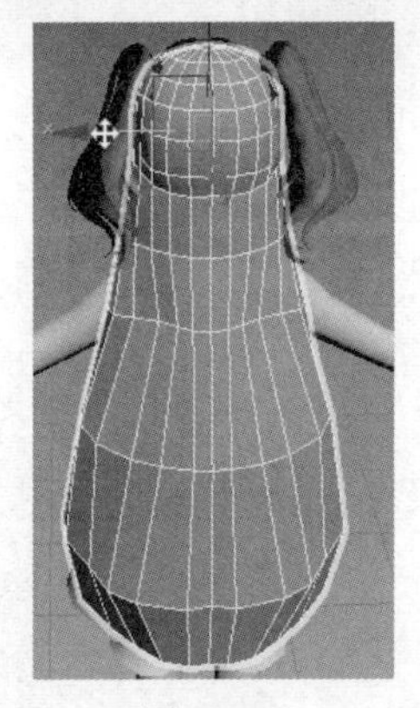
图 6.120

第二种方法是利用“条带”工具制作。“条带”工具位于“石墨”建模工具下的多边形绘制面板中，如图 6.121 所示。

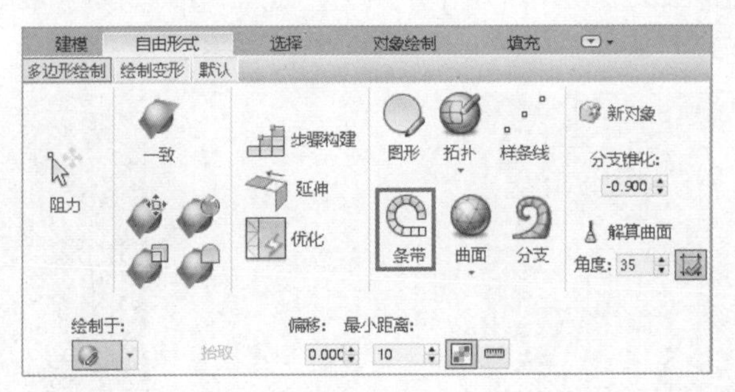

图 6.121

“条带”工具的使用一般都是基于物体的表面来绘制的。为了方便讲解，首先创建一个面片物体并将其转换为可编辑的多边形物体，单击“条带”按钮就可以在面片上自由绘制条带了，如图 6.122 所示。绘制的条带大小可以调整“最小距离”值来控制，将值调大，绘制的条带也就宽一些，如图 6.123 所示。

将头发模型细分，选择条带工具在表面上逐步绘制出条带，如图 6.124 所示。

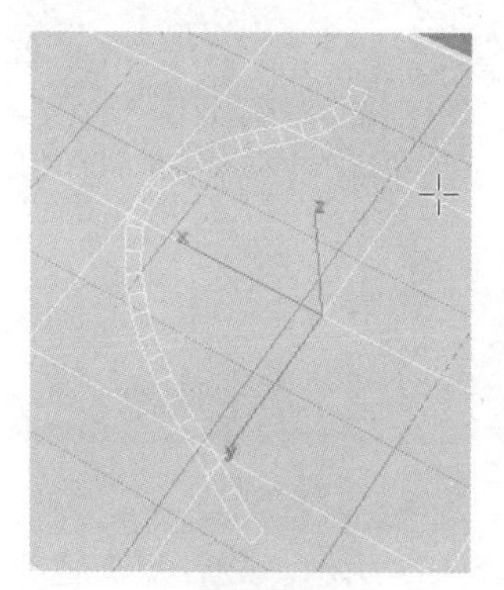

图 6.122

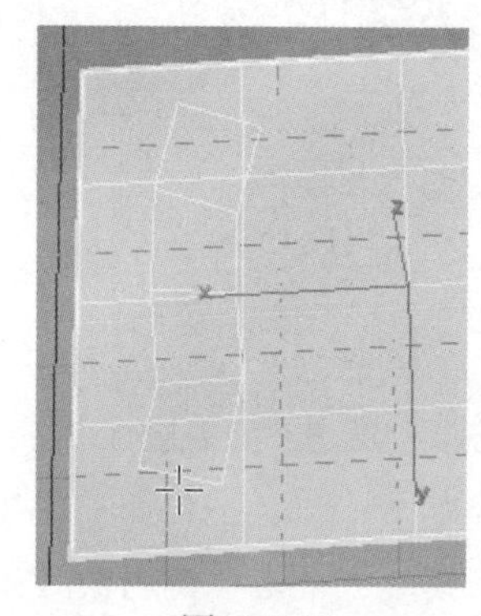

图 6.123

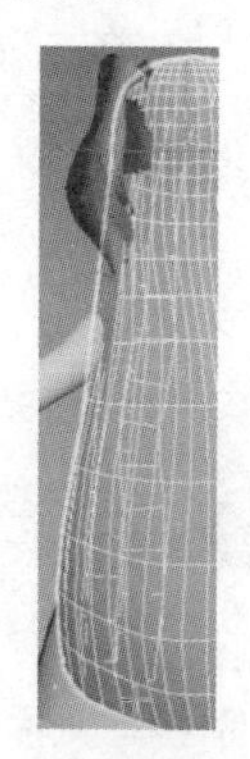

图 6.124

绘制完后，隐藏其他的面，效果如图 6.125 所示。最后再配合头发贴图可以得到头发的效果。

步骤 02 选择图 6.126 中头发的面并删除，然后选择图 6.127 中所示的边界线，按住 Shift 键向下挤出面并调整形状至图 6.128 所示。

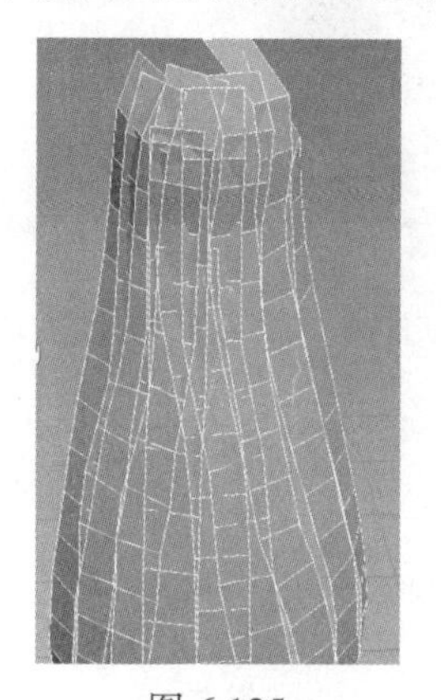

图 6.125

图 6.126

图 6.127

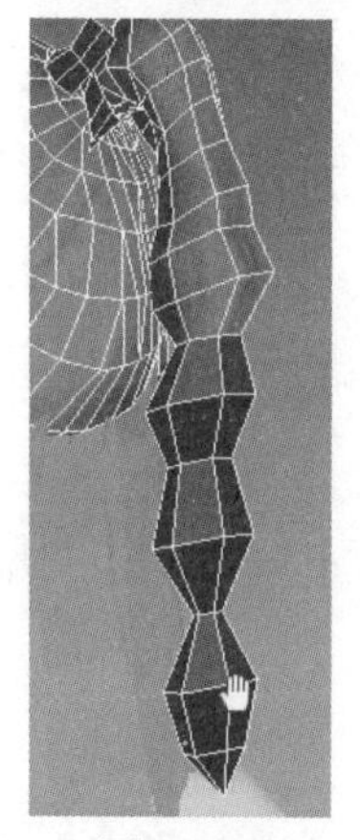

图 6.128

图 6.129

步骤 03 在头顶位置创建一个面片并调整形状至图 6.129 所示。在修改器下拉列表中选择“壳”修改命令使单面模型变成带有厚度的模型，如图 6.130 所示。加线调整形状后的细分效果如图 6.131 所示。

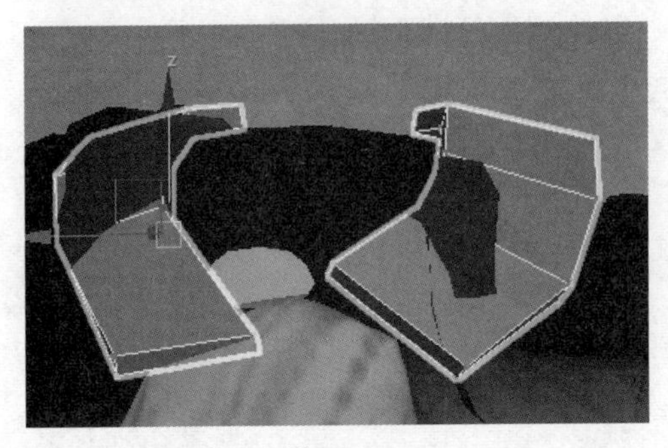

图 6.130

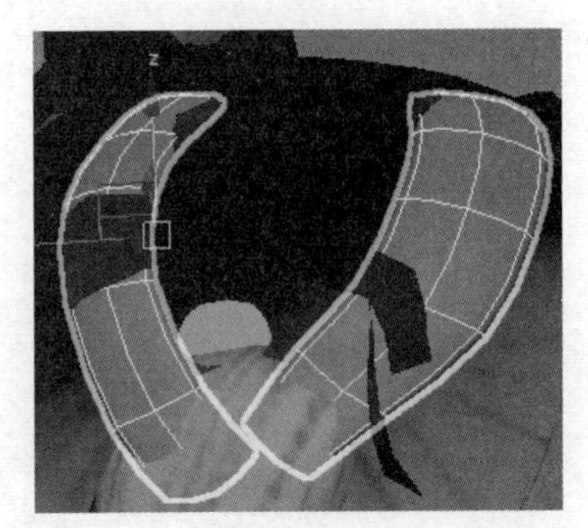

图 6.131

继续细化调整后，给头发模型一个褐色的材质效果，如图 6.132 所示。最后镜像复制到另一侧，如图 6.133 所示。

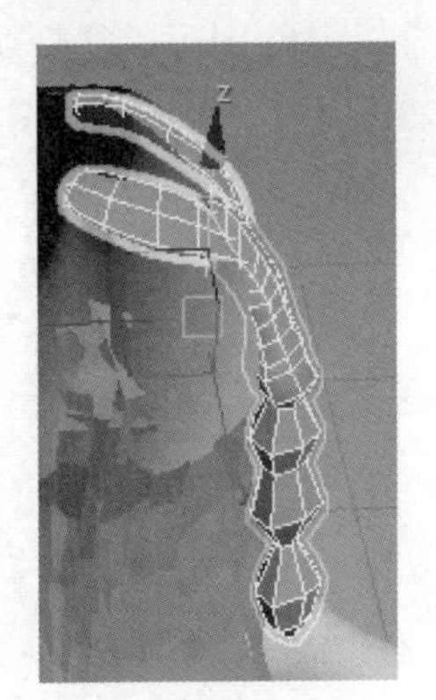

图 6.132

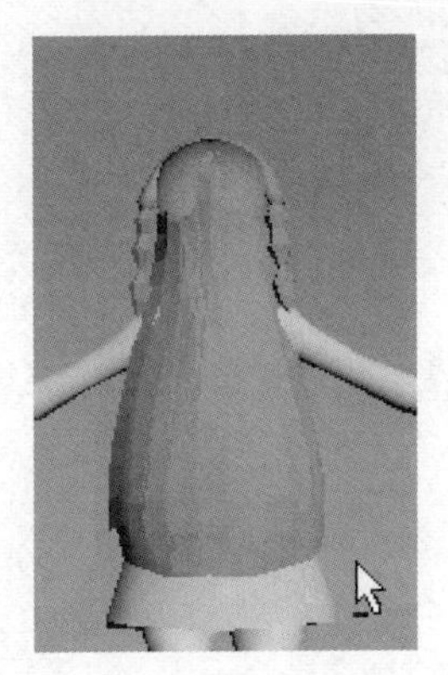

图 6.133

步骤 04 创建头花模型，头花模型可以通过创建面片来调整形状，如图 6.134 所示。注意复制后调整大小形状和角度，如图 6.135 所示。

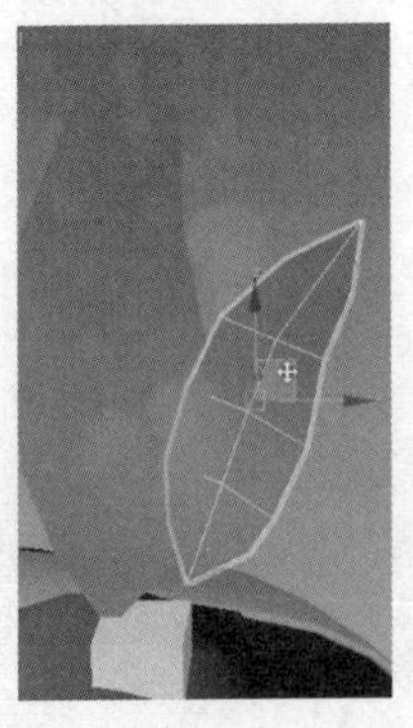

图 6.134

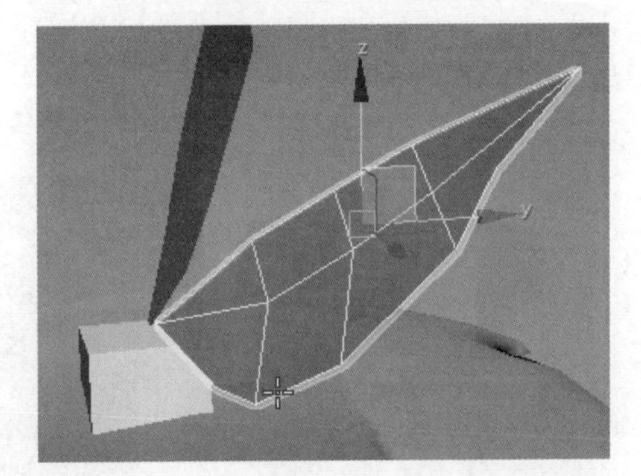

图 6.135

最后再整体调整比例，如图 6.136 所示。

后期可以绘制贴图来达到所需要的效果，贴图的绘制比较麻烦，对美术的要求也比较高，所以这里就不再详细讲解贴图的绘制过程了，最终的效果如图 6.137 所示。

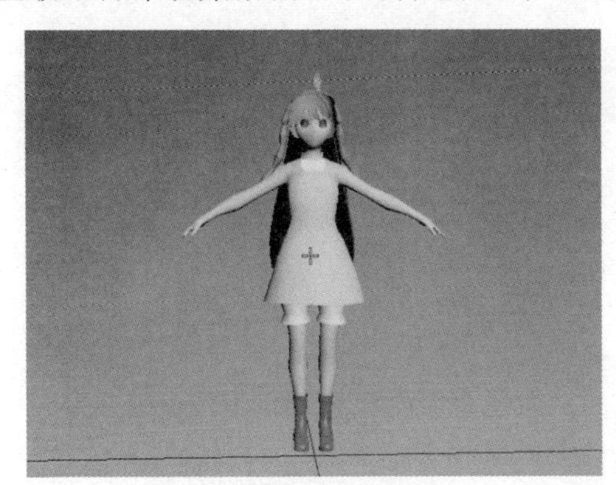

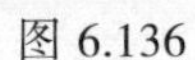
图 6.136

图 6.137

通过本实例的学习可以发现，一个低模模型配合贴图和材质，同样能达到高精度的要求，这就是游戏角色模型的制作精髓。

第 7 章　游戏怪兽角色设计

这一章来学习制作一个游戏角色的怪兽模型。游戏角色建模要求面数尽量精简，能用贴图来表现的地方尽量用贴图来表现。

以下是怪兽模型的制作过程，如图 7.1 ~ 图 7.6 所示。

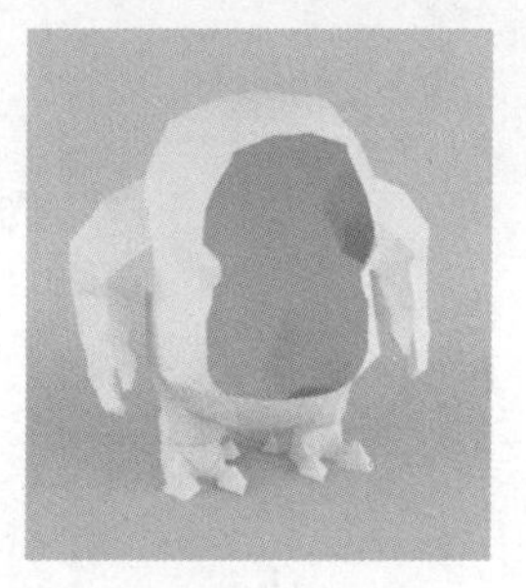

图 7.1

图 7.2

图 7.3

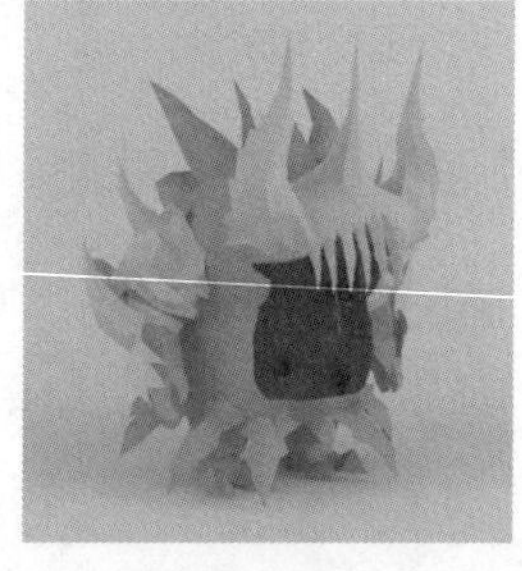

图 7.4

图 7.5

图 7.6

7.1　制作身体

步骤 01　设置参考图。首先创建一个 1 600 mm*1 600 mm 的面片物体，再旋转 90° 复制一个，移动至如图 7.7 所示位置，分别将两张参考图拖放至面片上，如图 7.8 所示。也可以按 M 键打开材质编辑器，在漫反射颜色上的按钮上单击然后选择“位图”，并选择参考图后单击 按钮将标准材质赋予所选择的面片。

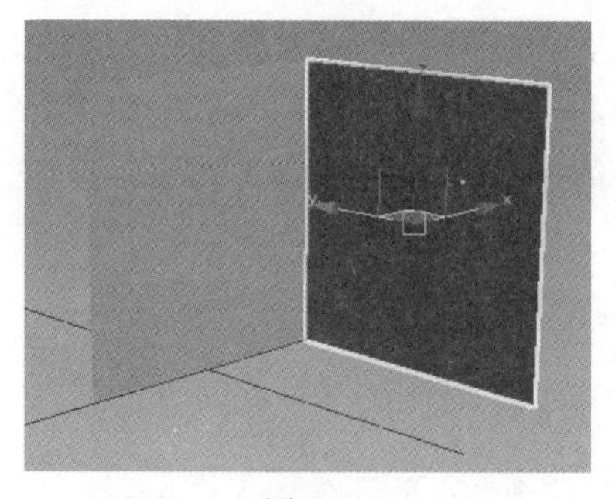

图 7.7

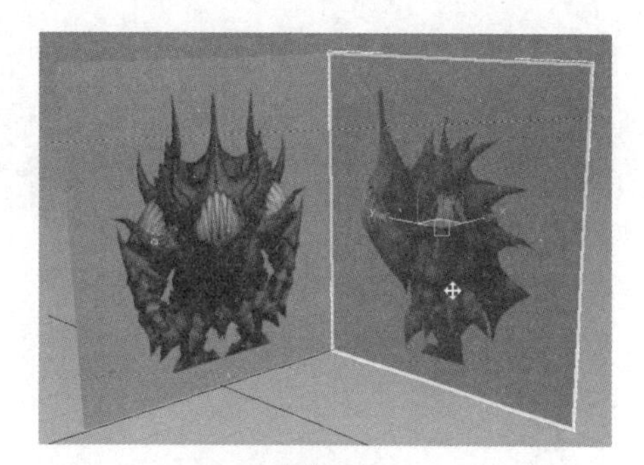

图 7.8

由于侧视图中的方向是反的，我们可以将其旋转 180 度，当旋转 180 度后发现面片变成了黑色，如图 7.9 所示。这是由于面片的法线反了。在修改器下拉列表中选择“法线”命令将法线翻转过来即可（也可以将面片转换为可编辑的多边形物体，按 5 键进入“元素”级别，选择面后单击 翻转 按钮即可），此时参考图就显示正常了，如图 7.10 所示。

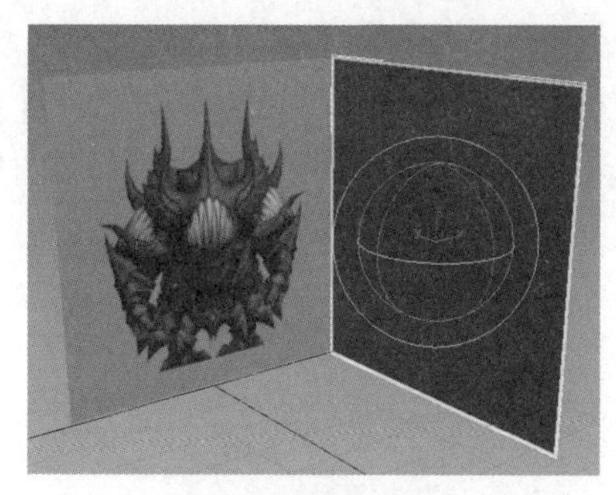

图 7.9

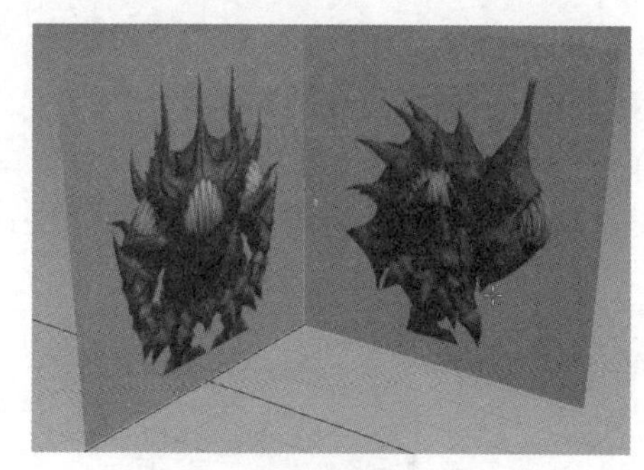

图 7.10

框选两个面片，右击，在弹出的菜单中选择“对象属性”，取消选择 以灰色显示冻结对象，单击“确定”按钮后再次右击，在弹出的菜单中选择“冻结当前选择”命令，设置后的参考图面片物体就不会被误操作了。

步骤 02 单击 +（创建）→ ●（几何体）→ 几何球体 按钮。在视图中创建一个球体，调整好大小和分段数后按 Alt+X 快捷键透明化显示，如图 7.11 所示。单击 +（创建）→ ◩（图形）→ 线 按钮，在视图中创建如图 7.12 所示的样条线。

图 7.11

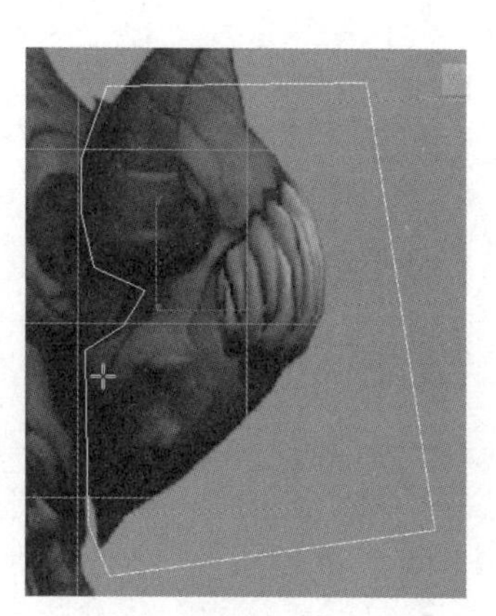

图 7.12

在修改器下拉列表中选择“挤出”修改命令，设置好挤出的“数量”值（比球体要长一些），移动至如图 7.13 所示位置。先选择几何球体模型，单击●面板下的小三角，选择“复合对象”面板，单击 ProBoolean 按钮，选择 ● 差集，单击 开始拾取 按钮拾取右侧的物体完成布尔运算，运算后的效果如图 7.14 所示。

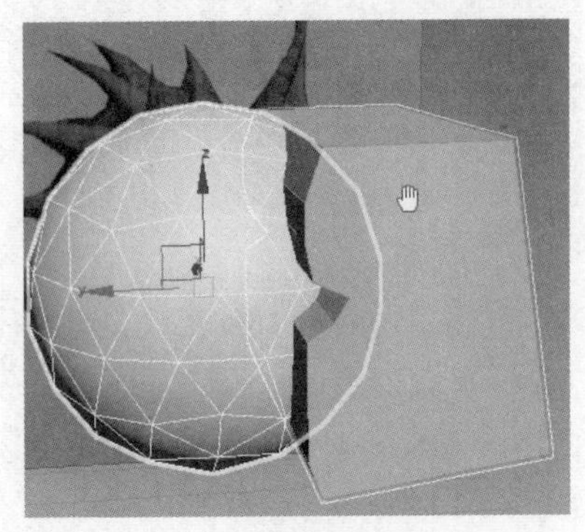

图 7.13

图 7.14

这里讲解一下布尔运算的知识。

为了便于给大家讲解“超级布尔”运算下的各种运算方式，先创建一个球体和一个圆柱体，如图 7.15 所示。超级布尔运算面板参数如图 7.16 所示。

图 7.15

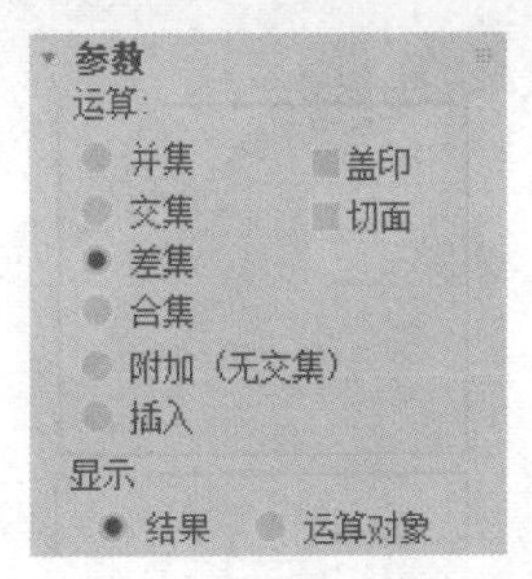

图 7.16

先选择球体模型，然后分别选择 ● 并集 ● 交集 ● 差集，再单击 开始拾取 按钮拾取圆柱体，它们三者运算后的效果分别如图 7.17 ~ 图 7.19 所示。“并集”“交集”“差集”比较容易理解，“并集”就是把两者合并在一起，“交集”就是把相交的部分保留下来，“差集”就是一个模型减去另一个模型相交的部分。

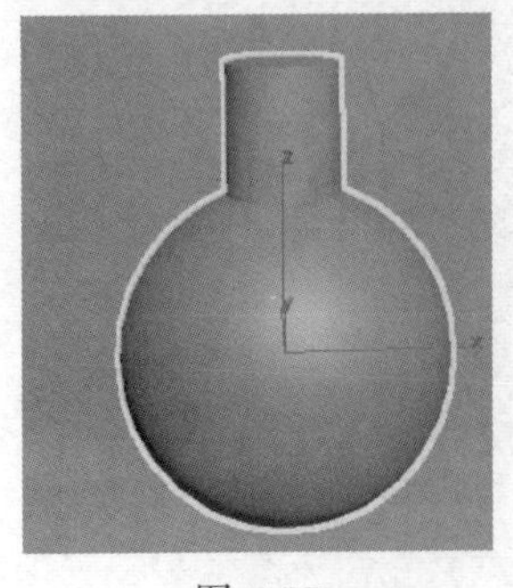

图 7.17

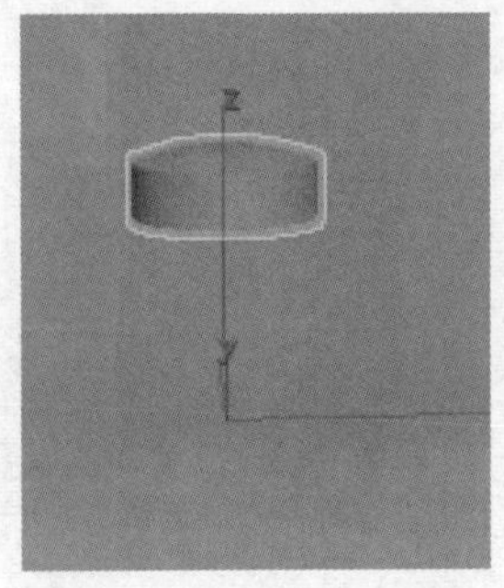

图 7.18

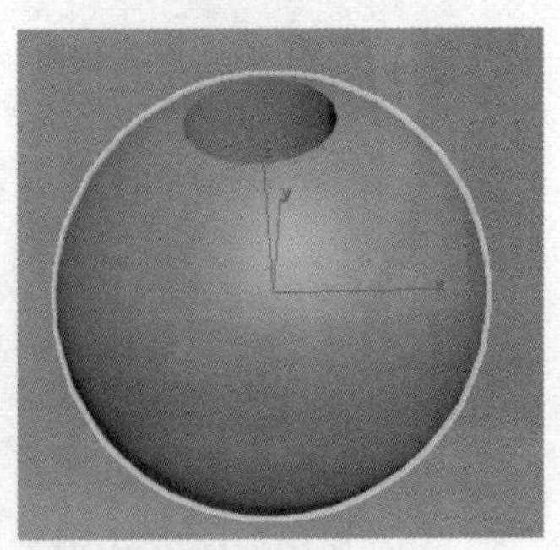

图 7.19

“合集”和“并集”从外观上看似没什么区别，当以线框模式显示物体时就可以看出它们的区别了，如图 7.20 所示左侧为并集，右侧为合集。

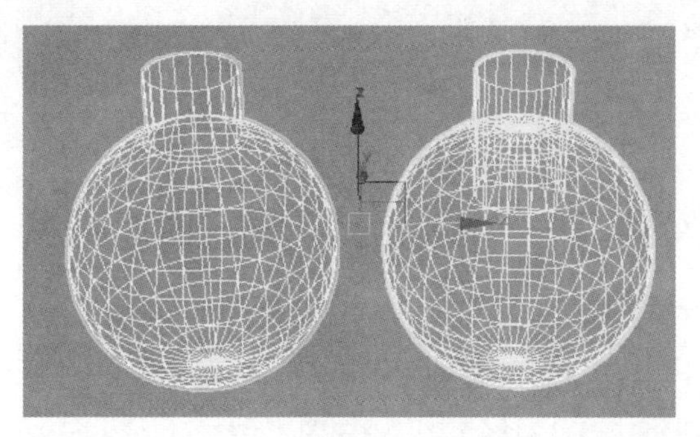

图 7.20

“附加”和“插入”两种运算方式与“并集”“合集”从效果表现上看似没什么区别，如图 7.21 所示。但是当我们把运算后的两个物体分别移动开来时可以发现它们之间的区别，如图 7.22 所示。“并集”运算后的物体是一个整体，“合集”运算后的物体布线发生了一定的改变，而 ● 附加（无交集）类似于多边形编辑下的“附加”命令，也就是将两个或多个物体附加成一个物体，基本用不到。“插入”命令可以简单地理解为在原物体上先运算差集再保留运算物体。

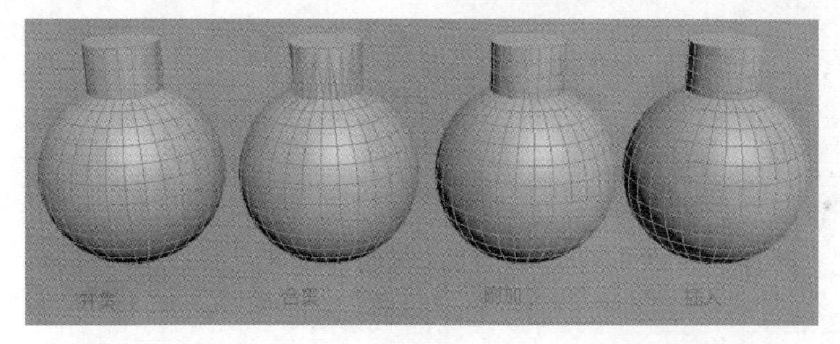

图 7.21

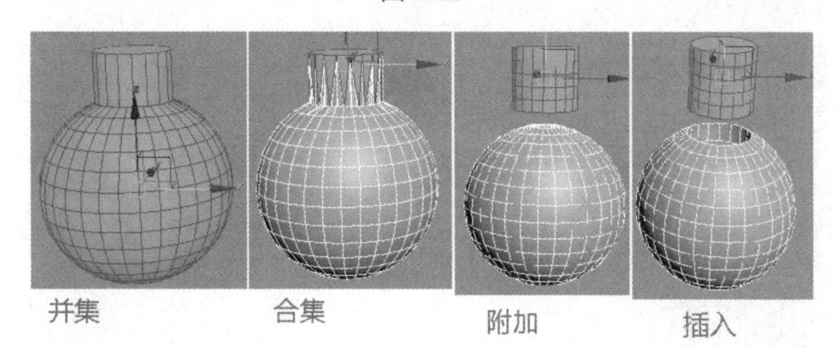

图 7.22

盖印：“盖印”是一个复选项，可以单独选择。以“差集”为例，选择“盖印”后再拾取圆柱体后，球体似乎没有发生任何变化，当打开线框模式后，就会发现，球体和圆柱体相交的位置盖印了和圆柱体一样的线段，如图 7.23 所示。

切面：“切面”也是一个复选项，同样以差集为例，选择“切面”后，在两个物体相交的位置留下了一个洞口，如图 7.24 所示。

图 7.23

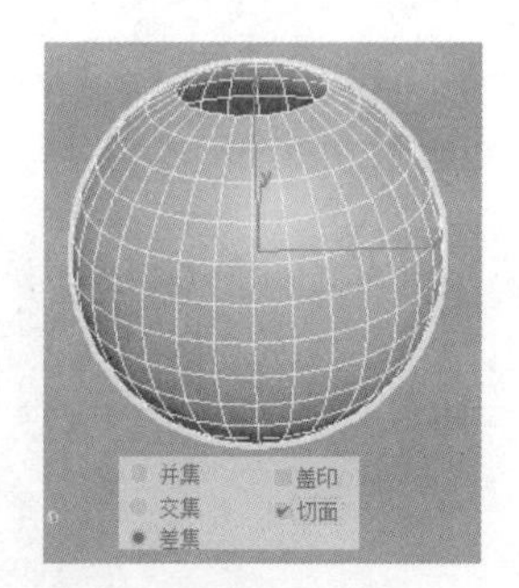

图 7.24

以上就是布尔运算的各种运算方式。

步骤 03 回到本实例中来，同样在“顶”视图中创建一个如图 7.25 所示的长方体模型并进行布尔运算，运算后只保留一半的模型，如图 7.26 所示。

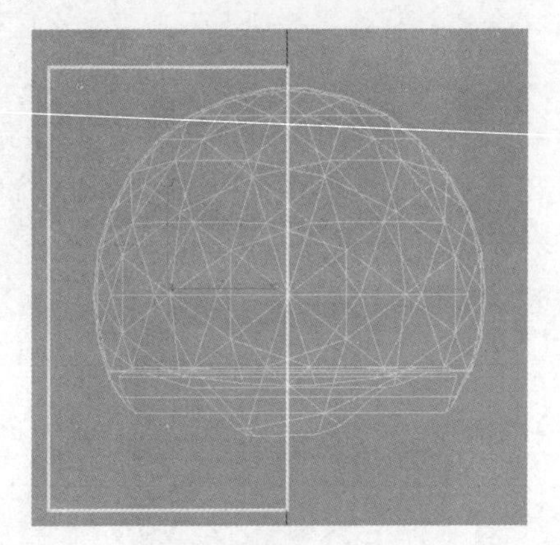
图 7.25

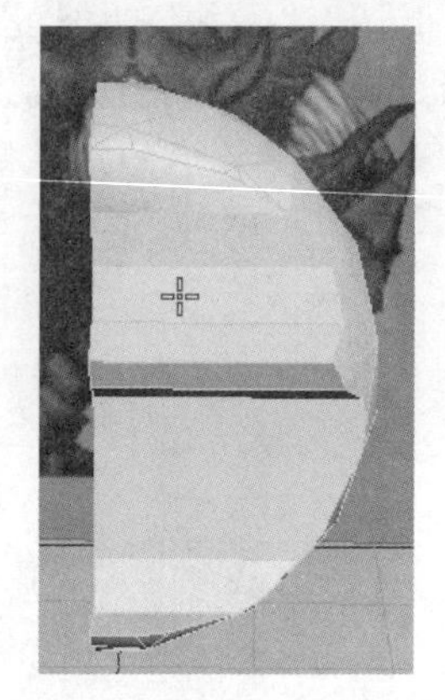
图 7.26

删除正面多余的面，如图 7.27 所示。单击按钮关联镜像出另一半，使用“绘制变形”下的“偏移”笔刷快速调整基本形状，如图 7.28 所示。

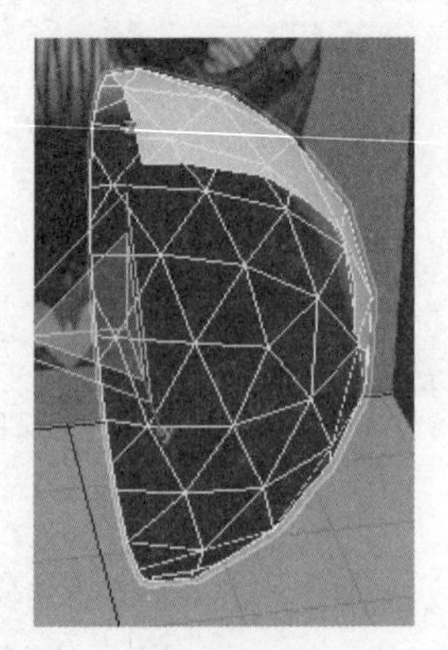
图 7.27

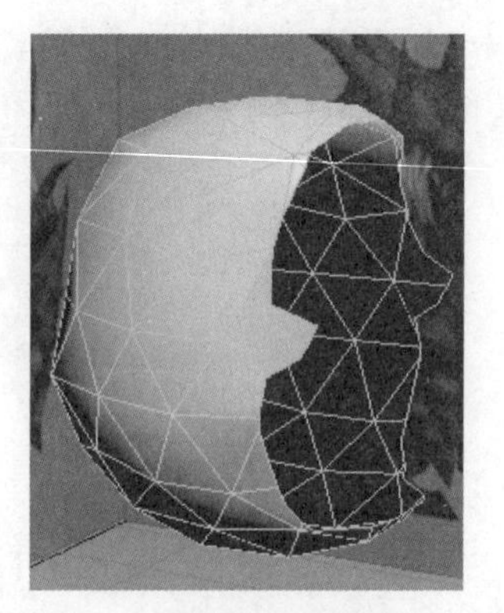
图 7.28

步骤 04 删除手臂位置的面，如图 7.29 所示。然后选择开口位置的边界线，按住 Shift 键挤出手臂的面，如图 7.30 所示。

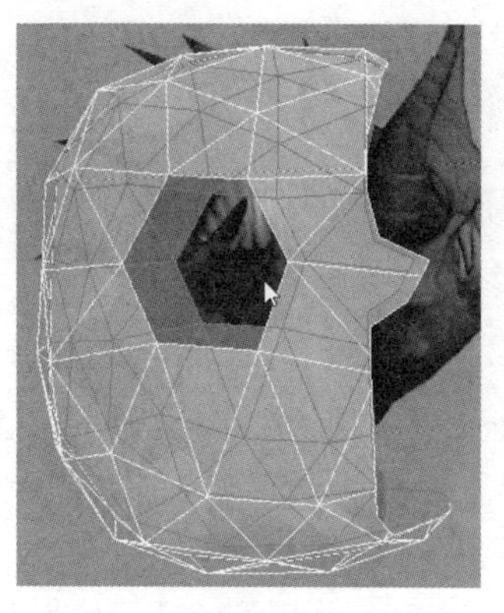
图 7.29

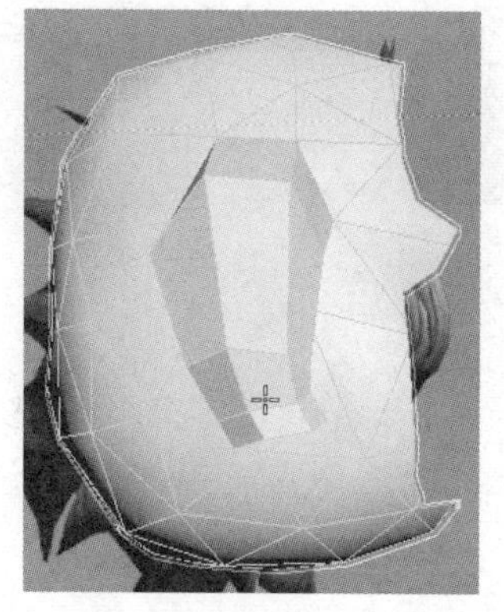
图 7.30

单击“封口”命令将开口封闭后在模型上右击，在弹出的菜单中选择“剪切”命令手动加线，如图 7.31 所示。分别选择部分面用“挤出”命令挤出手指的形状，如图 7.32 和图 7.33 所示。

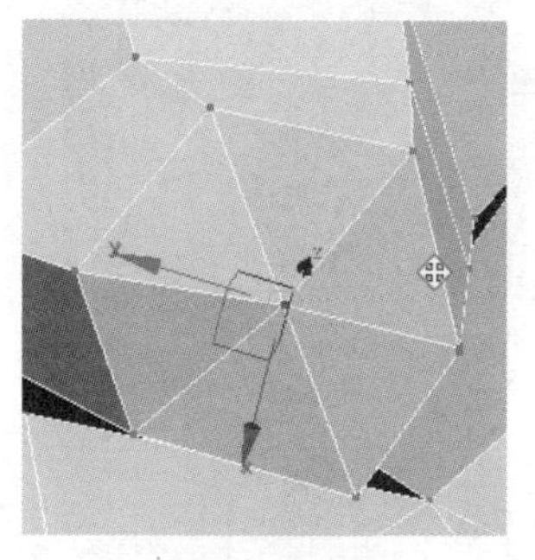
图 7.31

图 7.32

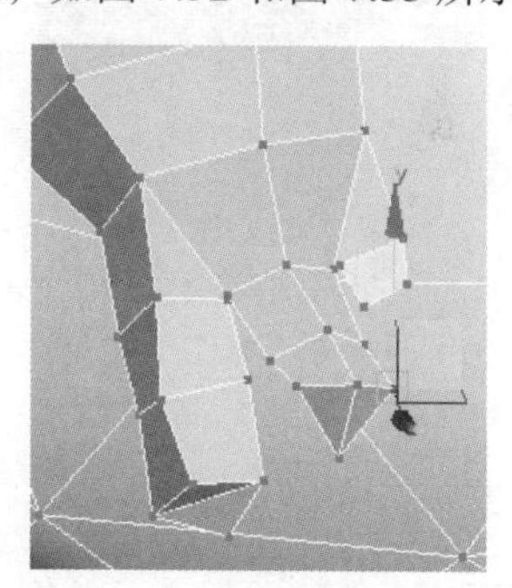
图 7.33

步骤 05　选择图 7.34 中所示腿部中的面并删除，按 3 键进入“边界”级别后选择边界线，按住 Shift 键向下移动挤出面并缩放调整大小，如图 7.35 所示。

图 7.34

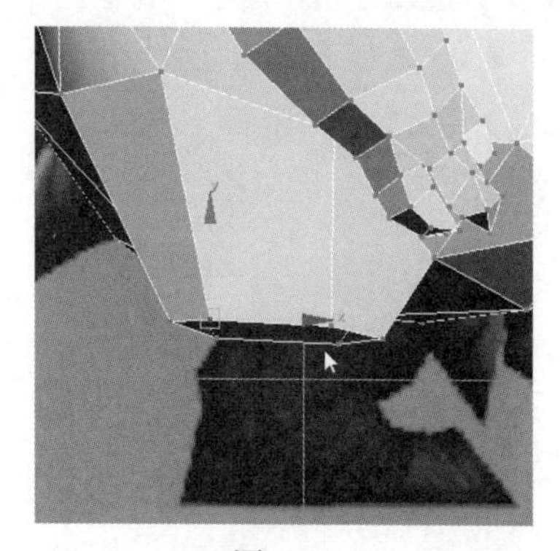
图 7.35

继续挤出面调整形状至图 7.36 所示，然后单击“封口”命令将开口封闭起来，用“剪切”工具调整封口位置的布线，如图 7.37 所示。

图 7.36

图 7.37

在腿部底部继续切线调整布线，如图 7.38 所示。选择部分面后用“挤出”命令将面挤出，如图 7.39 所示。在挤出的面上加线并调整形状，如图 7.40 所示。

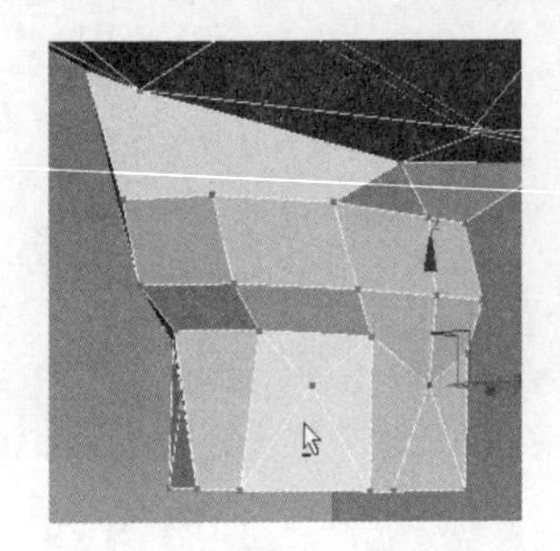

图 7.38

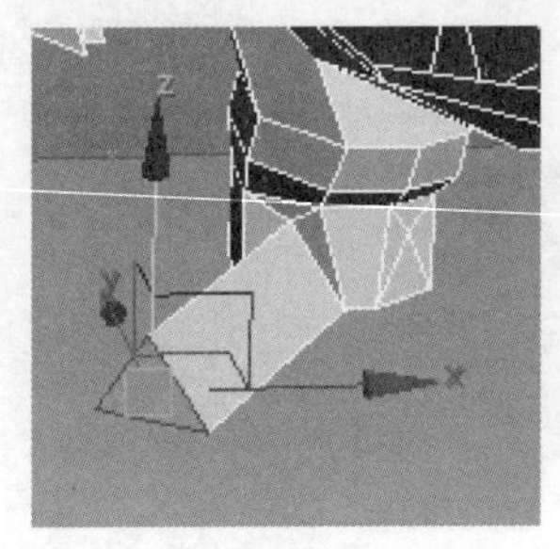

图 7.39

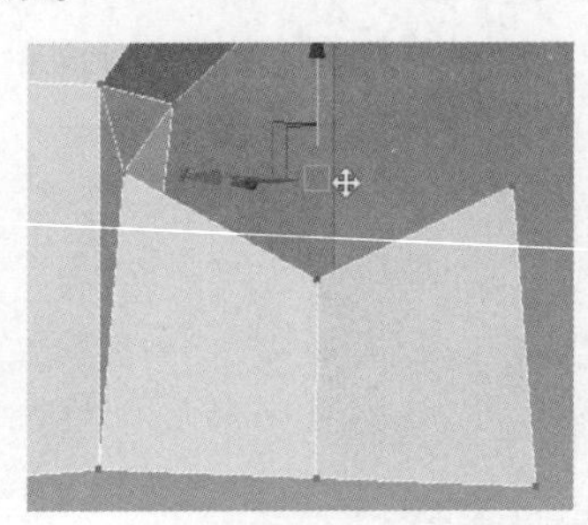

图 7.40

继续挤出面，如图 7.41 所示。单击 塌陷 按钮将面塌陷为一个点，如图 7.42 所示。

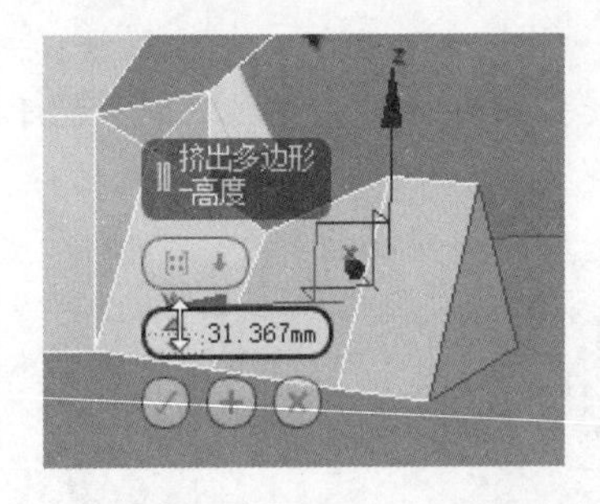

图 7.41

图 7.42

用同样的方法制作出其他的脚趾模型效果，如图 7.43 所示。整体效果如图 7.44 所示。

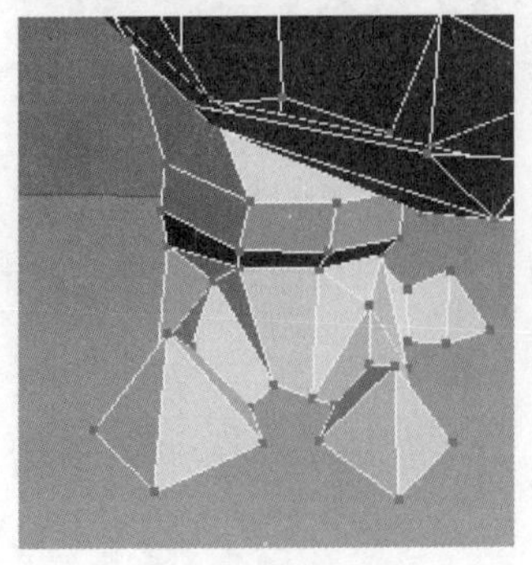

图 7.43

图 7.44

7.2　制作身体细节

接下来制作身体上类似“刺”的模型，有两种方法。

步骤 01 第一种方法是用面的挤出来创建。先调整一下三角面的位置，然后选择对应的面用“挤出”命令挤出调整，如图 7.45 所示。

步骤 02 第二种方法是用“石墨”工具下的“分支”命令快速制作。“分支”按钮位置如图 7.46 所示。该工具的使用方法也很简单，单击该按钮后，在模型上单击并拖动鼠标即可快速绘制出分支，如图 7.47 所示。通过分支命令挤出的面和当前的视角有着非常大的关系，挤出的面的密度和“最小距离”值有着直接的关系，如图 7.48 所示。

按 Ctrl+Z 快捷键撤销，设置“最小距离”值为 60 左右，旋转好视角后挤出如图 7.49 所示的分支形状。

图 7.45

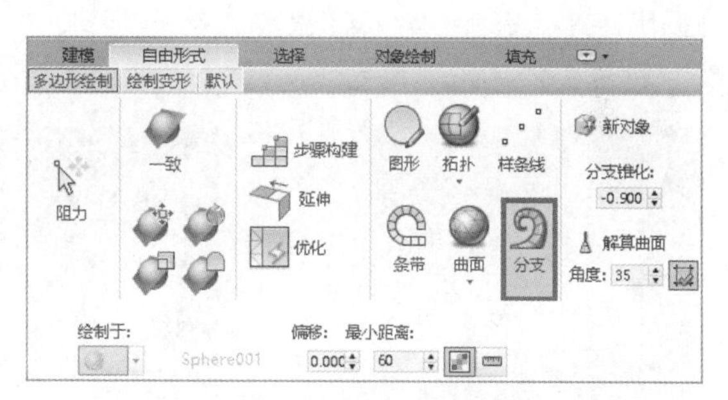

图 7.46

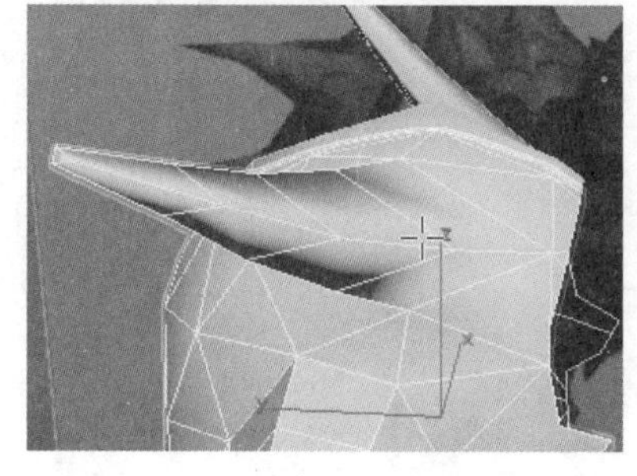

图 7.47

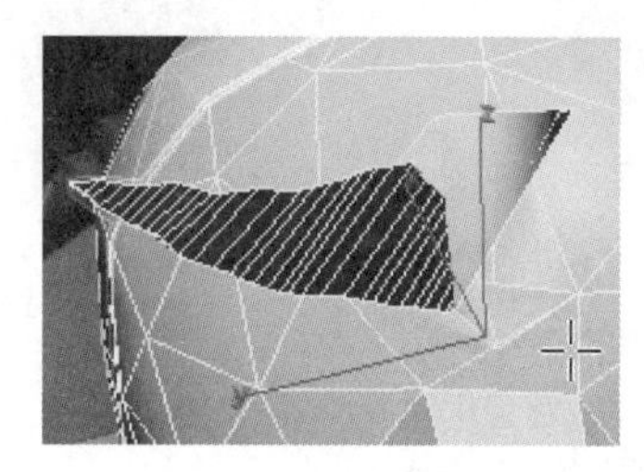

图 7.48

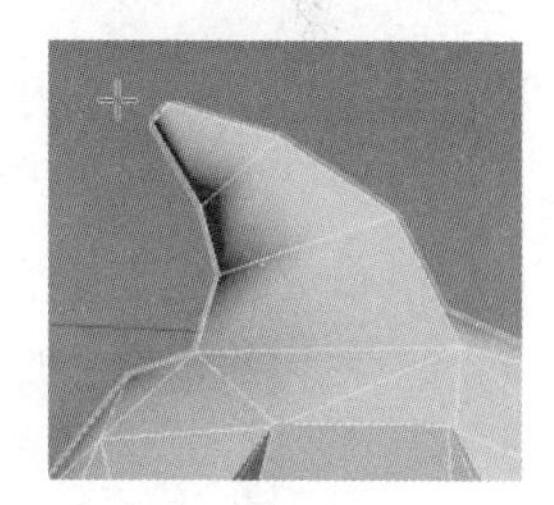

图 7.49

进入“点”级别后，框选图 7.50 中所示的点，单击“塌陷”按钮将选择的点塌陷为一个点，如图 7.51 所示。

图 7.50

图 7.51

步骤 03 用同样的方法挤出如图 7.52 所示的分支效果，并用“偏移”笔刷快速调整形状至图 7.53 所示。

图 7.52

图 7.53

删除另一半后添加“对称”修改命令，选择图 7.54 中所示的面并挤出调整，然后将顶部的面塌陷，如图 7.55 所示。再加线调整形状至图 7.56 所示。

图 7.54

图 7.55

图 7.56

将中心位置的其他部分也进行同样的调整，如图 7.57 所示。

图 7.57

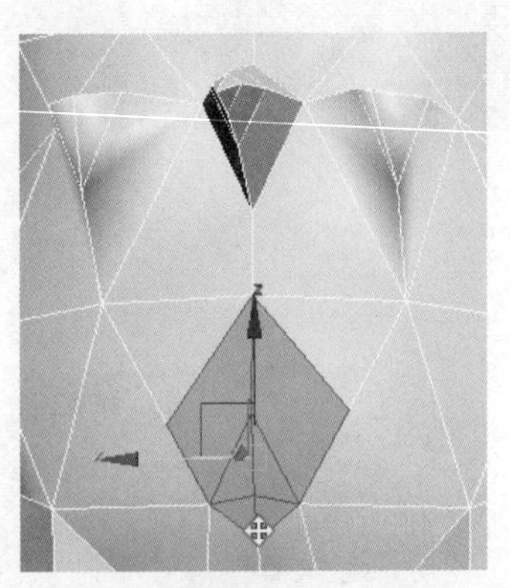

图 7.58

步骤 04 选择图 7.58 中所示的面同样挤出面，将顶端塌陷为一点，中间加线调整形状，如图 7.59 所示。此时整体效果如图 7.60 所示。

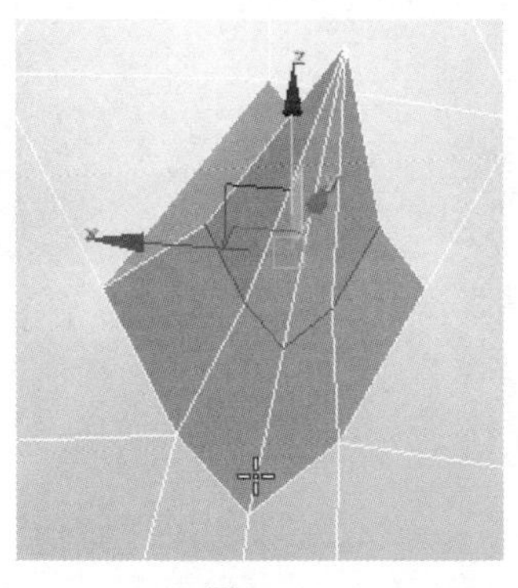

图 7.59

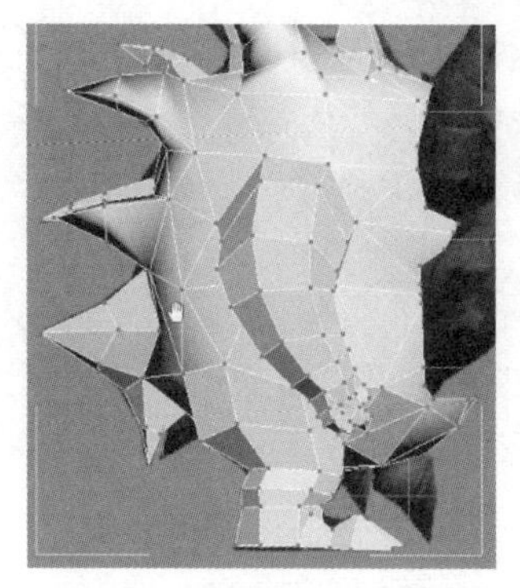

图 7.60

步骤 05　用同样的方法制作出身体前方底部的刺，如图 7.61 和图 7.62 所示。

图 7.61

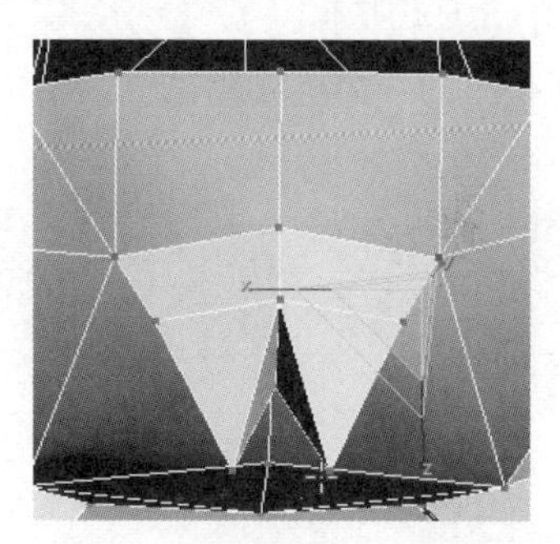

图 7.62

步骤 06　在图 7.63 中所示区域手动加线调整形状。

选择图 7.64 中的面挤出并将顶端的面塌陷，用同样的方法依次调整出如图 7.65 所示的形状。继续加线调整布线至图 7.66 所示，调整形状至图 7.67 所示。

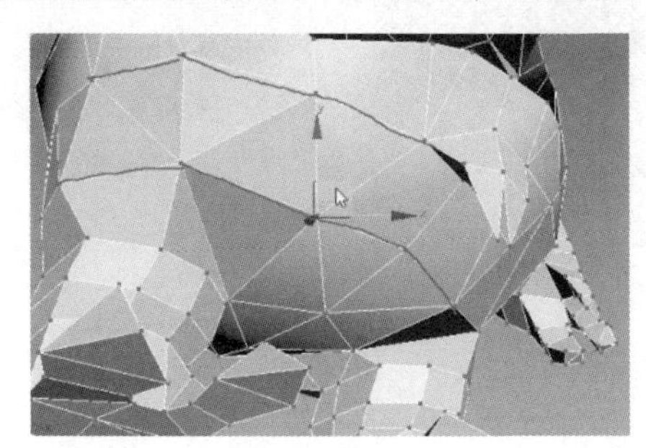

图 7.63

图 7.64

图 7.65

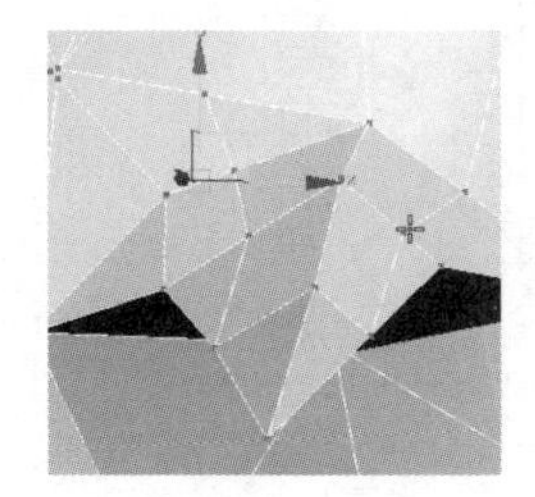

图 7.66

图 7.67

选择图 7.68 中所示的面并挤出，如图 7.69 所示。单击“塌陷”按钮将顶端的面塌陷为一个点，如图 7.70 所示。

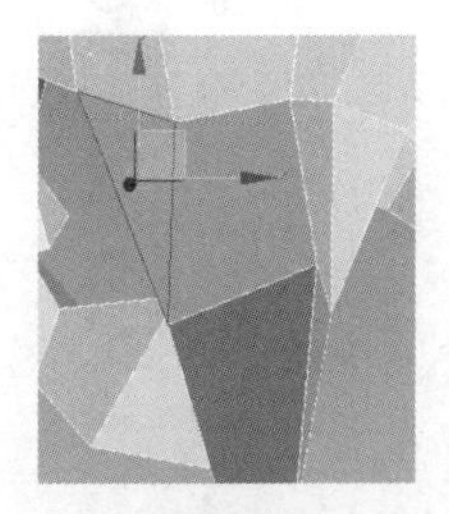

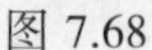

图 7.68

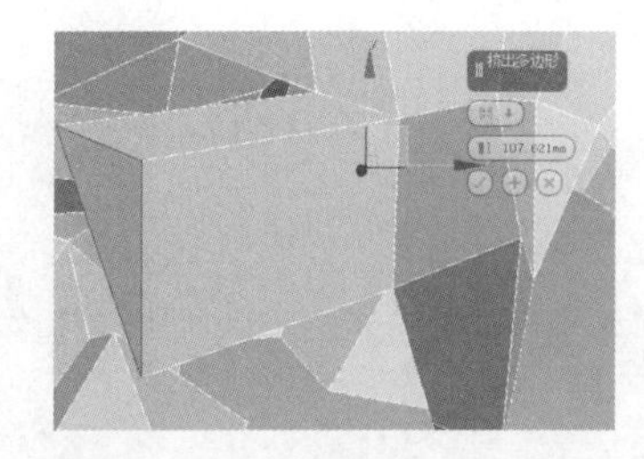

图 7.69

图 7.70

将右边进行同样的调整，效果如图 7.71 所示。然后将图 7.72 中所示圆圈内的点挤出。

选择图 7.73 中所示的面，按住 Shift 键移动复制出来，然后分别再复制几个并移动调整好位置，如图 7.74 所示。

将复制出的 3 个模型附加在一起并更改一下颜色，如图 7.75 所示。删除图 7.76 中所示对应的面。

图 7.71

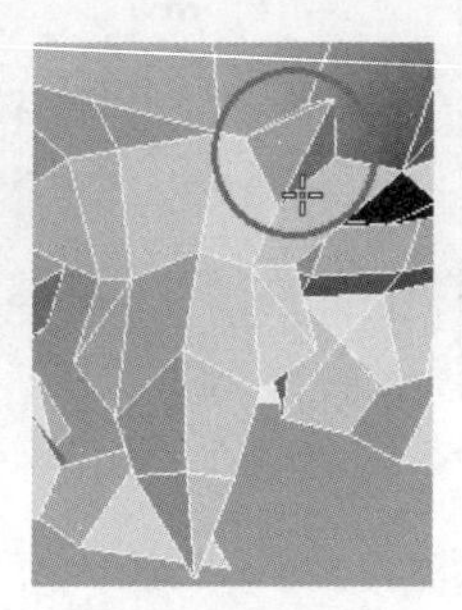

图 7.72

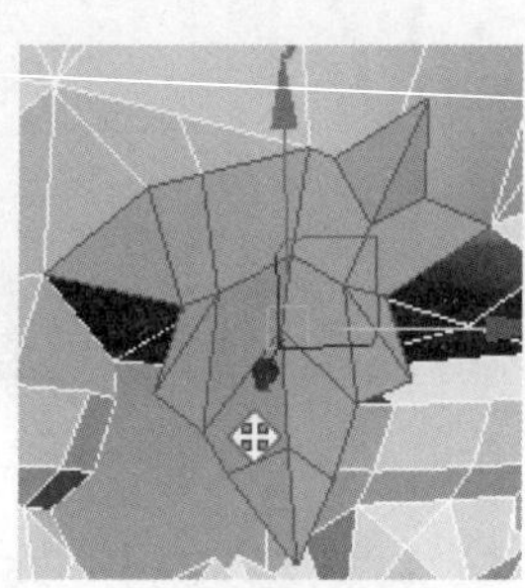

图 7.73

图 7.74

图 7.75

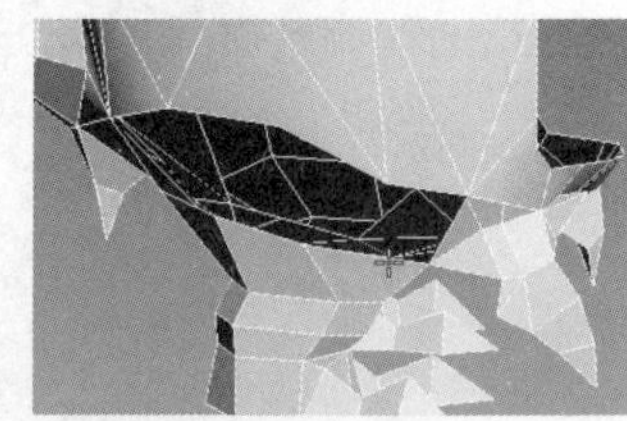

图 7.76

用“焊接”工具将图 7.77 中所示相邻的点焊接起来，然后将原有的模型也附加在一起，如图 7.78 所示。

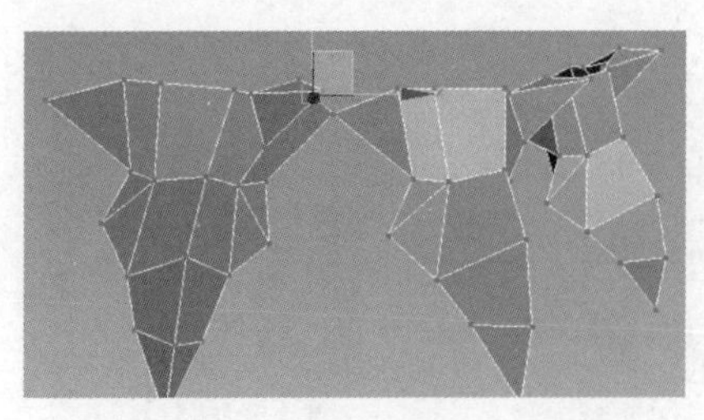

图 7.77

图 7.78

根据刚制作的爪子形状在怪兽身体上手动切线，然后用目标焊接工具将主要的点焊接到身体上。选择图 7.79 中所示的边界线，进行封口处理，如图 7.80 所示。

图 7.79

图 7.80

在模型上右击，在弹出的菜单中选择“剪切”命令，依次加线调整即可，如图 7.81 所示。

制作好一侧的细节后删除另一半的面。在修改器下拉列表中选择“对称”修改命令将制作好的模型对称出来，修改至如图 7.82 和图 7.83 所示。

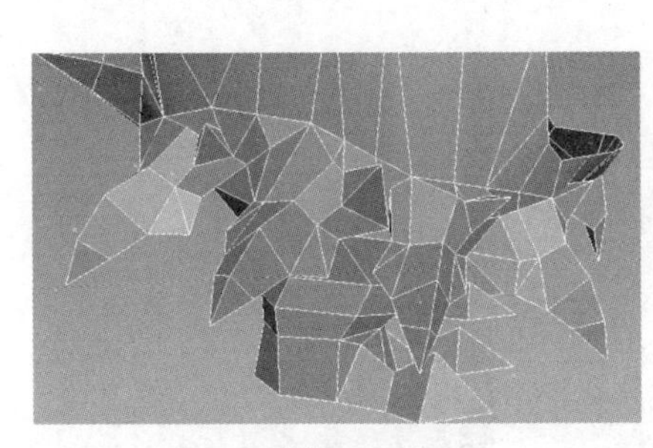

图 7.81

图 7.82

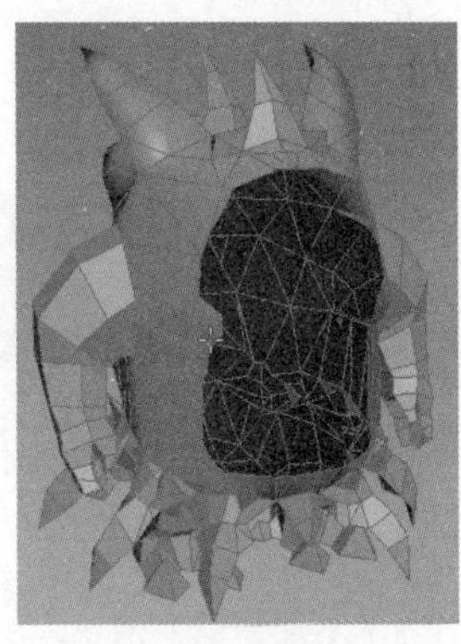

图 7.83

步骤 07　将手臂上的部分面复制出来，如图 7.84 所示。进一步加线调整形状至图 7.85 所示。

将图 7.86 中所示的面挤出后，单击“塌陷”按钮将顶端的面塌陷为一个点，如图 7.87 所示。

在挤出的面上加线并调整形状至图 7.88 所示，然后在修改器下拉列表中添加“对称”修改命令，将制作好的模型对称出来，如图 7.89 所示。

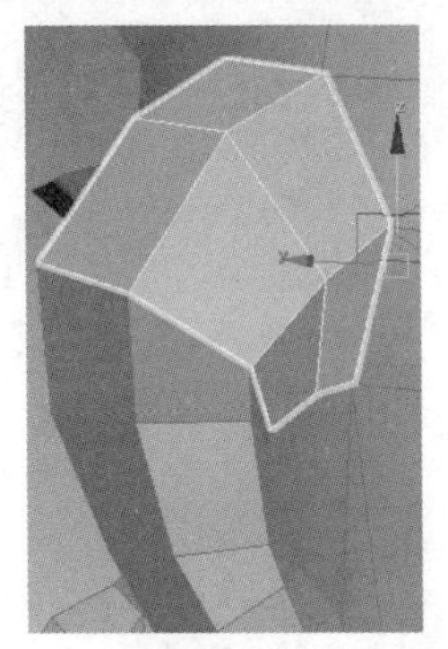

图 7.84

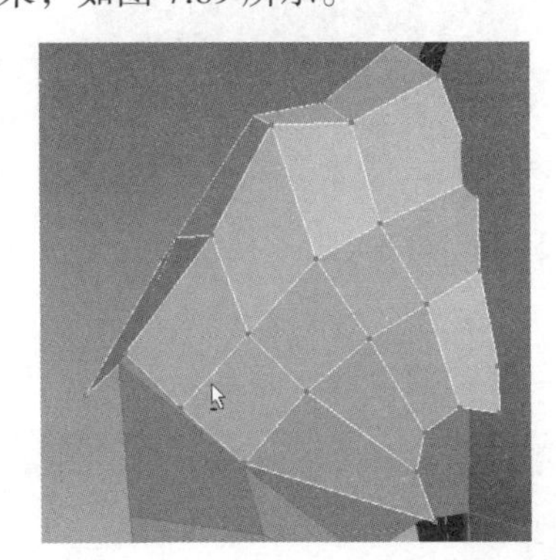

图 7.85

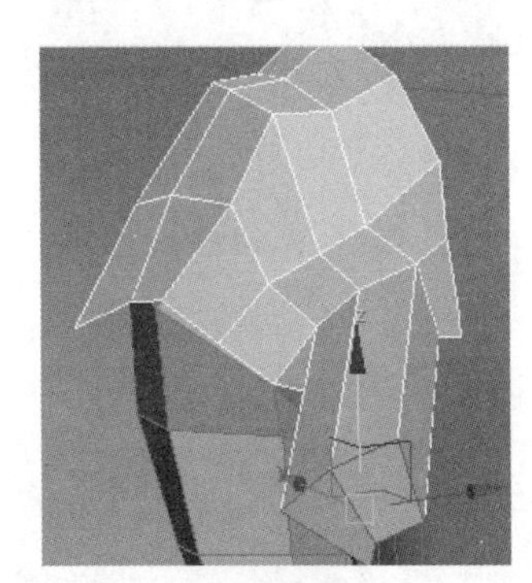

图 7.86

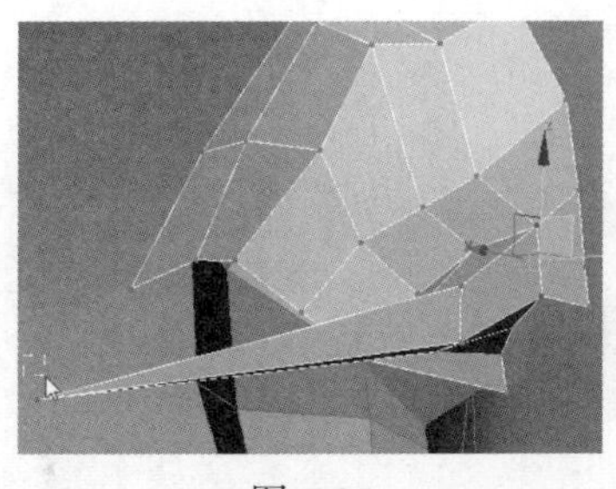

图 7.87

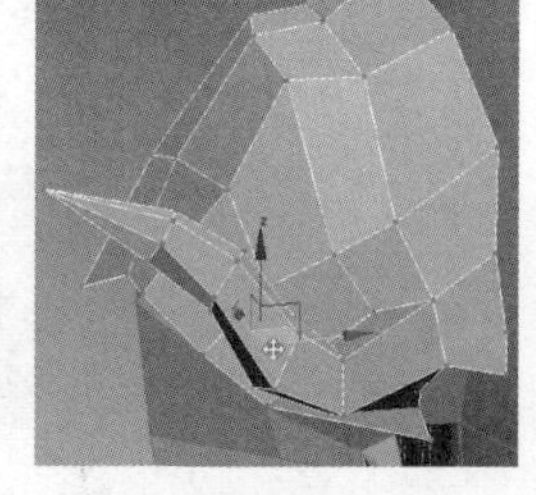

图 7.88

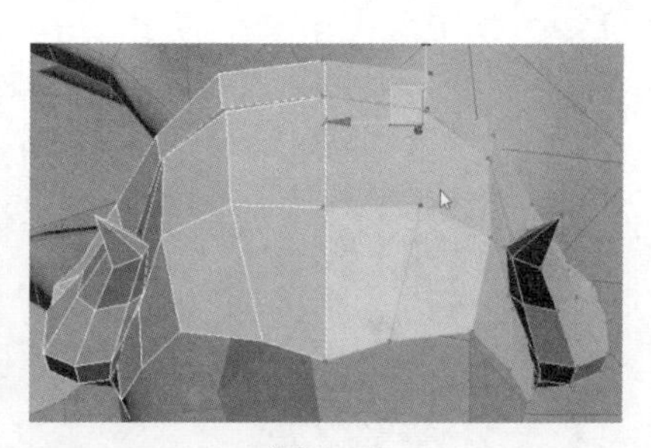

图 7.89

将模型塌陷，选择图 7.90 中所示的面，用同样的方法挤出面并调整至图 7.91 所示。

将图 7.92 中所示的边挤出来，单击“目标焊接”工具将多余的点焊接到另一个点上，如图 7.93 所示。

按 3 键进入“边界”级别，选择边界线后按住 Shift 键向内缩放挤出面，如图 7.94 所示。再次向内挤出，如图 7.95 所示。单击“塌陷”将中心的所有点塌陷为一个点。

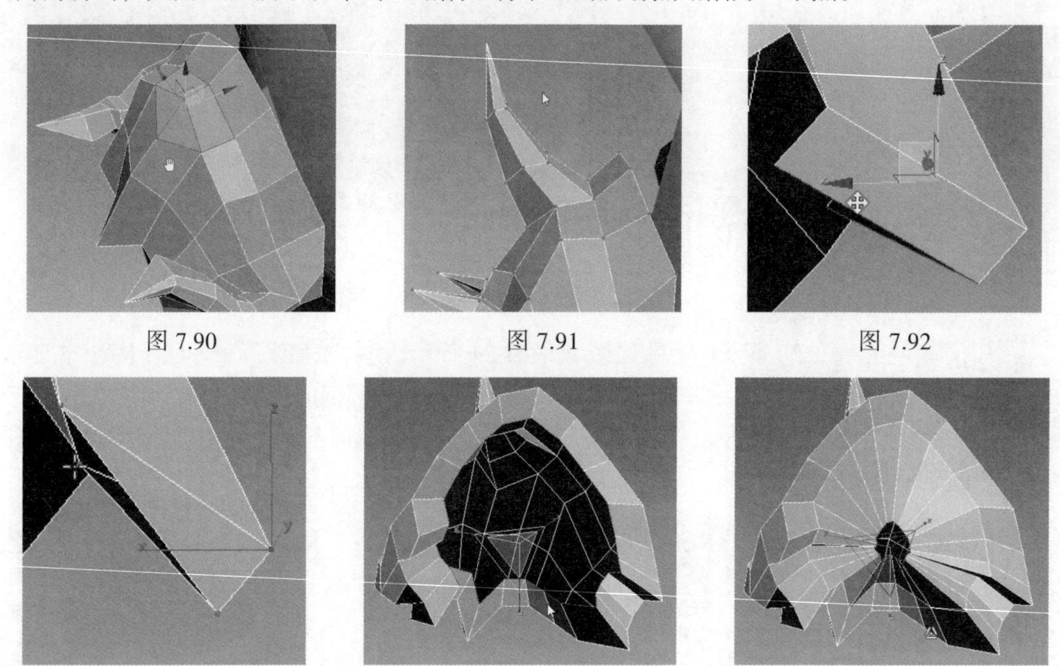

图 7.90　　图 7.91　　图 7.92

图 7.93　　图 7.94　　图 7.95

将图 7.96 中所示的边向外适当移动使模型看起来有一种厚实的感觉。

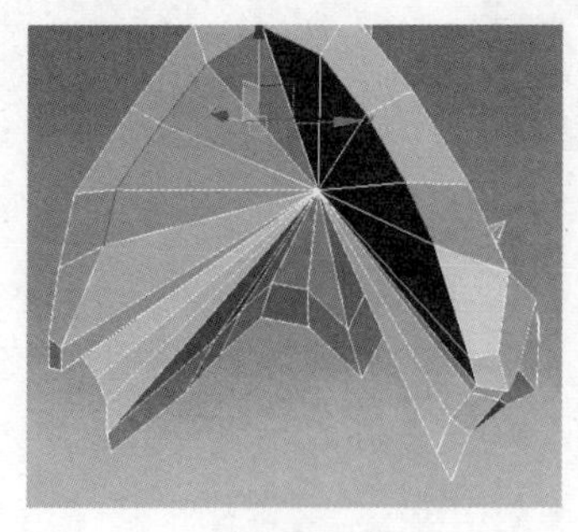

图 7.96

图 7.97

步骤 08 复制出或者重新创建如图 7.97 中所示的环形面，再创建一条样条线，如图 7.98 所示。单击修改器下拉列表中的“挤出”修改命令将曲线挤出，如图 7.99 所示。在模型上右击，在弹出的快捷菜单中选择“转换为”→“转换为可编辑多边形”命令，将其转换为可编辑的多边形物体。选择顶部的所有点单击“塌陷”按钮将其塌陷为一个点，如图 7.100 所示。

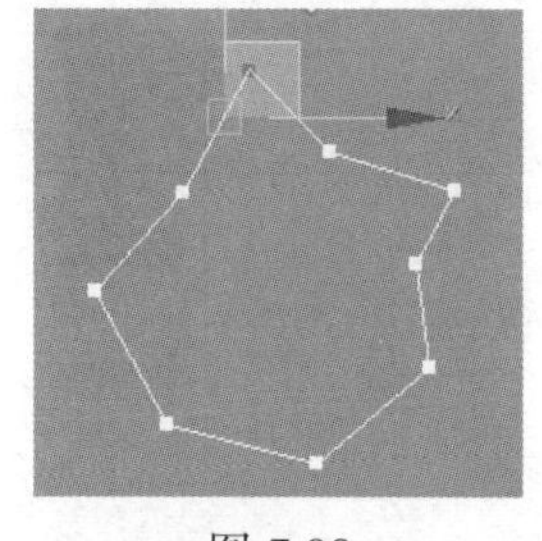

图 7.98

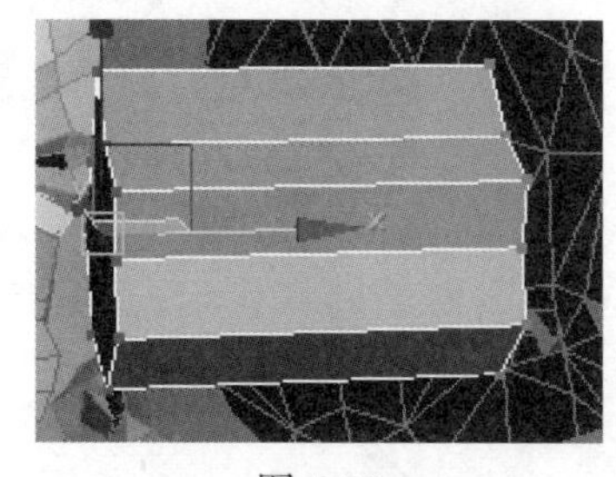

图 7.99

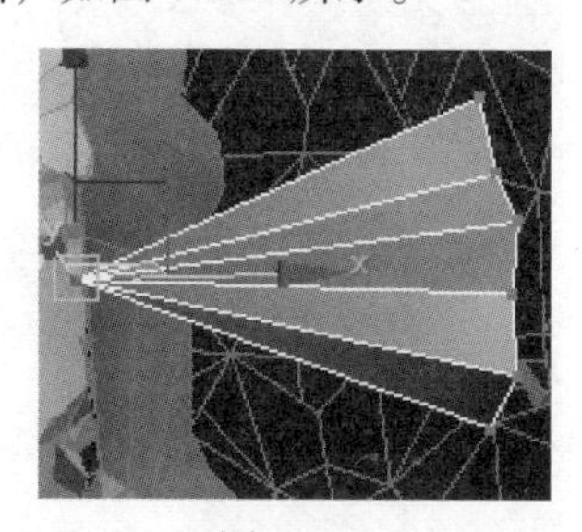

图 7.100

步骤 09 在中间位置分别加线后逐步调整形状，使其呈弯曲状态，如图 7.101 所示。然后再创建一个如图 7.102 所示的样条线。

添加“挤出”修改命令，如图 7.103 所示。然后再添加“四边形网格化”命令，使模型自动调整成四边面，如图 7.104 所示。

四边形大小 %: 10.0 值越大，面数越少，如图 7.105 所示。

图 7.101

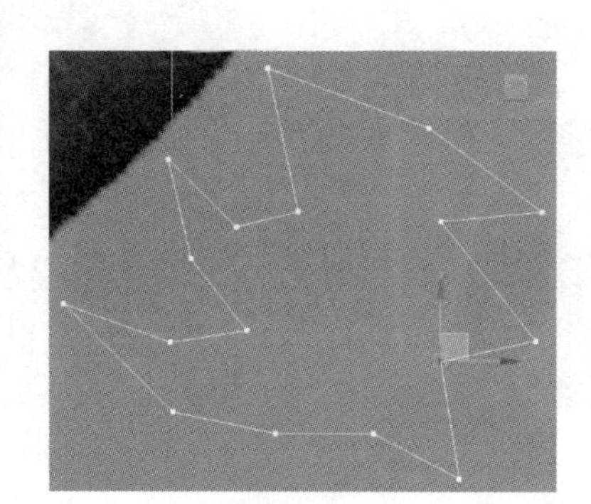

图 7.102

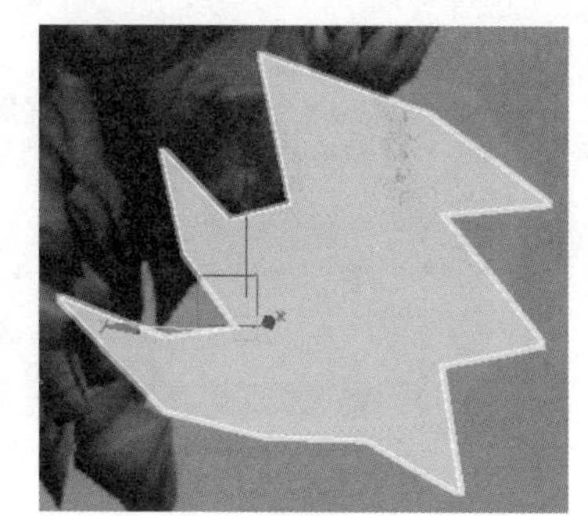

图 7.103

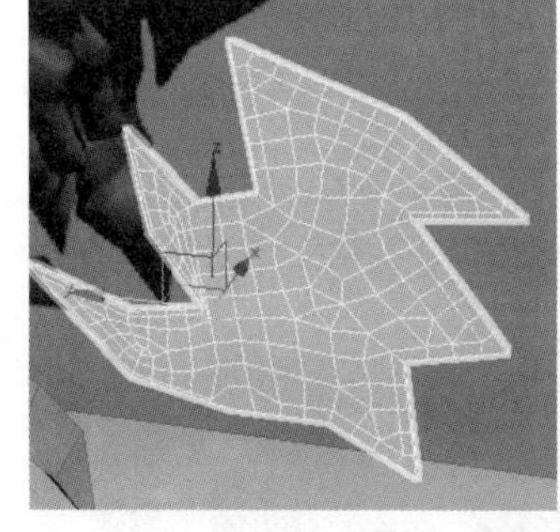

图 7.104

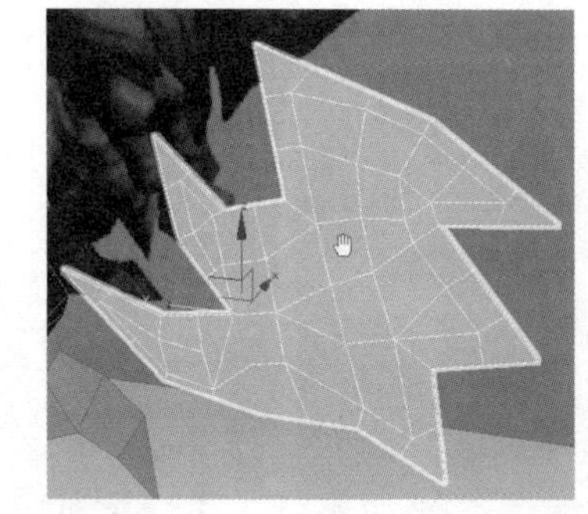

图 7.105

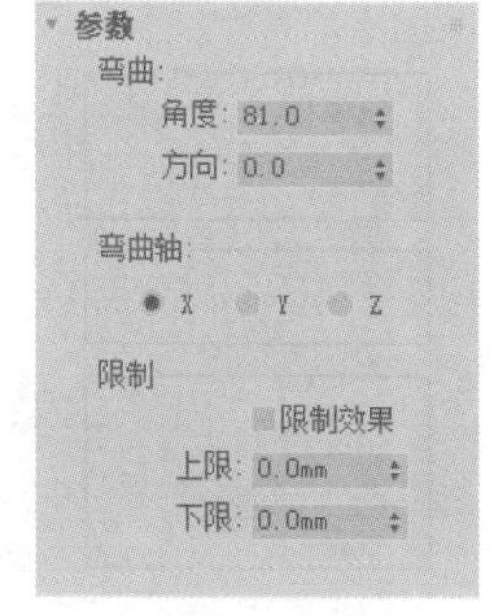

图 7.106

添加“弯曲”修改命令，参数设置如图 7.106 所示，弯曲后的效果如图 7.107 所示。将该模型塌陷为多边形物体后和手臂上的紫色物体附加在一起，效果如图 7.108 所示。

最后单击镜像按钮镜像复制到另一侧，整体效果如图 7.109 所示。

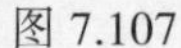

图 7.107

图 7.108

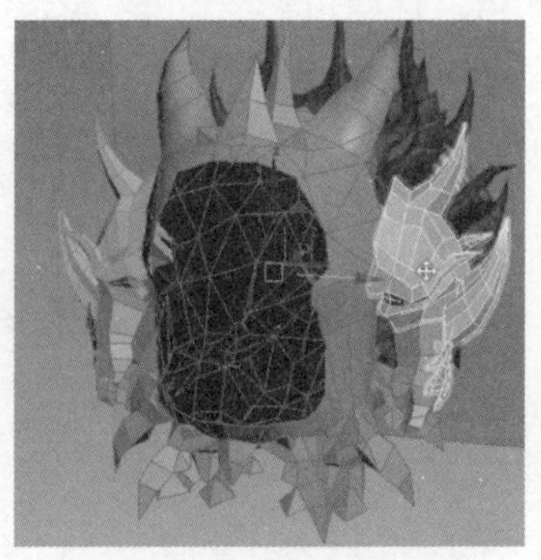

图 7.109

7.3 制作头部模型

步骤 01 在“顶”视图中创建一个长方体模型，设置好分段数后将其转换为可编辑的多边形物体，如图 7.110 所示。删除一半的面后，加线调整形状至图 7.111 所示。

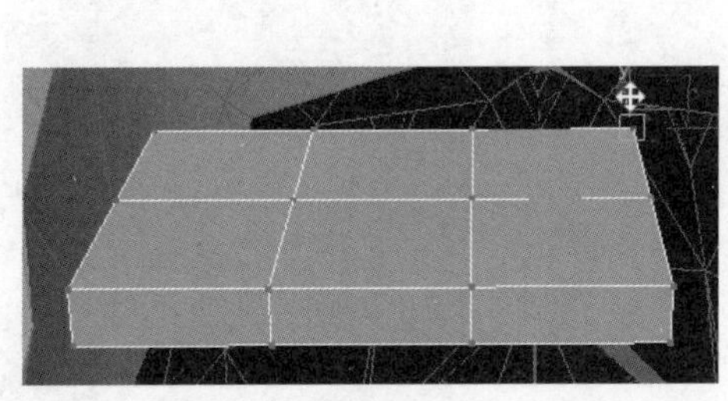

图 7.110

图 7.111

步骤 02 将图 7.112 中所示的面挤出，按 Delete 键删除当前所选的面。单击“循环工具”面板中的“呈圆形”按钮，快速将开口处理成圆形，如图 7.113 所示。

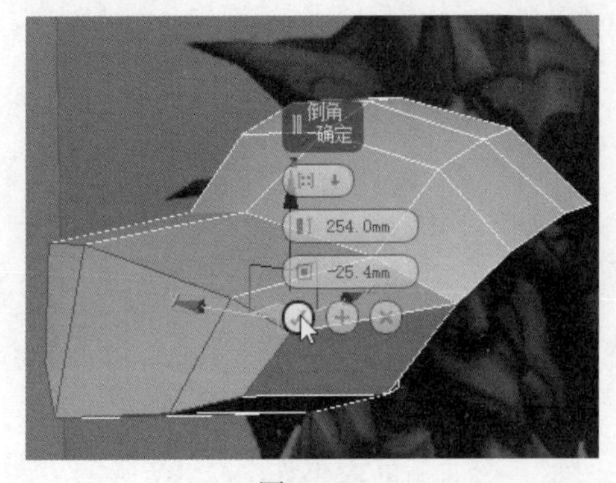

图 7.112

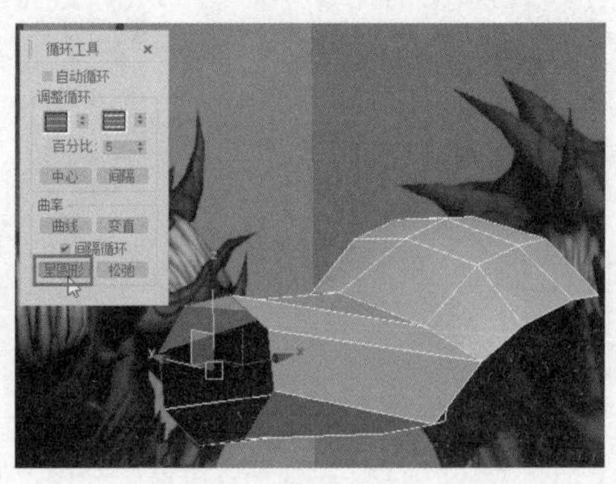

图 7.113

选择开口边界线，按住 Shift 键挤出面后，将顶端的点塌陷为一个点，整体加线调整形状至图 7.114 所示。将图 7.115 中所示的线段稍微沿着 X 轴负方向移动。

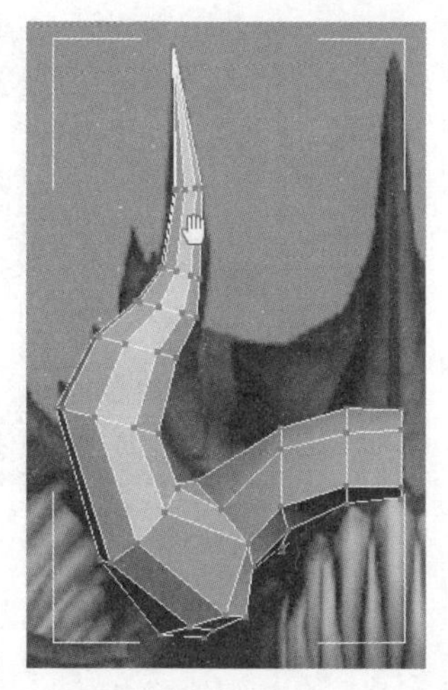

图 7.114

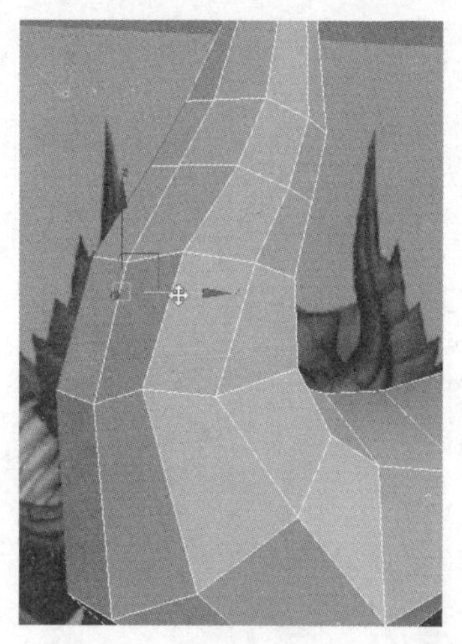

图 7.115

步骤 03　在模型上右击，在弹出的菜单中选择“剪切”命令。在图 7.116 中所示位置加线，然后将所加的线段向外移动，如图 7.117 所示。

用同样的方法分别制作出图 7.118 和图 7.119 所示的形状。

在修改器下拉列表中添加“对称”修改命令后将模型塌陷，并在图 7.120 中所示的位置加线，然后删除中间的面，如图 7.121 所示。

图 7.116

图 7.117

图 7.118

图 7.119

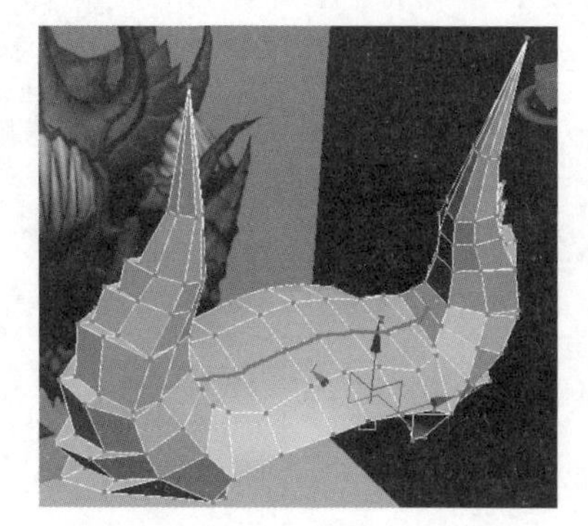

图 7.120

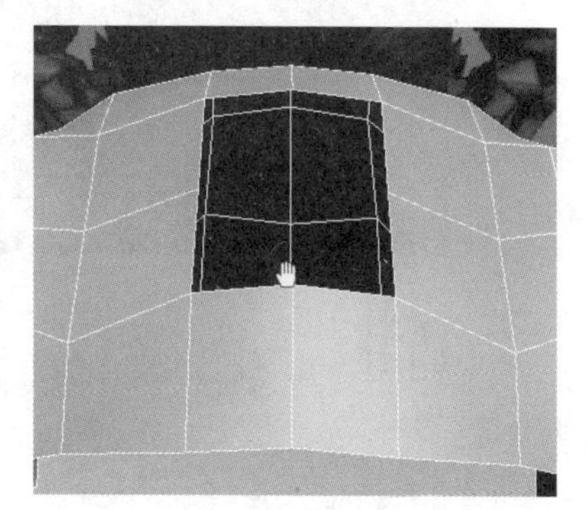

图 7.121

选择开口位置的边，按住 Shift 键向上挤出面后将开口处理成圆形，如图 7.122 所示。再次向上挤出后调整形状至图 7.123 所示。

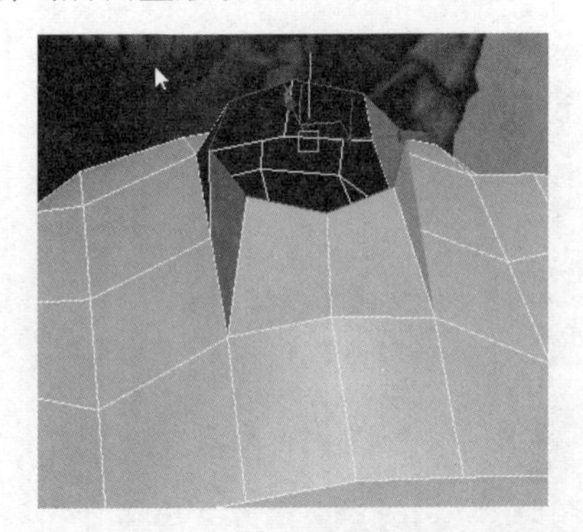

图 7.122

图 7.123

步骤 04 删除一半模型，在牙齿位置加线，如图 7.124 所示。选择面向下挤出并用“焊接”命令将多余的点焊接起来，如图 7.125 所示。

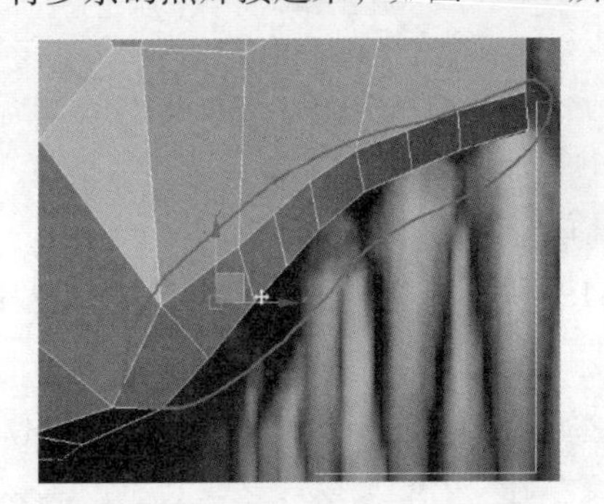

图 7.124

图 7.125

用同样的方法依次将牙齿的面挤出来，如图 7.126 所示。再次挤出牙齿中的面，根据参考图的形状调整它的形状，如图 7.127 所示。

图 7.126

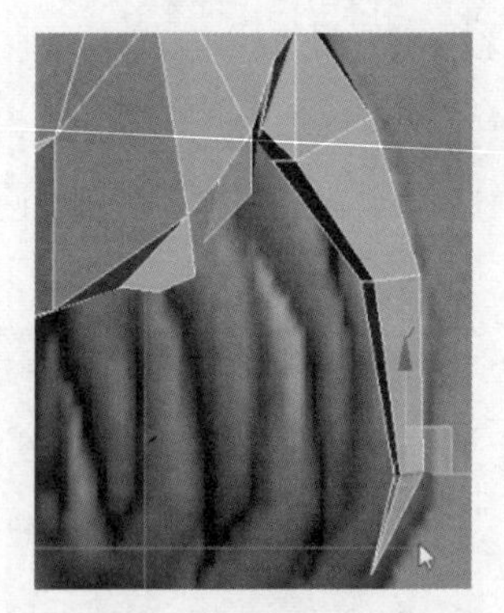

图 7.127

调整出剩余的牙齿形状，如图 7.128 所示。最后再添加“对称”修改命令对称出另一半，如图 7.129 所示。

图 7.128

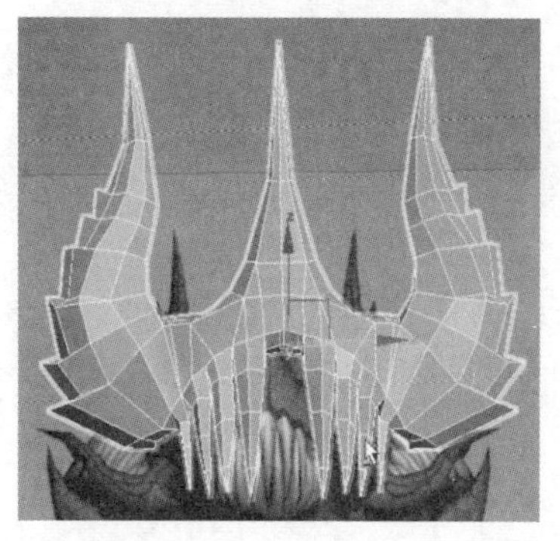
图 7.129

在模型上右击，在弹出的菜单中选择“转换为”→“转换为可编辑多边形”命令，将其转换为可编辑的多边形物体。再挤出中间的牙齿的形状，如图 7.130 所示。

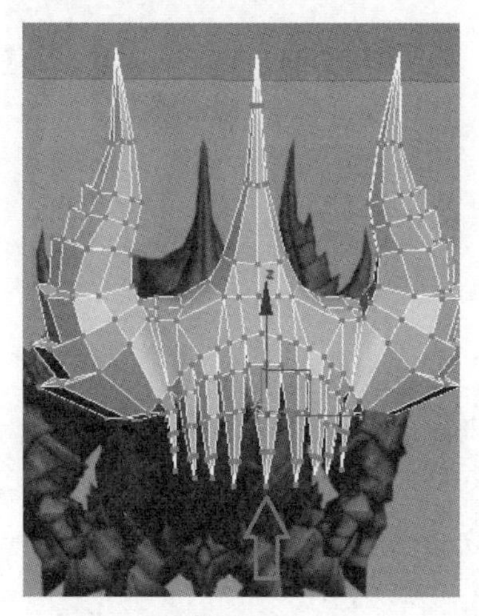
图 7.130

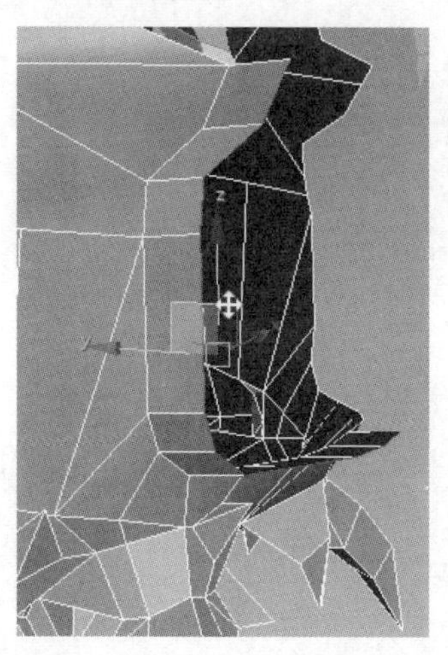
图 7.131

步骤 05　选择身体中的开口位置的边挤出面，分别挤出图 7.131 ~ 图 7.133 中所示的面，然后用“目标焊接”工具将对应的点焊接起来并调整布线至图 7.134 所示形状。

图 7.132

图 7.133

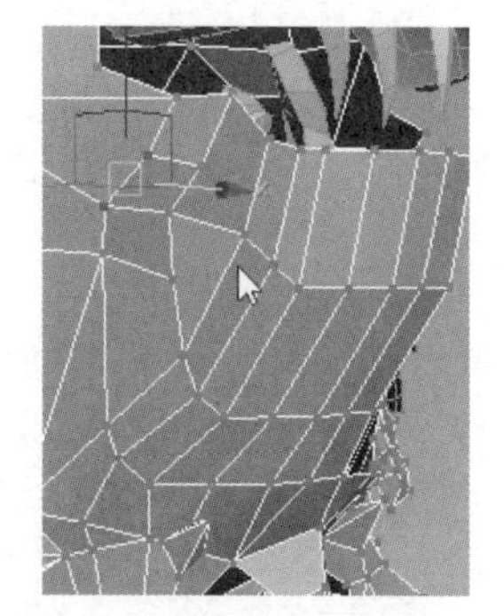
图 7.134

选择图 7.135 中所示的面单击“分离”按钮将面分离出来并更改一下显示的颜色。再次挤出图 7.136 中所示的面。

按 Alt+Q 快捷键孤立化显示，挤出面并调整至图 7.137 所示。然后分别挤出下牙齿中的面，过程如图 7.138 ~ 图 7.140 所示。

图 7.135

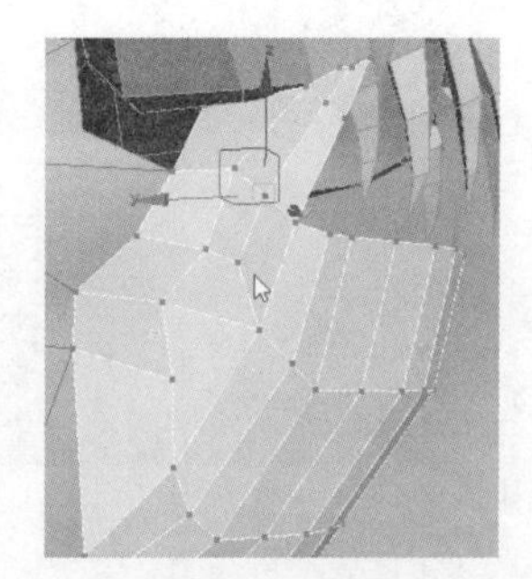

图 7.136

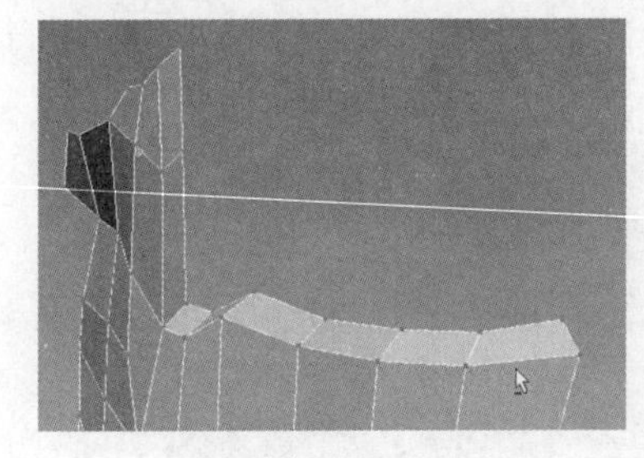

图 7.137

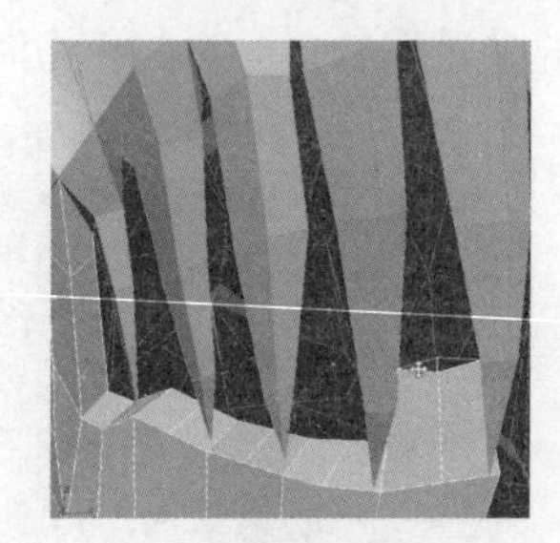

图 7.138

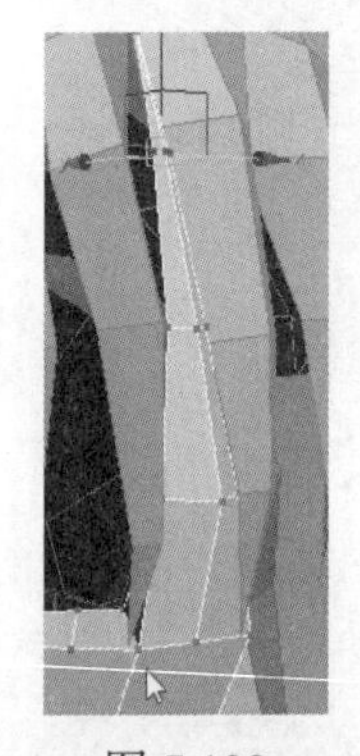

图 7.139

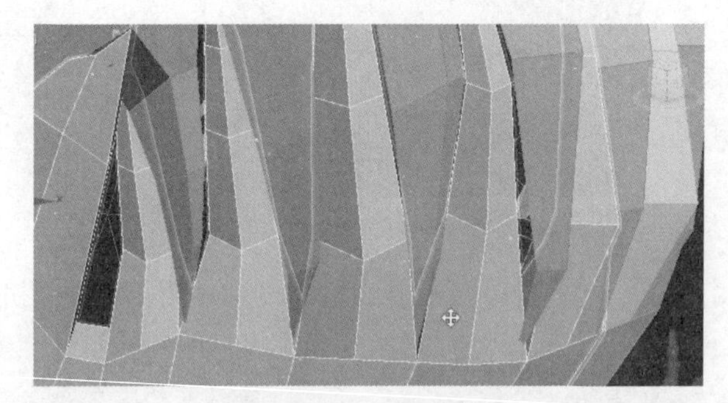

图 7.140

步骤 06 用同样的方法将图 7.141 和图 7.142 中的尖角挤压出来。

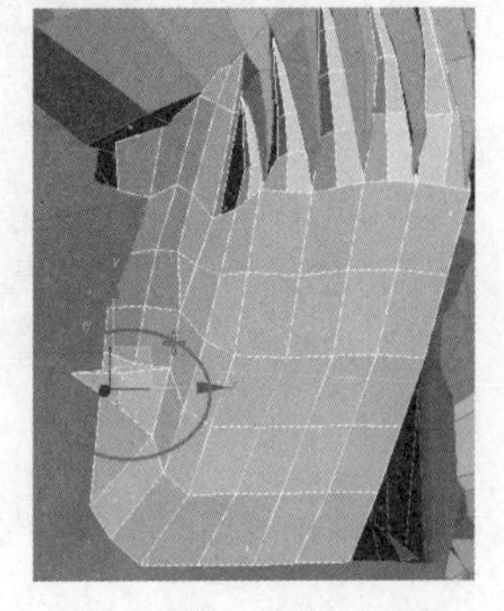

图 7.141

图 7.142

添加“对称”修改命令，对称出另一半后将模型塌陷为多边形物体，如图 7.143 所示。然后挤出底部的尖角，如图 7.144 所示。

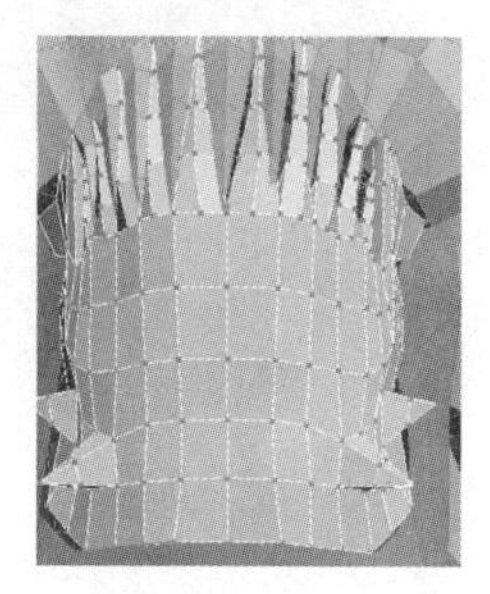

图 7.143

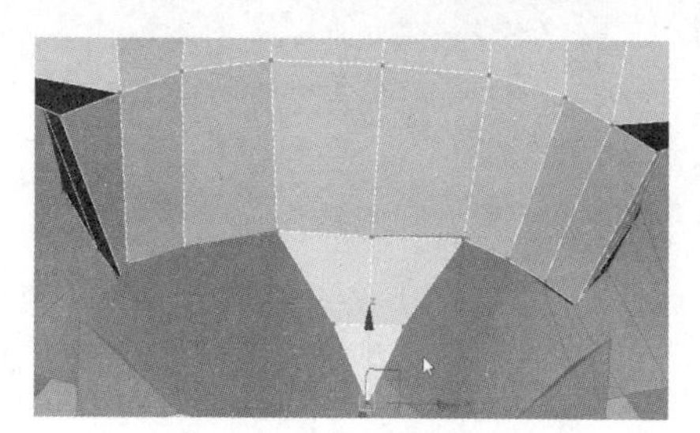

图 7.144

选择边界线，按住 Shift 键向内缩放挤出的面，如图 7.145 所示。然后用“焊接”命令或者“塌陷”命令将多余的点焊接起来后再次向内挤出并塌陷为一个点，如图 7.146 所示。

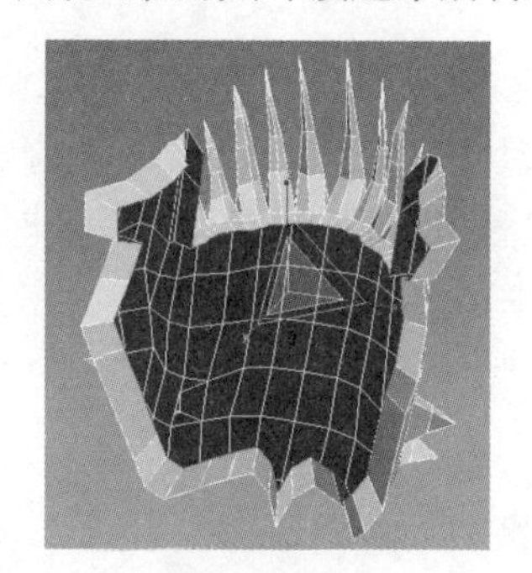

图 7.145

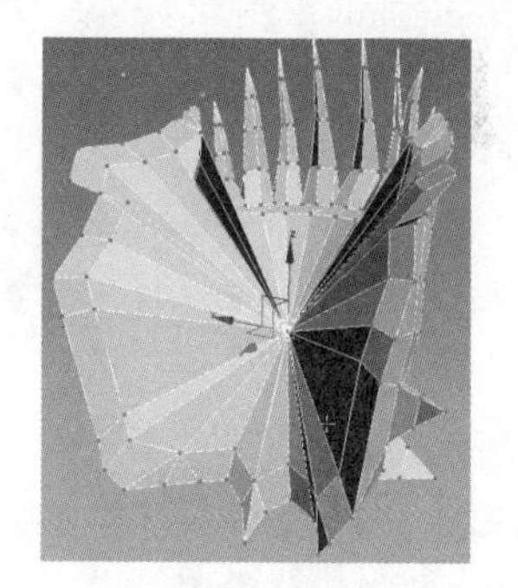

图 7.146

此时整体效果如图 7.147 所示。按 M 键打开材质编辑器，选择一个材质球，将漫反射颜色设置为粉色，如图 7.148 所示。单击按钮将材质赋予所有物体。

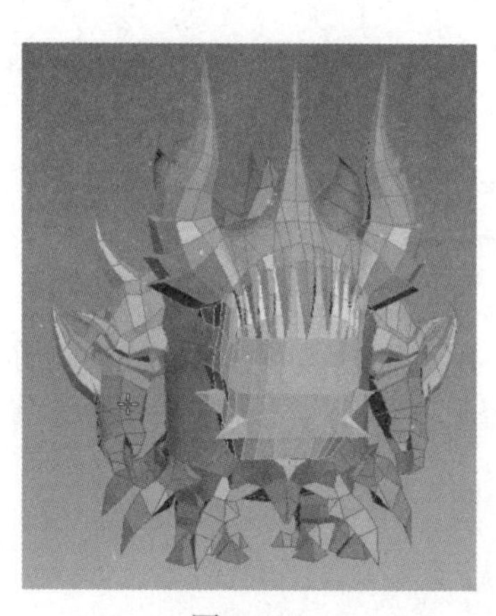

图 7.147

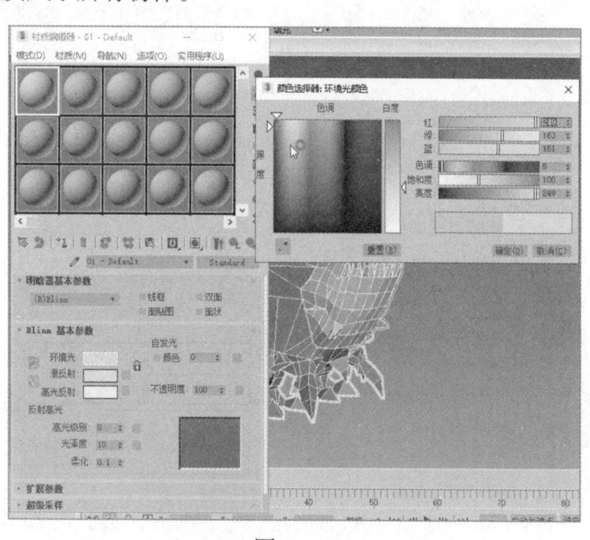

图 7.148

再单击修改器面板中的颜色框，选择一个黑色，如图 7.149 所示。这样就把模型的线框设置成了黑色。最终的裸模的显示效果如图 7.150 所示。

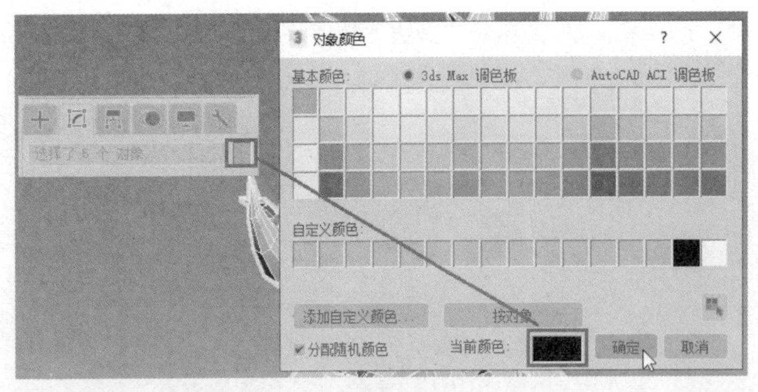

图 7.149

图 7.150

最后，绘画基础比较好的同学可以试着给模型绘制一些贴图和纹理以及材质，这里推荐几种软件给大家。

第一：BodyPaint。

BodyPaint 的意思是所见即所得，是一款高效、易用的实时三维纹理绘制以及 UV 编辑软件。Cinema 4D R10 的版本中将其整合成为 Cinema 4D 的核心模块，可见 BodyPaint 在绘制贴图方面有多么强大。艺术家只要进行简单的设置，就能够通过 200 多种工具在 3D 物体表面实时进行绘画。使用单个笔触就能把纹理绘制在 10 个材质通道上，并且每个通道都允许建立带有许多混合模式和蒙板的多个图层。

第二：Photoshop。

大家都知道 Photoshop 是一种平面软件，但是 Photoshop 新版本也整合了 3D 功能，也可以非常方便地在 3D 物体上绘制贴图。

第三：Substance Painter。

Substance Painter 是一款界面美观的 3D 绘图软件。该软件内置了粒子绘制和材质绘制功能，可以打造真实的纹理渲染效果，提升绘制效率，节省处理细节的时间，非常适合一些游戏开发商、动画、视觉效果工作室人员使用！

第四：Mari。

Mari 是 The Foundry 公司的独立纹理贴图制作软件，该公司的另一种产品就是大名鼎鼎的 NUKE。

Mari 是一种可以处理高度复杂纹理绘制的创意工具，Mari 源于 Weta Digital 公司为了制作《阿凡达》而开发的程序，后由 The Foundry 继续开发成为商业软件，它的优点是快速又简单易用。

第五：Quixel SUITE。

Quixel SUITE 是划时代的贴图纹理绘制工具，它所包含的 ndo、ddo、3do 等工具，能将你从烦琐复杂的贴图生成流程中解放出来，它的意义在于开创了一个全新的工作方式，而这个方式的效率是前所未有的。

第六：其他的软件。

ZBrush、Mudbox、3Dcoat 也能雕刻模型和支持三维模型纹理贴图绘制。

以上就是最常用的贴图绘制软件，由于时间关系不能一一给大家讲解，感兴趣的读者可以自己去研究学习。